D. Nelles/Ch. Tuttas
Elektrische Energietechnik

Leitfaden der Elektrotechnik

Begründet von Professor Dr.-Ing. Franz Moeller

Herausgegeben von

Professor Dr.-Ing. Hans Fricke, Braunschweig
Professor Dr.-Ing. Heinrich Frohne, Hannover
Professor Dr.-Ing. Karl-Heinz Löcherer, Hannover
Professor Dr.-Ing. Jürgen Meins, Braunschweig
Professor Dr.-Ing. Rainer Scheithauer, Furtwangen

B. G. Teubner Stuttgart

Elektrische Energietechnik

Von Professor Dr.-Ing. Dieter Nelles
und Dr.-Ing. habil. Christian Tuttas
Universität Kaiserslautern

Mit 249 Bildern, 17 Tafeln und 48 Beispielen

B. G. Teubner Stuttgart 1998

Die Deutsche Bibliothek – CIP-Einheitsaufnahme

Nelles, Dieter:
Elektrische Energietechnik : mit 48 Beispielen / von Dieter Nelles
und Christian Tuttas. – Stuttgart : Teubner, 1998
(Leitfäden der Elektrotechnik)
ISBN 3-519-06427-8

Printed in Germany
Druck und Bindung: Zechnersche Buchdruckerei GmbH, Speyer
Umschlaggestaltung: Peter Pfitz, Stuttgart

Vorwort

Die elektrische Energietechnik ist ein sehr breites Wissensgebiet, das sich mit der Erzeugung, Übertragung und Anwendung der Elektroenergie befaßt. Die einzelnen Teilaspekte werden eingehend in der Literatur behandelt. Das vorliegende Buch bringt eine zusammenhängende Darstellung der energietechnischen Grundlagen und geht auf die wichtigsten Betriebsmittel, ihren konstruktiven Aufbau, aber vor allem ihr Klemmenverhalten ein. Dabei soll dem Leser - sei er Anlagenplaner oder Automatisierungstechniker - das Verständnis für das Zusammenwirken der verschiedenen Komponenten nahegebracht werden.

Das Buch eignet sich im Grundstudium der Elektrotechnik als Einführung in die Energietechnik. Im Hauptstudium der Energie- und Automatisierungstechnik stellt es die Verbindung zwischen den Teilgebieten her. Daneben sind Studierende mit anderen Schwerpunkten angesprochen, die sich über die grundlegenden Zusammenhänge der elektrischen Energietechnik informieren wollen.

Es werden lediglich elektrotechnische Grundkenntnisse vorausgesetzt. Theoretisch anspruchsvollere Passagen sind so gestaltet, daß der übrige Inhalt auch ohne deren Verständnis zu erarbeiten ist. Die einzelnen, in sich verständlichen Kapitel erlauben es insbesondere Ingenieuren der Praxis, die sie interessierenden Sachverhalte gezielt nachzulesen, ohne das Buch von Anfang an durchzuarbeiten.

Wenn die Thematik eines so breiten Gebietes wie der elektrischen Energietechnik behandelt werden soll, stellt sich die Frage der Gliederung. Man kann den Weg der Energie von der Kohle bis zum Staubsauger gehen, nach den klassischen Fachgebieten gliedern oder nach Betriebsmitteln ordnen. Im vorliegenden Buch wurde ein Zwischenweg beschritten. Die Autoren waren bemüht, die Dinge, die vom Verständnis miteinander verknüpft sind, zusammenzufassen. Dadurch werden die Lehrgebiete teilweise gemischt, so daß aus Seitenumfang und Kapitelüberschriften nicht auf die Bedeutung und Wertigkeit der Teilgebiete geschlossen werden kann.

Es ist selbstverständlich, daß die verwendeten Begriffe entsprechend der Norm gewählt wurden. Dies gilt auch für Formel- und Schaltzeichen. Probleme ergeben sich bei den drei Leitern des Drehstromsystems. Die Normbezeichnungen L1, L2, L3 werden nicht einheitlich beibehalten. Insbesondere bei Indizes haben die veralteten Bezeichnungen RST Vorteile. Deshalb wird in diesem Punkt die Einfachheit über die Normtreue gestellt. Auch bei der Bezeichnung der symmetrischen Komponenten gibt es eine kleine Abweichung von der Norm.

In der elektrischen Energietechnik werden physikalische Größen beispielsweise in Volt und bezogene Größen in Prozent oder p.u. verwendet. Außerdem ist zwischen konstanten und zeitlich variablen Größen zu unterscheiden. In dem Buch sind konstante Größen mit großen und Zeitfunktionen mit kleinen Buchstaben bezeichnet. Physikalische Größen und p.u.-Größen tragen dementsprechend große oder kleine Buchstaben, ihre unterschiedliche Bedeutung geht aus dem Kontext hervor. Lediglich an den Stellen, an denen zwischen beiden zu unterscheiden ist, sind die bezogenen Größen durch kleine Buchstaben gekennzeichnet.

Die beiden Autoren haben sich die Bearbeitung der Abschnitte aufgeteilt. Die Kapitel 2.8.4, 3 und 9 stammen aus der Feder von C. Tuttas, der übrige Text wurde von D. Nelles erarbeitet.

Das Buch wäre ohne die Hilfe der Mitarbeiter des Lehrstuhls nicht möglich gewesen. Die Autoren danken den wissenschaftlichen Assistenten R. Christmann, R. Dilger, R. Huwer, H. Jelonnek und G. Schneider für die Durchsicht des Manuskripts und für wertvolle Anregungen. Des weiteren sei den Herren Fehrenz, Hoffmann und Protzner für das Zeichnen der Bilder sowie den Herren Burkhard, Christmann, Fehrenz und Jelonnek für die Ausgestaltung der Druckvorlage gedankt. Unser Dank gilt auch Frau Klein, die das Manuskript erstellt hat. Schließlich möchten wir die vertrauensvolle Zusammenarbeit mit dem Teubner Verlag hervorheben, insbesondere mit Herrn Dr. Schlembach und Frau Rodeit.

Kaiserslautern, Dezember 1997 Dieter Nelles, Christian Tuttas

Inhaltsverzeichnis

1 Grundbegriffe der Energietechnik

2 Elektrische Maschinen

6 Hochspannungstechnik

7 Energieerzeugung

9 Energieanwendung

1 Grundbegriffe der Energietechnik

Die elektrische Energietechnik befaßt sich mit der Wandlung und dem Transport von Energie. So wird im Kraftwerk die Bindungsenthalpie der Kohle in elektrische Energie umgewandelt. Diesen Prozeß nennt man nicht ganz korrekt Energieerzeugung. Beim Verbraucher entsteht aus der elektrischen Energie Wärme oder mechanische Arbeit. Dieser Vorgang wird ebenfalls nicht ganz korrekt als Energieverbrauch bezeichnet. Auf dem Weg vom Erzeuger zum Verbraucher kann außerdem die Umwandlung von einer elektrischen Energieform in eine andere erfolgen, z. B. durch Gleichrichtung. Weiterhin ist eine Transformation zwischen Netzen gleicher Frequenz, aber unterschiedlicher Spannungsebenen möglich. Neben den Betriebsmitteln zur Umwandlung und Transformation dienen Leitungen und Kabel, die als Übertragungsbetriebsmittel bezeichnet werden, dem Energietransport [1.1].

Die Verknüpfung der einzelnen Betriebsmittel wird als Elektroenergiesystem bezeichnet. Ein Teil des Elektroenergiesystems ist das elektrische Versorgungsnetz oder kurz 'Netz' mit Schnittstellen zu den Erzeuger- und Verbrauchereinheiten. Es besteht im wesentlichen aus Leitungen, Transformatoren und Schaltanlagen, wobei eine Schaltanlage wieder eine Vielzahl von Betriebsmitteln enthält.

1.1 Grundeinheiten

Es soll eine Vorstellung darüber vermittelt werden, wie groß der Energie- bzw. Leistungsumsatz bei verschiedenen Vorgängen des täglichen Lebens ist.

Die elektrische Leistung P wird im privaten Haushalt üblicherweise in W oder kW angegeben. In der Industrie und in der Energieversorgung denkt man in MW und GW. Die Energie wird je nach Lebensbereich in J (Ws), kWh, GWh (10^6 kWh), TWh (10^9 kWh) und SKE gemessen. Als Steinkohleneinheit SKE bezeichnet man den Energieinhalt, der in einer t bzw. in einem kg Steinkohle enthalten ist.

Neben der Leistung und der Energie ist es noch üblich, den jährlichen Energieverbrauch anzugeben. Diese beispielsweise in kWh/a (a $\hat{=}$ 1 Jahr) angegebene Größe ist zwar von der Dimension her eine Leistung, wird aber im allgemeinen Sprachgebrauch als Energieverbrauch bezeichnet. Die im folgenden genannten Zahlenwerte sollen einen groben Anhaltspunkt für die umgesetzten Energien bzw. Leistungen geben.

Umrechnungsfaktoren und Konstanten

1 Ws = 1 J = 1 Nm

1 kWh = 3 600 kJ = 860 kcal

1 kg Steinkohle	hat	7 000 kcal	≈	8 kWh
1 t SKE			=	8 140 kWh
1 l Heizöl	hat	10 000 kcal	≈	12 kWh
1 m^3 Erdgas	hat	9 000 kcal	≈	10 kWh

1 kg Natururan liefert an elektrischer Energie im

Leichtwasserreaktor	$130 \cdot 10^6$ kcal	≈	$0{,}15 \cdot 10^6$ kWh
Schnellen Brutreaktor	$8\,000 \cdot 10^6$ kcal	≈	$9 \cdot 10^6$ kWh

Setzt ein Betriebsmittel eine Leistung von 1 kW (kleiner Heizlüfter) um und ist es ständig eingeschaltet, so ist sein Energiebedarf

$$E = 1\ \text{kW} \cdot 8\,760\ \text{h/a} = 8\,760\ \text{kWh/a}$$

$$1\ \text{a} = 24 \cdot 365\ \text{h} = 8\,760\ \text{h}$$

Bei einem Strompreis von $k_V = 0{,}24$ DM/kWh betragen die Energiekosten

$$K_E = 8\,760\ \text{kWh/a} \cdot 0{,}24\ \text{DM/kWh} = 2\,100\ \text{DM/a}$$

Dieses Beispiel zeigt bereits, daß beim jährlichen Energiebedarf sehr große Zahlenwerte auftreten. Es ist deshalb zweckmäßig, anstelle der Energie mit der mittleren Leistung zu arbeiten, insbesondere wenn man sich typische Eckwerte merken will. Hierzu sollen einige Beispiele gegeben werden.

Beispiel Mensch

Ein Mensch steigt 1 000 m hoch. Bei einer Masse von 75 kg ergibt sich der Energiegewinn zu

$$E = 750\ \text{N} \cdot 1\,000\ \text{m} = 750 \cdot 10^3\ \text{Ws} = 0{,}2\ \text{kWh}$$

Der Gegenwert an elektrischer Energie beträgt

$$E_W = 0{,}2 \cdot 0{,}24\ \text{DM} = 0{,}048\ \text{DM}$$

Diese Energie kann ein Mensch in drei Stunden erbringen. Dies entspricht einer Leistung von

$$P = 0{,}2\ \text{kWh}/3\ \text{h} = 70\ \text{W}$$

Der Grundumsatz (Nahrungsarbeit) während dieser drei Stunden beträgt 4 000 kJ ≈ 1 kWh. Daraus ergibt sich ein Wirkungsgrad von

$$\eta = 0{,}2/1 = 0{,}2 \mathrel{\hat{=}} 20\ \%$$

Personen, die keine körperliche Leistung vollbringen, geben etwa 100 W ab. Geistige Anstrengung, aber insbesondere körperliche, erhöht diesen Wert, der z. B. bei der Auslegung von Klimaanlagen zugrunde gelegt wird.

Beispiel Schiff

Wird ein 100 000-t-Tanker 1 m hoch angehoben, so benötigt man

$$E = 10^9\ \text{N} \cdot 1\ \text{m} = 300\ \text{kWh} \mathrel{\hat{=}} 70\ \text{DM}$$

Beispiel Blitz

Bei einer Spannung von 50 MV und einem Strom von 50 kA hat der Blitz die beachtliche Spitzenleistung

$$P = 50 \cdot 10^6 \cdot 50 \cdot 10^3\ \text{W} = 2{,}5 \cdot 10^6\ \text{MW}$$

Der Strom nimmt exponentiell mit der Halbwertzeit von $t_B = 50\ \mu s$ bei nahezu konstanter Spannung ab. Daraus ergibt sich die Energie

$$E = P \cdot t_B/2 = 2{,}5 \cdot 10^{12} \cdot 50 \cdot 10^{-6}/2$$

$$E = 63 \cdot 10^6\ \text{Ws} = 17\ \text{kWh} \mathrel{\hat{=}} 4\ \text{DM}$$

Beispiel Wind

Ein Luftzylinder ($\rho = 1{,}3\ \text{kg/m}^3$) mit dem Durchmesser D = 100 m und der Länge x, der mit der Geschwindigkeit v = 10 m/s ein Windrad durchdringt, hat die Energie

$$E = \frac{1}{2} \cdot \frac{\pi}{4} D^2 \cdot x \cdot \rho v^2$$

Die Windleistung ergibt sich durch Differentiation nach der Zeit

$$P = \dot{E} = \frac{\pi}{8} D^2\ \dot{x}\ \rho v^2 = \frac{\pi}{8} D^2\ \rho v^3 = 5\ \text{MW}$$

Beispiel Sonne

In Deutschland beträgt die maximale Leistung der Sonne 1 kW/m². Wird das Dach eines 10 x 15 m² großen Einfamilienhauses zur Hälfte mit Solarzellen belegt, so ergibt sich bei einem Wirkungsgrad von 15 % die elektrische Spitzenleistung

$$P = 1/2 \cdot 10 \cdot 15\ \text{m}^2 \cdot 1\ \text{kW/m}^2 \cdot 0{,}15 = 11\ \text{kW}$$

Bei einer mittleren Ausnutzung über das Jahr von 10 % entspricht dies 1,1 kW.

Beispiel Stadtwerke

Die Last einer Stadt mit ca. 100 000 Einwohnern (z. B. Kaiserslautern) schwankt im Laufe eines Jahres im Bereich P = 20 MW (Sommertal) bis P = 80 MW (Winterspitze). Im Mittel liegt sie bei P = 45 MW. Daraus ergibt sich ein Belastungsgrad

$$m = \text{mittlere Last/Spitzenlast} = 45/80 = 0{,}56$$

$$E = 45\ \text{MW} \cdot 8\,760\ \text{h/a} = 400 \cdot 10^6\ \text{kWh/a}$$

Dies entspricht einem Wert von

$$400 \cdot 10^6 \cdot 0{,}24\ \text{DM/a} = 100 \cdot 10^6\ \text{DM/a}$$

Beispiel Kernkraftwerk

Ein Kernkraftwerk hat eine Leistung von 1 400 MW. Bei einem Ausnutzungsgrad von $m_B = 0{,}7$ ergibt sich eine Jahresenergieerzeugung

$$E = 1\,400 \cdot 8\,760 \cdot 0{,}7\ \text{MWh/a} = 9 \cdot 10^9\ \text{kWh/a}$$

Bei der Bewertung dieser Energie darf nicht mit dem für Privathaushalte üblichen Tarif, sondern nur mit dem zwischen EVU üblichen Preis gerechnet werden. Setzt man 0,15 DM/kWh an, ergibt sich

$$E = 9 \cdot 10^9 \cdot 0{,}15 = 1{,}35 \cdot 10^9\ \text{DM/a}$$

Beispiel Deutschland

Die maximale Last im öffentlichen Netz Deutschlands beträgt etwa

$$P = 80 \cdot 10^3\ \text{MW}$$

Mit einem Belastungsgrad von m = 0,7 ergibt sich ein Jahresverbrauch von

$$E = P \cdot m = 80 \cdot 10^6 \cdot 8\,760 \cdot 0{,}7\ \text{kWh/a} = 500 \cdot 10^9\ \text{kWh/a}$$

Dies entspricht einem Wert für den Endverbraucher von

$$K = 500 \cdot 10^9 \cdot 0{,}24\ \text{DM} = 120 \cdot 10^9\ \text{DM/a}$$

Bezieht man die Jahresspitzenleistung auf die Leistung eines Kernkraftwerks, ergibt sich

$$n = 80 \cdot 10^3/1\,400 = 60$$

1.2 Drehstromsysteme

In der Regel läßt sich kein exakter historischer Zeitpunkt angeben, zu dem eine bestimmte Technik erstmalig eingesetzt wird. So kann man den Anfang der Gleichstromtechnik mit der Erfindung der Volta-Säule auf 1800 festlegen. Zur Erzeugung großer Leistungen waren aber elektrische Maschinen notwendig. Deren Geschichte begann 1832 mit dem Bau einer Gleichstrommaschine durch S. dal Negro und einer Wechselstrommaschine durch A.H. Prixii.

Die Erfindung des elektrodynamischen Prinzips 1866 durch Werner von Siemens öffnete den Weg für den Bau großer Maschinen. Dabei wurden die Gleich- und Wechselstromtechnik etwa zeitgleich vorangetrieben. Den ersten größeren Drehstromgenerator baute 1887 Haselwander. 1888 erfolgte die erste Drehstromübertragung durch Tesla in den USA und 1891 durch O. v. Miller in Frankfurt/Main. Sie stand in Zusammenhang mit der ersten großen elektrotechnischen Ausstellung und führte zum Durchbruch der Drehstromtechnik.

Der Kampf zwischen den Vorteilen der Gleichstrom-, Wechselstrom- und Drehstromtechnik wurde sehr heftig geführt. Beispielsweise haben die Vertreter der Gleichstromtechnik den elektrischen Stuhl erfunden, um die Schädlichkeit des Wechselstroms nachzuweisen. Daß der Wechselstrom sich gegenüber dem Gleichstrom durchgesetzt hat, liegt in der Transformierbarkeit der Wechselspannung. So kann man relativ einfach die Spannung den Bedürfnissen der Konstruktion von Betriebsmitteln anpassen. Eine hohe Spannung erfordert hohen Isolationsaufwand, verursacht aber bei gleicher Leistung niedrigere Verluste $R \cdot I^2$. Eine Optimierung führt dazu, daß elektrische Maschinen zweckmäßigerweise bei niedrigen Spannungen arbeiten, während der Energietransport über Leitungen besser bei hohen Spannungen durchgeführt wird.

Die Drehstromtechnik hat sich gegenüber der Wechselstromtechnik auch durchgesetzt, weil mit ihr in elektrischen Maschinen ein Drehfeld erzeugt werden kann, das wirkungsvoll Drehmomente bildet. (Die hier und in den folgenden Kapiteln angegebenen historischen Daten wurden [1.2 - 1.4] entnommen.)

1.2.1 Drehfeld

Es gibt eine Reihe von Möglichkeiten, Drehstromsysteme aufzubauen. So bilden zwei um 90° phasenverschobene Wechselstromsysteme zusammen ein Drehstromsystem. Dabei kann man jeweils einen Leiter der beiden Wechselstromsysteme gemeinsam nutzen, so daß ein Dreileiter-Drehstromsystem entsteht. In Bild 1.1a und b wird an zwei um 90° räumlich versetzte Wicklungen ein solches System angelegt. Die Ströme i_α und i_β lassen sich als Zeitfunktionen (Bild 1.1c) oder als komplexe Zeiger $\underline{I}_\alpha$ und $\underline{I}_\beta$ (Bild 1.1d) darstellen. Die Zeitfunktionen sind wiederum durch komplexe Drehzeiger zu beschreiben, die den Betrag $\hat{i}/2$ haben und sich mit ωt nach rechts bzw. links drehen

$$i_\alpha = \hat{i} \cos \omega t = \hat{i}/2 \left(e^{j\omega t} + e^{-j\omega t}\right) \tag{1.1}$$

$$i_\beta = \hat{i} \sin \omega t = -j\,\hat{i}/2 \left(e^{j\omega t} - e^{-j\omega t}\right) \tag{1.2}$$

Werden zwei Wicklungen α und β entsprechend Bild 1.1 angeordnet, so erzeugen sie Flüsse, die räumlich senkrecht zueinander stehen und einen gemeinsamen Fluß Φ bilden. Dieser nimmt nun in einer räumlichen, komplexen Ebene einen komplexen Wert $\underline{\Phi}$ an. Werden die Wicklungen von den Strömen i_α und i_β durchflossen, so ergibt sich bei gleich aufgebauten Wicklungen

$$\underline{\Phi} = \Phi_\alpha + j\Phi_\beta = \left(L_\alpha\, i_\alpha + jL_\beta\, i_\beta\right)$$

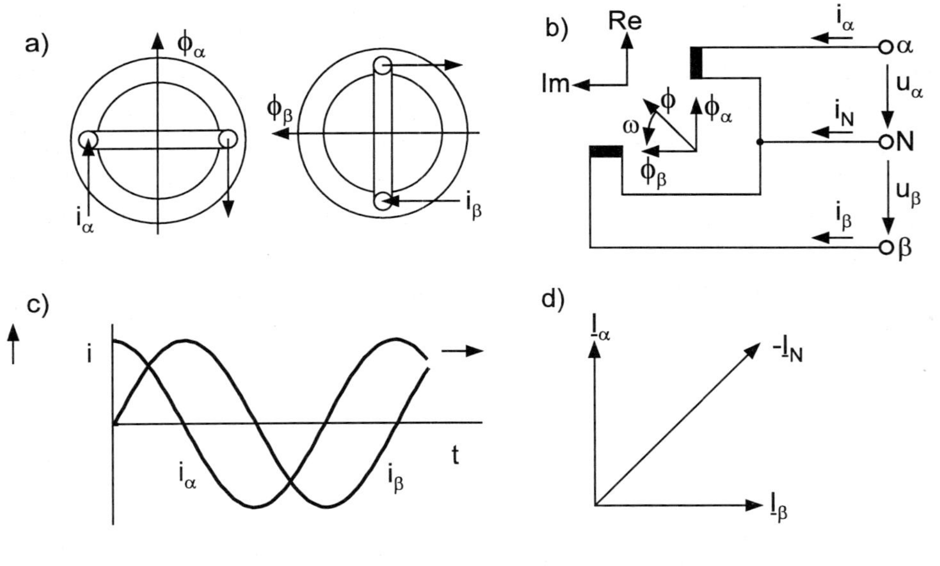

Bild 1.1: *Drehstromsysteme, bestehend aus zwei Wechselstromsystemen*
a) Anordnung der Wicklungen im Ständer, b) Darstellung der Wicklungen, c) Zeitverlauf der Ströme, d) Zeigerdiagramm der Ströme

Sind beide Induktivitäten gleich ($L_\alpha = L_\beta = L$), so folgt

$$\underline{\Phi} = L \cdot \hat{i} / 2 \left(e^{j\omega t} + e^{-j\omega t} + e^{j\omega t} - e^{-j\omega t} \right) = L \cdot \hat{i}\, e^{j\omega t} = \Phi\, e^{j\omega t} \tag{1.3}$$

Der Fluß liegt damit zum Zeitpunkt $t = 0$ in der reellen Achse und dreht sich mit konstantem Betrag und der Kreisfrequenz ω entgegen dem Uhrzeigersinn. Aus dieser Eigenschaft wird der Begriff Drehstromsystem abgeleitet.

Ist die Spannung der beiden Wechselstromsysteme α und β betragsmäßig gleich, so ergibt sich zwischen den Außenleitern die Spannung

$$\hat{u}_\alpha = \hat{u}_\beta = \hat{u} \tag{1.4}$$

$$\hat{u}_{\alpha\beta} = \left| \hat{u}_\alpha - j\, \hat{u}_\beta \right| = \sqrt{2}\, \hat{u} \tag{1.5}$$

Die Ströme in den Außenleitern sind ebenfalls betragsmäßig gleich, aber der Neutralleiter führt einen größeren Strom

$$\hat{i}_\alpha = \hat{i}_\beta = \hat{i} \tag{1.6}$$

$$i_N = -\left(i_\alpha + i_\beta \right) = -\hat{i}\left(\cos \omega t + \sin \omega t \right) = -\hat{i}\, \sqrt{2}\, \sin\left(\omega t + 45° \right) \tag{1.7}$$

Das Dreileitersystem in Bild 1.1 ist bezüglich der Leiter nicht symmetrisch aufgebaut. Dieser Mangel wird durch ein Drehstromsystem nach Bild 1.2 behoben. Es besteht aus drei Wechselstromsystemen, von denen jeweils ein Leiter zu einem gemeinsamen Neutralleiter N zusammengefaßt wird. Die drei Außenleiter sind in der Norm mit L1, L2, L3 und im angelsächsischen Raum mit a, b, c bezeichnet, sollen aber hier die früher üblichen Buchstaben RST tragen, damit man sie einfacher als Indizes verwenden kann. Ihre Spannungen gegenüber dem Neutralleiter N sind betragsmäßig gleich und um 120° gegeneinander verschoben. Das gleiche gilt für die Ströme

$$i_R = \hat{i} \cos \omega t \qquad = \hat{i} / 2 \left[e^{j\omega t} + e^{-j\omega t} \right] \tag{1.8}$$

$$i_S = \hat{i} \cos\left(\omega t - \alpha \right) = \hat{i} / 2 \left[e^{j(\omega t - \alpha)} + e^{-j(\omega t - \alpha)} \right] \tag{1.9}$$

$$i_T = \hat{i} \cos\left(\omega t + \alpha \right) = \hat{i} / 2 \left[e^{j(\omega t + \alpha)} + e^{-j(\omega t + \alpha)} \right] \tag{1.10}$$

$$\alpha = 120° \tag{1.11}$$

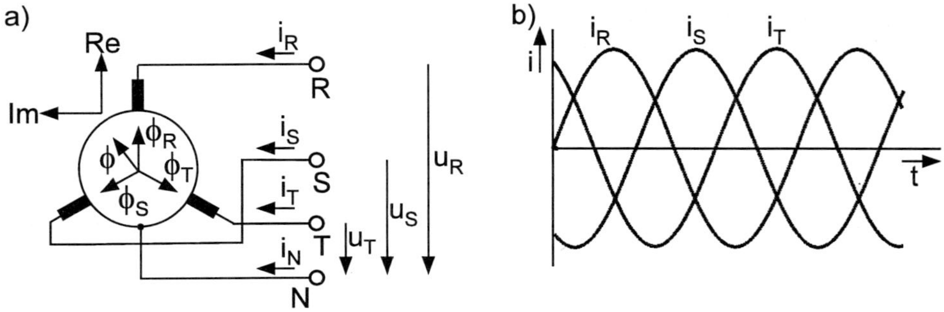

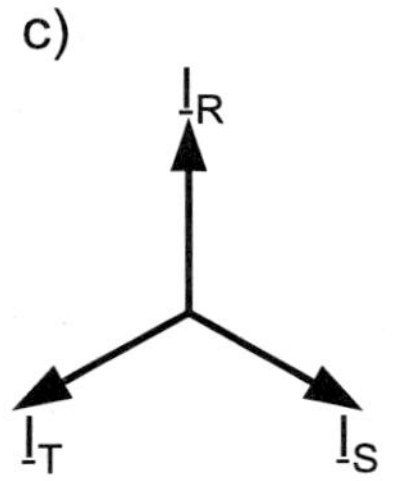

Bild 1.2: *Symmetrisches Drehstromsystem*
a) Ersatzschaltung,
b) Zeitfunktion der Ströme,
c) Zeigerdiagramm der Ströme

Dieses System ist bezüglich der Außenleiter symmetrisch. Führt man die komplexe Rechnung ein, so ergibt sich für die Effektivwerte

$$\underline{I}_R = \underline{I} \qquad \underline{I}_S = \underline{a}^2 \cdot \underline{I} \qquad \underline{I}_T = \underline{a}\,\underline{I} \tag{1.12}$$

$$\underline{a} = e^{j\alpha} = e^{j120°} \qquad \underline{a}^2 = \underline{a}^* \qquad \underline{a}^3 = 1 \tag{1.13}$$

Die Addition der Ströme i_R, i_S, i_T in den Gln. (1.8 - 1.10) liefert $i_N = 0$. Durch Addition der drei Ströme $\underline{I}_R$, $\underline{I}_S$, $\underline{I}_T$ aus Gl. (1.12) erhält man

$$1 + \underline{a} + \underline{a}^2 = 1 + e^{j\alpha} + e^{-j\alpha} = 0 \tag{1.14}$$

Genügen die Spannungen und Ströme den o. a. Bedingungen, so spricht man von symmetrischem Betrieb.

Bei symmetrischem Betrieb sind die drei Außenleiterspannungen gleich groß und um 120° verschoben. Der Strom durch den Neutralleiter ist null. Außer im Niederspannungsnetz werden elektrische Anlagen fast ausschließlich symmetrisch betrieben, so daß auf die Ausführung des Neutralleiters verzichtet werden kann.

Legt man nun ein Drehstromsystem an drei räumlich um 120° versetzte Wicklungen an, so bildet sich analog zu Gl. (1.3) ein Drehfeld aus. In der räumlich komplexen Ebene gilt

$$\underline{\Phi} = \Phi_R + \underline{a}\,\Phi_S + \underline{a}^2\,\Phi_T = L_R\, i_R + L_S\, \underline{a}\, i_S + L_T\, \underline{a}^2\, i_T \tag{1.15}$$

Bei symmetrischem Aufbau der Maschine sind die drei Wicklungsinduktivitäten gleich ($L_R = L_S = L_T = L$). Unter Berücksichtigung der Gln. (1.8 - 1.10) sowie Gl. (1.13) ergibt sich

$$\underline{\Phi} = L\hat{i}/2\left[e^{j\omega t} + e^{-j\omega t} + \underline{a}\,e^{j(\omega t-\alpha)} + \underline{a}\,e^{-j(\omega t-\alpha)} + \underline{a}^2\,e^{j(\omega t+\alpha)} + \underline{a}^2\,e^{-j(\omega t+\alpha)}\right]$$

$$\underline{\Phi} = L\,\hat{i}\,/\,2\left[e^{j\omega t} + e^{-j\omega t} + \underline{a}\,\underline{a}^2\,e^{j\omega t} + \underline{a}\,\underline{a}\,e^{-j\omega t} + \underline{a}^2\,\underline{a}\,e^{j\omega t} + \underline{a}^2\,\underline{a}^2\,e^{-j\omega t}\right]$$

$$\underline{\Phi} = L\,\hat{i}\,/\,2\left[3\cdot e^{j\omega t}\right] \tag{1.16}$$

In der Fähigkeit, Drehfelder zu bilden, sind die Systeme nach Bild 1.1 und 1.2 gleich. In dem Aufwand, der bei der Energieübertragung anfällt, ist das symmetrische Drehstromsystem dem unsymmetrischen überlegen. Deshalb hat sich das System nach Bild 1.2 durchgesetzt. Da beim Bau von Maschinen das unsymmetrische System nur zwei Wicklungen benötigt, wird es gelegentlich in geregelten Antrieben eingesetzt, wenn leistungselektronische Schaltungen die Spannung u_α und u_β erzeugen.

1.2.2 Symmetrischer Betrieb

Für den symmetrischen Betrieb ergeben sich im Drehstromsystem ebenso einfache Rechenregeln wie für ein Wechselstromsystem. Dies soll an dem Netz in Bild 1.3 gezeigt werden.

Eine symmetrische Spannungsquelle mit den Klemmen R_1, S_1, T_1 speist über die Impedanzen $\underline{Z}_a$ einen Verbraucher mit den Klemmen R_2, S_2, T_2. Die Impedanzen $\underline{Z}_b$ dieses symmetrischen Verbrauchers sind in Stern geschaltet und mit dem Neutralleiter verbunden. Für die drei Leiterschleifen gelten dann die Beziehungen

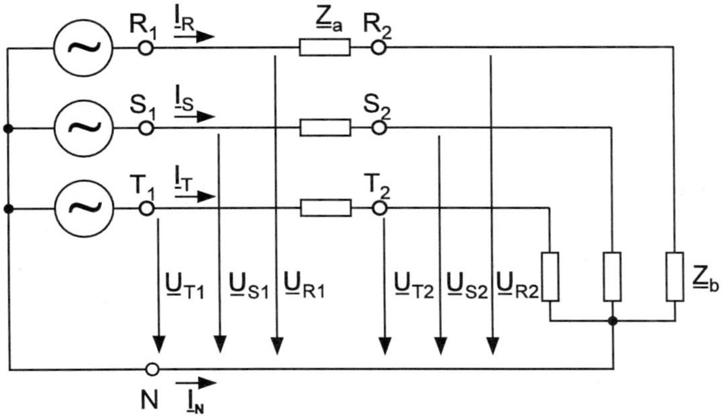

Bild 1.3: *Drehstromnetz*

$$\begin{aligned} &\underline{U}_{R1} = \underline{Z}_a\, \underline{I}_R + \underline{U}_{R2} \qquad && \underline{U}_{R2} = \underline{Z}_b\, \underline{I}_R \\ &\underline{U}_{S1} = \underline{Z}_a\, \underline{I}_S + \underline{U}_{S2} && \underline{U}_{S2} = \underline{Z}_b\, \underline{I}_S \\ &\underline{U}_{T1} = \underline{Z}_a\, \underline{I}_T + \underline{U}_{T2} && \underline{U}_{T2} = \underline{Z}_b\, \underline{I}_T \end{aligned} \tag{1.17}$$

In Matrix-Schreibweise lauten diese Gleichungen

$$\underline{\mathbf{u}}_1 = \underline{\mathbf{Z}}_a\, \underline{\mathbf{i}} + \underline{\mathbf{u}}_2 \qquad \underline{\mathbf{u}}_2 = \underline{\mathbf{Z}}_b\, \underline{\mathbf{i}} \tag{1.18}$$

$$\underline{\mathbf{u}}_1 = \left[\underline{\mathbf{Z}}_a + \underline{\mathbf{Z}}_b\right] \underline{\mathbf{i}} \tag{1.19}$$

Sollen die Gln.(1.17) nach den Strömen aufgelöst werden, so ergibt sich

$$\underline{I}_R = \frac{\underline{U}_{R1}}{\underline{Z}_a + \underline{Z}_b} \qquad \underline{I}_S = \frac{\underline{U}_{S1}}{\underline{Z}_a + \underline{Z}_b} \qquad \underline{I}_T = \frac{\underline{U}_{T1}}{\underline{Z}_a + \underline{Z}_b} \tag{1.20}$$

Man sieht, daß für alle drei Gleichungen analoge Ausdrücke auftreten. Es genügt deshalb, die Gleichung der Schleife R zu lösen. Für die Scheinleistung, die die Spannungsquelle abgibt, gilt

$$\underline{S} = \underline{U}_{R1}\, \underline{I}_R^* + \underline{U}_{S1}\, \underline{I}_S^* + \underline{U}_{T1}\, \underline{I}_T^*$$

$$\underline{S} = \frac{\underline{U}_{R1}\, \underline{U}_{R1}^* + \underline{U}_{S1}\, \underline{U}_{S1}^* + \underline{U}_{T1}\, \underline{U}_{T1}^*}{\left(\underline{Z}_a + \underline{Z}_b\right)^*} = \frac{U_{R1}^2 + U_{S1}^2 + U_{T1}^2}{\left(\underline{Z}_a + \underline{Z}_b\right)^*} \tag{1.21}$$

$$\underline{S} = \frac{3 \cdot U_{R1}^2}{\left(\underline{Z}_a + \underline{Z}_b\right)^*}$$

1.2.3 Stern- und Dreieckschaltung

Die drei Wicklungen in Bild 1.2, die im Elektromaschinenbau Stränge genannt werden, wurden in „Stern“ geschaltet. Ebenso sind die Spannungsquellen und die Verbraucherwiderstände in Bild 1.3 auf einer Seite zu einem Sternpunkt zusammengefaßt. Es gibt insgesamt drei Möglichkeiten, die drei Stränge eines Drehstrombetriebsmittels an die vier Leiter des Netzes anzuschließen.

In Bild 1.4 sind diese Möglichkeiten dargestellt, wobei die Strangimpedanzen $\underline{Z}_R$, $\underline{Z}_S$, $\underline{Z}_T$ zunächst unterschiedlich angenommen werden. Die Schaltungen a und b

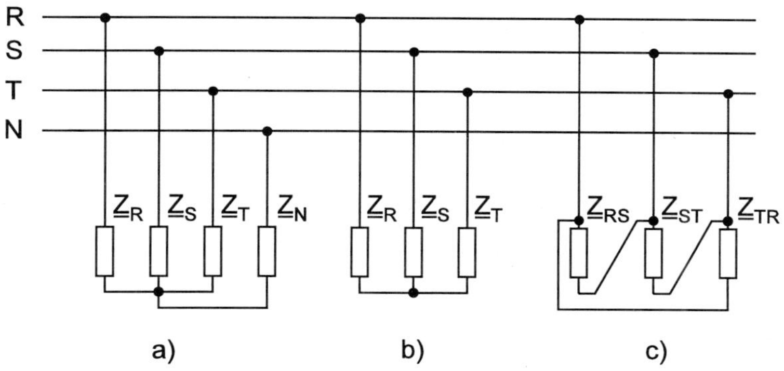

Bild 1.4: *Drehstromverbraucher*
a) Sternschaltung mit angeschlossenem Neutralleiter;
b) Sternschaltung ohne angeschlossenen Neutralleiter;
c) Dreieckschaltung

werden Sternschaltungen mit dem Kurzzeichen Y und die Schaltung c wird Dreieckschaltung mit dem Kurzzeichen D oder Δ genannt. Da die Schaltungen b und c keine Verbindung mit dem Neutralleiter N haben, können sie diesem auch keinen Strom entnehmen. Es gilt somit für b und c

$$\underline{I}_R + \underline{I}_S + \underline{I}_T = 0 \tag{1.22}$$

Beide Schaltungen sind äquivalent, d. h. sie lassen sich ineinander umrechnen

$$\underline{Z}_{RS} = \frac{\underline{Z}_R \cdot \underline{Z}_S}{\underline{Z}_1} \qquad \underline{Z}_{ST} = \frac{\underline{Z}_S \cdot \underline{Z}_T}{\underline{Z}_1} \qquad \underline{Z}_{TR} = \frac{\underline{Z}_T \cdot \underline{Z}_R}{\underline{Z}_1} \tag{1.23}$$

mit $\underline{Z}_1 = \dfrac{1}{1/\underline{Z}_R + 1/\underline{Z}_S + 1/\underline{Z}_T}$

$$\underline{Z}_R = \frac{\underline{Z}_{RS}\,\underline{Z}_{TR}}{\underline{Z}_2} \qquad \underline{Z}_S = \frac{\underline{Z}_{RS}\,\underline{Z}_{ST}}{\underline{Z}_2} \qquad \underline{Z}_T = \frac{\underline{Z}_{TR}\,\underline{Z}_{ST}}{\underline{Z}_2} \tag{1.24}$$

mit $\underline{Z}_2 = \underline{Z}_{RS} + \underline{Z}_{ST} + \underline{Z}_{TR}$

Diese Dreieck-Stern-Umrechnung ist nur bei drei Anschlußknoten möglich. Für vier und mehr Knoten kann die Sternschaltung in eine Polygonschaltung (n-Eckschaltung) umgewandelt werden. Dabei wird jeder Leiter mit jedem über eine Impedanz verknüpft. Die Umkehrung ist jedoch nicht möglich.

In der Schaltung a (Bild 1.4) führt der Neutralleiter einen Strom

$$\underline{I}_N = -\left(\underline{I}_R + \underline{I}_S + \underline{I}_T\right) \tag{1.25}$$

Dieser Strom wird im symmetrischen Fall, also wenn Netz, Spannungsquelle und Verbraucher symmetrisch sind, zu null. Ein weiterer Sonderfall ergibt sich für $\underline{Z}_N \rightarrow \infty$. Dann geht in Bild 1.4 Schaltung a in Schaltung b über.

Die Umwandlung der Schaltung a in eine „Vieleckschaltung", bei der alle vier Leiter verknüpft sind, ist - wie oben erklärt - möglich, bringt aber keinerlei Vorteile. Die Problematik unsymmetrisch aufgebauter Netze wird in Abschn. 1.4 behandelt. Hier ist der symmetrische Fall noch etwas zu vertiefen.

Symmetrische Spannungen und Ströme lassen sich entsprechend Gl. (1.12) durch jeweils eine komplexe Größe beschreiben.

$$\begin{array}{lll} \underline{I}_R = \underline{I} & \underline{I}_S = \underline{a}^2\,\underline{I} & \underline{I}_T = \underline{a}\,\underline{I} \\ \underline{U}_R = \underline{U} & \underline{U}_S = \underline{a}^2\,\underline{U} & \underline{U}_T = \underline{a}\,\underline{U} \end{array} \tag{1.26}$$

Dabei handelt es sich um Ströme in den Außenleitern des Netzes und Spannungen zwischen den Außenleitern und dem Neutralleiter. Die Spannungen zwischen den Leitern ergeben sich zu

$$\begin{array}{l} \underline{U}_{RS} = \underline{U}_R - \underline{U}_S = \underline{U}_{RN} - \underline{U}_{SN} = \underline{U}\left(1 - \cos 120° + \mathrm{j}\sin 120°\right) = \underline{U}\cdot\sqrt{3}\,\mathrm{e}^{\mathrm{j}30°} \\ \underline{U}_{ST} = \underline{U}\cdot\sqrt{3}\,\mathrm{e}^{-\mathrm{j}90°} \qquad \underline{U}_{TR} = \underline{U}\cdot\sqrt{3}\,\mathrm{e}^{\mathrm{j}150°} \end{array} \tag{1.27}$$

Diese Zeiger sind in Bild 1.5 dargestellt.

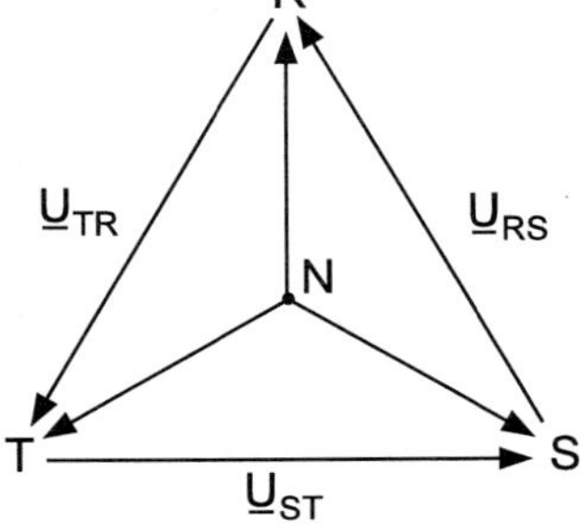

Bild 1.5: *Spannungszeiger im Drehstromsystem*

Die Außenleiterspannung, früher verkettete Spannung genannt, ist $\sqrt{3}$ mal so groß wie die Leiter-Erd-Spannung, früher Phasenspannung genannt

$$\mathbf{U_D = \sqrt{3}\, U_Y} \tag{1.28}$$

In der Energietechnik ist es üblich, als Nennspannung von Netzen U_n und als Bemessungsspannung von Betriebsmitteln U_r stets die verkettete Spannung anzugeben. Lediglich im Elektromaschinenbau arbeitet man mit der Strangspannung, die dann je nach Schaltung der Stränge die Außenleiter- oder Leiter-Erd-Spannung sein kann.

Die Stern-Dreieck-Umrechnung mit den Gln. (1.23) und (1.24) vereinfacht sich bei Symmetrie (siehe Bild 1.6)

$$\begin{aligned} &\underline{Z}_R = \underline{Z}_S = \underline{Z}_T = \underline{Z}_Y \\ &\underline{Z}_{RS} = \underline{Z}_{ST} = \underline{Z}_{TR} = \underline{Z}_D \\ &\underline{Z}_D = 3\,\underline{Z}_Y \qquad\qquad \underline{Z}_Y = 1/3\,\underline{Z}_D \end{aligned} \tag{1.29}$$

Die Leistung errechnet sich aus der Sternschaltung

$$\begin{aligned} &\underline{S} = 3 \cdot \underline{U}_Y \cdot \underline{I}^* = 3\,U_Y^2 / \underline{Z}_Y^* = 3\,\underline{Z}_Y^*\,I^2 \\ &\underline{S} = 3 \cdot \left(\underline{U}_D / \sqrt{3}\right) \underline{I}^* = \sqrt{3}\;\underline{U}_D \cdot \underline{I}^* = \sqrt{3}\;\underline{U}\,\underline{I}^* \end{aligned} \tag{1.30}$$

Dabei ist $\underline{U}$ die Außenleiterspannung und $\underline{I}$ der Außenleiterstrom.

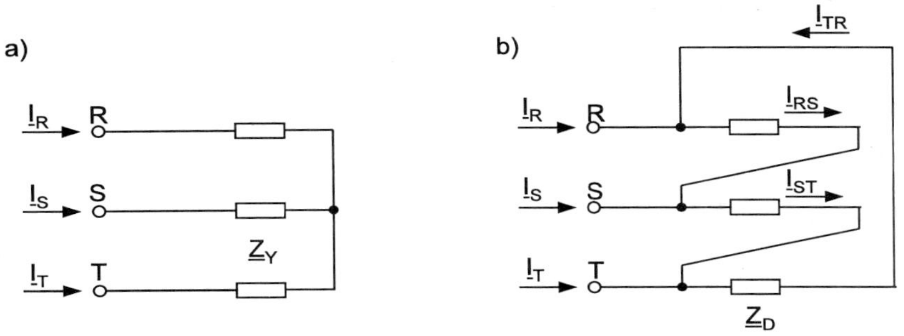

Bild 1.6: *Stern-Dreieckschaltung*
a) Sternschaltung, b) Dreieckschaltung

Für die Dreieckschaltung errechnet sich die Leistung wie folgt

$$\underline{S} = 3 \cdot \underline{U}_D \cdot \underline{I}_D^* = 3\,\underline{U}_D \cdot \underline{I}^* / \sqrt{3} = \sqrt{3}\,\underline{U}_D\,\underline{I}^* = \sqrt{3}\,\underline{U}\,\underline{I}^* \qquad (1.31)$$

Selbstverständlich führen beide Ableitungen zum gleichen Ergebnis. Die Zusammenhänge zwischen der Stern- und Dreieckschaltung wurden sehr ausführlich beschrieben, da insbesondere mit dem Faktor $\sqrt{3}$ häufig Fehler gemacht werden.

Beispiel 1.1. *Drei Widerstände von jeweils 10 Ω werden a) in Stern und b) in Dreieck an eine Drehspannung von U = 400 V gelegt. Welche Ströme und Leistungen ergeben sich?*

Bei der Sternschaltung liegt an den Widerständen die Spannung $U_Y = 400/\sqrt{3} = 230$ *V. Daraus ergeben sich die Ströme und die Leistung zu*

$$I = U_Y/R = 230/10 = 23\text{ A}$$

$$S = 3 \cdot U_Y \cdot I = 3 \cdot 230 \cdot 23\text{ W} = 16\text{ kW}$$

Bei der Dreieckschaltung liegen die Widerstände zwischen den Außenleitern an der Spannung U = 400 V. Für die Ströme und die Leistung erhält man dann

$$I_D = U/R = 400/10 = 40\text{ A}$$

$$I = \sqrt{3}\,I_D = 70\text{ A}$$

$$S = 3 \cdot U \cdot I_D = 3 \cdot 400 \cdot 40\text{ W} = 3 \cdot 16\text{ kW} = 48\text{ kW}$$

1.3 Bezogene Größen

Es ist üblich, in SI-Einheiten und den daraus abgeleiteten Einheiten zu rechnen. Dies wird auch hier empfohlen, d. h. Widerstände sollten in Ohm, Spannungen in Volt usw. angegeben werden. Das Rechnen in diesen physikalischen Größen birgt die geringsten Fehlermöglichkeiten. Es ist jedoch insbesondere bei Betriebsmitteln üblich, die Kenngrößen durch Bezugswerte zu teilen. Man kommt dann zu den bezogenen Größen (p.u. = per unit), die für den mit dieser Technik Vertrauten Vorteile bieten. Ein Ingenieur, der nur gelegentlich energietechnische Probleme löst, sollte die bezogenen Größen auf die Grundeinheiten umrechnen und in diesem System weiterarbeiten.

1.3.1 Grundsysteme

Das Rechnen in Ω, V und A ist aus den Grundlagen der Elektrotechnik bekannt. Hier soll es am Beispiel eines Energieversorgungsnetzes noch einmal vorgeführt werden, um einen Referenzfall für die Anwendung der bezogenen Größen zu erhalten. Das Netz in Bild 1.7a zeigt einen Generator G, der über einen Blocktransformator Tr und eine Leitung L ein Versorgungsgebiet V speist. Die Kenngrößen der Betriebsmittel sind in Tabelle 1.1 in der üblichen Form angegeben. Dabei werden die ohmschen Widerstände vernachlässigt. Aus den Kenngrößen läßt sich mit Hilfe der im nächsten Abschnitt angegebenen Rechenregeln die in Spalte b angegebene Transformatorreaktanz $X_{Tr} = 0{,}11\ \Omega$ bestimmen. Die Ersatzschaltung für das einfache Netz ist in Bild 1.7b dargestellt. Bei ihm ist die Transformatorreaktanz wie üblich auf die nicht-stellbare Seite bezogen. Aus den gegebenen Daten läßt sich die Generatorspannung errechnen

$$I_V = Q_V / \left(\sqrt{3} \cdot U_V\right) = 600 / (\sqrt{3} \cdot 380) = 0{,}91\ \text{kA}$$

$$U_L = X_L \cdot \sqrt{3}\, I_V + U_V = 26 \cdot \sqrt{3} \cdot 0{,}91 + 380 = 420\ \text{kV}$$

$$U_L' = \frac{U_L}{ü} = \frac{420}{420/27} = \frac{420}{16} = 27\ \text{kV} \tag{1.32}$$

$$I_G = I_V \cdot ü = 0{,}91 \cdot 420 / 27 = 14\ \text{kA} \tag{1.33}$$

$$U_G = X_{Tr} \cdot \sqrt{3}\, I_G + U_L' = 0{,}11 \cdot \sqrt{3} \cdot 14 + 27 = 30\ \text{kV} \tag{1.34}$$

Übersichtlich wird die Berechnung, wenn mit dem Übersetzungsverhältnis ü des Transformators alle Reaktanzen auf die Oberspannungsseite umgerechnet werden (Bild 1.7c, Tabelle 1.1, Spalte c). Die Reaktanzen X_{Tr}' und X_L können dann zusammengefaßt werden. Die Generatorspannung ergibt sich nun in einem Rechengang, wobei allerdings abschließend die berechnete Spannung noch mit dem Übersetzungsverhältnis ü = 16 umzurechnen ist, um den realen Wert zu erhalten. Es sei noch erwähnt, daß der Strich bei einer Leitungsreaktanz X_L' auf einen Wert pro km hinweist und der Strich bei X_{Tr}' einen auf ein anderes Spannungsniveau umgerechneten Wert andeutet.

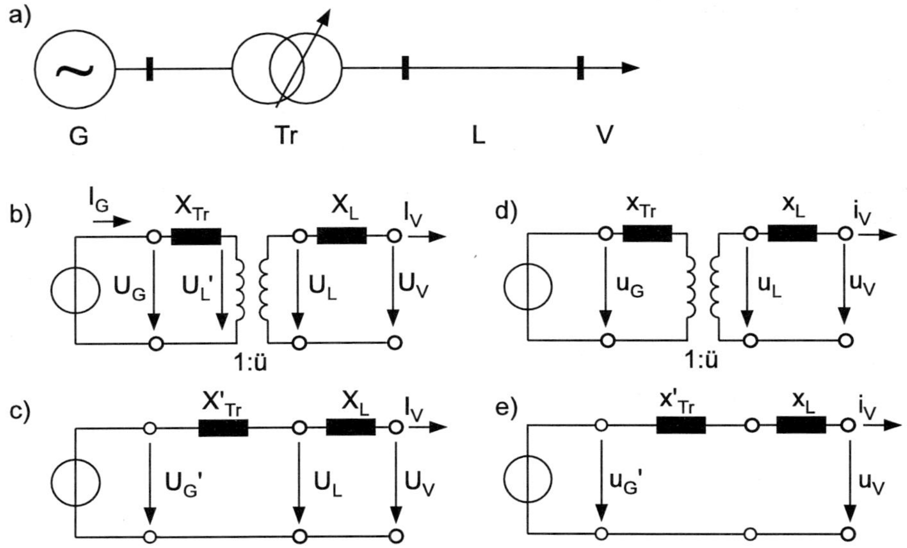

Bild 1.7: *Einfaches Übertragungsnetz*
a) Netzschaltplan, b) Ersatznetz in Ω, c) Ersatznetz in Ω, auf die Verbraucherseite bezogen, d) Ersatznetz in p.u., e) Ersatznetz in p.u., auf die Verbraucherseite bezogen

Tabelle 1.1: Rechnen mit bezogenen Größen

Netzdaten		
Transformator	**Leitung**	**Verbraucher**
S_{Tr} = 1000 MVA	X_L = 0,26 Ω/km	Q_V = 600 MVAr
$ü_{Tr}$ = 420 kV/ 27 kV	l = 100 km	P_V = 0
u_k = 15 %		U_V = 380 kV

Bezugssystem 1		*Bezugssystem 2*	
S_r = 1000 MVA	I_r = 1,5 kA	S_r = 1000 MVA	I_r = 21 kA
U_n = 380 kV	Z_n = 140 Ω	U_n = 27 kV	Z_n = 0,73 Ω

Bild	X_{Tr}	X_L	**ü**	U_V	U_G	I_V
1.7b	0,11 Ω	26 Ω	16	380 kV	30 kV	0,91 kA
1.7c	27 Ω	26 Ω	1	380 kV	460 kV	0,91 kA
1.7d	0,15	0,18	1,1	1	1,1	0,6
1.7e	0,18	0,18	1	1	1,2	0,6

1.3.2 Per-unit-System

Früher gab man für jedes Betriebsmittel Nenngrößen (Index n oder N) an, nach denen sie benannt und i. a. auch dimensioniert wurden (z. B. 110-kV-Schalter, 600-MVA-Generator). Heute ist es üblich, Bemessungswerte (Index r von rated) anzugeben. Lediglich in Netzebenen, in denen viele Betriebsmittel zusammengefaßt sind, gibt es noch Nennspannungen, z. B. 110-kV-Netz, 380-kV-Schaltanlagen.

Die Bemessungs- oder Nennwerte bilden i. a. die Bezugswerte für Kenngrößen von Betriebsmitteln.

S_r Bemessungsscheinleistung
U_r Bemessungsspannung
I_r Bemessungsstrom
f_r Bemessungsfrequenz

Daraus folgt

Z_r Bezugs- bzw. Bemessungsimpedanz

$$Z_r = \frac{U_r / \sqrt{3}}{I_r} = \frac{U_r / \sqrt{3}}{S_r / \sqrt{3}\, U_r} = \frac{U_r^2}{S_r} \tag{1.35}$$

Die Streureaktanz eines Transformators X_σ in Ω läßt sich nun auf die Bemessungsimpedanz Z_r beziehen. Man erhält dann den bezogenen Wert der Streureaktanz

$$x_\sigma = X_\sigma / Z_r \tag{1.36}$$

Für Strom, Spannung und Leistung gilt entsprechend

$$i = I / I_r \qquad u = U / U_r \qquad s = S / S_r \tag{1.37}$$

Daraus folgt für den Bemessungspunkt

$$i = u = s = 1 \tag{1.38}$$

Schließt man einen Transformator sekundärseitig kurz und legt an die Primärwicklung eine Spannung u an, die so groß ist, daß gerade der Bemessungsstrom $i = 1$ fließt, so nennt man diese Spannung Kurzschlußspannung u_k

$$u_k = x_\sigma \cdot 1 = x_\sigma$$

Sie liegt für alle Transformatorleistungen in der Größenordnung $u_k = 0{,}05 \dots 0{,}2$ und wird i. a. in % angegeben ($u_k = 5 \dots 20$ %). Da die bezogenen Kenngrößen eines Betriebsmittels für alle Leistungsgrößen etwa gleich sind, ergeben sich beim Rechnen im p.u.-System stets ähnliche Werte. Die Betriebsgrößen liegen annähernd im Bereich i, u, s = 0 ... 1. Dies fördert die Übersichtlichkeit. Da die Dimensionen fehlen, hat jedoch der ungeübte Anwender gelegentlich Schwierigkeiten. Er möge zur Not mit der Bezugsimpedanz 1 Ω arbeiten, dann sind die p.u-Werte und die physikalischen Größen - abgesehen von dem Faktor $\sqrt{3}$ - gleich.

Für die in Bild 1.7a dargestellten Betriebsmittel sollen nun die Gln. (1.35) und (1.36) zur Berechnung der p.u.-Größen angewendet werden.

Für den Transformator gilt

$$Z_r = (27\ \mathrm{kV})^2 / 1\,000\ \mathrm{MVA} = 0{,}73\ \Omega$$

$$x_{Tr} = u_k = X_{Tr} / Z_r = 0{,}11 / 0{,}73 = 0{,}15 \mathrel{\hat{=}} 15\ \% \tag{1.39}$$

Die Leitungsimpedanzen werden üblicherweise in Ω angegeben. Sie sollen auf die Nennspannung $U_n = 380$ kV und die Bemessungsleistung des Transformators S_r = 1 000 MVA bezogen werden.

$$Z_n = U_n^2 / S_r = 380^2 / 1\,000 = 140\ \Omega$$

$$x_L = X_L / Z_n = 26 / 140 = 0{,}18 \tag{1.40}$$

Im p.u.-System ergibt sich die in Bild 1.7d dargestellte Ersatzschaltung mit den in Tabelle 1.1, Spalte d angegebenen Werten. Das Übersetzungsverhältnis des Transformators ist hier von 1 verschieden, weil seine Oberspannung mit $U_r = 420$ kV und die Netznennspannung mit $U_n = 380$ kV festgelegt sind

$$ü = 420/380 = 1{,}1 \tag{1.41}$$

Für die Leistung und den Strom des Verbrauchers ergibt sich

$$q_V = Q_V / S_r = 600 / 1\,000 = 0{,}6$$

$$i_V = \frac{I_V}{I_r} = \frac{I_V}{S_r / (\sqrt{3} \cdot U_n)} = \frac{0{,}91}{1{,}5} = 0{,}6 \tag{1.42}$$

Beide Werte sind gleich, weil an dem Verbraucher die Nennspannung anliegt

$$\frac{I_V}{I_r} = \frac{Q_V / \left(\sqrt{3}\, U_n\right)}{S_r / \left(\sqrt{3}\, U_n\right)} = \frac{Q_V}{S_r} = 0{,}6$$

Um einfach rechnen zu können, werden die Transformatorwerte mit dem Übersetzungsverhältnis 1 : ü umgerechnet. Es ergibt sich dann der Fall e mit der Spannung $u_G' = 1{,}2$, die noch auf den wahren p.u.-Wert umgerechnet werden muß.

$$u_G = u_G' / ü = 1{,}1$$

Mit der Bezugsspannung $U_r = 27$ kV ist anschließend die Klemmenspannung zu bestimmen

$$U_G = u_G \cdot U_r = 1{,}1 \cdot 27 = 30 \text{ kV} \tag{1.43}$$

Die vorgestellte Rechnung ist umständlich. Deshalb eignet sich das Verfahren der p.u.-Werte für die Berechnung von Netzen weniger. In vielen Fällen können jedoch zur Durchführung von Überschlagsrechnungen die Nennspannungen der Netze und die Bemessungsspannungen der Betriebsmittel gleichgesetzt und die Stufenstellung der Transformatoren vernachlässigt werden. Dies gilt insbesondere bei Kurzschlußstromberechnungen. In solchen Fällen ist das Rechnen in p.u. sehr einfach, wie sich in den folgenden Kapiteln zeigen wird. Es ist üblich, bezogene Größen mit kleinen und physikalische Größen mit großen Buchstaben anzugeben. Dies ist in dem vorangegangenen Abschnitt geschehen. Da in dem vorliegenden Buch jedoch konstante Größen groß und Zeitfunktionen klein geschrieben werden, wird von Abschn. 1.4 an auf eine unterschiedliche Bezeichnung zwischen p.u.- und Absolutgrößen verzichtet. Lediglich an den Stellen, an denen es notwendig oder sinnvoll ist, werden die bezogenen Größen klein geschrieben.

1.3.3 %/MVA-System

Speziell für die Berechnung von Kurzschlußströmen wurde ein Verfahren entwickelt, bei dem die Spannungen in % der Bezugsspannung angegeben werden, z. B. ergibt sich für die Spannung U = 400 kV im 380-kV-Netz

$$u = 100\,\% \cdot U / U_n = 100\,\%\ 400 / 380 = 105\,\% \tag{1.44}$$

Die Ströme werden mit der Nennspannung und dem Faktor $\sqrt{3}$ multipliziert, so daß sie die Dimension einer Leistung erhalten.

Für den Strom I = 1 kA ergibt sich im 380-kV-Netz

$$i = I \cdot \sqrt{3}\, U = 1 \cdot \sqrt{3} \cdot 380 \text{ MVA} = 658 \text{ MVA} \tag{1.45}$$

Das Ohmsche Gesetz liefert dann die Reaktanz

$$x = u / i = 105\,\% / 658 \text{ MVA} = 0{,}16\,\% / \text{MVA} \tag{1.46}$$

Das Verfahren hat keine große Bedeutung erlangt. Es wurde hier nur kurz dargestellt, weil es gelegentlich in der Literatur zu finden ist [1.5].

1.4 Transformationen

Aus der Geometrie ist die Koordinatentransformation bekannt, bei der Punkte aus einem Originalsystem (x, y) in ein Bildsystem (ξ, η) transformiert werden. Eine solche Transformation ist sinnvoll, wenn die mathematischen Beziehungen zwischen den Punkten im Bildsystem eine einfachere Gestalt haben als im Originalsystem. Wie in Kapitel 1.2 dargestellt, sind die Zusammenhänge zwischen Strömen und Spannungen in Drehstromsystemen mit den Koordinaten RST komplexer Natur [1.6, 1.7]. Für die Schaltung a in Bild 1.4 ergibt sich bei rein ohmscher, symmetrischer Last $R_R = R_S = R_T$

$$\begin{aligned} U_R &= R_R\, I_R + R_N \left(I_R + I_S + I_T\right) \\ &= \left(R_R + R_N\right) I_R + R_N\, I_S + R_N\, I_T \end{aligned} \tag{1.47}$$

Mit $R_R + R_N = R_A$ erhält man

$$\begin{pmatrix} U_R \\ U_S \\ U_T \end{pmatrix} = \begin{pmatrix} R_A & R_N & R_N \\ R_N & R_A & R_N \\ R_N & R_N & R_A \end{pmatrix} \begin{pmatrix} I_R \\ I_S \\ I_T \end{pmatrix} \tag{1.48}$$

$$\mathbf{u} = \mathbf{R}\,\mathbf{i}$$

Werden nun bei bekannten Spannungen **u** die Ströme **i** gesucht, so muß die Matrix **R** invertiert werden. Dies ist für den Sonderfall $R_N = 0$ leicht möglich. Dann sind nämlich die Gleichungen für R, S, und T voneinander entkoppelt

$$\begin{pmatrix} U_R \\ U_S \\ U_T \end{pmatrix} = \begin{pmatrix} R_A & 0 & 0 \\ 0 & R_A & 0 \\ 0 & 0 & R_A \end{pmatrix} \begin{pmatrix} I_R \\ I_S \\ I_T \end{pmatrix} \tag{1.49}$$

Gelingt es, die Ströme und Spannungen von den RST-Komponenten in ein anderes System $R'S'T'$ zu transformieren, so daß Gl. (1.48) die Gestalt der Gl. (1.49) annimmt, wird das Arbeiten im Bildsystem einfach. Eine Transformation, die dies leistet, muß die voll besetzte Originalmatrix **R** in eine Diagonalmatrix $\mathbf{R}'$ überführen [1.6, 1.7].

1.4.1 Diagonaltransformation

Werden Ströme und Spannungen in Gl. (1.48) mit der Transformationsmatrix **T** umgerechnet, so ergibt sich in dem mit einem ' gekennzeichneten Bildsystem

$$\mathbf{i} = \mathbf{T}\,\mathbf{i}' \qquad \mathbf{u} = \mathbf{T}\,\mathbf{u}' \tag{1.50}$$

$$\mathbf{u} = \mathbf{R}\,\mathbf{i} = \mathbf{T}\,\mathbf{u}' = \mathbf{R}\,\mathbf{T}\,\mathbf{i}'$$

$$\mathbf{u}' = \mathbf{T}^{-1}\,\mathbf{R}\,\mathbf{T}\,\mathbf{i}' = \mathbf{R}'\,\mathbf{i}' \tag{1.51}$$

$$\mathbf{R}' = \mathbf{T}^{-1}\,\mathbf{R}\,\mathbf{T} \tag{1.52}$$

Die Transformationsmatrix **T** mit ihren 9 Elementen t_{ik} muß - wie oben vorgegeben - so aufgebaut sein, daß $\mathbf{R}'$ Diagonalgestalt besitzt. Durch Ausmultiplikation der rechten Seite von Gl. (1.52) ergibt sich für jedes der 9 Elemente r'_{ik} eine Gleichung. Dabei müssen die Nichtdiagonalen $r'_{ik}(i \neq k)$ den Wert null annehmen, um die Diagonalgestalt sicherzustellen. Es gibt also 6 Gleichungen zur Berechnung der 9 Elemente r_{ik}. Diese große Freiheit in der Konstruktion der Transformationsmatrix **T** wird jedoch durch den Wunsch nach einfacher Handhabbarkeit eingeschränkt.

Es bestehen folgende Forderungen, die teils zweckmäßig und teils zwingend sind:

- Für Ströme und Spannungen wird die gleiche Transformationsmatrix gewählt; dies vereinfacht die Anwendung des Verfahrens.
- Es muß möglich sein, die Ströme und Spannungen aus dem Bildsystem in das Originalsystem zurückzutransformieren. Diese Umkehrbarkeit erfordert die Existenz der Inversen $\mathbf{T}^{-1}$.
- Die Koppelmatrix zwischen Strom und Spannung - dies entspricht dem Ohmschen Gesetz - muß durch die Transformation auf Diagonalform gebracht werden.
- Die Matrix **T** darf nicht die Komponenten der Widerstandsmatrix **R** enthalten, d. h. die Transformation ist für alle Betriebsmittel gleich.
- Bei der Transformation soll sich die Leistung nicht ändern.

$$U_R\, I_R + U_S\, I_S + U_T\, I_T = U_R'\, I_R' + U_S'\, I_S' + U_T'\, I_T' \qquad (1.53)$$

Die letzte Forderung der Leistungsinvarianz führt zu einer orthonormalen Transformation mit der Bedingung

$$\mathbf{T}^{-1} = \mathbf{T}^{T}$$

oder in komplexer Form

$$\underline{\mathbf{T}}^{-1} = (\underline{\mathbf{T}}^{T})^{*} \qquad (1.54)$$

Besteht zwischen den Leistungen in Original- und Bildsystem ein Maßstabsfaktor, so nennt man die Transformation orthogonal

$$\underline{\mathbf{T}}^{-1} = \mathbf{K}\,(\underline{\mathbf{T}}^{T})^{*} \qquad (1.55)$$

Dabei ist **K** eine Diagonalmatrix. Die Leistung im Bildsystem unterscheidet sich dann von der im Originalsystem.

1.4.2 Transformationsmatrix

Wenn die Transformationsmatrix **T** in Gl. (1.50) aus den Eigenvektoren der Matrix **R** besteht, so wird die Matrix $\mathbf{R}'$ zu einer Diagonalmatrix mit den Eigenwerten der Matrix **R** als Elemente.

Für eine allgemein aufgebaute reguläre Matrix **R**, bei der alle Elemente r_{ik} voneinander verschieden sind, läßt sich keine Transformationsmatrix **T** finden, die unabhängig von diesen Elementen r_{ik} ist. Der Sonderfall einer zyklisch-symmetrischen Matrix, die bei rotierenden Maschinen auftritt, liefert

$$\mathbf{R} = \begin{pmatrix} A & B & C \\ C & A & B \\ B & C & A \end{pmatrix} \qquad (1.56)$$

$$\underline{R}_R' = A + B + C \qquad \underline{R}_S' = A + \underline{a}^2 B + \underline{a} C \qquad \underline{R}_T' = A + \underline{a} B + \underline{a}^2 C \qquad (1.57)$$

mit $\underline{a} = e^{j120°}$

Hierzu gehören die Eigenvektoren

$$\underline{\mathbf{T}} = \begin{pmatrix} 1 & 1 & 1 \\ 1 & \underline{a}^2 & \underline{a} \\ 1 & \underline{a} & \underline{a}^2 \end{pmatrix} \begin{pmatrix} k_1 \\ k_2 \\ k_3 \end{pmatrix} \tag{1.58}$$

Dabei kann der Vektor **k** beliebige Elemente enthalten [1.8].

1.4.3 Symmetrische Komponenten

Der Vorteil der komplexen Transformation mit der Matrix $\underline{\mathbf{T}}$ nach Gl. (1.58) wurde von G. Hommel 1910 erkannt und von C.L. Fortescue 1918 mit Erfolg ausgenutzt [1.9, 1.10]. Er hat in Gl. (1.58) den Wert $\mathbf{k} = \mathbf{1}$ eingefügt und so die folgende Transformation erhalten

$$\begin{pmatrix} \underline{U}_R \\ \underline{U}_S \\ \underline{U}_T \end{pmatrix} = \begin{pmatrix} 1 & 1 & 1 \\ 1 & \underline{a}^2 & \underline{a} \\ 1 & \underline{a} & \underline{a}^2 \end{pmatrix} \begin{pmatrix} \underline{U}_h \\ \underline{U}_p \\ \underline{U}_n \end{pmatrix} \tag{1.59}$$

$$\underline{\mathbf{u}} = \underline{\mathbf{T}}\,\underline{\mathbf{u}}'$$

$$\begin{pmatrix} \underline{U}_h \\ \underline{U}_p \\ \underline{U}_n \end{pmatrix} = \frac{1}{3} \begin{pmatrix} 1 & 1 & 1 \\ 1 & \underline{a} & \underline{a}^2 \\ 1 & \underline{a}^2 & \underline{a} \end{pmatrix} \begin{pmatrix} \underline{U}_R \\ \underline{U}_S \\ \underline{U}_T \end{pmatrix} \tag{1.60}$$

$$\underline{\mathbf{u}}' = \underline{\mathbf{T}}^{-1}\,\underline{\mathbf{u}}$$

Die Transformationsgleichungen für die Ströme lauten entsprechend.

Wendet man diese Transformationsmatrix mit der Rechenvorschrift (1.52) auf Gl. (1.48) an, so ergibt sich für die Last nach Bild 1.4a

$$\mathbf{R}' = \begin{pmatrix} R_h & 0 & 0 \\ 0 & R_p & 0 \\ 0 & 0 & R_n \end{pmatrix} \tag{1.61}$$

$$R_h = R_A + 2\,R_N \qquad R_p = R_n = R_A - R_N = R_R$$

Eine symmetrische, positiv - d. h. entgegen dem Uhrzeigersinn - drehende Spannung, in Gl. (1.60) eingesetzt, liefert

$$\begin{array}{lll} \underline{U}_R = U & \underline{U}_S = \underline{a}^2\, U & \underline{U}_T = \underline{a}\, U \\ \underline{U}_h = 0 & \underline{U}_p = 1 & \underline{U}_n = 0 \end{array} \tag{1.62}$$

Durch Vertauschen der Leiter S und T entsteht eine negativ drehende Spannung

$$\begin{array}{lll} \underline{U}_R = U & \underline{U}_S = \underline{a}\, U & \underline{U}_T = \underline{a}^2\, U \\ \underline{U}_h = 0 & \underline{U}_p = 0 & \underline{U}_n = 1 \end{array} \tag{1.63}$$

Schließlich liefert eine homopolare Spannung

$$\begin{array}{lll} \underline{U}_R = U & \underline{U}_S = U & \underline{U}_T = U \\ \underline{U}_h = 1 & \underline{U}_p = 0 & \underline{U}_n = 0 \end{array} \tag{1.64}$$

Ein beliebiges unsymmetrisches Drehspannungssystem läßt sich demnach in homopolare, positiv drehende und negativ drehende Spannungen zerlegen.

Beispiel 1.2. *Ein unsymmetrisches Spannungssystem $\underline{U}_R = -\underline{U}_S = -\underline{U}_T = U$ soll in symmetrische Komponenten zerlegt werden. Gl. (1.60) liefert*

$$\underline{U}_h = \frac{1}{3}\left(\underline{U}_R + \underline{U}_S + \underline{U}_T\right) = -\frac{1}{3}\, U$$

$$\underline{U}_p = \frac{1}{3}\left(\underline{U}_R + \underline{a}\,\underline{U}_S + \underline{a}^2\,\underline{U}_T\right) = \frac{1}{3}\left(1 - \underline{a} - \underline{a}^2\right) U = \frac{2}{3}\, U$$

$$\underline{U}_n = \frac{1}{3}\left(\underline{U}_R + \underline{a}^2\,\underline{U}_S + \underline{a}\,\underline{U}_T\right) = \frac{1}{3}\left(1 - \underline{a}^2 - \underline{a}\right) U = \frac{2}{3}\, U$$

Da das positiv und negativ drehende System gleich groß sind, wird sich in einer Drehstrommaschine bei dieser Spannung kein Drehfeld entwickeln. Dies ist auch verständlich, denn die Spannung $\underline{U}_R - \underline{U}_S = \underline{U}_R - \underline{U}_T = 2\,U$ ist eine Wechselspannung.

Wird eine symmetrische Last entsprechend Bild 1.4a bzw. 1.8a an eine Spannungsquelle gelegt, so ergibt sich die Komponentenersatzschaltung nach Bild 1.8b. Hierbei ist zu beachten, daß bei symmetrischen Spannungsquellen keine Spannungen und somit auch keine Ströme im negativ drehenden und homopolaren System auftreten.

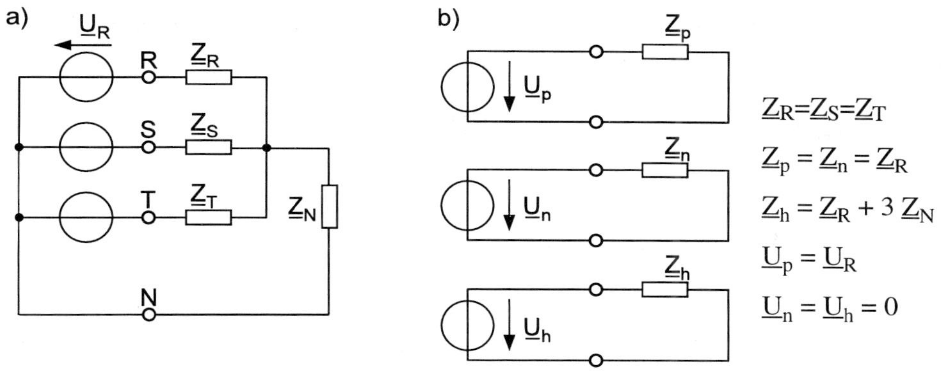

Bild 1.8: *Symmetrisches Netz*
a) Originalschaltung, b) Komponentenschaltung

Bei symmetrischen Fällen kann man sich deshalb auf die Behandlung des positiv drehenden Systems beschränken. Dies ist eine Rechtfertigung für die in Abschn. 1.3.1 eingeführte einphasige Ersatzschaltung, wie sie in Bild 1.7 dargestellt wurde.

Für die drei Komponentensysteme werden in der Literatur sehr unterschiedliche Bezeichnungen gewählt.

Symmetrische Komponenten = Fortescue-Komponenten

homopolar	positiv drehend	negativ drehend	hpn
Nullsystem	Mitsystem	Gegensystem	0mg bzw. 012
Nullsystem	Mitsystem	Inverssystem	0mi

Aus Strom und Spannung läßt sich die Leistung berechnen

$$\underline{S}_{RST} = \underline{\mathbf{u}}^T \underline{\mathbf{i}}^* = \underline{U}_R \underline{I}_R^* + \underline{U}_S \underline{I}_S^* + \underline{U}_T \underline{I}_T^* \tag{1.65}$$

$$\begin{aligned} \underline{S}_{RST} &= \left[\underline{\mathbf{T}}\,\underline{\mathbf{u}}'\right]^T \left[\underline{\mathbf{T}}\,\underline{\mathbf{i}}'\right]^* = \underline{\mathbf{u}}'^T\,\underline{\mathbf{T}}^T\,\underline{\mathbf{T}}^*\,\underline{\mathbf{i}}'^* \\ &= 3\,\underline{\mathbf{u}}'^T\,\underline{\mathbf{i}}'^* = 3\left(\underline{U}_h\,\underline{I}_h^* + \underline{U}_p\,\underline{I}_p^* + \underline{U}_n\,\underline{I}_n^*\right) \\ \underline{S}_{RST} &= 3\,\underline{S}_{hpn} \end{aligned} \tag{1.66}$$

Die Leistung im Bildsystem unterscheidet sich damit von der Leistung im Originalsystem um den Faktor 3. Die Transformationsmatrix ist deshalb nicht orthonormal entsprechend der Bedingung (1.54), sondern nur orthogonal entsprechend (1.55).

Dieser Makel läßt sich beseitigen. In DIN 13321 wird die Transformation in symmetrische Komponenten orthonormal angegeben und mit hpn bezeichnet

$$\underline{\mathbf{T}} = \frac{1}{\sqrt{3}}\begin{pmatrix} 1 & 1 & 1 \\ 1 & \underline{a}^2 & \underline{a} \\ 1 & \underline{a} & \underline{a}^2 \end{pmatrix} \qquad \underline{\mathbf{T}}^{-1} = \left(\underline{\mathbf{T}}^{\mathrm{T}}\right)^{*} = \frac{1}{\sqrt{3}}\begin{pmatrix} 1 & 1 & 1 \\ 1 & \underline{a} & \underline{a}^2 \\ 1 & \underline{a}^2 & \underline{a} \end{pmatrix} \tag{1.67}$$

Trotz Normung hat diese Form jedoch keine große Verbreitung gefunden. Vorteil der ursprünglichen Definition ist, daß symmetrische Spannungen und Ströme durch die Transformationen (1.59) und (1.60) in ihrer Größe erhalten bleiben. Hierfür sind in der Norm die Bezeichnungen „012“ festgelegt. In dem vorliegenden Buch wird die Form nach Gln. (1.59) und (1.60) mit hpn verwendet. Die o. g. Bezeichnungen, z. B. positiv drehendes System und Mitsystem, werden gleichberechtigt benutzt.

Die Anwendung der symmetrischen Komponenten ist insbesondere bei der Netzberechnung von Vorteil, wenn mehrere symmetrische Betriebsmittel zusammenwirken und nur eine oder zwei Unsymmetriestellen auftreten. Deshalb wird in Abschn. 8.3.3 ein Beispiel für den Umgang mit diesem Verfahren gegeben. Um die Bedeutung der Komponenten für die in den folgenden Abschnitten behandelten Betriebsmittel darzulegen, soll ein einpoliger Kurzschluß zwischen den Leitern R und N in der Komponentenschaltung behandelt werden. Hierzu dient in Bild 1.9a eine symmetrische Spannungsquelle mit der inneren Spannung $\underline{U}_Q$, der Innenimpedanz $\underline{Z}_Q$ und der Sternpunktimpedanz $\underline{Z}_N$.

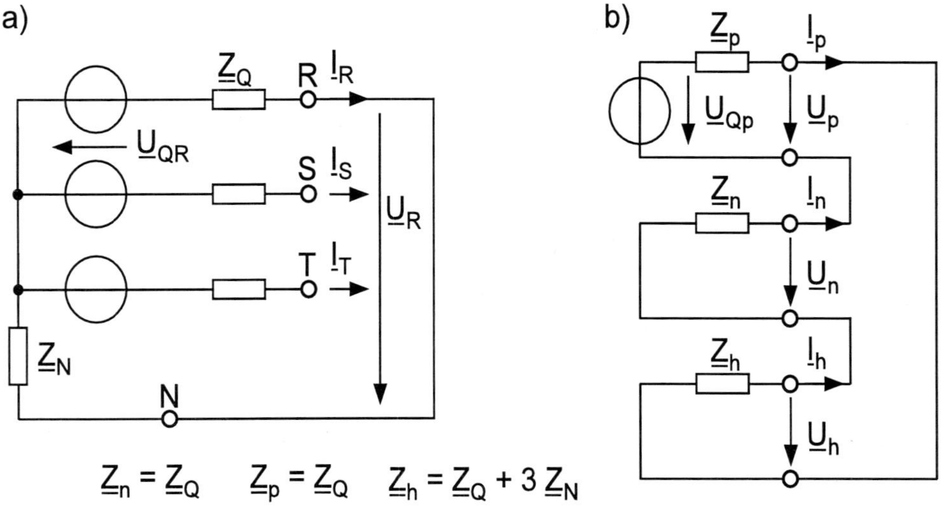

$$\underline{Z}_n = \underline{Z}_Q \qquad \underline{Z}_p = \underline{Z}_Q \qquad \underline{Z}_h = \underline{Z}_Q + 3\,\underline{Z}_N$$

Bild 1.9: *Spannungsquelle mit Erdkurzschluß*
a) RST-System, b) hpn-System

Die Komponentenschaltungen nach Bild 1.8b sind zunächst voneinander entkoppelt. Der Kurzschluß R-N in Bild 1.9a läßt sich im RST-System durch folgende Bedingungen beschreiben

$$\underline{U}_R = 0 \qquad \underline{I}_S = \underline{I}_T = 0 \tag{1.68}$$

Die Transformationsgleichungen (1.59) und (1.60) liefern

$$\underline{U}_R = \underline{U}_h + \underline{U}_p + \underline{U}_n = 0 \tag{1.69}$$

$$\underline{I}_h = \underline{I}_p = \underline{I}_n = 1/3 \cdot \underline{I}_R \tag{1.70}$$

In den Komponentenschaltungen sind die Knotenpunkte an der Unsymmetriestelle nun so zu verknüpfen, daß die Gln. (1.69) und (1.70) erfüllt werden. Dies ist in Bild 1.9b geschehen.

Die Transformation (1.50 - 1.52) mit den Matrizen (1.59) und (1.60) liefert

$$\underline{Z}_p = \underline{Z}_n = \underline{Z}_Q \qquad \underline{Z}_h = \underline{Z}_Q + 3\,\underline{Z}_N \tag{1.71}$$

$$\underline{U}_{Qp} = \underline{U}_{QR} \tag{1.72}$$

Aus Bild 1.9b läßt sich damit der Strom an der Fehlerstelle berechnen

$$\underline{I}_p = \underline{I}_n = \underline{I}_h = \frac{\underline{U}_{Qp}}{\underline{Z}_p + \underline{Z}_n + \underline{Z}_h} \tag{1.73}$$

Nun ist mit Gleichung (1.59) der Strom im Originalsystem zu ermitteln

$$\underline{I}_R = \underline{I}_p + \underline{I}_n + \underline{I}_h = \frac{3\,\underline{U}_{Qp}}{\underline{Z}_p + \underline{Z}_n + \underline{Z}_h} \tag{1.74}$$

$$\underline{I}_R = \frac{3\,\underline{U}_{QR}}{\underline{Z}_Q + \underline{Z}_Q + \underline{Z}_Q + 3\,\underline{Z}_N} = \frac{\underline{U}_{QR}}{\underline{Z}_Q + \underline{Z}_N} \tag{1.75}$$

In dem einfachen Beispiel ist dieses Ergebnis auch direkt aus Bild 1.9a zu erkennen.

Ein Sonderfall ergibt sich für $\underline{Z}_N = 0$

$$\underline{I}_R = \frac{\underline{U}_{QR}}{\underline{Z}_Q} \tag{1.76}$$

Dies ist der gleiche Wert, der sich auch bei einem dreipoligen Kurzschluß ergibt.

Ähnlich wie der einpolige Erdkurzschluß lassen sich auch andere unsymmetrische Fehlerfälle in symmetrischen Komponenten darstellen. Die Bilder 1.10 und 1.11 zeigen einige Beispiele. Dabei sind die Neutralleiter der drei Systeme N_p, N_n, N_h voneinander getrennt. Der dreipolige Kurzschluß mit Erdberührung ist nicht von Bedeutung, denn durch die symmetrische Spannung im RST-System werden Gegen- und Homopolarspannung zu null, es bleibt - wie oben erläutert - lediglich das Mitsystem erhalten. Im Falle des einpoligen Erdkurzschlusses sind gemäß der obigen Ableitung die drei Systeme in Reihe geschaltet. Dies geschieht bei einem Kurzschluß in R entsprechend der Schaltung b direkt und bei einem Kurzschluß in S entsprechend Schaltung c über Anpaßtransformatoren mit komplexem Übersetzungsverhältnis $\underline{a}$ bzw. $\underline{a}^2$. Da in einem symmetrischen Netz ein Fehler in R oder S zu gleichen Kurzschlußströmen führt, ist die aufwendige Schaltung c hier nicht von Bedeutung. Bei einem zweipoligen Kurzschluß der Leiter S und T mit Erdberührung ergibt sich die Ersatzschaltung nach Bild 1.11a. Sie gilt auch für den zweipoligen Kurzschluß ohne Erdberührung, wenn $\underline{Z}_2 \to \infty$ gesetzt wird. Dann werden Mit- und Gegensystem parallel geschaltet und das Nullsystem hat keinen Einfluß. Die Schaltung 1.11b bildet für $\underline{Z} \to \infty$ eine einpolige Leiterunterbrechung nach. Dieser Betriebsfall ist als Kurzunterbrechung zur Löschung von einpoligen Lichtbogenfehlern auf Freileitungen von Bedeutung. Schließlich wird in der Schaltung 1.11c ein Doppelerdschluß nachgebildet. Solche Fehler entstehen, wenn in einem Netz an der Stelle 1 ein einpoliger Erdkurzschluß im Leiter S auftritt und dadurch Leiter-Erd-Spannungen der beiden anderen Leiter ansteigen. Als Folge kann an irgendeiner Stelle im Netz ein zweiter Erdkurzschluß in dem Leiter R auftreten (Abschn. 8.3.3). An der Stelle 1 ist dann die Verknüpfung entsprechend Schaltung 1.10c vorzunehmen, an der Fehlerstelle 2 muß die Ersatzschaltung 1.10b realisiert werden.

Selbstverständlich können in allen Schaltungen an die Stelle der Fehlerwiderstände $\underline{Z}_1$ und $\underline{Z}_2$ auch Lastwiderstände treten, so daß unsymmetrische Belastungen ebenfalls mit den Schaltbildern 1.10 und 1.11 zu behandeln sind.

Die komplexe Transformation der symmetrischen Komponenten ist für die Berechnung von stationären unsymmetrischen Stromverteilungen mit Hilfe der komplexen Rechnung geeignet.

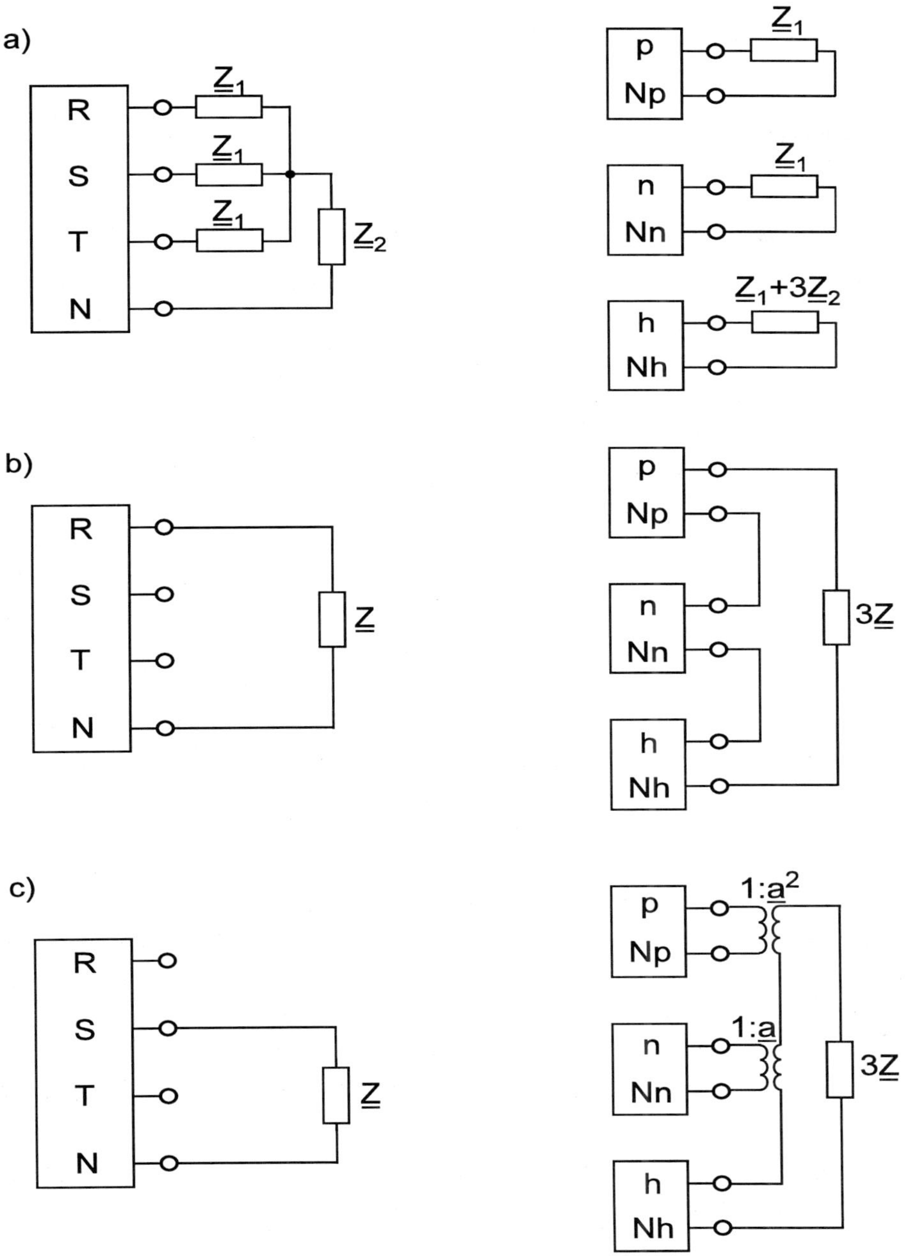

Bild 1.10: *Fehlerschaltungen in symmetrischen Komponenten I*
a) dreipoliger Kurzschluß, b) einpoliger Kurzschluß in R,
c) einpoliger Kurzschluß in S

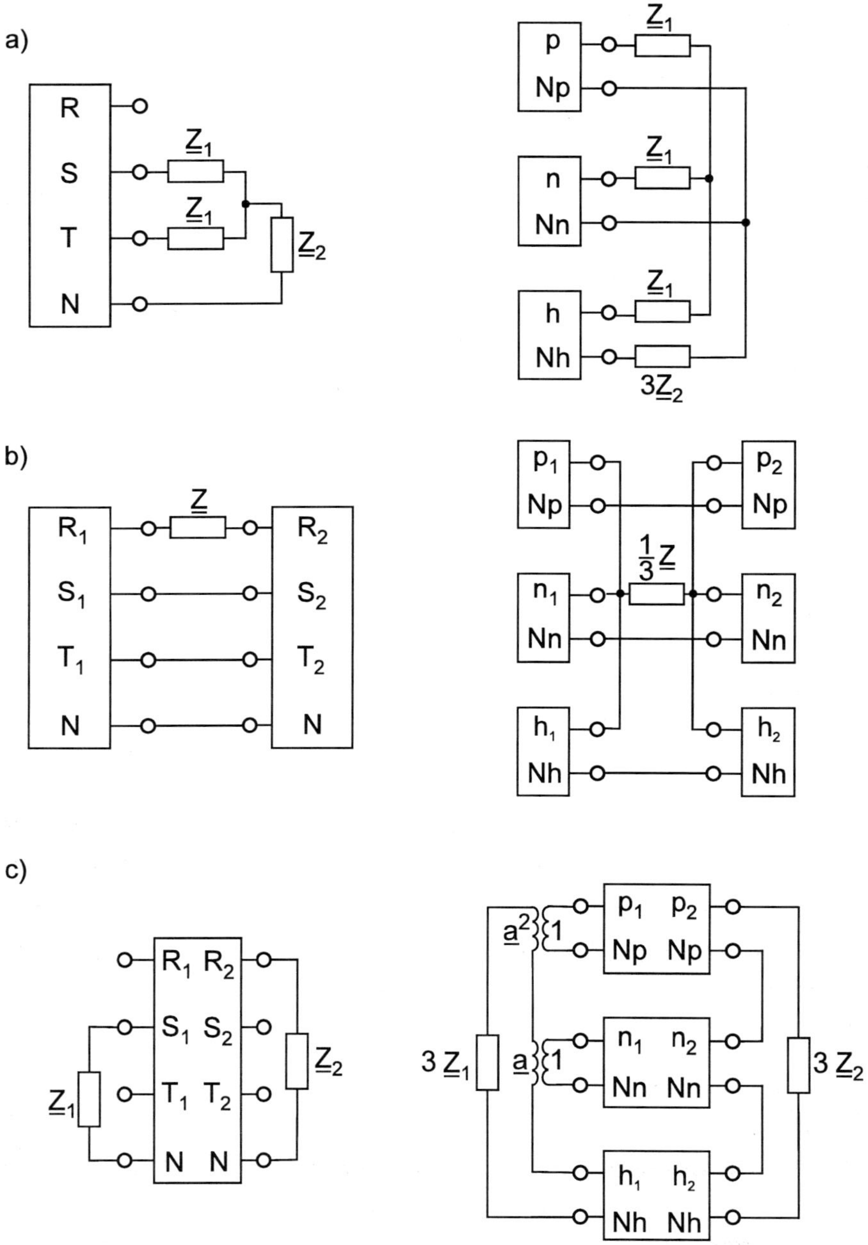

Bild 1.11: *Fehlerschaltungen in symmetrischen Komponenten II*
a) zweipoliger Kurzschluß mit Erdberührung, b) Leiterunterbrechung
c) Doppelerdschluß in R und S

1.4.4 Diagonalkomponenten

Für die Behandlung von Zeitfunktionen und die Lösung von Differentialgleichungen sind die symmetrischen Komponenten nur mit Schwierigkeiten einsetzbar, denn aus reellen Funktionen und Gleichungen entstehen komplexe. 1948 schlug E. Clarke die von ihm so genannten Diagonalkomponenten vor. Dieser Name hat sich jedoch nicht durchgesetzt. Man nennt sie schlicht 0αβ- oder hαβ-Komponenten. Auch sie werden in orthogonaler und orthonormaler Form verwendet [1.9]

$$\mathbf{u} = \mathbf{T}\,\mathbf{u}' \tag{1.77}$$

orthogonal

$$\mathbf{T} = \begin{pmatrix} 1 & 1 & 0 \\ 1 & 1/2 & \sqrt{3}/2 \\ 1 & -1/2 & -\sqrt{3}/2 \end{pmatrix} \qquad \mathbf{T}^{-1} = \frac{1}{3}\begin{pmatrix} 1 & 1 & 1 \\ 2 & -1 & -1 \\ 0 & \sqrt{3} & -\sqrt{3} \end{pmatrix} \tag{1.78}$$

orthonormal

$$\mathbf{T} = \sqrt{\frac{2}{3}}\begin{bmatrix} 1/\sqrt{2} & 1/\sqrt{2} & 0 \\ 1/\sqrt{2} & -1/2 & \sqrt{3}/2 \\ 1/\sqrt{2} & -1/2 & -\sqrt{3}/2 \end{bmatrix} \qquad \mathbf{T}^{-1} = \mathbf{T}^{\mathrm{T}} \tag{1.79}$$

Die Transformation (1.77) läßt sich ebenso wie die symmetrischen Komponenten auf stationäre komplexe Ausdrücke anwenden $\mathbf{u} \longrightarrow \underline{\mathbf{u}}$. Aber es ist auch möglich, Zeitfunktionen zu behandeln $\mathbf{u} \longrightarrow \mathbf{u}(t)$.

Führt man mit der Matrix (1.78) die Transformation (1.52) durch und verwendet dabei die Widerstandsmatrix aus Gl. (1.48), so ergibt sich

$$\mathbf{R}' = \begin{pmatrix} R_h & 0 & 0 \\ 0 & R_\alpha & 0 \\ 0 & 0 & R_\beta \end{pmatrix} \tag{1.80}$$

$$R_h = R_A + 2\,R_N \qquad R_\alpha = R_\beta = R_A - R_N = R_R$$

Das Ergebnis stimmt mit dem Ergebnis für die symmetrischen Komponenten in Gl. (1.61) überein

$$R_\alpha = R_\beta = R_p = R_n = R_R$$
$$R_h\Big|_{hnp} = R_h\Big|_{h\alpha\beta} = R_R + 3\,R_N \tag{1.81}$$

Dies ist auch verständlich, denn die Diagonalelemente der Matrix $\mathbf{R}'$ sind die Eigenwerte der Matrix $\mathbf{R}$, und zwar unabhängig davon, welche Transformationsmatrix angewendet wird. Man hätte das Ergebnis auch aus Gl. (1.57) entnehmen können.

$$A = R_A \qquad B = C = R_N$$
$$R'_R = R_A + 2\,R_N = R_h$$
$$R'_S = R_A + \left(\underline{a}^2 + \underline{a}\right) R_N = R_A - R_N = R_\alpha$$
$$R'_T = R_A + \left(\underline{a} + \underline{a}^2\right) R_N = R_A - R_N = R_\beta$$

In ähnlicher Weise lassen sich die reellen Transformationsmatrizen (1.78) für den Fall B = C aus den komplexen Eigenvektoren in Gl. (1.59) ableiten.

Werden Mit-, Gegen- und Nullsystemspannung transformiert, so erhält man

Mitsystem:

$$\underline{U}_R = U \qquad \underline{U}_S = \underline{a}^2\,U \qquad \underline{U}_T = \underline{a}\,U$$
$$\underline{U}_h = 0 \qquad \underline{U}_\alpha = U \qquad \underline{U}_\beta = -\,j U \tag{1.82}$$

Gegensystem:

$$\underline{U}_R = U \qquad \underline{U}_S = \underline{a}\,U \qquad \underline{U}_T = \underline{a}^2\,U$$
$$\underline{U}_h = 0 \qquad \underline{U}_\alpha = U \qquad \underline{U}_\beta = j U \tag{1.83}$$

Nullsystem:

$$\underline{U}_R = U \qquad \underline{U}_S = U \qquad \underline{U}_T = U$$
$$U_h = U \qquad U_\alpha = 0 \qquad U_\beta = 0 \tag{1.84}$$

Gegenüber den symmetrischen Komponenten treten nun bei symmetrischen Spannungen im α- und β-System von null verschiedene Werte auf. Trotzdem läßt sich der symmetrische Fall genau so einfach behandeln. Da beide Spannungen U_α und U_β gleich groß sind, laufen zwei gleiche, nur um 90° verschobene Vorgänge ab.

In Analogie zu den symmetrischen Komponenten gibt es auch bei den hαβ-Komponenten für die einzelnen Fehlerfälle Koppelschaltungen, auf deren vollständige Darstellung verzichtet werden soll. Der einpolige Kurzschluß in Bild 1.12 mag hier als Beispiel genügen.

Bei der Berechnung unsymmetrischer, stationärer Vorgänge mit Hilfe der komplexen Rechnung können die hαβ-Komponenten weniger vorteilhaft eingesetzt werden als die hpn-Komponenten. Da sie jedoch bei Unsymmetrien - unabhängig vom fehlerbetroffenen Leiter - keine Übertrager mit komplexem Übertragungsverhältnis aufweisen, wurden sie früher zur Durchführung von Netzstudien an Hardware-Netzmodellen eingesetzt. Digitalrechenprogramme, die die Netzmodelle verdrängt haben und ohnedies komplex rechnen, haben mit komplexen Übersetzungsverhältnissen keine Schwierigkeit.

Die hαβ-Transformation dient vornehmlich der Berechnung unsymmetrischer Ausgleichsvorgänge in Drehstromnetzen.

1.4.5 Park-Komponenten

Die Transformationen hpn und hαβ sind zeitinvariant. Transformiert man eine Zeitfunktion, z. B. $u = \hat{u} \sin \omega t$, in hpn-Komponenten, so ergeben sich komplexe Zeitfunktionen $\underline{u}_h(t)$, $\underline{u}_p(t)$, $\underline{u}_n(t)$ mit der Kreisfrequenz ω. Die hαβ-Transformation liefert reelle Zeitfunktionen mit der Kreisfrequenz ω. Bei einer Drehfeldmaschine ist es nun sinnvoll, die Zeitfunktion der Flüsse in den Ständerwicklungen auf ein Koordinatensystem zu transformieren, das mit dem Läufer rotiert. Dies hat R.H. Park 1929 vorgeschlagen. Zunächst wird das Drehstromsystem RST in ein orthogonales hαβ-System transformiert. Es ergeben sich dann zwei senkrecht zueinander stehende Wicklungen α und β. Die dritte Wicklung h, die hierzu senkrecht steht, hat eine untergeordnete Bedeutung. Die beiden Ständerwicklungen α, β lassen sich dann auf den Rotor projizieren, so daß entsprechend Bild 1.13 zwei Wicklungen d und q entste-

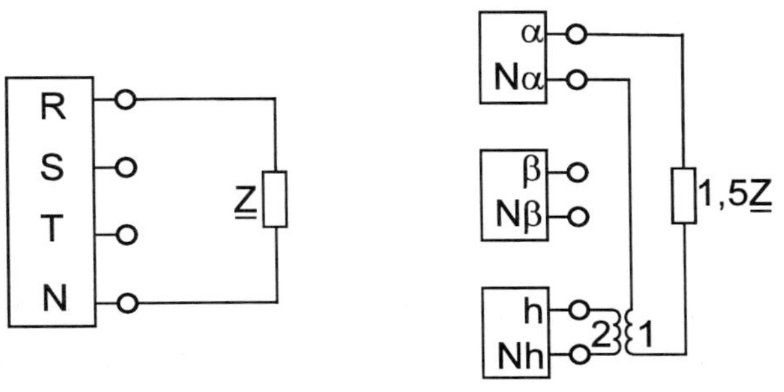

Bild 1.12: Einpoliger Kurzschluß in hαβ-Komponenten

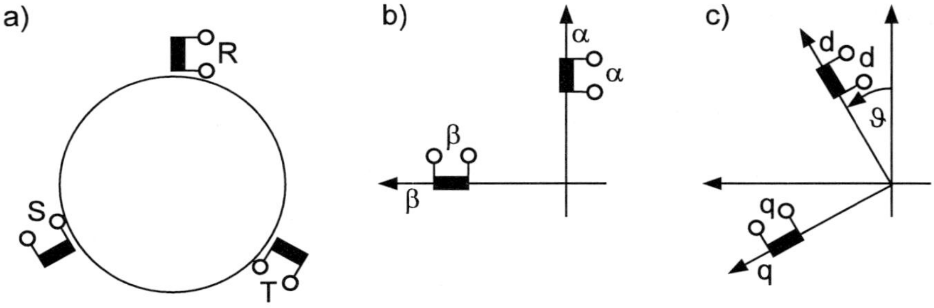

Bild 1.13: *Ableitung der Park-Komponenten*
a) Originalsystem RST, b) Diagonalsystem αβ, c) Parksystem dq

hen, die sich mit dem Winkel $\vartheta = \omega_0 t + \vartheta_0$ drehen. Die Wicklung q eilt dabei um 90° gegenüber der Wicklung d vor. In der Literatur ist die Anordnung der Wicklungen d und q zueinander gelegentlich anders, so daß unterschiedliche Vorzeichen in den Transformationsgleichungen entstehen [1.11, 1.12].
Die Transformation (1.77 - 1.78) liefert in hαβ-Komponenten

$$\mathbf{u}_{h\alpha\beta} = \mathbf{T}_{h\alpha\beta}^{-1} \cdot \mathbf{u}_{RST} = \frac{1}{3}\begin{pmatrix} 1 & 1 & 1 \\ 2 & -1 & -1 \\ 0 & \sqrt{3} & -\sqrt{3} \end{pmatrix}\begin{pmatrix} u_R \\ u_S \\ u_T \end{pmatrix} \tag{1.85}$$

Aus Bild 1.13 läßt sich die Projektion der Wicklungen α und β auf die rotierenden Wicklungen d und q ableiten, die homopolare Komponente h bleibt dabei erhalten

$$\mathbf{u}_{h\alpha\beta} = \mathbf{H}\,\mathbf{u}_{hdq} = \begin{pmatrix} 1 & 0 & 0 \\ 0 & \cos\vartheta & -\sin\vartheta \\ 0 & \sin\vartheta & \cos\vartheta \end{pmatrix}\begin{pmatrix} u_h \\ u_d \\ u_q \end{pmatrix} \tag{1.86}$$

Die Transformation mit der Matrix **H** ist orthonormal

$$\mathbf{H}^{-1} = \mathbf{H}^{T} = \begin{pmatrix} 1 & 0 & 0 \\ 0 & \cos\vartheta & \sin\vartheta \\ 0 & -\sin\vartheta & \cos\vartheta \end{pmatrix} \qquad \vartheta = \omega_0 t + \vartheta_0 \tag{1.87}$$

Durch die Zusammenfassung der Transformierten (1.85) und (1.87) ergibt sich

$$\mathbf{u}_{RST} = \mathbf{T}_{h\alpha\beta}\,\mathbf{H}\,\mathbf{u}_{hdq} = \mathbf{T}_{hdq}\,\mathbf{u}_{hdq}$$

$$\mathbf{T}_{hdq} = \begin{pmatrix} 1 & \cos\vartheta & -\sin\vartheta \\ 1 & \cos(\vartheta-\alpha) & -\sin(\vartheta-\alpha) \\ 1 & \cos(\vartheta+\alpha) & -\sin(\vartheta+\alpha) \end{pmatrix}$$

$$\mathbf{T}_{hdq}^{-1} = \frac{2}{3}\begin{pmatrix} \frac{1}{2} & \frac{1}{2} & \frac{1}{2} \\ \cos\vartheta & \cos(\vartheta-\alpha) & \cos(\vartheta+\alpha) \\ -\sin\vartheta & -\sin(\vartheta-\alpha) & -\sin(\vartheta+\alpha) \end{pmatrix} \tag{1.88}$$

$$\alpha = 120\,°$$

Da der Winkel ϑ zeitabhängig ist, handelt es sich bei der Park-Transformation um eine zeitvariante Transformation. Am Beispiel der Zeitfunktion einer Drehspannung soll der Ablauf der Transformation erläutert werden

$$\begin{aligned} u_R &= -\hat{u}\sin(\omega t+\varphi) \\ u_S &= -\hat{u}\sin(\omega t+\varphi-\alpha) \\ u_T &= -\hat{u}\sin(\omega t+\varphi+\alpha) \end{aligned} \tag{1.89}$$

$$\begin{aligned} u_h &= 0 \\ u_\alpha &= -\hat{u}\sin(\omega t+\varphi) \\ u_\beta &= \hat{u}\cos(\omega t+\varphi) \\ u_d &= \hat{u}\sin(\vartheta-\omega t-\varphi) = \hat{u}\sin\left[(\omega_0-\omega)\,t-\varphi+\vartheta_0\right] \\ u_q &= \hat{u}\cos(\vartheta-\omega t-\varphi) = \hat{u}\cos\left[(\omega_0-\omega)\,t-\varphi+\vartheta_0\right] \end{aligned} \tag{1.90}$$

Dreht sich der Rotor mit der Kreisfrequenz ω_0 und wird an die Wicklung eine Spannung mit der Kreisfrequenz ω angelegt, so sieht der rotierende Läufer eine Schwebung. Wählt man für den stationären Betrieb $\omega_0 = \omega$, vereinfacht sich Gl. (1.90) zu

$$u_d = \hat{u}\sin\left(\vartheta_0 - \varphi\right) = \hat{u}\sin\delta$$
$$u_q = \hat{u}\cos\left(\vartheta_0 - \varphi\right) = \hat{u}\cos\delta \tag{1.91}$$

Der Winkel δ gibt die Lage des Läufers gegenüber der Spannung u_R an und wird deshalb als Polradwinkel bezeichnet. Aus den Wechselspannungen an der Ständerwicklung wurde durch die Park-Transformation ein Gleichspannungssystem erzeugt.

Die Park-Transformation ist insbesondere für die Behandlung von Drehfeldmaschinen geeignet, um die netzfrequenten Ständergrößen auf das rotierende Polrad zu transformieren.

Beispiel 1.3. *An einer Maschine, die sich mit der Kreisfrequenz ω dreht, wird eine Wechselspannung angelegt*

$$u_R = -u_S = -u_T = \hat{u}\sin\omega t$$

Welche Komponenten ergeben sich im Läufer?

Gl. (1.88) liefert mit

$$\mathbf{u}_{hdq} = \mathbf{T}_{hdq}^{-1} \cdot \mathbf{u}_{RST}$$

$$u_h = \frac{2}{3}\left[\frac{1}{2}u_R + \frac{1}{2}u_S + \frac{1}{2}u_T\right]$$

$$u_d = \frac{2}{3}\left[u_R\cos\vartheta + u_S\cos(\vartheta - \alpha) + u_T\cos(\vartheta + \alpha)\right]$$

$$u_q = \frac{2}{3}\left[-u_R\sin\vartheta - u_S\sin(\vartheta - \alpha) - u_T\sin(\vartheta + \alpha)\right]$$

$$\vartheta_0 = 0 \qquad \vartheta = \omega t \qquad u_h = -\frac{1}{3}\hat{u}\sin\omega t$$

$$u_d = \frac{2}{3}\hat{u}\sin\left(2\,\omega t\right) \qquad u_q = -\frac{2}{3}\hat{u} + \frac{2}{3}\hat{u}\cos\left(2\,\omega t\right)$$

Es entstehen ein homopolares Wechselfeld mit Netzfrequenz, ein mit dem Läufer synchrones Feld der Amplitude 2/3 û sowie ein Feld, das mit der doppelten Netzfrequenz gegenüber dem Läufer umläuft. Dies ist gut zu erkennen, wenn die Komponenten von

u_d *und* u_q *zu einem komplexen Zeiger* $\underline{u}$ *zusammengefaßt werden.*

$$\underline{u} = u_d + j\,u_q = -j\frac{2}{3}\,\hat{u} + \frac{2}{3}\,\hat{u}\left(\sin 2\,\omega t + j\cos 2\,\omega t\right)$$

$$= -j\frac{2}{3}\,\hat{u} + j\frac{2}{3}\,\hat{u}\,e^{-j\,2\,\omega t}$$

1.4.6 Raumzeiger

Wie in Abschnitt 1.2 anhand von Bild 1.1 gezeigt wurde, läßt sich der Fluß einer Drehfeldmaschine durch einen räumlich komplexen Zeiger darstellen. Von dieser Vorstellung ausgehend, hat K.P. Kovacs 1960 [1.13] die Raumzeigerkomponenten abgeleitet. Dabei bleibt das Homopolarsystem erhalten und die Komponenten α und β werden zusammengefaßt

$$\underline{u}_{s0} = u_\alpha + j\,u_\beta \tag{1.92}$$

Man vereinigt zwei reelle Größen zu einer komplexen Größe und halbiert so die Anzahl der Gleichungen. Die Transformation bleibt dadurch eindeutig. Zur Umkehrung ist es aber einfacher, auch den konjugiert komplexen Wert als Komponente zu behandeln, ohne daß dadurch ein zusätzlicher Freiheitsgrad entsteht

$$\underline{u}_{z0} = \underline{u}^{*}_{s0} = u_\alpha - j\,u_\beta \tag{1.93}$$

Mit den Gln. (1.90) und (1.92) ergibt sich

$$\underline{u}_{s0} = -\,\hat{u}\sin\left(\omega t + \varphi\right) + j\,\hat{u}\cos\left(\omega t + \varphi\right) = j\,\hat{u}\,e^{j(\omega t + \varphi)} \tag{1.94}$$

Analog zum Übergang von $h\alpha\beta$ auf 0dq kann man eine Zeittransformation durchführen Gl. (1.86)

$$\begin{aligned} \underline{u}_s &= e^{-j\vartheta}\cdot\underline{u}_{s0} = e^{-j\left(\omega_0 t + \vartheta_0\right)}\;j\cdot\hat{u}\,e^{j(\omega t + \varphi)} \\ \underline{u}_s &= j\,\hat{u}\,e^{-j\left[\left(\omega_0 - \omega\right)t + \vartheta_0 - \varphi\right]} \end{aligned} \tag{1.95}$$

Zerlegt man diesen Ausdruck in Real- und Imaginärteil, so ergeben sich die Park-Komponenten u_d und u_q nach Gl. (1.90).

In Ständerkoordinaten rotiert der Raumzeiger mit der Kreisfrequenz ω des Netzes wie der räumliche Vektor des Flusses in einer Drehstrommaschine. Durch Transformation mit der Kreisfrequenz ω_0 dreht sich der Flußvektor mit der Schlupfkreisfrequenz $\omega_0 - \omega$. Bei synchronem Lauf ($\omega_0 = \omega$) entsteht ein konstanter Zeiger. Die Raumzeigertheorie läßt sich gut auf Asynchronmaschinen anwenden, die rotationssymmetrisch aufgebaut sind. Die zwei Differentialgleichungen erster Ordnung, die dabei die Ständerwicklungen beschreiben (Abschn. 2.7.2), reduzieren sich auf eine Differentialgleichung erster Ordnung im Komplexen. Es entsteht so ein Verzögerungsglied erster Ordnung mit komplexen Zeitkonstanten.

Der Vorteil der Raumzeiger kommt im Elektromaschinenbau zum Tragen, wenn Spannungen unterschiedlicher Frequenz, z. B. die Nutoberschwingungen, miteinander verknüpft werden sollen.

2 Elektrische Maschinen

Die Klasse der Betriebsmittel, die zu den elektrischen Maschinen gezählt werden, ist von den Autoren abhängig. Hier sollen unter dem Begriff „elektrische Maschinen" diejenigen Betriebsmittel verstanden werden, die Energie mittels eines Magnetfeldes wandeln. Man kann unterscheiden zwischen

- ruhenden Maschinen (Transformatoren, Drosselspulen, Strom- und Spannungswandler)
- rotierenden Maschinen (Gleich- und Wechselstrommotoren bzw. -generatoren)
- translatorischen Maschinen (Linearmotoren und Hubmagnete).

Als mit dem Quecksilberdampfgleichrichter die Zeit der Leistungselektronik begann, wurde auch diese als Zweig der elektrischen Maschinen betrachtet. Sie hat sich jedoch aufgrund ihrer stürmischen Entwicklung sehr schnell zu einem eigenen Fachgebiet abgespalten (Kapitel 3). In Erweiterung zu der oben angegebenen Definition tritt bei der Energiewandlung gelegentlich das elektrische Feld an die Stelle des Magnetfeldes. Maschinen, die die Kräfte des elektrischen Feldes nutzen, um Drehbewegungen zu erzeugen, werden als elektrostatische Maschinen bezeichnet, spielen aber nur eine untergeordnete Rolle.

Das Gebiet der elektrischen Maschinen ist so umfassend, daß es in eigenen, teilweise mehrbändigen Werken behandelt wird [2.1 - 2.7]. Eine kurze Darstellung ist in [2.8] und [2.9] gegeben. Im Rahmen der Energietechnik spielen die Maschinen i. a. nur als Teil eines Systems eine Rolle. Deshalb wird hier ihrem Betriebsverhalten eine größere Bedeutung zugemessen als ihrer Konstruktion.

2.1 Transformatoren

Transformatoren haben die Aufgabe, Netze unterschiedlicher Spannungsebenen miteinander zu verbinden. Zu diesem Zweck transformieren sie eine Spannung U_1 in eine Spannung U_2. In Sonderfällen können beide Spannungen gleich sein. Dann besteht der Sinn des Transformators darin, zwei Netze galvanisch voneinander zu trennen. Beispiele hierfür sind die Schutztransformatoren der Rasierer-Steckdosen in Bädern. Steht bei der Spannungsübersetzung nicht der Energietransport, sondern die Spannung als Information im Mittelpunkt, so spricht man in der Meßtechnik von Wandlern und in der Nachrichtentechnik von Übertragern.

Bei vielen Transformatoren liegt die Richtung des Leistungstransports fest, z. B. beim Blocktransformator eines Kraftwerksgenerators, der in ein Netz speist oder beim Klingeltransformator. Deshalb unterscheidet man zwischen der Primärwicklung, der die Leistung zugeführt wird, und der Sekundärwicklung, die die Leistung weiterleitet. Bei Transformatoren in einem vermaschten Netz kann sich jedoch die Leistungsrichtung während des Betriebs umkehren, so daß man sinnvollerweise von Ober- und Unterspannungsseite spricht.

Für die Bemessungen des Transformators sind die Ströme und Spannungen maßgebend und nicht die Wirkleistung. Damit ist für die Baugröße die Scheinleistung entscheidend, die auch als Typenbezeichnung verwendet wird. Das Prinzip der Transformatoren wurde 1831 von M. Faraday entdeckt. Im Laufe der Zeit baute man immer größere Einheiten. Ebenso stiegen die Spannungsniveaus mit der Einführung der entsprechenden Netze an.

1891: 15 kV	120 kVA
1912: 110 kV	8 MVA
1929: 220 kV	50 MVA
1957: 380 kV	660 MVA in drei Einheiten
1995: 420/220 kV	600 MVA
420/27 kV	1 020 MVA

2.1.1 Aufbau eines Zweiwicklungstransformators

Bild 2.1 zeigt den prinzipiellen Aufbau eines Transformators, bestehend aus zwei Wicklungen mit den Windungszahlen w_1 und w_2, die durch einen Eisenkern magnetisch gekoppelt sind. Der Strom i_1 erzeugt in dem Eisenkreis mit dem magnetischen Leitwert Λ_h einen Fluß Φ_h, der beide Wicklungen durchströmt. Neben diesem Hauptfluß gibt es noch einen Streufluß $\Phi_{\sigma 1}$, der nur die Wicklung 1 umschließt. Ihm ist der magnetische Leitwert $\Lambda_{\sigma 1}$ zugeordnet. Eine Änderung des Stromes führt in beiden Wicklungen zu Spannungen. Demnach lassen sich folgende Gleichungen aufstellen

$$\Phi_h = \Lambda_h \cdot w_1 \, i_1 \qquad \Phi_{\sigma 1} = \Lambda_{\sigma 1} \cdot w_1 \, i_1 \tag{2.1}$$

$$\Phi_1 = \Phi_h + \Phi_{\sigma 1} \tag{2.2}$$

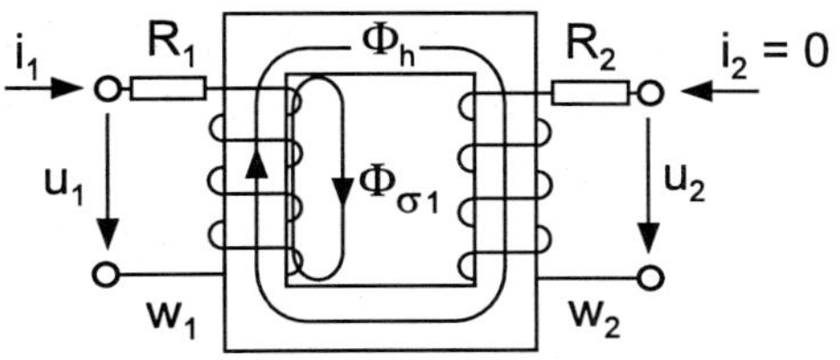

Bild 2.1: *Modell eines leerlaufenden Transformators*

$$
\begin{aligned}
u_1 &= w_1 \frac{d\Phi_1}{dt} + R_1 i_1 = w_1^2 \Lambda_h \frac{di_1}{dt} + w_1^2 \Lambda_{\sigma 1} \frac{di_1}{dt} + R_1 i_1 \\
&= L_h \frac{di_1}{dt} + L_{\sigma 1} \frac{di_1}{dt} + R_1 i_1
\end{aligned} \tag{2.3}
$$

$$
u_2 = w_2 \frac{d\Phi_h}{dt} = w_1\, w_2\, \Lambda_h \frac{di_1}{dt} = L_h \frac{w_2}{w_1} \frac{di_1}{dt} \tag{2.4}
$$

Es sei darauf hingewiesen, daß die elektrischen und magnetischen Größen i, u, Φ Zeitfunktionen sind. Während die elektrischen Zeitfunktionen allgemein mit kleinen Buchstaben bezeichnet werden, verwendet man für die magnetischen Größen stets große Buchstaben.

Bei der Ableitung der Gln. (2.1) bis (2.4) wurde angenommen, daß die Wicklung 1 vom Strom durchflossen wird, während die Wicklung 2 offen ist ($i_2 = 0$). Analoge Gleichungen gelten für den umgekehrten Fall. Durch Überlagerung beider Fälle erhält man die Beschreibungsgleichungen eines Transformators in allgemeiner Form

$$
\begin{aligned}
u_1 &= L_h \left(\frac{di_1}{dt} + \frac{w_2}{w_1} \frac{di_2}{dt} \right) + L_{\sigma 1} \frac{di_1}{dt} + R_1\, i_1 \\
u_2 &= L_h \left(\frac{w_2}{w_1} \right)^2 \left(\frac{di_2}{dt} + \frac{w_1}{w_2} \frac{di_1}{dt} \right) + L_{\sigma 2} \frac{di_2}{dt} + R_2\, i_2
\end{aligned} \tag{2.5}
$$

Es ist üblich, die Ströme und Spannungen der Wicklung 2 mit dem Übersetzungsverhältnis ü auf die Seite 1 umzurechnen und sie mit einem Strich zu kennzeichnen. Dieser wird allerdings bei Netzberechnungen, bei denen fast alle Größen umgerechnet sind, weggelassen

$$
\begin{aligned}
&ü = w_1 / w_2 \qquad && i_2' = i_2 / ü \qquad && u_2' = ü\, u_2 \\
&L_{\sigma 2}' = ü^2\, L_{\sigma 2} \qquad && R_2' = ü^2\, R_2 &&
\end{aligned} \tag{2.6}
$$

$$u_1 = L_h \frac{di_h}{dt} + L_{\sigma 1} \frac{di_1}{dt} + R_1\, i_1$$

$$u_2^{'} = L_h \frac{di_h}{dt} + L_{\sigma 2}^{'} \frac{di_2^{'}}{dt} + R_2^{'}\, i_2^{'} \qquad (2.7)$$

$$\text{mit} \quad i_h = i_1 + i_2^{'}$$

Diese Gleichungen lassen sich in der Ersatzschaltung Bild 2.2 darstellen. Dabei ist der Magnetisierungsstrom i_h des leerlaufenden Transformators ($i_2 = 0$) mit dem Strom i_1 in den Gleichungen (2.1) bis (2.4) identisch. Er baut den Fluß Φ_h auf. Beim üblichen Betrieb des Transformators ist der Magnetisierungsstrom i_h klein, so daß die beiden Ströme i_1 und i'_2 nahezu entgegengesetzt gleich groß sind ($i_1 \approx -i'_2$). Da die Spannungsabfälle über die Elemente R_1, $L_{\sigma 1}$, $L_{\sigma 2}^{'}$, $R_2^{'}$ relativ klein sind, gilt zudem $u_2^{'} \approx u_1$.

Für stationäre Betrachtungen ist es üblich, anstelle der Zeitfunktionen die komplexe Rechnung zu verwenden. Bild 2.2 geht dann in Bild 2.3 über, die Gln. (2.7) werden zu

$$\underline{U}_1 = \left(R_{Fe} \parallel jX_h\right) \underline{I}_h + \left(R_1 + jX_{\sigma 1}\right) \underline{I}_1$$

$$\underline{U}_2^{'} = \left(R_{Fe} \parallel jX_h\right) \underline{I}_h + \left(R_2^{'} + jX_{\sigma 2}^{'}\right) \underline{I}_2^{'} \qquad (2.8)$$

mit

$$\underline{I}_h = \underline{I}_1 + \underline{I}_2^{'}$$

Dabei wurde eine Modellerweiterung vorgenommen. Der Eisenwiderstand R_{Fe} bildet die Hystereseverluste und Wirbelstromverluste im Eisenkern nach. Während die Hystereseverluste proportional zu der Fläche der Hystereseschleife und der Frequenz sind, wachsen die Wirbelstromverluste quadratisch mit der Frequenz an. Um die Ausbildung dieser Wirbelströme im Eisen zu vermeiden, wird der Eisenkern aus ca. 0,3 mm dicken Blechen aufgebaut, die gegeneinander isoliert sind.

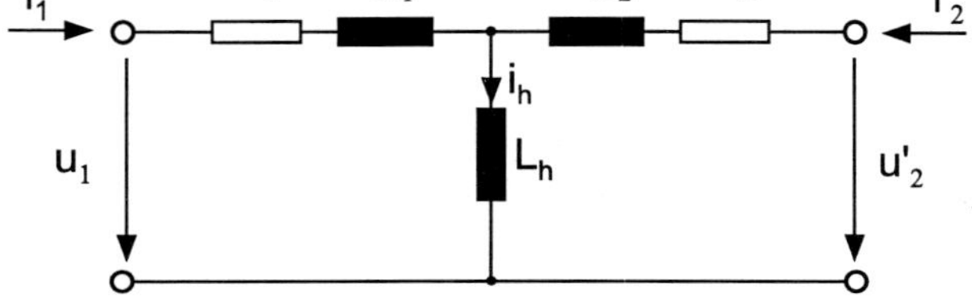

Bild 2.2: *Vereinfachte Ersatzschaltung eines Transformators*

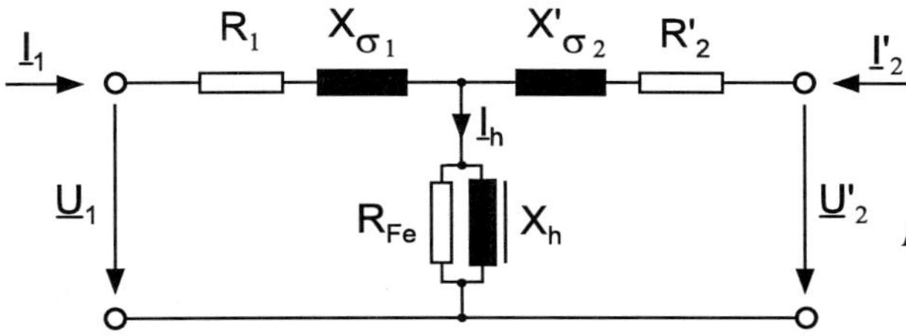

Bild 2.3: *Ersatzschaltung eines Transformators für den stationären Betrieb*

Weiterhin ist in Bild 2.3 an der Hauptreaktanz der Eisenkern angedeutet, der eine Sättigungscharakteristik entsprechend Bild 2.4a aufweist. Um den Magnetisierungsaufwand in Grenzen zu halten, darf die Induktion B des Eisens den Sättigungspunkt S nicht nennenswert überschreiten. Damit liegt die maximale Betriebsspannung des Transformators fest. Durch den Einsatz von speziell legiertem Stahl, der in einer Vorzugsrichtung derart kaltgewalzt wird, daß eine Kornorientierung der Kristalle entsteht, ist es möglich, den Sättigungspunkt anzuheben. Dies hat jedoch eine Abflachung der Kurve oberhalb des Sättigungsknicks zur Folge. Dadurch führen auch geringe Spannungs- bzw. Flußerhöhungen zu extrem großen Magnetisierungsströmen. So kann bei 30 % Überspannung der Magnetisierungsstrom bereits den Bemessungsstrom des Transformators erreichen. Die Kennlinie in Bild 2.4a gilt für Augenblicks- und damit auch für Spitzenwerte. Die Nichtlinearität führt bei sinusförmigen Spannungen zu nichtsinusförmigen Strömen, so daß sich die Sättigungskurve für Effektivwerte etwas abflacht (Bild 2.4b). Aus der Strom-Spannungskennlinie läßt sich leicht die Hauptreaktanz bestimmen (Bild 2.4c).

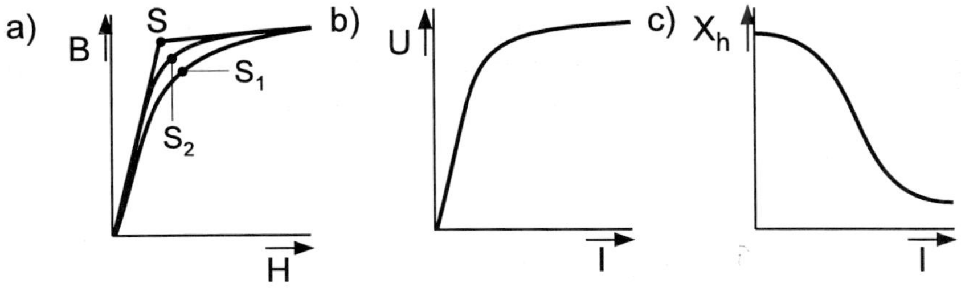

Bild 2.4: *Sättigung eines Transformators*
a) Magnetisierungskennlinie, S_1 normales Blech, S_2 kaltgewalztes Blech, S vereinfachte Kennlinie, b) Sättigungskennlinie (Effektivwerte), c) Sättigung der Hauptreaktanz

Bei einem Transformator mit dem Übersetzungsverhältnis $ü = w_1/w_2 = 2$ unterscheidet sich die Oberspannungswicklung von der Unterspannungswicklung näherungsweise wie folgt:

doppelte Leiterlänge
halber Leiterquerschnitt } **vierfacher Widerstand**

→ **gleicher Widerstand, umgerechnet auf die Unterspannungsseite**

doppelte Isolation pro Windung
doppelte Windungszahl } **vierfache Reaktanz**

→ **gleiche Reaktanz, umgerechnet auf die Unterspannungsseite**

Daraus folgt näherungsweise: $R_1 = R_2' \quad X_{\sigma 1} = X_{\sigma 2}'$.

Weiterhin ist zu beachten, daß der Eisenwiderstand R_{Fe} und die Hauptreaktanz X_h im Verhältnis zu den Wicklungswiderständen und den Streureaktanzen groß sind. In vielen Fällen kann deshalb die Ersatzschaltung 2.3 vereinfacht werden

$$X_h \to \infty \qquad R_{Fe} \to \infty$$

$$R_k = R_1 + R_2' \qquad X_k = X_{\sigma 1} + X_{\sigma 2}' \qquad \underline{Z}_k = R_k + j\,X_k \tag{2.9}$$

Wird die Wicklung 2 kurzgeschlossen und die Spannung U_1 so gewählt, daß gerade der Bemessungsstrom I_r fließt, so ist die in Gl. (2.9) angegebene Kurzschlußimpedanz zu messen

$$Z_k = U_1 / I_r = U_k / I_r$$

Die Kurzschlußspannung U_k wird üblicherweise auf die Bemessungsspannung U_r bezogen und in % angegeben. (Nach Abschn. 1.3.2 werden bezogene Größen mit kleinen Buchstaben gekennzeichnet.)

$$u_k = U_k / U_r = Z_k\, I_r / U_r = Z_k / Z_r = z_k \tag{2.10}$$

Neben der bezogenen Kurzschlußspannung u_k sind die Bemessungsspannungen U_{r1}, U_{r2} und die Bemessungsscheinleistung S_r die wichtigsten Kenngrößen eines Transformators. Zum Übersetzungsverhältnis bleibt anzumerken, daß es für das Verhältnis der Windungszahlen, d. h. näherungsweise für den Leerlauf, definiert ist. Wenn der Bemessungsstrom fließt, stellt sich durch den Spannungsabfall an der Kurzschlußimpedanz ein etwas anderes Verhältnis U_1/U_2 ein.

Der Strom legt bei gegebenen Kühlungsverhältnissen den Kupferquerschnitt A_{Cu} fest, und die Spannung bestimmt bei gegebener Sättigungsinduktion den Eisenquerschnitt A_{Fe}. Somit ist die Bauleistung S_r vom Bauvolumen V abhängig. K_1, K_2, K_3 sind dabei Konstanten

$$S_r = K_1 \, A_{Fe} \cdot A_{Cu} = K_2 \, l^4 = K_3 \sqrt[3]{V^4}$$

Die Bemessungsscheinleistung wächst demnach mit der vierten Potenz der Abmessung. Eine Verdoppelung des Volumens V liefert ungefähr die 2,5fache Bauleistung. Dieser als Wachstumsgesetz bezeichnete Zusammenhang beherrscht den gesamten Maschinenbau und zeigt, daß der Preis pro kW installierter Leistung mit zunehmender Bauleistung der Betriebsmittel sinkt. Ähnliche Betrachtungen [2.5] liefern sinkende spezifische Verluste mit wachsender Leistung, d. h. je größer eine Einheit, um so besser ist ihr Wirkungsgrad. Da aber die Oberfläche - bezogen auf das Volumen - mit wachsender Leistung abnimmt, treten zwei gegenläufige Effekte ein. Per Saldo führt dies dazu, daß mit wachsender Leistung die Kühlungsprobleme zunehmen müssen. Während bei kleinen Transformatoren die Luftkühlung ausreicht, muß bei großen Transformatoren von einigen 100 kW eine forcierte Kühlung, z. B. durch Öl, erfolgen. Da Öl leicht brennbar ist, wurde es insbesondere bei Anwendung in der Nähe von Plätzen mit starkem Publikumsverkehr durch synthetische Öle, wie Askarel bzw. Clophen, ersetzt. Diese enthalten PCB, das bei Schwelbränden hochgiftiges Dioxin bildet (s. auch Abschn. 6.4.3). Deshalb ist heute die Verwendung von PCB-haltigen Isolier- und Kühlstoffen verboten. Sinnvolle Alternativöle haben erhebliche Nachteile, so daß jetzt auch in größeren Leistungsbereichen gießharzisolierte, luftgekühlte Transformatoren eingesetzt werden. Dies gilt zumindest für die Ortsnetztransformatoren, die auf 400 V abspannen. Netztransformatoren zwischen den 380-kV-, 110-kV- und 10-kV-Ebenen sind nach wie vor mit Öl gekühlt. Beispiele für einen Öl- und einen Gießharztransformator sind in den Bildern 2.5 und 2.6 gegeben.

Beispiel 2.1. *Der Einspeisetransformator einer Stadt hat die Daten S_r = 30 MVA, U_r = 110 kV/20 kV, u_k = 12 % (R/X_σ = 0,04), P_{Fe} = 0,2 %, I_h = 0,5 %. Es sind die Widerstände der Ersatzschaltung, die jährlichen Verluste unter der Voraussetzung halber Last, die Verlustkosten (0,15 DM/kWh) sowie die Spannungen auf der Unterspannungsseite bei Bemessungsleistung (cos φ = 0,8) und Speisung mit 110 kV zu bestimmen.*

Aus den Bemessungsdaten ergibt sich

$$I_{1r} = S_r \, / \left(U_{1r} \, \sqrt{3}\right) = 30 \, / \left(110 \cdot \sqrt{3}\right) = 0{,}157 \text{ kA} \qquad I_{2r} = 0{,}866 \text{ kA}$$

$$Z_r = U_{1r}^2 / S_r = 110^2 / 30 = 403\ \Omega$$

$$Z_k = u_k \cdot Z_r = 0{,}12 \cdot 403 = 48{,}36\ \Omega$$

$$X_\sigma = Z_k / \sqrt{1 + \left(R / X_\sigma\right)^2} = 48{,}36 / \sqrt{1 + 0{,}04^2} = 48{,}32\ \Omega \qquad R = 1{,}93\ \Omega$$

$$X_{\sigma 1} \approx X'_{\sigma 2} \approx 0{,}5\ X_\sigma = 24{,}18\ \Omega \qquad R_1 \approx R'_2 \approx 0{,}5\ R = 0{,}96\ \Omega$$

$$X_{\sigma 2} = X'_{\sigma 2} / ü^2 = 24{,}18 \left(\frac{20}{110}\right)^2 = 0{,}80\ \Omega \qquad R_2 = 0{,}03\ \Omega$$

$$R_{Fe} = U_{1r}^2 / \left(P_{Fe} \cdot S_r\right) = Z_r / P_{Fe} = 403 / 0{,}002\ \Omega = 200\ k\Omega$$

Bild 2.5: *Maschinentransformator*
415 kV/27 kV 850 MVA (Quelle: Siemens)

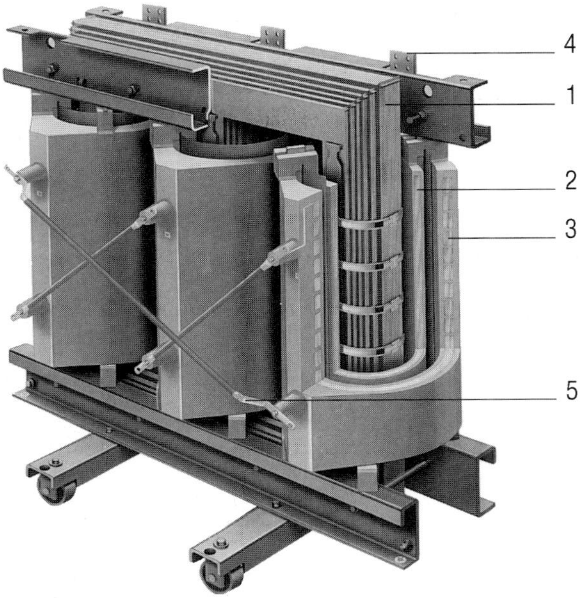

Bild 2.6: *Gießharztransformator 20 kV/400 V; 630 kVA (Quelle: Siemens)*
1 Eisenkern, 2 Unterspannungswicklung, 3 Oberspannungswicklung,
4 Unterspannungsanschlüsse, 5 Oberspannungsanschlüsse

$$X_h = Z_r / I_h = 403 / 0{,}005\ \Omega = 80\ \mathrm{k\Omega}$$

Wenn der Transformator mit dem halben Bemessungsstrom belastet wird, ergeben sich die Kupferverluste der Wicklung zu

$$P_{Cu} = u_k \cdot R / X_\sigma \cdot (I / I_r)^2 \cdot S_r = 0{,}12 \cdot 0{,}04 \cdot 0{,}5^2 \cdot 30\ \mathrm{MW} = 36\ \mathrm{kW}$$

Zusammen mit den Eisenverlusten erhält man

$$P_V = P_{Cu} + P_{Fe} \cdot S_r = 36\ \mathrm{kW} + 0{,}002 \cdot 30\ \mathrm{MW} = (36 + 60)\ \mathrm{kW} = 96\ \mathrm{kW}$$

Die Optimierung von Transformatoren führt i. a. zu gleich großen Kupfer- und Eisenverlusten.

Für ein Jahr belaufen sich die Verluste auf

$$E_V = P_V \cdot T = 96 \cdot 8\,760 = 840 \cdot 10^3\ \mathrm{kWh / a}$$

$$K_V = 0{,}15 \cdot 840 \cdot 10^3 = 126\ \mathrm{TDM / a}$$

2.1.2 Drehstromtransformator

Drei Zweiwicklungstransformatoren, die man auch als Einphaseneinheiten bezeichnet, können zu einer Drehstromeinheit zusammengeschaltet werden. In den meisten Fällen ist es jedoch wirtschaftlicher, eine kompakte Drehstromeinheit zu bauen. Hier unterscheidet man zwischen Drei- und Fünf-Schenkel-Kernen (Bild 2.7). Bei Fünf-Schenkel-Kernen kann das Joch, d. h. die Verbindung zwischen den Schenkeln, mit geringen Eisenquerschnitten ausgeführt werden. Dies reduziert die Bauhöhe, die wichtig für den Bahntransport ist. Die Schaltung der Wicklungen kann prinzipiell in Stern oder Dreieck erfolgen. Da bei der Stern-Schaltung die Strangspannung gegenüber der Dreieckspannung um den Faktor $\sqrt{3}$ kleiner ist, wird vorzugsweise die Oberspannungswicklung in Stern und die Unterspannungswicklung in Dreieck geschaltet. Der wesentliche Gesichtspunkt für die Wahl der Schaltung ist jedoch das gewünschte Verhalten bei Erdfehlern und einphasiger Belastung (s. Abschn. 8.3.3).

Die wichtigsten Schaltgruppen sind in Bild 2.8 zusammengestellt.

Zur Verdeutlichung der Zusammenhänge wird in Bild 2.9 die Schaltgruppe Dyn5 herangezogen. Dabei bezeichnen U1, V1, W1 die Anfänge und U2, V2, W2 die Enden der Stränge. Die Oberspannungsseite wird durch eine 1 vor der Strangbezeichnung gekennzeichnet. Sie ist in Dreieck geschaltet. Die Anfänge der Wicklung sind zu den Anschlußklemmen geführt. Bei der Unterspannungsseite, die durch eine 2 vor der Strangbezeichnung gekennzeichnet ist, sind die Enden der Wicklungen zu den Anschlußklemmen geführt und die Anfänge zu einem Sternpunkt 2N verbunden, der herausgeführt ist. Die Spannungen der auf einem Schenkel liegenden Wicklungen 1U und 2U sind in Phase. Die Spannung $U_{2U2\text{-}2N}$ eilt gegenüber der Spannung $U_{1U1\text{-}1N}$ um 150° nach. Dabei ist zu beachten, daß auf der Seite 1 der Mittelpunkt Mp bzw. Neutralpunkt 1N wegen der Dreieckschaltung nicht vorhanden ist.

Schließt man nun die Klemmen 1U1 des Transformators an den oberspannungsseitigen Leiter R und die Klemme 2U2 an den unterspannungsseitigen Leiter R an, so haben

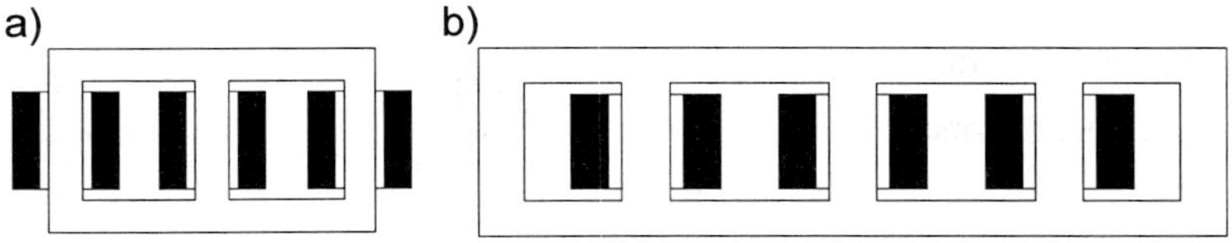

Bild 2.7: *Drehstromtransformator*
a) Dreischenkelkern, b) Fünfschenkelkern

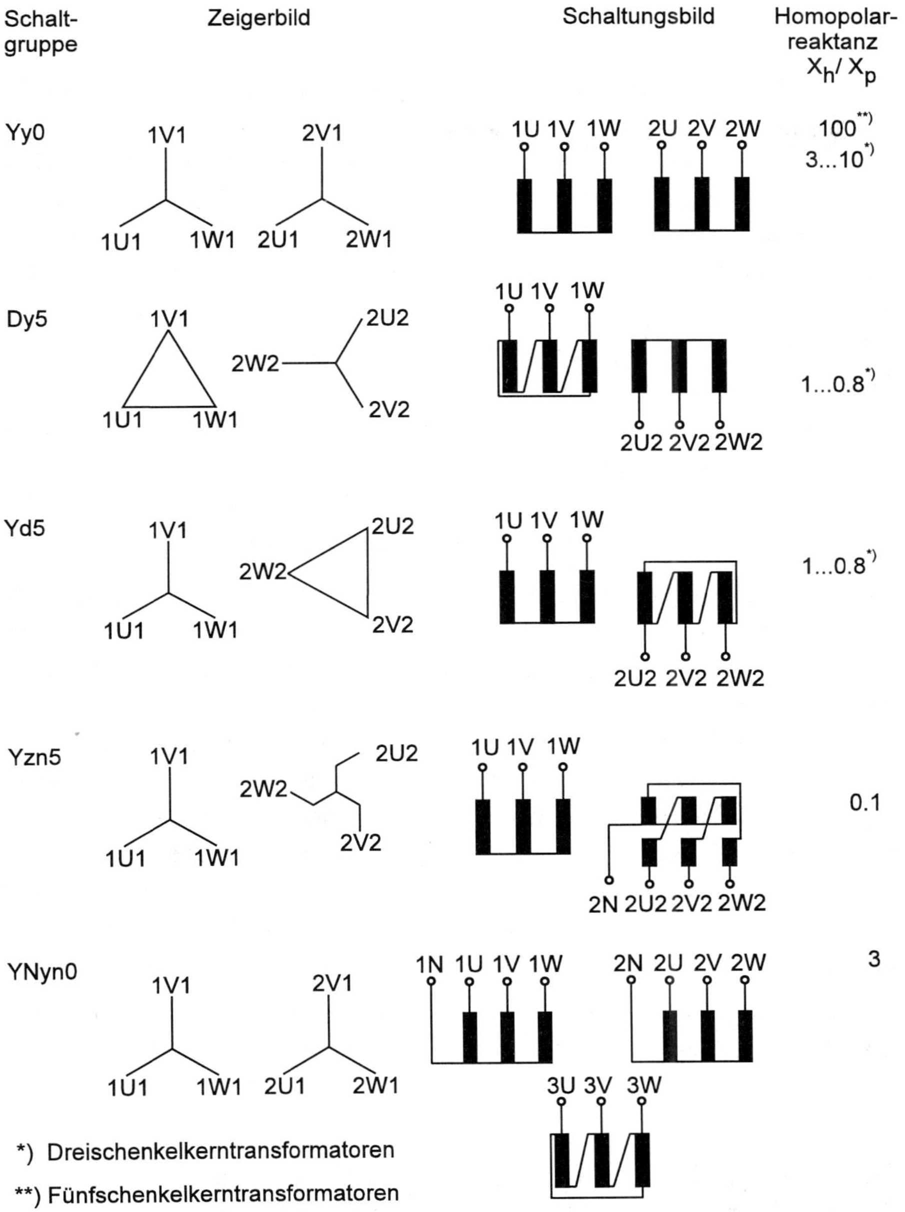

Bild 2.8: *Schaltgruppen von Transformatoren*
(Anmerkung: Wenn das Wicklungsende 1 herausgeführt ist, wird im Schaltbild anstelle der Bezeichnung 1U1 nur 1U geschrieben.)

beide eine Phasenverschiebung von $5 \cdot 30° = 150°$. Die Ziffer 5 in der Schaltgruppenbezeichnung gibt das Vielfache der Verschiebung von 30° an. Außerdem wird bei den Wicklungen, deren Sternpunkt an die Klemmen des Transformators geführt ist, ein N bzw. n angegeben. Die Schaltung des Transformators in Bild 2.9 lautet dann Dyn5. Im Gegensatz dazu ist bei der Schaltgruppe Dy5 in Bild 2.8 der Sternpunkt nicht herausgeführt.

Die Kenngrößen, wie Übersetzungsverhältnis, Bemessungsspannung, Bemessungsleistung und Kurzschlußspannung, sind bei Drehstromtransformatoren analog zu den Einphaseneinheiten definiert. Die Kurzschlußspannung u_k gilt für einen dreipoligen Kurzschluß bei symmetrischen Spannungssystemen und ist als normierte Mitimpedanz z_p festgelegt

$$z_p = u_k = z_k \tag{2.11}$$

Legt man an einen Transformator eine negativ drehende Spannung, ändern sich die Verhältnisse nicht. Die Gegenimpedanz z_n ist damit gleich der Mitimpedanz

$$z_p = z_n \tag{2.12}$$

Es ist lediglich zu beachten, daß bei drehenden Schaltgruppen das Übersetzungsverhältnis den konjugiert komplexen Wert annimmt

$$\begin{aligned} \underline{U}_{2p} / \underline{U}_{1p} &= U_{2p} / U_{1p}\, e^{j150°} \\ \underline{U}_{2n} / \underline{U}_{1n} &= U_{2p} / U_{1p}\, e^{-j150°} \end{aligned} \tag{2.13}$$

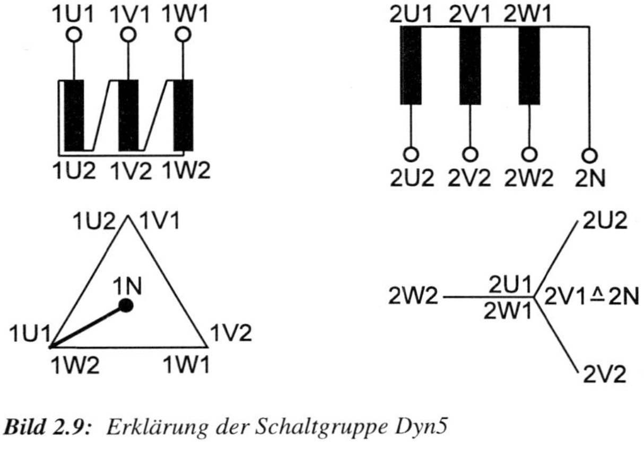

Bild 2.9: *Erklärung der Schaltgruppe Dyn5*

Probleme gibt es bei der Ermittlung der Nullimpedanz, da diese entscheidend durch die Schaltgruppe bestimmt wird. In Bild 2.10 ist die Meßschaltung zur Bestimmung der Nullimpedanz für einen Transformator der Schaltgruppe Dyn5 dargestellt. Danach wird an alle drei Wicklungen die gleiche Spannung U_h angelegt. Sie hat einen Strom I_h in allen drei Strängen der Sternseite zur Folge, der durch einen gleich großen Strom in allen drei Strängen der Dreieckseite kompensiert wird. Dabei ist es unerheblich, ob letztere kurzgeschlossen ist oder nicht. Die Verhältnisse in den drei Kernen des Transformators unterscheiden sich bei einer Nullsystembelastung nicht von einer Mitsystembelastung. Deshalb ist die Nullimpedanz gleich der Mitimpedanz ($z_h = z_p$). Dies gilt für drei zusammengeschaltete Einphasentransformatoren und einen Fünfschenkelkern-Transformator, bei dem sich der gleichsinnige Fluß über das Joch und die beiden äußeren Kerne schließen kann (Bild 2.7). In Dreischenkelkern-Transformatoren muß sich der in allen drei Kernen gleichgerichtete Fluß über die Luft und die Metallkonstruktion des Kühlkessels schließen. Der geringe magnetische Leitwert dieses Weges führt zu einer kleineren Nullreaktanz ($x_h \approx 0{,}8\ x_p$).

Bei Yzn5-Transformatoren bestehen die Stränge der Unterspannungsseite aus zwei Teilen, die auf verschiedenen Kernen sitzen. Dabei sind die jeweils auf einem Eisenkern untergebrachten z-Wicklungen so eng gekoppelt, daß im Nullsystem fast keine Streuung auftritt. So entsteht eine sehr kleine Nullreaktanz.

Bei der Stern-Stern-Schaltung kann das Amperewindungsgleichgewicht ($I_1 w_1 = I_2 w_2$) zwischen Ober- und Unterspannungsseite nur erhalten bleiben, wenn beide Sternpunkte geerdet sind. Ist ein Sternpunkt offen, so erfaßt die Meßschaltung wie bei einem leerlaufenden Transformator nur die Hauptimpedanz. Nennenswerte Nullsystemströme können also nicht fließen. Sind jedoch beide Sternpunkte geerdet, so wird ein Nullsystemstrom von der einen Spannungsebene in die andere übertragen. Dies ist wegen der negativen Folgen für den Netzbetrieb unerwünscht (s. Abschn. 8.2). Ein Transformator, der in beiden Sternpunkten belastbar sein soll, muß eine

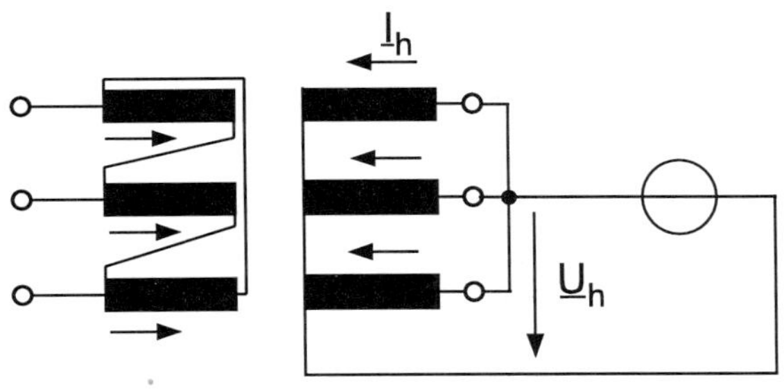

Bild 2.10: *Bestimmung der Nullimpedanz*

dritte Wicklung erhalten, wie es bei der unteren Schaltung in Bild 2.8 dargestellt ist. Die in Dreieck geschaltete Wicklung kann das Amperewindungsgleichgewicht für die beiden anderen in Stern geschalteten Wicklungen aufbringen. Es gelten somit die bei den Dyn5-Transformatoren angestellten Betrachtungen. Aus wirtschaftlichen Gründen wird die Dreieckswicklung i. a. mit 1/3 der Leistung der beiden Hauptwicklungen ausgelegt, so daß die Nullreaktanz des Dreiwicklungstransformators dreimal so groß ist wie die des Dyn5-Transformators.

Ohne nähere Ableitung wird in Bild 2.11 die Ersatzschaltung des Nullsystems für einen Transformator mit zwei herausgeführten Sternpunkten angegeben. In ihr verwundert die Anordnung der Sternpunktimpedanzen Z_1 und Z_2. Der Schaltplan repräsentiert lediglich die Beschreibungsgleichungen und ist nicht aus dem physikalischen Modell des Transformators hervorgegangen. Der Fall, daß ein Sternpunkt nicht geerdet ist, läßt sich durch eine unendliche Sternpunktimpedanz nachbilden. Als Hauptimpedanz im Nullsystem eines Yy-Zweiwicklungstransformators tritt die Impedanz Z_{hh} auf, die annähernd gleich der Hauptimpedanz im Mitsystem Z_{hp} ist. Bei Dreiwicklungstransformatoren liegt parallel hierzu noch die Streuimpedanz der Dreieckswicklung.

Beispiel 2.2. *Es sollen die drei- und einpoligen Kurzschlußströme für Transformatoren mit den Schaltgruppen Yzn5 ($Z_h = 0{,}1\ Z_p$) und Yyn0 ($Z_h = 100\ Z_p$) bestimmt werden. Hierzu werden folgende Transformatordaten angenommen: $u_k = 10\ \%$, $U_r = 400$ V und $S_r = 1$ MVA*
Mit der Nennspannung $U_n = 400$ V ergibt sich der dreipolige Kurzschlußstrom zu

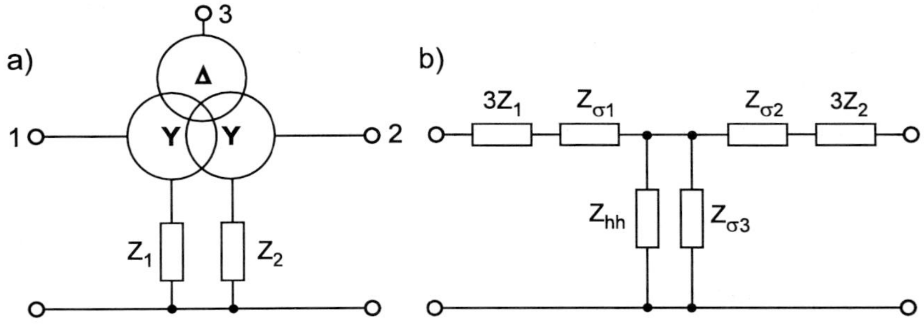

Bild 2.11: *Dreiwicklungstransformator*
a) Schaltbild, b) Ersatzschaltbild für das Nullsystem

$$I_{3pol} = \frac{U_n / \sqrt{3}}{Z_k} = \frac{U_n / \sqrt{3}}{u_k \cdot U_r^2 / S_r} = \frac{0{,}4 / \sqrt{3}}{0{,}1 \cdot 0{,}4^2 / 1} = 14 \text{ kA}$$

Bei einem einpoligen Kurzschluß an den Klemmen eines Yzn5-Transformators mit der Nullimpedanz Z_h = 0,1 Z_p erhält man nach Gl. (1.74)

$$I_{1pol} = \frac{3 \cdot U_n / \sqrt{3}}{Z_p + Z_n + Z_h} = \frac{3 \cdot U_n / \sqrt{3}}{(1 + 1 + 0{,}1)\, Z_k} = 1{,}4 \cdot I_{3pol} = 20 \text{ kA}$$

Die Werte sind für ein Niederspannungsnetz relativ groß, da eine starre Spannung an der Oberspannungsseite des Transformators unterstellt wurde.

Ein Transformator mit der Schaltgruppe Yyn liefert bei der Nullimpedanz Z_h = 100 Z_p

$$I_{3pol} = 14 \text{ kA} \qquad I_{1pol} = \frac{3\, U_n / \sqrt{3}}{(1 + 1 + 100)\, Z_k} = 0{,}03\, I_{3pol} = 0{,}4 \text{ kA}$$

Die prinzipiellen Bauformen der Transformatoren haben sich in den letzten Jahrzehnten nicht geändert. Die Ausnutzung und damit das Preis-Leistungsverhältnis wurde jedoch durch Fortschritte in der Kühlung und Blechbehandlung verbessert. Der Einsatz supraleitender Spulen könnte einen Technologiesprung bringen. Derartige Transformatoren sind seit langem im Gespräch. Marktfähige Ausführungen zeichnen sich jedoch noch nicht ab.

2.1.3 Dreiwicklungstransformatoren

Auf die Bedeutung des Transformators mit drei Drehstromwicklungen wurde schon im letzten Abschnitt hingewiesen. In Analogie zu der Ersatzschaltung des Zweiwicklungstransformators (Bild 2.3) hat jede der drei Wicklungen eine Streuimpedanz, die zu einer gemeinsamen Hauptimpedanz führt. Es ist nicht üblich, die Streuimpedanz der Sternschaltung nach Bild 2.12 anzugeben, sondern die jeweils zwischen zwei Wicklungen wirksamen Kurzschlußspannungen bzw. Kurzschlußreaktanzen

$$\begin{aligned} x_{\sigma 12} &= x_{\sigma 1} + x_{\sigma 2} \\ x_{\sigma 13} &= x_{\sigma 1} + x_{\sigma 3} \\ x_{\sigma 23} &= x_{\sigma 2} + x_{\sigma 3} \end{aligned} \qquad (2.14)$$

Daraus folgt für die Sternschaltung

$$
\begin{aligned}
x_{\sigma 1} &= \frac{1}{2}\left(x_{\sigma 12} + x_{\sigma 13} - x_{\sigma 23}\right)\\
x_{\sigma 2} &= \frac{1}{2}\left(x_{\sigma 12} - x_{\sigma 13} + x_{\sigma 23}\right)\\
x_{\sigma 3} &= \frac{1}{2}\left(- x_{\sigma 12} + x_{\sigma 13} + x_{\sigma 23}\right)
\end{aligned}
\tag{2.15}
$$

Dabei kann es vorkommen, daß eine der Streureaktanzen in der Sternschaltung negativ wird. Dies läßt sich aus dem Aufbau der Streuflüsse zwischen den drei Wicklungen eines Kerns erklären. Tritt ein Energiefluß von der geometrisch mittleren zur inneren Wicklung auf, so kann sich der Fluß - und damit die Spannung der äußeren Wicklung - gegenüber dem Leerlauffall erhöhen. Dieser Effekt ist in Netzen mit schwankenden Lasten auszunutzen, wie Bild 2.13 zeigt. Dort speist ein Netz über die mittlere Wicklung 1 einen Lichtbogenofen und ein Lichtnetz. Stromschwankungen im unruhigen Verbraucher erzeugen keine Spannungsschwankungen im Lichtnetz, wenn die Transformatorreaktanz $X_{\sigma 1}$ die Netzreaktanz X_Q kompensiert ($X_{\sigma 1}$ = -X_Q).

Ein weiterer Anwendungsfall für Dreiwicklungstransformatoren ist die Speisung von Industrienetzen mit zwei Spannungsebenen. So kann z. B. ein Transformator aus dem 110-kV-Netz ein 6- und ein 10-kV-Netz speisen. Sinn eines Betriebes mit zwei Spannungsebenen ist die Anpassung von großen Motoren, die in Abhängigkeit von der Leistung für unterschiedliche Spannungen optimal zu bauen sind. Im öffentlichen Versorgungsnetz werden Dreiwicklungstransformatoren zur Vermeidung der Nullsystemkopplungen eingesetzt (Abschn. 2.1.2). Die dritte Wicklung wird gelegentlich zum Anschluß von Kompensationsmitteln, wie Kondensatoren oder Drosselspulen, verwendet.

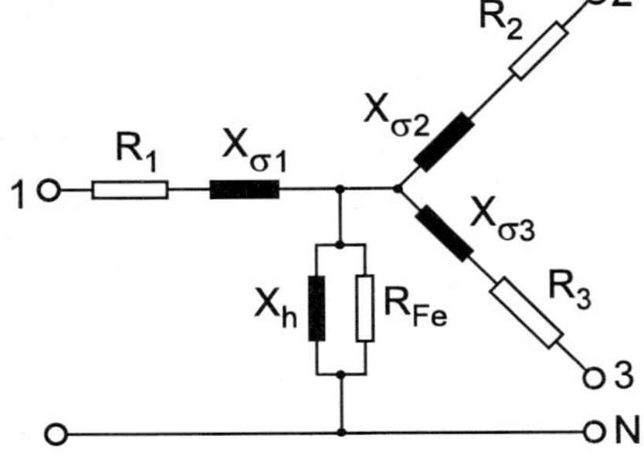

Bild 2.12: *Ersatzschaltung eines Dreiwicklungstransformators*

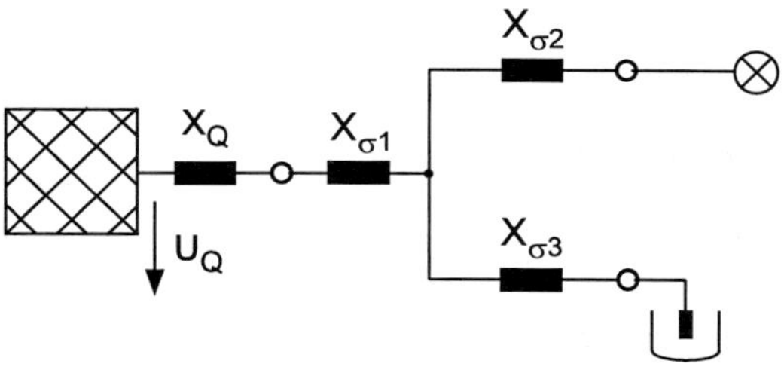

Bild 2.13: *Anwendungsbeispiel eines Dreiwicklungstransformators*

2.1.4 Stufenstellung

Das Übersetzungsverhältnis von Transformatoren entspricht in erster Näherung dem Verhältnis der Nennspannungen der beiden Netze, die sie koppeln. Wenn die Leistungsrichtung feststeht, kennt man den üblichen Spannungsabfall, den der Strom im Transformator hervorruft. Dieser ist bei einer Kurzschlußspannung von $u_k = 10$ % etwa 5 % der Netznennspannung. Um ihn zu kompensieren, wird das Übersetzungsverhältnis etwas abweichend vom Verhältnis der Netznennspannungen gewählt. Ein Netztransformator, der beispielsweise aus der 110-kV-Ebene ein 20-kV-Stadtnetz speist, erhält die Bemessungsspannungen U_{1r}/U_{2r} = 123 kV/24 kV = 5,1 (110/20 = 5,5). Um einen Transformator den betrieblichen Bedingungen anpassen zu können, baut man Stufenschalter ein, die zwischen einzelnen Anzapfungen des Transformators umschalten können. Bei einfachen Ausführungen, wie sie in Ortsnetztransformatoren für 400 V eingesetzt werden, ist diese Umschaltung nur im spannungslosen Zustand möglich. Hier kann man im Abstand von Jahren die lastbedingte Erhöhung des Spannungsabfalls kompensieren. Bei Netztransformatoren in höheren Spannungsebenen wird die Umschaltung im Laufe des Tages mehrfach durchgeführt. Sie muß unterbrechungsfrei erfolgen. Dies bedingt, daß während des Umschaltvorgangs zeitweise zwei Wicklungsanzapfungen kurzgeschlossen werden. Die zwangsläufig auftretenden Kreisströme kann man entsprechend Bild 2.14 durch Widerstände begrenzen. Die Anzapfungen sind aus Gründen der Isolation in der Nähe des Sternpunkts angeordnet.

Ein Stufensteller ist nicht nur zur Spannungshaltung, sondern auch zur Steuerung des Leistungsflusses im Netz einzusetzen, wie Bild 2.15 zeigt. Sind die beiden Spannungen $\underline{U}_1$ und $\underline{U}_2$ gleich, so werden bei $X_1 = X_2$ auch die Ströme $\underline{I}_1$ und $\underline{I}_2$ gleich sein. Durch Erhöhung der Spannung $\underline{U}_1$ mittels Stufensteller um $\Delta\underline{U}$ wird den Strömen $\underline{I}_1$ und $\underline{I}_2$ ein Kreisstrom $\Delta\underline{I}$ überlagert, der den Strom $\underline{I}_1$ erhöht und den Strom $\underline{I}_2$ verringert. Da die Zusatzspannung durch die Reaktanz einen induktiven Strom treibt, wird der Blindleistungstransport von einer Leitung auf die andere verlagert.

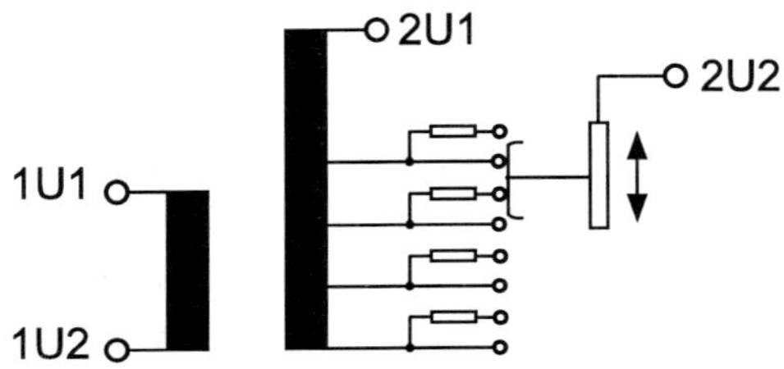

Bild 2.14: *Stufenschalter*

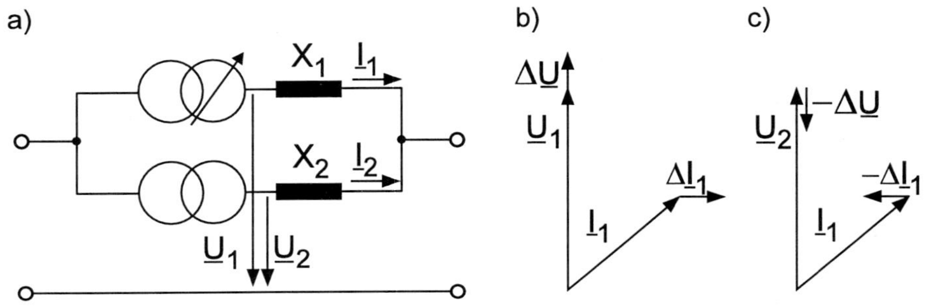

Bild 2.15: *Lastflußsteuerung mit Stelltransformatoren*
a) Ersatzschaltung, b) positiver Zusatzstrom, c) negativer Zusatzstrom

Durch die Stufenstellung in Längsrichtung ist eine Verlagerung des Blindleistungsflusses möglich. Eine Zusatzspannung, die senkrecht zu der Transformatorspannung steht, verlagert den Wirkleistungstransport. Da ein solcher quergeregelter Transformator nur mit großem Aufwand baubar ist, setzt man häufig schräggeregelte Transformatoren ein. Bei diesen wird der Wicklung im Strang U eine Zusatzspannung aus dem Strang V hinzugefügt. Dadurch ergibt sich bei richtiger Polung eine Stellmöglichkeit mit dem Winkel 60°, die es erlaubt, den Wirk- und Blindfluß zu steuern.

2.1.5 Sonderbauformen

Transformatoren werden häufig nach ihrem Einsatzgebiet bezeichnet.

- Blocktransformatoren sind in einem Kraftwerksblock direkt mit dem Generator gekoppelt und speisen in das Verbundnetz.
- Kuppeltransformatoren verbinden in vermaschten Netzen die verschiedenen Netzebenen, z. B. 380 kV und 220 kV.
- Netztransformatoren, zu denen auch die Kuppeltransformatoren zählen, speisen

von Übertragungsnetzen, z. B. dem 110-kV-Netz, in Verteilernetze, z. B. 20 kV.

- Ofentransformatoren sind speziell für die Speisung von Lichtbogenöfen, die starke Stromschwankungen bis in den Überlastbereich hervorrufen, ausgelegt.
- Stromrichtertransformatoren besitzen eine sehr kleine Streureaktanz, um die Kommutierung (s. Abschn. 3.2.1.1) zu erleichtern und liefern oft ein mehrphasiges System mit um 30° versetzten Spannungen zur Reduktion der Oberschwingungen.

Eine spezielle Bauform ist der Spartransformator. Er hat nur eine Wicklung mit Anzapfung, wie Bild 2.16 zeigt. Der Vorteil dieses Transformators ist die geringe Bauleistung. Der untere Wicklungsteil muß für $U_2 (I_2 - I_1)$ und der obere für $(U_1 - U_2) I_1$ dimensioniert werden. Damit ist seine Bauleistung P_S festgelegt. Verglichen mit der Bauleistung eines normalen Zweiwicklungstransformators P_D ergibt sich mit $U_1 I_1 = U_2 I_2$

$$\frac{P_S}{P_D} = \frac{U_2 \left(I_2 - I_1\right) + \left(U_1 - U_2\right) I_1}{\left(U_2\, I_2 + U_1\, I_1\right)} = 1 - U_2 / U_1 \tag{2.16}$$

mit $U_2 < U_1$

Für $U_2 = U_1$ degeneriert der Spartransformator zu einer reinen Drossel. Seine Bauleistung ist null, wenn man die Magnetisierungsleistung vernachlässigt. Wird das Übersetzungsverhalten groß ($U_2/U_1 \rightarrow 0$), geht die Bauleistung in die des Zweiwicklers über. Der Spartransformator wird im Netz als Kuppeltransformator, z. B. 220/110 kV, eingesetzt. Auch im Labor werden Spartransformatoren mit einem Schleifkontakt an der Anzapfung 2U als stufenlos regelbare Einheiten verwendet. Man muß hier beachten, daß auf keinen Fall die Leitungen zwischen dem Transformator und den Klemmen 1N, 2N unterbrochen werden, denn dies bewirkt die Anhebung der Spannung U_2 auf das Niveau von U_1.

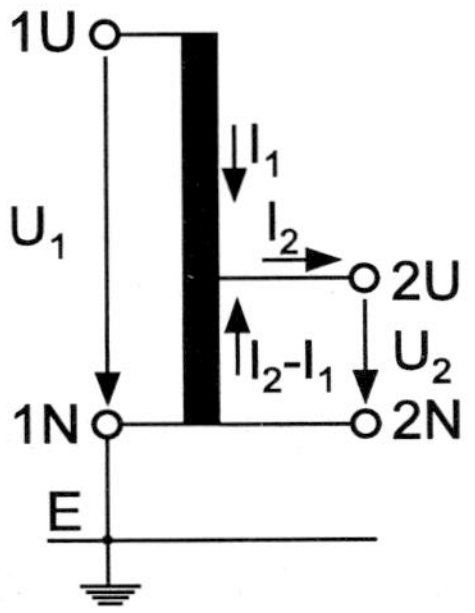

Bild 2.16: *Spartransformator*

Ein weiterer Sonderfall des Transformators ist der Sternpunktbildner. Wird in der Schaltung Yzn5 entsprechend Bild 2.8 die Sternwicklung Y weggelassen, so entsteht eine Einheit mit großer Hauptreaktanz im Mitsystem und kleiner Nullreaktanz. Dies bedeutet, daß für den symmetrischen Betrieb der Sternpunktbildner praktisch unwirksam ist, aber bei einem einpoligen Erdkurzschluß ein großer Strom fließen kann. Sternpunktbildner werden in Netzen eingesetzt, in denen die Sternpunkte der Transformatoren, z. B. wegen der Dreieckschaltungen der Wicklungen, nicht geerdet sind, man aber ein geerdetes Netz betreiben will.

2.1.6 Schutz von Transformatoren

Transformatoren sind hochwertige Betriebsmittel. So kostet ein Transformator 110 kV/ 20 kV, 30 MVA etwa 1 Mio DM. Dies entspricht 30 DM/kVA. Außerdem sind Reparaturen allein wegen der Ölfüllung sehr zeitaufwendig. Aus Gründen der Wirtschaftlichkeit und Zuverlässigkeit ist es deshalb geboten, dem Schutz der Transformatoren besondere Aufmerksamkeit zu schenken. Man unterscheidet zwischen dem Überspan-nungs- und Überstromschutz.

Der Überspannungsschutz von Transformatoren erfolgt durch Überspannungsableiter (Abschn. 5.5), die kurzzeitig auftretende nichtnetzfrequente Spannungen wie Blitzwanderwellen auf ein zulässiges Maß begrenzen. Die Ableiter werden möglichst nahe an den Klemmen des Transformators zwischen die Außenleiter sowie zwischen Außenleiter und Erde geschaltet. Für einen Drehstrom-Zweiwicklungstransformator benötigt man deshalb 12 Ableiter. Durch die Ableiter werden die Spannungen hauptsächlich an den Klemmen dieses Betriebsmittels begrenzt. Innerhalb eines Transformators kann es jedoch zu örtlichen Spannungsüberhöhungen kommen, wenn an den Klemmen höherfrequente Anteile auftreten. Bei einem Spannungssprung teilt sich beispielsweise die Spannung auf die einzelnen Wicklungsteile nicht entsprechend der Induktivität wie bei 50 Hz, sondern entsprechend den Streukapazitäten auf. Das in Bild 2.17a dargestellte LC-Netzwerk ist eine einfache Transformatorersatzschaltung für die Primärwicklung bei höherfrequenten Ausgleichsvorgängen. Im Fall einer steilen Wanderwelle baut sich die Spannung über die Wicklung nicht linear ab (Bild 2.17b), sondern es werden die klemmenseitigen Wicklungen mit erheblich stärkeren Spannungen beansprucht als im stationären Betrieb.

Wanderwellen bei Blitzeinschlägen und höherfrequente Ausgleichsvorgänge bei Schalthandlungen lassen sich durch Ableiter zwar reduzieren, aber nicht vermeiden. Deshalb muß ein Transformator hierfür bemessen werden.

Beim Überstrom- bzw. Überlastschutz von Transformatoren unterscheidet man zwischen internen und externen Schutzeinrichtungen. Interne Schutzeinrichtungen sind Meßfühler, die an bestimmten Stellen der Wicklung die Temperatur messen und Meldungen oder Schutzauslösungen veranlassen. Als klassisches Verfahren ist der Buchholzschutz zu nennen. Alterung, die beispielsweise durch längere Überlast oder häufige Überspannungsbeanspruchung beschleunigt wird, hat eine Verminderung der Isolationsfähigkeit zur Folge. Es entstehen dann Teilentladungen (s. Abschn. 6.4.1), die im Isolationsmittel, insbesondere im Öl, zur Gasbildung führen. Dieses Gas wird im Ölausdehnungsgefäß aufgefangen. Beim Überschreiten eines Grenzwertes erfolgt eine Meldung. Ein spontaner Isolationszusammenbruch führt zu einer starken Gasbildung, die eine sofortige Abschaltung bewirkt. Da der Buchholzschutz auf Isolationsschwäche und nicht auf Übertemperatur anspricht, kann man ihn auch als Überspannungsschutz bezeichnen.

Als äußerer Schutz dient neben dem Überstromzeitschutz vor allem der Differentialschutz (s. Abschn. 8.8.5). Bei ihm werden die Ströme an den Klemmen gemessen, in Betrag und Phasenlage entsprechend der Schaltgruppe und Übersetzung des Transformators angepaßt und aufaddiert. Übersteigt die Summe einen bestimmten Wert, so wird auf einen inneren Fehler geschlossen und abgeschaltet. Der Summenstrom ist jedoch nicht null, da der Leerlaufstrom, d. h. der Strom durch die Hauptreaktanz X_h, stets fließt.

Beim Einschalten des Transformators entstehen wie beim Einschalten einer jeden Induktivität Gleichstromglieder, die zur Sättigung des Eisens führen können. Dies hat eine Verringerung der Hauptinduktivität und damit einen großen Einschaltstrom, der Einschaltrush genannt wird, zur Folge. Um eine Auslösung beim Einschalten zu verhindern, muß der Schutz verzögert oder mit einer Sperre versehen werden, die die

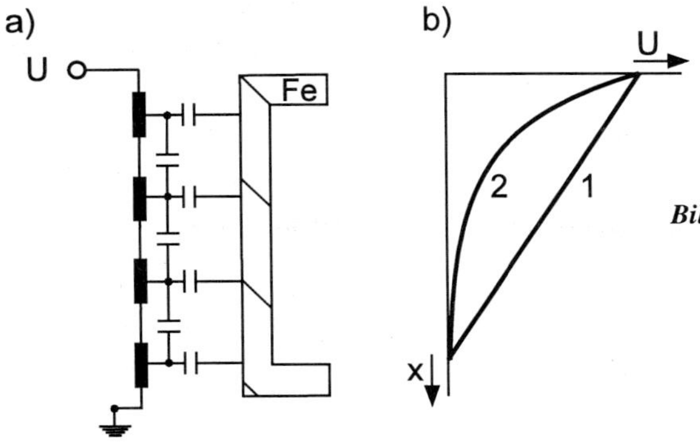

***Bild 2.17**: Spannungsbeanspruchung eines Transformators 1 50-Hz-Verteilung, 2 Verteilung bei steilem Spannungsanstieg a) Ersatzschaltung, b) Spannungsverteilung*

Sättigung erkennt. Daß eine solche Detektion möglich ist, soll anhand von Bild 2.18 erläutert werden.

Die in ihrem Nulldurchgang zugeschaltete Spannung ruft eine Flußänderung mit Gleichstromglied hervor

$$u = \hat{u} \sin \omega t = K \dot{\Phi}$$

$$\Phi = 1/K \int_0^t \hat{u} \sin \omega t \, dt = C - \frac{\hat{u}}{K\omega} \cos \omega t = \hat{\Phi} \left(1 - \cos \omega t\right) \tag{2.17}$$

Der Fluß steigt demnach bei ungünstigem Schaltaugenblick auf seinen doppelten Spitzenwert an. Hierbei ist das Abklingen des Gleichgliedes vernachlässigt. Bild 2.18b zeigt einen solchen Rushstrom, der bei großen Transformatoren aufgrund des niedrigen Wicklungswiderstands und der großen Hauptinduktivität bis zu einer Minute anstehen kann. Spiegelt man den Fluß nach Gl. (2.17) an der idealisierten Magnetisierungskennlinie, so ergibt sich ein Strom mit hohen Spitzen. Dieser Effekt wird bei Remanenz verstärkt. Der Strom ist unsymmetrisch und enthält deshalb die zweite Harmonische, die ansonsten in Energieversorgungsnetzen nicht vorkommt. Sie kann herausgefiltert und als Blockiersignal für den Differentialschutz verwendet werden.

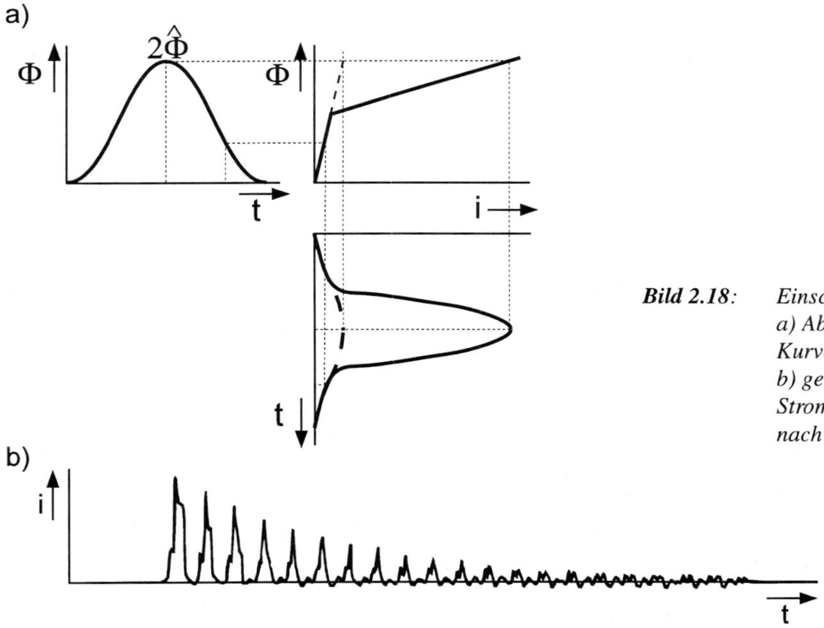

Bild 2.18: *Einschaltrush*
a) Ableitung der Kurvenform,
b) gemessener Stromverlauf nach [1.5]

2.2 Drosselspulen

Drosselspulen sind wie Transformatoren mit nur einer Wicklung aufgebaut. Sie ähneln damit den Sternpunktbildnern, die auch nur an eine Netzspannungsebene angeschlossen werden, aber zwei Wicklungen besitzen, und den Spartransformatoren, die nur eine Wicklung haben, aber an zwei Netze angeschlossen sind. Drosselspulen werden mit und ohne Eisenkern ausgeführt, wobei die Eisenkerne in der Regel einen Luftspalt enthalten, um die Reaktanz zu verringern. Durch mechanische Verstellung des Luftspaltes erhält man eine steuerbare Drosselspule. Da bei Luftdrosseln der Eisenkern als „Kanal" für den magnetischen Fluß fehlt, sind die Flüsse auch außerhalb der Wicklung erheblich. Man muß deshalb in der Umgebung einer solchen Drossel mit Wirbelströmen in Metallteilen rechnen.

Drosselspulen liefern Blindleistung, die zur Kompensation von Hochspannungskabelnetzen in Städten benötigt wird. Insbesondere nachts in Schwachlastzeiten fehlen dort die meist induktiven Verbraucher, so daß die große Kabelkapazität überwiegt. In leistungsstarken Netzen werden Drosselspulen gelegentlich zur Begrenzung der Kurzschlußströme installiert. Dies bringt erhebliche wirtschaftliche Vorteile bei der Auslegung von Schaltanlagen. In den Sternpunkten der Transformatoren kompensieren Drosselspulen im Fall eines einpoligen Erdschlusses den kapazitiven Erdschluß-strom (s. Abschn. 8.2.3). Weiterhin dienen Drosselspulen als Glättungsdrosselspulen zur Elimination von Oberschwingungen in Gleichrichterschaltungen (s. Abschn. 3.2.2.3) und bilden in Verbindung mit Kondensatoren (s. Abschn. 2.3) Filterkreise.

In der Entwicklung befinden sich supraleitende Spulen als Energiespeicher. Bei ihnen wird ein Niedertemperatursupraleiter auf die Verdampfungstemperatur von Helium bei 4 K oder ein Hochtemperatursupraleiter auf die Verdampfungstemperatur des Stickstoffs bei 77 K gekühlt, so daß er widerstandslos wird. Über leistungselektronische Stellglieder kann dann der Strom in den Spulen gesteuert werden. Der Energieinhalt $1/2\ L\ I^2$ solcher Spulen reicht vom kWs- bis in den GWh-Bereich, wobei die kleineren Einheiten bereits am Markt erhältlich sind. Sie werden als Alternative zu Batteriespeichern in unterbrechungsfreien Stromversorgungseinheiten eingesetzt. Geplant ist auch deren Einsatz zur Bereitstellung von Wirkleistungssekunden-Reserve im Kraftwerksbereich (s. Abschn. 7.7).

Beispiel 2.3. *Für ein Stadtnetz mit 120 km 110 kV-Kabeln soll eine Ladestromspule dimensioniert werden, die die Kabelkapazität von C' = 200 nF/km kompensiert.*

Die Ladeleistung der Kabel beträgt

$$Q_C = l \cdot \omega C' \, U^2 = 120 \cdot 314 \cdot 0{,}2 \cdot 10^{-6} \cdot 110^2 = 91 \text{ MVAr}$$

$$X_L = U^2 / Q_C = 110^2 / 91 = 133 \, \Omega$$

2.3 Kondensatoren und Filter

In der Energietechnik haben Kondensatoren die Aufgabe, Blindleistung bereitzustellen und Oberschwingungen aufzunehmen. In Hochspannungskompensationsanlagen werden sie entsprechend Bild 2.19 in Reihe und parallel geschaltet. Defekte Kondensatoren bilden einen Kurzschluß, der bei Leistungskondensatoren von integrierten Sicherungen eliminiert wird. Dadurch entsteht eine Unsymmetrie in der Kondensatorbatterie, die zu Ausgleichsströmen zwischen den parallelen Zweigen führt und ausgefallene Kondensatoren anzeigt. Grundsätzlich werden Kondensatorbatterien überdimensioniert, so daß sie auch bei defekten Kondensatoren bis zum nächsten Wartungstermin weiterbetrieben werden können.

Kompensationskondensatoren zur Regelung der Blindleistung in einem Netz werden i. a. mehrmals täglich geschaltet. Dabei entstehen Ausgleichsvorgänge zwischen der Netzinduktivität L_Q und der Kondensatorkapazität C, deren Eigenfrequenz f_v im Bereich von einigen hundert bis tausend Hz liegt. Die Schwingimpedanz dieses Kreises ergibt sich zu

$$\omega_v = \frac{1}{\sqrt{L_Q C}} \qquad Z_0 = \sqrt{\frac{L_Q}{C}} = \frac{1}{\omega_v C} = \frac{\omega_n}{\omega_v} \cdot Z_C \tag{2.18}$$

Da die Resonanzimpedanz Z_0 für die Eigenfrequenz f_v erheblich kleiner ist als die Kondensatorimpedanz Z_C für f_n = 50 Hz, liegen die Ausgleichsströme weit über den Bemessungsströmen. Dies führt neben einer Gefährdung der Kondensatoren zu Rückwirkungen auf das Netz. Um den Schaltstoß zu verringern, wird häufig in Reihe zu der Kondensatorbatterie noch eine Drosselspule L_v geschaltet, die in Gl. (2.18) die Induktivität L_Q und damit auch die Resonanzimpedanz vergrößert.

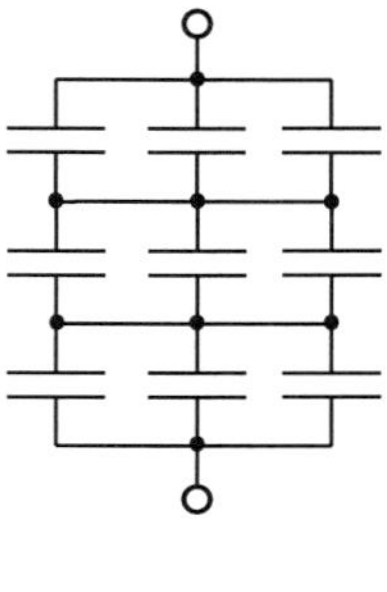

Bild 2.19: *Schaltung einer Kondensatorbatterie*

Insbesondere Stromrichterschaltungen verursachen Oberschwingungen im Netz. Diese werden durch die Kondensatoren verstärkt aufgenommen. Stimmt man die oben erwähnte Induktivität L_V so ab, daß ein Resonanzkreis für die Harmonische ν entsteht, erhält man einen Saugkreis. In Drehstromnetzen treten neben der Grundschwingung bevorzugt Harmonische der Ordnungen 5, 7, 11, 13, 17, 19 usw. auf (s. Abschn. 3.2.2.1). Um sie zu eliminieren, baut man Saugkreise für jeweils eine der Harmonischen (Bild 20a). Zur Begrenzung des Aufwands werden die Harmonischen höherer Ordnung gemeinsam durch einen Hochpaß abgesaugt. Dieser besteht aus einem Saugkreis für die Grenzfrequenz und einem Widerstand parallel zur Drosselspule. Bild 20b zeigt den frequenzabhängigen Verlauf der Netzimpedanz vom Filteranschlußpunkt V aus betrachtet. Sie erhält bei der Frequenz der Harmonischen sehr geringe Werte, die nur durch die Verlustwiderstände der Drosselspulen und des Netzes bedingt sind. Zwischen zwei Minima liegt stets ein Maximum, das von der Parallelresonanz zwischen den Filterkreisen und der Netzinduktivität hervorgerufen wird. Für diese Frequenz bildet das Filter einen Sperrkreis. Wenn der Verbraucher zwischenharmonische Ströme mit dieser Frequenz erzeugt, treten am Einspeisepunkt V erhöhte Spannungen dieser Frequenz auf. Die Betrachtungen zeigen, daß Filterschaltungen sorgfältig und problemangepaßt ausgelegt werden müssen.

Durch den Einsatz leistungselektronischer Schaltungen lassen sich aktive Filter bauen, die erhebliche technische Vorteile gegenüber den LC-Kreisen besitzen, aber auch teuer sind und deshalb nur zögerlich eingesetzt werden [3.2].

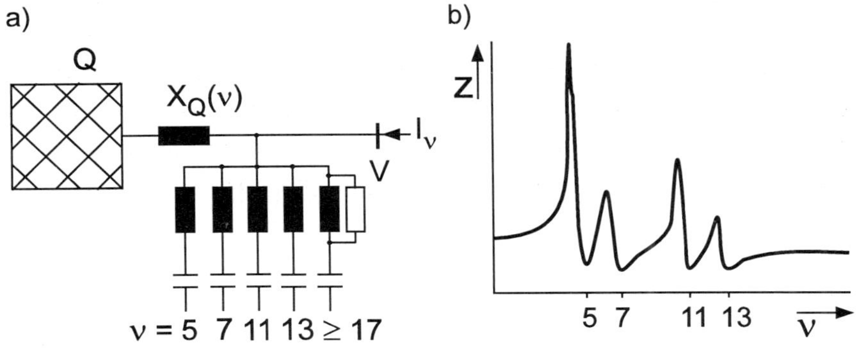

Bild 2.20: *Filterschaltung*
a) Aufbau der Filterkreise, b) Impedanzkurve

2.4 Meßwandler

Meßwandler sind Transformatoren, bei denen nicht die Energie-, sondern die Informationsübertragung im Vordergrund steht. Deshalb soll der Zeitverlauf der zu messenden Spannung bzw. des zu messenden Stroms mit einem gewünschten Maßstabsfaktor möglichst exakt abgebildet werden. Eine weitere Aufgabe der Wandler ist die galvanische Trennung von Primär- und Sekundärkreis, so daß die hohen Spannungen von den Meßeinrichtungen ferngehalten und die Potentialfreiheit des Meßkreises sichergestellt werden. Entsprechend der Meßgröße unterscheidet man zwischen Spannungs- und Stromwandler.

2.4.1 Spannungswandler

Spannungswandler sind Transformatoren mit einer Leistung bis 50 VA. Sie übersetzen die Primärspannung in die genormte Meßkreisspannung von 100 V zwischen den Außenleitern. Grundsätzlich werden Spannungswandler entsprechend Bild 2.21 in Stern geschaltet. Um bei Fehlern in Meßkreisen Schäden zu verhindern, sind Sicherungen im Oberspannungskreis und gelegentlich auch im Unterspannungskreis vorgesehen. Aus Gründen des Personenschutzes ist die Erdung des sekundären Sternpunkts vorgeschrieben. Der primärseitige Sternpunkt muß aus betrieblichen Gründen geerdet werden, andernfalls wird die Nullspannung des Primärsystems im Meßkreis nicht erfaßt.

Spannungswandler haben einen Eisenkern mit getrennten Sekundärwicklungen für Messen, Schutz und Zählung. Dadurch wirkt sich die Überbürdung eines Meßkreises nicht auf den anderen aus.

Die Genauigkeit der Übersetzung sinkt wegen der parasitären Kapazitäten bei höheren Frequenzen deutlich ab. Während Mittelspannungswandler einige kHz noch abbildungstreu übertragen, liegt die Grenze der 380-kV-Wandler bei 500 Hz. Deshalb werden transiente Vorgänge, z. B. hochfrequente Überspannungen, häufig nicht richtig wiedergegeben. Dies ist beispielsweise bei der Auswertung von Störschreiberaufzeichnungen zu beachten. Bild 2.21 zeigt eine dritte Wicklung mit den Klemmen da und dn. Diese in Dreieck geschaltete Wicklung liefert in einem symmetrisch betriebenen Netz stets die Spannung $U_{da\text{-}dn} = 0$ ($\underline{U}_R + \underline{U}_S + \underline{U}_T = 0$). Bei Erdunsymmetrien, z. B. einem Erdschluß, addieren sich die Spannungen der drei Wicklungen zu der Nullsystemspannung. Sie signalisiert somit einen Erdschluß im Netz. Neben dieser wichtigen Aufgabe bietet die Zusatzwicklung durch Belastung mit einem Widerstand die Möglichkeit, in den Nullsystemkreis eine Bürde einzuschleifen, die in isolierten Netzen Kippschwingungen vermeidet [1.8]. Solche Kippschwingungen entstehen, wenn durch die Parallelschaltung von Erdkapazitäten und Hauptinduktivitäten der Spannungswandler eine Resonanz mit der Frequenz νf_n (ν = 1/3, 1/2, 1, 2, 3) entsteht und das Eisen des Wandlers in die Sättigung geht.

Spannungen lassen sich auch durch Spannungsteiler herabsetzen. Ohmsche Spannungsteiler führen zu großen Verlusten und werden nur in Gleichstromanlagen verwendet. Kapazitive Spannungsteiler sind kostengünstiger als induktive Spannungswandler, haben aber den Nachteil, daß sie kaum belastbar sind. Deshalb werden sie vornehmlich in Hochspannungslaboratorien zusammen mit einem hochohmigen Oszillographen eingesetzt. Da kapazitive Spannungsteiler nahezu frequenzunabhängig sind, bilden sie auch hochfrequente Vorgänge gut ab. Dies ist wichtig für die rasch ablaufenden Blitz- und Schaltvorgänge, die in der Hochspannungstechnik untersucht werden. Bei vollisolierten Schaltanlagen (s. Abschn. 5.1) ist es leicht möglich, kapazitive Teiler in die Konstruktion zu integrieren, wie Bild 2.22a zeigt. Sie benötigen allerdings am Ausgang einen Verstärker.

Den Nachteil der geringen Belastbarkeit von kapazitiven Teilern kann man entsprechend Bild 2.22b dadurch umgehen, daß man in dem Meßkreis eine Drosselspule X_D anordnet, die bei 50 Hz eine Resonanz mit den Kapazitäten C_1 und C_2 herstellt. Ein induktiver Wandler, z. B. 10 kV/100 V, koppelt dann den Teiler mit dem Meßkreis. Ein solcher kapazitiver Wandler ist sehr frequenzabhängig und für Schutzzwecke schlecht geeignet. Es ist aber möglich, über ihn eine hochfrequente Spannung U_{TF} einzukoppeln. Moduliert man auf diesen Träger ein Informationssignal, so können die Freileitungen des Netzes zur **T**räger**f**requenzübertragung auf **H**ochspannungsleitungen (TFH) eingesetzt werden (Abschn. 8.7.1). Erstaunlicherweise funktioniert dieses Verfahren auch noch beim Leitungskurzschluß, dann ist allerdings die Band-

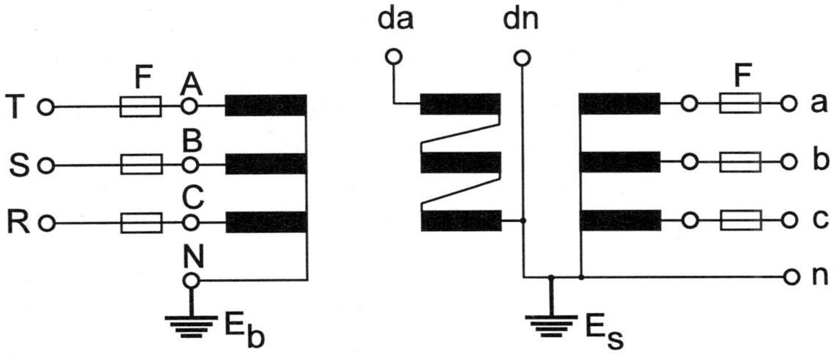

Bild 2.21: *Induktiver Spannungswandler*
E_b Betriebserde, E_s Schutzerde

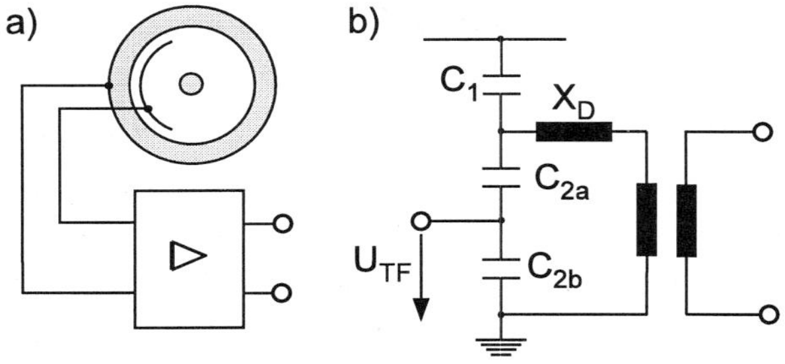

Bild 2.22: *Kapazitiver Spannungsteiler*
a) Integration in vollsiolierten Schaltanlagen,
b) Kombination mit einem kapazitiven Wandler
U_{TF} Trägerfrequenzspannung

breite begrenzt. Sie reicht aber aus, um binäre Schutzsignale, z. B. eine Schalterstellung, zwischen den Stationen zu übermitteln. Mit der Einführung der Glasfaserübertragung verliert diese Technik jedoch an Bedeutung.

2.4.2 Stromwandler

Der Stromwandler ist ein kurzgeschlossener Transformator. Seine Primärwicklung besteht häufig aus einer einzigen Windung, z. B. einer Kupferschiene, während die Sekundärwicklung eine hohe Windungszahl hat. Dies bedeutet, daß bei Leerlauf die Hochspannung des Primärkreises auf eine noch höhere Spannung transformiert würde. In der Realität wird bei offener Sekundärwicklung an der Primärwicklung aber nur eine sehr kleine Spannung abfallen, die jedoch ausreicht, um den Eisenkern extrem zu sättigen. Es entstehen Remanenz, Eisenbrand in den lamellierten Kernblechen und Spannungsdurchschläge in der Sekundärwicklung. Die hohen Spannungen auf der Meßleitung führen außerdem zur Personengefährdung.

Der Primärstrom bleibt unabhängig von der Schaltung der Sekundärwicklung konstant. Deshalb kann man in Bild 2.3 bei vorgegebenem Strom I_1 die Streuimpedanz $R_1 + jX_{\sigma 1}$ vernachlässigen. Der Primärstrom teilt sich dann in den Sekundärstrom und den Strom I_h durch die Hauptinduktivität auf. Ist letztere sehr hochohmig, so gilt $I_2 = I_1 \cdot (w_1/w_2)$. Werden nun der Strom I_2 oder die Bürdenimpedanz Z_B zu groß, steigt die Spannung an der Hauptreaktanz X_h bis zum Sättigungspunkt des Eisens an (Bild 2.4). Dadurch sinkt der Wert der Hauptreaktanz X_h ab und ein großer Teil des Stromes I_1 fließt über X_h an der Bürde vorbei. Somit entstehen Meßfehler.

Stromwandler dürfen nie mit offenen Sekundärkreisen betrieben werden. Die

Bürde, d. h. der Widerstand im Meßkreis, darf einen zulässigen Wert nicht übersteigen.

Bei der Schaltung eines Stromwandlers entsprechend Bild 2.23 wird die sekundäre Klemme S1 geerdet. Dies ist eine Maßnahme zum Personenschutz und führt gelegentlich zu Problemen mit der elektromagnetischen Beeinflussung (s. Abschn. 4.5.2), denn vom Gesichtspunkt der Elektronik aus sollten Nachrichtenkabel nur einseitig und zudem am Knoten der Informationsverarbeitung geerdet werden. Ähnlich wie bei Spannungswandlern müssen auch bei Stromwandlern die Sekundärwicklungen für Messung, Schutz und Zählung getrennt sein. Darüber hinaus ist für jede Wicklung ein getrennter Eisenkern vorhanden, denn bei gemeinsamen Wicklungen auf einem Kern beeinflussen sich die Sekundärströme.

Strom- und Spannungswandler im Bereich der Energieübertragung sind technisch aufwendig, da das Meßsignal häufig aus einem Kreis mit hoher Spannung ausgekoppelt werden muß. Bei Spannungswandlern ist deshalb - wie oben beschrieben - ein Trend in Richtung kapazitive Teiler mit anschließenden Verstärkern zu erkennen. Auch denkt man darüber nach, den Pockel-Effekt auszunutzen. Dieser besteht darin, daß piezoelektrische Kristalle ihren Brechungsindex proportional zum angelegten elektrischen Feld verändern.

Nichtkonventionelle Stromwandler sind bereits am Markt erhältlich. Bei ihnen wird polarisiertes Licht in einem Lichtleiter um den Primärleiter geführt. Das Magnetfeld verdreht aufgrund des Faraday-Effekts die Polarisationsebenen des Lichts in der Glasfaser. Durch ein Polarisationsfilter kommt nur die nichtverdrehte Komponente, deren Größe ein Maß für den Strom ist.

2.5 Grundprinzipien der rotierenden elektrischen Maschinen

Die bisher betrachteten Geräte sind statische Betriebsmittel. Nun sollen die rotierenden Maschinen behandelt werden. Sie wandeln elektrische in mechanische Ener-

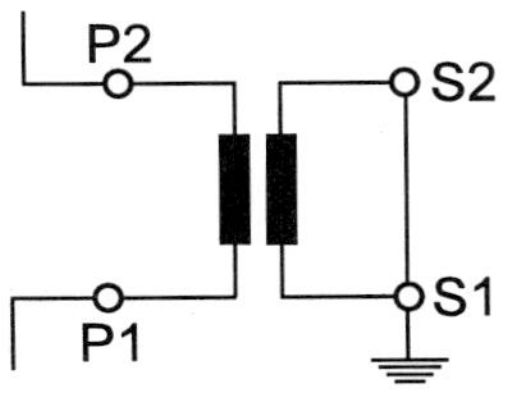

Bild 2.23: *Stromwandler*

gie oder umgekehrt. Entsprechend der Leistungsrichtung spricht man von Motoren oder Generatoren. Ihr Aufbau ist bei den meisten Typen ähnlich. Größere Unterschiede bestehen zwischen Gleichstrom- und Wechsel- bzw. Drehstrommaschinen. Trotzdem haben auch diese viele Gemeinsamkeiten, weshalb in den meisten Lehrbüchern die Theorie der rotierenden Maschinen in einem einheitlichen Kapitel ausführlich behandelt wird. Hier soll dieser Teil kurz gehalten werden.

Die erste rotierende Maschine war ein Motor, der auf der Coulomb-Kraft, d. h. der Anziehung zwischen ungleichen elektrischen Ladungen, beruhte. Gordon baute 1773 einen Metallstern, der sich bei Entladungen drehte. Die Kombination zwischen Dauermagnet und Kupferwicklung, von W. Faraday als magnetoelektrische Induktion bezeichnet, wurde 1823 vorgestellt. Obwohl die Geschichte der Maschinen mit dem elektrostatischen Motor begann, konnte sich dieses Prinzip nicht durchsetzen, denn die mit technischen Mitteln erreichbare magnetische Energiedichte liegt einige Zehnerpotenzen über der erreichbaren elektrostatischen Energiedichte. Trotzdem hat in jüngerer Zeit der elektrostatische Antrieb in mikroelektrischen Schaltungen Einzug gehalten. Hier sind wegen der extrem kleinen Abstände große Feldstärken und damit hohe elektrostatische Energiedichten möglich. Die in Ätztechnik hergestellten Motoren werden z. B. in der Medizintechnik eingesetzt.

Das Grundprinzip des Elektromotors beruht auf der Kraftwirkung zwischen zwei Magnetfeldern, wobei eines der beiden in seiner Polarität umgekehrt werden muß, um die Drehbewegung zu erreichen. Eine andere Darstellung geht von der Wechselwirkung zwischen einem Magnetfeld und einem stromdurchflossenen Leiter aus. Beide Betrachtungsweisen sind gleichwertig.

Um ein Magnetfeld mit wechselnden Richtungen zu erzeugen, ist ein Wechselstrom notwendig, der z. B. durch Umschaltungen aus einem Gleichstrom entsteht. Diesem Gedanken folgend gibt es keine Gleichstrommaschinen, sondern nur Wechselstrommaschinen. Das Faradaysche Prinzip soll an der Maschine in Bild 2.24a erläutert werden. Ein zeitlich konstantes Magnetfeld, das von einem Dauermagneten oder einer Erreger- bzw. Feldwicklung aufgebaut wird, durchdringt eine sich drehende Wicklung, den Anker, den man auch Läufer bzw. Rotor nennt. In ihm wird eine Spannung induziert

$$u = -w \cdot B \cdot 2\,l \cdot v = w \cdot B \cdot 2\,l \cdot \omega \cdot R \sin \omega t \tag{2.19}$$

oder

$$u = -w \cdot d\Phi / dt = -w \cdot B \cdot 2\,R \cdot l \cdot d\,(\cos \omega t) / dt$$

Um in dem großen Luftspalt d eine nennenswerte Induktion B zu erzeugen, muß ein Magnet mit großer magnetischer Spannung ($V = H \cdot d$) eingesetzt werden. Mit einer kleineren magnetischen Spannung kommt man aus, wenn die rotierende Wicklung auf einem Eisenzylinder entsprechend Bild 2.24b angeordnet ist ($V = H \cdot 2\ \delta$). Diese Maschine erzeugt eine nahezu rechteckförmige Wechselspannung.

Das beschriebene Generatorprinzip läßt sich auch umkehren. Eine Spannung an den Klemmen hat einen Strom zur Folge, der mit dem Magnetfeld eine Kraft und damit ein Drehmoment bildet. Die Maschine kann demnach als Motor oder Generator betrieben werden. Verbindet man die Klemmen von zwei derartigen Maschinen miteinander und treibt die eine an, so dreht sich die andere mit der gleichen Drehzahl, also synchron. Mechanische Energie wird dann in dem Generator in elektrische umgewandelt, durch die Leitungen übertragen und in Motoren wieder in mechanische Energie zurückgeführt. Eine solche Einrichtung bezeichnet man als elektrische Welle.

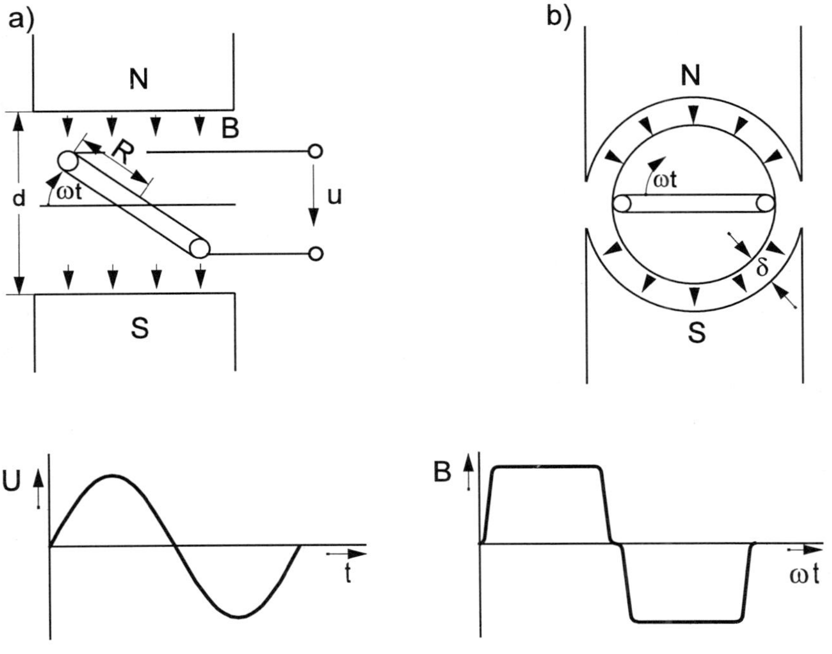

Bild 2.24: *Prinzip der elektrischen Maschine*
a) Anordnung mit Luftanker, b) Anordnung mit Eisenanker

2.6 Gleichstrommaschine

Die in Bild 2.24 dargestellte Wechselstrommaschine wird zur Gleichstrommaschine, wenn die Klemmen im Takt der Umdrehungen umgepolt werden. Diese Umpolung bzw. Kommutierung kann mechanisch oder elektrisch erfolgen. Nur bei mechanischer Umschaltung spricht man von einer Gleichstrommaschine.

2.6.1 Aufbau der Gleichstrommaschinen

Die mechanische Umschaltung zur Umwandlung von Gleich- in Wechselspannung oder umgekehrt erfolgt in einem direkt auf der Welle angeordneten Kommutator bzw. Kollektor. Er besteht aus Kupferlamellen, die mit Glimmer gegeneinander isoliert sind. Bild 2.25 zeigt den Kollektor einer 1150-kW-Maschine. Jedes Ende der Ankerwicklung ist mit einer dieser Lamellen verbunden. Fest angeordnete Stromabnehmer, die Bürsten, sind meist aus einem Kohlestoffgemisch gesintert. Die Kombination Kohle - Kupfer zeichnet sich durch geringe Funkenbildung bei der Kommutierung und ruhigen Lauf aus.

Es bietet sich an, nicht nur eine, sondern mehrere Wicklungen am Umfang des Eisenzylinders in Bild 2.24b anzuordnen [2.7]. Entsprechend besteht der Kollektor dann aus einer Vielzahl von Lamellen. Bild 2.26 zeigt einen 9teiligen Kollektor. Die Wicklung beginnt an der Lamelle 1 mit der Windung 1a, die durch die Nut 1 hin- und die Nut 6 zurückgeführt wird und an der Lamelle 2 endet. Von dort startet die Windung 2a, die über die Nuten 2 und 7 geführt wird und an der Lamelle 3 endet. Dies setzt sich fort bis zur Windung 9, die von Lamelle 9 nach 1 führt. Die Summe der Windungsspannung U_1 bis U_9 ist zwischen den beiden Bürsten A1 und A2 abzugreifen. Eine derartige Wicklung, in der die Spannungen der Teilwicklungen aufaddiert werden, nennt man Wellen- oder Reihenwicklung. Sie wird verwendet, wenn die Maschinenspannung in bezug auf die Leistung groß ist. Analog hierzu lassen sich auch Schleifen- oder Parallelwicklungen bauen.

Von dem sich drehenden Kollektor geben immer andere Lamellen den Strom an die Bürsten A1 und A2 ab. Die Lage der Bürsten wird so gewählt, daß die maximal mögliche Spannung entsteht. In Bild 2.26 führen gerade die Lamellen 6 und 1 mit 2 den Strom. Dabei schließt die Bürste A1 die Lamellen 1 und 2 und damit die Windung 1 kurz. Diese liegt zwischen den Polen, so daß in ihr keine Spannung erzeugt wird und im Idealfall kein Kurzschlußstrom fließt. Durch Verschieben der Bürsten gegenüber den Polen ist es möglich, die Spannung im Generatorbetrieb zu reduzieren oder die Drehzahl im Motorbetrieb zu beeinflussen. Die Bürsten kommen dann aber in eine Stellung, bei der zwischen kommutierenden Lamellen eine Spannung auftritt. Deshalb wird diese Regelungsmethode nicht mehr eingesetzt.

Die Maschinen in den Bildern 2.24 und 2.26 hatten zwei Pole, d. h. ein Polpaar (p = 1). Man kann aber auch vier- und mehrpolige Maschinen bauen (Bild 2.27). Während einer Periode des Wechselstroms dreht sich der Läufer einer zweipoligen Maschine um 360°, bei einer vierpoligen Maschine nur um 180°. Mehrpolige Maschinen benötigen selbstverständlich auch mehrere Bürsten. Die Bürstenpaare werden parallel ge-

Bild 2.25: *Anker einer Gleichstrommaschine mit Kollektor und Bürsten*
730 V; 1150 kW; 168/210 min^{-1}
(Quelle: Lloyd Dynamowerke GmbH)

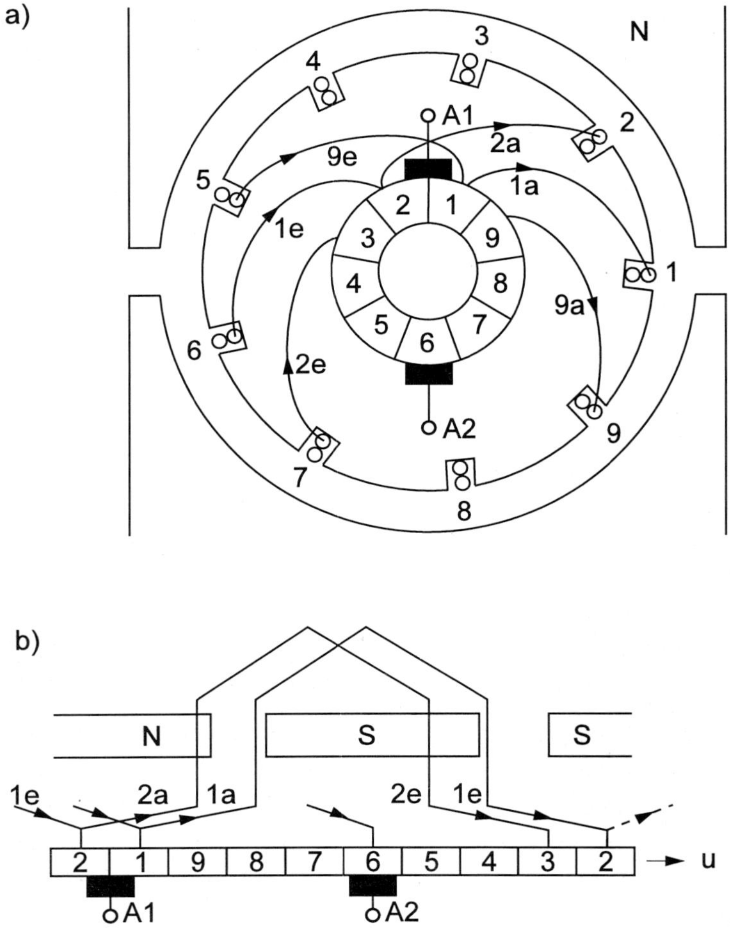

Bild 2.26: *Wicklung einer Gleichstrommaschine*
a) Querschnitt durch die Maschine, b) Wicklungsplan

schaltet und zu den Klemmen A1 und A2 geführt. Dadurch ist es möglich, mehr Strom in den Anker zu übertragen, der notwendig ist, um ein großes Drehmoment zu erzielen. Maschinen mit niedriger Drehzahl werden deshalb vorzugsweise hochpolig ausgelegt. Einen festen Zusammenhang zwischen Polpaaren und Drehzahl - wie bei Drehstrommaschinen - gibt es bei den Gleichstrommaschinen jedoch nicht. Es ist sogar möglich, Gleichstrommaschinen für Drehzahlen über 50 Hz (3 000 min^{-1}) zu bauen.

Die Schnittzeichnung in Bild 2.27 zeigt den zylindrischen Läufer mit Zähnen, die zur Aufnahme der Wicklung gedacht sind. Da der Läufer von kommutiertem Gleichstrom, also Wechselstrom, durchflossen wird, muß sein Eisenkern ähnlich dem Transformatorkern aus gegeneinander isolierten Blechen aufgebaut werden, um die Wirbelströme klein zu halten. Das Magnetfeld wird durch eine Erreger- oder Feldwicklung erzeugt, die auf den Polen untergebracht ist. Die Polschuhe, die unmittelbar am Luftspalt dem Läufer gegenüberliegen, werden teilweise dessen Wechselfeld ausgesetzt. Bei großen Maschinen sind sie deshalb ebenso lamelliert wie der Läufer. Nach Bild 2.27 schließt sich der magnetische Kreis über den Weg l_j, l_p, δ, l_z, l_a, l_z, δ, l_p. Insbesondere an den Zähnen ist der Eisenquerschnitt jedoch reduziert, so daß hier mit starken Sättigungserscheinungen zu rechnen ist.

Die Durchflutung zur Erzeugung der Luftspaltinduktion kann in den Polen mit einem kleinen Strom und vielen Windungen oder mit einem großen Strom und wenigen Windungen erzeugt werden. Liegt die Erregerwicklung E an einer hohen Spannung (fremderregt nach Bild 2.28) oder parallel zum Anker A an der gleichen Spannung (Nebenschluß), so strebt man einen möglichst kleinen Strom und damit einen großen Feldwiderstand an, um Verluste zu vermeiden. Dies führt zu vielen Windungen mit dünnem Draht, die das erforderliche Magnetfeld aufbringen. Liegt die Erregerwicklung, die dann mit D bezeichnet wird, in Reihe zum Anker A (Reihenschluß), so ist ihr Strom vorgegeben. Man möchte nun einen möglichst geringen Spannungsabfall haben, der mit wenigen Windungen und dickem Draht erreicht wird.

Wie bei der Beschreibung der Wicklung in Bild 2.26 erwähnt, werden die Windungen zeitweise durch die Bürsten kurzgeschlossen. Dabei kehrt der Windungsstrom seine Richtung um. Diese Stromänderungen erzeugen in der kurzgeschlossenen Windung eine Spannung L di/dt, die zu Bürstenfeuer führt. Um es zu unterdrücken, ordnet man in den Lücken zwischen den Hauptpolen Wendepole B an, deren Wicklung vom Ankerstrom durchflossen wird. Der Ankerstrom erzeugt auch ein Gegenfeld in den Polschuhen. Dieses verursacht eine Feldverzerrung, die zur Sättigung und damit zur Schwächung des Hauptfeldes führt. Kompensationswicklungen in den Polschuhen

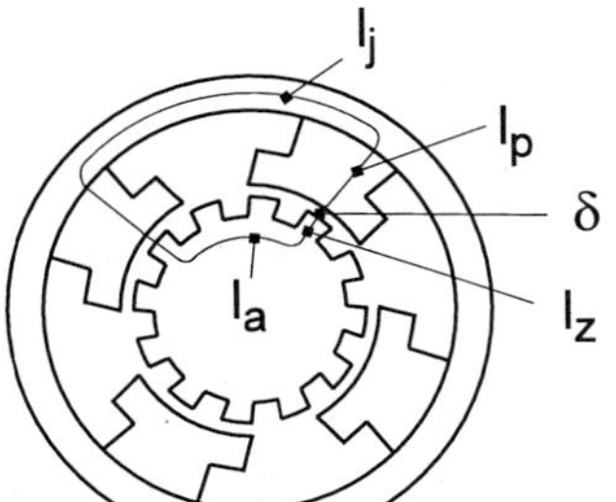

Bild 2.27: *Schnittzeichnung einer vierpoligen Gleichstrommaschine j Joch, p Pol mit Polschuh, δ Luftspalt, z Läuferzähne, a Ankerjoch*

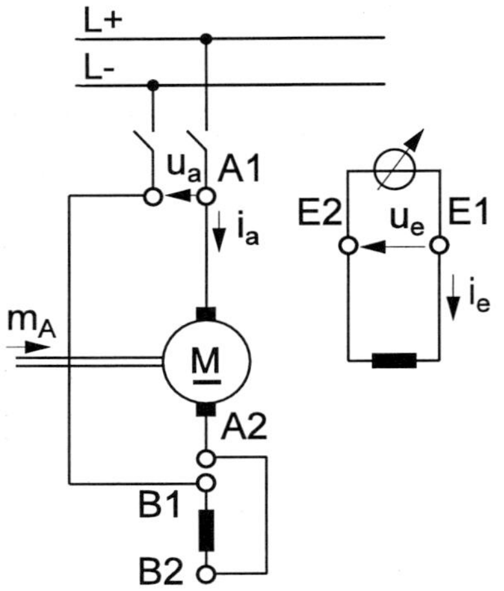

Bild 2.28: *Fremderregter Gleichstrommotor*

zur Unterdrückung dieses Ankerrückwirkungsfeldes werden bei großen Maschinen vorgesehen. Sie liegen ebenso wie die Wendepole in Reihe zum Anker [2.5]

2.6.2 Modell der Gleichstrommaschine

Für das physikalische Modell der Gleichstrommaschine nach Bild 2.24 lassen sich mit der Vorzeichenfestlegung eines Motors nach Bild 2.28 die Beschreibungsgleichungen (2.20a - 2.25a, Tabelle 2.1, linke Seite) aufstellen. Dabei wird anstelle des Flusses Φ die Flußverkettung ψ eingeführt. Beide sind identisch, wenn alle Windungen einer Wicklung von den gleichen Feldlinien durchdrungen werden. Dies ist allerdings insbesondere bei elektrischen Maschinen nicht der Fall, so daß stets mit der Flußverkettung zu arbeiten ist. Für die Anschauung genügt jedoch die Vorstellung eines Flusses.

Durch die Sättigung des magnetischen Kreises ist der Zusammenhang (2.20a) zwischen Erregerstrom i_e und Erregerfeld ψ_e nichtlinear. Häufig wird er aber als linear angenommen. Es ist dann möglich, die Erregerflußverkettung durch die Induktivität L_e und den Strom i_e zu ersetzen, so daß in den Beschreibungsgleichungen nur noch Ströme und Spannungen auftreten. Die Erregerwicklung (Index e) und die Ankerwicklung (Index a) werden durch die Differentialgleichungen (2.21a) und (2.23a) beschrieben. Gl. (2.22a) liefert die innere Ankerspannung e aus Drehzahl und Flußverkettung. Das Drehmoment in Gl. (2.24a) bildet sich aus Ankerstrom und Fluß bzw. Erregerstrom. Besteht eine Differenz zwischen dem elektrischen Drehmoment m_{el} und dem Gegenmoment der Arbeitsmaschine m_A, so entsteht entsprechend Gl. (2.25a) eine Beschleunigung, die durch das Trägheitsmoment J bestimmt ist.

Tabelle 2.1: Beschreibungsgleichungen der Gleichstrommaschine (Im stationären Motorbetrieb sind alle Größen positiv. Das Zeichen $\widehat{=}$ gilt für den Fall ohne Eisensättigung.)

Originalgrößen		Bezogene Größen	
$\psi_e = f(i_e) \mathrel{\widehat{=}} L_e i_e$	(2.20a)	$\psi'_e = f'(i'_e) \mathrel{\widehat{=}} i'_e$	(2.20)
$u_e = R_e i_e + \dfrac{d\psi_e}{dt} \mathrel{\widehat{=}} R_e i_e + L_e \dfrac{di_e}{dt}$	(2.21a)	$u'_e = i'_e + \tau_e \dfrac{d\psi'_e}{dt} \mathrel{\widehat{=}} i'_e + \tau_e \dfrac{di'_e}{dt}$	(2.21)
$e = k_1\, \omega\, \psi_e \mathrel{\widehat{=}} k_2\, \omega\, i_e$	(2.22a)	$e' = \omega' \psi'_e \mathrel{\widehat{=}} \omega'\, i'_e$	(2.22)
$u_a = e + R_a\, i_a + L_a \dfrac{di_a}{dt}$	(2.23a)	$u'_a = e' + i'_a + \tau_a \dfrac{di'_a}{dt}$	(2.23)
$m_{el} = k_3\, i_a \Psi_e \mathrel{\widehat{=}} k_4\, i_a\, i_e$	(2.24a)	$m'_{el} = i'_a\, \psi'_e \mathrel{\widehat{=}} i'_a\, i'_e$	(2.24)
$J \dfrac{d\omega}{dt} = m_{el} - m_A$	(2.25a)	$\tau_A \dfrac{d\omega'}{dt} = m'_{el} - m'_A$	(2.25)

Bezugsgrößen:

$$u'_e = \frac{u_e}{U_{eb}} \qquad \psi'_e = \frac{\psi_e}{\psi_{eb}} \qquad \omega_b = 2\pi\, n_r$$

$$i'_e = \frac{i_e}{I_{eb}} = \frac{i_e}{U_{eb} / R_e} \qquad \psi_{eb} = \tau_e\, U_{eb} \qquad \omega' = \frac{\omega}{\omega_b} = n' = \frac{n}{n_b}$$

$$u'_a = \frac{u_a}{U_{ab}} \qquad m'_{el} = \frac{m_{el}}{M_b} \qquad \tau_A = J\, \frac{\omega_b}{M_b} \tag{2.26}$$

$$i'_a = \frac{i_a}{I_{ab}} = \frac{i_a}{U_{ab} / R_a} \qquad m'_A = \frac{m_A}{M_b} \qquad \tau_e = \frac{L_e}{R_e}$$

$$M_b = \frac{U_{ab} \cdot I_{ab}}{\omega_b} \qquad \tau_a = \frac{L_a}{R_a}$$

Bemessungspunkte (Beispiel $I'_a = 0{,}1$):

$$\omega' = n' = U'_e = I'_e = E' = 1 \qquad I'_a = M'_{el} = M'_A = 0{,}1 \qquad U'_a = 1 + I'_a = 1{,}1$$

Die in den Gleichungen auftretenden Konstanten k lassen sich entsprechend Abschn. 1.3.2 durch Einführung von Bezugsgrößen (Index b) eliminieren. Üblicherweise werden die Bemessungswerte (Index r) als Bezugsgrößen gewählt [2.6, 2.7]. Dies erweist sich bei der Gleichstrommaschine jedoch nicht immer als sinnvoll. Hier sind die üblichen Bezugswerte:

U_{eb}: Bezugswert der Erregerspannung; er wird gleich dem Bemessungswert U_{er} gewählt. Liegt die Bemessungsspannung an dem Erregerwiderstand R_e an, so fließt der Bemessungsstrom I_{er}.

ψ_{eb}: Bezugswert der Erregerflußverkettung; er stellt sich ein, wenn die Spannung U_{eb} anliegt, und ist deshalb gleich ihrem Bemessungswert.

n_b Bezugsdrehzahl; sie ist gleich der Bemessungsdrehzahl n_r, die sich für die Bemessungsspannungen U_{ar}, U_{er} und das Bemessungsmoment M_{Ar} einstellt. Im Feldschwächbereich, der im nächsten Abschnitt erklärt wird, kann die Maschine eine höhere Drehzahl als n_b annehmen, für die sie auch bemessen sein muß.

ω_b: Bemessungskreisfrequenz $\omega_b = 2\,\pi\, n_b$

U_{ab}: Bezugswert der Ankerspannung; sie stellt sich an den Klemmen der Ankerwicklung ein, wenn sich die Maschine im Leerlauf ($i_a = 0$) mit der Bezugsdrehzahl n_b dreht und die Erregerspannung U_{eb} anliegt. Der Spannungsabfall am Ankerwiderstand führt dazu, daß beim Motor die Bemessungsspannung U_{ar} etwas über der Bezugsspannung U_{ab} liegt.

Mit diesen Bezugsgrößen lassen sich die Originalgrößen auf bezogene Größen, die mit einem Strich gekennzeichnet werden, umrechnen (Gln. 2.26). Man erhält dann die in Tabelle 2.1 angegebenen Gln. (2.20 - 2.25) der Gleichstrommaschine. In ihnen sind alle Größen außer der Zeit dimensionslos. Obwohl das gewählte Bezugssystem etwas unübersichtlich ist, läßt sich doch gut mit den bezogenen Größen arbeiten. Wird die Maschine im Bemessungspunkt betrieben, liegen fast alle Werte bei 1. Der Ankerstrom entspricht dann dem Spannungsabfall im Ankerwiderstand und ist entsprechend klein, z. B. $I'_a = 0{,}1$. Daraus liefert Gl. (2.23) für den stationären Zustand $(di'_a / dt) = 0$ $U'_a = 1 + 0{,}1 = 1{,}1$. Ist das Antriebsmoment m_A null, so kann man die Anlaufzeit aus Gl. (2.25) berechnen.

$$
\begin{aligned}
\omega' &= \int_0^{t_A} \frac{M'_{el}}{\tau_A}\, dt = \frac{M'_{el}}{\tau_A}\, t_A = 1 \\
t_A &= \frac{1}{M'_{el}}\, \tau_A = \frac{1}{I'_a\, I'_e}\, \tau_A = 10\, \tau_A
\end{aligned}
\tag{2.27}
$$

Die Verknüpfung der einzelnen Gleichungen geht aus Blockschaltbild 2.29 hervor. Hier sind jedoch - wie im folgenden - die Striche zur Kennzeichnung der bezogenen Größen wieder weggelassen. Die bezogenen Größen liegen für alle Bauleistungen in der gleichen Größenordnung. Dabei ist es jedoch wichtig zu wissen, daß im Bemessungspunkt nicht alle Größen den Wert 1 annehmen, wie der Ankerstrom, der im Anlauf zu 1 wird und deshalb im Bemessungspunkt erheblich kleiner ist, z. B. 0,1 (siehe Tabelle 2.1). Von besonderer Bedeutung für die Dynamik der Maschine ist die Anlaufzeit τ_A. Sie wird benötigt, um die Maschine mit dem Bezugsmoment, d. h. dem Anlaufmoment, vom Stillstand auf die Bemessungsdrehzahl zu beschleunigen. Die Anwendung dieses Modells auf regelungstechnische Probleme wird in [2.10 - 2.16] gezeigt.

Beispiel 2.4. *Aus den gegebenen Motordaten sollen die p.u.-Größen bestimmt werden, so daß Simulationsrechnungen mit dem Blockschaltplan in Bild 2.29 möglich sind*

$$P_r = 30 \text{ kW} \quad U_{er} = 200 \text{ V} \quad U_{ar} = 250 \text{ V} \quad \eta = 86\,\% \quad n_r = 1\,000 \text{ min}^{-1}$$

$$P_{ve} = 600 \text{ W} \quad L_e = 10 \text{ H} \quad L_a = 0{,}004 \text{ H} \quad J = 2 \text{ Nms}^2$$

Zunächst werden die Größen der Erregerwicklung bestimmt

$$I_{er} = P_{ve} / U_{er} = 600 / 200 = 3 \text{ A}$$

$$R_e = U_{er} / I_{er} = 200 / 3 = 67\ \Omega$$

$$\tau_e = L_e / R_e = 10 / 67 = 0{,}15 \text{ s}$$

Für den Ankerkreis ergibt sich aus der zugeführten Leistung P_r/η und den Verlusten in der Erregerwicklung P_{ve}

$$P_{va} = P_r / \eta - P_r - P_{ve} = 30\,000 / 0{,}86 - 30\,000 - 600 = 4\,280 \text{ W}$$

$$I_{ar} = (P_r / \eta - P_{ve}) / U_{ar} = (30\,000 / 0{,}86 - 600) / 250 = 137 \text{ A}$$

$$R_a = P_{va} / I_{ar}^2 = 4\,280 / 137^2 = 0{,}228\ \Omega$$

$$R_a = P_{va} / I_{ar}^2 = 4\,280 / 137^2 = 0{,}228\ \Omega$$

$$\tau_a = L_a / R_a = 0{,}004 / 0{,}228 = 0{,}018 \text{ s}$$

$$M_r = \frac{P_r}{\omega_r} = \frac{30\,000}{2\,\pi \cdot 1\,000 / 60} = 286 \text{ Nm}$$

Als Bezugsgrößen folgen daraus

$$I_{eb} = I_{er} = 3 \text{ A} \qquad U_{eb} = U_{er} = 200 \text{ V}$$

$$U_{ab} = U_{ar} - R_a \cdot I_{ar} = 250 - 0{,}228 \cdot 137 = 219 \text{ V}$$

$$I_{ab} = U_{ab} / R_a = 219 / 0{,}228 = 960 \text{ A}$$

$$\omega_b = 2\,\pi\, n_r = 2\,\pi \cdot 1\,000 / 60 = 105 \text{ s}^{-1}$$

$$M_b = \frac{U_{ab} \cdot I_{ab}}{\omega_b} = \frac{219 \cdot 960}{105} = 2\,000 \text{ Nm}$$

$$\tau_A = J\,\omega_b / M_b = 2 \cdot 105 / 2\,000 = 0{,}105 \text{ s}$$

Bei Vernachlässigung des Sättigungspunktes wird die nichtlineare Kennlinie in Bild 2.29 zu $i_e = \Psi_e$. *Für den Bemessungspunkt erhält man*

$$U_e' = I_e' = 1 \qquad \omega' = 105 \text{ s}^{-1}$$

$$U_a' = U_{ar} / U_{ab} = 250 / 219 = 1{,}14$$

$$I_a' = I_{ar} / I_{ab} = 137 / 960 = 0{,}14$$

$$M' = M_r / M_b = 286 / 2\,000 = 0{,}14$$

2.6.3 Kennlinien der Gleichstrommaschine

Für den stationären Betrieb vereinfachen sich die Beschreibungsgleichungen (2.20 - 2.25).

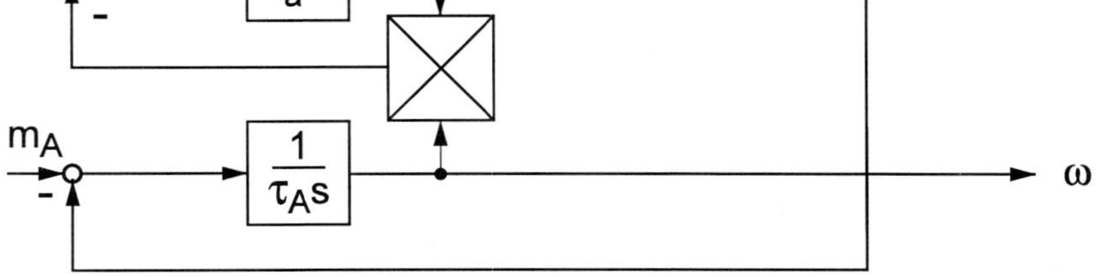

Bild 2.29: *Blockschaltplan der fremderregten Gleichstrommaschine Vorzeichen der Zustandsgößen im Motorbetrieb positiv*

$$
\begin{aligned}
U_e &= I_e \\
E &= \omega I_e = n I_e \\
U_a &= E + I_a \\
M = M_A &= M_{el} = I_a\, I_e
\end{aligned}
\tag{2.28}
$$

Daraus folgt:

$$
\begin{aligned}
U_a &= nI_e + I_a = nI_e + M / I_e \\
n &= \frac{U_a - M / I_e}{I_e}
\end{aligned}
\tag{2.29}
$$

Zur anschaulichen Darstellung kann man eine Zustandsgröße als Funktion einer zweiten graphisch auftragen, wobei eine dritte Zustandsgröße als Parameter zu Kurvenscharen führt. Von besonderer Bedeutung sind die Last- und Steuerkennlinien. Für den Generator wird dabei die Klemmenspannung U_a als Funktion des Laststroms I_a bzw. des Erregerstroms I_e dargestellt (s. Gl. 2.29). Dabei ergeben sich im Normalbetrieb negative Ströme und Drehmomente. Im Gegensatz hierzu ist in Bild 2.30 der Strom so orientiert, daß er im Generatorbetrieb positiv wird. Die Klemmenspannung

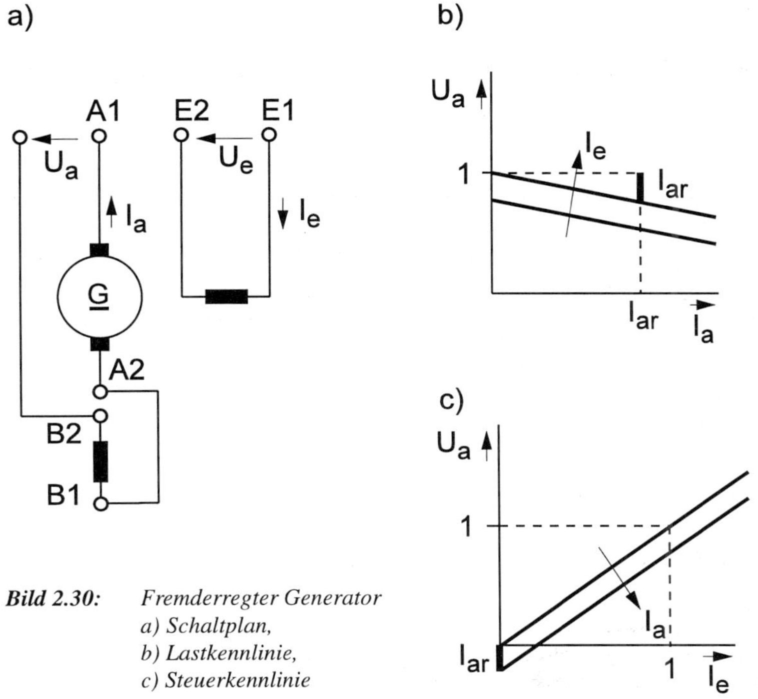

Bild 2.30: *Fremderregter Generator*
a) Schaltplan,
b) Lastkennlinie,
c) Steuerkennlinie

sinkt durch den Spannungsabfall an dem Ankerwiderstand ab. Beim Bemessungsstrom erreicht der Spannungsabfall einen Wert, der gleich dem Bemessungsstrom I_{ar} ist, wenn in bezogenen dimensionslosen Größen gearbeitet wird. Die Spannung U_a ist mit Hilfe des Erregerstroms I_e zu steuern. Die Drehzahl der Antriebsmaschine wird im Generatorbetrieb als konstant angenommen.

Im Motorbetrieb ist die Drehzahl von zentraler Bedeutung. Sie sinkt entsprechend Gl. (2.29) und Bild 2.31b bei zunehmender Last ab und läßt sich mit der Ankerspannung und dem Erregerstrom steuern. Eine Erhöhung der Ankerspannung (Bild 2.31c). führt zu einem größeren Ankerstrom, einem größeren Drehmoment und somit einer höheren Drehzahl. Die Erhöhung des Erregerstroms hat ein größeres Erregerfeld und entsprechend Gln. (2.29) eine niedrigere Drehzahl zur Folge (Bild 2.31d).

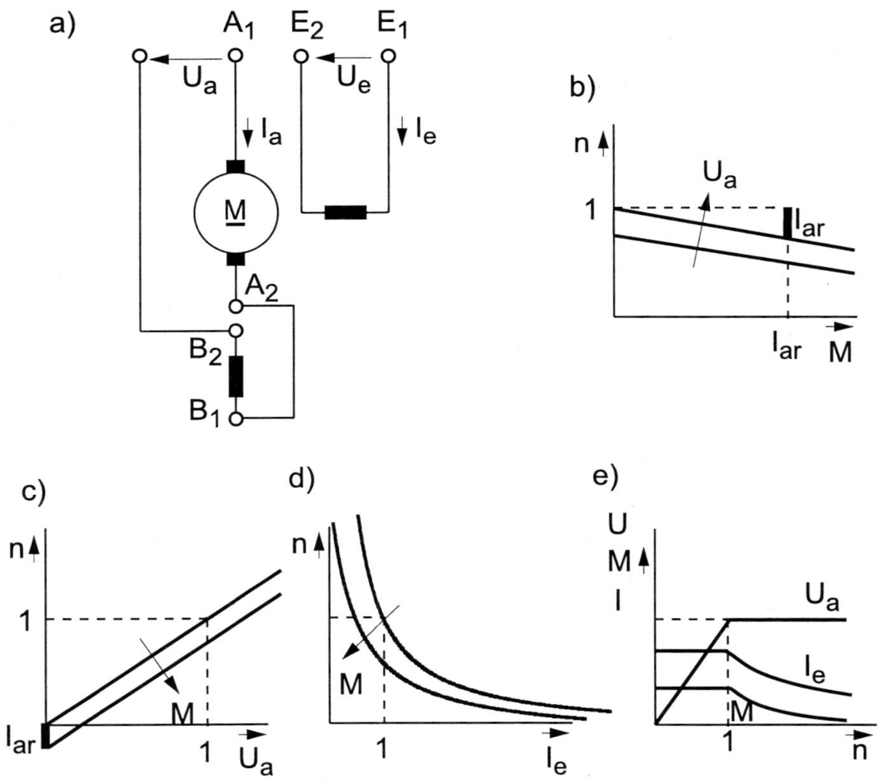

Bild 2.31: *Fremderregter Gleichstrommotor*
a) Schaltplan, b) Lastkennlinie, c) Steuerkennlinie,
d) Steuerkennlinie im Feldschwächbereich, e) Verlauf der Steuergrößen

Durch Schwächung des Feldes kann also die Drehzahl gesteigert werden. Dies ist jedoch mit einer Reduktion des Drehmoments verbunden. Deshalb wird im unteren Drehzahlbereich die Ankerspannung zur Steuerung eingesetzt. Erst wenn sie ihren Bemessungswert erreicht hat, steigert man die Drehzahl durch Feldschwächung. Dies ist in Bild 2.31e dargestellt. Eine Steuerung der Ankerspannung hat im dynamischen Bereich einen weiteren Vorteil. Die Ankerzeitkonstante τ_a ist mit 20 ms geringer als die Erregerzeitkonstante τ_e mit ca. 200 ms, so daß sich durch den Einsatz eines PID-Reglers Stellzeiten von einigen ms erreichen lassen.

Bei der Beschreibung des Gleichstromgenerators wurde von einer getrennten Versorgung der Erregerwicklung ausgegangen. Will man sie von den Ankerklemmen der Maschine selbst speisen, ist zu beachten, daß beim Anfahren zunächst nur eine kleine Spannung zur Verfügung steht, die durch Remanenz erzeugt wird. Der Erregerkreis muß dabei so ausgelegt werden, daß die Remanenzspannung ausreicht, um einen Erregerstrom zu ermöglichen, der die Spannung wiederum steigert, bis sich bei der Betriebsspannung ein stabiler Punkt einstellt. Dieser Selbstverstärkungseffekt wurde von Werner von Siemens 1866 als dynamoelektrisches Prinzip veröffentlicht und war Voraussetzung für den Bau großer Generatoren. Im Gegensatz zur fremderregten Maschine werden die Maschinen mit klemmengespeister Erregerwicklung als Nebenschlußmaschinen bezeichnet. In Analogie hierzu gibt es auch Reihenschlußmaschinen, bei denen entsprechend Bild 2.32 die Feldwicklung in Reihe zum Anker liegt. Diese Schaltung hat im Motorbetrieb den Vorteil, daß das Drehmoment quadratisch mit dem Strom wächst und so beispielsweise ein Fahrzeug mit hohem Drehmoment anfährt.

Eine Mischung zwischen Neben- und Reihenschlußmaschine stellt die Doppelschlußmaschine dar, die eine Reihen- und eine Nebenschluß-Erregerwicklung besitzt. Wird die Reihenschlußwicklung gerade so ausgelegt, daß sie das Feld entsprechend dem Spannungsabfall $R_a \cdot I_a$ korrigiert, hängt die Spannung des Generators nicht mehr vom Laststrom ab. Beim Motor wird so die Drehzahl vom Lastmoment unabhängig. Man spricht hier von Kompoundierung. Durch Gegenkompoundierung ist es möglich, einen Motor „weicher“ zu machen, so daß er bei Lastsprüngen in der Drehzahl nachgibt.

2.6.4 Sonderbauformen der Gleichstrommaschinen

Die Ansteuerung der Gleichstrommaschine erfolgt heute nahezu ausschließlich über leistungselektronische Schaltungen. Während die Generatoren fast vollständig durch

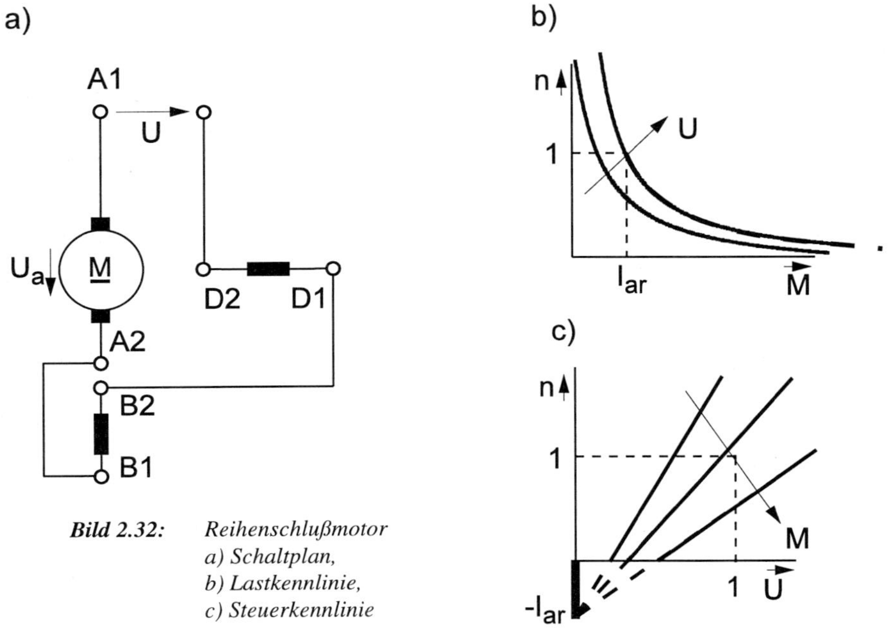

Bild 2.32: *Reihenschlußmotor*
a) Schaltplan,
b) Lastkennlinie,
c) Steuerkennlinie

netzgespeiste statische Stromrichter abgelöst wurden, kommt den fremderregten Motoren wegen der idealen Regeleigenschaften und ihrer Laufruhe noch eine größere Bedeutung zu. Maschinen mit mehreren Ankerwicklungen und Bürstensätzen wurden gebaut, um spezielle Kennlinien zu erzeugen und die Steuerleistung gering zu halten.

Wird ein Gleichstrommotor, z. B. im Reihenschluß, an eine niederfrequente Wechselspannung gelegt, ändern sich im Takt der Spannung der Ankerstrom und das Feld; das Drehmoment behält seine Richtung bei

$$\begin{aligned} m(t) &= k\, i_a(t)\, i_e(t) = k_1\, \hat{i}_a^2 \sin^2 \omega t \\ &= k_1\, \hat{i}_a^2 / 2 \left(1 - \cos 2\, \omega t\right) \end{aligned} \tag{2.30}$$

Der doppelfrequente Momentenanteil muß von der rotierenden Masse des Ankers ausgeglichen werden, so daß er sich in der Drehzahl nicht bemerkbar macht. Solche Wechselstromkommutatormaschinen unterscheiden sich von der Gleichstrommaschine in der Konstruktion des Eisenkreises, der zur Reduktion der Wirbelstromverluste auch im Bereich der Pole aus lamellierten Blechen aufgebaut werden muß. Man verwendet derartige Antriebe bei Haushaltgeräten und Elektrowerkzeugen, wie Staubsauger, Haartrockner und Bohrmaschine, sowie Bahnmotoren (Abschn. 9.1).

Vorteilhaft sind hier das große Anzugsmoment und die hohe Drehzahl, die im Gegensatz zu den Drehfeldmaschinen (Abschn. 2.7) bei über 3 000 min^{-1} liegen kann. Das Wechselfeld erzeugt in den durch die Bürsten kurzgeschlossenen Spulen frequenzproportionale Spannungen, die am Kommutator zu Bürstenfeuer führen. Dadurch wird die Bauleistung der Wechselstromkommutatormaschinen begrenzt. Um Bahnantriebe mit dieser Technik noch realisieren zu können, wurde die Frequenz der Spannung des deutschen Bahnnetzes auf 16 2/3 Hz festgelegt, so daß es getrennt vom öffentlichen Netz aufgebaut werden mußte und eine Kopplung nur über Umformer möglich ist.

Bei dem beschriebenen Reihenschlußmotor handelt es sich um eine Wechselstrommaschine. Sie wurde in diesem Kapitel behandelt, da sie in ihrer Wirkungsweise der Gleichstrommaschine sehr ähnlich ist.

2.6.5 Gleichstromantriebe

Unter einem Antrieb versteht man den Motor, den meist leistungselektronischen Steller und den Regler als Einheit. Er ist häufig auf spezielle Arbeitsmaschinen und damit Antriebsaufgaben zugeschnitten. Gleichstromantriebe setzt man heute nur noch für anspruchsvolle Regelaufgaben ein. Aber auch in diesem Marktsegment werden sie zunehmend von Drehstrommaschinen abgelöst. Trotz der zurückgehenden Bedeutung soll das Regelkonzept der Gleichstrommaschine etwas ausführlicher erläutert werden, denn es ist typisch für die gesamte Antriebstechnik und einfacher zu verstehen als die Regelung der Drehstrommaschine.

Bild 2.33 zeigt das Beispiel der Niveauregelung eines Oberwasserbeckens mit Hilfe eines thyristorgespeisten Gleichstrommotors und einer Pumpe. Der Pegelstand h wird von einem Sensor erfaßt und dem Regler R zugeführt. Nach dem Vergleich mit der Führungsgröße h_w bildet das Steuergerät S die Zündimpulse, die über den Thyristorsatz die Ankerspannung u_a festlegen. Bei einer großen Abweichung zwischen Istwert h und Führungsgröße h_w sorgt eine große Spannung u_a für eine hohe Drehzahl und damit eine große Förderleistung $\dot{v}$ der Pumpe. Erreicht die Regelgröße ihren Führungswert, wird die Spannung null und die Pumpe bleibt stehen. Gegebenenfalls kann durch den Übergang in den Wechselrichterbetrieb die Drehrichtung des Motors und damit die Leistungsrichtung umgekehrt werden. In diesem Fall wirkt die Pumpe als Turbine und der Motor als Generator. Der Niveauregelkreis in Bild 2.33 wird i. a. durch eine Reglerkaskade realisiert. Hierzu baut man einen Drehzahlregelkreis mit dem Regler R_n auf, dessen Dynamik nur durch Motor, Pumpe und Stromrichter bestimmt ist, und überlagert diesem den Niveauregelkreis mit dem Regler R_h, der der Hydraulik Rechnung trägt und den Drehzahlsollwert n_w vorgibt (Bild 2.33b) [2.10].

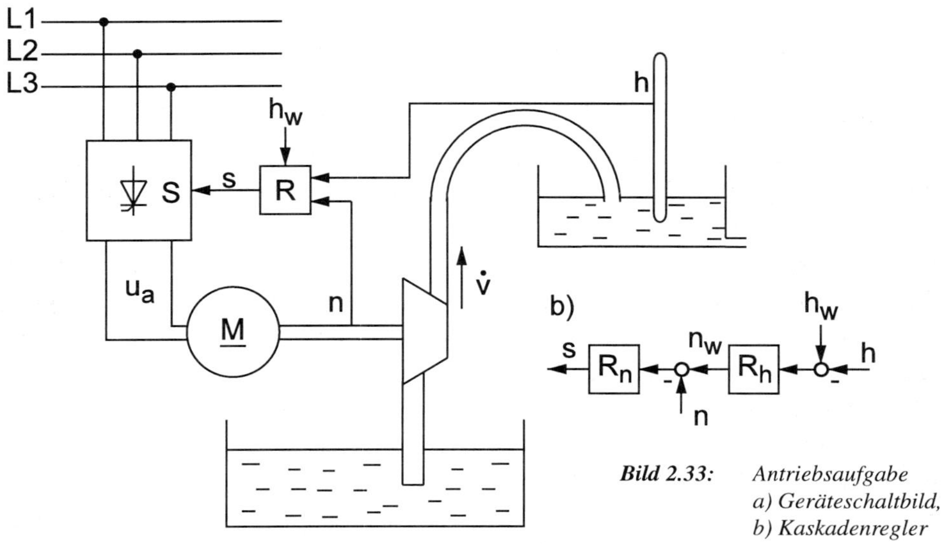

Bild 2.33: *Antriebsaufgabe*
a) Geräteschaltbild,
b) Kaskadenregler

Der leistungselektronische Anteil des Antriebs wird in Abschn. 3.2.2.1 beschrieben. Für die Dynamik des Regelkreises kann i. a. angenommen werden, daß ein Sprung am Eingang des Steuergeräts zu einem Sprung in der Motorspannung führt. Bei genauer Modellierung werden Verzögerungs- bzw. Totzeiten von 3 ms bis 5 ms angesetzt. Der Motor läßt sich durch das Blockschaltbild 2.29 oder die Gln. (2.20 - 2.25) beschreiben. Eingangsgrößen sind die Spannungen u_a und u_e sowie das Drehmoment der Arbeitsmaschine m_A. Ausgangsgröße ist die Drehzahl n bzw. die Kreisfrequenz ω (Bild 2.34).

Beschränkt man sich auf die Stellung der Ankerspannung und hält das Feld auf seinem Bemessungswert, so läßt sich für $u_e = i_e = \psi_e = 1$ aus den Gln. (2.20-2.25) die Übertragungsfunktion des Motors ableiten

$$n = \frac{u_a - (1 + \tau_a s)\, m_A}{1 + \tau_A s + \tau_A\, \tau_a\, s^2} \qquad (2.31)$$

Dieses System ist für kleine Anlaufzeiten τ_A schwingungsfähig

$$\tau_A < 4\, \tau_a \qquad (2.32)$$

Da in der Anlaufzeit die rotierenden Massen von Motor und Arbeitsmaschine zusammengefaßt sind und die Ankerzeitkonstante τ_a klein ist, wird die Bedingung (2.32) nur selten erfüllt. Für einfache Betrachtungen kann die kleine Ankerzeitkonstante τ_a vernachlässigt werden. Gl. (2.31) vereinfacht sich dann zu

$$n = \frac{u_a - m_A}{1 + \tau_A s} \tag{2.33}$$

Um die Drehzahl n der Führungsgröße n_w folgen zu lassen, verändert der Regler die Ankerspannung oder im Feldschwächbereich die Erregerspannung. Ein Regelkreis für die Ankerspannung ist in Bild 2.34 dargestellt. Er besteht aus einem PID-Regler R_n, der die Führungsgröße für einen unterlagerten Ankerstromregelkreis vorgibt. Durch Begrenzung des Reglerausgangs i_{aw} ist es möglich, den Ankerstrom im Bemessungsbereich zu halten und so eine Überlastung zu vermeiden. Der Ausgang des Stromreglers R_I führt zu dem Steuergerät des Leistungsstellers S, der die Ankerspannung u_a an den Motorklemmen erzeugt. Auf der mechanischen Seite tritt der Motor mit der Arbeitsmaschine in Wechselwirkung, wobei er systemtheoretisch die Drehzahl vorgibt und mit dem Drehmoment belastet wird. Die Arbeitsmaschine ist dann mathematisch durch ihre Drehzahl am Eingang und ihr Drehmoment am Ausgang zu beschreiben, wobei die rotierenden Massen und damit die Bewegungsgleichung im Motormodell mit enthalten sind [2.12].

Das dynamische Verhalten des Drehzahlregelkreises ist in Bild 2.35 dargestellt. Ein Sprung in der Drehzahlführungsgröße n_w führt zu einer Drehzahlabweichung. Die Ankerspannung u_a steigt sofort auf ihren Maximalwert und zieht den Ankerstrom i_a rasch nach. Ist der zulässige Grenzstrom I_{ar} erreicht, wird die Spannung u_a sofort zurückgenommen. Danach steigt sie wieder an, um die drehzahlproportionale innere Spannung des Motors zu kompensieren. Bei genügend hoher Drehzahl verläßt der Stromsollwert seinen Anschlag. Nun verhält sich der Regelkreis linear. Nachdem die Drehzahl ihren vorgegebenen Wert erreicht hat, tritt in Bild 2.35 ein Drehmomentensprung auf. Der dadurch hervorgerufene Drehzahleinbruch wird nach kurzer Zeit ausgeregelt. Der Regelkreis ist so eingestellt, daß die Drehzahl überschwingt. Dies

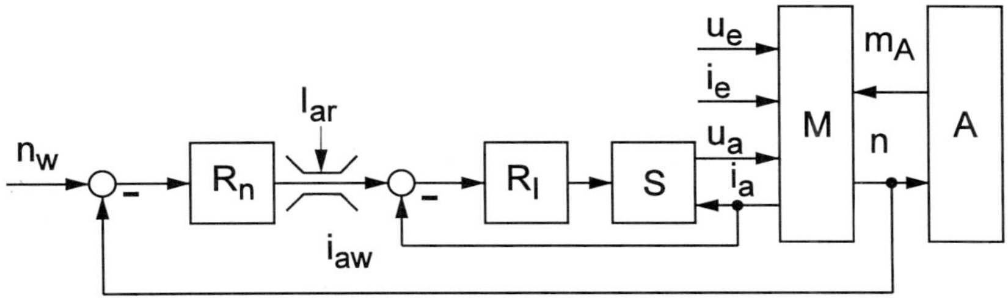

Bild 2.34: *Drehzahlregelkreis mit unterlagerter Stromregelung*
R_n Drehzahlregler, R_I Stromregler, S Steller, M Motor, A Arbeitsmaschine

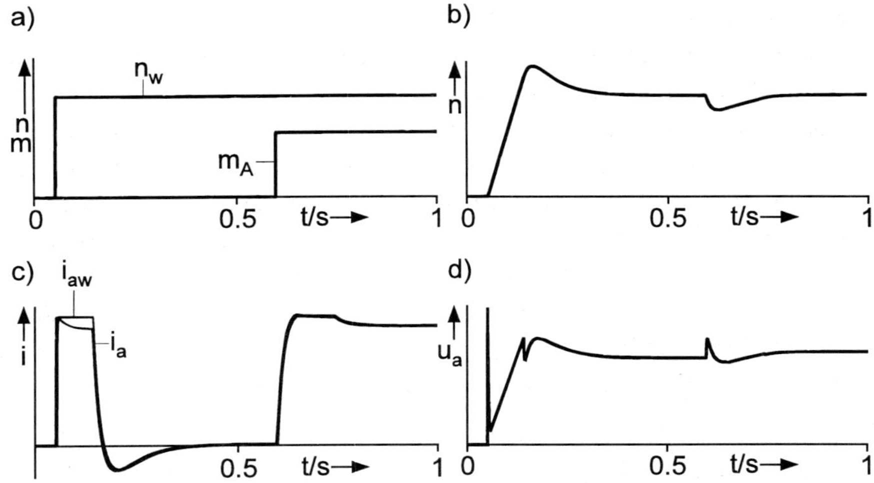

Bild 2.35: *Zeitfunktionen (t) bei einem Führungsgrößen- und Lastsprung a) Drehzahlsollwert n_w und Drehmoment m_A, b) Drehzahl n, c) Ankerstrom i_a, d) Ankerspannung u_a*

kann in der angetriebenen Maschine zu Problemen, z. B. einem Flattern der Zahnräder, führen.

2.7 Synchronmaschinen

Zur Erklärung der rotierenden elektrischen Maschinen wurde in Bild 2.24 bereits eine Synchronmaschine verwendet. Wird ihr Läufer mit der Frequenz f gedreht, so erzeugt sie als Generator in der Wicklung eine Spannung mit der gleichen Frequenz f. Legt man umgekehrt eine Spannung mit der Frequenz f an die Wicklung, so dreht sich die Maschine als Motor mit der Drehzahl n. Bei der Netzfrequenz f = 50 Hz ergibt sich damit die Drehzahl

$$n = 50\ s^{-1} = 3\,000\ min^{-1}$$

Eine höhere Drehzahl als die Netzfrequenz ist bei Synchronmaschinen nicht möglich. Ordnet man jedoch nicht ein Polpaar, sondern p = 2 Polpaare am Umfang an, so wird während einer vollen Periode der Netzspannung nur eine halbe Umdrehung erreicht. Es gilt

$$n = 1 / p \cdot f \qquad (2.34)$$

Die Darstellung in Bild 2.24 zeigt eine Außenpolmaschine, bei der die gesamte elektrische Energie von der rotierenden Wicklung über Schleifringe mit Bürsten auf den ruhenden Teil übertragen werden muß. Diese Technik ist aufwendig, störanfällig und bei Leistungen ab 20 MW kaum zu realisieren. Üblicherweise verwendet man deshalb Innenpolmaschinen, bei denen lediglich die Erregerleistung von Schleifringen übertragen werden muß. Die Ankerwicklung, in der die gesamte Maschinenleistung umgesetzt wird, ist dann im Ständer untergebracht. Derartige Wechselspannungsgeneratoren werden z. B. zur Bahnstromversorgung eingesetzt. Ordnet man im Ständer drei räumlich um 120° versetzte Wicklungen an, so ergibt sich ein Drehstromsystem, wie es bereits in Abschn. 1.2.1 beschrieben wurde. Derartige Drehstrommaschinen übernehmen als Generatoren nahezu die gesamte Stromversorgung.

Als Motoren werden sie im oberen Leistungsbereich ab 10 MW eingesetzt. Synchronmotoren kleiner Leistung von einigen Watt und weniger finden auch in Uhren Verwendung, welche die Konstanz der Netzfrequenz zur Zeitmessung ausnutzen. Im Leistungsbereich bis zu einigen kW gewinnen die Synchronmotoren mit Permanentmagnetpolen als Elektronikmaschine zunehmend an Bedeutung (s. Abschn. 2.9.4). Die ersten Drehstrom-Synchrongeneratoren wurden 1887 gebaut. 1891 erreichten solche Generatoren eine Leistung von 200 kW. 1955 betrug die größte Leistung 150 MVA. Heute gibt es 1 600 MVA-Maschinen.

2.7.1 Aufbau der Synchronmaschine

Kennzeichnend für die Synchronmaschine sind - wie beschrieben - ein zeitlich konstantes Magnetfeld und in der Regel drei Wechselstrom-Wicklungen. Das Magnetfeld wird bei Maschinen großer Leistung durch eine Erregerwicklung erzeugt, die bei den Innenpolmaschinen auf dem Läufer untergebracht ist. Dabei unterscheidet man Schenkelpolläufer mit ausgeprägten Polen und Volltrommelläufer bzw. Turboläufer, die zur Aufnahme der Erregerwicklung Nuten erhalten (Bilder 2.36 und 2.37). Bei mehrpoligen Maschinen erstreckt sich ein Pol nur über einen Bruchteil des Umfangs, so daß sich konstruktiv die Schenkelpolform anbietet. Für Maschinen mit bis zu zwei Polpaaren eignet sich hingegen der Volltrommelläufer (Turboläufer) besser. Die Bauform des Läufers ist damit von der Drehzahl der Antriebsmaschine abhängig.

Die Optimierung von Dampf- und Gasturbinen führt zu hohen Drehzahlen. Somit liegt die optimale Drehzahl der Turbosätze bei 3 000 min^{-1}. Die Drehzahl von Wasserkraftmaschinen wird wesentlich durch die Fallhöhe bestimmt und liegt i. a. unter 500 min^{-1} (Abschn. 7.3.2). Daraus ergibt sich:

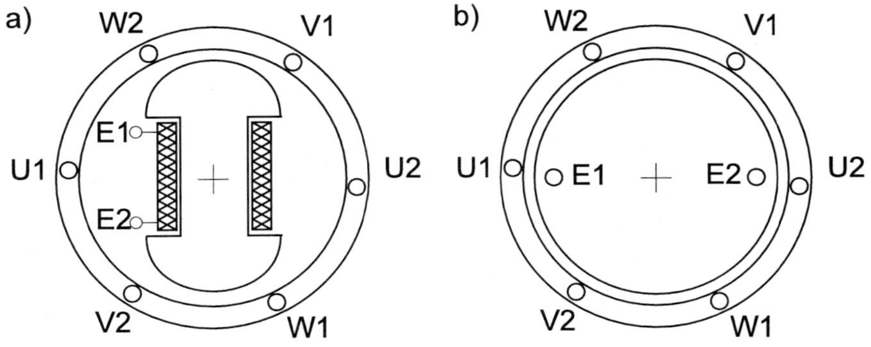

Bild 2.36: *Synchronmaschine*
a) Schenkelpolläufer, b) Turboläufer

Schenkelpolmaschinen mit hoher Polpaarzahl werden in Wasserkraftwerken und Turbogeneratoren mit niedrigen Polpaarzahlen in Dampfkraftwerken eingesetzt.

Die in Bild 2.24a skizzierte Maschine gibt eine sinusförmige Spannung ab, zeichnet sich aber durch einen sehr großen Luftspalt und damit einen hohen Erregeraufwand aus. Bei den Lösungen in Bild 2.24b und Bild 2.36b läßt sich der Luftspalt minimieren, die Spannung wird jedoch rechteckförmig. Um die gewünschte sinusförmige Spannung zu erhalten, muß der Flußverlauf ψ im Luftspalt sinusförmig sein ($u = d\psi/dt$). Dies ist bei der Schenkelpolmaschine durch eine Abflachung der Pole zu den Rändern hin erreichbar, wie Bild 2.36a zeigt. Beim Volltrommelläufer (Bild 2.37a) muß die Erregerwicklung in ihrer Verteilung auf die Nuten so gestaltet werden, daß ein sinusförmiges Feld entsteht. Wegen der Nutung ist jedoch nur eine treppenförmige Annäherung möglich, die Oberschwingungen in der Spannung zur Folge hat.

Die Maschinen in Bild 2.36 bestehen aus den drei Ständerwicklungen U, V, W, deren Enden 1 und 2 herausgeführt sind, sowie der Erregerwicklung E, die auf dem Läufer untergebracht ist. Im Gegensatz zu Bild 2.24 handelt es sich hierbei um eine Innenpolmaschine, deren Wicklungen U, V, W um 120° versetzte Spannungen erzeugen. Die Wicklung im Ständer erstreckt sich bei einer zweipoligen Maschine auf 180°. Dadurch wird die maximal mögliche Spannung erzeugt. Bei einer realen Maschine ist die Wicklung aus mehreren Windungen zusammengesetzt, die über verschiedene Nuten verteilt liegen. So entstehen in den Windungen Spannungen, die zueinander phasenverschoben sind und sich geometrisch zu der Wicklungsspannung addieren. Außerdem werden die Wicklungen häufig nicht über eine ganze Polteilung geführt, um die oben erwähnten Nutoberwellen zu kompensieren. Diese Sehnung bewirkt eine weitere Reduktion der realen gegenüber der theoretisch möglichen Spannung.

a)

b)

Bild 2.37: _Läufer von Synchronmaschinen_
a) Schenkelpolläufer 3,4 MVA, 11,5 kV, 1 000 min^{-1} mit Anker einer rotierenden Erregereinrichtung (Quelle: A.v. Kaick),
b) Turboläufer (Quelle: Siemens)

Die Nutung in Ständer und Läufer verringert den Eisenquerschnitt in den „Zähnen“, die eine Schwachstelle im magnetischen Kreis bilden und besonders stark gesättigt werden. Man bemüht sich deshalb, die Nuten möglichst schmal und dafür tief zu gestalten.

Die Ausnutzung der Maschine ist durch den Strom pro Nut festgelegt. Für diesen „Strombelag“ lassen sich Werte von mehr als 1 kA pro cm Umfang erreichen, wenn die Verlustwärme durch intensive Kühlung, z. B. Wasser, in den Leiterstäben abgeführt wird. Um Isolation zu sparen, wird die Spannung der Maschine möglichst niedrig gehalten. Trotzdem ergeben sich bei Grenzleistungsmaschinen Windungsspannungen von 2 kV, die durch Reihenschaltung mehrere Windungen zu Bemessungsspannungen von 30 kV führen.

Neben der Anker- und Erregerwicklung besitzt die Synchronmaschine häufig noch eine Dämpferwicklung, die dem Läuferkäfig einer Asynchronmaschine (s. Abschn. 2.8) vergleichbar ist und möglichst nahe am Luftspalt untergebracht wird. Sie hat die Aufgabe, die nicht synchron umlaufenden Felder zu dämpfen, die durch Oberschwingungen, unsymmetrische Belastungen und Gleichstromglieder im Netzstrom hervorgerufen werden. Unsymmetrische Lastströme verursachen entsprechend Abschn. 1.4.3 positiv und negativ drehende Felder. Diese erzeugen in dem Dämpferkäfig Ströme und führen zu Gegenfeldern, die die nichtsynchronen Felder von der Erregerwicklung fernhalten. Die Dämpferwicklung wirkt auf alle nichtnetzfrequenten Spannungen wie die kurzgeschlossene Wicklung eines Transformators, so daß nichtnetzfrequente Spannungen an den Generatorklemmen eine niedrige Impedanz vorfinden.

Für alle netzfrequenten Vorgänge ist die Synchronmaschine eine Spannungsquelle mit einer großen inneren Reaktanz, die der Hauptreaktanz des Transformators vergleichbar ist. Für alle nichtnetzfrequenten Vorgänge, zu denen auch die negativ drehenden Spannungssysteme zählen, hat die Synchronmaschine eine kleine innere Reaktanz.

Der Dämpferkäfig ermöglicht einen asynchronen Hochlauf der Synchronmaschine, allerdings nur mit geringem Drehmoment. Sie verhält sich dabei wie eine Asynchronmaschine. Den Hochlauf nutzt man beispielsweise bei Pumpspeicherkraftwerken (Abschn. 7.3.1) aus, wenn der Generator als Motor zum Antrieb der Pumpe eingesetzt werden soll. Pendelvorgänge im Netz (Abschn. 8.5.2.2) werden durch die in den Dämpferstäben umgesetzte Leistung gedämpft. Ähnlich wie die Dämpferströme wirken auch die Wirbelströme im Eisen des Läufers, so daß die beschriebenen Effekte auch bei Maschinen ohne Dämpferwicklung auftreten, allerdings in abgeschwächter Form.

Aus Gründen der Wirtschaftlichkeit ist man bestrebt, eine Maschine bei gegebener Leistung möglichst klein zu bauen. Dies erfordert kleine Eisen- und Kupferquerschnitte und damit erhöhte Verluste bei gleichzeitig verringerter Oberfläche. Die notwendige Intensivierung der Kühlung kann man durch forcierten Luftstrom, Wasserstoff oder Wasser erreichen. Wasserstoff hat gegenüber Luft den Vorteil der geringeren Reibungsverluste, bezogen auf die Zahl der Moleküle, die für die Wärmekapazität maßgebend ist. Wasser besitzt eine wesentlich größere Wärmekapazität, erfordert aber erheblichen technischen Aufwand. Insbesondere muß es sehr rein sein (Deionat), um eine geringe elektrische Leitfähigkeit sicherzustellen.

Bild 2.38 zeigt einen wassergekühlten Generator in einer Schnittzeichnung. Wicklung und Lüftung sind deutlich zu sehen. Die Verluste von Synchronmaschinen teilen sich jeweils zu 1/3 auf die Ständerwicklung, den Eisenkreis und die Erregung auf. Obwohl sie nur wenige Prozent der Bemessungsleistung betragen, ergibt sich bei einer 1 500-MVA-Maschine eine Erregerleistung von mehr als 10 MW. Diese kann ein „Wellengenerator", der mit der Welle der Hauptmaschine verbunden ist, als Erregermaschine aufbringen. Man kann die Erregerleistung aber auch den Klemmen des Generators entnehmen.

Der Wellengenerator ist in der Regel eine Außenpol-Synchronmaschine, deren rotierende Drehstromwicklung über Dioden direkt mit der Erregerwicklung der Hauptmaschine verbunden ist. Durch diese Lösung mit rotierenden Dioden lassen sich Schleifringe für die Übertragung der Erregerleistung vermeiden. Der in Bild 2.37a gezeigte Läufer trägt am rechten Ende die Drehstromwicklung einer Außenpolmaschine mit Dioden. Die Steuerung der Erregerspannung erfolgt durch das Feld der Erregermaschine. Dies hat wegen der Induktivität ihrer Erregerwicklung eine Verzögerungszeit von ca. 200 ms zur Folge. Die von den Klemmen des Hauptgenerators gespeiste Erregung führt über Transformator, Thyristorsatz und Schleifringe zu der Erregerwicklung. Damit ist die Erregerspannung praktisch verzögerungsfrei zu stellen. Der speisende Generator muß jedoch die gesamte Erregerleistung mit aufbringen und dementsprechend größer ausgelegt werden. Außerdem geht bei einem Spannungseinbruch die Erregerspannung zurück.

Bei einem Sprung in der Erregerspannung der Erregermaschine folgen Erregerstrom und Klemmenspannung der Hauptmaschine mit einer Zeitkonstanten τ_d' bzw. τ_{d0}', die im Bereich von 1 bis 10 s liegt (s. Abschn. 2.7.4). Zur Spannungsregelung wird ein PID-Regler eingesetzt, dem eine sog. Blindstromstatik X_s aufgeschaltet ist. Durch sie verhält sich der Generator bei Laständerungen wie eine Spannungsquelle mit konstanter innerer Spannung und der Innenreaktanz X_s.

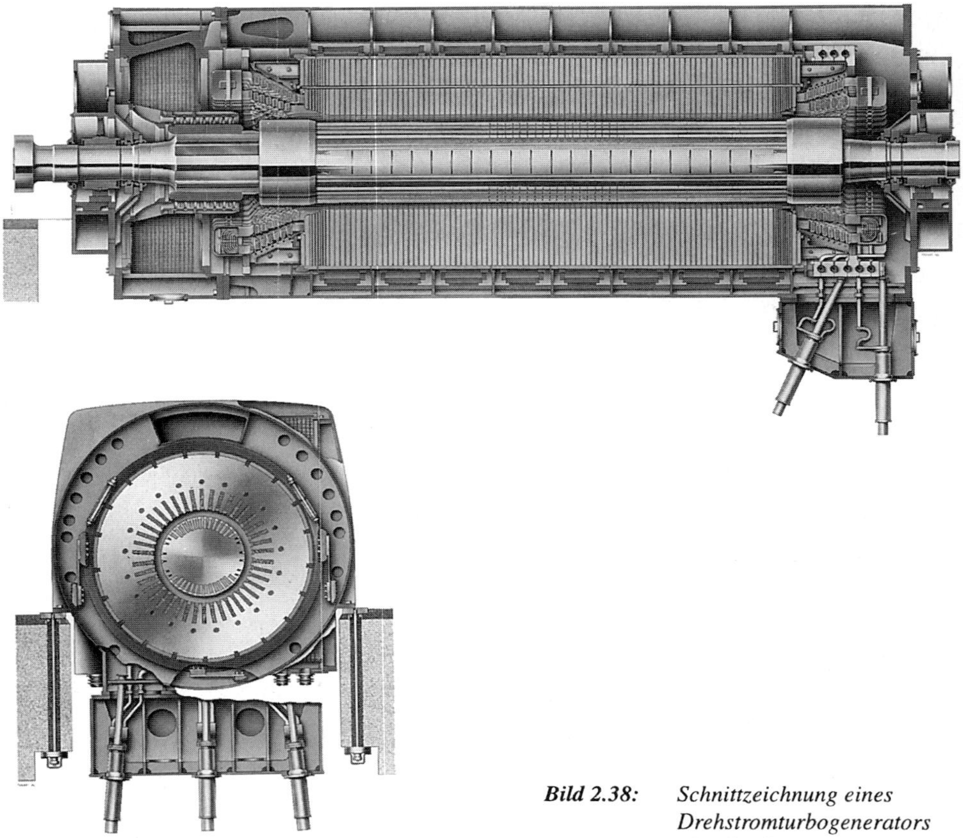

Bild 2.38: *Schnittzeichnung eines Drehstromturbogenerators (Quelle: Siemens)*

2.7.2 Modell der Synchronmaschine

Bild 2.39a zeigt die Wicklungen einer Synchronmaschine. Neben den drei Ständerwicklungen U, V, W sind auf dem Läufer die Erregerwicklung f und die beiden Dämpferwicklungen D, Q angeordnet. Dabei ist es üblich, die Klemmen der Erregerwicklung entsprechend Bild 2.36 mit E1 und E2 zu bezeichnen und im Modell den Buchstaben f zu verwenden. Die Wicklungen D und Q repräsentieren nicht nur den Dämpferkäfig, sondern auch die Wirkung des Rotoreisens. Mit Hilfe der Park-Transformation nach Abschn. 1.4.5 ist es möglich, die drei Ständerwicklungen in zwei senkrecht zueinander stehende Wicklungen d, q zu transformieren, die sich mit dem Polrad drehen. So entsteht das transformierte Modell in Bild 2.39b. Die Park-Transformation liefert neben den Wicklungen d, q noch eine Homopolarwicklung h. Sie ist stromlos, wenn der Sternpunkt der Synchronmaschine wie üblich nicht geerdet wird, und kann deshalb hier unberücksichtigt bleiben [1.11].

Jede der Wicklungen läßt sich durch eine Differentialgleichung beschreiben. Für die Ständerwicklungen U, V, W gilt

$$\begin{aligned} u_u &= -\dot{\psi}_u - R_a\, i_u \\ u_v &= -\dot{\psi}_v - R_a\, i_v \\ u_w &= -\dot{\psi}_w - R_a\, i_w \end{aligned} \tag{2.35}$$

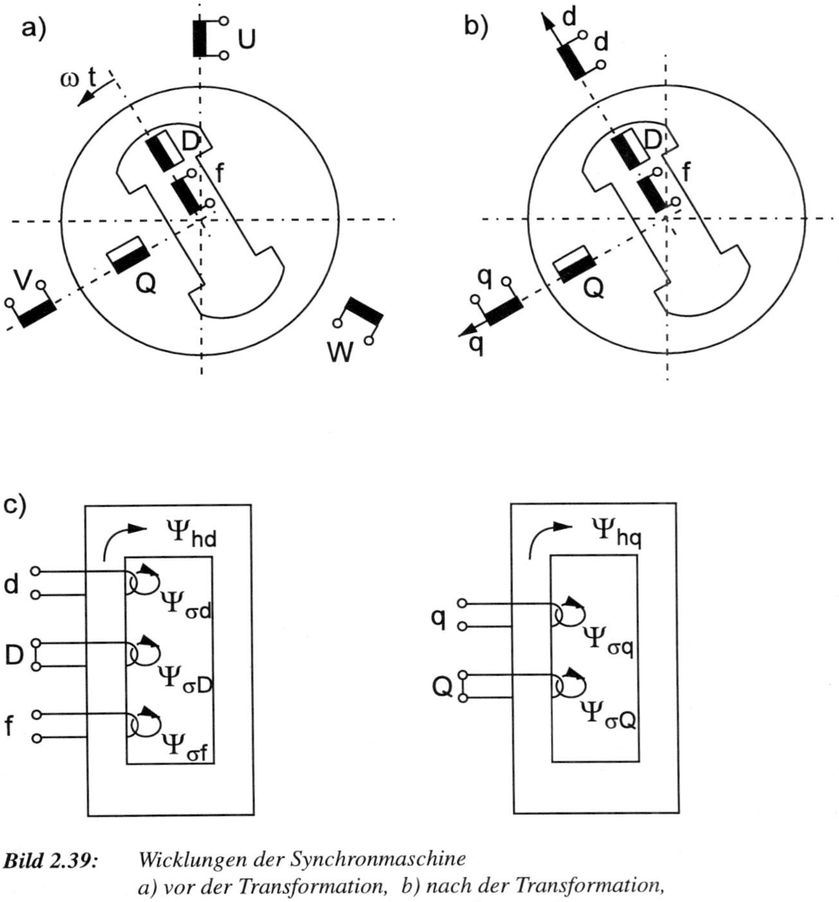

Bild 2.39: *Wicklungen der Synchronmaschine*
a) vor der Transformation, b) nach der Transformation,
c) Flußverkettung in der Längs- und Querachse

Tabelle 2.2: Parksche Gleichungen in bezogener Form [2.5]
Anmerkung: Alle Größen sind dimensionslos. Lediglich die Gln. (2.50) und (2.51) haben die Dimension s^{-1}.

$$u_d = \omega\, \psi_q - \dot{\psi}_d - R_a\, i_d \tag{2.37}$$

$$u_q = -\omega \psi_d - \dot{\psi}_q - R_a\, i_q \tag{2.38}$$

$$u_f = -\dot{\psi}_f - R_f\, i_f \tag{2.39}$$

$$u_D = -\dot{\psi}_D - R_D\, i_D = 0 \tag{2.40}$$

$$u_Q = -\dot{\psi}_Q - R_Q\, i_Q = 0 \tag{2.41}$$

$$\psi_{hd} = L_{hd}\left(i_d + i_f + i_D\right) \tag{2.42}$$

$$\psi_d = L_{\sigma a}\, i_d + \psi_{hd} \tag{2.43}$$

$$\psi_f = L_{\sigma f}\, i_f + \psi_{hd} \tag{2.44}$$

$$\psi_D = L_{\sigma D}\, i_D + \psi_{hd} \tag{2.45}$$

$$\psi_{hq} = L_{hq}\left(i_q + i_Q\right) \tag{2.46}$$

$$\psi_q = L_{\sigma a}\, i_q + \psi_{hq} \tag{2.47}$$

$$\psi_Q = L_{\sigma Q}\, i_q + \psi_{hq} \tag{2.48}$$

$$m_{el} = \psi_q\, i_d - \psi_d\, i_q \tag{2.49}$$

$$\dot{\omega} = \frac{1}{\tau_A}\left(m_A - m_{el}\right) \tag{2.50}$$

$$\dot{\vartheta} = \omega \cdot \omega_b \qquad \dot{\delta} = (\omega - 1)\,\omega_b \;\text{ mit }\; \omega_b = 314\ s^{-1} \tag{2.51}$$

$$u_d = u \sin \delta \tag{2.52}$$

$$u_q = u \cos \delta \tag{2.53}$$

Wendet man hierauf die Park-Transformation (1.88) an, so ergibt sich für die d- bzw. q-Komponente der Steuerspannung

$$\begin{aligned} u_d &= \omega\psi_q - \dot{\psi}_d - R_a\, i_d \\ u_q &= -\,\omega\psi_d - \dot{\psi}_q - R_a\, i_q \end{aligned} \tag{2.36}$$

Die Terme $\omega\psi_q$ und $\omega\psi_q$ entstehen durch die Differentiation der zeitvarianten

Transformationsmatrix **T**. Sie bewirken eine Kopplung zwischen den Achsen d und q. Im Leerlauf der Maschine erzeugt die Flußverkettung ψ_d die Ständerspannung u_q, die proportional zur Drehzahl ist. Neben dieser rotatorischen Spannung bewirken Feldänderungen in der Maschine auch transformatorische Spannungen $\dot{\psi}_d$ und $\dot{\psi}_q$.

In Tabelle 2.2 sind die transformierten Spannungsgleichungen des Ständers (2.36) sowie die Spannungsgleichungen der Erregerwicklung f und der Dämpferwicklungen D, Q zusammengestellt (Gln. 2.37 - 2.41). Dabei werden bezogene Größen gewählt. Die Bezugsgrößen sind: Bemessungsdrehzahl, Bemessungsscheinleistung, Bemessungsspannung, Bemessungsstrom und Leerlauferregerstrom, wobei letzterer noch auf die Hauptinduktivität zu beziehen ist. Im Leerlauf ergibt dann der Strom $i_f = 1/L_{hd}$ die Klemmenspannung $u = 1$. Die Zeit ist nicht normiert. Deshalb tritt in Gl. (2.51) die Kreisfrequenz ω_b auf. Sie bildet aus der bezogenen Größe ω eine absolute Kreisfrequenz, so daß sich die Zeit in s und die Winkel ϑ und δ in rad ergeben.

Der magnetische Fluß innerhalb der Maschine läßt sich in seine beiden senkrechten Komponenten d und q zerlegen. In der Längsachse sind die Wicklungen d, f, D und in der Querachse die Wicklungen q, Q miteinander gekoppelt (Bild 2.39c). Analog zum Transformator gelten dann zwischen Strömen und Flüssen die in Tabelle 2.2 angegebenen Beziehungen (Gln. 2.42 - 2.48). Dabei wird die den Wicklungen einer Achse gemeinsame Flußverkettung zu einer Hauptflußverkettung ψ_h zusammengefaßt. Die gesamte Flußverkettung einer Wicklung ergibt sich aus der Hauptflußverkettung ψ_h und den Streuflußverkettungen ψ_σ, z. B. $\psi_d = \psi_{hd} + \psi_{\sigma d}$. Streuflußverkettungen zwischen zwei Wicklungen in der Längsachse werden vernachlässigt. Da die Ankerstreuinduktivitäten in beiden Achsen gleich sind, werden sie mit dem gleichen Index bezeichnet ($L_{\sigma d} = L_{\sigma q} = L_{\sigma a}$). Bei Turboläufermaschinen ist die Nachbildung des Läufereisens durch eine Wicklung Q in der Querachse häufig nicht genau genug. Man fügt dann noch eine zweite Wicklung G hinzu.

Die Gln. (2.37 - 2.48) reichen aus, um das dynamische Verhalten der Synchronmaschine bei konstanter Drehzahl zu beschreiben. Aus ihnen wird z. B. der Verlauf des Kurzschlußstroms berechnet.

Für die Leistungsabgabe der Maschine gilt

$$p = u_d\, i_d + u_q\, i_q \tag{2.54}$$

Dabei ist zu beachten, daß durch die Verwendung des p.u.-Systems (Abschn. 1.3.2) die Leistungsvarianz der Park-Transformation (Abschn. 1.4.1) eliminiert wird.

Mit den Gln. (2.37) und (2.38) folgt

$$p = -R_a\, i_d^2 - R_a\, i_q^2 - \dot{\psi}_q\, i_q - \dot{\psi}_d\, i_d + \omega\psi_q\, i_d - \omega\psi_d\, i_q \tag{2.55}$$

In dieser Gleichung treten drei Anteile auf:

$R_a\left(i_d^2 + i_q^2\right)$	: Verluste im Ständerwiderstand
$-\dot{\psi}_q\, i_q - \dot{\psi}_d\, i_d$	: Transformatorisch freigesetzte Leistung durch Änderung des Magnetfeldes
$\omega\psi_q\, i_d - \omega\psi_d\, i_q$	: Rotatorisch im Luftspalt übertragene Leistung

Der rotatorische Anteil bildet das Drehmoment $m_{el} = p/\omega$, das in Gl. (2.49) wiedergegeben ist.

Ist das in der Maschine gebildete elektrische Moment m_{el} nicht gleich dem Antriebsmoment m_A, so entsteht eine Beschleunigung entsprechend Gl. (2.50). Darin repräsentiert die Anlaufzeit τ_A die Massenträgheit des Wellenstranges. Sie ist auf die Bemessungsscheinleistung bezogen, so daß bei $m_{el} = 0$ und $m_A = 1$ nach der Zeit τ_A die Drehzahl der Maschine von null auf $n = \omega = 1$ hochgelaufen ist. In der Norm wurde anstelle der Anlaufzeit τ_A die Bemessungsanlaufzeit τ_J festgelegt, die auf die Wirkleistung bezogen ist ($\tau_A = \tau_J \cdot \cos\varphi_r$). In der angelsächsischen Literatur benutzt man die Trägheitskonstante $H = 2\,\tau_A$.

Die Kreisfrequenz ω ergibt sich aus der Änderung des Winkels ϑ, mit dem das Polrad umläuft. Dabei ist zu beachten, daß ω eine bezogene Größe ist, so daß in Gl. (2.51) noch die Bezugskreisfrequenz ω_b (z. B. 314 s^{-1}) auftritt. Während der Winkel ϑ die Lage des Polrades im Raum angibt, ist δ die relative Lage des Polrades zu der Klemmenspannung. Im synchronen Betrieb ist demnach δ konstant und ϑ wächst mit der Zeit an

$$\vartheta = \int \omega\, \omega_b\, dt + \vartheta_0 = \omega_b\, t + \delta \tag{2.56}$$

ϑ_0 ist die Lage des Polrads zum Zeitpunkt $t = 0$ und δ die Abweichung des Polrads von einem mit der festen Kreisfrequenz ω_b drehenden Bezugszeiger. Als Bezugssystem wird häufig eine starre Netzspannung gewählt, an die die Maschine angeschlossen ist. Schließlich liefert in Abschn. 1.4.5 die Transformation der Klemmenspannung auf das rotierende Polrad die Gl. (1.91), die als Gln. (2.52) und (2.53) übernommen wurde. Durch Differentiation der Gl. (2.56) ergibt sich Gl. (2.51).

Das nichtlineare Differentialgleichungssystem der Synchronmaschine nach Tabelle 2.2 ist nicht geschlossen zu lösen. Will man es numerisch für einen konkreten Fall integrieren, so treten als Eingangsgrößen die Netzspannung u bzw. u_d, u_q, die Erregerspannung u_f und das Antriebsmoment m_A auf. Dieses Vorgehen ist notwendig, um eine numerische Differentiation zu vermeiden. Das Modell liefert als Ausgangsgrößen die Ständerströme i_d, i_q, den Erregerstrom i_f, die Drehzahl n bzw. Kreisfrequenz ω und den Polradwinkel δ. Komponenten, die mit der Synchronmaschine gekoppelt werden sollen, z. B. das Versorgungsnetz, die Erregereinrichtung und die Antriebs- bzw. Arbeitsmaschine, sind so zu modellieren, daß diesen Gegebenheiten Rechnung getragen wird.

Die Parkschen Gleichungen nach Tabelle 2.2 beschreiben das Klemmenverhalten der Synchronmaschine für die meisten Anwendungsfälle hinreichend genau. Eine Auslegung der Maschine erfordert eingehendere Betrachtungen. Insbesondere ist zu beachten, daß die Läuferströme i_f, i_D, i_Q Ersatzgrößen für Ströme in den Wicklungen und Wirbelströme in Eisen sind.

Die Parkschen Gleichungen gelten auch für die in Abschn. 2.8 zu behandelnde Asynchronmaschine. Diese ist in beiden Achsen symmetrisch aufgebaut, so daß die Wicklungen D und Q gleich sind und die Wicklung f entfällt. Um das Verhalten des Dämpferkäfigs für Asynchronmaschinen genauer nachzubilden, wird er häufig durch zwei Ersatzwicklungen je Achse nachgebildet. Zu diesem Zweck ist im Modell der Synchronmaschine die Erregerwicklung f kurzgeschlossen und in der Querachse eine zweite Wicklung G eingeführt.

2.7.3 Synchronmaschine im stationären Bereich

Für den stationären Betrieb werden sämtliche Ableitungen nach der Zeit in den Gln. (2.37 - 2.53) zu null gesetzt. Damit ergibt sich u. a. $i_D = i_Q = 0$. Weiterhin sind nun alle Betriebsgrößen zeitlich konstant und demzufolge mit großen Buchstaben bezeichnet. Berücksichtigt man noch, daß im stationären Betrieb ($\omega = 1$) die bezogenen Größen für die Induktivität L und die Reaktanz X gleich sind, so ergibt sich

$$\begin{aligned} U_d &= X_{\sigma a}\, I_q + X_{hq}\, I_q - R_a\, I_d = U \sin\delta \\ U_q &= -X_{\sigma a}\, I_d - X_{hd}\left(I_d + I_f\right) - R_a\, I_q = U \cos\delta \end{aligned} \qquad (2.57)$$

Die Hauptreaktanzen in Längs- und Querachse unterscheiden sich nicht sehr stark. Zur Vereinfachung werden sie deshalb gleichgesetzt ($X_{hd} = X_{hq}$) und mit der Streureaktanz $X_{\sigma a}$ zur „Synchronreaktanz" X_d zusammengefaßt. Außerdem wird die erregerstromabhängige Spannung $-X_{hd}\, I_f$ als Polradspannung U_p bezeichnet. Die Gln. (2.57) ergeben sich dann zu

$$\begin{aligned} U_d &= X_d\, I_q - R_a\, I_d &&= U \sin\delta \\ U_q &= -X_d\, I_d - R_a\, I_q + U_p &&= U \cos\delta \end{aligned} \tag{2.58}$$

Der Übergang in die komplexe Darstellung liefert

$$\underline{U} = U_d + j\,U_q \qquad \underline{I} = I_d + j\,I_q \qquad \underline{U}_p = j\,U_p$$

$$\begin{aligned} \underline{U} &= \left(-j\,X_d \cdot j\,I_q - R_a\,I_d\right) + \left(-j\,X_d\,I_d - R_a\,j\,I_q + j\,U_p\right) \\ &= U\left(\sin\delta + j\cos\delta\right) \end{aligned} \tag{2.59}$$

$$\underline{U}_p - \left(R_a + j\,X_d\right)\underline{I} = j\,U\,e^{-j\delta}$$

Diese Gleichung läßt sich in dem Zeigerdiagramm 2.40 zusammenfassen. Danach ist die Synchronmaschine eine Spannungsquelle mit der inneren Spannung $\underline{U}_p$ und der inneren Impedanz $\underline{Z}_d = R_a + jX_d$, wobei der ohmsche Widerstand R_a i. a. vernachlässigt wird. Die Synchronreaktanz X_d ist dagegen sehr groß. Sie kann mit der Leerlaufreaktanz eines Transformators verglichen werden und liegt in der Größenordnung von 2, d. h. beim Bemessungsstrom fällt die doppelte Bemessungsspannung an ihr ab. Die innere Spannung U_p ist demnach sehr groß. Bei ihr handelt es sich jedoch um eine fiktive Größe, die sich an den Klemmen ergeben würde, wenn der Erregerstrom im Leerlauf ($i_a = 0$) auf seinen Bemessungswert eingestellt wird. Im Bemessungsbetrieb baut der Ständerstrom aber ein Gegenfeld auf, das das Erregerfeld teilweise kompensiert. Das einfache Modell der Synchronmaschine nach Gl. (2.59) läßt sich in ein Energieversorgungsnetz integrieren. Bild 2.41 zeigt hierzu die Kopplung eines Generators über einen Transformator mit einem Netz, dessen Span-

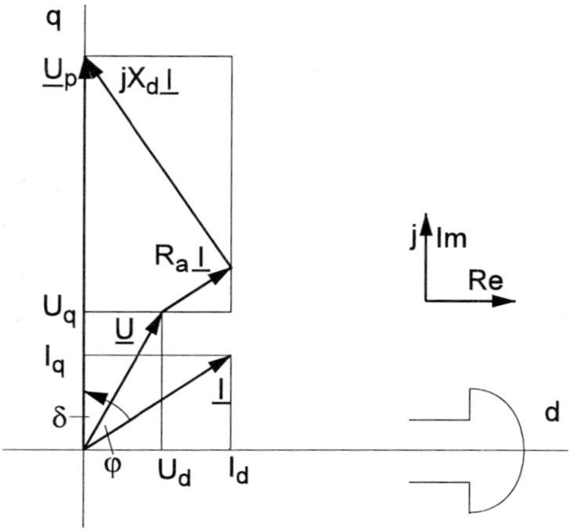

Bild 2.40: *Zeigerdiagramm der Turboläufermaschine*

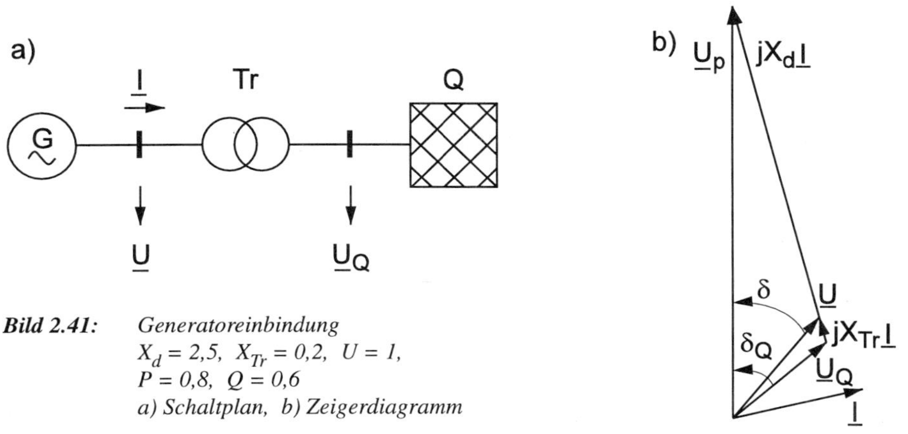

Bild 2.41: *Generatoreinbindung*
$X_d = 2{,}5,\ X_{Tr} = 0{,}2,\ U = 1,$
$P = 0{,}8,\ Q = 0{,}6$
a) Schaltplan, b) Zeigerdiagramm

nung $\underline{U}_Q$ starr sei. Bei dem maßstäblichen Zeigerdiagramm sieht man deutlich den großen inneren Spannungsabfall $X_d I$.

Wird der Transformator vernachlässigt ($X_{Tr} = 0$), geht die Netzspannung $\underline{U}_Q$ in die Klemmenspannung $\underline{U}$ über. Zur Berechnung der Leistungsabgabe wird - anders als in Bild 2.40 dargestellt - die Generatorspannung U in die reelle Achse gelegt

$$\underline{U} = U \qquad \underline{U}_p = U_p\, e^{j\delta} \qquad \underline{S} = \underline{U}\,\underline{I}^* = U\left[\frac{\underline{U}_p - U}{j\,X_d}\right]^*$$

$$P = \mathrm{Re}\left(\underline{S}\right) = \frac{U\,U_p}{X_d}\sin\delta \tag{2.60}$$

$$Q = \mathrm{Im}\left(\underline{S}\right) = \frac{U\,U_p}{X_d}\cos\delta - \frac{U^2}{X_d} \tag{2.61}$$

Der Zusammenhang zwischen Leistungsabgabe P, Q und Polradwinkel δ ist in Bild 2.42a für den Fall $U = U_p = 1$ dargestellt.

Beim Winkel δ = 0 ergibt sich der Leerlaufspunkt P = 0, Q = 0. Wird die Leistung durch die Turbine erhöht, so steigt der Polradwinkel an. Dies bedingt eine negative Blindleistung. Der Generator nimmt also induktive Blindleistung auf, d. h. er wirkt wie eine Drosselspule. Dem kann man durch Erhöhen der Erregerspannung entgegenwirken. Bild 2.42a geht dann in Bild 2.42b über. Aus dem beschriebenen Vorgang wird verständlich:

Bei einem Generator im Verbund mit dem Netz wird die Wirkleistungsabgabe durch die Turbine bedingt und die Blindleistungsabgabe durch die Erreger-

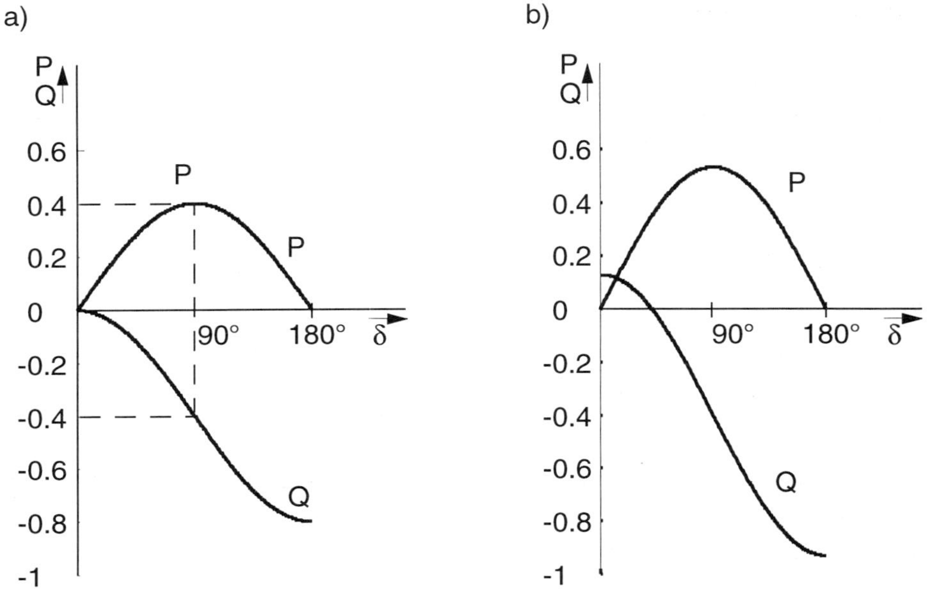

Bild 2.42: *Leistungsabgabe eines Generators*
a) Leistungssteigerung aus dem Leerlauf $U_p = 1$,
b) Leistungssteigerung aus dem Schwachlastbereich $P = 0{,}2$, $Q = 0{,}1$, $U_p = 1{,}35$

spannung eingestellt. Eine Steigerung der Erregerspannung führt zu einer Erhöhung der induktiven Blindleistungsabgabe. Ein Generator, der induktive Blindleistung abgibt, wird übererregt betrieben (Bild 2.41). Ein Generator, der induktive Blindleistung aufnimmt, befindet sich im untererregten Zustand.

Die Leistungsabgabe des Generators kann bis zu dem Winkel $\delta = 90°$ gesteigert werden. Erhöht man die Turbinenleistung weiter, folgt die Leistungsabgabe nicht mehr. Das Polrad beschleunigt sich, die Drehzahl steigt an, der Generator fällt außer Tritt und wird instabil.

Um einen statisch stabilen Betrieb zu gewährleisten, muß der Polradwinkel, d. h. der Winkel zwischen der Polradspannung und der Netzspannung, kleiner als 90° gehalten werden.

Neben dieser statischen Stabilität gibt es noch eine transiente Stabilität, auf die in Abschn. 8.5.2.3 eingegangen wird.

2.7.4 Die Synchronmaschine im Kurzschluß

Für den Kurzschlußfall wird in Gl. (2.59) die Netzspannung U zu null gesetzt. Bei Vernachlässigung des ohmschen Widerstands R_a ergibt sich dann der Kurzschlußstrom

$$I_k = U_p / X_d \tag{2.62}$$

Im Leerlauffall gilt $U = U_p = 1$, im Bemessungsbetrieb ergibt sich mit $X_d = 2{,}5$ aus Bild 2.41 $U_p = 3{,}2$.

Leerlauf als Vorbelastung: $I_k = 1/2{,}5 = 0{,}4$
Bemessungsbetrieb als Vorlastfall: $I_k = 3{,}2/2{,}5 = 1{,}28$

Wird ein Kurzschluß aus dem Leerlauf heraus eingeleitet, entsteht ein Dauerkurzschlußstrom, der unter dem Bemessungsstrom liegt. Bei einem Fehler aus dem Bemessungsbetrieb heraus wird der Dauerkurzschlußstrom geringfügig über dem Bemessungsstrom liegen.

Diese Aussage verwundert, denn sie widerspricht den Erfahrungen mit Kurzschlüssen. Sie gilt auch nur für den Klemmenkurzschluß eines Generators. Bei einem Kurzschluß im Netz speisen viele Generatoren auf die Fehlerstelle, so daß nicht die Generatorreaktanz, sondern die Netzimpedanz den Kurzschlußstrom bestimmt. Darüber hinaus gelten die obigen Aussagen nur für den stationären Kurzschluß. Bei der Einleitung des Fehlers entsteht jedoch ein Ausgleichsvorgang, der zu erheblich höheren Strömen führt. Im ersten Augenblick nach der Einleitung des Kurzschlusses bleiben sämtliche Flußverkettungen durch Gegenströme in Dämpfer- und Erregerwicklung erhalten. Von den Klemmen des Generators aus gesehen liegen dann die Streureaktanzen der Dämpfer- und Erregerwicklungen parallel zur Hauptreaktanz. Es bildet sich die Subtransien-treaktanz X_d'', wie Bild 2.43a zeigt. Nach kurzer Zeit klingen die Dämpferströme ab, während der Erregerstrom und damit die Flußverkettung der Erregerwicklung wegen des sehr kleinen Widerstands R_f annähernd erhalten bleibt. Für diesen Zustand gilt die resultierende Transientreaktanz X_d' (Bild 2.43b).

Schließlich klingt auch der Erregerstrom ab. Damit geht Bild 2.43b in Bild 2.43c über. Wirksam ist nun nur noch die Synchronreaktanz $X_d = X_{\sigma a} + X_{hd}$, die in Gl. (2.62) verwendet wurde.

Die innere Reaktanz des Generators - von den Klemmen aus gesehen - nimmt für Vorgänge oberhalb von 10 Hz den Wert X_d'' an. Im Bereich 2 Hz bis 0,5 Hz gilt der Wert X_d', unterhalb von 0,1 Hz kann mit der Synchronreaktanz X_d gerechnet werden. Bild 2.43d

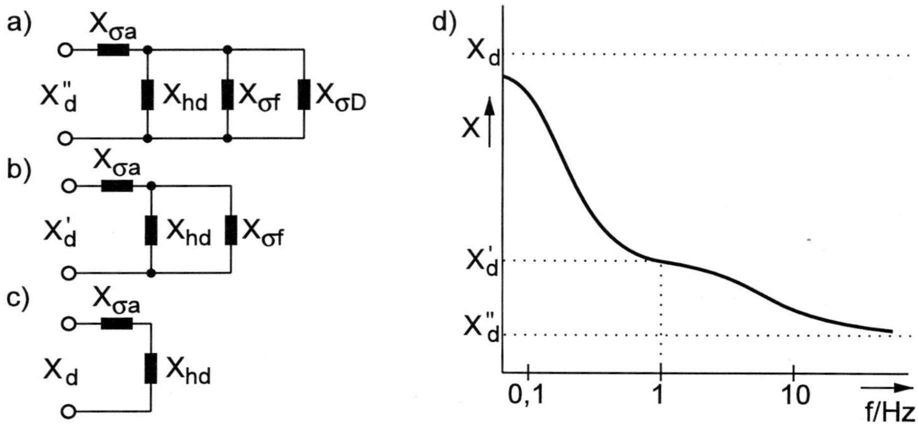

Bild 2.43: *Frequenzabhängigkeit der Innenreaktanz einer Synchronmaschine a) subtransienter Fall, b) transienter Fall, c) synchroner Fall, d) Übergangsverhalten der wirksamen Reaktanz*

zeigt die Innenreaktanz X als Funktion der Frequenz. Man kann nun für den Vorbelastungsfall fiktive Spannungen hinter jeder der erwähnten Reaktanzen bestimmen. Bild 2.44 liefert für den Bemessungspunkt nach Bild 2.41

$$U_p = 3{,}2 \qquad E' = 1{,}28 \qquad E'' = 1{,}17$$

Damit lassen sich die Kurzschlußströme im Übergangsbereich berechnen

$$\begin{aligned} I''_k &= E''/X''_d = 1{,}17 / 0{,}25 = 4{,}68 \\ I'_k &= E'/X'_d = 1{,}28 / 0{,}4 = 3{,}2 \\ I_k &= U_p / X_d = 3{,}2 / 2{,}5 = 1{,}28 \end{aligned} \tag{2.63}$$

Da der Kurzschlußstrom I'_k nur vorübergehend fließt, wurde er transienter Kurzschlußstrom genannt. Später erkannte man bei Messungen auch den sehr kurz anstehenden Strom I''_k, der deshalb als subtransienter Kurzschlußstrom bezeichnet wurde.

Bei einem Kurzschluß tritt zunächst der subtransiente Kurzschlußstrom I''_k auf. Mit der Zeitkonstante τ''_d klingen die Ströme in der Dämpferwicklung ab. Danach stellt sich der transiente Kurzschlußstrom I'_k ein. Das Abklingen des Erregerstroms mit der Zeitkonstante τ'_d bewirkt den Übergang auf den Dauerkurzschlußstrom I_k. Neben den abklingenden Wechselstromanteilen tritt noch - wie in jedem induktiven Kreis - ein Gleichstromglied auf, das mit der Zeitkonstante τ_g abklingt.

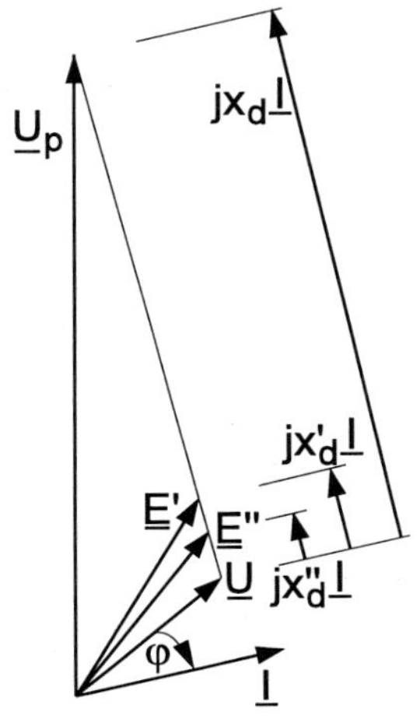

Bild 2.44: *Bestimmung der inneren Spannungen*

$X_d = 2{,}5 \quad X_d' = 0{,}4 \quad X_d'' = 0{,}25$

$U = 1 \quad P = 0{,}8 \quad Q = 0{,}6$

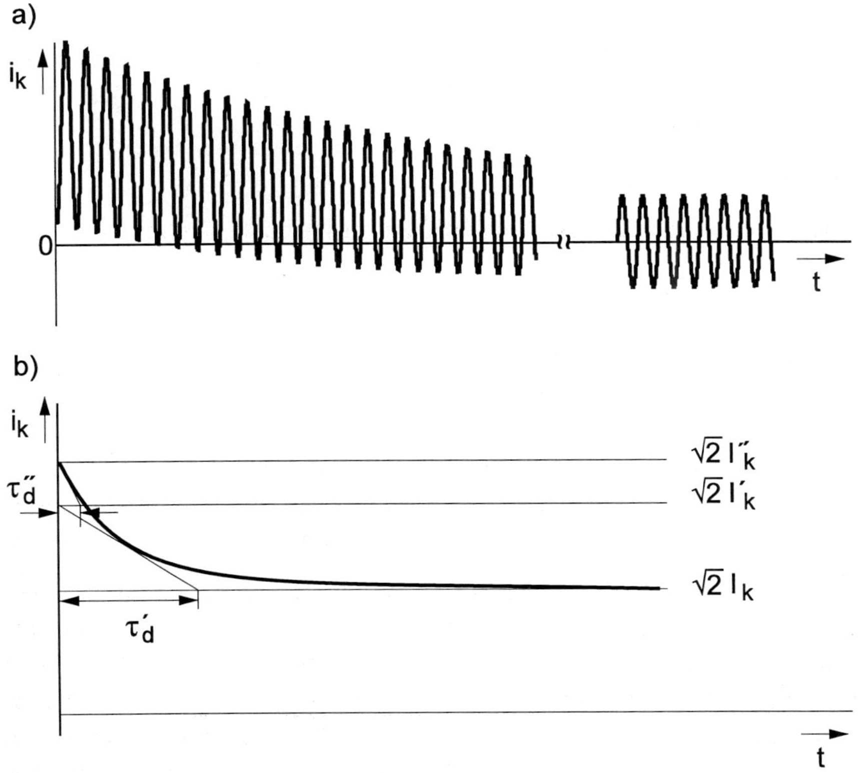

Bild 2.45: *Verlauf eines Kurzschlußstromes*
a) Stromverlauf, b) Hüllkurve ohne Gleichstromglied

Der beschriebene Ausgleichsvorgang ist in Bild 2.45 dargestellt. Er genügt der Gleichung

$$i_k = I_g\, e^{-t/\tau_g} - \left(\hat{I}_k'' - \hat{I}_k'\right) e^{-t/\tau_d''} \cos(\omega t + \alpha) \\ - \left(\hat{I}_k' - \hat{I}_k\right) e^{-t/\tau_d'} \cos(\omega t + \alpha) - \hat{I}_k \cos(\omega t + \alpha) \tag{2.64}$$

Da sich in dem induktiven Kurzschlußkreis der Strom nicht sprunghaft ändern kann, muß für den Schaltaugenblick t = 0 der Kurzschlußstrom genau so groß sein wie der Strom vor Einleitung des Kurzschlusses.

$$i_v = \hat{I}_v \sin(\omega t - \varphi) \tag{2.65}$$

$t = 0$:

$$-\hat{I}_v \sin\varphi = i_k(0) = I_g - \hat{I}_k'' \cos\alpha \tag{2.66}$$

Ist der Vorbelastungsstrom rein ohmsch ($\varphi = 0$) oder null, so ergibt sich bei dem Schaltwinkel $\alpha = 0$ das Gleichstromglied zu

$$I_g = I_k'' \tag{2.67}$$

Etwas größere Werte entstehen bei kapazitiver Vorbelastung. Trotzdem wird Gl. (2.67) als ungünstigster Fall für die Dimensionierung von Betriebsmitteln unterstellt.

Das Gleichstromglied bildet sich durch die Park-Transformation (Abschn. 1.4.5) in den Läuferkoordinaten als netzfrequenter Strom (50 Hz) aus, der mit der Gleichstromzeitkonstante τ_g abnimmt. Dieser 50-Hz-Strom führt mit den Gleichflüssen des Läufers entsprechend Gl. (2.49) zu 50-Hz-Drehmomenten, deren Amplitude erheblich über dem Bemessungsmoment liegt. Zweipolige Kurzschlüsse erzeugen entsprechend den symmetrischen Komponenten (Abschn. 1.4.3) positiv und negativ drehende Systeme. Das negativ drehende Stromsystem führt zu einem 100-Hz-Moment. Durch diese 50- und 100-Hz-Drehmomente können in den Arbeits- bzw. Antriebsmaschinen Resonanzfrequenzen angeregt werden. Deshalb ist ihnen bei der Dimensionierung besondere Aufmerksamkeit zu schenken.

Wie am Beispiel des Kurzschlusses gezeigt, läßt sich die Synchronmaschine bei Schaltvorgängen durch drei quasistationäre Zustände beschreiben: subtransient, transient, synchron. Entsprechend wirken die inneren Spannungen E'', E', U_p und die inneren Reaktanzen X_d'', X_d', X_d. Die Übergänge zwischen diesen Zuständen verlaufen mit den Kurzschlußzeitkonstanten τ_d'', τ_d'. Sie lassen sich aus den Ersatzschaltungen in Bild 2.43a und b wie folgt gewinnen. In Reihe zu der Dämpferstreureaktanz $X_{\sigma D}$ werden der Dämpferwiderstand R_D geschaltet und die Klemmen kurzgeschlossen.

Aus der Reihenparallelschaltung der Reaktanzen mit dem Widerstand ist die Zeitkonstante τ_d'' zu bestimmen. Zur Bestimmung der transienten Kurzschlußzeitkonstante τ_d' legt man in Reihe zur Erregerstreureaktanz $x_{\sigma f}$ (Bild b) den Erregerwiderstand R_f und schließt die Klemmen kurz.

Die gleichen Verhältnisse wie beim Kurzschluß ergeben sich auch bei einer Maschine, die starr mit dem Netz gekoppelt ist. Für Leerlauf und näherungsweise auch für die Belastung mit Impedanzen, also den Inselbetrieb, bleiben die Klemmen in den Bildern 2.43a und 2.43b zur Bestimmung der Leerlaufzeitkonstanten τ_{d0}'', τ_{d0}' offen. Aus den Betrachtungen folgt auch, daß bei einem Sprung in der Erregerspannung des leerlaufenden Generators der Erregerstrom und die Klemmenspannung mit der Zeitkonstante τ_{d0}' anwachsen.

Belastungs- und Koppelimpedanzen zwischen Generator und Netz führen zu Lastzeitkonstanten, die zwischen den Leerlauf- und Kurzschlußzeitkonstanten liegen [1.11]

$$\tau_d' < \tau_{dL}' < \tau_{d0}', \quad \tau_d'' < \tau_{dL}'' < \tau_{d0}''$$

Beispiel 2.5. *Eine Synchronmaschine mit den Daten nach Bild 2.44 wird aus dem Leerlauf heraus mit einem Blindstrom von 20 % der Nennscheinleistung belastet. Die Erregerspannung bleibt konstant. Welche subtransienten und transienten Spannungssprünge entstehen? Welcher stationäre Endwert stellt sich ein? Mit welchen Zeitkonstanten laufen die Übergänge ab, wenn für den Klemmenkurzschluß* τ_d'' *= 0,01 s,* τ_d' *= 1 gilt? Der Spannungsregler versucht, über eine Erhöhung des Erregerstromes den Spannungseinbruch auszugleichen, er ist jedoch auf eine Blindstromstatik* X_s *= 5 % eingestellt. Welcher stationäre Wert stellt sich bei aktiven Spannungsreglern ein?*

Die sprungartige Änderung des Belastungsstromes führt zu einem Spannungssprung

$$\Delta U'' = X_d'' \cdot \Delta I = 0{,}25 \cdot 0{,}2 = 0{,}05$$

Nach Abklingen der Dämpferströme mit der Zeitkonstante τ_{d0}'' *stellt sich der transiente Spannungssprung ein*

$$\Delta U' = X_d' \, \Delta I = 0{,}4 \cdot 0{,}2 = 0{,}08$$

Nun klingt der Strom in der Erregerwicklung mit der Zeitkonstante τ_{d0}' *auf den stationären Wert ab*

$$\Delta U = X_d \, \Delta I = 2{,}5 \cdot 0{,}2 = 0{,}5$$

Dies bedeutet, daß ohne Eingriff des Reglers die Spannung auf den halben Bemes-

sungswert einbrechen würde. Durch die Spannungsregelung stellt sich jedoch ein Spannungseinbruch entsprechend der Statik ein

$$\Delta U_s = X_s \ \Delta I = 0{,}05 \cdot 0{,}2 = 0{,}01$$

Die Statik wirkt wie eine zusätzliche Reaktanz X_s und ist erwünscht, um einen Generator in Parallelbetrieb mit dem Netz bei Spannungsschwankungen nicht zu stark mit Blindleistung zu beaufschlagen. Wirkleistungssprünge verursachen an der Reaktanz kaum Spannungseinbrüche. Die Zeitkonstanten τ''_{d0} und τ'_{d0} gelten für den Leerlauf, also für den Fall, daß die Klemmen der Ersatzschaltung in Bild 2.43a und b offen sind. Bei Belastung mit der Bemessungsimpedanz können die Leerlaufzeitkonstanten näherungsweise ebenfalls angesetzt werden. Im Kurzschlußfall oder bei der Verbindung zu einem starren Netz ergeben sich die Kurzschlußzeitkonstanten τ''_d und τ'_d. Zur Bestimmung der transienten Zeitkonstanten wird in Bild 2.43b der Widerstand der Erregerwicklung R_f in Reihe zur Streureaktanz der Erregerwicklung angesetzt

$$\tau'_{d0} = \left(X_{\sigma f} + X_{hd}\right) / \omega_b \ R_f$$

$$\tau'_d = \left(X_{\sigma f} + X_{hd} \| X_{\sigma a}\right) / \omega_b \ R_f$$

$$\frac{\tau'_d}{\tau'_{d0}} = \frac{X_{\sigma f} \ X_{\sigma a} + X_{\sigma f} \ X_{hd} + X_{\sigma a} \ X_{hd}}{\left(X_{\sigma a} + X_{hd}\right)\left(X_{\sigma f} + x_{hd}\right)}$$

$$= \frac{X_{\sigma a} + X_{\sigma f} \| X_{hd}}{X_{\sigma a} + X_{hd}} = \frac{X'_d}{X_d} = \frac{0{,}4}{2{,}5} = 0{,}16$$

$$\tau'_{d0} = \tau'_d \ / \ 0{,}16 = 6{,}25 \text{ s}$$

Zur Bestimmung der subtransienten Leerlaufzeitkonstante τ''_{d0} wird in Bild 2.43a der Dämpferwiderstand R_D in Reihe zu der Streureaktanz $x_{\sigma D}$ gelegt. Daraus folgt nach längerer Rechnung

$$\tau''_{d0} = \tau''_d \cdot \frac{X'_d}{X''_d} = 0{,}01 \cdot \frac{0{,}4}{0{,}25} = 0{,}016 \text{ s}$$

Die Zeitkonstante τ''_{d0}, mit der sich der transiente Spannungssprung $\Delta U'$ einstellt, ist so gering, daß der Spannungsregler ihn nicht ausregeln kann. Hingegen ist die transiente Zeitkonstante so groß, daß der Spannungsregler einen Übergang zum stationären Spannungseinbruch ΔU verhindert. Man kann deshalb mit guter Näherung annehmen, daß nach einem Lastsprung der transiente Spannungssprung auftritt, der dann ausgeregelt wird.

2.8 Asynchronmaschine

Die Asynchronmaschine ist mit der Synchronmaschine verwandt. Im Ständer sind beide gleich aufgebaut; im Läufer trägt die Asynchronmaschine anstelle der Erregerwicklung eine symmetrisch aufgebaute Mehrphasenwicklung, die in der Regel kurzgeschlossen ist [2.17]. Bild 2.46 zeigt einen solchen Kurzschlußläufer.

Die Asynchronmaschine wird hauptsächlich als Motor verwendet, läßt sich aber auch als Generator im Verbund mit einem Netz betreiben, das die Frequenz f_1 vorgibt.

Die Ständerwicklung erzeugt ein Drehfeld, das bei zweipoligen Maschinen mit der Netzfrequenz f_1 umläuft. Bei einer Maschine mit p Polpaaren beträgt die Drehzahl des Drehfelds

$$n_1 = f_1 / p \tag{2.68}$$

Dreht sich der Läufer mit dieser Drehzahl, so wird er von einem konstanten Magnetfeld durchströmt, das in den Läuferstäben keine Spannung induziert. Somit entsteht kein Drehmoment. Im Normalbetrieb liegt die Drehzahl n etwas unter der Synchrondrehzahl n_1

Bild 2.46: *Käfigläufer einer Drehstromasynchronmaschine 6 kV, 1 300 kW, 1 494 min^{-1} (Quelle: Schorch Elektrische Maschinen und Antriebe GmbH)*

$$n = n_1 (1 - s) = f_1 (1 - s) / p = (f_1 - f_2) / p \tag{2.69}$$

Der Schlupf s zwischen synchroner und realer Drehzahl beträgt nur wenige Prozent.

Die im Läufer induzierte Spannung mit der Frequenz $f_2 = s\, f_1$ führt zu Strömen, die mit dem Drehfeld ein Moment bilden. Bereits 1891 hat M. von Dolivo-Dobrowolski einen 70-kW-Motor gebaut, der nach diesem Prinzip arbeitete.

Neben dem weitverbreiteten Käfigläufermotor gibt es Asynchronmotoren mit einer Drehstromwicklung im Läufer, die über Schleifringe auf den Stator geführt wird. Legt man an diese Wicklung eine Spannung mit vorgegebener Frequenz f_2, so entsteht ein Läuferstrom, der dem Erregerstrom einer Synchronmaschine vergleichbar ist. Durch Speisung von Ständer und Läufer mit den Frequenzen f_1 und f_2 kann man nach Gl. (2.69) die Asynchronmaschine zu einer Drehzahl n zwingen.

Das dynamische Verhalten der Asynchronmaschine läßt sich mit den Gleichungen der Synchronmaschine in Tabelle 2.2 behandeln. Für die dort unsymmetrisch aufgebauten Längs- und Querachsen gelten bei der Asynchronmaschine jedoch gleiche Werte. Man kann demnach die Asynchronmaschine als Sonderfall der Synchronmaschine ansehen, wobei allerdings im stationären Betrieb die Läuferfrequenz der Synchronmaschine null ist und die Läuferfrequenz der Asynchronmaschine einen kleinen Wert annimmt.

2.8.1 Stationäres Modell der Asynchronmaschine

Ständer und Läufer der stillstehenden Asynchronmaschine sind wie beim Transformator über einen Eisenkreis magnetisch gekoppelt. Demnach kann die Ersatzschaltung aus Bild 2.3 übernommen werden. Vernachlässigt man den Ständerwiderstand R_1 und den Eisenverlustwiderstand R_{Fe}, so ergibt sich Bild 2.47a. Darin ist der Widerstand des kurzgeschlossenen Läufers R_2 als Last eingezeichnet [2.18].

Der stillstehende Asynchronmotor wirkt wie ein kurzgeschlossener Transformator.

Dreht sich der Motor mit der Drehzahl n entsprechend der Frequenz $f = f_1 (1 - s)$, so wird im Läufer eine Spannung mit der Frequenz $f_2 = s \cdot f_1$ erzeugt, deren Größe proportional zum Schlupf ist (sU_h).

Dieser Zusammenhang ist in Bild 2.47b dargestellt, wobei der „Übertrager" zwischen Primär- und Sekundärseite nicht nur die Spannung, sondern auch die Frequenz transformiert. Im Stillstand ($s = 1$) ist die Sekundärspannung sU_h gleich der Hauptfeldspannung U_h. Für diesen Sonderfall geht Bild 2.47b in Bild 2.47a über. Da die

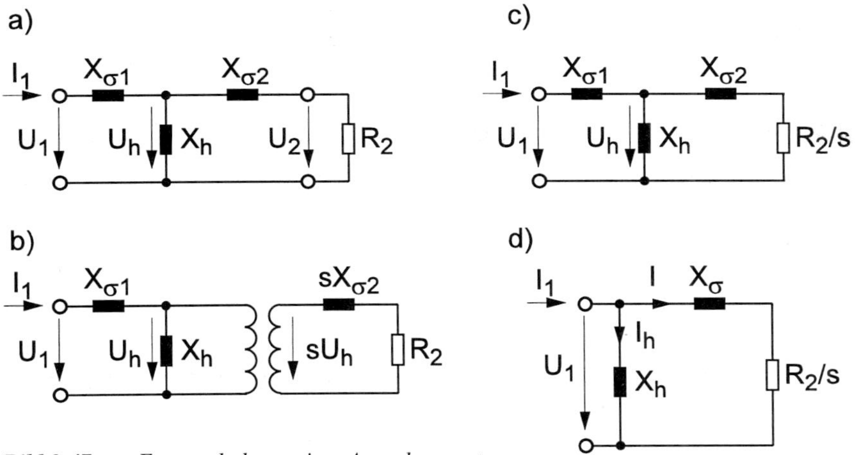

Bild 2.47: *Ersatzschaltung eines Asynchronmotors*
a) Asynchronmaschine im Stillstand, b) Ersatzschaltung für Asynchronbetrieb, c) umgeformte Ersatzschaltung, d) vereinfachte Ersatzschaltung

Streuinduktivität im Läufer von einem schlupffrequenten Strom durchflossen wird, ergibt sich ihre Reaktanz zu

$$s \cdot \omega_1 \, L_{\sigma 2} = s \, X_{\sigma 2} \tag{2.70}$$

Dabei ist $X_{\sigma 2}$ die Streureaktanz bei Netzfrequenz f_1. Teilt man die Spannung sU_h, die Reaktanz $sX_{\sigma 2}$ und den Widerstand R_2 des Läuferkreises durch den Schlupf s, so kann der „Frequenz-Übertrager“ in Bild 2.47b entfallen. Es entsteht Bild 2.47c.

Der Spannungsabfall über die Ständer-Streureaktanz $X_{\sigma 1}$ ist im Normalbetrieb sehr klein, so daß mit guter Näherung die Hauptreaktanz X_h an den Klemmen der Maschine angesetzt werden kann und die beiden Streureaktanzen sich zu X_σ zusammenfassen lassen. Die Ersatzschaltung vereinfacht sich dann zu Bild 2.47d.

Für die folgenden Betrachtungen wird der Strom I in Bild 2.47d zugrunde gelegt. Der gesamte Motorstrom I_1 ist um den Anteil I_h größer. Die Ersatzschaltung liefert dann

$$\underline{I} = \frac{\underline{U}_1}{R_2 / s + jX_\sigma} \tag{2.71}$$

$$I = \frac{U_1}{\sqrt{(R_2 / s)^2 + X_\sigma^2}} = \frac{U_1 / X_\sigma}{\sqrt{1 + (s_k / s)^2}} \tag{2.72}$$

mit $s_k = R_2/X_\sigma$

Aus dem Strom I läßt sich die zugeführte Leistung P_{zu} bestimmen. Zieht man von ihr die im Läuferwiderstand verbrauchte Leistung $I^2 \cdot R_2$ ab, so ergibt sich die mechanisch abgegebene Leistung P_A und damit das Drehmoment M

$$P_{zu} = I^2 \, R_2 \, / \, s$$

$$P_A = I^2 R_2 \, / \, s - I^2 R_2 = \frac{I^2 R_2}{s} \cdot (1-s) = P_{zu} \, (1-s) \tag{2.73}$$

$$M = \frac{P_A \cdot p}{(1-s) \cdot \omega_1} = \frac{P_{zu} \cdot p}{\omega_1} \tag{2.74}$$

Wenn das Drehmoment M ebenso wie die Leistung P_{zu} in p.u.-Größen angesetzt wird, entfällt die Polpaarzahl p und die Kreisfrequenz wird $\omega_1 = 1$ (P = M). Mit Gln. (2.72) und (2.73) ergibt sich für das Drehmoment M

$$M = \frac{2 \, M_k}{s / s_k + s_k / s} \quad \text{mit} \quad M_k = \frac{U_1^2 / X_\sigma}{2} \tag{2.75}$$

Diese Gleichung wird als Kloss'sche Formel bezeichnet.

Für $s = s_k$ nimmt in Gl. (2.75) das Moment seinen Maximalwert M_k an. Übersteigt das Lastmoment diesen Wert, kann die Maschine die Drehzahl nicht mehr halten, sie kippt. Dementsprechend wird M_k als Kippmoment und der zugehörige Schlupf s_k als Kippschlupf bezeichnet. Der drehzahlabhängige Verlauf von Drehmoment und Strom ist in Bild 2.48 dargestellt.

Bezugsgrößen bei der Asynchronmaschine sind Bemessungsspannung, -strom und -scheinleistung, Synchrondrehzahl und ein daraus abgeleitetes Bezugsmoment

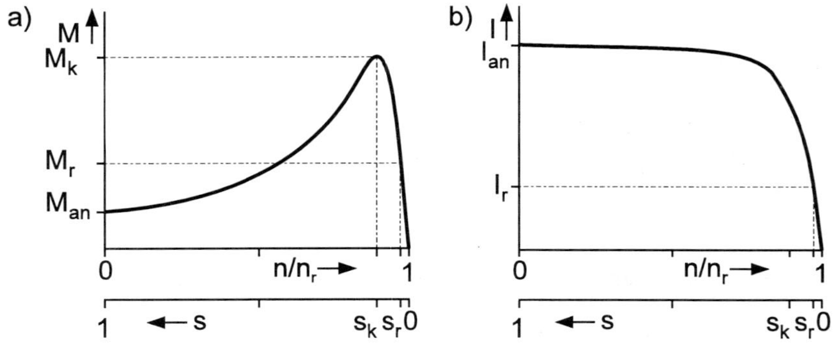

Bild 2.48: *Betriebsverhalten der Asynchronmaschine*
a) Drehmomentenkennlinie, b) Stromaufnahme

$$M_b = \frac{S_r \cdot p}{\omega_1} \tag{2.76}$$

Dieses liegt über dem Bemessungsmoment M_r, das aus Wirkleistungsabgabe und Bemessungskreisfrequenz $\omega_r = (1-s_r)\,\omega_1$ berechnet wird.

2.8.2 Betriebsverhalten der Asynchronmaschine

Als Beispiel für das Betriebsverhalten wird eine Maschine mit der typischen Reaktanz $X_\sigma = 0{,}2$ und den zwei extremen Läuferwiderständen $R_2 = 0{,}02$ (0,004) bei Bemessungsspannung untersucht. (Die Werte für den kleinen Widerstand stehen in Klammern.) Für den Stillstand (s = 1) geht Gl. (2.72) über in

$$I = \frac{U_1 / X_\sigma}{\sqrt{1 + s_k^2}} \approx U_1 / X_\sigma = 1/0{,}2 = 5 \tag{2.77}$$

Der Anlaufstrom ist damit fünfmal so groß wie der Bemessungsstrom. Da er durch eine Reaktanz bestimmt wird, handelt es sich um einen fast reinen Blindstrom. Er bleibt während des Hochlaufs sehr lang erhalten. Bei Erreichen des Kippschlupfs s_k sinkt der Strom I auf $5/\sqrt{2} = 3{,}5$ ab. Im Leerlauf wird der Strom I null und der Motorstrom I_1 zu U_1/X_h. Für den Kippschlupf ergibt sich

$$s_k = R_2 / X_\sigma = 0{,}02 / 0{,}2 = 0{,}1 \qquad (0{,}02) \tag{2.78}$$

Damit liegen alle Größen für die Drehmomentgleichung (2.75) fest

$$M = \frac{1/0{,}2}{s/0{,}1 + 0{,}1/s} \qquad \left(\frac{1/0{,}2}{s/0{,}02 + 0{,}02/s}\right) \tag{2.79}$$

$s = 1: \qquad M_{an} = 0{,}495 \quad (0{,}1)$

$s = s_k: \qquad M_k = 2{,}5 \quad (2{,}5)$

$s = 0: \qquad M_L = 0 \quad (0)$

Das Bemessungsmoment liegt wegen Gl. (2.76) unter M = 1, z. B. bei $M_r = 0{,}8$.

Aus Gl. (2.79) läßt sich damit der Bemessungsschlupf bestimmen

$s_r = 0{,}016 \; (0{,}0033)$

Die Drehmoment-Drehzahlkennlinien beider Motoren sind in Bild 2.49a (Kurven I und II) dargestellt.

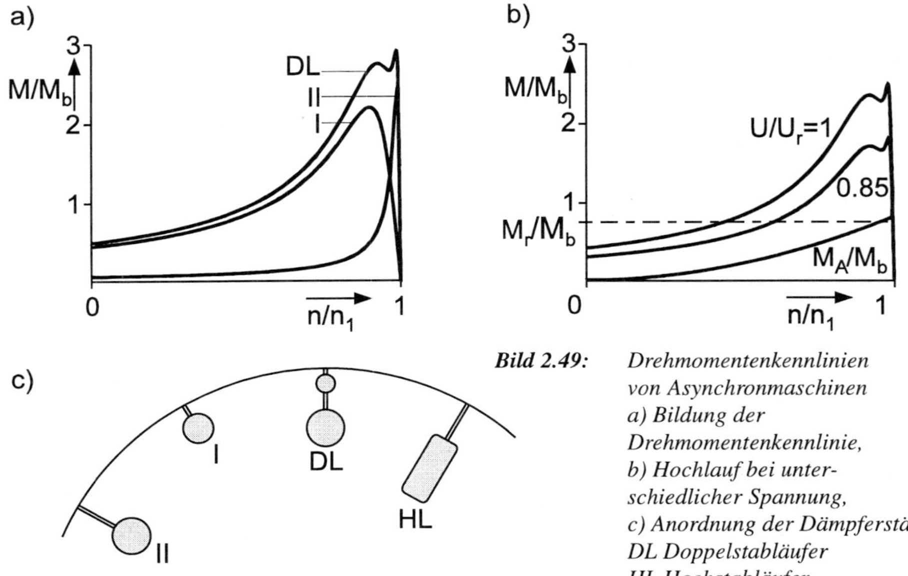

Bild 2.49: *Drehmomentenkennlinien von Asynchronmaschinen a) Bildung der Drehmomentenkennlinie, b) Hochlauf bei unterschiedlicher Spannung, c) Anordnung der Dämpferstäbe DL Doppelstabläufer HL Hochstabläufer*

Das Anlaufmoment der im Beispiel gewählten Motoren liegt weit unter dem Bemessungswert, so daß sie nur mit geringer Last anlaufen können. Um ein großes Anlaufmoment zu erhalten, müßte der Läuferwiderstand R_2 - und damit der Kippschlupf s_k - sehr groß sein. Dies bedeutet jedoch im Normalbetrieb erhebliche Verluste, die mit einem variablen Widerstand zu vermeiden sind. Bei Motoren mit Schleifringen kann ein Stellwiderstand als Anfahrhilfe verwendet werden. Bei Käfigläufermotoren nutzt man den Stromverdrängungseffekt. Dieser ist durch zwei Kurzschlußwicklungen auf dem Läufer zu erreichen (Bild 2.49c). Die Wicklung I mit dem hohen Widerstand wird durch einen kleinen Leiterquerschnitt und die Wicklung II durch einen großen Leiterquerschnitt realisiert. Überlagert man die Wirkungen beider Leiter, so ergibt sich die Drehmomentenkennlinie DL. Sie würde durch die Kopplung von zwei Motoren mit unterschiedlichem Kippschlupf entstehen. Bei realen Lösungen werden die beiden Käfige jedoch gemeinsam auf einem Läufer untergebracht. Im niedrigen Drehzahlbereich ist die Läuferfrequenz hoch (50 Hz im Stillstand) und die Stromverdrängung bewirkt eine Verlagerung des Stroms in die obere Schleife I, so daß sich der Motor entsprechend Kurve I verhält. In der Nähe der Bemessungsdrehzahl ist die Läuferfrequenz sehr klein, so daß der gesamte Querschnitt wirksam ist und sich der Motor entsprechend Kurve II verhält. So entsteht die Kennlinie DL eines Stromverdrängungsläufermotors. Für das Verhalten des Motors ist es nicht wesentlich, daß der Läufer zwei getrennte Wicklungen trägt. Ein Läufer mit einer

Hochstabwicklung HL erfüllt denselben Zweck. Durch geeignete Formgebung der Läuferstäbe ist es sogar möglich, das Anlaufmoment auf das Bemessungsmoment anzuheben [2.19].

Um den Anlauf eines Asynchronmotors sicherzustellen, muß für jede Drehzahl das Motormoment M über dem Moment der Arbeitsmaschine M_A liegen, wie es in Bild 2.49b für $U_1 = 1$ dargestellt ist. Die Differenz zwischen beiden Momenten führt zur Beschleunigung

$$dn / dt = 1 / \tau_A \ (M - M_A) \tag{2.80}$$

Die Integration dieser Gleichung liefert das Drehzahlverhalten beim Hochlauf und damit die Hochlaufzeit. Sie liegt bei kleinen Maschinen unter einer Sekunde und kann bei großen Motoren, die gegen ein großes Drehmoment hochlaufen müssen, Minuten andauern. Über diese Zeit fließt dann entsprechend Bild 2.48b der Anlaufstrom. Er verursacht als Blindstrom über die Netzreaktanzen einen Spannungsabfall. Man muß mit Spannungseinbrüchen von 10 % und in der chemischen Industrie, die besonders große Motoren einsetzt, von 15 % rechnen (s. Abschn. 8.3.1.1), die über Gl. (2.75) zu einer quadratischen Reduktion des Drehmoments führen. So zeigt Bild 2.49b einen Fall für $U_1 = 0{,}85$.

Wird der Hochlaufvorgang einer Asynchronmaschine dynamisch, z. B. mit den Gleichungen nach Tabelle 2.2, simuliert, so ergibt sich eine dynamische Drehmomentkennlinie entsprechend Bild 2.50. Sie unterscheidet sich von der statischen Kennlinie (Bild 2.49) in drei Punkten. Das Gleichstromglied beim Einschalten verursacht 50-Hz-Momente. Das Kippmoment ist nicht so stark ausgeprägt, da der Kippunkt rasch durchfahren wird. Beim Übergang in den Leerlauf treten in der Drehzahl gedämpfte Schwingungen auf. Sie können zu einem Flattern der Zahnräder von Getrieben und damit zum Bruch führen.

Beispiel 2.6. *Ein Motor $P_r = 1$ MW, $\eta = 0{,}9$, $\cos\varphi = 0{,}85$ mit dem Anlaufstrom $I_{an} = 5\, I_r$ und dem Kippmoment $M_k = 2{,}5\, M_r$ wird von einem Transformator $S_r = 2$ MVA, $u_k = 10$ % gespeist. Welcher Anlaufstrom entsteht? Wie groß ist das Kippmoment?*

Der Anlaufstrom ist ein fast reiner Blindstrom. Bezogen auf die Motordaten ergibt sich dann (kleine Buchstaben bezeichnen p.u.-Werte)

$$x_{an} = I_r / I_{an} = 0{,}2$$

$$x_{Tr} = u_k \cdot \frac{S_{motor}}{S_{Tr}} = 0{,}1 \frac{1/(0{,}9 \cdot 0{,}85)}{2} = 0{,}1 \frac{1{,}3}{2} = 0{,}065$$

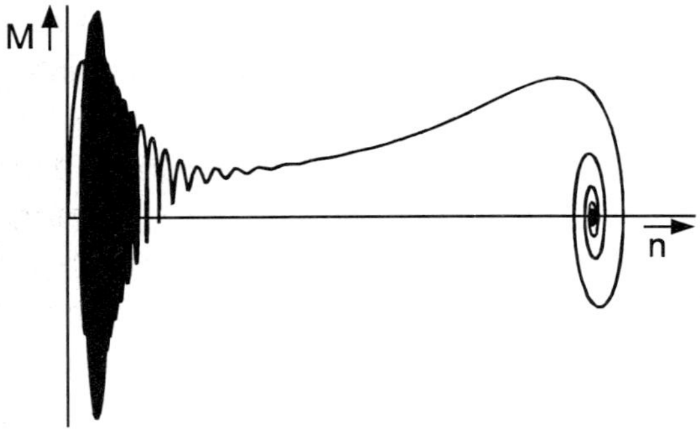

Bild 2.50: *Dynamische Drehmomentenkennlinie beim Hochlauf eines unbelasteten Motors*

$$\frac{U_{an}}{U_r} = \frac{x_{an}}{x_{an} + x_{Tr}} \cdot \frac{U_Q}{U_r} = \frac{0{,}2}{0{,}2 + 0{,}065} \cdot 1 = 0{,}75$$

$$\frac{I_{an}}{I_r} = \frac{U_Q / U_r}{x_{an} + x_{Tr}} = \frac{1}{0{,}2 + 0{,}065} = 3{,}77$$

$$\frac{M_k}{M_r} = \left(\frac{U_{an}}{U_r}\right)^2 \cdot \left.\frac{M_k}{M_r}\right|_{U=U_r} = 0{,}75^2 \cdot 2{,}5 = 1{,}4$$

2.8.3 Wechselstrommaschine

Der Ständer der Asynchronmaschine besteht üblicherweise aus drei räumlich versetzten Wicklungen, die von drei zeitlich verschobenen Wechselspannungen gespeist werden. Dadurch bildet sich entsprechend Abschn. 1.2 ein Drehfeld aus. Wird in einer Maschine mit nur einer Wicklung ein Wechselfeld erzeugt, so entsteht im Stillstand kein Drehmoment. Man kann das Wechselfeld auch in ein positiv und ein negativ drehendes Feld zerlegen. Beide Felder rufen Drehmomente in entgegengesetzter Richtung hervor, die sich aufheben. Wird die Maschine jedoch in Bewegung gesetzt, so bilden sich entsprechend der Momentenkennlinie in Bild 2.49b zwei unterschiedlich große Momente aus. Bei der Bemessungsdrehzahl ist der Schlupf des positiv drehenden Feldes sehr klein ($s = s_r$) und damit das Drehmoment groß. Im negativ drehenden Feld ist der Schlupf groß ($s \approx 2$) und damit das Drehmoment klein, so daß sich in Drehrichtung ein resultierendes Drehmoment entwickelt.

Wechselstrommaschinen benötigen eine Anfahrhilfe. Diese kann mit einer zweiten Wicklung erfolgen, die von einem zeitlich verschobenen Strom durchflossen ist. Die nötige Phasenverschiebung wird beispielsweise durch die Reihenschaltung der Hilfswicklung mit einem Kondensator erreicht. Das in einer solchen Maschine entstehende

Drehfeld ist elliptisch, d. h. die Amplitude des Drehfeldes ist nicht konstant, weil die Hilfswicklung kleiner als die Hauptwicklung ausgelegt ist und die Phasenverschiebung zwischen den Strömen beider Wicklungen i. a. nicht 90° erreicht. Ein elliptisches Drehfeld ist auch durch eine Störung des Hauptfeldes zu erzielen. Wird auf der rechten Hälfte des Pols im Ständereisen eine Kurzschlußwicklung untergebracht, so verzögert diese das Feld zeitlich (Spaltpolmotor). Der Maximalwert des Feldes wandert damit von links nach rechts und erzeugt so eine Drehbewegung des Läufers.

Die Wechselstrommaschine mit Käfigläufer ist einfach aufgebaut und robust. Sie wird im Leistungsbereich bis zu einigen kW eingesetzt, wenn die geforderte Drehzahl unter 3 000 min^{-1} liegt und eine Regelung nicht notwendig ist. Beispiele für die Anwendung sind Spül- und Waschmaschinen.

Ein gutes Anlaufverhalten haben die Wechselstrom-Kommutatormaschinen. Wegen ihrer Ähnlichkeit mit Gleichstrommaschinen wurden sie bereits in Abschn. 2.6.4 behandelt (s. auch Abschn. 9.1.1).

2.8.4 Feldorientierte Regelung

Bei der fremderregten Gleichstrommaschine (Abschn. 2.6.3) wird das Feld über die Erregerspannung konstant gehalten und der Läuferstrom so vorgegeben, daß sich das gewünschte Drehmoment bzw. die gewünschte Drehzahl ergibt. Feld und Moment einer Asynchronmaschine lassen sich ebenfalls unabhängig voneinander einstellen. Die Speisung erfolgt dann durch eine Drehspannungsquelle mit variabler Amplitude, Frequenz und Phasenlage.

Um ein möglichst großes Drehmoment zu erhalten, wird wie bei der Gleichstrommaschine das Feld auf dem zulässigen Höchstwert konstant gehalten. Man spricht deshalb von feldorientierter Regelung [2.13, 2.14, 2.15]. Der Zusammenhang zwischen Feld und Drehmoment läßt sich aus Gl. (2.73) berechnen, wenn die Spannung U_2 an dem fiktiven Läuferwiderstand R_2/s eingeführt wird

$$P_A = \frac{I_2^2\, R_2}{s}\,(1-s) = \frac{U_2^2}{R_2\,/\,s}\,(1-s) \tag{2.81}$$

Mit den Beziehungen $p = 1$, $U_2 = \omega_1\,\Phi_2$, $s = \omega_2\,/\,\omega_1$ und $\omega = \omega_1 - \omega_2$ ergibt sich aus den Gln. (2.74) und (2.81)

$$M = \frac{P_A}{\omega} = \frac{\Phi_2^2\,\omega_2}{R_2} \tag{2.82}$$

Danach läßt sich das Moment eines Asynchronmotors über die Rotorflußamplitude $\sqrt{2}\,\Phi_2$ und die Schlupfkreisfrequenz ω_2 einstellen.

Zur Beschreibung des gewünschten Rotorflusses $\varphi_2(t)$ wird ein Hilfswinkel β_2 eingeführt

$$\begin{aligned} \varphi_2(t) &= \sqrt{2}\,\Phi_2(t)\cdot\sin\beta_2 \\ \beta_2 &= \int \omega_2(t)\,dt \end{aligned} \tag{2.83}$$

Im stationären Betrieb sind die Parameter Φ_2 und ω_2 konstant, während sie sich bei Übergangsvorgängen ändern können. Ziel der feldorientierten Regelung ist es, die Flußamplitude $\sqrt{2}\,\Phi_2$ konstant zu halten und das Moment allein durch die Schlupfkreisfrequenz ω_2 zu beeinflussen.

Ein sinusförmiger Rotorfluß φ_2 nach Gl. (2.83) läßt sich durch einen eingeprägten Ständerstrom i_1 erzwingen, der zunächst als Strom i_1' in Läuferkoordinaten beschrieben wird. Aus der Ersatzschaltung (Bild 2.51) erhält man

$$u_2 = \frac{d\varphi_2}{dt} = R_2\, i_2 \tag{2.84}$$

$$\varphi_2 = L_h\left(i_1' - i_2\right) - L_{\sigma 2}\, i_2 \tag{2.85}$$

$$i_1' = \frac{1}{L_h}\left[\tau_2 \frac{d\varphi_2}{dt} + \varphi_2\right] \tag{2.86}$$

mit $\tau_2 = L_2 / R_2 = \left(L_h + L_{\sigma 2}\right) / R_2$

Setzt man Gl. (2.83) in Gl. (2.86) ein, ergibt sich

$$i_1' = i_d \cdot \sin\beta_2 + i_q \cos\beta_2 \tag{2.87}$$

$$i_d = \frac{\sqrt{2}}{L_h}\left[\tau_2 \frac{d\Phi_2}{dt} + \Phi_2\right] \tag{2.88}$$

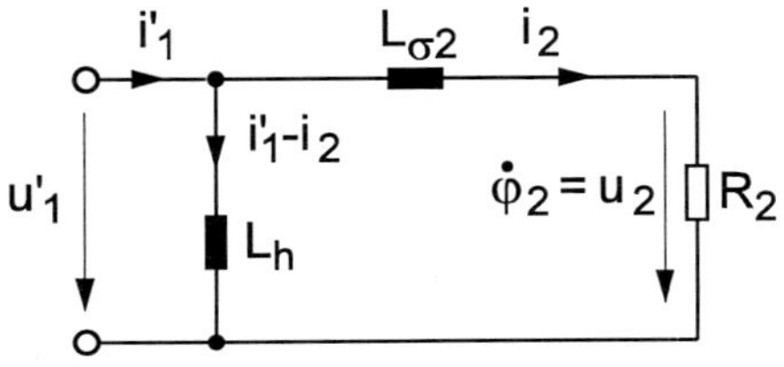

Bild 2.51: *Einphasiges Ersatzschaltbild des Läuferkreises einer Asynchronmaschine in Läuferkoordinaten (siehe auch Bild 2.47)*

$$i_q = \frac{\sqrt{2}}{L_h}\,\omega_2\,\tau_2\,\Phi_2 \tag{2.89}$$

Der Ständerstrom $i_1^{'}$ besitzt eine Komponente, die in Phase mit dem Rotorfluß liegt ($i_d \cdot \sin\beta_2$), und eine, die gegenüber dem Rotorfluß um 90° voreilt ($i_q \cos\beta_2$). Bei einer sprungartigen Veränderung des Stromes i_d kann die Rotorflußamplitude Φ_2 nach Gl. (2.88) nur zeitverzögert folgen

$$\Phi_2 = \frac{L_h}{\sqrt{2}} \cdot \frac{1}{1+\tau_2 s} \cdot i_d \tag{2.90}$$

Im eingeschwungenen Zustand ist die Flußamplitude allerdings proportional zum Strom i_d. Deshalb wird er auch als feldbildender Strom bezeichnet.

Setzt man Gl. (2.89) in Gl. (2.82) ein, ergibt sich

$$M = \frac{L_h}{\sqrt{2}\,L_2} \cdot \Phi_2 \cdot i_q \tag{2.91}$$

Das Maschinenmoment M ist bei konstanter Rotorflußamplitude $\sqrt{2}\,\Phi_2$ proportional zum Strom i_q, den man daher als momentbildenden Strom bezeichnet.

Wird Gl. (2.87) in Ständerkoordinaten umgerechnet, ergibt sich mit dem Feldwinkel β_1

$$\begin{aligned} i_1 &= i_d \cdot \sin\beta_1 + i_q \cos\beta_1 \\ \beta_1 &= \int \omega_1(t)\,dt = \int \left(\omega + \omega_2\right) dt \end{aligned} \tag{2.92}$$

Im Gegensatz zum Strom $i_1^{'}$ aus Gl. (2.87), der Schlupfkreisfrequenz annimmt, besitzt

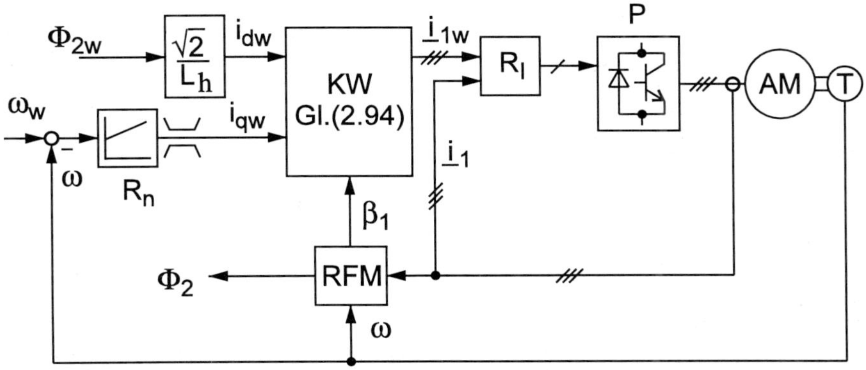

Bild 2.52: *Feldorientiertes Ständerstromregelkonzept (KW Koordinatenwandler, R_n Drehzahlregler, R_I Stromregler, P Pulsumrichter, RFM Rotorflußmodell)*

der Strom i_1 die Ständerfrequenz. Der zeitliche Verlauf des Stromes i_1 muß von einer Schaltung vorgegeben werden, deren Aufbau in Bild 2.52 dargestellt ist.

Der Drehzahlregler R_n liefert die Führungsgröße i_{qw} des momentbildenden Ständerstroms. Aus der Führungsgröße Φ_{2w} der Rotorflußamplitude wird nach Gl. (2.90) die feldbildende Stromkomponente i_{dw} für konstanten Fluß ermittelt

$$i_{dw} = \frac{\sqrt{2}}{L_h} \Phi_{2w} \tag{2.93}$$

Mit den Größen i_{dw}, i_{qw} und β_1 läßt sich nach Gl. (2.92) die Ständerstromführungsgröße i_{1w} berechnen. Sie ist auf den Strang U bezogen. Für die drei Stränge der Maschine gilt dann

$$\begin{bmatrix} i_{Uw} \\ i_{Ww} \end{bmatrix} = \begin{bmatrix} \sin\beta_1 & \cos\beta_1 \\ \sin(\beta_1 + 120°) & \cos(\beta_1 + 120°) \end{bmatrix} \cdot \begin{bmatrix} i_{dw} \\ i_{qw} \end{bmatrix} \tag{2.94}$$

$$i_{Vw} = -i_{Uw} - i_{Ww}$$

Diese Gleichung beschreibt den Aufbau des Koordinatenwandlers KW. Der Stromregler R_I vergleicht die Führungsgrößen mit den gemessenen Ständerströmen und wirkt auf die Drehspannungsquelle P, die als Pulsumrichter realisiert ist (Abschn. 3.2.4.2).

Zur Berechnung der Ständerstromführungsgrößen nach Gl. (2.94) wird der Feldwinkel β_1 benötigt. Er läßt sich über ein Rotorflußmodell RFM aus den gemessenen Ständerströmen und der gemessenen Drehkreisfrequenz ω ermitteln. Der Aufbau des Rotor-

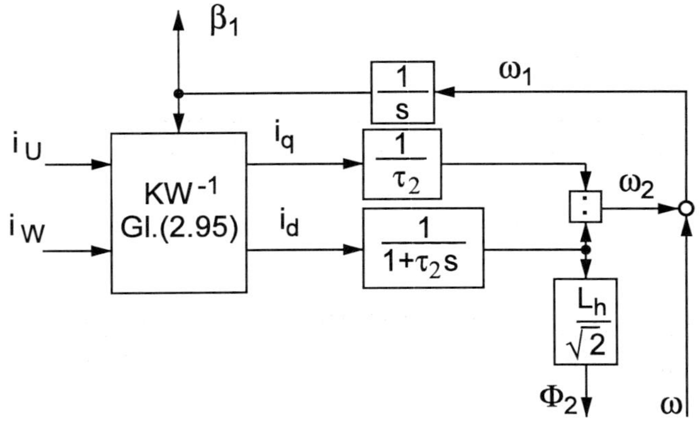

Bild 2.53: *Rotorflußmodell RFM*
(KW^{-1} inverser Koordinatenwandler)

flußmodells ist in Bild 2.53 dargestellt. Zunächst werden die feld- und momentbildenden Stromamplituden i_d und i_q durch Inversion der Gl. (2.94) bestimmt

$$\begin{bmatrix} i_d \\ i_q \end{bmatrix} = \begin{bmatrix} \sin\beta_1 & \cos\beta_1 \\ \sin(\beta_1 + 120°) & \cos(\beta_1 + 120°) \end{bmatrix}^{-1} \cdot \begin{bmatrix} i_U \\ i_W \end{bmatrix} \tag{2.95}$$

So entsteht ein inverser Koordinatenwandler KW^{-1}. Die Schlupfkreisfrequenz ω_2 ergibt sich mit den Gln. (2.89) und (2.90) zu

$$\omega_2 = \frac{\frac{1}{\tau_2} \cdot i_q}{\frac{1}{1+\tau_2 s} \cdot i_d} \tag{2.96}$$

Hieraus erhält man mit der gemessenen Drehkreisfrequenz ω über Gl. (2.92) den Feldwinkel β_1.

Mit Hilfe der feldorientierten Regelung gelingt es, das Rotorfeld und das Maschinenmoment unabhängig voneinander zu beeinflussen. So ist es möglich, mit maximalem Fluß - und damit maximalem Drehmoment - eine vorgegebene Führungsgröße der Drehzahl nachzufahren. Die Asynchronmaschine verhält sich dann regelungstechnisch wie eine fremderregte Gleichstrommaschine. Bild 2.54 gibt einen Einblick in das dynamische Verhalten des Regelkreises.

Die Führungsgröße ω_w der Drehkreisfrequenz wird sprungartig verändert. Die still-

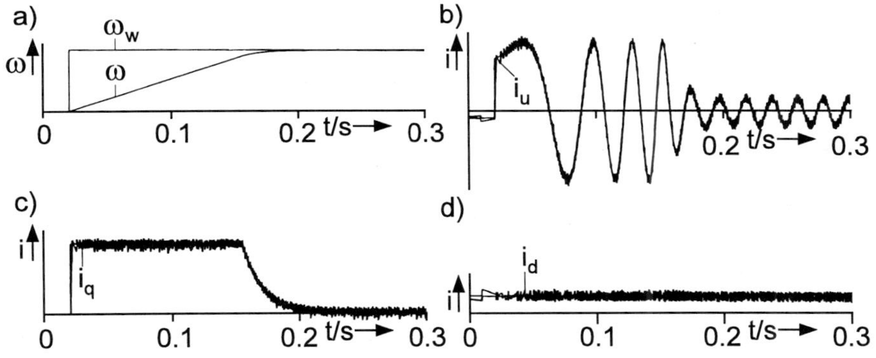

Bild 2.54: *Hochlauf einer feldorientiert geregelten Asynchronmaschine*
a) Kreisfrequenz der Drehzahl, b) Ständerstrom,
c) momentbildende Ständerstromkomponente,
d) feldbildende Ständerstromkomponente

stehende, unbelastete Asynchronmaschine läuft unter dem Einfluß der momentbildenden Ständerstromkomponente i_q auf die gewünschte Drehkreisfrequenz hoch. Während des Hochlaufs bleibt die feldbildende Ständerstromkomponente i_d konstant. Die Regelung der Ständerströme $\mathbf{i}_1$ erfolgt im betrachteten Beispiel durch Zweipunktschalter [2.15].

2.9 Sondermaschinen

Die Prinzipien der rotierenden elektrischen Maschinen wurden in den Kapiteln über Gleichstrom-, Synchron- und Asynchronmaschinen beschrieben. Mischformen, abgewandelte Bauformen und spezielle Ansteuerverfahren, die wiederum einen Einfluß auf die Bauart haben, sollen in den folgenden Abschnitten behandelt werden.

2.9.1 Linearmotor

Wickelt man Ständer und Läufer einer Asynchronmaschine zu einer ebenen Fläche ab, geht die Drehbewegung in eine Linearbewegung über [2.20]. Wird der Läufer fest montiert und der Ständer auf Räder gestellt, so entsteht ein Fahrzeug. Der Läufer muß dann als Schienenstrang über die zu fahrende Strecke fortgesetzt werden. Das Fahrzeug erhält auf seiner Unterseite eine Wicklung, deren Magnetfeld von vorn nach hinten läuft und dann wieder von vorn beginnt. In den Aluminiumschienen werden dadurch wie bei einem Kurzschlußläufer-Motor Ströme induziert, die mit dem Wanderfeld eine Schubkraft bilden. Diese Kraft wird null, wenn sich das Fahrzeug mit der Feldgeschwindigkeit bewegt. Der Betrieb ist demnach asynchron.

Die Stromzufuhr muß - wie bei der bekannten Bahn - über Stromabnehmer erfolgen. Wird der Linearmotor nur für kurze Strecken eingesetzt, z. B. zur Bewegung des Schlittens einer Werkzeugmaschine, kann die Stromzufuhr über bewegliche Kabel erfolgen. Hält man den Antriebsteil fest und wählt anstelle der Schienen eine leitende Flüssigkeit, entsteht eine Pumpe ohne bewegte Teile. Statt der Aluminiumschienen kann man auch Dauermagnete aufbringen und so eine Synchronmaschine als Linearmotor bauen. Ähnlich wie Dauermagnete verhält sich eine Zahnstange. In ihr wird durch den Ständer ein inhomogenes Feld erzeugt, das an den Stellen größer ist, an denen die Zähne in den Luftspalt hineinragen. Man spricht dann von einem Reluktanzmotor (s. Abschn. 2.9.2). Synchronmotoren sind genauer zu positionieren als Asynchronmotoren und entwickeln auch im Stillstand eine Kraft, wenn sie mit

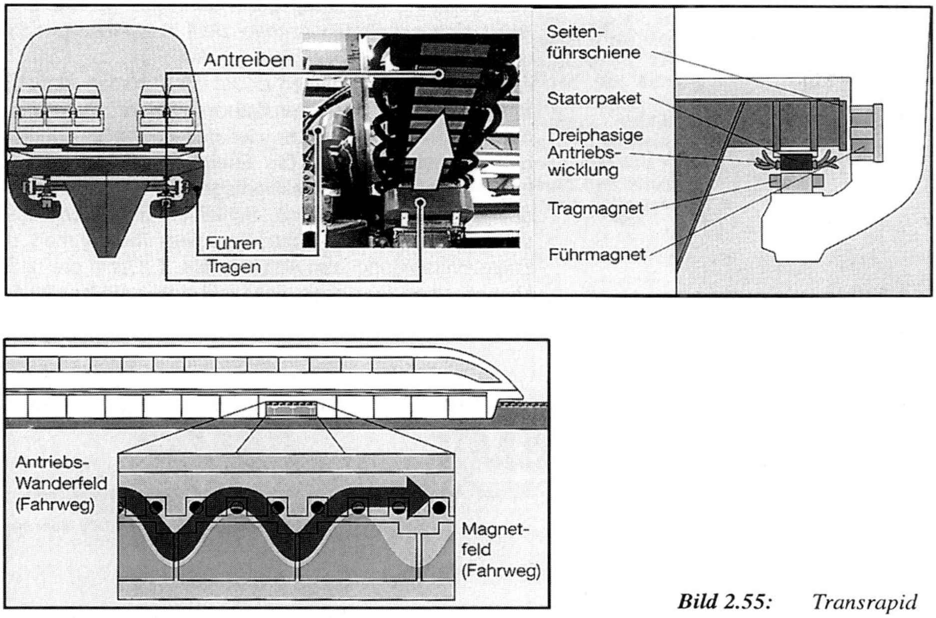

Bild 2.55: *Transrapid*

der Frequenz null erregt werden. Man kann also den Synchronlinearmotor in eine bestimmte Position fahren und dort fixieren.

Bei dem Synchron- und Linearmotor läßt sich die Funktion von Schiene und Fahrzeug vertauschen. Das Fahrzeug trägt dann Magnete, die ein konstantes Feld erzeugen. In der Schiene wird eine Wicklung untergebracht, die allerdings über die gesamte Fahrstrecke verlaufen muß und ein Wanderfeld erzeugt. Diese Lösung wurde bei dem Hochgeschwindigkeitszug Transrapid gewählt (Bild 2.55). Dort hat man zur Vermeidung der Rand-Schiene-Probleme wegen der hohen Geschwindigkeiten eine Magnetschwebetechnik eingesetzt. Im Gegensatz zum Asynchronlinearmotor muß beim Transrapid nicht die Antriebsleistung, sondern nur der Verbrauch der Tragmagnete und der Sekundäranlagen übertragen werden. Dies ist mit Induktionsschleifen nach dem Transformatorprinzip kontaktfrei möglich.

2.9.2 Reluktanzmotor

Wird eine Schenkelpolsynchronmaschine nach Bild 2.36a in einer Ständerwicklung mit Gleichstrom beaufschlagt, so bildet sich im Luftspalt ein stehendes Gleichfeld, in dem sich der erregte Läufer ausrichtet. Diese Ausrichtung erfolgt auch, wenn das Polrad nicht erregt ist, denn das Ständerfeld zieht die ausgeprägten Pole des Läufers an. Wird nun die Bestromung von der ersten auf die zweite Wicklung geschaltet, richtet sich das Polrad nach dieser Wicklung aus. Dies gilt für Polräder mit und ohne Dauermagnete. Ein Drehfeld führt deshalb sowohl den erregten als auch den unerregten Läufer mit. Das Drehmoment, das sich bei unerregtem Polrad entwickelt, wird Reluktanzmoment genannt. Es spielt bei normalen Synchronmaschinen eine geringe Rolle. Bei kleinen Motoren nutzt man es jedoch aus und verzichtet auf den Einbau von Dauermagneten oder gar einer Erregerwicklung. Der synchrone Lauf eines kleinen Reluktanzmotors kann z. B. in Uhren eingesetzt werden, um die Netzfrequenz als Zeitnormal zu nutzen.

2.9.3 Schrittmotoren

Der Schrittmotor ist eine Synchronmaschine, die Permanentmagnetpole enthält oder das Reluktanzprinzip nutzt. Bild 2.56 zeigt einen dreisträngigen Reluktanz-Schrittmotor mit zwei Polen im Ständer und vier Polen im Läufer. Zunächst wird die Wicklung 1 mit I_1 bestromt. Die Magnetpole N1 und S1 ziehen die Läuferzähne a und a' in die gezeichnete Stellung. Durch den Wechsel der Bestromung auf die Wicklung 2 werden N2 und b sowie S2 und b' gegenübergestellt. Der Läufer dreht sich dadurch um 30°. Dieses Verfahren ist fortzusetzen, bis nach einer Periode die Bestromung wieder N1 und S1 aufbaut. Dann stehen sich N1-a' und S1-a gegenüber. Der Läufer

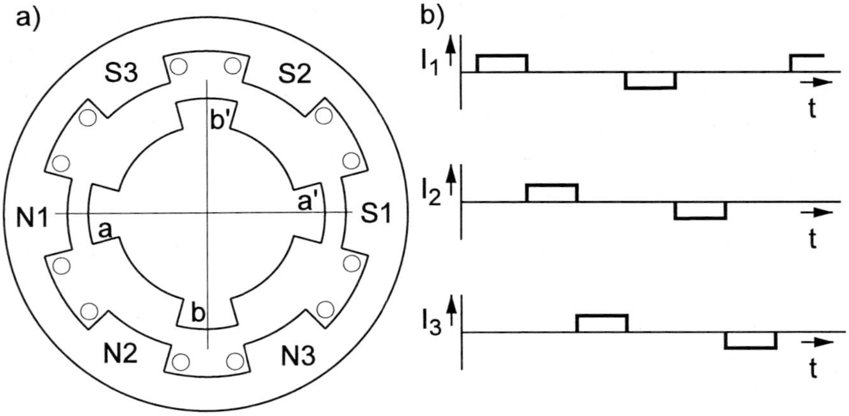

Bild 2.56: *Reluktanz-Schrittmotor*
a) Querschnitt, b) Ansteuerung

hat sich somit um $6 \cdot 30° = 180°$ gedreht. Ein Schrittmotor kann vielpolig aufgebaut oder in Verbindung mit einem Getriebe als hochauflösendes Stellorgan genutzt werden. Da die Anzahl der Ansteuerimpulse die Position des Motors festlegt, benötigt man keine Lagemessung. Eine Überwachung des gesteuerten Systems ist aber trotzdem notwendig, da z. B. durch kurzzeitig erhöhte Reibung im mechanischen Aufbau der Motor durchschlüpfen kann. In diesem Fall stimmt die räumliche Lage nicht mehr mit der aus der Zählung des Steuerimpulses errechneten überein. Um den Reluktanzschrittmotor in einer bestimmten Position zu halten, muß seine Wicklung ständig bestromt werden. Sind auf dem Läufer Dauermagnete aufgebaut, so ziehen sie sich in eine fixierte Lage gegenüber den Ständerpolen. Dieses Rastmoment erübrigt die Bestromung in der Ruhelage.

2.9.4 Elektronikmaschine

Die klassische Synchronmaschine wird aus einem Netz mit sinusförmiger Spannung von konstanter Amplitude und Frequenz versorgt. Man kann die Amplitude und die Frequenz aber auch über leistungselektronische Steller variieren [2.21]. Auf diese Art ist eine Drehzahlregelung möglich. Erfaßt man nun die Lage des Rotors und steuert davon abhängig die Transistoren eines Wechselrichters, so schaltet die Drehbewegung wie beim Kommutator der Gleichstrommaschine von einer Wicklung auf die nächste. Die Maschine verhält sich dadurch wie eine fremderregte Gleichstrommaschine, wobei die Erregung nicht durch eine Erregerwicklung aufgebracht wird, sondern von Dauermagneten, die zudem nicht im Ständer, sondern auf dem Läufer angeordnet sind. Demnach ist die Elektronikmaschine eine Innenpolmaschine. Durch die Drehung entsteht wie bei der Gleichstrommaschine eine innere Spannung, so daß bei steigender Drehzahl und fester Klemmenspannung das Drehmoment abnimmt und sich ein stabiler Betrieb einstellt. Um ein konstantes Drehmoment zu erhalten, wird der Ständerstrom über einen Wechselrichter in die Maschine eingeprägt (Abschn. 2.6.5, 2.8.4). Man spricht deshalb von Bestromung.

Der Begriff Elektronikmaschine hat sich eingebürgert. Korrekterweise müßte man von einer elektronisch kommutierten Maschine sprechen. Da sie vornehmlich als Motor eingesetzt wird, nennt man sie auch EK-Motor oder Bürstenloser Antrieb (BL), denn wegen der Permanenterregung benötigt sie keine Stromübertragung zu dem Rotor. Ist das Feld des Läufers sinusförmig und erfolgt die Bestromung ebenfalls sinusförmig, so bildet sich wie bei der Synchronmaschine ein konstantes Drehmoment aus. Aufgrund zu hoher Verluste wird der sinusförmige Strom nicht durch eine modulierende Ansteuerung der Transistoren wie bei Verstärkern erzeugt, sondern durch hochfrequente Taktung (Abschn. 3.2.4.2). Die Leistungstransistoren sind dabei voll gesperrt oder voll durchgeschaltet. Um die sinusförmige Steuerung zu ermöglichen, muß die Polradlage sehr genau erfaßt werden. Dieser Aufwand ist zu umgehen, wenn das Feld der Dauermagnete trapezförmig verläuft und die Bestromung blockförmig erfolgt. Auch so entsteht ein konstantes Drehmoment. Insgesamt wird dadurch die Maschine jedoch etwas ungünstiger ausgenutzt und somit bei gleichem Drehmoment größer. Die blockförmigen Ströme erzeugt man durch Pulsen des Wechselrichters. Hierzu wird die Gleichspannung U_d mit einer Pulsfrequenz von z. B. 5 kHz an die Wicklung gelegt. Wegen der glättenden Wirkung der Ständerinduktivität erscheint diese Pulsfrequenz im Strom fast nicht mehr. Bei positivem Strom schwankt so die Spannung zwischen U_d und 0 und bei negativem Strom zwischen $-U_d$ und 0. Das Verhältnis der Taktzeit bestimmt dabei die Stromamplitude.

Bei hochdynamischen Antrieben muß der Motor auch bremsen können, so daß über den Wechselrichter Energie in das Gleichstromnetz zurückfließt. Wenn das Gleichstromnetz über eine Diodenbrücke versorgt wird und dadurch nicht rückspeisefähig ist, wird über Transistoren ein Lastwiderstand geschaltet, um die Bremsenergie zu vernichten. Anstelle des Diodengleichrichters kann man auch einen Pulsumrichter (Abschn. 3.2.4.2) einsetzen und so eine Rückspeisung ermöglichen.

Elektronikmaschinen werden im i. a. dreiphasig ausgeführt und im Leistungsbereich bis 50 kW eingesetzt, wenn hohe Dynamik und damit geringe Trägheit der rotierenden Massen mit rascher Änderung des Drehmoments gefordert sind. Ein Anwendungsgebiet sind Roboterantriebe.

3 Leistungselektronik

Die Leistungselektronik (früher Stromrichtertechnik) befaßt sich mit dem Bau von elektronischen Stellgliedern. Diese sind zwischen elektrischer Energiequelle und Verbraucher angeordnet und gestatten eine verlustarme Umformung und Steuerung der elektrischen Energie. Dadurch wird in vielen Fällen eine effektive Energieanwendung erst möglich.

Schaltungen der Leistungselektronik sind durch einen komplexen Aufbau gekennzeichnet. Sie bestehen aus einem Leistungsteil, einem Steuer- und Regelungsteil sowie Zusatzeinrichtungen. Der Leistungsteil wird auch als Stromrichter bezeichnet. Er enthält elektronische Schalter (Dioden, Thyristoren, Leistungstransistoren), welche die Umformung und Steuerung des elektrischen Energieflusses durchführen. In diesem Kapitel werden schwerpunktmäßig dreiphasige Stromrichter betrachtet. Dabei genügt es, die Halbleiter als ideale Schalter anzusehen.

Steuer- und Regelungsteil sorgen für ein ordnungsgemäßes Funktionieren des Stromrichters. Sie koordinieren und überwachen seine Schalthandlungen. Daneben werden noch zahlreiche zusätzliche Einrichtungen benötigt. Diese dienen beispielsweise zum Schutz und zur Kühlung der Halbleiterventile.

Die Leistungselektronik im heutigen Sinn wurde 1958 durch die Erfindung des Thyristors bei General Electric (USA) eingeleitet. Aber bereits 1902 gab es leistungsstarke Quecksilberdampfventile zur Umformung und Steuerung der elektrischen Energie. Die Thyristortechnik verdrängte innerhalb eines Jahrzehnts den Quecksilberdampfgleichrichter vollständig. Ihre Vorteile bezüglich der spezifischen Schaltleistung, des Wirkungsgrades, der Zuverlässigkeit und des dynamischen Schaltverhaltens waren offensichtlich. In den 80er Jahren brachte die Entwicklung leistungsstarker Transistoren und abschaltbarer Thyristoren (GTOs) neue Impulse. Beim Steuer- und Regelungsteil ist heute der Übergang von der Analog- zur Digitaltechnik weitgehend vollzogen.

3.1 Grundlagen der Stromrichter

Das Gebiet der Leistungselektronik läßt sich kaum noch in allen Einzelheiten überblicken. Deshalb wird zunächst eine kurze Einführung in die grundsätzliche Arbeitsweise von Stromrichterschaltungen gegeben.

3.1.1 Wirkungsweise von Stromrichterschaltungen

Die Schaltungen der Leistungselektronik gliedern sich nach ihrer äußeren Wirkungsweise in (Bild 3.1):

- Gleichrichter
- Wechselrichter
- Gleichstromumrichter und
- Wechselstromumrichter.

Ein Gleichrichter verbindet ein Wechsel- oder Drehstromnetz mit einem Gleichstromnetz. Dabei fließt Energie in das Gleichstromsystem. Ändert sich die Richtung des Energieflusses, spricht man von einem Wechselrichter. Viele Stromrichterschaltungen können abhängig von der Ansteuerung als Gleich- und Wechselrichter wirken [3.1].

Ein Gleichstromumrichter kann zwei Gleichstromsysteme unterschiedlicher Spannung und Polarität miteinander verbinden. Dabei ist ein Energiefluß in beide Richtungen möglich. Ein Wechselstromumrichter verknüpft zwei Wechsel- oder Drehstromsysteme unterschiedlicher Spannung und Frequenz miteinander. Auch hier kann der Energieaustausch in beide Richtungen erfolgen.

Mit Stromrichterschaltungen ist es möglich, nahezu beliebige Spannungs- und Stromverläufe zu erzeugen. Auf diese Weise kann jedem Betriebsmittel die elektrische Energie in der gewünschten Form bereitgestellt werden. Zur Realisierung der vier Grundfunktionen (Bild 3.1) lassen sich eine Vielzahl von Stromrichterschaltungen einsetzen, die mit unterschiedlichen Leistungshalbleitern arbeiten. Die gewählte Ausführungsform hängt maßgebend von wirtschaftlichen Faktoren ab. Zunehmend spielt auch die Frage der Netzrückwirkungen (Abschnitt 8.4) eine wichtige Rolle.

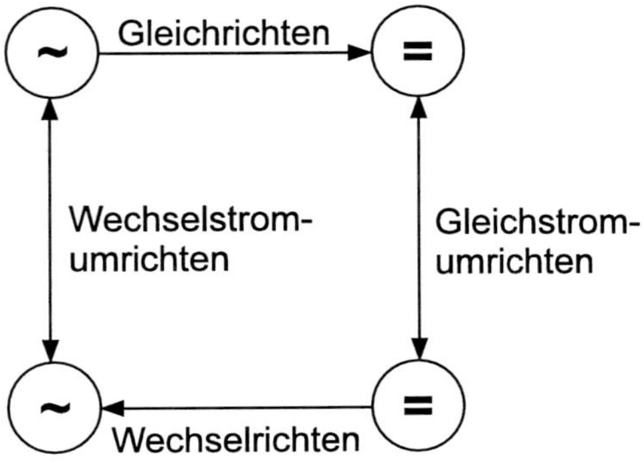

Bild 3.1: *Energieumformung durch die Leistungselektronik*

3.1.2 Leistungshalbleiter

In der Leistungselektronik kommen Dioden, Thyristoren und Transistoren als Halbleiterschalter zum Einsatz. Diese Bauelemente werden nachfolgend kurz vorgestellt, ohne auf den Leitungsmechanismus im Halbleiterkristall näher einzugehen.

Eine Diode (Bild 3.2a) besteht im einfachsten Fall aus einem PN-Übergang (Bild 3.2b), d. h. dem Zusammentreffen von zwei unterschiedlich dotierten (verunreinigten) Siliziumschichten. Das Element Silizium gehört chemisch zur 4. Gruppe des Periodensystems. Durch gezielte Verunreinigungen mit Elementen der 3. bzw. 5. Gruppe entsteht eine P- bzw. N-Schicht mit überschüssigen positiven bzw. negativen Ladungsträgern. An der PN-Grenzschicht bildet sich eine Raumladungszone, die dem Siliziumkristall eine richtungsabhängige Leitfähigkeit verleiht.

Bild 3.2c zeigt die idealisierte Diodenkennlinie. Ein Stromfluß ist nur in positiver Richtung möglich. Bei negativem Anodenpotential ($u_{AK} < 0$) werden die Ladungsträger aus der PN-Grenzschicht abgezogen. Die Diode sperrt und läßt keinen Stromfluß zu.

Mit idealisierten Halbleiterkennlinien läßt sich das Klemmenverhalten von Stromrichterschaltungen hinreichend genau beschreiben. Dabei werden alle Ventilverluste vernachlässigt. In Wirklichkeit besitzt eine Diode weder eine unendlich gute Leitfähigkeit in Durchlaß- noch ein unendlich gutes Isolationsvermögen in Sperrichtung. Die reale Kennlinie ist in Abschnitt 3.3.4 angegeben. Genauere Modelle berücksichtigen auch dynamische Vorgänge innerhalb des Halbleiterkristalls. So kann eine Diode aufgrund der Trägheit von Ladungsträgern in der PN- Grenzschicht nicht in beliebig kurzer Zeit vom leitenden in den sperrenden Zustand überwechseln. Dynamische Halbleitermodelle werden in diesem Buch nicht behandelt.

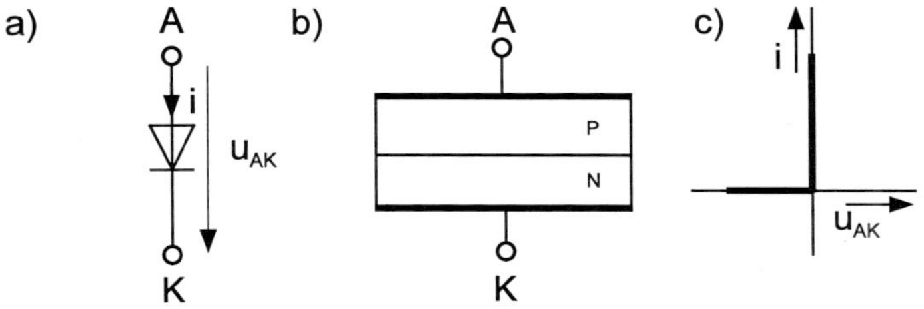

Bild 3.2: *Diode*
a) Schaltzeichen (A Anode, K Kathode), b) schematischer Aufbau,
c) ideale Kennlinie

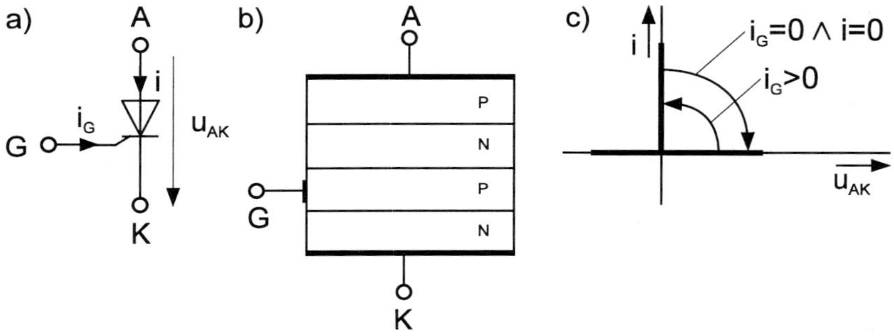

Bild 3.3: *Thyristor*
a) Schaltzeichen (A Anode, K Kathode, G Gate),
b) schematischer Aufbau, c) ideale Kennlinie

Ein Thyristor (Bild 3.3a) besteht aus vier unterschiedlich dotierten Siliziumschichten der Reihenfolge PNPN (Bild 3.3b). Das Bauelement wirkt wie eine einschaltbare Diode. Ein positiver Strompuls i_G an der Steuerelektrode G führt zu einem Umklappen der Thyristorkennlinie (Bild 3.3c). Die Leitfähigkeit des Halbleiters erlischt im natürlichen Nulldurchgang des Laststromes (i = 0), der ggf. durch eine äußere Beschaltung erzwungen werden kann.

Der Abschaltthyristor, auch Gate-Turn-Off-Thyristor oder kurz GTO genannt (Bild 3.4a), verhält sich wie eine ein- und ausschaltbare Diode (Bild 3.4c). Dies wird u. a. durch eine fingerförmige Verzahnung von Steuerelektrode G und Kathode K erreicht (Bild 3.4b). Zur Unterbrechung des Laststromes i ist aber ein recht hoher negativer Löschimpuls i_G notwendig ($i_G \approx$ -0,2 ...-0,3 i).

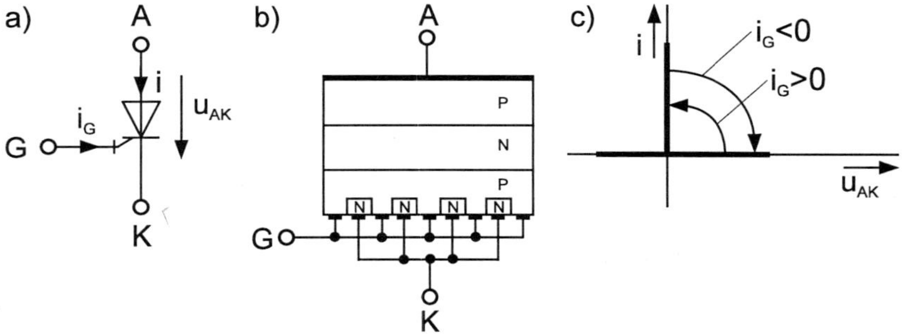

Bild 3.4: *Abschaltbarer Thyristor (GTO)*
a) Schaltzeichen (A Anode, K Kathode, G Gate),
b) schematischer Aufbau, c) ideale Kennlinie

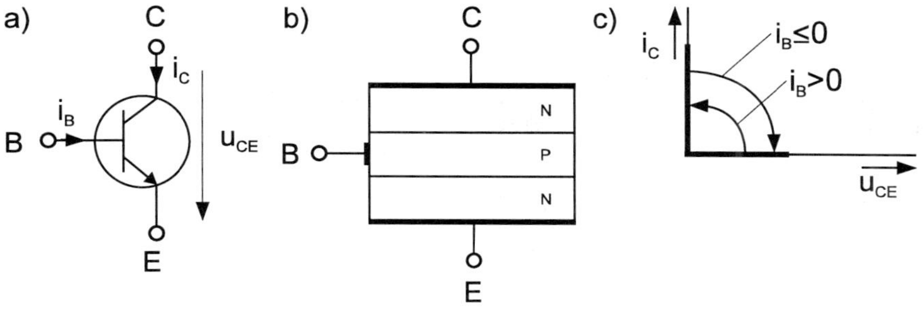

Bild 3.5: *Bipolarer Leistungstransistor*
a) Schaltbild (B Basis, C Kollektor, E Emitter),
b) schematischer Aufbau, c) ideale Kennlinie

Ein bipolarer Transistor (Bild 3.5a) enthält drei unterschiedlich dotierte Siliziumschichten in der Reihenfolge NPN (Bild 3.5b). Die Kollektor-Emitter-Strecke läßt sich über einen Basisstrom $i_B > 0$ einschalten. Bild 3.5c zeigt die idealisierte Transistorkennlinie. Das Halbleiterventil kann nur positive Lastströme führen und positive Schalterspannungen sperren. Während normale Transistoren als Verstärker auch im Bereich zwischen sperrend und leitend betrieben werden und dabei große Verlustleistungen umsetzen, dürfen Transistoren als Schalter nur den EIN- oder AUS-Zustand annehmen.

Die in der Leistungselektronik eingesetzten Feldeffekttransistoren (Bild 3.6a) sind auch unter der Bezeichnung MOS-FET (Metal Oxide Semiconductor-Field Effect Transistor) bekannt. Ihr Aufbau ist in Bild 3.6b dargestellt. Eine positive Steuerspannung an der isoliert angebrachten Steuerelektrode G ($u_{GS} > 0$) bewirkt ein Einschalten der Drain-Source-Strecke. Die idealisierte Schalterkennlinie ist in Bild 3.6c angegeben.

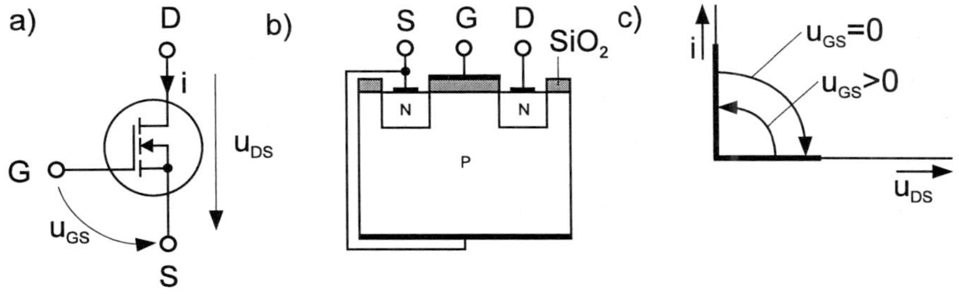

Bild 3.6: *Feldeffekttransistor*
a) Schaltbild (G Gate, D Drain, S Source),
b) schematischer Aufbau, c) ideale Kennlinie

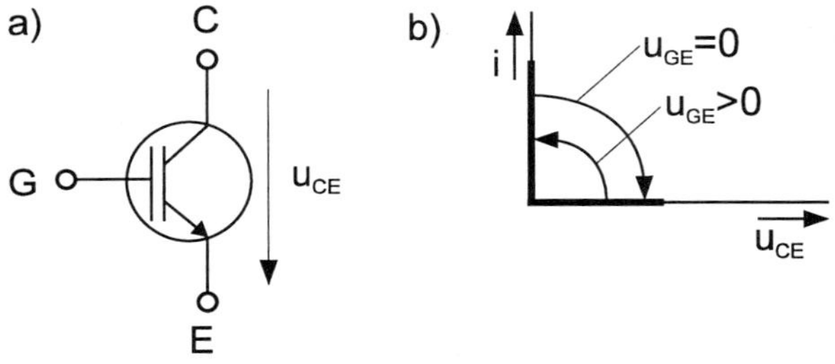

Bild 3.7:
Bipolarer Transistor mit isoliertem Steueranschluß (IGBT)
a) Schaltbild (C Kollektor, E Emitter, G Gate),
b) ideale Kennlinie

Die Spannungssteuerung des MOS-FET hat Vorteile gegenüber der Stromsteuerung des Bipolartransistors. Dies führte zur Entwicklung des spannungsgesteuerten Bipolartransistors, der auch als IGBT (Insulated Gate Bipolar Transistor) bezeichnet wird (Bild 3.7a). Seine idealisierte Kennlinie ist in Bild 3.7b dargestellt.

Neben den bisher erwähnten Bauelementen sind in der Leistungselektronik noch weitere Halbleiterventile im Einsatz, z. B. Triac, rückwärtsleitender Thyristor und Static Induction Transistor [3.1, 3.2, 3.3, 3.4].

3.1.3 Eigenschaften von Stromrichterschaltungen

Die Eigenschaften von Stromrichterschaltungen hängen entscheidend von den eingesetzten Leistungshalbleitern ab. So lassen sich mit Dioden nur ungesteuerte Gleichrichter realisieren (Tabelle 3.1). Der Einsatz von Thyristoren erlaubt den Bau von gesteuerten Gleich- und Wechselrichtern sowie Wechselstromumrichtern.

Tabelle 3.1: Eigenschaften von Stromrichterschaltungen (x realisierbar, - nicht realisierbar)

	Bauelemente			
Funktion	Dioden	Thyristoren	Thyristoren mit Löscheinrichtung	abschaltbare Halbleiter
Gleichrichter	x	x	x	x
Wechselrichter	-	x	x	x
Wechselstrom-umrichter	-	x	x	x
Gleichstrom-umrichter	-	-	x	x
	ungesteuert	gesteuert		
	fremdgeführt		selbstgeführt	

Mit abschaltbaren Halbleiterventilen (GTO, Bipolartransistor, IGBT, MOS-FET) lassen sich sämtliche Stromrichter-Grundfunktionen (Abschn. 3.1.1) verwirklichen. Anstelle der abschaltbaren Ventile können auch Thyristoren mit Kondensator-Löscheinrichtungen eingesetzt werden. Diese Schaltungen haben aber heute an Bedeutung verloren.

Stromrichter mit Dioden und Thyristoren gelten als fremdgeführt [3.1]. Ihr Schaltverhalten wird maßgeblich durch externe Wechselspannungsquellen bestimmt. Selbstgeführte Stromrichter sind mit abschaltbaren Halbleiterventilen ausgestattet, die eine beliebige Einstellung der Schaltzeitpunkte gestatten.

Die Auswahl der Leistungshalbleiter hängt im wesentlichen von der geforderten Schaltleistung S sowie der benötigten Schaltfrequenz f ab. Die Schaltleistung ist bestimmt durch die maximale Sperrspannung U der Ventile im nichtleitenden Zustand und den maximalen Ventilstrom I im leitenden Zustand

$$S = U \cdot I$$

Mit Thyristoren können nach [3.1] höhere Schaltleistungen (MVA-Bereich) als mit Transistoren (kVA-Bereich) erzielt werden. Dafür sind Transistoren für höhere Schaltfrequenzen ($f > 1$ kHz) besser geeignet als Thyristoren ($f < 1$ kHz).

3.2 Stromrichter

Der Schwerpunkt der Betrachtungen liegt auf den dreiphasigen Schaltungen, die bei großen Leistungen eingesetzt werden. Dabei ist insbesondere das Schaltverhalten der Stromrichter von Interesse.

3.2.1 Stromrichter mit Dioden

Schaltungen mit Dioden wirken als ungesteuerte Gleichrichter (Tabelle 3.1). Ihre praktische Bedeutung ist heute eher gering. Der ungesteuerte Gleichrichter soll dennoch näher betrachtet werden, da er einen guten Einblick in die Arbeitsweise einer leistungselektronischen Schaltung gibt.

3.2.1.1 Sechspuls-Diodenbrücke mit RL-Last

Bild 3.8a zeigt den Aufbau eines sechspulsigen Gleichrichters mit ohmsch induktiver Last (R_d, L_d). Diese Schaltung wird auch als Drehstrombrücke oder B6-Schaltung bezeichnet. Das Energieversorgungsnetz ist vereinfacht als starre Drehspannungsquelle ohne Innenwiderstand dargestellt. Der Anschluß des Gleichrichters erfolgt über eine dreiphasige Kommutierungsdrossel (R_K, L_K), deren Aufgabe auch von der Impedanz eines Transformators übernommen werden kann.

Im Normalbetrieb ist der ohmsche Lastwiderstand R_d groß gegenüber der Kommutierungsimpedanz Z_K

$$R_d >> Z_K = \sqrt{R_K^2 + X_K^2} \tag{3.1}$$

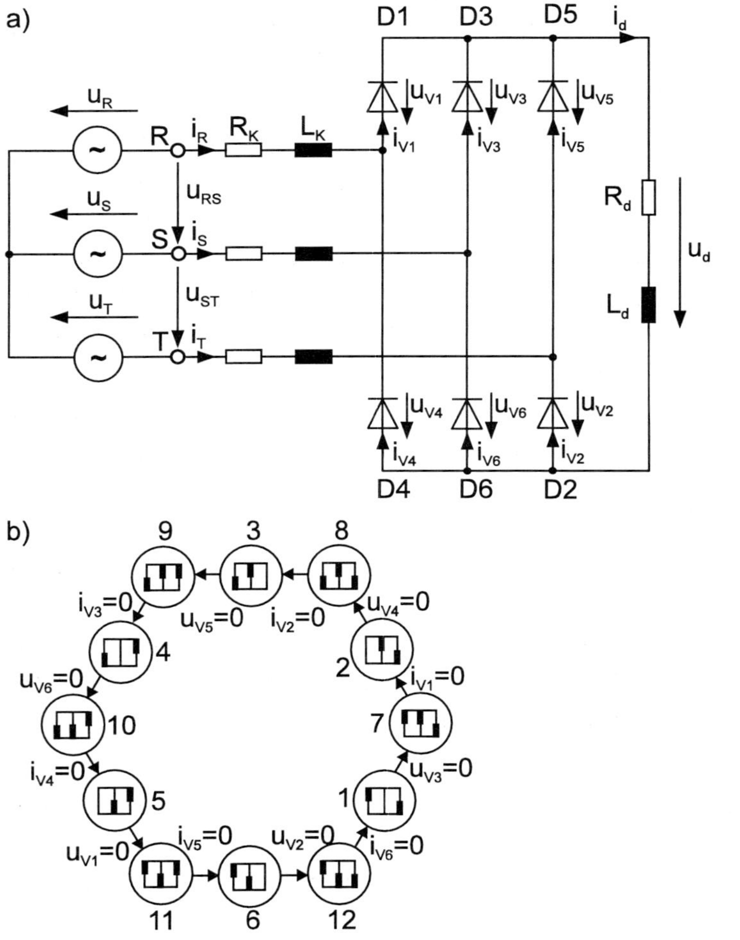

Bild 3.8: *Sechspuls-Diodenbrücke mit RL-Last*
a) Schaltung, b) Schaltzustandsdiagramm
(— nichtleitende Diode, ■ leitende Diode)

Die Sechspulsbrücke durchläuft dann während einer Netzperiode zyklisch 12 Schaltzustände (Bild 3.8b). Diese lassen sich einteilen in

- 6 Leitzustände (Zustände 1 bis 6) und
- 6 Kommutierungszustände (Zustände 7 bis 12).

Ein Leitzustand ist durch jeweils eine stromführende Diode im oberen und unteren Brückenzweig gekennzeichnet. So sind im Zustand 1 die Dioden D1 und D2 durchgeschaltet (Bild 3.8a) und verbinden die Last mit den Klemmen R und T der Drehspannungsquelle. Zwischen zwei Leitzuständen tritt immer ein Kommutierungszustand auf. Es beteiligen sich dann drei Dioden gleichzeitig an der Stromführung. Im Zustand 7 sind beispielsweise die Dioden D1, D2 und D3 durchgeschaltet. Dadurch entsteht im oberen Brückenzweig ein Kurzschluß zwischen den Leitern R und S. Dieser Effekt der Kommutierung wird etwas später noch genauer betrachtet.

Die Ventilspannungen u_{v1} bis u_{v6} und die Ventilströme i_{v1} bis i_{v6} (Bild 3.8a) können aufgrund der Diodenkennlinie (Bild 3.2c) keine negative Polarität annehmen. Jede Diode beginnt im Nulldurchgang ihrer Ventilspannung zu leiten und im Nulldurchgang ihres Ventilstromes zu sperren. Unter dem Einfluß der speisenden Drehspannung treten die Nulldurchgänge der einzelnen Diodenspannungen und -ströme zeitlich nacheinander auf. Dadurch entsteht die in Bild 3.8b dargestellte Schaltfolge.

Bild 3.9 zeigt das Verhalten der Sechspulsbrücke im Zeitbereich. Die Netzströme i_R, i_S und i_T weichen von der Sinusform ab und enthalten Stromoberschwingungen mit den Ordnungszahlen

$$\begin{aligned} \nu &= 6\,k \pm 1 \\ k &= 1, 2, 3, \ldots \end{aligned} \tag{3.2}$$

Die Oberschwingungsamplituden lassen sich einfach abschätzen, wenn die Stromkurvenform durch Rechteckblöcke von 120° Länge approximiert wird (Bild3.11). Bezogen auf die Grundschwingungsamplitude ergibt sich dann

$$\frac{\hat{i}_\nu}{\hat{i}_1} = \frac{1}{\nu} \tag{3.3}$$

Die Amplituden der Stromharmonischen nehmen demnach mit zunehmender Ordnungszahl ab.

Aus dem Verlauf der Ventilspannung u_{v1} (Bild 3.9) wird deutlich, daß die Dioden in Sperrichtung mit der verketteten Netzspannung beansprucht werden.

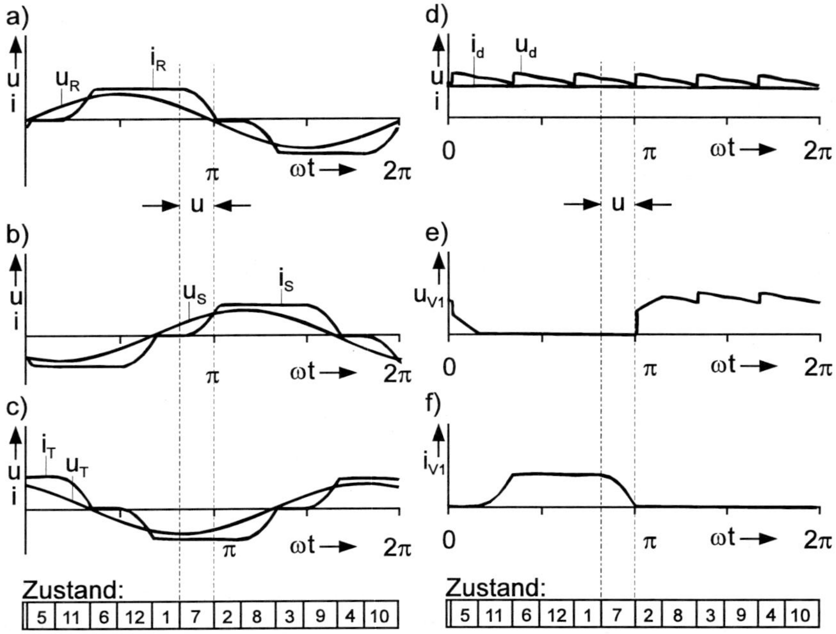

Bild 3.9: *Spannungen und Ströme einer Sechspulsbrücke mit RL-Last*
a, b, c) Netzspannungen und -ströme in den Phasen R, S und T,
d) Gleichspannung und -strom, e) Spannung an Diode D1,
f) Strom durch Diode D1

Bei jedem Kommutierungsvorgang tritt - wie oben erwähnt - ein Kurzschluß auf. So ergibt sich im Schaltzustand 7 (Bild 3.8b) das in Bild 3.10 dargestellte Netzwerk. Die Dioden D1 und D3 schließen die Klemmen R und S der Drehspannungsquelle über die Kommutierungsdrosseln kurz. Infolge der negativen Polarität der Spannung u_{RS} ist der Kurzschlußstrom i_k so gerichtet, daß er den Netzstrom $i_S = i_{v3}$ vergrößert und den Netzstrom $i_R = i_{v1}$ verkleinert. Nach Erreichen des Winkels u ist im Nulldurchgang des Netzstromes i_R der Kommutierungsvorgang mit dem Sperren der Diode D1 beendet (Bild 3.9).

Die Auswirkungen der Kommutierung werden deutlich, wenn man das Verhalten der Sechspulsbrücke ohne Kommutierungsdrosseln ($R_K = L_K = 0$) betrachtet. Bild 3.11 zeigt die sich einstellenden Strom- und Spannungsverläufe sowie Schaltzustände. Die Kommutierung läuft jetzt in unendlich kurzer Zeit ab, d. h. die Schaltzustände 7 bis 12 (Bild 3.8b) entfallen. Der Netzstrom i_R kann sprungartig ansteigen und abfallen. Die Gleichspannung u_d folgt den Kuppen der gleichgerichteten Netzspannungen u_{RS}, u_{ST} und u_{TR}.

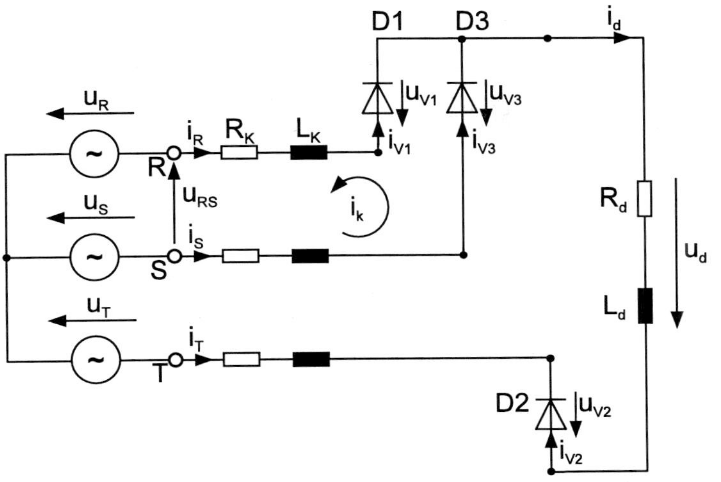

Bild 3.10: *Sechspulsbrücke im Schaltzustand 7*

Der Kommutierungsvorgang wirkt sich nach den Bildern 3.9 und 3.11 auf die Gleichspannung u_d und den Netzstromverlauf aus. Die maximal mögliche Gleichspannung ergibt sich ohne Kommutierungsdrosseln. Ihr Mittelwert ist dem Effektivwert U der verketteten Netzspannung proportional und wird als ideelle Gleichspannung U_{di} bezeichnet

$$U_{di} = \frac{3}{\pi}\sqrt{2}\,U = \frac{3}{\pi}\,\hat{u} \tag{3.4}$$

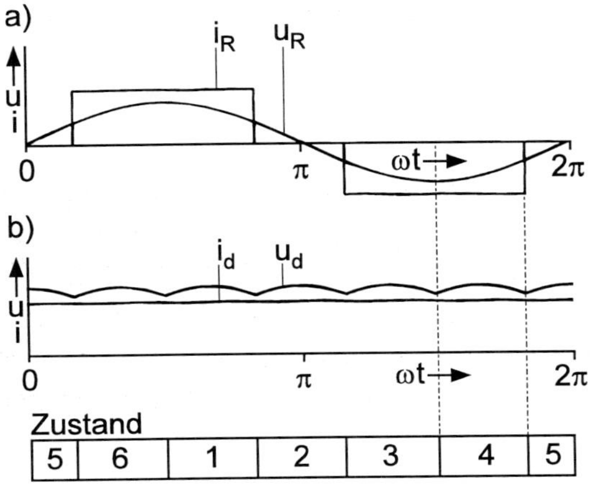

Bild 3.11: *Spannungen und Ströme einer Sechspulsbrücke mit RL-Last ohne Kommutierungsdrossel ($R_K = L_K = 0$)*
a) Netzspannung und -strom in Phase R,
b) Gleichspannung und -strom

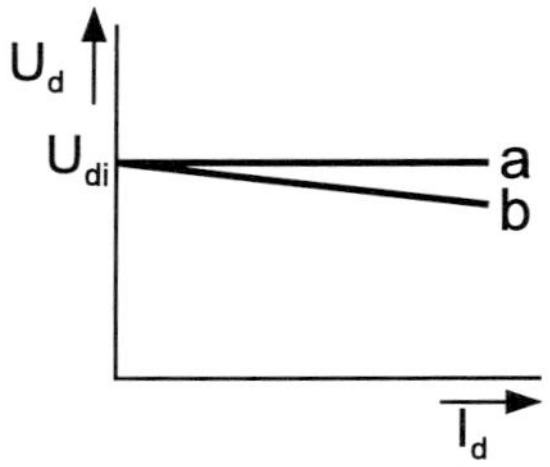

Bild 3.12: *Belastungskennlinie der Sechspulsbrücke mit RL-Last*
a) ohne Kommutierungsdrosseln,
b) mit Kommutierungsdrosseln

Durch die Kommutierung sinkt der Mittelwert der Ausgangsspannung des Gleichrichters ab. Er läßt sich demnach als Gleichspannungsquelle mit der inneren Spannung U_{di} und dem Innenwiderstand R_i beschreiben (Bild 3.12)

$$U_d = U_{di} - R_i \cdot I_d \tag{3.5}$$

Der Innenwiderstand R_i ist eine Ersatzgröße, die den Verlustwiderstand R_K und den durch die Kommutierung verursachten Spannungsabfall an der Drossel nachbildet [3.1]

$$R_i = 2\,R_K + \left(\frac{3}{\pi}\right) X_K \tag{3.6}$$

Der durch die Reaktanz X_K hervorgerufene Anteil wird induktiver Gleichspannungsabfall genannt.

Die Kommutierungsdrosseln begrenzen die Anstiegsgeschwindigkeit (di/dt) der Netzströme. Dadurch werden die Dioden vor Zerstörung geschützt. Ferner bewirkt der Kommutierungsvorgang eine Phasenverschiebung der Netzstromgrundschwingung. Sie erhält dadurch einen induktiven Anteil, den sog. Kommutierungsblindstrom.

Ungesteuerte Sechspuls-Brückengleichrichter mit RL-Last werden in der Praxis nur selten eingesetzt. Weit verbreitet ist dagegen die gesteuerte Ausführung, die Abschn. 3.2.2.1 behandelt.

3.2.1.2 Sechspuls-Diodenbrücke mit RC-Last

Der Brückengleichrichter aus Bild 3.8a verändert sein Schaltverhalten bei ohmsch-kapazitiver Last (Bild 3.13). Neben den in Bild 3.8b dargestellten Zuständen können weitere Zustände auftreten, in denen der Stromrichter sperrt. Die Last R_d wird dann allein aus dem Kondensator C_d gespeist. Sperrzustände stellen sich nur bei hochohmiger Last R_d, d. h. bei geringem Energieverbrauch, ein. Im Extremfall wird

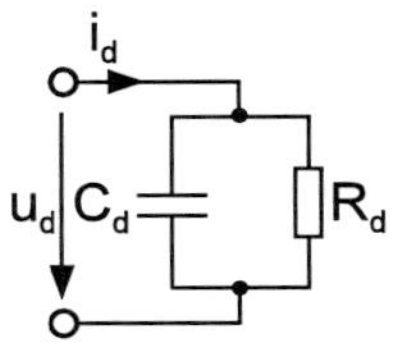

Bild 3.13: *RC-Last*

der Kondensator nur in der Umgebung des Spannungsmaximums kurzzeitig aufgeladen und behält in der restlichen Zeit seine Spannung bei. Diese Spitzengleichrichtung liefert eine glatte Gleichspannung und wird bei elektronischen Geräten eingesetzt. Wegen der kurzen Ladezeiten besteht der Netzstrom aus Stromspitzen.

Ungesteuerte Sechspuls-Brückengleichrichter mit RC-Lastverhalten kommen auch in U-Pulsumrichtern zum Einsatz, die in Abschn. 3.2.4.2 behandelt werden.

3.2.2 Stromrichter mit Thyristoren

Stromrichter mit Thyristoren können nach Tabelle 3.1 als Gleich- und Wechselrichter sowie Wechselstromumrichter aufgebaut sein. Sie lassen sich kostengünstig herstellen und werden in großem Umfang eingesetzt.

3.2.2.1 Sechspuls-Thyristorbrücke mit RL-Last

Bild 3.14a zeigt eine steuerbare Sechspulsbrücke mit RL-Last. Sie kann als Gleichrichter und kurzzeitig auch als Wechselrichter wirken. Das Schaltverhalten der Thyristorbrücke (Bild 3.14b) ist komplizierter als das der Diodenbrücke (Bild 3.8b). Neben den schon bekannten Schaltzuständen 1 bis 12 tritt ein neuer Zustand 13 auf. Dieser zeichnet sich dadurch aus, daß alle Ventile sperren. Außerdem sind weitere Zustandsübergänge möglich.

Tabelle 3.2 beschreibt die Schaltbedingungen, die zum Zustand 1 hinführen bzw. von dort wieder wegführen. Durch ähnliche Überlegungen lassen sich die anderen Schaltbedingungen bestimmen.

Im Unterschied zu Dioden nehmen ungezündete Thyristoren auch Spannungen in Durchlaßrichtung auf (Bild 3.3c). Daher muß der Stromfluß nicht zwangsläufig im Nulldurchgang der Ventilspannung beginnen, sondern kann auch zeitverzögert bei schon negativer Ventilspannung einsetzen. So wird beispielsweise der Übergang vom Zustand 1 in den Zustand 7 durch die Zündimpulse z3 und z2 an den Gateelektroden der Thyristoren T3 und T2 ausgelöst. Dies ist aber nach Tabelle 3.2 nur möglich, wenn gleichzeitig die Randbedingung (Ventilspannung $u_{v3} \leq 0$) erfüllt ist.

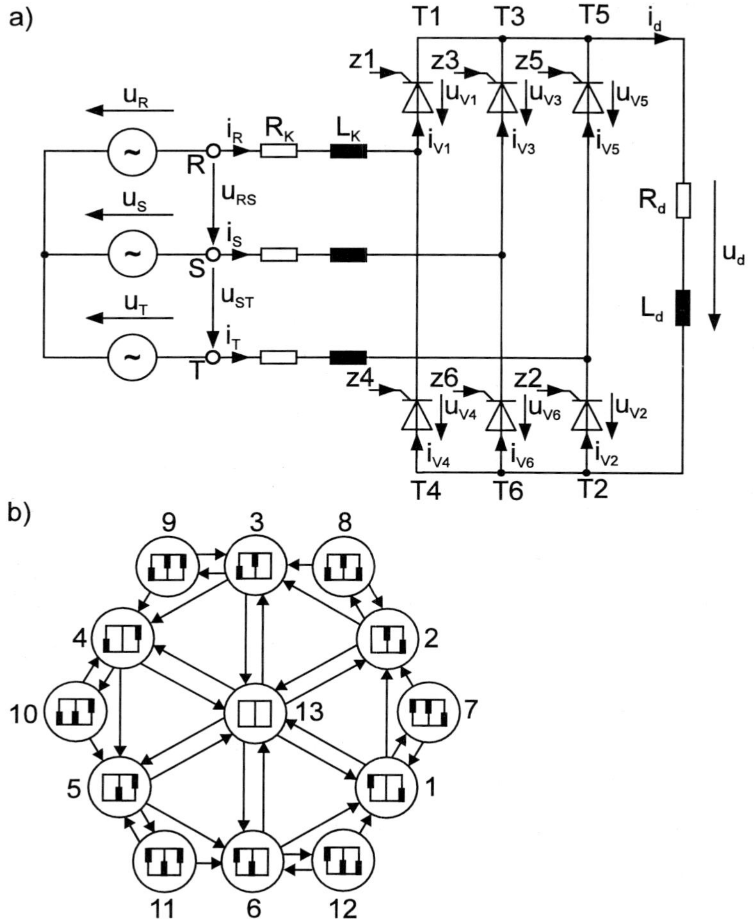

Bild 3.14: *Sechspuls-Thyristorbrücke mit RL-Last*
a) Schaltung, b) Schaltzustandsdiagramm
(■ leitender Thyristor, — nichtleitender Thyristor)

Auf die Erzeugung der Zündimpulse wird in Abschn. 3.3.1.1 näher eingegangen. Durch das verzögerte Einschalten des Thyristors (Phasenanschnittsteuerung) läßt sich die Lastgleichspannung u_d stufenlos verstellen. Der maximale Zeitverzug beträgt eine halbe Netzperiode (T/2 = 10 ms). Danach ist eine Stromführung nicht mehr möglich, da die Ventilspannung wieder ein positives Vorzeichen annimmt.

Tabelle 3.2: Schaltbedingungen für einige Zustandsübergänge in Bild 3.14b ($\wedge$ logisches UND)

Übergang von	nach	Schaltbedingungen	Betriebsbereich
12 1	1 7	$i_{v6} = 0$ $(u_{v3} \leq 0) \wedge z3 \wedge z2$	Normalbetrieb
13 1	1 13	$(u_{TR} < 0) \wedge z2 \wedge z1$ $(i_{v1} = 0) \wedge (i_{v2} = 0)$	Lückbetrieb
6 1	1 2	$(i_{v6} = 0) \wedge z2 \wedge z1 \wedge (u_{v2} \leq 0)$ $(i_{v1} = 0) \wedge z3 \wedge z2 \wedge (u_{v3} \leq 0)$	Lückgrenze
7	1	$i_{v3} = 0$	Kippen

Üblicherweise wird nicht mit der Verzögerungszeit t_V, sondern mit dem Zündwinkel α gerechnet

$$\alpha = \frac{2\pi}{T} t_V \tag{3.7}$$

$$0 \leq \alpha < \pi \quad \left(0° \leq \alpha < 180°\right) \tag{3.8}$$

Beispiel 3.1. *Die Sechspuls-Thyristorbrücke aus Bild 3.14 durchläuft 6 Kommutierungszustände (Schaltzustände 7 - 12). Wie lange dauert der Kommutierungsvorgang bei einemZündwinkel von $\alpha = 0°$ und $\alpha = 30°$?*

($U = 230$ V, $I_d = 30$ A, $R_K = 0{,}01\ \Omega$, $X_K = \omega L_K = 0{,}1\ \Omega$)

Im Schaltzustand 7 (Bild 3.10) muß die Kommutierungsspannung $u_K = -u_{RS}$ positiv sein

$$u_K = -u_{RS} = \sqrt{2}\, U \sin \omega t \qquad 0 \leq \omega t < \pi$$

Der Kommutierungsstrom $i_K = i_S$ ergibt sich dann bei Vernachlässigung des Drosselwiderstandes R_K ($R_K << X_K$) zu

$$i_K = i_S = \frac{1}{2 L_K} \int_{\alpha/\omega}^{\alpha/\omega + t} u_K \, dt = \frac{1}{2 L_K} \int_{\alpha/\omega}^{\alpha/\omega + t} \sqrt{2}\, U \sin \omega t \, dt$$

$$i_K = \frac{\sqrt{2}\, U}{2\, \omega\, L_K} \left[\cos \alpha - \cos(\omega t + \alpha)\right]$$

Der Kommutierungsvorgang ist beendet, wenn der Gleichstrom I_d erreicht ist.

$$i_K\left(t = t_K\right) = I_d$$

$$I_d = \frac{U}{\sqrt{2}\,X_K}\left[\cos\alpha - \cos\left(\omega t_K + \alpha\right)\right]$$

$$t_K = \frac{1}{\omega}\left\{\text{arc cos}\left[\cos\alpha - \frac{\sqrt{2}\,X_K}{U}\,I_d\right] - \alpha\right\}$$

$$\alpha = 0° : t_K = \frac{1}{100\,\pi}\left\{\text{arc cos}\left[1 - \frac{\sqrt{2}\cdot 0{,}1\cdot 30}{230}\right]\right\} = 0{,}61\text{ ms}$$

$$\alpha = 30° : t_K = \frac{1}{100\,\pi}\left\{\text{arc cos}\left[\frac{\sqrt{3}}{2} - \frac{\sqrt{2}\cdot 0{,}1\cdot 30}{230}\right] - \frac{\pi}{6}\right\} = 0{,}11\text{ ms}$$

Bei einem Zündwinkel $\alpha = 0°$ läuft der Kommutierungsvorgang relativ langsam ab, weil die Kommutierungsspannung u_K klein ist. Sie steigt mit zunehmendem Zündwinkel α an und erreicht bei $\alpha = 90°$ ihren maximalen Wert.

Die in Bild 3.14a gezeigte Thyristorbrücke kann vier unterschiedliche Betriebszustände einnehmen:

- Normalbetrieb (Blockbetrieb)
- Lückbetrieb
- Sperrbetrieb
- Wechselrichterkippen

Im Normalbetrieb werden analog zur Diodenbrücke (Bild 3.8b) die Schaltzustände 1 - 7 - 2 - 8 - 3 - 9 - 4 - 10 - 5 - 11 - 6 - 12 - 1 durchlaufen. Dies ist bei kleinen Zündwinkeln α der Fall

$$0° \le \alpha < \alpha_g \qquad \alpha_g = 60° \ldots 90° \tag{3.9}$$

Die Obergrenze α_g hängt von den Schaltungselementen R_K, L_K, R_d, L_d (und damit von der Kommutierungsdauer) ab.

Der Gleichstrom ist im Normalbetrieb stets von null verschieden ($i_d > 0$). Die Netzströme weisen die bekannte Blockform (Bild 3.9) auf.

Bei Steigerung des Zündwinkels α geht die Thyristorbrücke in den Lückbetrieb über. Jetzt tritt die Schaltfolge 1 - 13 - 2 - 13 - 3 - 13 - 4 - 13 - 5 - 13 - 6 - 13 - 1 (Bild 3.14b) auf. Der Gleichstrom i_d nimmt zeitweilig den Wert null an ($i_d = 0$). Dieser Effekt ist im oberen Zündwinkelbereich zu erwarten

$$\alpha_g \leq \alpha < 120° \tag{3.10}$$

An der Lückgrenze ($\alpha = \alpha_g$) treten weder Kommutierungszeiten auf, noch wird der Zustand 13 durchlaufen. Es liegt dann die Schaltfolge - 1 - 2 - 3 - 4 - 5 - 6 - 1 vor.

Die Thyristorbrücke kann bei großen Zündwinkeln stationär keinen Strom mehr führen und befindet sich im Sperrbetrieb (Schaltzustand 13)

$$120° \leq \alpha < 180° \tag{3.11}$$

Bild 3.15 zeigt das Verhalten der Thyristorbrücke im Zeitbereich. Der Zündwinkel α wird treppenförmig verändert. Dadurch gelangt die Schaltung vom Normalbetrieb ($\alpha = 0°$, $\alpha = 60°$) über den Lückbetrieb ($\alpha = 90°$) in den Sperrzustand. Der Mittelwert der Gleichspannung u_d ist stets positiv ($U_d \geq 0$), d. h. der Stromrichter arbeitet als Gleichrichter.

Die Thyristorbrücke läßt sich dynamisch auch mit Zündwinkeln $\alpha > 120°$ betreiben. Bild 3.16a zeigt das Verhalten bei einer sprunghaften Veränderung des Zündwinkels von $\alpha = 0°$ auf $\alpha = 150°$. Gegenüber Bild 3.15 wurde die Lastinduktivität L_d um den Faktor 10 vergrößert. Die Gleichspannung u_d wechselt ihre Polarität, d. h. der Stromrichter arbeitet kurzzeitig als Wechselrichter. Mit Erreichen des Gleichstromes $i_d = 0$ geht die Schaltung in den Sperrbetrieb über. Während des Übergangszustandes wird die in der Induktivität gespeicherte Energie in das Netz zurückgespeist.

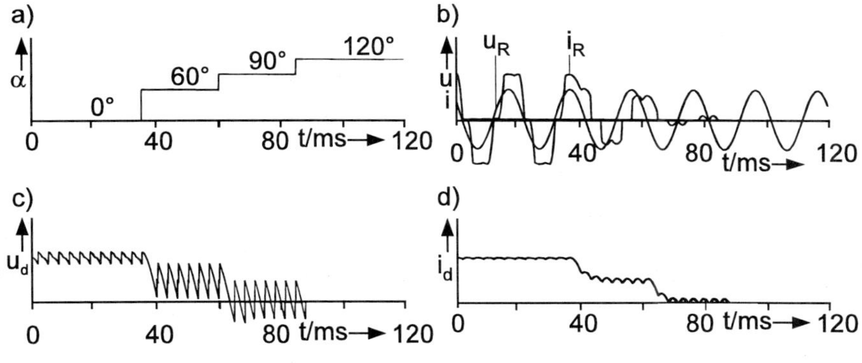

Bild 3.15: *Thyristorbrücke aus Bild 3.14a im Gleichrichterbetrieb*
a) Zündwinkel, b) Netzspannung und -strom in Phase R,
c) Gleichspannung, d) Gleichstrom

Die Zustandsübergänge 7 - 1, 8 - 2, 9 - 3, 10 - 4, 11 - 5 und 12 - 6 beschreiben das Wechselrichterkippen. Dieser Effekt ist bei großen Zündwinkeln ($\alpha > 150°$) zu erwarten. An der Stellbereichsgrenze $\alpha = 180°$ ändert sich das Vorzeichen der Kommutierungsspannung. Ist der Kommutierungsvorgang bis zu diesem Zeitpunkt nicht abgeschlossen, kippt die Schaltung wieder in den ursprünglichen Schaltzustand zurück. Zur näheren Erläuterung dient Bild 3.10. Dabei wird angenommen, daß die Dioden durch Thyristoren ersetzt sind. An der Stellbereichsgrenze ändert der Kurzschlußstrom i_k seine Richtung. Er baut den Netzstrom i_R wieder auf und verkleinert den Netzstrom i_S. Im Nulldurchgang des Stromes i_S sperrt der Thyristor T3 und die Schaltung erreicht wieder den Schaltzustand vor der Kommutierung. Das Kippen ist somit auf einen mißlungenen Kommutierungsversuch zurückzuführen. Die Schaltfolge in Bild 3.14b gilt unter der Voraussetzung, daß nach dem Kippen fünf Zündimpulspaare unterdrückt werden.

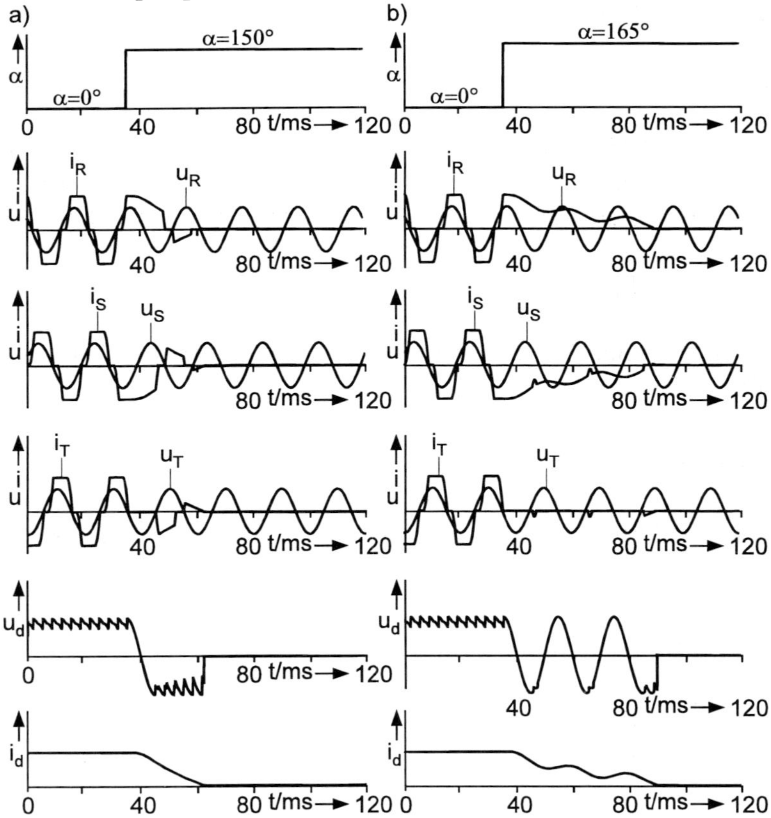

Bild 3.16: *Thyristorbrücke aus Bild 3.14 beim Übergang in den Wechselrichterbetrieb a) ohne Kippen, b) mit Kippen*

Bild 3.16b zeigt das Verhalten der Thyristorbrücke bei einer sprunghaften Verstellung des Zündwinkels von $\alpha = 0°$ auf $\alpha = 165°$. Im Wechselrichterbetrieb mißlingt der Kommutierungsversuch zweimal. Der Stromrichter kippt und ändert zwischenzeitlich die Polarität der Gleichspannung. Erst beim dritten Versuch gelingt die Kommutierung, da der Gleichstrom i_d mittlerweile so klein geworden ist, daß der Strom i_S im Ventil 6 zu null wird . Der Wechselrichter arbeitet jetzt bis zum Übergang in den Sperrbetrieb stabil. Um ein Kippen zu verhindern, muß der Zündwinkel α unter der Löschgrenze $180° - \gamma$ gehalten werden. Der Löschwinkel γ wächst mit der Kommutierungsimpedanz.

Die Thyristorbrücke nach Bild 3.14a ist eine steuerbare Gleichspannungsquelle. Die Ausgangsspannung u_d läßt sich über den Zündwinkel α mit hoher Dynamik verstellen. Bild 3.17 zeigt die Steuerkennlinie ohne Kommutierungsdrosseln. Der Gleichspannungsmittelwert U_d ergibt sich zu

$$U_d = U_{di} \cdot \cos\alpha \tag{3.12}$$

Der Zündwinkel α beeinflußt neben der Wirk- auch die Blindleistungsaufnahme der Schaltung. Besonders einfache Verhältnisse ergeben sich wiederum bei Vernachlässigung der Kommutierungsdrosseln. Die Leistung auf der Gleichstromseite beträgt

$$P_d = U_d \cdot I_d = U_{di}\, I_d\, \cos\alpha \tag{3.13}$$

Wechselstromseitig erhält man für die Wirkleistung P den gleichen Wert. Zusätzlich ergibt sich eine Grundschwingungsblindleistung Q_1

$$P = P_d = U_{di}\, I_d \cdot \cos\alpha \tag{3.14}$$

$$Q_1 = \quad U_{di}\, I_d \cdot \sin\alpha \tag{3.15}$$

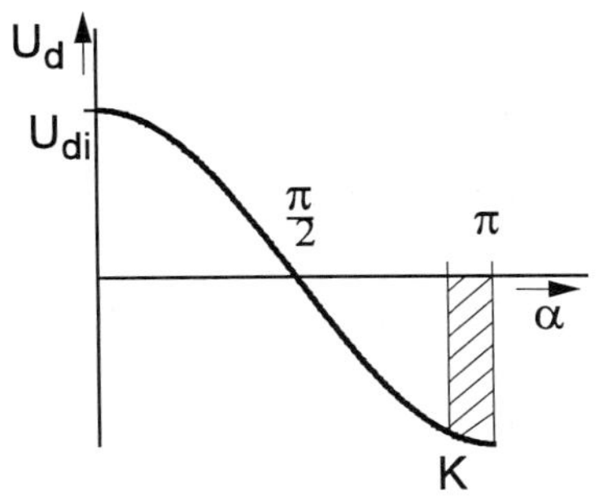

Bild 3.17: *Ideale Steuerkennlinie der Thyristorbrücke (K Kippgrenze)*

Der Ausdruck Q_1 wird auch als Steuerblindleistung bezeichnet und erreicht bei einem Zündwinkel von $\alpha = 90°$ seinen maximalen Wert. Da der Strom auf der Wechselstromseite den gleichen Betrag hat wie der Gleichstrom, bleibt er bei Verringerung des Steuerungswinkels erhalten und ändert nur seine Phasenlage.

Die Thyristorbrücke (Bild 3.14a) wird in großem Umfang zur Speisung drehzahlvariabler Gleichstrommaschinen (Abschn. 2.6.5) eingesetzt. Dabei wirkt die Feldwicklung als RL-Last. Die Ankerwicklung enthält zusätzlich eine in Reihe liegende Gleichspannungsquelle (URL-Last), die das Schaltverhalten des Stromrichters aber nicht ändert.

3.2.2.2 Direktumrichter

Beim Direktumrichter werden zwei Sechspuls-Thyristorbrücken gegenparallel geschaltet (Bild 3.18). Um Kurzschlüsse zu vermeiden, darf nur einer der beiden Stromrichter SRI oder SRII in Betrieb sein. Durch geeignete Ansteuerung der Thyristoren gelingt es, auf der Lastseite Wechselspannungen und -ströme mit stetig vorgebbarer Frequenz, Amplitude und Phasenlage zu erzeugen. Die Schaltung wirkt somit als Wechselstromumrichter (Abschn. 3.1.1).

Bild 3.19 zeigt den zeitlichen Verlauf der Ströme und Spannungen. Die positive Halbschwingung des Laststromes i_d wird vom Stromrichter SRI geliefert. Dieser arbeitet zunächst im Gleichrichter-, später im Wechselrichterbetrieb. Im Nulldurchgang des Laststromes wird der Stromrichter SRI gesperrt. Nach Ablauf einer kurzen Sicherheitszeit erzeugt die Brücke SRII die negative Halbschwingung des Laststromes.

Die Ausgangsspannung u_d folgt mit guter Näherung der sinusförmigen Führungsgröße u_{dw} (Bild 3.19a). Sie setzt sich abschnittsweise aus den Netzspannungen zusammen. Daher kann die Frequenz auf der Lastseite nicht über die halbe Netzfrequenz hinaus gesteigert werden ($f_{max} \approx 25$ Hz). Der Netzstrom i_R enthält starke Schwebungen, die vom Laststrom i_d verursacht werden.

Mit dem Direktumrichter aus Bild 3.18 lassen sich auch veränderbare Gleichspannungen mit positiver und negativer Polarität erzeugen. Man spricht in diesem Fall von einem Umkehrstromrichter. Dieser ermöglicht Gleichstromantriebe mit hochdynamischer Drehrichtungsumkehr. Dabei muß ein Wechselrichterkippen unbedingt vermieden werden, denn sonst wird aufgrund der inneren Maschinenspannung (anders als in Bild 3.16b) ein kurzschlußartiger Gleichstrom hervorgerufen, der nur von Schaltern oder Sicherungen zu unterbrechen ist.

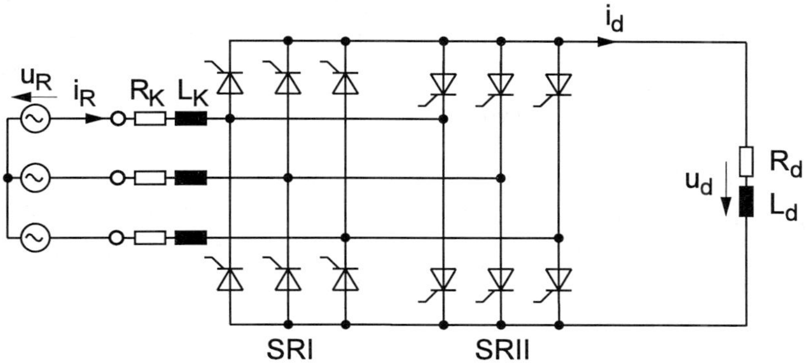

Bild 3.18: *Direktumrichter zur Erzeugung einer Einphasen-Wechselspannung*

Drei Direktumrichter mit einphasiger Ausgangsspannung sind in der Lage, Drehspannungen von variabler Amplitude, Frequenz und Phasenlage zu erzeugen. Solche Ausführungen dienen vor allem zur Speisung langsam laufender, drehzahlvariabler Asynchron- und Synchronmaschinen (Bild 3.20).

Eine Drehfeldmaschine wirkt wie eine dreiphasige RL-Last mit innerer Drehspannungsquelle (Bild 3.21). Beim Synchronmotor lassen sich die inneren Spannungen über die Erregerwicklung beeinflussen. Der Maschinenstrom kann daher auch kapazitiv werden. Beim Asynchronmotor stellen sich die inneren Spannungen so ein, daß seine Ströme stets induktiv sind.

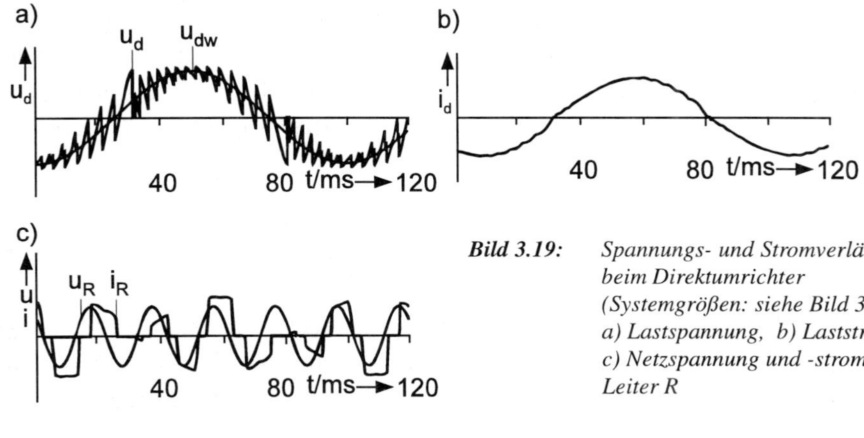

Bild 3.19: *Spannungs- und Stromverläufe beim Direktumrichter (Systemgrößen: siehe Bild 3.18) a) Lastspannung, b) Laststrom, c) Netzspannung und -strom im Leiter R*

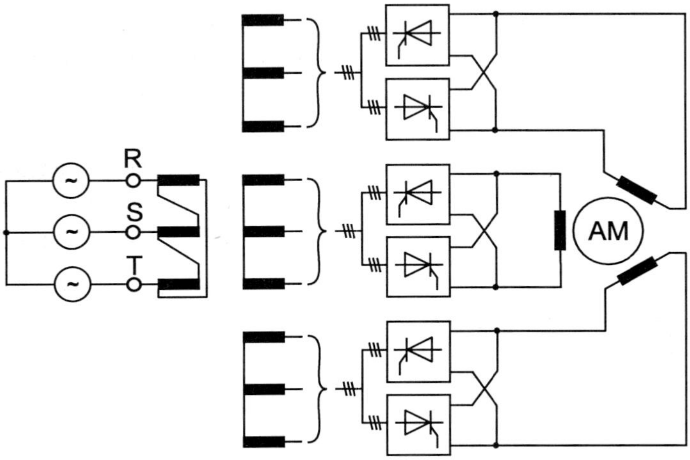

Bild 3.20: *Speisung eines Asynchronmotors mit Direktumrichter*

Der Bau eines dreiphasigen Direktumrichters ist sehr aufwendig. Es werden insgesamt 3 x 12 = 36 Thyristorventile benötigt. Das Hauptanwendungsgebiet des Direktumrichters liegt bei der Speisung von langsam laufenden Drehfeldmaschinen hoher Leistung (> 1 MW). Hier ist der Einsatz von Pulsumrichtern nach Abschn. 3.2.4.2 wegen der geringen Schaltleistung der Transistoren nicht möglich.

3.2.2.3 Gleichstrom-Zwischenkreisumrichter

Der Gleichstrom-Zwischenkreisumrichter (Bild 3.22) ist einfacher aufgebaut als ein vergleichbarer Direktumrichter (Bild 3.20). Zwei sechspulsige Thyristorbrücken sind gleichstromseitig in Reihe geschaltet und arbeiten auf eine Drosselspule (R_d, L_d). Diese Drossel darf hier aber nicht als Last angesehen werden. Sie wirkt als Energiespeicher und dient zur Glättung des Gleichstromes i_d im Zwischenkreis. Ein Energieaustausch zwischen den Drehspannungsquellen QI und QII ist immer dann möglich,

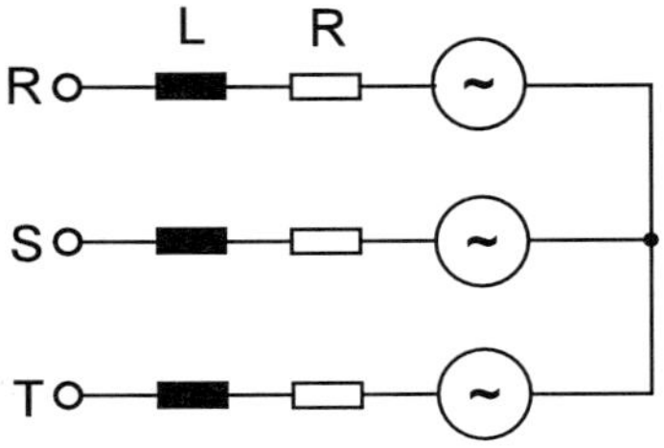

Bild 3.21: *Drehfeldmaschine als RL-Last mit innerer Drehspannungsquelle ($x_d \approx x_q$)*

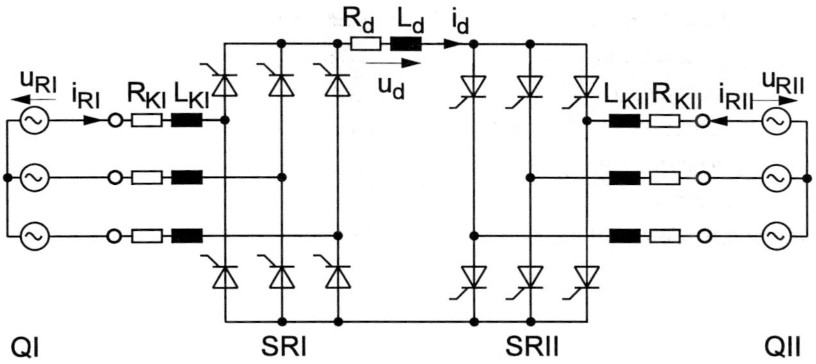

Bild 3.22: *Gleichstrom-Zwischenkreisumrichter*

wenn ein Stromrichter als Gleich- und der andere als Wechselrichter betrieben wird. Die Schaltung arbeitet als Wechselstromumrichter (Abschn. 3.1.1) und verbindet Netze unterschiedlicher Frequenz miteinander.

In Bild 3.23 sind die Strom- und Spannungsverläufe für die Energieübertragung aus einem 50-Hz-Netz QI in ein 16 2/3-Hz-Netz QII dargestellt. Der Stromrichter SRI wirkt als Gleich-, der Stromrichter SRII als Wechselrichter.

Die Schaltung aus Bild 3.22 ist je nach Anwendungsfall auch unter anderen Bezeichnungen bekannt:

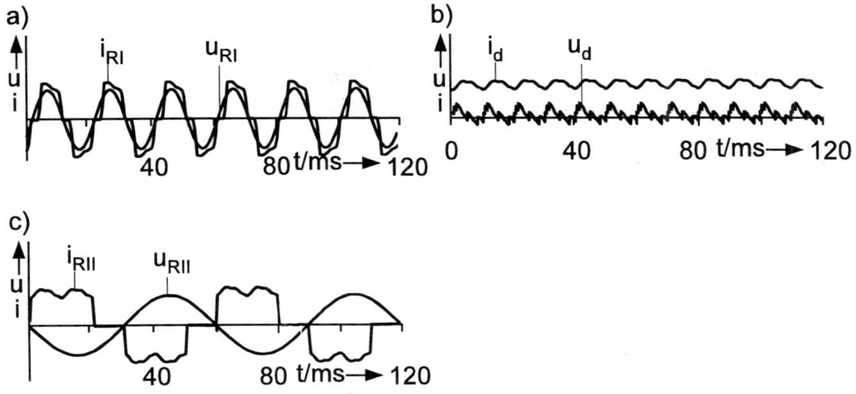

Bild 3.23: *Spannungs- und Stromverläufe eines Gleichstrom-Zwischenkreisumrichters a) Spannung und Strom im Netz QI, b) Spannung und Strom im Zwischenkreis, c) Spannung und Strom im Netz QII*

HGÜ. Bei den Spannungsquellen QI und QII handelt es sich um elektrische Versorgungsnetze, die über eine Gleichstromleitung R_d, L_d gekoppelt sind. Da eine Gleichstromleitung billiger als eine Drehstromleitung ist, ergeben sich wirtschaftliche Vorteile bei großen Übertragungsentfernungen, z. B. über 500 km. Darüber hinaus ist es möglich, Netze unterschiedlicher Frequenz zu koppeln. Als Beispiele seien das 50-Hz- und 60-Hz-Netz in Japan oder auch asynchrone Netze wie das west- und osteuropäische Verbundnetz genannt. Liegt zwischen beiden Stationen keine Leitung, sondern nur eine Glättungsdrossel, spricht man von einer Kurzkupplung.

Stromrichtermotor. Die Spannungsquelle QI beschreibt ein Energieversorgungsnetz, das einen drehzahlvariablen Synchronmotor (Spannungsquelle QII) speist. Der Synchronmotor kann induktive Blindleistung abgeben und somit die Steuer- und Kommutierungsblindleistung für die Thyristorbrücke SRII bereitstellen. Das Hauptanwendungsgebiet für Stromrichtermotoren sind schnellaufende Antriebe großer Leistungen (> 1 MW). Windkraftgeneratoren lassen sich auf diese Weise in ihrer Drehzahl der Windgeschwindigkeit anpassen. Ebenso werden in letzter Zeit Wasserkraftgeneratoren der jahreszeitlich schwankenden Stauhöhe nachgefahren (s. Abschn. 7.3.1).

Untersynchrone Stromrichterkaskade. Die Spannungsquelle QI wird von den induzierten Rotorspannungen eines Schleifringläufer-Asynchronmotors gebildet. Der Stromrichter SRI ist als ungesteuerter Diodengleichrichter (Abschn. 2.1.1) ausgelegt und speist die Energie des Rotorkreises über einen Gleichstrom-Zwischenkreis und den Wechselrichter in das Energieversorgungsnetz (Spannungsquelle QII). Auf diese Weise läßt sich die Drehzahl eines Schleifringläufer-Asynchronmotors zwischen 50 % und 100 % der Nenndrehzahl einstellen. Untersynchrone Stromrichterkaskaden werden bei Antrieben großer Leistung eingesetzt (0,3 ... 20 MW).

3.2.2.4 Wechselstrom- und Drehstromsteller

Als Wechselstromsteller bezeichnet man die Reihenschaltung einer RL-Last mit zwei gegenparallel angeordneten Thyristoren (Bild 3.24a). Durch Phasenanschnittsteuerung der Halbleiter gelingt es, den Effektivwert des Laststromes i stufenlos zu steuern. Die Schaltung wirkt als Wechselstromumrichter (Abschn. 3.1.1). Sie wandelt die Netzspannung u in eine Lastspannung u_L mit gleicher Grundfrequenz, aber stufenlos einstellbarem Effektivwert um.

Bild 3.24b zeigt das Schaltzustandsdiagramm. Der Thyristor T1 kann nur bei positiver, der Thyristor T2 bei negativer Ventilspannung u_v gezündet werden (Schaltzustände 1 und 3). Im Nulldurchgang der Ventilströme i_{v1} bzw. i_{v2} sperren beide Halbleiter (Schaltzustände 2 und 4).

Der Zündwinkel α eines Wechselstromstellers wird stets vom Nulldurchgang der Netzspannung u aus gerechnet (Abschn. 3.3.3.1). Dabei hängt der zulässige Stellbereich von den Lastparametern ab

$$\alpha_0 = \arctan\frac{\omega L}{R} < \alpha < 180° \tag{3.16}$$

Bild 3.25 zeigt die Spannungs- und Stromverläufe bei induktiver Last ($R \to 0$) sowie ohmscher Last ($L \to 0$) und verschiedenen Zündwinkeln α. Der Netzstrom i enthält ungeradzahlige Oberschwingungen mit den Ordnungszahlen $\nu = 2k+1$ (k = 1, 2, 3, ...). Beim Erreichen des minimalen Zündwinkels α_0 wird der Laststrom i sinusförmig.

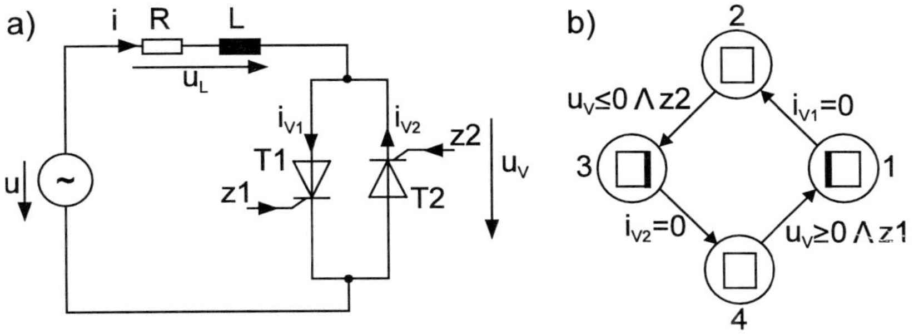

Bild 3.24: *Wechselstromsteller a) Schaltbild, b) Schaltzustandsdiagramm (■ leitendes Ventil, — nichtleitendes Ventil)*

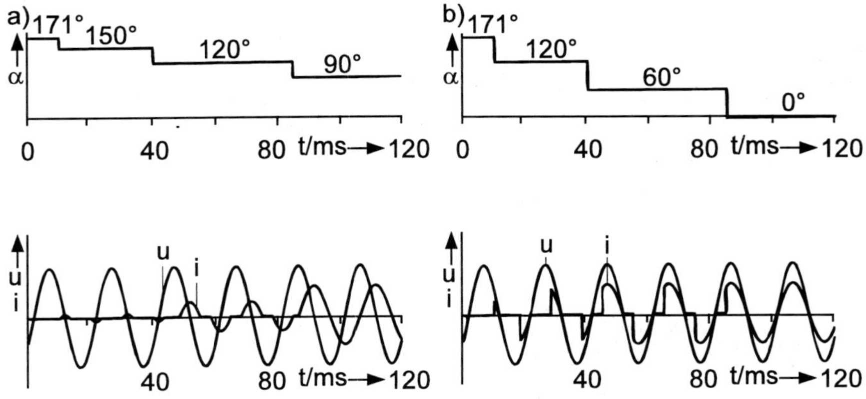

Bild 3.25: *Spannungs- und Stromverläufe eines Wechselstromstellers a) induktive Last ($R \to 0$), b) ohmsche Last ($L \to 0$)*

Dreiphasige Wechselstromsteller sind auch unter der Bezeichnung Drehstromsteller bekannt. Sie werden zusammen mit der Last in Dreieck geschaltet (Bild 3.26). Dies erweist sich bezüglich der Thyristorbeanspruchung am günstigsten. Bei symmetrischer Ansteuerung der Halbleiterventile können in den Netzströmen i_R, i_S und i_T keine durch 3 teilbaren Stromoberschwingungen auftreten (Bild 3.27).

Wechselstromsteller und Drehstromsteller mit induktiver Last werden auch als TCR (**T**hyristor **C**ontrolled **R**eactor) bezeichnet und dienen zur Steuerung der Blindleistung in Energieversorgungsnetzen (Abschn. 8.4.5).

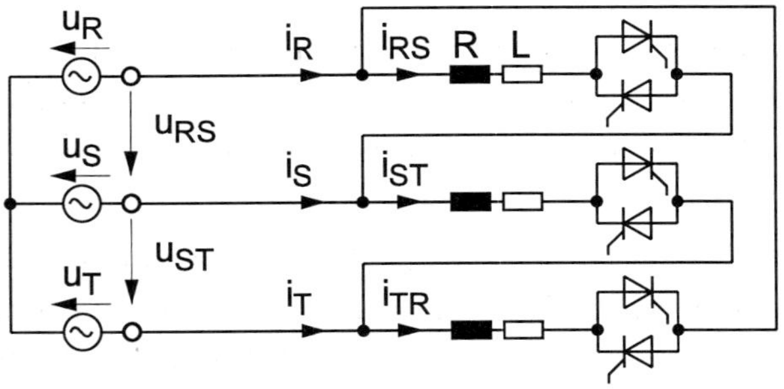

Bild 3.26: *Drehstromsteller in Dreieckschaltung*

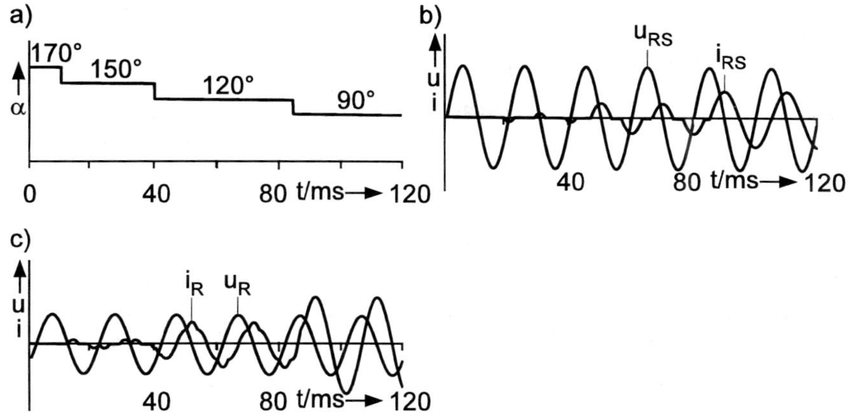

Bild 3.27: *Spannungen und Ströme beim Drehstromsteller*
a) Zündwinkel, b) Spannung u_{RS} und Strom i_{RS},
c) Spannung u_R und Strom i_R

3.2.3 Thyristorschaltungen mit Löscheinrichtung

Konventionelle Thyristoren können Ströme nur im natürlichen Nulldurchgang unterbrechen (Abschn. 3.1.2). Der Betrieb selbstgeführter Stromrichter verlangt jedoch ein- und ausschaltbare Halbleiterventile (Abschn. 3.1.3). Durch spezielle Löschschaltungen gelingt es, den Stromfluß auch in konventionellen Thyristoren zu unterbrechen. Die Wirkungsweise einer Löscheinrichtung soll am Beispiel des Gleichstromstellers erläutert werden.

3.2.3.1 Gleichstromsteller

Der in Bild 3.28a dargestellte Gleichstromsteller versorgt eine ohmsch induktive Last (R_d, L_d) mit einer einstellbaren Gleichspannung u_d, die aus einer Konstantspannungsquelle U_d gewonnen wird. Der Gleichstromsteller wirkt somit als Gleichstromumrichter (Abschn. 3.1.1).

Bild 3.28b zeigt das Schaltzustandsdiagramm, Bild 3.29 die sich ergebenden Spannungs- und Stromverläufe im stationären Betrieb. Bei gezündetem Hauptthyristor T1 liegt die Batteriespannung U_d an der Last (Schaltzustand 1). Das Einschalten des Löschthyristors T2 hat einen Kurzschluß des Kondensators C_K zur Folge, der so aufgeladen ist, daß der Strom i_{v1} sofort null wird und der Hauptthyristor T1 erlischt (Schaltzustand 2). Der Laststrom i_d fließt nun über den Kondensator C_K und den Thyristor T2. Dadurch wird der Kondensator umgeladen. Im Nulldurchgang der Last-

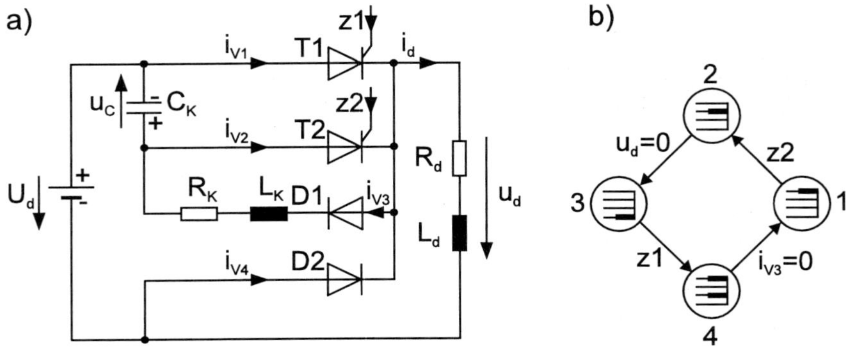

Bild 3.28: *Gleichstromsteller mit zwangsgelöschtem Thyristor*
a) Schaltung, b) Schaltzustandsdiagramm
(■ leitendes Ventil, — nichtleitendes Ventil)

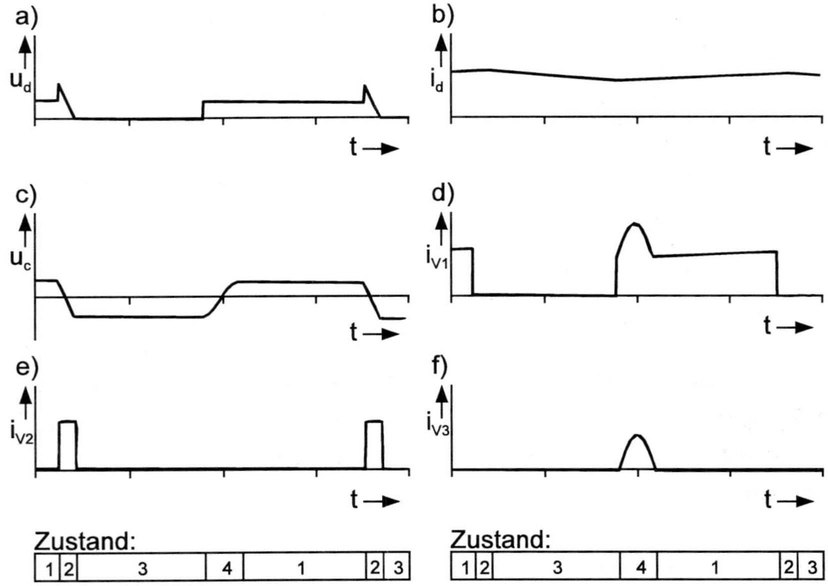

Bild 3.29: *Spannungs- und Stromverläufe im stationären Betrieb*
a) Lastspannung u_d, b) Laststrom i_d, c) Kondensatorspannung u_c,
d) Ventilstrom i_{v1}, e) Ventilstrom i_{v2}, f) Ventilstrom i_{v3}

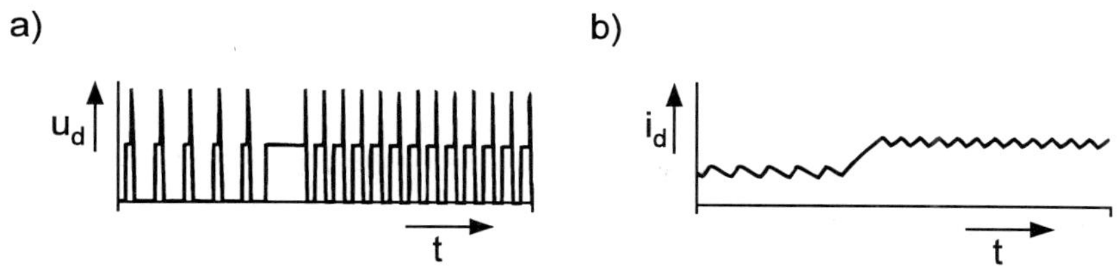

Bild 3.30: *Dynamisches Verhalten des Gleichstromstellers*
a) Lastspannung u_d, b) Laststrom i_d

spannung $u_d = U_d + u_c = 0$ erfolgt der Übergang in den Schaltzustand 3. Die Freilaufdiode D2 übernimmt jetzt den Strom i_d und schließt die Last kurz ($u_d = 0$). Dadurch klingt der Strom i_d mit der Zeitkonstanten L_d/R_d ab.

Beim Einschalten des Hauptthyristors T1 wird die RL-Last wieder mit der Gleichspannungsquelle U_d verbunden. Gleichzeitig findet über die Ventile T1 und D1 sowie die Umschwingdrossel (R_K, L_K) ein Zurückschwingen der Kondensatorspannung in die Ausgangslage statt (Schaltzustand 4). Dieser Vorgang ist mit dem Nulldurchgang des Ventilstromes i_{v3} abgeschlossen. Durch Verändern der Einschaltzeitpunkte von Haupt- und Löschthyristor läßt sich der Mittelwert der Gleichspannung u_d und damit des Laststromes i_d steuern (Bild 3.30).

Der betrachtete Gleichstromsteller hat einen entscheidenden Nachteil. Im Schaltzustand 2 erfolgt die Umladung des Löschkondensators C_K durch den Laststrom i_d. Dies bedeutet, daß ein ordnungsgemäßes Funktionieren der Schaltung stets einen Mindestlaststrom voraussetzt.

3.2.3.2 Weitere Schaltungen mit Löscheinrichtung

Neben dem Gleichstromsteller (Bild 3.28) wurde eine Vielzahl weiterer Thyristorschaltungen mit Löscheinrichtung entwickelt. Sie haben aber ihre ursprüngliche Bedeutung mit dem Aufkommen leistungsstarker, abschaltbarer Halbleiterventile (Abschn. 3.1.2) verloren. Auf die Behandlung zusätzlicher Schaltungen mit zwangsgelöschten Thyristoren wird daher verzichtet.

3.2.4 Schaltungen mit abschaltbaren Halbleitern

Selbstgeführte Stromrichter sind heute üblicherweise mit abschaltbaren Halbleiterventilen ausgeführt. Bei den nachfolgend beschriebenen Schaltungen werden bipolare Transistoren eingesetzt. Ebenso lassen sich auch IGBTs, GTOs oder MOSFETs (Abschn. 3.1.2) verwenden.

3.2.4.1 Gleichstromumrichter

Der Aufbau des in Bild 3.28a dargestellten Gleichstromstellers läßt sich durch den Einsatz eines abschaltbaren Halbleiterventils (Bipolartransistor) wesentlich vereinfachen (Bild 3.31a). Die Schaltung kann jetzt nur noch zwei Zustände einnehmen (Bild 3.31b). Bei eingeschaltetem Transistor liegt die Gleichspannung U_d an der Last (Schaltzustand 1). Die Freilaufdiode D sorgt dafür, daß bei sperrendem Transistor der Laststrom i_d nicht unterbrochen wird (Schaltzustand 2). Durch zyklisches Ein- und Ausschalten des Transistors läßt sich der Mittelwert der Lastgleichspannung einstellen. Bei gegebener Einschaltdauer T_e und Ausschaltdauer T_a des Transistors erhält man

$$\bar{u}_d = U_d \frac{T_e}{T_e + T_a} \tag{3.17}$$

Nach Gl. (3.17) ist nur eine Absenkung der Spannung möglich ($\bar{u}_d \leq U_d$). Deshalb wird diese Schaltung auch als Tiefsetzsteller bezeichnet. Bild 3.31c und d zeigt die zeitlichen Verläufe von Lastspannung und -strom.

Mit einem Hochsetzsteller (Bild 3.32) können auch Lastspannungen erzeugt wer-

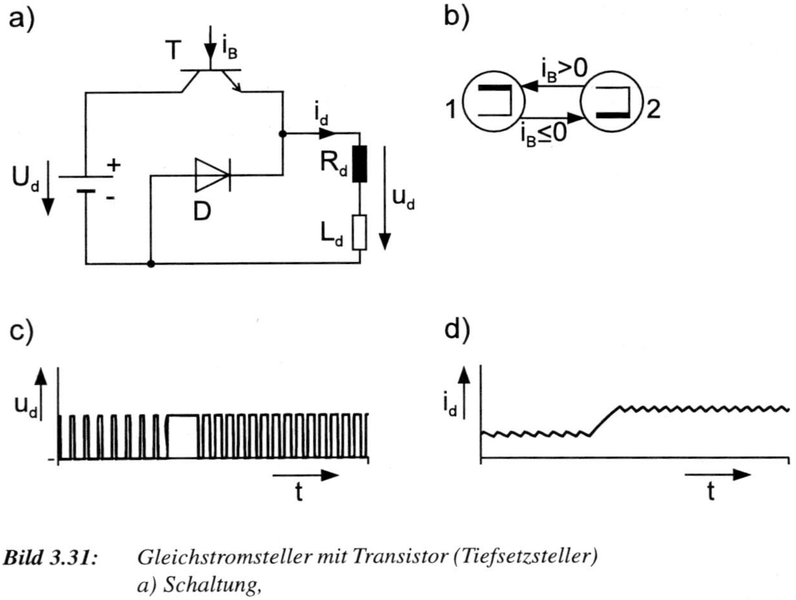

Bild 3.31: *Gleichstromsteller mit Transistor (Tiefsetzsteller)*
a) Schaltung,
b) Schaltzustandsdiagramm, (■ leitendes Ventil, — nichtleitendes Ventil)
c) Lastspannung u_d, d) Laststrom i_d

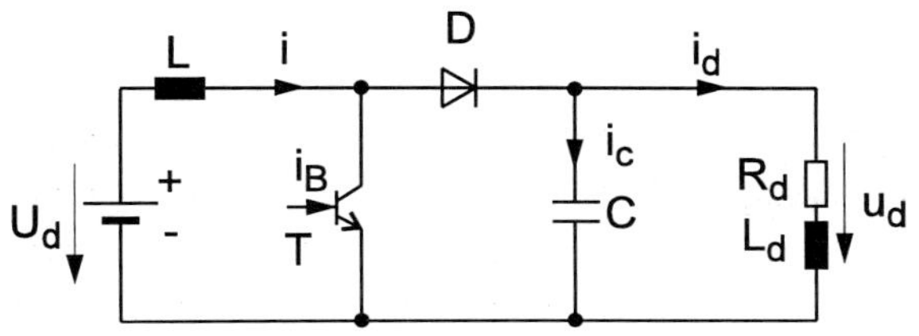

Bild 3.32: *Hochsetzsteller*

den, die größer sind als die Speisegleichspannung U_d

$$\bar{u}_d = U_d \frac{T_e + T_a}{T_e} \tag{3.18}$$

Bild 3.33 gibt einen Einblick in das stationäre Verhalten der Schaltung. Bei eingeschaltetem Transistor T liegt die Speisespannung U_d an der Drosselspule L. Dies führt zu einem Anstieg des Drosselstromes i. Die Diode D verhindert dabei einen Kurzschluß des Kondensators C. Bei ausgeschaltetem Transistor wird der Drosselstrom i über die Diode D in den Lastkreis eingeprägt. Da die Kondensatorspannung u_d größer als die Einspeisespannung U_d ist, fällt der Drosselstrom wieder ab. Durch Kombination der beiden Schaltungen zum Hochsetz-Tiefsetzsteller wird die Rückspeisung von Gleichstrommaschinen im Bremsbetrieb möglich.

Die Gleichstromumrichter der Bilder 3.31 und 3.32 sind lediglich als Ausführungsbeispiele anzusehen. Daneben gibt es noch eine Vielzahl weiterer Schaltungen, auf die hier nicht näher eingegangen werden kann.

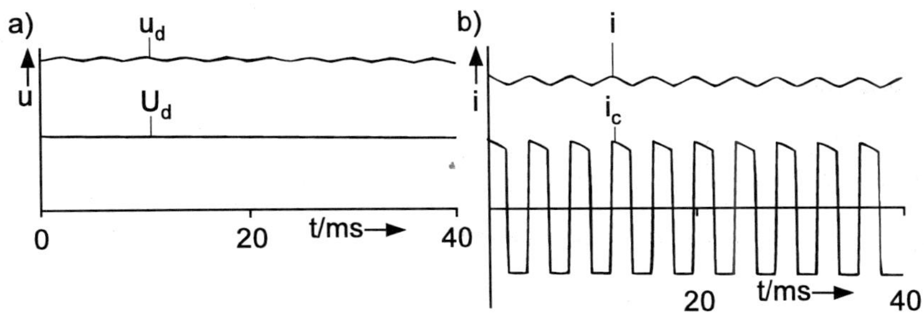

Bild 3.33: *Spannungs- und Stromverläufe beim Hochsetzsteller*
a) Spannungen u_d und U_d, b) Ströme i und i_c

3.2.4.2 U-Pulsumrichter

Es gibt verschiedene Möglichkeiten, die in Abschn. 3.1.1 beschriebenen Wechselstromumrichter mit abschaltbaren Leistungshalbleitern aufzubauen. Von großer Bedeutung ist der U-Pulsumrichter. Er besteht im einfachsten Fall aus einem umgesteuerten Diodengleichrichter auf der Netzseite, einem Gleichspannungs-Zwischenkreis mit Kondensator sowie einem Transistorwechselrichter auf der Lastseite (Bild 3.34). Für den Gleichrichter (SRI) ist der Zwischenkreis eine RC-Last. Am Zwischenkreiskondensator C_d stellt sich die näherungsweise konstante Spannung u_d ein. Diese wird vom Transistorwechselrichter (SRII) in eine Folge von Spannungsimpulsen

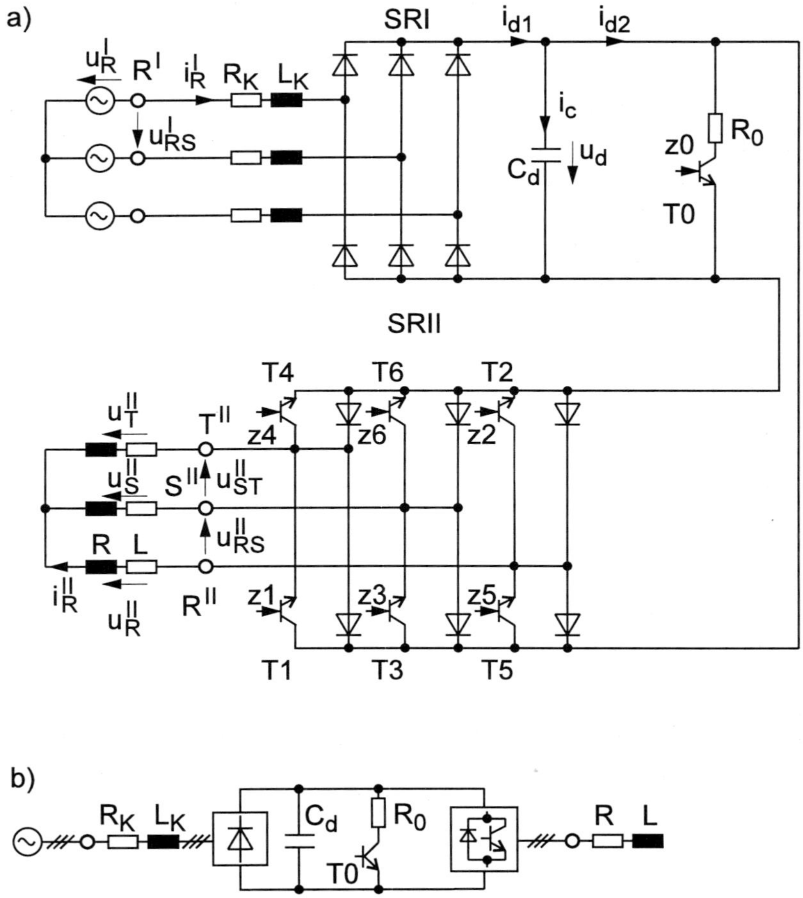

Bild 3.34: *U-Pulsumrichter mit netzgeführter Einspeisung*
a) Schaltung, b) vereinfachtes Schaltbild

an den Klemmen der RL-Last umgewandelt. Der Widerstand R_0 sei zunächst unwirksam (Transistor T0 abgeschaltet). Seine Wirkungsweise wird später erklärt.

Das Schaltverhalten des Stromrichters SRI ist aus Abschn. 3.2.1.2 bekannt. Der Stromrichter SRII enthält in den Brückenzweigen Transistoren T1 - T6 mit antiparallel geschalteten Dioden. Bei eingeschaltetem Transistor können somit im Brückenzweig positive und negative Ströme fließen. Die sechs schaltbaren Brückenzweige ermöglichen $2^6 = 64$ Schaltkombinationen.Aber nicht alle sind zulässig. Es darf weder zu einem Kurzschluß des Kondensators C_d noch zu einer Unterbrechung der Lastströme kommen. Damit verbleiben 8 erlaubte Schaltzustände, die in Bild 3.35 angegeben sind. Sie lassen sich durch die Zündsignale zi (i = 1, ..., 6) an den Basisanschlüssen der Transistoren einstellen (Bild 3.34a). Um eine vorgegebene Spannung zu erzeugen, ist eine Vielzahl unterschiedlicher Schaltfolgen möglich. Somit besitzt ein Transistorwechselrichter kein verbindliches Schaltzustandsdiagramm. Man ist jedoch bestrebt, die Schaltfrequenz der Halbleiterventile niedrig zu halten. Daher sollte pro Zustandsänderung nur ein Transistor aus- und ein anderer eingeschaltet werden. Man erhält dann das in Bild 3.35 dargestellte Schaltzustandsdiagramm mit den Zuständen 1 - 8. Die Schaltbedingungen Zi (i = 1, ..., 8) ergeben sich aus den Zündsignalen zi (1 ... 6) durch die folgenden logischen Verknüpfungen.

$$Z1 = z6 \wedge z1 \wedge z2$$

$$Z2 = z1 \wedge z2 \wedge z3$$

$$Z3 = z2 \wedge z3 \wedge z4$$

$$Z4 = z3 \wedge z4 \wedge z5$$

$$Z5 = z4 \wedge z5 \wedge z6$$

$$Z6 = z5 \wedge z6 \wedge z1$$

$$Z7 = z2 \wedge z4 \wedge z6$$

$$Z8 = z1 \wedge z3 \wedge z5$$

Abhängig von den Schaltzuständen 1 bis 8 zeigt Tabelle 3.3 die an den Klemmen des Transistorwechselrichters erzeugten verketteten Lastspannungen. Sie können nur die Werte u_d , 0 und $-u_d$ annehmen.

Tabelle 3.3: Ausgangsspannungen des Transistorwechselrichters

Schaltzustand	Wechselrichterspannung	
Nr.	u_{RSII}	u_{STII}
1	u_d	0
2	0	u_d
3	$-u_d$	u_d
4	$-u_d$	0
5	0	$-u_d$
6	u_d	$-u_d$
7	0	0
8	0	0

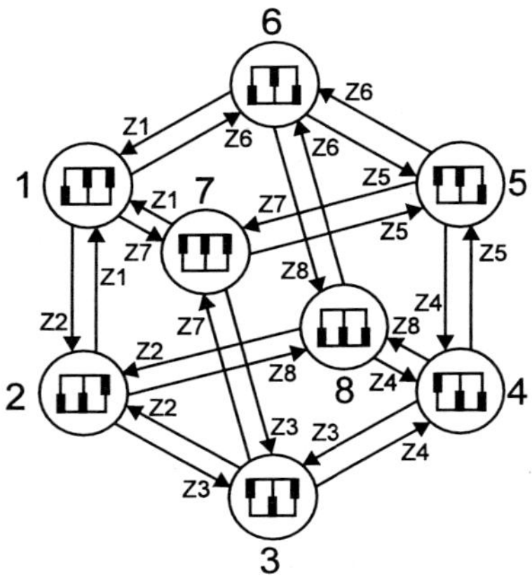

Bild 3.35: *Angestrebtes Schaltzustandsdiagramm bei einem Transistorwechselrichter (Zi: Schaltbedingungen) (■ leitender Brückenzweig, — nichtleitender Brückenzweig)*

Im Betrieb des Pulswechselrichters SRII wird zweckmäßigerweise nur zwischen benachbarten Schaltzuständen (entsprechend Bild 3.35) geschaltet. Diese Strategie läßt sich auf einfache Weise durch das Unterschwingungsverfahren realisieren (Abschn. 3.3.1.2). Bild 3.36 zeigt die Spannungs- und Stromverläufe auf der Netz-, Zwischenkreis- und Lastseite. Der U-Pulsumrichter versorgt dabei aus dem 50-Hz-Netz einen RL-Verbraucher, der mit einer Frequenz von 20 Hz betrieben wird. Die gewünschte sinusförmige Lastspannung u_{RSwII} läßt sich durch eine Folge von Spannungspulsen mit etwa konstanter Amplitude und variabler Breite approximieren. Dieser Vorgang wird auch als Pulsweitenmodulation (PWM) bezeichnet (Abschn. 3.3.1.2). Der Laststrom i_{RII} folgt mit guter Näherung der sinusförmigen Führungsgröße i_{RwII}. Im Netzstrom i_{RI} treten jedoch wegen der Spitzengleichrichtung erhebliche Oberschwingungen auf.

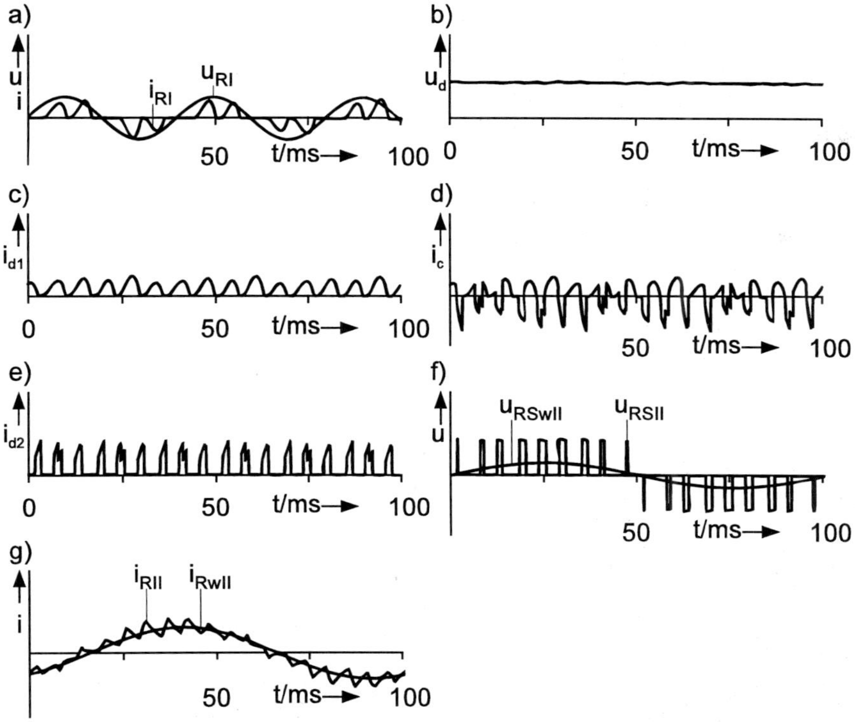

Bild 3.36: *Spannungs- und Stromverläufe beim U-Pulswechselrichter*
a) Netzspannung u_{RI} und Netzstrom i_{RI}, b) Zwischenkreisspannung u_d,
c) Zwischenkreisstrom i_{d1}, d) Kondensatorstrom i_c,
e) Zwischenkreisstrom i_{d2},
f) Lastspannung u_{RSII} mit Führungsgröße i_{RSwII},
g) Laststrom i_{RII} mit Führungsgröße I_{RwII}

Der Widerstand R_0 (Bild 3.34) wird nur im Gleichrichterbetrieb des Stromrichters SRII (über den Transistor T0) eingeschaltet. Er setzt die von der Last in den Zwischenkreis zurückgespeiste Energie in Wärme um und begrenzt den Anstieg der Zwischenkreisspannung u_d.

Der U-Pulsumrichter aus Bild 3.34 belastet das Netz erheblich mit Stromoberschwingungen. Außerdem ist eine Energierückspeisung vom Zwischenkreis in das Netz nicht möglich. Beide Nachteile lassen sich durch den Einsatz eines selbstgeführten Gleichrichters (Bild 3.37a) beheben. Bei geeigneter Ansteuerung entnimmt diese Schaltung dem Netz näherungsweise sinusförmige Wirkströme (Bild 3.37b).

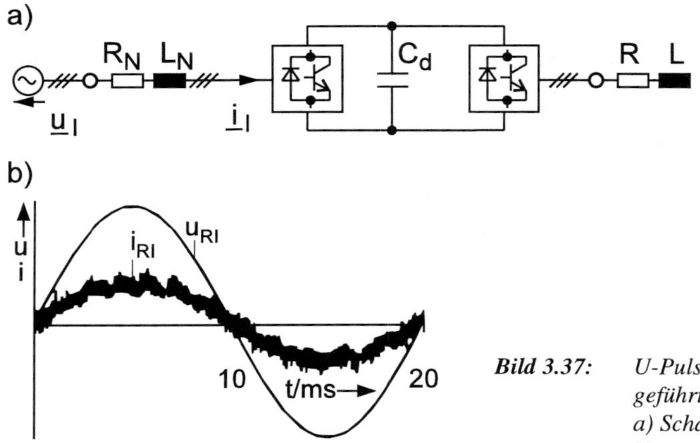

Bild 3.37: *U-Pulsumrichter mit selbstgeführter Einspeisung a) Schaltung, b) Verlauf von Netzspannung und -strom*

3.3 Steuerteil und Zusatzeinrichtungen

Ein Stromrichter benötigt zur ordnungsgemäßen Funktion einen Regler, ein Steuerteil sowie Zusatzeinrichtungen. Das Steuergerät wandelt die Ausgangssignale des Reglers in die Zündsignale für die Leistungshalbleiter um. Es besteht aus zwei Komponenten, einem Zündgerät für die Erzeugung der Steuerimpulse und einer Ansteuerschaltung zur Pegelanpassung der Zündsignale. Der Aufbau und die Parameter des Reglers hängen vom Anwendungsfall ab. Beispiele von Stromrichterregelkreisen sind in den Abschn. 2.6.5 und 2.8.4 angegeben. Die Zusatzeinrichtungen dienen zum Schutz der Halbleiterventile in Form von Beschaltungsnetzwerken und Sicherungen sowie zur Kühlung.

3.3.1 Zündgerät

Das Zündgerät berechnet bei fremdgeführten Stromrichtern die Einschaltzeitpunkte, bei selbstgeführten Stromrichtern die Ein- und Ausschaltzeitpunkte der Leistungshalbleiter. Sein Aufbau hängt vom eingesetzten Steuerverfahren ab. Fremdgeführte Stromrichter werden üblicherweise im Phasenanschnitt betrieben (Abschn. 3.2.2.1). Für selbstgeführte Stromrichter wird die Pulsweitenmodulation (PWM) bevorzugt (Abschn. 3.2.4.2). Die Festlegung der Schaltzeitpunkte erfolgt durch binäre Signale.

3.3.1.1 Phasenanschnittsteuerung

Die Phasenanschnittsteuerung wird am Beispiel des Wechselstromstellers (Bild 3.24a) erklärt. Das Zündgerät besteht nach Bild 3.38a aus einem Sägezahngenerator SZ, einem Hystereseschalter H und einem Logikteil L. Der Sägezahngenerator SZ ist auf die Nulldurchgänge der Netzspannung getriggert und steuert mit seiner Ausgangsgröße u_{SZ} einen Hystereseschalter H mit vorgebbarer Breite ε. Dieser erzeugt das binäre Schaltsignal s (Bild 3.38b). Die Binärgrößen $s_1 = s$ und $s_2 = \bar{s}$ am Ausgang des Logikbausteins L beschreiben mit ihren ansteigenden Flanken die Einschaltzeitpunkte der Thyristoren T1 und T2. Eine Ansteuerschaltung (Abschn. 3.3.2) leitet daraus die Zündimpulse z1 und z2 (Bild 3.38b) ab. Der Phasenanschnittwinkel α läßt sich über die Breite ε = α des Hystereseschalters einstellen. Es ergibt sich ein maximaler Stellbereich von $0 < \alpha < \pi$.

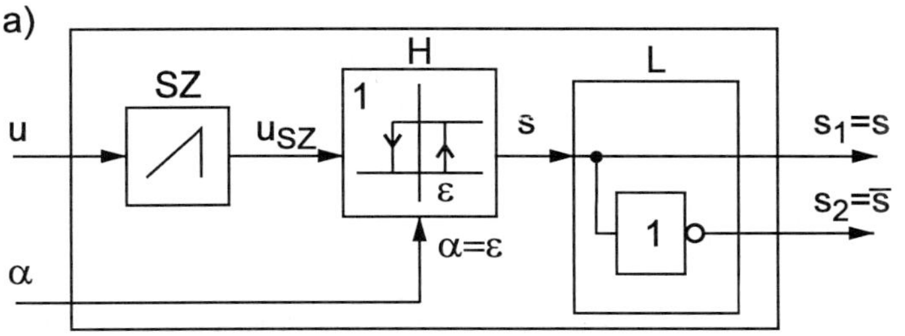

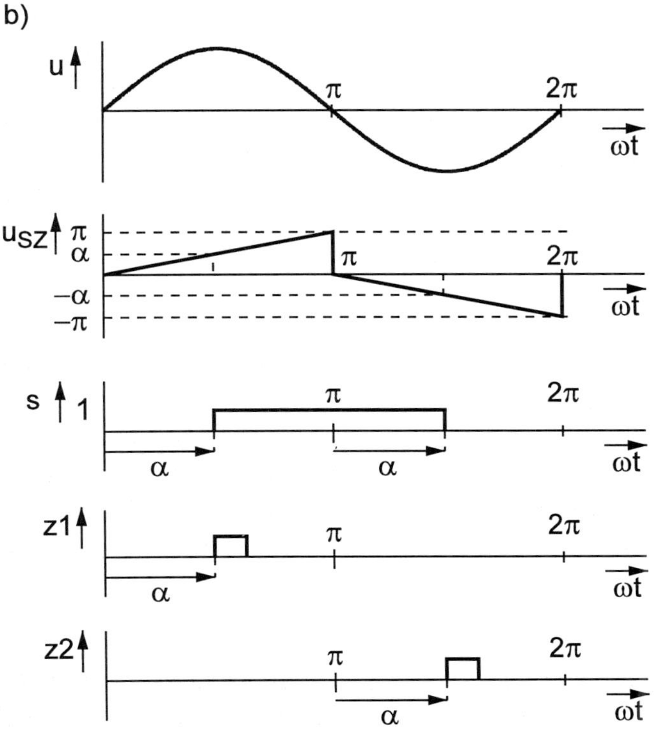

Bild 3.38: *Bestimmung der Zündzeitpunkte beim Wechselstromsteller (SZ Sägezahngenerator, H Hystereseschalter, L Logik) a) Aufbau des Zündgerätes, b) Signalverläufe*

Die sechspulsige Thyristorbrücke aus Bild 3.14a benötigt ein dreiphasiges Zündgerät mit drei Sägezahngeneratoren und Hystereseschaltern. Zur Triggerung dienen die Nulldurchgänge der verketteten Spannungen. Drei Logikbausteine bestimmen aus den Signalen der Hystereseschalter die Einschaltzeitpunkte der Thyristoren T1 bis T6.

3.3.1.2 Pulsweitenmodulation (PWM)

Bei der Phasenanschnittsteuerung ist das Schalten der Halbleiterventile an den Takt der Netzfrequenz gebunden. Die Pulsweitenmodulation ermöglicht es dagegen, von der Netzfrequenz unabhängige Schaltstrategien zu realisieren. Es gibt verschiedene Möglichkeiten, selbstgeführte Stromrichter pulsweitenmmoduliert zu betreiben. Nachfolgend wird nur das Unterschwingungsverfahren behandelt. Dieses erlaubt eine einfache Steuerung selbstgeführter Stromrichter und wird am Beispiel des Transistorwechselrichters aus Bild 3.34a erläutert. Dabei genügt es, die Schaltsignalerzeugung in einer Phase zu betrachten.

Bild 3.39a zeigt den grundsätzlichen Aufbau des Zündgerätes für die Transistoren T1 und T4. Die gewünschte - z. B. sinusförmige - Lastspannung u_{TwII} wird mit einer höherfrequenten Dreieckspannung u_h verglichen. Ein Zweipunktschalter bildet das binäre Signal s_1 ($s_1 = 1$ für $u_{TwII} > u_h$). Dieses legt die Einschaltdauer des Transistors T_1 ($s_1 = 1$) fest. Das inverse Signal $s_4 = \bar{s}_1$ gibt die Einschaltdauer des Transistors T4 an.

Die Zündgeräte für die Transistoren T3 und T6 bzw. T5 und T2 funktionieren nach denselben Grundsätzen. Dabei ist die Eingangsgröße u_{TwII} durch die gewünschten Lastspannungen u_{SwII} bzw. u_{RwII} zu ersetzen. Bei konstanter Zwischenkreisspannung $u_d = U_d$ hat die Dreieckspannung u_h den in Bild 3.39b dargestellten Zeitverlauf. Ihre Grundschwingungsfrequenz $f_h = 1/T_h$ sollte einem ganzzahligen Vielfachen der Lastfrequenz f_L entsprechen, um Schwebungen in der Ausgangsspannung des Transistorwechselrichters zu vermeiden:

$$\begin{aligned} f_h &= \nu \cdot f_L \\ \nu &= 3, 9, 15, \ldots \end{aligned} \tag{3.19}$$

Durch die Wahl des Proportionalitätsfaktors ν als ungeradzahlige, durch drei teilbare Zahl lassen sich bestimmte Spannungsoberschwingungen unterdrücken.

Bild 3.39c und d gibt einen Einblick in die Pulsmustererzeugung mit dem Unter-

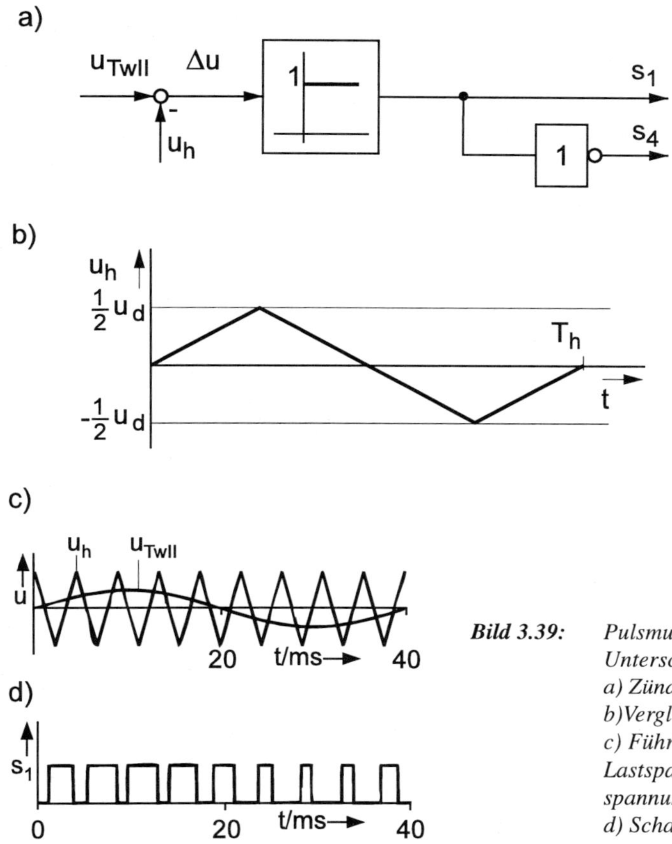

Bild 3.39: *Pulsmustererzeugung nach dem Unterschwingungsverfahren*
a) Zündgerät für die Phase T,
b) Vergleichsspannung u_h,
c) Führungsgröße u_{TwII} der Lastspannung mit Vergleichsspannung u_h,
d) Schaltsignal s_1

schwingungsverfahren. Die Frequenz des Schaltsignals s_1 (Schaltfrequenz des Transistors T1) ist gleich der Grundfrequenz der Dreieckschwingung f_h.

3.3.2 Ansteuerung der Halbleiterventile

Zum sicheren Ein- und Ausschalten müssen die Zündsignale der Leistungshalbleiter bestimmte Kurvenformen und Pegel aufweisen. Diese Aufgabe übernehmen spezielle Ansteuerschaltungen. Ihr grundsätzlicher Aufbau ist in Bild 3.40 am Beispiel eines Thyristors gezeigt.

Das binäre Schaltsignal s_i (Abschn. 3.3.1) wird vom Impulsformer IF auf die gewünschte Kurvenform gebracht und im Endverstärker EV angepaßt. Die Potentialfreiheit kann über Zündimpulsübertrager (Bild 3.40a) oder einen entsprechend aufgebauten Endverstärker (Bild 3.40b) erfolgen.

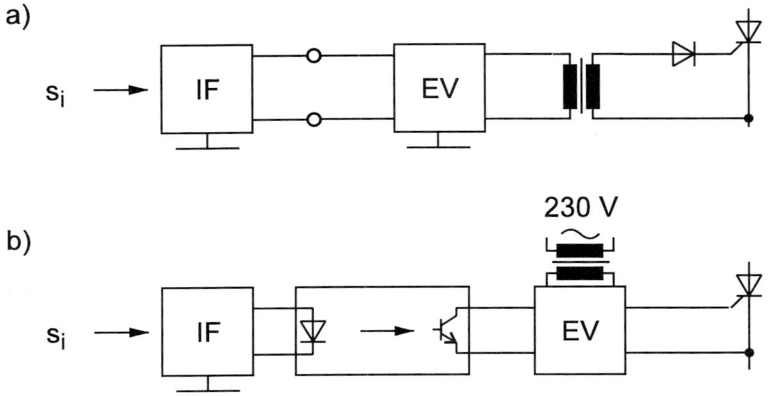

Bild 3.40: *Ansteuerung eines Thyristors (IF Impulsformer, EV Endverstärker)*
a) magnetische Einkopplung des Zündsignals,
b) potentialfreier Endverstärker

3.3.3 Schutz

Ein Stromrichter arbeitet nur dann zuverlässig, wenn seine Leistungshalbleiter im Normalbetrieb und Fehlerfall geschützt sind.

Im Normalbetrieb darf die Steilheit der Ventilströme und -spannungen nicht zu groß werden. Der Stromanstieg läßt sich durch eine Reiheninduktivität begrenzen. So verhindern die Kommutierungsdrosseln in Bild 3.8a eine sprunghafte Veränderung des Diodenstromes bei der Stromablösung zwischen zwei Ventilen. Der Spannungsanstieg kann durch ein RC-Netzwerk parallel zum Halbleiterschalter gesteuert werden. Bild 3.41 zeigt eine typische Thyristorbeschaltung, die allerdings die Systemverluste vergrößert. Für Dioden und Transistoren gelten ähnliche Überlegungen.

Fehler können außerhalb des Stromrichters (Kurzschlüsse auf Netz- und Lastseite) auftreten oder im Stromrichter selbst entstehen, z. B. durch Ausfall von Komponenten und Fehlzündungen. Zum Schutz gegen Überströme werden Sicherungen eingesetzt. Varistoren und Zenerdioden dienen zur Begrenzung von Überspannungen.

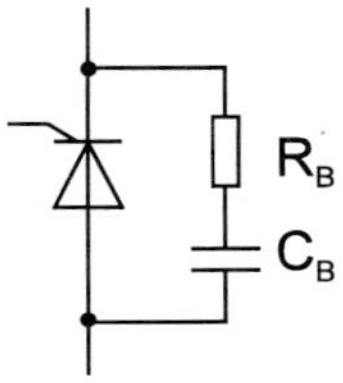

Bild 3.41: *Thyristorbeschaltung*

3.3.4 Kühlung

Die Leistungshalbleiter wurden bisher als verlustfrei arbeitende Bauelemente angesehen (Bild 3.1.2). Dies ist in Wirklichkeit nicht der Fall. Die auftretenden Verluste lassen sich aus den realen Halbleiterkennlinien erklären. In Bild 3.42 sind die Strom-Spannungsverläufe von Diode, Thyristor und Bipolartransistor dargestellt. In keinem Fall werden die idealisierten Kennlinien aus Abschn. 3.1.2 erreicht. Das Produkt aus Ventilspannung und -strom liefert für jeden Augenblick die statischen Verluste. Zu ihnen kommen die dynamischen Verluste beim Schalten hinzu. Sie sind bei 50 Hz zu vernachlässigen, spielen aber bei hochfrequenter Taktung eine entscheidende Rolle.

Bei netzgeführten Stromrichtern mit Thyristoren überwiegen die Verluste im leitenden Zustand (Durchgangsverluste). Approximiert man die Thyristorkennlinie in diesem Bereich durch eine Gerade mit der Steigung $1/r_T$ sowie eine Schleusenspannung U_{T0} (Bild 3.43), erhält man die Beziehung

$$u = U_{T0} + r_T \cdot i \qquad (3.20)$$

Die mittlere Durchgangsverlustleistung ergibt sich dann zu

$$P_D = \frac{1}{T}\int_0^T u \cdot i \, dt = U_{T0} \cdot \frac{1}{T} \cdot \int_0^T i \, dt + r_T \cdot \frac{1}{T} \int_0^T i^2 \, dt$$

$$P_D = U_{T0} \cdot \bar{i} + r_T \, I^2 \qquad (3.21)$$

Die Durchlaßverluste hängen demnach sowohl vom Mittelwert als auch vom Effektivwert I des Ventilstromes ab.

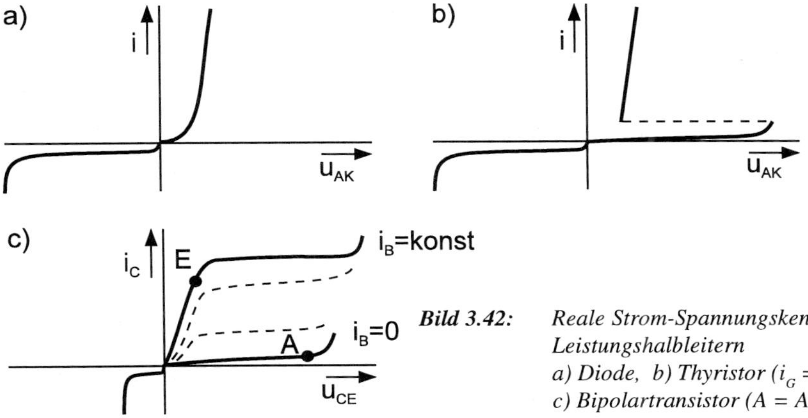

Bild 3.42: *Reale Strom-Spannungskennlinien von Leistungshalbleitern*
a) Diode, b) Thyristor ($i_G = 0$),
c) Bipolartransistor (A = Aus, E = Ein)

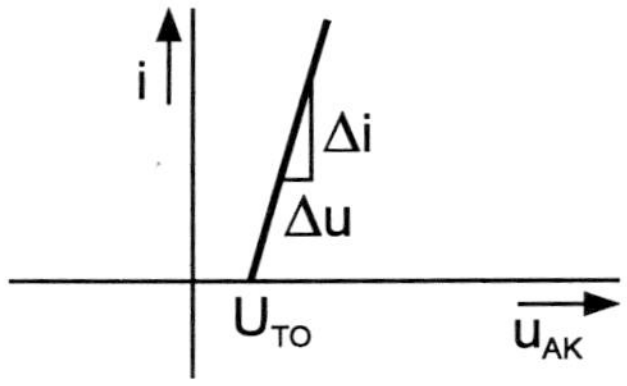

Bild 3.43: *Thyristorkennlinie im Durchlaßbereich (Ersatzwiderstand $r_T = \Delta u/\Delta i$)*

Beispiel 3.2. *Ein Drehstromsteller nach Bild 3.26 wird als TCR in einem steuerbaren Blindleistungskompensator (Abschn. 8.4.5) eingesetzt und über einen Transformator mit dem Übersetzungsverhältnis ü = 20/2 kV an ein 20-kV-Netz zugeschaltet. Die Bemessungsleistung beträgt Q_r = 12 MVar. Welche Durchgangs-Thyristorverluste treten im Bemessungspunkt auf (U_{T0} = 1 V, r_T = 0,23 mΩ)? Welche Verlustenergie entsteht pro Jahr, wenn der TCR im Bemessungspunkt betrieben wird? Wie hoch sind die Kosten für diese Verlustenergie, wenn mit einem Strompreis von 0,2 DM/kWh zu rechnen ist?*

Bemessungsstrom des TCR:

$$I_r = \ddot{u} \cdot \frac{Q_r}{3 \cdot U_n} = 10 \frac{12 \cdot 10^6}{3 \cdot 20 \cdot 10^3} = 2\,000 \text{ A}$$

Arithmetischer Mittelwert des Thyristorstromes:

$$\bar{i}_T = \frac{1}{T} \cdot \int_0^{T/2} i(t)\,dt = \frac{1}{T} \int_0^{T/2} \sqrt{2}\, I_r \cdot \sin \omega t\,dt$$

$$\bar{i}_T = \frac{\sqrt{2}\, I_r}{\pi} = \frac{\sqrt{2} \cdot 2\,000}{3{,}14} = 900 \text{ A}$$

Effektivwert des Thyristorstromes:

$$I_T = \sqrt{\frac{1}{T} \int_0^{T/2} i(t)^2\,dt} = \sqrt{\frac{1}{T} \int_0^{T/2} 2\, I_r^2 \sin^2 \omega t\,dt}$$

$$I_T = \frac{I_r}{\sqrt{2}} = 1\,414 \text{ A}$$

Mit Gl. (3.21) erhält man für die Durchgangsverluste der 6 Thyristoren

$$P_D = 6 \cdot \left(U_{T0} \cdot \bar{i}_T + r_T \, I_T^2 \right)$$

$$P_D = 6 \left(1 \cdot 900 + 0{,}23 \cdot 10^{-3} \cdot 1414^2 \right)$$

$$P_D = 6 \cdot \left(900\,\text{W} + 460\,\text{W} \right) = 8\,160\,\text{W}$$

Wird der TCR im Bemessungspunkt ein Jahr lang betrieben, entsteht eine Verlustenergie von

$$E_V = 8\,160\,\text{W} \cdot 8\,760\,\text{h} = 71\,482\,\text{kWh}$$

Für diese ist ein Preis von

$$K = 81\,482\,\text{kWh} \cdot 0{,}2\,\text{DM/kWh} = 14\,300\,\text{DM}$$

zu entrichten.

Bei der Anschaffung regelbarer Blindleistungskompensatoren ist es üblich, die Verluste bestimmter Betriebspunkte zu bewerten und den Investitionskosten zuzuschlagen.

Die im Halbleiter freigesetzte Wärme führt zu einem Anstieg der Temperatur in den PN-Grenzschichten. Beim Überschreiten einer zulässigen Grenze verliert das Halbleiterbauelement seine Funktionsfähigkeit. Daher sind besondere Maßnahmen zur Kühlung vorzusehen.

Bei Stromrichtern kleiner Leistung genügt Luftkühlung. Die Leistungshalbleiter übertragen die Verlustwärme auf speziell konstruierte metallische Kühlkörper. Von dort wird sie über Konvektion und Strahlung an die Umgebung abgegeben. Der Einsatz eines Gebläses kann für einen erhöhten Luftstrom und damit für eine vergrößerte Wärmeabfuhr sorgen.

Bei Stromrichtern größerer Leistung bevorzugt man die Flüssigkeitskühlung mit Wasser oder Öl. In Sonderfällen gelangt die Siedekühlung zum Einsatz. Hier wird die anfallende Wärme zur Verdampfung des Kühlmediums benutzt. Der Dampf kondensiert an einer anderen Stelle und gelangt in den Kühlkreislauf zurück.

Die Auswahl einer geeigneten Stromrichterschaltung hängt von vielen Einflußgrößen ab wie z.B.Leistung (Strom, Spannung), Oberschwingungen, Wirkungsgrad (Verlustbewertung), Regelverhalten, Kosten und EMV-Problematik. Die genannten Kriterien sind miteinander über ein komplexes Netz von Abhängigkeiten verknüpft. So kann beispielsweise ein U-Pulsumrichter auf der Netzseite mit einem fremd- oder selbstgeführten Gleichrichter ausgestatttet werden (Bilder 3.34 und Bilder 3.37a). Die erste Variante ist kostengünstiger, belastet das Netz aber mit wesentlich höheren Stromoberschwingungen. In diesem Fall wird die Entscheidung für den einen oder anderen Stromrichter maßgeblich durch die technischen Anschlußbedingungen des Stromversorgungsunternehmens mitbestimmt. Der Anwender ist in der Regel nur dann bereit, die Mehrkosten für den netzfreundlichen U-Pulsumrichter aufzubringen, wenn er anders die gestellten Auflagen nicht erfüllen kann.

4 Leitungen

Der Transport elektrischer Energie erfolgt über Leitungen oder Kabel. Bei Leitungen unterscheidet man zwischen Freileitungen, die i. a. aus nichtisolierten Leitern aufgebaut sind, und isolierten Leitungen, die z. B. in der Hausinstallation auf, in oder unter Putz verlegt werden. Kabel liegen dagegen im Erdreich oder in Kabelschächten. Sonderformen sind Luft- oder Seekabel. In der Umgangssprache wird das Wort Leitungen häufig für Freileitungen und Kabel als Oberbegriff gewählt. Bei Freileitungen ist das Isolationsmedium zwischen den Leitern Luft; die Fixierung der Leiterseile erfolgt in Abständen von z. B. 300 m, so daß zwischen den Leitern einige Meter Abstand zu halten sind. Bei Leitungen und Kabeln wird als Isolationsmedium in der Regel Kunststoff oder getränktes Papier eingesetzt. Dadurch können die Leiterabstände in der gleichen Größenordnung wie die Leiterradien liegen.

Die Geschichte der Leitungen begann mit der Informationsübertragung. 1727 wurde eine 100 m lange Freileitung verlegt und an Bindfäden aufgehängt. 1774 gab es eine Übertragung mit isolierten Drähten. 1880 begann Edison mit der Kabelverlegung zur Versorgung von Glühlampen. Die erste Fernübertragung von Miesbach nach München über 52 km fand 1882 statt. 1 000 Watt wurden eingespeist, 300 W kamen an. Eine Leistungssteigerung wurde 1891 erreicht, als von Lauffen nach Frankfurt eine 175 km lange 15-kV-Leitung 150 kW mit einem Wirkungsgrad von 75 % übertrug.

4.1 Beschreibung der Leitungen

Kenngrößen der Leitungen, die aus mindestens einem Hin- und Rückleiter bestehen, sind die ohmschen Widerstände der Leiter, die Induktivitäten der Leiterschleifen und die Kapazitäten zwischen den Leitern einer Schleife. Ein Leiter kann dabei das Erdreich sein. Bei mehrdrähtigen Leitungen, z. B. Drehstromleitungen, gibt es noch Koppelinduktivitäten und -kapazitäten. Dies gilt auch für parallel geführte Leitungen, die in Wechselwirkung treten. Zur Berechnung dieser Größen wird vereinfachend angenommen, daß der Abstand zwischen den Leitern groß gegenüber den Leiterradien ist.

4.1.1 Leitungswiderstand

Als Leitermaterial werden Aluminium oder Kupfer verwendet. Bei gegebenem Querschnitt läßt sich der Leitungswiderstand einfach berechnen. Für ein Freileitungsseil aus der üblichen Aluminiumlegierung $\kappa = 35\ \Omega^{-1} \cdot \mathrm{m/mm^2}$) mit dem Querschnitt $A = 240\ \mathrm{mm^2}$ ergibt sich bei $\vartheta_1 = 20\ °\mathrm{C}$ ein Widerstandsbelag, d. h. ein Widerstand, der auf die Länge bezogen ist

$$R'_{20} = R_{20} / l = \frac{1}{\kappa A} = \frac{1\,000}{35 \cdot 240} = 0{,}12\ \Omega / \mathrm{km} \qquad (4.1)$$

Bei einer Erwärmung auf $\vartheta_2 = 80\ °\mathrm{C}$ erhöht sich der Widerstand wegen des Temperaturkoeffizienten α_{20}, der bei Aluminium $0{,}004\ \mathrm{K}^{-1}$ beträgt

$$\begin{aligned} R' &= R'_{20}\left[1+\alpha_{20}\left(\vartheta_2 - \vartheta_1\right)\right] \\ &= 0{,}12\left[1+0{,}004(80-20)\right] = 0{,}12 \cdot 1{,}24 = 0{,}15\ \Omega / \mathrm{km} \end{aligned} \qquad (4.2)$$

Durch den Skin-Effekt wird bei Wechselstrom der Leiterquerschnitt nicht gleichmäßig vom Strom durchflossen. So entsteht eine querschnittsabhängige Widerstandserhöhung. Neben dem Skin-Effekt ist bei Kabeln noch der Proximity-Effekt zu berücksichtigen, durch den die Ströme in parallelen Leitern verdrängt werden. Skin- und Proximity-Effekt erhöhen den Wechselstromwiderstand ab $300\ \mathrm{mm^2}$ Querschnitt merklich gegenüber dem Gleichstromwiderstand. Bei großen Kabelquerschnitten kann ein Anstieg um bis zu 40 % auftreten [1.5].

4.1.2 Induktivitäten und Kopplungen

Bei der Anordnung in Bild 4.1 erzeugt der Strom des Leiters 1 in der Leiterschleife 2-2' den Fluß

$$\begin{aligned} \Phi_{L12} &= \int_{a_{12}}^{a_{12'}} B \cdot l\, dx = \int_{a_{12}}^{a_{12'}} \mu\, H\, l\, dx \\ &= \int_{a_{12}}^{a_{12'}} \mu \frac{I}{2\pi x}\, l\, dx = \frac{\mu l}{2\pi}\, I \ln \frac{a_{12'}}{a_{12}} \end{aligned} \qquad (4.3)$$

Der Strom im Leiter 1' erzeugt in der Schleife 2-2' einen Fluß $\Phi_{L1'2}$, der sich analog errechnet. Addiert man beide, so ergibt sich der Fluß in der Schleife 2, erzeugt durch den Strom in der Schleife 1.

$$\Phi_{12} = \Phi_{L12} + \Phi_{L1'2} = \frac{\mu l}{2\,\pi}\, I \ln \frac{a_{12'}}{a_{12}} + \frac{\mu l}{2\,\pi}(-I) \ln \frac{a_{1'2'}}{a_{1'2}}$$
$$= \frac{\mu l}{2\,\pi}\, I \ln \frac{a_{12'}\, a_{1'2}}{a_{12}\, a_{1'2'}} \tag{4.4}$$

Damit ist eine Koppel- oder Gegeninduktivität definiert, die gewöhnlich auf die Leiterlänge l bezogen ist und als Induktivitätsbelag bezeichnet wird

$$L'_{12} = M'_{12} = \frac{L_{12}}{l} = \frac{\Phi_{12}}{l\, I} = \frac{\mu}{2\,\pi} \ln \frac{a_{12'}\, a_{1'2}}{a_{12}\, a_{1'2'}} \tag{4.5}$$

Dies ist eine wichtige Ausgangsgleichung zur Ermittlung der Selbst- und Gegeninduktivitäten verschiedener Leiteranordnungen.

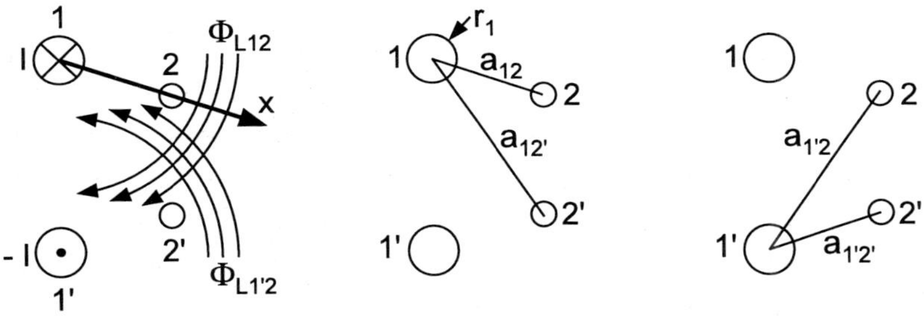

Bild 4.1: *Kopplung der Schleifen 1 und 2*

Unabhängige Schleifen

$$L'_{12} = \frac{\mu}{2\,\pi} \ln \frac{a_{12'}\, a_{1'2}}{a_{12}\, a_{1'2'}} \tag{4.6}$$

Schleife mit einem gemeinsamen Rückleiter

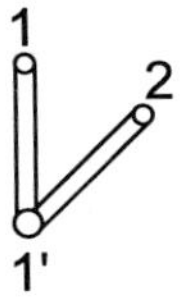

$$a_{1'2'} \rightarrow r_{1'}$$

$$L'_{12} = \frac{\mu}{2\,\pi}\left[\ln \frac{a_{11'}\, a_{1'2}}{a_{12}\, r_{1'}} + \frac{1}{4}\right] \tag{4.7}$$

Der Summand 1/4 berücksichtigt die innere Induktivität des Leiters 1' (s. auch Abschn. 4.1.8).

Selbstinduktivität

$$a_{1'2'} \rightarrow r_{1'} \qquad a_{12} \rightarrow r_1 \qquad r = \sqrt{r_{1'}\, r_1} \qquad a_{11'} = a$$

$$L_1' = \frac{\mu}{2\,\pi}\left[\ln\left(\frac{a}{r}\right)^2 + 2 \cdot \frac{1}{4}\right] \tag{4.8}$$

Der Summand 2 · 1/4 berücksichtigt die inneren Induktivitäten der Leiter 1 und 1'.

Koppelinduktivität mit Erde als Rückleiter

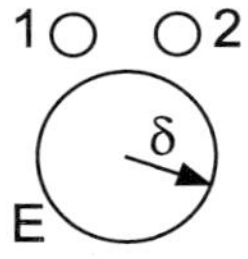

$$a_{12'} = a_{1'2} = \delta >> a_{12} = a$$

$$L_{12}' = \frac{\mu}{2\,\pi} \ln \frac{\delta}{a} \tag{4.9}$$

Selbstinduktivität eines Leiters mit Erdrückleitung

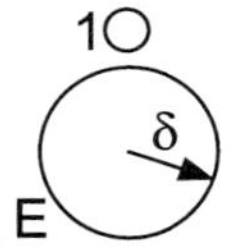

$$a_{12'} = a_{1'2} = a_{1'2'} = \delta >> a_{12} \rightarrow r$$

$$L_{1E}' = \frac{\mu}{2\,\pi}\left(\ln \frac{\delta}{r} + \frac{1}{4}\right) \tag{4.10}$$

Der Summand 1/4 berücksichtigt die innere Induktivität des Leiters 1.

Die Modellierung des Erdreichs als „Rohr“ ohne innere Induktivität widerspricht der Anschauung. Die abgeleiteten Gleichungen ergeben sich aus einer exakten Lösung nach [4.1] durch Lösung einer partiellen Differentialgleichung, die zu Zylinderfunktionen führt. Bricht man deren Reihe nach dem ersten Glied ab, so ergeben sich die Gln. (4.9) und (4.10). Die Eindringtiefe δ wird dabei bestimmt durch

$$\delta = 1{,}85 \sqrt{\frac{\rho}{\mu_0\, \omega}} \tag{4.11}$$

Für einen üblichen spezifischen Bodenwiderstand von $\rho = 100\ \Omega$ m und die Netzfrequenz f = 50 Hz ergibt sich $\delta = 931$ m. Demnach gilt Gl. (4.9) nur für Leiter, die einen Abstand a von weniger als ca. 500 m zueinander haben.

Die Eindringtiefe ist ein Maß für die Stromdichteverteilung im Erdreich. Direkt unterhalb des Hinleiters ist sie am größten und nimmt nach der Seite und ins Innere der

Erde ab (Bild 4.2). Bei sehr hohen Frequenzen konzentriert sich der Rückstrom direkt unter dem Hinleiter, mit zunehmendem spezifischem Bodenwiderstand verteilt er sich weiter im Erdreich. So ist zu erklären, daß der Erdwiderstand nicht von dem spezifischen Bodenwiderstand, sondern nur von der Frequenz abhängt

$$R_E' = (0{,}05\,\Omega/\mathrm{km}) \cdot (f/50\,\mathrm{Hz}) \tag{4.12}$$

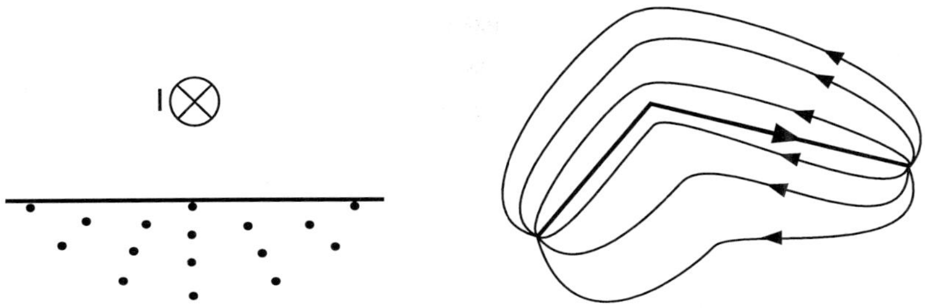

Bild 4.2: *Verlauf des Stromes im Erdreich*

Die Gln. (4.6) bis (4.10) enthalten den gleichen Vorfaktor $\mu\,(2\,\pi) = 0{,}2$ mH/km und einen Logarithmus, der das Argument mit der Leitungsgeometrie stark glättet. Deshalb liegen alle Selbst- und Gegeninduktivitäten von Freileitungen in der gleichen Größenordnung. Für eine Leiterschleife liefert Gl. (4.8) ($r = 1$ cm; $a = 1$ m)

$$L_1' = 0{,}2\left(\ln 100^2 + 0{,}5\right) = 1{,}94\ \mathrm{mH/km}$$

Die Kopplung zweier Leiter mit Erdrückleitung ergibt sich nach Gl. (4.9) ($a = 10$ m, $\delta = 1\,000$ m)

$$L_{12}' = 0{,}2\ \ln 100 = 0{,}9\ \mathrm{mH/km}$$

Für die im Leitungsbau üblichen Anordnungen liegen die Selbst- und Gegeninduktivitäten im Bereich von 0,5 bis 2 mH/km. Dies entspricht bei 50 Hz den Reaktanzen, genauer Reaktanzbelägen, 0,15 W/km bis 0,6 W/km. Sind - wie in Bild 4.3 dargestellt - die Abstände zwischen beiden gekoppelten Schleifen sehr groß, so läßt sich nach Gl. (4.6) folgende Näherung durchführen

$$L_{12}' = \frac{\mu}{2\,\pi}\ln\frac{D \cdot D}{(D+a)\,(D-a)} \approx \frac{\mu}{2\,\pi}\ln\left[1+\left(\frac{a}{D}\right)^2\right] \approx \frac{\mu}{2\,\pi}\left(\frac{a}{D}\right)^2 \tag{4.13}$$

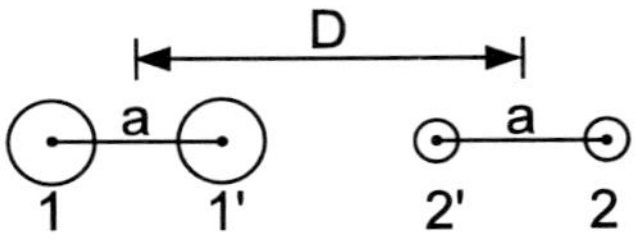

Bild 4.3: *Kopplung zwischen weit voneinander entfernt liegenden Schleifen*

Im Gegensatz zu den vorhergehenden Beispielen nimmt die Kopplung der weit voneinander entfernt liegenden Leiterschleifen quadratisch mit deren Abstand zueinander ab. Dieser Zusammenhang ist für die Behandlung von Beeinflussungsproblemen wichtig und wird in Abschn. 4.5.2 wieder aufgegriffen.

4.1.3 Ersatzschaltung für gekoppelte Leiter

In Bild 4.1 ist dargestellt, wie nach Gl. (4.5) ein Fluß Φ_{12} in der Schleife 2 durch den Strom i_1 in der Schleife 1 hervorgerufen wird. Fließt auch in der Schleife 2 ein Strom i_2, so entsteht ein zusätzlicher Fluß Φ_{22}, der sich mit Φ_{12} zu dem Gesamtfluß Φ_2 addiert. Stromänderungen führen zu induzierten Spannungen, die den treibenden Spannungen entgegenwirken. Für die Schleife 2 ergibt sich damit die Spannungsgleichung

$$u_2 = R_2\, i_2 + d\Phi_2 / dt = R_2\, i_2 + d\left(\Phi_{22} + \Phi_{21}\right)/dt$$

$$u_2 = R_2\, i_2 + L_2\, di_2 / dt + L_{21}\, di_1 / dt \qquad (4.14)$$

Analog hierzu läßt sich eine Spannungsgleichung für die Leiterschleife 1 aufstellen, wobei die Koppelinduktivitäten L_{12} und L_{21} wegen $a_{12} = a_{21}$ gleich sind.

Faßt man die Rückleiter 1' und 2' in Bild 4.1 zur Erde zusammen, so werden die Selbst- und Gegeninduktivitäten in Gl. (4.14) durch die Gln. (4.10) bzw. (4.9) bestimmt. Auf diese Art ist es möglich, jedem Leiter eine eigene Selbstinduktivität gegen Erde zuzuordnen. Wird beispielsweise aus den Leitern 1 und 2 eine Schleife gebildet, so ergibt sich deren Spannungsgleichung zu

$$u = u_1 - u_2 \qquad i = i_1 = -i_2 \qquad R = R_1 = R_2$$

$$u = R\, i + (L_1 - L_{21})\, di/dt - \left[-R\, i - \left(L_2 - L_{12}\right) di/dt\right]$$

$$u = 2\, R\, i + 2\,\frac{\mu l}{2\,\pi}\left[\ln\frac{\delta}{r} + \frac{1}{4} - \ln\frac{\delta}{a}\right] di/dt$$

$$u = 2\, R\, i + \frac{\mu l}{2\,\pi}\left[\ln\left(\frac{a}{r}\right)^2 + 2\cdot\frac{1}{4}\right] di/dt \qquad (4.15)$$

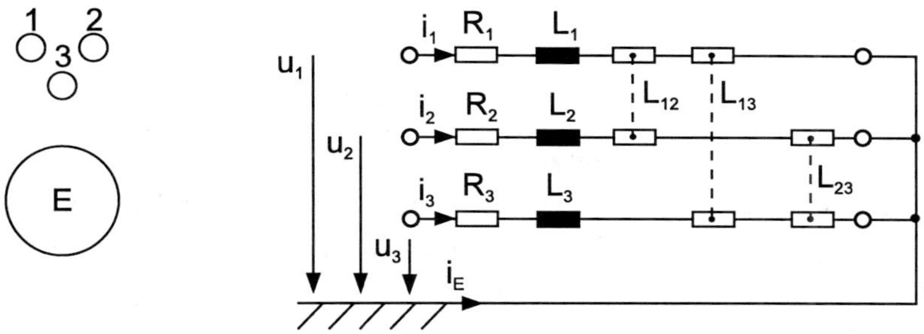

Bild 4.4: *Induktive Kopplung zwischen drei Leitern und gemeinsamer Erdrückleitung*

Aus den Selbst- und Koppelinduktivitäten der Leiter 1 und 2 gegen Erde wurde die Selbstinduktivität der Leiterschleife 1-2 nach Gl. (4.8) bestimmt. Der Einfluß der Erde mit der Eindringtiefe δ entfällt.

Gl. (4.14) läßt sich auf beliebig viele Leiter erweitern. Bild 4.4 zeigt als Beispiel eine Anordnung mit drei Leitern, wobei die Selbst- und Koppelinduktivitäten mit den Gln. (4.9) und (4.10) zu bestimmen sind. Ist die Summe der Leiterströme null, so hebt sich beim Umformen der Gleichungen die Eindringtiefe δ heraus. Sie ist demnach eine Hilfsgröße, die beliebig, z. B. mit $\delta = 1\,000$ m, festgelegt werden kann. Lediglich in den Fällen, in denen Strom durch das Erdreich zurückfließt, muß die Eindringtiefe nach den tatsächlichen Gegebenheiten bestimmt werden.

Für stationäre Wechselgrößen kann man die Differentialgleichungen des Zweileitersystems (4.14) als komplexe Gleichungen schreiben

$$\underline{Z}_2 = R_2 + j\omega L_2 \quad \underline{Z}_{12} = j\omega L_{12}$$

$$\underline{U}_2 = \underline{Z}_2 \underline{I}_2 + \underline{Z}_{21} \underline{I}_1 \tag{4.16}$$

Eine Anordnung nach Bild 4.4, erweitert auf n Leiter, wird beschrieben durch ($\underline{Z}_{ik} = \underline{Z}_{ki}$)

$$\begin{bmatrix} \underline{U}_1 \\ \underline{U}_2 \\ \vdots \\ \underline{U}_n \end{bmatrix} = \begin{bmatrix} \underline{Z}_1 & \underline{Z}_{12} & \cdots & \underline{Z}_{1n} \\ \underline{Z}_{21} & \underline{Z}_2 & \cdots & \underline{Z}_{2n} \\ \vdots & & & \\ \underline{Z}_{n1} & \underline{Z}_{n2} & \cdots & \underline{Z}_n \end{bmatrix} \begin{bmatrix} \underline{I}_1 \\ \underline{I}_2 \\ \vdots \\ \underline{I}_n \end{bmatrix} \tag{4.17}$$

$$\underline{Z}_i = R_i + j\omega \frac{\mu l}{2\pi} \left[\ln \frac{\delta}{r_i} + \frac{1}{4} \right] \qquad \underline{Z}_{ik} = j\omega \frac{\mu l}{2\pi} \ln \frac{\delta}{a_{ik}} \tag{4.18}$$

Dabei sind $\underline{Z}_i$ die Selbstimpedanzen und $\underline{Z}_{ik}$ ($i \neq k$) die Koppelimpedanzen.

Für den Fall ohne Erdrückleitung gilt zusätzlich die Nebenbedingung

$$\underline{I}_E = -\sum_{i=1}^{n} \underline{I}_i = 0 \tag{4.19}$$

Sie stellt, wie oben ausgeführt, sicher, daß die Eindringtiefe δ aus Gl. (4.17) herausfällt.

Beispiel 4.1. *Zwei 10 km lange Leiter1 und 2 mit den Radien r = 1 cm haben einen Abstand von a_{12} = 1 m zueinander. An dem Leiter 1 liegt eine Spannung von U_1 = 10 kV gegen Erde (δ = 1 000 m). Welcher Strom I_1 fließt und welche Spannung U_2 wird in dem einseitig geerdeten Leiter 2 induziert? Welcher Strom stellt sich ein, wenn der Leiter 2 beidseitig geerdet ist? Welcher Strom ergibt sich, wenn die Spannung U_1 zwischen den Leitern 1 und 2 liegt?*

Die Selbst- und Koppelreaktanzen werden aus Gl. (4.18) bestimmt

$$Z_1 = \omega \frac{\mu l}{2\pi}\left[\ln\frac{\delta}{r} + \frac{1}{4}\right] = 314\ \mathrm{s}^{-1} \cdot 0{,}2\ \frac{\mathrm{mH}}{\mathrm{km}} \cdot 10\ \mathrm{km}\left[\ln\frac{1\,000}{0{,}01} + \frac{1}{4}\right] = 7{,}39\ \Omega$$

$$Z_{12} = \omega \frac{\mu l}{2\pi} \ln\frac{\delta}{a_{12}} = 314 \cdot 0{,}2 \cdot 10^{-3} \cdot 10 \ln\frac{1\,000}{1} = 4{,}34\ \Omega$$

$$I_1 = U_1 / Z_1 = 10/7{,}39 = 1{,}35\ \mathrm{kA}$$

$$U_2 = Z_{12}\, I_1 = 4{,}34 \cdot 1{,}35 = 5{,}86\ \mathrm{kV}$$

Diese Spannung führt mit Z_1 = Z_2 bei dem beidseitig geerdeten Leiter 2 zu dem Strom

$$I_2 = U_2 / Z_2 = 5{,}86/7{,}39 = 0{,}79\ \mathrm{kA}$$

Bei dieser Berechnung ist nicht berücksichtigt, daß der Strom I_2 auf den Leiter 1 zurückwirkt. Die exakte Lösung liefert

$$U_1 = Z_1\, I_1 + Z_{12}\, I_2$$

$$U_2 = Z_{12}\, I_1 + Z_2\, I_2 = 0$$

$$I_2 = -Z_{12}/Z_2\, I_1 \qquad U_1 = \left(Z_1 - Z_{12}^2 / Z_2\right) I_1 = 4{,}84\ \Omega\, I_1$$

$$I_1 = 10/4{,}84 = 2{,}07\ \mathrm{kA} \qquad I_2 = -4{,}34/7{,}39 \cdot 2{,}07 = -1{,}22\ \mathrm{kA}$$

Der Unterschied zwischen Näherungslösung und exakter Lösung ist beachtlich. Die Lösungen nähern sich mit wachsendem Abstand a_{12} einander an.

Für den Fall I_2 = -I_1 ergibt sich

$$U_1 = 2\left(Z_1 - Z_2\right) I_1 = 2\,(7{,}39 - 4{,}34)\,\Omega\, I_1 = 6{,}1\,\Omega\, I_1$$

$$I_1 = 10 / 6{,}1 = 1{,}64 \text{ kA}$$

Diese Lösung hätte man auch aus Selbstinduktivitäten der Schleifen 1 - 2 bestimmen können. Gl. (4.8) liefert

$$Z_{12} = \omega \frac{\mu l}{2\,\pi} \left[\ln \left(\frac{a}{r} \right)^2 + 2 \cdot \frac{1}{4} \right]$$

$$= 314 \cdot 0{,}2 \cdot 10^{-3} \cdot 10 \left[\ln \left(\frac{1}{0{,}01} \right)^2 + 0{,}5 \right] = 6{,}10\,\Omega$$

$$I_1 = 10 / 6{,}10 = 1{,}64 \text{ kA}$$

4.1.4 Kapazitive Kopplung

Im vorangegangenen Abschnitt wurde gezeigt, daß die Anordnung der Leiter gegenüber Erde keinen Einfluß auf die Selbst- und Gegeninduktivität hat, solange das Erdreich nicht an der Stromleitung beteiligt ist, da die relative Permeabilität des Bodens $\mu_r = 1$ ist. Die durch die endliche Leitfähigkeit ($\rho \neq \infty$) entstehenden Wirbelströme sind bei 50 Hz vernachlässigbar.

Beim elektrischen Feld kann die Erde als ideal leitende Platte ($\rho = 0$) angesehen werden. Dies führt dazu, daß die elektrischen Feldlinien aus der Luft senkrecht in die Erd-

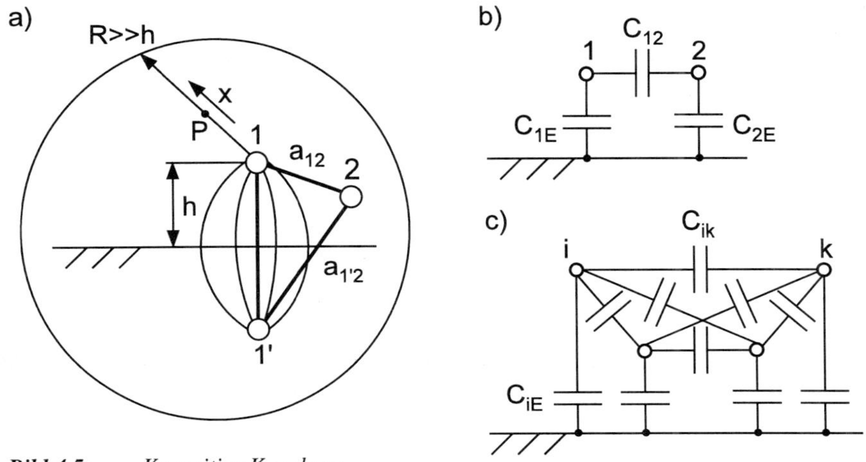

Bild 4.5: *Kapazitive Kopplung*
a) Beeinflussung eines Leiters, b) Ersatzschaltung für zwei Leiter,
c) Ersatzschaltung für vier Leiter

oberfläche eintreten. Das Feld eines Leiters 1 mit der Ladung Q_1 über Erde kann deshalb durch einen Spiegelleiter 1' mit der Ladung $Q_{1'} = -Q_1$ in der Erde modelliert werden (Bild 4.5a). Verallgemeinert man diese Betrachtung, so müssen zu allen realen Leitern 1, 2, ... mit den Ladungen Q_1, Q_2, ... Spiegelleiter 1', 2', ... mit den Ladungen $-Q_{1'}$, $-Q_{2'}$, ... angeordnet werden, um den senkrechten Eintritt der Feldlinien in das Erdreich sicherzustellen. Zur Beschreibung des Feldes wird zunächst nur die Ladung Q_1 auf dem Leiter 1 betrachtet. Sie erzeugt im Abstand x vom Leiter eine Feldstärke (Bild 4.5a)

$$E_1 = \frac{Q_1}{2\,\pi\,\varepsilon\,l} \cdot \frac{1}{x}$$

Das Potential eines Punktes P gegenüber einem konzentrischen Rohr mit dem Radius $R \rightarrow \infty$ ergibt sich durch Integration

$$\varphi_x = \int_x^R E_1 \, dx = \frac{Q_1}{2\,\pi\,\varepsilon\,l} \ln \frac{R}{x}$$

Wird der Punkt P auf den Rand des Leiters 1 mit dem Radius r_1 gelegt, so ist aus dem Potential φ_1 zwischen Leiter und Rohr die Kapazität eines Koaxialkabels zu bestimmen

$$\varphi_1 = \frac{Q_1}{2\,\pi\,\varepsilon\,l} \ln \frac{R}{r_1} \qquad C_K = \frac{Q_1}{\varphi_1} = \frac{2\,\pi\,\varepsilon\,l}{\ln(R / r_1)} \tag{4.20}$$

Das Potential des Leiters 2 ist durch Überlagerung der Felder, die von den Leitern 1 und 1' ausgehen, zu bestimmen ($Q_{1'} = -Q_1$)

$$\varphi_2 = \frac{Q_1}{2\,\pi\,\varepsilon\,l} \ln \frac{R}{a_{12}} + \frac{-Q_1}{2\,\pi\,\varepsilon\,l} \ln \frac{R}{a_{1'2}} = \frac{Q_1}{2\,\pi\,\varepsilon\,l} \ln \frac{a_{1'2}}{a_{12}} \tag{4.21}$$

Befindet sich der Leiter 2 auf der Erdoberfläche, so ergibt sich $\varphi_2 = 0$ ($a_{1'2} = a_{12}$). Dies bedeutet, daß das Potential φ_2 eines Leiters oberhalb der Erde gleich seiner Leiter-Erd-Spannung ist.

Aus dem Potential des Leiters 1 gegen Erde ist die Leiter-Erd-Kapazität zu bestimmen

$$a_{12} = r_1 \qquad a_{1'2} = a_{1'1} = 2\,h$$

$$\varphi_1 = U_{1E} = \frac{Q_1}{2\,\pi\,\varepsilon\,l} \ln \frac{2\,h}{r_1} \qquad C_{1E} = \frac{Q_1}{U_{1E}} = \frac{2\,\pi\,\varepsilon\,l}{\ln(2\,h / r_1)} \tag{4.22}$$

Mit der Gleichung für die Leiter-Erdkapazität ist auch die Kapazität zwischen den Leitern 1 und 1' zu bestimmen.

$$C_{11'} = \frac{1}{2} C_{1E} = \frac{\pi \varepsilon l}{\ln(a_{11'}/r_1)}$$

Für die Kapazität zwischen zwei Leitern 1 und 2 ergibt sich analog hierzu bei Vernachlässigung des Erdeinflusses

$$C_{12} = \frac{\pi \varepsilon l}{\ln(a_{12}/r_1)} \tag{4.23}$$

Beispiel 4.2. *Es soll berechnet werden, welche Spannung in einer Fernmeldeader 2 durch den Starkstromleiter 1 influenziert wird. Dabei sind folgende Daten gegeben*

$$h_1 = h_2 = 10\text{ m} \qquad a_{12} = 20\text{ m} \qquad r = 1\text{ cm} \qquad U_{1E} = 220\text{ kV}$$

Aus den Gln. (4.21) und (4.22) ist die Ladung Q_1 zu eliminieren

$$\varphi_2 = U_{2E} = \frac{2\pi\varepsilon l}{\ln(2h/r_1)} \cdot \frac{U_{1E}}{2\pi\varepsilon l} \ln\frac{a_{1'2}}{a_{12}}$$

$$= \frac{\ln(a_{1'2}/a_{12})}{\ln(2h/r_1)} U_{1E} = \frac{\ln\left[\sqrt{20^2+20^2}/20\right]}{\ln(20/0{,}01)} \cdot 220\text{ kV} = 10\text{ kV} \tag{4.24}$$

4.1.5 Ersatzschaltung für kapazitiv gekoppelte Leiter

Anhand des Bildes 4.5a wurde das Potential φ_2 des Leiters 2 bestimmt, das durch die Ladung Q_1 verursacht wird (Gl. 4.21). Trägt der Leiter 2 selbst eine Ladung Q_2, so läßt sich deren Beitrag zum Potential φ_2 mit Gl. (4.22) bestimmen, wenn dort die Indizes 1 und 2 vertauscht werden. Die Überlagerung liefert

$$\varphi_2 = \frac{Q_1}{2\pi\varepsilon l}\ln\frac{a_{1'2}}{a_{12}} + \frac{Q_2}{2\pi\varepsilon l}\ln\frac{2h}{r_2} \tag{4.25}$$

In analoger Weise läßt sich das Potential des Leiters 1 ermitteln. Verallgemeinert man Gl. (4.25) auf n Leiter, so treten zueinander ähnlich strukturierte Koeffizienten α auf. Mit ihnen ist der Zusammenhang zwischen den Ladungen Q_i und den Potentialen φ_i anzugeben. Dabei ist zu beachten, daß die Potentiale φ_i gegenüber dem Rohr R auch die Leiter-Erdspannungen U_{iE} sind

$$\alpha_{ii} = \frac{1}{2\pi\varepsilon l}\ln\frac{2h}{r_i} \qquad \alpha_{ik} = \alpha_{ki} = \frac{1}{2\pi\varepsilon l}\ln\frac{a_{i'k}}{a_{ik}} \qquad i,k = 1\ldots n$$

$$\begin{pmatrix}\varphi_1\\ \vdots \\ \varphi_n\end{pmatrix} = \begin{pmatrix}\alpha_{11} & \cdots & \alpha_{1n}\\ \vdots & & \\ \alpha_{n1} & \cdots & \alpha_{nn}\end{pmatrix}\begin{pmatrix}Q_1\\ \vdots \\ Q_n\end{pmatrix} \qquad \varphi = \mathbf{A}\cdot Q \tag{4.26}$$

Die Inversion liefert

$$Q = \mathbf{A}^{-1}\, \varphi = \mathbf{K} \cdot \varphi$$

Dabei ist **K** eine Kapazitätsmatrix, deren Komponenten sich in einer Ersatzschaltung darstellen lassen.

Für das einfache Beispiel zweier Leiter entsprechend Bild 4.5b ergibt sich

$$Q_1 = K_{11}\, \varphi_1 + K_{12}\, \varphi_2 = C_{1E}\, \varphi_1 + C_{12}\left(\varphi_1 - \varphi_2\right) = \left(C_{1E} + C_{12}\right) \varphi_1 - C_{12}\, \varphi_2$$

$$Q_2 = K_{21}\, \varphi_1 + K_{22}\, \varphi_2 = C_{2E}\, \varphi_2 + C_{12}\left(\varphi_2 - \varphi_1\right) = -C_{12}\, \varphi_1 + \left(C_{2E} + C_{12}\right) \varphi_2$$

Die Koppelkapazität C_{12} in Bild 4.5b und den obigen Gleichungen gilt bei Erdeinfluß und darf nicht mit der Leiter-Leiter-Kapazität nach Gl. (4.23) verwechselt werden.

Die Erweiterung auf n Leiter läßt sich leicht durchführen. Ein Koeffizientenvergleich liefert dann den Zusammenhang zwischen der Teilkapazität C_{ik} aus Bild 4.5c mit den Elementen K_{ik} der Kapazitätsmatrix **K** $(i \neq k)$

$$C_{ik} = -K_{ik} \qquad C_{iE} = K_{ii} - \sum_{n} K_{ik} \tag{4.27}$$

Mit diesen Teilkapazitäten kann die in Gl. (4.24) berechnete Beeinflussungsspannung ebenfalls bestimmt werden

$$U_2 = \frac{C_{12}}{C_{12} + C_{2E}}\, U_{1E}$$

Gl. (4.26) oder Bild 4.5c mit Gl. (4.27) liefert den Zusammenhang zwischen Ladungen und Spannungen in einer beliebigen Anordnung parallel geführter Leiter. Die Ableitung wurde für zeitlich konstante Ladungen und Spannungen durchgeführt. Sie gilt ebenso für zeitlich veränderliche Zustände. Dann fließen allerdings Verschiebungsströme zwischen den Leitern.

$$\begin{aligned} i &= dq / dt = C \cdot du / dt \\ \underline{I} &= j\omega\, C\, \underline{U} \end{aligned} \tag{4.28}$$

4.1.6 Leitungsersatzschaltung

Die Ersatzschaltungen für die induktiven Kopplungen nach Bild 4.4 und die kapazitiven Kopplungen nach Bild 4.5 sind in Bild 4.6a für eine Drehstromleitung zusammengefaßt. Dabei werden die Kapazitäten je zur Hälfte am Anfang und Ende angesetzt. Ist die Leitung symmetrisch aufgebaut, so daß die Kenngrößen der drei Leiter jeweils gleich sind, läßt sich die Ersatzschaltung in symmetrische Komponenten transformieren. Es ergibt sich dann die Schaltung in Bild 4.6b. Durch die Diagonaltransformation sind die Koppelinduktivitäten L_{ik} und die Koppelkapazitäten C_{ik} entfallen.

Die Umrechnung der Kenngrößen aus dem RST-System in symmetrische Komponenten hpn kann mit Hilfe der Transformationsgleichungen (1.59) erfolgen. Hier sollen die Mit-, Gegen- und Nullimpedanzen jedoch direkt aus der Ersatzschaltung nach Bild 4.4 bestimmt werden. Bei symmetrischer Anordnung ($\underline{Z}_{RS} = \underline{Z}_{ST} = \underline{Z}_{TR}$) liefert ein symmetrische Stromsystem mit den Impedanzen nach Gl. (4.18)

$$\underline{I}_S = \underline{a}^2\,\underline{I}_R \qquad \underline{I}_T = \underline{a}\,\underline{I}_R \qquad \underline{a} = e^{j120^\circ}$$

$$\underline{U}_R = \underline{Z}_R\,\underline{I}_R + \underline{Z}_{RS}\,\underline{I}_S + \underline{Z}_{RT}\,\underline{I}_T = \left[\underline{Z}_R + \underline{a}^2\,\underline{Z}_{RS} + \underline{a}\,\underline{Z}_{RT}\right]\underline{I}_R$$

$$= \left[\underline{Z}_R - \underline{Z}_{RS}\right]\underline{I}_R$$

$$\underline{Z}_p = \underline{U}_R / \underline{I}_R = R + j\omega\frac{\mu l}{2\,\pi}\left[\ln\frac{\delta}{r} + \frac{1}{4}\right] - j\omega\frac{\mu l}{2\,\pi}\ln\frac{\delta}{a}$$

$$\underline{Z}_p = \underline{Z}_b = R + j\omega\frac{\mu l}{2\,\pi}\left[\ln\frac{a}{r} + \frac{1}{4}\right] = \underline{Z}_n \tag{4.29}$$

Für die Leiter S und T ergibt sich dieselbe Impedanz. Sie gilt für ein symmetrisches, positiv drehendes System (Mitsystem) und wird deshalb Mitimpedanz $\underline{Z}_p$ genannt. Da der angesetzte Betrieb gleichzeitig der Normalzustand eines Netzes ist, wird sie auch als Betriebsimpedanz $\underline{Z}_b$ bezeichnet.

Für ein negativ drehendes System erhält man denselben Ausdruck. Die Gegenimpedanz $\underline{Z}_n$ ist deshalb gleich der Mitimpedanz $\underline{Z}_p$.

Aus einem homopolaren System ergibt sich die Nullimpedanz zu

$$\underline{I}_S = \underline{I}_R \quad \underline{I}_T = \underline{I}_R$$

$$\underline{U}_R = \left(\underline{Z}_R + \underline{Z}_{RS} + \underline{Z}_{RT}\right)\underline{I}_R = \left(\underline{Z}_R + 2\,\underline{Z}_{RS}\right)\underline{I}_R$$

$$\underline{Z}_h = \underline{U}_R / \underline{I}_R = R + j\omega\frac{\mu l}{2\,\pi}\left[\ln\frac{\delta}{r} + \frac{1}{4}\right] + 2\cdot j\omega\frac{\mu l}{2\,\pi}\ln\frac{\delta}{a}$$

$$= R + j\omega\frac{3\,\mu l}{2\,\pi}\left[\ln\frac{\delta}{\sqrt[3]{r\,a^2}} + \frac{1}{3}\cdot\frac{1}{4}\right] \tag{4.30}$$

Der Ausdruck $\sqrt[3]{r\,a^2}$ wird als Ersatzradius r_L der drei Leiter RST bezeichnet und in Abschn. 4.1.7 näher behandelt.

Entsprechend kann man mit den Kapazitäten in Gl. (4.26) verfahren.

$$C_p = C_n = C_b = 3\,C_{ik} + C_{iE} = \frac{2\,\pi\,\varepsilon\,l}{\ln(a/r)} \tag{4.31}$$

$$C_h = C_{iE} = \frac{(2/3)\,\pi\,\varepsilon\,l}{\ln\left(2\,h/\sqrt[3]{r\,a^2}\right)} = C_{ie} \tag{4.32}$$

Es sei darauf hingewiesen, daß der Index für Erde in Analogie zu p, n, h, b häufig klein geschrieben wird.

Die Mitkapazität ist auch aus Bild 4.6a zu gewinnen, wenn die Koppelkapazitäten C_{ik} in eine Sternschaltung umgewandelt und mit den Erdkapazitäten C_{iE} zusammengefaßt werden.

Die Nachbildung einer Leitung durch eine π-Ersatzschaltung führt zu Modellfehlern, denn die über die gesamte Leitung verteilten Induktivitäten und Kapazitäten werden in konzentrierten Elementen zusammengefaßt. Sind bei 50 Hz die Leitungen länger als 100 km, so wird man sie aus mehreren π-Gliedern zusammensetzen oder das in Abschn. 4.2 behandelte Modell verwenden. Für höhere Frequenzen, z. B. Oberschwingungsbetrachtungen, ist eine entsprechend feinere Unterteilung in Leitungselemente notwendig.

Viele Untersuchungen, insbesondere die Kurzschlußstromberechnungen (Abschn. 8.3.2), erlauben die Vernachlässigung der Kapazitäten. In Hochspannungsfreileitungsnetzen ist darüber hinaus der ohmsche Widerstand gegenüber dem induktiven zu vernachlässigen, so daß sich das Leitungsmodell auf die Mit-, Gegen- und Nullreaktanz reduziert.

Auf die Transformation in die symmetrischen Komponenten kann man für einfache unsymmetrische Berechnungen verzichten und das Vierleitermodell nach Bild 4.6c anwenden. Während die Kapazitäten aus dem RST-Modell übernommen werden, sind die induktiven Kopplungen in der Erdrückleitung berücksichtigt.

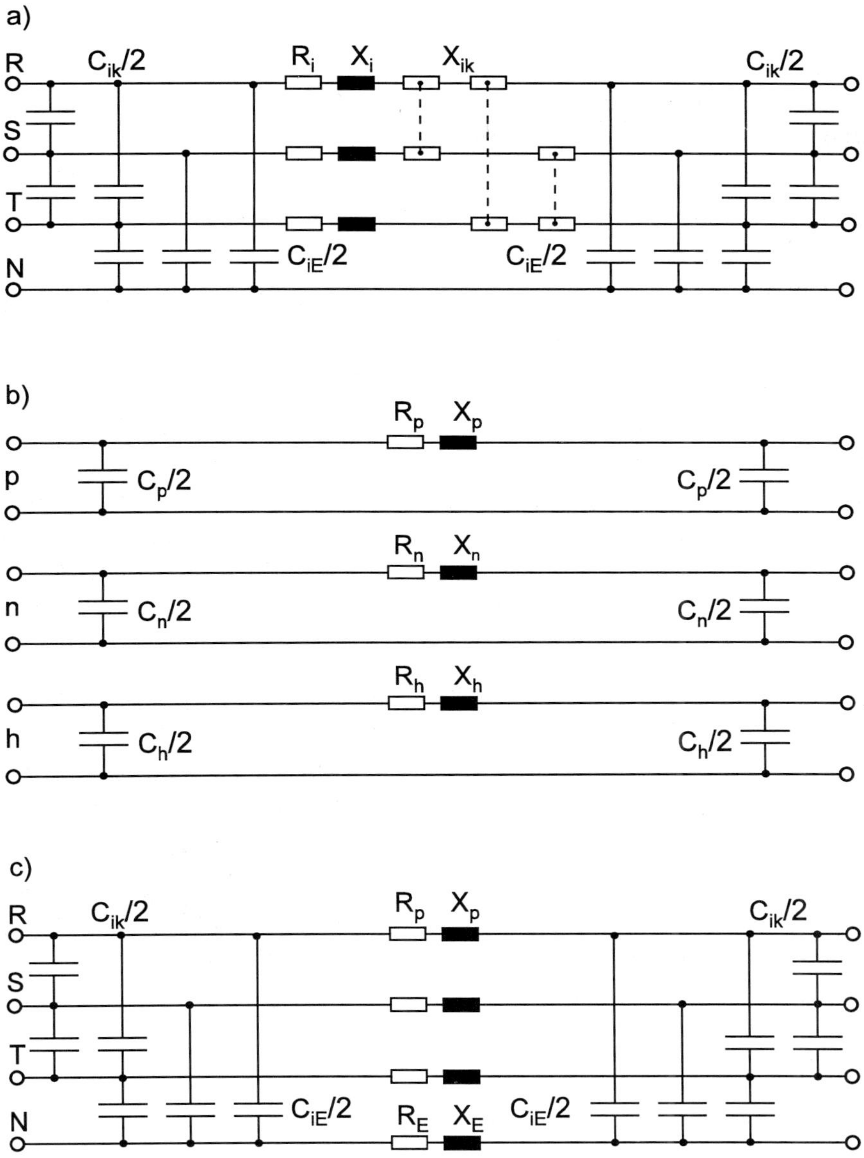

Bild 4.6: *π-Ersatzschaltung einer Leitung*
a) Originalsystem, b) symmetrische Komponenten hpn,
c) Vierleiter-Ersatzschaltung
$\underline{Z}_E = 1/3\,(\underline{Z}_h - \underline{Z}_p)$

4.1.7 Ersatzleiter

In Bild 4.7a ist eine Anordnung von drei stromdurchflossenen Leitern 1, 2, 3 gegeben, die in dem Leiter F eine Spannung induzieren. Diese drei Leiter, die den Abstand a zueinander haben, sollen zu einem Ersatzleiter L zusammengefaßt werden, so daß die Anordnung in Bild 4.7b entsteht. Gesucht sind der Radius des Leiters L und sein Abstand zum Leiter F. Zur Bestimmung des Ersatzradius r_L wird die Selbstinduktivität der drei Leiter 1, 2, 3 mit Erdrückleitung berechnet. Hierzu dient die erste Zeile der Matrizengleichung (4.17) mit den Impedanzen nach den Gln. (4.18)

$$\underline{U}_1 = \underline{Z}_1\,\underline{I}_1 + \underline{Z}_{12}\,\underline{I}_2 + \underline{Z}_{13}\,\underline{I}_3 = \left(\underline{Z}_1 + 2\,\underline{Z}_{12}\right)\underline{I}_L / 3 \tag{4.33}$$

Wegen der Symmetrie ($a_{12} = a_{13} = a_{23} = a$) gilt diese Gleichung für alle drei Leiter ($\underline{U}_1 = \underline{U}_2 = \underline{U}_3 = \underline{U}_L$)

$$\underline{U}_L / \underline{I}_L = \underline{Z}_L = \left[R_1 + j\omega\frac{\mu l}{2\pi}\left(\ln\frac{\delta}{r} + \frac{1}{4}\right) + 2\cdot j\omega\frac{\mu l}{2\pi}\ln\frac{\delta}{a}\right]\cdot\frac{1}{3}$$

$$= \frac{1}{3}R_1 + j\omega\frac{\mu l}{2\pi}\cdot\frac{1}{3}\left(\ln\frac{\delta^3}{r\,a^2} + \frac{1}{4}\right) = R_L + j\omega\frac{\mu l}{2\pi}\left(\ln\frac{\delta}{r_L} + \frac{1}{3}\cdot\frac{1}{4}\right) \tag{4.34}$$

Dabei ist der Widerstand R_L des Ersatzleiters aus der Parallelschaltung der drei Teilleiter entstanden ($R_L = 1/3\ R_1$) und der Radius r_L des Ersatzleiters aus dem geometrischen Mittel der Leiterabstände a und Leiterradien r

$$r_L = \sqrt[3]{r\,a^2}$$

Dieser Ausdruck ist bereits bei der Ableitung der Gln. (4.30) und (4.32) entstanden.

Werden entsprechend Bild 4.7c n Teilleiter am Umfang eines Kreises mit dem Radius R angeordnet, so ergibt sich deren Ersatzradius zu

$$r_L = r_{ers} = R\sqrt[n]{n\cdot r / R} \tag{4.35}$$

Der Grenzübergang $n \rightarrow \infty$ liefert den Radius $r_L = R$ für ein Rohr. Die innere Induktivität, die mit dem Summanden 1/4 in Gl. (4.34) eingeht, reduziert sich wie der ohmsche Widerstand durch die Parallelschaltung um den Faktor 1/3. Beim Grenzübergang zum Rohr entfällt sie ganz.

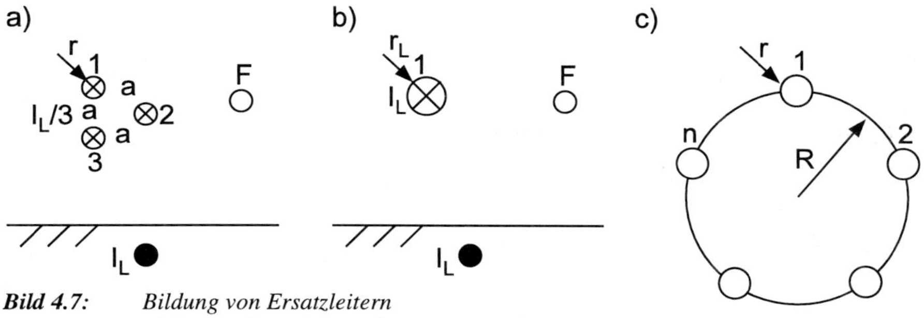

Bild 4.7: *Bildung von Ersatzleitern*
a) Originalanordnung, b) Ersatzanordnung, c) Teilleiteranordnung

Die Spannung, die in dem Leiter F induziert wird, läßt sich ebenfalls aus Gl. (4.17) errechnen, wenn der Strom I_F null gesetzt wird

$$\underline{U}_F = \underline{Z}_{1F}\,\underline{I}_1 + \underline{Z}_{2F}\,\underline{I}_2 + \underline{Z}_{3F}\,\underline{I}_3 = \left(\underline{Z}_{1F} + \underline{Z}_{2F} + \underline{Z}_{3F}\right)\underline{I}_L / 3$$

$$\underline{U}_F / \underline{I}_L = \underline{Z}_{LF} = j\omega \frac{\mu l}{2\pi}\left[\ln\frac{\delta}{a_{1F}} + \ln\frac{\delta}{a_{2F}} + \ln\frac{\delta}{a_{3F}}\right]\cdot\frac{1}{3}$$

$$\underline{Z}_{LF} = j\omega\frac{\mu l}{2\pi}\ln\frac{\delta}{a_{LF}} \qquad \text{mit} \qquad a_{LF} = \sqrt[3]{a_{1F}\,a_{2F}\,a_{3F}} \tag{4.36}$$

Der Ersatzabstand a_{LF} zwischen dem zusammengefaßten Leiter L und dem beeinflußten Leiter F ergibt sich aus dem geometrischen Mittel der Teilleiterabstände.

Beispiel 4.3. *Für eine 1 km lange 380-kV-Leitung sollen die Elemente der Ersatzschaltungen nach Bild 4.6 berechnet werden. Die Leiter bestehen aus 4 Teilleitern mit Al/St 240/40 im Abstand a_T = 40 cm. Der Leiterabstand beträgt 9,5 m, die mittlere Aufhängehöhe sei h = 30 m. Das Erdseil wird vernachlässigt.*

Für den ohmschen Widerstand ergibt sich nach Gl.(4.2)

$$R_i = 1/4 \cdot R_T' \cdot l = 1/4 \cdot 0{,}15\,\Omega/\text{km} \cdot 1\,\text{km} = 0{,}0375\,\Omega$$

Die Transformation in symmetrische Komponenten verändert diese Werte nicht

$$R_p = R_n = R_h = R_i = 0{,}0375\,\Omega$$

Die Vernachlässigung des Erdwiderstandes führt im Vierleiterersatzschaltbild zu $R_E = 0$.

Die Selbst- und Koppelimpedanzen ergeben sich aus den Gln. (4.18) sowie (4.29) und (4.30).

Der Ersatzradius der Leiter läßt sich analog zu Gl. (4.30) oder nach Gl. (4.35) berechnen

$$r = \sqrt{q/\pi} = \sqrt{(240+40)/\pi} = 10 \text{ mm}$$

$$r_{ers} = \sqrt[4]{r\,a_r{}^2 \cdot \sqrt{2}\,a} = \left(a_r/\sqrt{2}\right)\sqrt[4]{4\,r/\left(a_r/\sqrt{2}\right)} = 17 \text{ cm}$$

$$X_i = \omega\frac{\mu\,l}{2\,\pi}\left[\ln\frac{\delta}{r_{ers}} + \frac{1}{4}\right] = 314 \cdot 0{,}2 \cdot 10^{-3}\left[\ln\frac{1000}{0{,}17} + \frac{1}{4}\right] = 0{,}56\,\Omega$$

$$X_{ik} = \frac{\mu\,l}{2\,\pi}\ln\frac{\delta}{a} = 314 \cdot 0{,}2 \cdot 10^{-3}\ln\frac{1000}{9{,}5} = 0{,}29\,\Omega$$

$$X_p = X_n = \omega\frac{\mu\,l}{2\,\pi}\left(\ln\frac{a}{r_{ers}} + \frac{1}{4}\right) = 314 \cdot 0{,}2 \cdot 10^{-3}\left[\ln\frac{9{,}5}{0{,}17} + \frac{1}{4}\right] = 0{,}27\,\Omega$$

Derselbe Wert ergibt sich aus der Ableitung der Gl. (4.29) durch folgende Gleichung

$$X_p = X_i - X_{ik} = 0{,}56 - 0{,}29 = 0{,}27\,\Omega$$

$$X_h = \omega\frac{3\,\mu\,l}{2\,\pi}\left[\ln\frac{\delta}{\sqrt[3]{r_{ers}\,a^2}} + \frac{1}{3}\cdot\frac{1}{4}\right]$$

$$= 314 \cdot 3 \cdot 0{,}2 \cdot 10^{-3}\left[\ln\frac{1000}{\sqrt[3]{0{,}17 \cdot 9{,}5^2}} + \frac{1}{12}\right] = 1{,}15\,\Omega$$

Schließlich liefert die Anschauung (siehe auch Legende zu Bild 4.6)

$$X_E = \left(X_h - X_p\right)/3 = (1{,}15 - 0{,}27)/3 = 0{,}29\,\Omega$$

Bei den Kapazitäten wird zunächst die Leiter-Erd-Kapazität C_{iE} berechnet. Sie ist gleich der Nullkapazität C_h. Gl. (4.32) liefert

$$C_h = C_{iE} = \frac{(2/3)\,\pi\,\varepsilon\,l}{\ln\left(2\,h/\sqrt[3]{r_{ers}\,a^2}\right)} = \frac{(2/3)\,\pi \cdot 1/(36\,\pi) \cdot 10^{-6}}{\ln\left(2 \cdot 30/\sqrt[3]{0{,}17 \cdot 9{,}5^2}\right)} = 5{,}8 \cdot 10^{-9}\text{ F}$$

Die Betriebskapazität bzw. die Kapazität von Mit- und Gegensystem ergibt sich aus Gl. (4.31). Hieraus ist auch die Koppelkapazität zu berechnen

$$C_p = C_n = C_b = \frac{2\,\pi\,\varepsilon\,l}{\ln\left(a/r_{ers}\right)} = \frac{2\,\pi\left(1/36\,\pi\right)10^{-6}}{\ln(9{,}5/0{,}17)} = 13{,}8 \cdot 10^{-9}\text{ F}$$

$$C_{ik} = \left(C_b - C_{iE}\right)/3 = (13{,}8 - 5{,}8) \cdot 10^{-9}/3 = 2{,}7 \cdot 10^{-9}\text{ F}$$

4.1.8 Mittlerer geometrischer Abstand

Bei der Ableitung der Koppelinduktivität in Abschn. 4.1.2 wurden die Abstände zwischen den Mittelpunkten der zylindrischen Leiter angesetzt. Dies ist zulässig, wenn der Strom über den Leiterquerschnitt gleichmäßig verteilt ist. Für Leiter beliebiger Form läßt sich entsprechend Bild 4.8 ein mittlerer geometrischer Abstand definieren

$$\mathrm{MGA} = a_{12} = \frac{1}{A_1\,A_2} \int_{A_1} \int_{A_2} a\,\mathrm{d}A_1\,\mathrm{d}A_2 \tag{4.37}$$

Bei kreisförmigem Querschnitt führt die Lösung der Integrale mit der Bedingung $a >> r$ zum Abstand der Kreismittelpunkte. Geht die Fläche A_2 in A_1 über, so erhält man den Abstand eines Leiters zu sich selbst. Das Integral in Gl. (4.37) liefert dann

$$a_{11} = r\,e^{-1/4} \tag{4.38}$$

Mit diesem Ausdruck kann aus Gl. (4.6) für die Koppelinduktivität die Gl. (4.8) für die Selbstinduktivität bestimmt werden, wenn man $a_{12} = a_{1'2'} = a_{11}$ und $a_{12'} = a_{1'2} = a$ setzt. Damit ist die dort fehlende Ableitung der inneren Induktivität nachgeholt.

Gl. (4.37) zur Ermittlung der mittleren geometrischen Abstände gilt allgemein. Zur Berechnung der Induktivitäten kann sie aber nur herangezogen werden, wenn die Stromdichte in den einzelnen Leitern über den Querschnitt konstant ist. Dies gilt nicht, wenn bei Wechselstrom Skin-Effekte auftreten oder die Abstände a zwischen den Leitern in die Größenordnung der Leiterabmessungen kommen, so daß der Proximity-Effekt, z. B. bei Kabeln, auftritt. Das Verfahren der mittleren geometrischen Abstände kann trotzdem mit Erfolg bei Stromschienen oder Kabeln angewendet werden. Hierzu ist jeder Leiter in mehrere Teilleiter zu zerlegen, für die jeweils eine konstante Stromdichte angenommen werden kann. So zerlegt man eine Stromschiene in beispielsweise 50 Sektoren und berechnet die mittleren geometrischen Abstände und daraus die Koppelinduktivitäten. Da alle Sektoren parallel geschaltet sind, werden die Spannungen $\underline{U}_i$ in Gl. (4.17) gleich. So sind die Teilströme $\underline{I}_i$ zu berechnen. Auf diese Art ist es möglich, Proximity- und Skin-Effekt zu berücksichtigen.

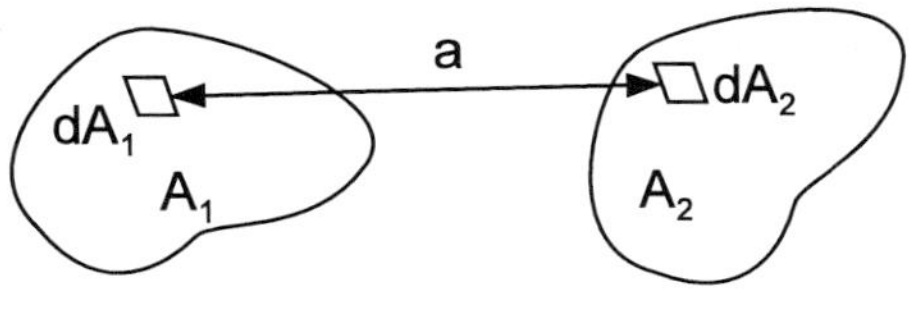

Bild 4.8: *Mittlerer geometrischer Abstand MGA*

4.2 Fernleitungen

Die π-Ersatzschaltungen in Bild 4.6 gelten nur für kurze Leitungen, wobei 50-Hz-Vorgänge auf Leitungen bis 100 km noch gut nachgebildet werden. Bei größeren Entfernungen oder höherfrequenten Vorgängen sind mehrere π-Elemente in Reihe zu schalten oder genauere Beschreibungsgleichungen anzusetzen, auf die nun eingegangen wird.

4.2.1 Leitungsgleichungen

In Bild 4.9 ist ein differentielles Leitungselement der Länge dx dargestellt. Es gilt für eine Zweidrahtleitung oder das Mitsystem einer Drehstromleitung. Aus ihm läßt sich eine partielle Differentialgleichung zur Beschreibung der Leitung ableiten

$$-di = G'\,dx(u + du) + C'\,dx\frac{\partial(u + du)}{\partial t}$$

$$= G'\,dx\,u + C'\,dx\,\frac{\partial u}{dt}$$

$$-du = R'\,dx\,i + L'dx\,\frac{\partial i}{dt}$$

$$-\frac{\partial i}{\partial x} = G'u + C'\frac{\partial u}{\partial t} \qquad -\frac{\partial u}{\partial x} = R'i + L'\frac{\partial i}{\partial t} \tag{4.39}$$

Für den verlustfreien Fall (R'= G' = 0) folgt

$$\frac{\partial^2 i}{\partial x^2} = L'C'\frac{\partial^2 i}{\partial t^2} \qquad \frac{\partial^2 u}{\partial x^2} = L'C'\frac{\partial^2 u}{\partial t^2} \tag{4.40}$$

Die Ansätze zur Lösung lauten

$$i = f_i(x - vt) \qquad u = f_u(x - vt) \tag{4.41}$$

Diese Funktionen sind Wanderwellen, die mit der Geschwindigkeit v in x-Richtung laufen, denn bei v = x/t bleibt die Gestalt der Funktionen f_i und f_u erhalten. Wird mit $\dot{f}$ die Ableitung der Funktion f nach dem Argument (x - vt) bezeichnet, so liefert die erste Gl. (4.39) für den verlustfreien Fall

$$\dot{f}_i = C'\,\dot{f}_u\,v$$

Aus der zweiten Gleichung (4.39) folgt damit

$$\dot{f}_u = L'\,\dot{f}_i \cdot v = L'\,C'\,v^2\,\dot{f}_u$$

$$v = \frac{\pm 1}{\sqrt{L'C'}} \qquad \dot{f}_u = L'\,v\,\dot{f}_i = \sqrt{\frac{L'}{C'}}\,\dot{f}_i \tag{4.42}$$

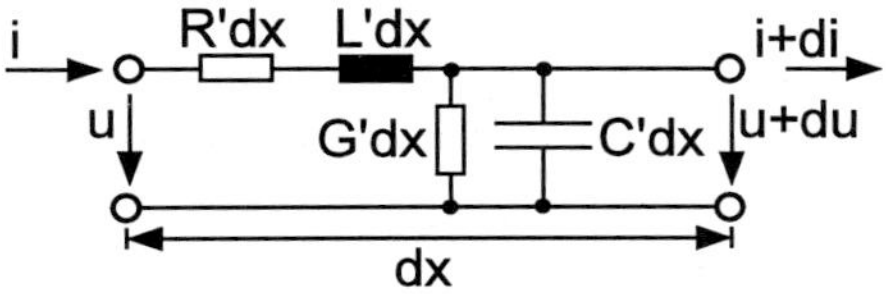

Bild 4.9: *Ersatzschaltung für ein Leitungselement*

Durch Integration folgt daraus für die mit positiver Geschwindigkeit v nach „vorn" laufende Welle u_v, i_v

$$u_v = Z_W\, i_v \qquad Z_W = \sqrt{L'/C'} \tag{4.43}$$

Die beiden Funktionen f_u und f_i sind durch die Randbedingungen am Anfang und Ende der Leitung festgelegt. Wird beispielsweise am Anfang der Leitung eine Spannung mit der Kurvenform u(t) nach Bild 4.10a angelegt, so ergibt sich nach der Zeit $t_a = x_a/v$ ein Spannungsprofil entsprechend Bild 4.10b. Die Welle u (x) läuft mit der Geschwindigkeit v auf das Ende der Leitung x = l zu. Da der Widerstand Z_W in Gl. (4.43) den Zusammenhang zwischen Strom und Spannung der Welle herstellt, wird er Wellenwiderstand genannt. Die Geschwindigkeit v in Gl. (4.42) kann positiv und negativ sein. Demzufolge können vorwärts laufende Wellen u_v (x, t) und rückwärts laufende Wellen u_r (x,t) auftreten. Ihre Gestalt wird durch die Randbedingungen bei x = 0 und x = l bestimmt. Ist die Leitung am Ende bei x = l durch einen Widerstand R abgeschlossen, so gelten dort die Bedingungen

$$\begin{aligned} &u = u_v + u_r && i = i_v + i_r && \\ &u_v = Z_W\, i_v && u_r = -Z_W\, i_r && u = R \cdot i \end{aligned} \tag{4.44}$$

Hieraus ist der Zusammenhang zwischen vorwärts und rückwärts laufenden Wellen abzuleiten

$$u_r = r\, u_v \qquad i_r = -r\, i_v \qquad r = \frac{R - Z_W}{R + Z_W} \tag{4.45}$$

Dabei wird r als Reflexionsfaktor bezeichnet.

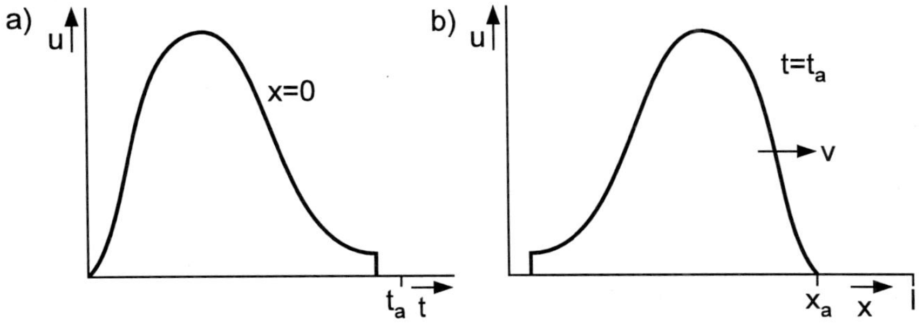

Bild 4.10: *Wanderwelle a) Zeitverlauf, b) Spannungsprofil*

Beispiel 4.4. *Es sind die Zeitverläufe von Strom und Spannung am Ende einer 1,2 km langen Zweidraht-Leitung mit den geometrischen Daten r = 1 cm und a = 1 m für unterschiedliche Abschlußwiderstände R = (Z_w, 0, ∞) zu bestimmen. Dabei wird zum Zeitpunkt $t_1 = 0$ am Anfang der Leitung (x = 0) eine Gleichspannung $U_0 = 140$ kV angelegt.*

Unter Vernachlässigung der inneren Induktivität ergibt sich aus den Gln. (4.8), (4.23), (4.42) und (4.43)

$$L' = \frac{\mu}{\pi} \ln \frac{a}{r} \qquad C' = \frac{\pi \varepsilon}{\ln (a/r)}$$

$$v = \frac{1}{\sqrt{\mu \varepsilon}} = \frac{1}{\sqrt{\mu_0 \varepsilon_0}} = c_0 = 300\,000 \text{ km/s}$$

$$Z_W = \sqrt{\frac{\mu}{\pi^2 \varepsilon}\left(\ln \frac{a}{r}\right)^2} = Z_F \frac{\ln (a/r)}{\pi} = 377\,\Omega \frac{\ln 100}{\pi} = 552\,\Omega \tag{4.46}$$

$$Z_F = \sqrt{\mu_0 / \varepsilon_0} = 120\,\pi\,\Omega = 377\,\Omega$$

Der Feldwellenwiderstand Z_F verknüpft die elektrische und magnetische Feldstärke einer sich im Vakuum ausbreitenden Welle. Der zusätzliche Faktor in Gl. (4.46) tritt auf, weil die Welle leitungsgebunden ist.

Setzt man anstelle der Zweidrahtleitung die Betriebsinduktivität und -kapazität einer Drehstromleitung nach Abschn. 4.1.6 ein, so ergibt sich mit den Gln. (4.29) und (4.31)

$$v = 300\,000 \text{ km/s} \qquad Z_W = Z_F \frac{\ln a/r}{2\pi} = 280\,\Omega \tag{4.47}$$

Die Laufzeit der Wanderwelle über die 1,2 km lange Leitung errechnet sich zu

$$T = l/v = \frac{1{,}2 \text{ s}}{300\,000} = 4\,\mu\text{s} \tag{4.48}$$

Wird die Leitung mit dem Wellenwiderstand $R = Z_w = 280\,\Omega$ abgeschlossen, so erfolgt nach Gl. (4.45) keine Reflexion am Ende der Leitung (r = 0). Nach der Laufzeit von 4 µs springt deshalb in Bild 4.11a unten die Spannung auf den Wert $U_0 = 140$ kV; es fließt ein Strom von

$$I_0 = U_0 / R = 140 / 280 = 0{,}5 \text{ kA} \tag{4.49}$$

Im Fall der leerlaufenden Leitung (R = ∞) ergibt sich nach Gl. (4.45) der Reflexionsfaktor r = 1. Dies bedeutet, daß zum Zeitpunkt t = 4 µs am Ende eine rücklaufende Welle startet, die sich der hinlaufenden überlagert und so zu einer Verdoppelung der Spannung führt ($u_2 = 2\,U_0$). Die Stromwelle wird negativ reflektiert und erzeugt den

Strom $i_2 = 0$. Damit ist die Abschlußbedingung erfüllt. Die starre Spannung am Anfang der Leitung bedeutet für die rücklaufende Welle einen Kurzschluß ($r = -1$). Somit startet am Anfang der Leitung zum Zeitpunkt $t = 8\ \mu s$ eine Welle mit $-U_0$, die nach $t = 12\ \mu s$ am Ende durch Reflexion die Spannung $u_2 = 0$ erzeugt (Bild 4.11b).

Wird eine Gleichspannung auf eine leerlaufende Leitung geschaltet, so ergibt sich am Ende durch Reflexion eine doppelt so große rechteckförmige Spannung, deren Periodendauer die vierfache Laufzeit der Leitung beträgt

$$f = \frac{1}{4\,T} = \frac{1}{4 \cdot 4\ \mu s} = 62{,}5\ kHz \tag{4.50}$$

Geht man vereinfachend von einer π-Ersatzschaltung aus, so ergibt sich anstelle der Rechteckspannung eine sinusförmige Spannung mit ebenfalls doppelter Amplitude und der Frequenz

$$f = \frac{1}{2\,\pi}\frac{1}{\sqrt{L\,C/2}} = \frac{\sqrt{2}}{2\,\pi} \cdot \frac{v}{l} = \frac{1}{4{,}4\,T} = 56\ kHz \tag{4.51}$$

Die ohmschen Widerstände, die innere Induktivität und das Erdreich führen zu einem Abklingen der Wanderwelle und zu frequenzabhängigen Wellengeschwindigkeiten ($v < c$). Dies bewirkt ein Verschleifen der Rechteckform, so daß sich schließlich am Ende der leerlaufenden Leitung die konstante Spannung $u_2 = U_0$ einstellt.

Der Vorgang beim Einschalten einer kurzgeschlossenen Leitung ist in Bild 4.11c dargestellt. Dabei ergibt sich die Spannung am Ende durch Überlagerung der vor- und rücklaufenden Wellen zu null. Der Strom steigt treppenförmig an. Im Mittel ergibt sich der für die Leitungsinduktivität zu erwartende Wert

$$di_2 / dt = I_0 / T = U_0 / L \tag{4.52}$$

4.2.2 Stationärer Betrieb

Für den Betrieb mit sinusförmigen Größen lassen sich die Gln. (4.39) in die komplexe Form überführen. Aus den partiellen Differentialgleichungen werden dann gewöhnliche lineare Differentialgleichungen, die sich mit dem e-Ansatz lösen lassen. Für die Spannungen und Ströme am Anfang (Index 1) und Ende (Index 2) der Leitung gilt

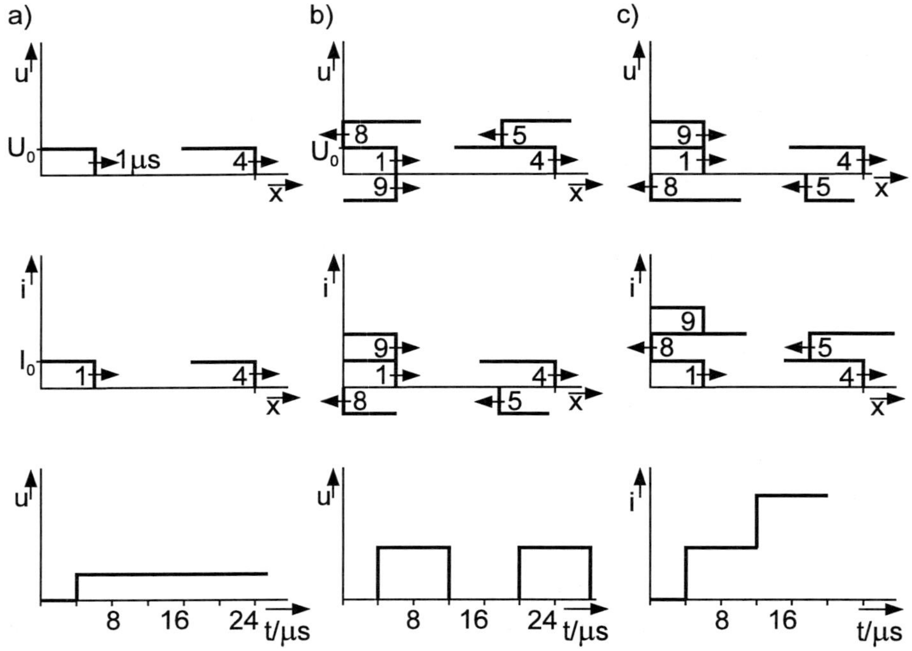

Bild 4.11: *Wanderwellenvorgänge; Strom und Spannungsprofil über die Leitung; zeitlicher Verlauf von Spannung bzw. Strom am Ende der Leitung (Die Zahlenwerte in den Diagrammen geben die Laufzeiten in ms an.)*
a) Abschluß der Leitung mit Wellenwiderstand $R = Z_w$, $r = 0$,
b) leerlaufende Leitung $R = \infty$, $r = 1$,
c) kurzgeschlossene Leitung $R = 0$, $r = -1$

$$d\underline{I} / dx = \left(G' + j\omega C'\right) \underline{U} \qquad -d\underline{U} / dx = \left(R' + j\omega L'\right) \underline{I}$$

$$\underline{U}_1 = \underline{U}_2 \cosh\left(\underline{\gamma} l\right) + \underline{I}_2 \underline{Z}_w \sinh\left(\underline{\gamma} l\right)$$
$$\underline{I}_1 = \underline{U}_2 \frac{1}{\underline{Z}_w} \sinh\left(\underline{\gamma} l\right) + \underline{I}_2 \cosh\left(\underline{\gamma} l\right) \tag{4.53}$$

mit

$$\underline{\gamma} = \sqrt{\left(R' + j\omega L'\right)\left(G' + j\omega C'\right)} = \alpha + j\beta \qquad \underline{Z}_w = \sqrt{\frac{R' + j\omega L'}{G' + j\omega C'}} \tag{4.54}$$

Darin ist $\underline{\gamma}$ das Übertragungsmaß bzw. die Fortpflanzungskonstante mit der Dämpfungskonstanten α und der Phasenkonstanten β. Der Wellenwiderstand $\underline{Z}_w$ stimmt für den verlustfreien Fall mit dem aus Gl. (4.43) überein.

Für kurze Leitungen gehen die Gln. (4.53) über in

$$\underline{U}_1 = \underline{U}_2 + \underline{I}_2 (R' + j\omega L')\, l$$
$$\underline{I}_1 = \underline{I}_2 + \underline{U}_2 (G' + j\omega C')\, l \qquad (4.55)$$

Diese Gleichungen stimmen mit der Ersatzschaltung aus Bild 4.9 für ein kurzes Leitungsstück überein.

Die Gln. (4.53) beschreiben den Vierpol nach Bild 4.12, wenn man setzt [4.13]

$$\underline{A} = \underline{Z}_w \sinh(\underline{\gamma} l) \qquad \underline{B} = \frac{\underline{Z}_w \sinh(\underline{\gamma} l)}{\cosh(\underline{\gamma} l) - 1} \qquad (4.56)$$

Werden die Verluste vernachlässigt, so vereinfachen sich die Gln. (4.54)

$$\underline{\gamma} = j\omega \sqrt{L' C'} = j\beta \qquad \underline{Z}_w = \sqrt{L'/C'} = Z_w \qquad (4.57)$$

Dabei stimmt der Wellenwiderstand Z_w mit dem nach Gl. (4.43) überein.

Für die mit dem Wellenwiderstand abgeschlossene Leitung ist auch am Anfang der Wellenwiderstand wirksam ($Z_1 = Z_w$). Die Länge hat dabei keinen Einfluß. Wird die Leitung in diesem speziellen Zustand betrieben, so sind Strom- und Spannungs-Amplituden an allen Punkten der Leitung gleich. Lediglich der Winkel gegenüber den Größen an der Einspeisestelle wächst entsprechend dem Übertragungsmaß (Gl. 4.57) mit βx an. Dies bedeutet, daß die Spannung in dem Kapazitätsbelag genausoviel Blindleistung erzeugt wie der Strom im Induktivitätsbelag (ω C $U^2 = \omega$ L I^2). Die dabei übertragene Blindleistung ist null. Die übertragene Wirkleistung wird natürliche Leistung genannt

$$P_{nat} = U^2 / Z_w \qquad (4.58)$$

Für eine 380-kV-Leitung mit $Z_w = 240\,\Omega$ ergibt sich die natürliche Leistung zu $P_{nat} = 600$ MW. Sie spielt bei der Fernübertragung eine wichtige Rolle. Bei kurzen Leitungen ist dagegen der thermisch zulässige Grenzstrom für die Übertragungskapazität maßgebend. Annähernd gilt für Freileitungen $P_{zul} = 2 \ldots 4\, P_{nat}$ und für Kabel $P_{zul} = 0{,}2 \ldots 0{,}5\, P_{nat}$.

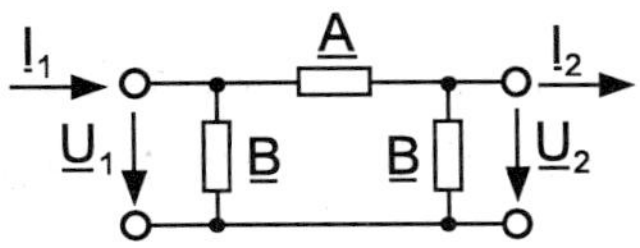

Bild 4.12: *Kettenvierpol für eine lange Leitung*

Beispiel 4.5. *Für das Mitsystem einer 200 km langen 380-kV-Leitung nach Beispiel 4.3 sind die Vierpolkonstanten $\underline{A}$ und $\underline{B}$ unter Vernachlässigung der ohmschen Widerstände zu berechnen und mit den Näherungswerten der π-Schaltung in Bild 4.6 zu vergleichen. Welche Spannungserhöhung ergibt sich am Ende der leerlaufenden Leitung?*

Die Gln. (4.54) und (4.56) liefern

$$L' = X'/\omega = 0{,}27 / 314 = 0{,}86 \cdot 10^{-3}\ \text{H/km}$$

$$\underline{\gamma} = \text{j}\,\omega\,\sqrt{L'C'} = \text{j}\,314\,\sqrt{0{,}86 \cdot 10^{-3} \cdot 13{,}8 \cdot 10^{-9}} = \text{j}\,1{,}08 \cdot 10^{-3}\ \text{km}^{-1}$$

$$\underline{Z}_\text{W} = \sqrt{L'/C'} = 250\ \Omega$$

$$\underline{A} = \underline{Z}_\text{W}\,\sinh\left(\underline{\gamma}\,l\right) = 250\,\sinh\left(\text{j}\,1{,}08 \cdot 10^{-3} \cdot 200\right) = 250 \cdot \text{j}\,\sin 0{,}216 = \text{j}\,53{,}6\ \Omega$$

$$\underline{B} = \frac{\underline{A}}{\cosh\left(\underline{\gamma}\,l\right) - 1} = \frac{\text{j}\,53{,}6}{\cosh\left(\text{j}\,1{,}08 \cdot 10^{-3} \cdot 200\right) - 1} = \frac{\text{j}\,536}{\cos 0{,}216 - 1} = -\text{j}\,2\,307\ \Omega$$

Die Werte für die π-Ersatzschaltung ergeben sich mit der Näherung

$$\sinh\alpha = \alpha \qquad \cosh\alpha = 1 + \alpha^2/2$$

$$\underline{A} = \text{j}\,X'\,l = \text{j}\,0{,}27 \cdot 200 = 54{,}0\ \Omega$$

$$\underline{B} = \frac{2}{\text{j}\,\omega\,C'\,l} = -\text{j}\,\frac{2}{314 \cdot 13{,}8 \cdot 10^{-9} \cdot 200} = -\text{j}\,2\,308\ \Omega$$

Die Spannungserhöhung, Ferranti-Effekt genannt, ist aus Bild 4.12 abzuleiten

$$\underline{U}_2 / \underline{U}_1 = \underline{B} / \left(\underline{A} + \underline{B}\right) = -\text{j}\,2\,308 / \left(\text{j}\,53{,}8 - \text{j}\,2\,308\right) = 1{,}024$$

Die Erhöhung um 2,4 % ist gering; bei einer Leitungslänge von 500 km würde sich ein höherer Wert ergeben

$$2{,}4 \cdot (500/200)^2 = 15\ \%$$

4.3 Bau von Freileitungen

Eine Freileitung verbindet in der Regel zwei Schaltanlagen miteinander. Ihre Trasse wird durch die Topographie und genehmigungsrechtliche Randbedingungen, wie Besiedelung und Landbesitz, bestimmt. So kann die Leitungslänge die direkte Entfernung zwischen den Schaltanlagen erheblich übersteigen. Der Abstand zwischen den Masten liegt in 380-kV-Netzen bei ca. 300 m. Ihre Höhe von etwa 50 m wird durch den notwendigen Bodenabstand, z. B. 10 m, den Seilabstand, den Seildurchhang und die Mastspitze, die das Blitzschutzseil trägt, bestimmt. Freileitungsmaste sind bei hohen Spannungsebenen als Stahlkonstruktion ausgeführt. An ihrem Schaft werden Traversen befestigt, die über Isolatoren die Leiterseile tragen. Die Isolatoren bestehen aus einzelnen Kettengliedern, die Porzellan-, Glas- oder Gießharzkappen verbinden (Bild 4.13). Die eigenartige Formgebung der Kappen soll einen langen Kriechweg und gute Staubabspülung bei Regen sicherstellen. Für 110-kV-Leitungen reicht eine Isolatorkette aus. Typisch für 220 kV und 380 kV sind zwei und drei in Reihe liegende Ketten. Es gibt aber auch Langstabisolatoren, bei denen eine Kette für 220 kV

Bild 4.13: *Abspannmast einer Freileitung (Quelle: ABB) von unten: 2x110 kV, 2x220kV, 2x380 kV*

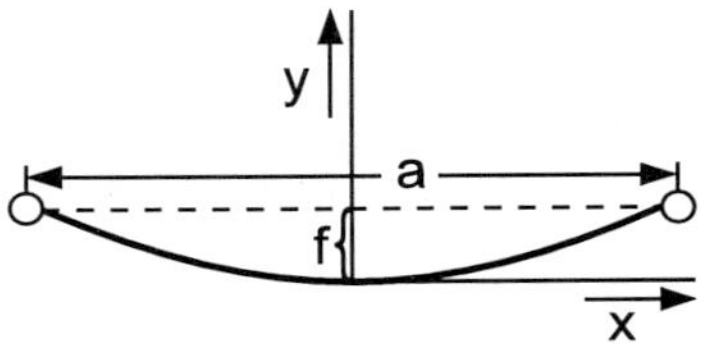

Bild 4.14: *Seildurchhang*

oder 380 kV ausreicht. Die Leiterseile bestehen meist aus einer Stahlseele zur Gewährleistung der mechanischen Belastbarkeit und darüber liegenden Aluminiumdrähten mit einem Querschnitt von beispielsweise 240 mm^2 zur Stromleitung. Um die Randfeldstärke herabzusetzen, werden bei 220 kV zwei und bei 380 kV drei oder vier Leiterseile zu einem Bündel zusammengefaßt, wobei größere Leiterquerschnitte eine geringere Anzahl von Teilleitern erfordern [4.2].

Die Durchhangkurve des Leiterseils ist eine Kettenlinie, die durch eine Parabel anzunähern ist (Bild 4.14)

$$y = \cosh\left(\frac{mg}{H}x\right) - 1 \approx \frac{mg}{2\,H}x^2 \tag{4.59}$$

Für eine Seilzugspannung H = 40 N/mm^2 und eine spezifische Leitermasse von m = 0,0035 kg/(m · mm^2) ergibt sich bei einer Spannweite a = 300 m

$$y = \frac{0{,}0035 \cdot 9{,}81}{2 \cdot 40\text{ m}} \cdot x^2 = 0{,}43 \cdot 10^{-3}\, x^2 / \text{m}$$

$$f = 0{,}43 \cdot 10^{-3} \frac{(a/2)^2}{\text{m}} = 10\text{ m}$$

Dies ist ein Wert, der sich im Sommer bei belasteten Seilen unter extremen Bedingungen wegen der Wärmedehnung einstellt. Im Winter kann sich in unbelastetem Zustand die Seilzugspannung auf H = 200 N/mm^2 erhöhen. Der Seildurchhang reduziert sich dann auf f = 2 m.

Die Investitionskosten einer Doppelleitung können nach [4.4] in Preisen von 1987 durch eine Zahlenwertgleichung bestimmt werden

$$K' = \left[180 + 0{,}5\,U_n + 0{,}25\sqrt[4]{n_T} \cdot A\right] \text{TDM/km} \tag{4.60}$$

Sie ist gültig für Nennspannungen von 110 kV bis 380 kV. Dabei ergibt sich der Leiterquerschnitt A aus der Summe der n_T Teilleiter eines Bündelleiters. Gl. (4.60) ist nur ein Anhaltspunkt für die anfallenden Errichtungskosten. Aufwendungen für den Erwerb der Maststandorte und Überspannungrechte sind in ihr nicht enthalten.

Beispiel 4.6. *Es sollen die Investitionskosten einer 380-kV-Doppelleitung (n_s = 2 Stromkreise) mit n_T = 4 Teilleitern und dem Seilquerschnitt Al/St 300/50 pro Teilleiter den Stromverlustkosten gegenübergestellt werden. Dabei sei die Leitung zur Hälfte der Zeit mit dem thermisch zulässigen Dauerstrom I_d = 740 A je Teilleiter belastet. Für die restliche Zeit wird der halbe Strom angenommen.*

Die Investitionskosten ergeben sich nach Gl. (4.60)

$$\begin{aligned} K' &= 180 + 0{,}5 \cdot 380 + 0{,}25\sqrt[4]{4} \cdot 4 \cdot 300 \\ &= 180 + 190 + 425 = 795\ \text{TDM / km} \end{aligned} \tag{4.61}$$

Man kann davon ausgehen, daß heute ein Kilometer 380-kV-Leitung etwa 1 Mio. DM kostet. Aufwendungen für den Kauf der Maststandorte und die Erlangung der Überspannrechte sowie optische Beeinträchtigung der Umgebung sind hierin nicht eingeschlossen.

Die maximal mögliche Transportleistung errechnet sich zu

$$S = n_s \cdot U_n \sqrt{3} \cdot I_d \cdot n_T = 2 \cdot 380 \cdot \sqrt{3} \cdot 0{,}74 \cdot 4 = 3\,900\ \text{MW}$$

Mit dem Seilwiderstand R' = 0,1 Ω/km ergibt sich die Verlustleistung pro Längeneinheit

$$\begin{aligned} P_V' &= P_V / l = m \cdot I_d^2 \cdot R' \cdot n_T \cdot 3 \cdot n_s = \frac{1^2 + (1/2)^2}{2} \cdot 0{,}74^2 \cdot 0{,}1 \cdot 4 \cdot 3 \cdot 2 \\ &= 0{,}625 \cdot 1{,}3 = 0{,}8\ \text{MW / km} \end{aligned}$$

Der Verlustgrad m berücksichtigt die Auslastung der Leitungen und der Faktor 3 die drei Leiter je Stromkreis. Bei einem Strompreis von k_E = 0,1 DM/kWh erhält man die jährlichen Verlustkosten pro Längeneinheit

$$\begin{aligned} k_V' &= K_V / l = E_V' \cdot k_E = P_V' \cdot k_E \\ &= 0{,}8\ \text{MW / km} \cdot 0{,}1\ \text{DM / kWh} \cdot 8\,760\ \text{h / a} = 700\ \text{TDM / (km a)} \end{aligned} \tag{4.62}$$

Wird eine zweite parallele Leitung gebaut, so reduzieren sich die Verluste pro Leitung auf 1/4 und für die gesamte Übertragungsstrecke mit beiden parallelen Leitungen auf 1/2. Man spart demnach 350 TDM/(km a) ein, so daß sich die Investition nach ca. 2 Jahren amortisiert hat. Daraus folgt, daß lange vor Erreichen der thermischen Grenzleistungen der Bau einer neuen Leitung wirtschaftlich wird und auch ökologisch sinnvoll ist.

Es sei jedoch darauf hingewiesen, daß das westeuropäische 380-kV-Verbundnetz, das in Abschn. 7.2.2 behandelt wird, im wesentlichen Reservefunktionen erfüllt und deshalb nicht so stark ausgelastet ist wie die im Beispiel behandelte Leitung.

Die Freileitung als Einrichtung zur Energieübertragung steht in Konkurrenz zu Transportmitteln für andere Energieträger. Eine direkte Gegenüberstellung der Kosten ist problematisch, da die Energieformen nicht ohne weiteres ineinander umwandelbar und damit vergleichbar sind. Trotzdem seien hier einige Zahlen als Anhaltspunkte nach [4.3] genannt.

Pipeline Öl/Gas	2	DM/(GWh · km)
Tanker Öl/Gas	0,3	DM/(GWh · km)
Bahn (Kohle)	4	DM/(GWh · km)
Strom (380 kV)	20	DM/(GWh · km)
Fernwärme	500	DM/(GWh · km)

Daraus erkennt man, daß es für die Stromerzeugung günstiger ist, die Kohle in das Verbraucherzentrum zu bringen, als das Kraftwerk in der Nähe der Zeche zu errichten.

4.4 Kabel

Kabel unterscheiden sich von Freileitungen durch das Isolationsmedium und die Verlegungsart. Die mathematische Beschreibung von Freileitungen und Kabeln ist gleich. Die in Abschn. 4.1 angegebenen Gleichungen gelten jedoch für Kabel nur bedingt, denn der Abstand zwischen den Leitern wurde dort als groß gegenüber den Leiterradien angenommen ($a >> r$). Kabeldaten lassen sich deshalb mit diesen einfachen Gleichungen nur näherungsweise berechnen, man ist für genaue Untersuchungen auf die Angaben der Hersteller angewiesen [4.5]. Wegen der geringen Abstände sind die Induktivitäten von Kabeln kleiner und die Kapazitäten größer als bei Freileitungen. Die Isolation führt zu einer schlechten Wärmeabgabe, so daß der Kabelquerschnitt nicht so stark belastet werden darf wie der Freileitungsquerschnitt [4.6, 4.7].

Der Aufbau einiger Kabeltypen ist in Bild 4.15 dargestellt. Die meist runden Leiter sind bei großen Querschnitten mehrdrahtig, um das Kabel zum Transport auf Kabeltrommeln und zur Verlegung besser biegen zu können. Als Leitermaterial wird häufig Aluminium verwendet, aber auch Kupfer, um die Verluste zu verringern, die über die Isolation abgeführt werden müssen. Bei Niederspannungskabeln gibt es außerdem sektorförmige Leiterquerschnitte, die den Isolieraufwand und damit den Kabeldurchmesser reduzieren.

Höchstspannungskabel haben große Querschnitte, die häufig als Hohlleiter ausgeführt sind. Sie besitzen bei gleichem Querschnitt einen größeren Leiterradius und damit geringere Randfeldstärken. Die Röhren im Innern der Leiter können beim Innendruckkabel von Öl durchströmt werden, das in die Aderisolation eindringt und so Hohlräume vermeidet. Die Aderisolation besteht aus getränktem Papier, das zunehmend durch vernetztes Polyäthylen (VPE) verdrängt wird. Dieses hat eine dreidimensionale Molekülstruktur und zeichnet sich durch höhere elektrische Festigkeit sowie bessere chemische Beständigkeit aus. Das mit Bitumen getränkte Papier als klassische Isolationsform hat heute immer noch einen hohen Stellenwert. Man muß bei diesen Massekabeln jedoch beachten, daß Höhenunterschiede zu einem Druck im Kabel führen. Um die Aderisolation wird eine Folie aus elektrisch leitendem Material, z. B. Aluminium, aufgebracht. Diese sog. Höchststätterfolie erzeugt in der Aderisolation ein radialhomogenes Feld. Außerhalb dieses Aderschirms ist kein elektrisches Feld vorhanden, so daß die Zwickelfüllung zwischen den Adern nicht beansprucht wird. Naturgemäß kann bei Niederspannungskabeln auf den Aderschirm verzichtet werden. Eine Stahlflachdrahtbewehrung des gesamten Kabels sorgt für die mechanische Festigkeit. Ein darüber aufgebauter PE-Mantel gewährleistet die Korrosionsfestigkeit. Gasaußendruckkabel werden in einem Stahlrohr verlegt, das durch einen PE-Überzug gegen Korrosion geschützt ist. Der Stickstoff-

a) b) c)

d)

Bild 4.15: *Kabel*
a) Niederspannungskabel mit sektorförmigen Leitern,
b) Dreileiterkabel 10 kV,
c) Einleiterkabel 10 kV
(Quelle a)-c): KABELRHEYDT)
d) Einleiterkabel mit Hohlleiter 380 kV
(Quelle: Siemens)

druck von beispielsweise 15 bar im Innern des Rohrs sorgt für Lunkerfreiheit der Isolationsmasse. Dabei dient ein Bleimantel außerhalb des Aderschirms als Membrane. Eine erhebliche Steigerung der Übertragungsfähigkeit ist durch Wasserkühlung im Inneren oder außerhalb des Leiters möglich.

Kabel von größerem Leiterquerschnitt sind schwieriger zu handhaben und nur in geringer Länge auf einer Kabeltrommel zu transportieren. Deshalb tendiert man bei Hochspannungskabeln zu einadrigen Ausführungen. Es sind dann allerdings für eine Drehstromverbindung drei Kabel parallel zu verlegen. Bei einadrigen Kabeln ist die Montage von Muffen und Erdverschlüssen, die sehr sorgfältig unter extremen Reinheitsbedingungen erfolgen muß, einfacher als bei dreiadrigen.

Die Aderabschirmungen sind einseitig geerdet. So erreicht man ein definiertes Potential und verhindert induzierte Ströme. Durch Induktion baut sich jedoch am nichtgeerdeten Ende der Schirme eine beträchtliche Spannung auf. Um sie zu reduzieren, werden bei langen Kabelstrecken die Schirme in Muffen zwischen den Leitern gekreuzt. Die Bewehrung und ggf. das Stahlrohr sind bei dreiadrigen Kabeln beidseitig zu erden, denn die Summe der drei Leiterströme ist im Normalbetrieb null, so daß keine Kompensationsströme fließen (s. hierzu auch Abschn. 4.5). Bei einadrigen Kabeln muß allerdings mit erheblichen Induktionsspannungen in der einseitig geerdeten Bewehrung gerechnet werden.

Die Verlegung von Kabeln erfolgt frostfrei bei 60 bis 100 cm Tiefe in einem Sandbett, das für eine homogene Wärmeabgabe sorgt. Über dem Kabel wird ein Warnband verlegt. Bei Kabeln für 110 kV und mehr erfolgt eine Betonabdeckung. Bodenaustrocknung führt zu einer Verschlechterung der Wärmeabgabe, so daß bei Kabelhäufungen die zulässige Strombelastbarkeit reduziert wird. Dies gilt auch für Kabel, die in Rohren - z. B. bei Straßenkreuzungen - eingezogen oder gar in Kabelschächten verlegt werden. Richtlinien zur Verlegung von Kabeln können [4.5] entnommen werden.

Die Verfügbarkeit von technischen Einrichtungen ergibt sich aus der Fehlerhäufigkeit und der Reparaturdauer (Abschn. 8.3.4). Während bei Freileitungen die Fehlerhäufigkeit größer ist, sind bei Kabeln die Reparaturzeiten länger. Infolgedessen können in erster Näherung beide Betriebsmittel als gleich zuverlässig angesehen werden. Die örtlichen Gegebenheiten spielen aber bei der Fehlerhäufigkeit eine entscheidende Rolle, so daß im Einzelfall mit unterschiedlichen Ergebnissen zu rechnen ist [4.2]. Um die Reparaturdauer von Hochleistungskabeln gering zu halten, muß die gesamte Trasse freigehalten und für die Zufahrt von Baumaschinen hergerichtet sein.

Die Verlegung von Kabeln ist erheblich teurer als die Errichtung von Freileitungen. Für gleiche Übertragungskapazität ergeben sich die Faktoren 7 bei 110 kV und 20 bei 380 kV. Aus diesem Grund werden Kabellösungen nur im innerörtlichen Bereich angestrebt.

Die Drehstromübertragung mittels Seekabel ist wegen der kapazitiven Ladeleistung auf wenige Kilometer begrenzt. Größere Entfernungen sind nur in Gleichstromtechnik zu überbrücken. So werden in Skandinavien erschlossene Wasserkräfte mittels Hochspannungs-Gleichstromübertragung (HGÜ) durch Nord- und Ostsee nach Deutschland übertragen. Die verwendeten einadrigen Kabel besitzen eine starke Bewehrung, werden aber trotzdem nach Möglichkeit in den Meeresgrund eingeschlämmt. Wirtschaftlich sind derartige Übertragungen bis zu einer theoretischen Grenze von 2 000 km, wenn der Strom in dem Wasserkraftwerk zu vernachlässigbaren Kosten erzeugt wird und als Alternative Kohlekraftwerke in Deutschland gebaut werden müßten.

Zur Übertragung sehr großer Ströme bietet sich der Einsatz von supraleitenden Kabeln an [4.8]. Dabei wird ein Supraleiter mit flüssigem Helium auf 4 K gekühlt und somit widerstandslos gemacht. Das Helium ist von einer Vakuumisolation umgeben. Es folgen eine Kühlung mit flüssigem Stickstoff bei 77 K und eine weitere Vakuumisolation. Bei dem beträchtlichen Kühlaufwand fällt die Isolation gegen hohe Spannungen relativ wenig ins Gewicht, so daß der optimale Einsatz solcher Kabel bei hohem Strom und hoher Spannung liegt. Da zudem aus Zuverlässigkeitsgründen mehrere Kabel parallel betrieben werden müßten, ergeben sich wirtschaftliche Lösungen nur bei extrem großem Bedarf an Transportkapazität, der zur Zeit nicht existiert. Einen Entwicklungssprung bedeutet die Hochtemperatur-Supraleitung, bei der flüssiger Stickstoff zur Erreichung der Widerstandslosigkeit genügt. Derartige Kabel sind jedoch noch nicht herstellbar. Auch Tieftemperaturkabel, bei denen flüssiger Stickstoff den Widerstand üblichen Leitermaterials erheblich reduziert, sind in der Diskussion. In Sonderfällen werden mit SF_6-Gas gefüllte Rohre zur Übertragung größerer Ströme eingesetzt (s. hierzu auch Abschn. 5.2).

4.5 Beeinflussung und EMV

Wenn eine energietechnische Anlage Störungen aussendet und damit eine nachrichtentechnische Anlage in ihrer Funktion beeinträchtigt, so spricht man von Beeinflussung. **E**lektro**m**agnetische **V**erträglichkeit (EMV) herzustellen bedeutet, die Pegel der Störquellen auf die der Störsenken abzustimmen. Hierzu gibt es für alle möglichen Übertragungswege Verträglichkeitspegel. Hersteller von Geräten, die Störungen aussenden, sind gehalten, die Störpegel unter das festgelegte Maß zu senken. Hersteller von Geräten, die auf Störungen empfindlich reagieren, müssen ihre Geräte entsprechend störunempfindlich bauen. Häufig sind die Störquellen die Primärstromkreise elektrischer Anlagen und die Störsenken elektronische Baugruppen. Aber ebensogut können Quelle und Senke in zwei energietechnischen oder zwei informationstechnischen Geräten oder auch einem einzelnen Gerät liegen. Das Gebiet der EMV bzw. EMC (**E**lectro**m**agnetic **C**ompatibility) ist sehr umfassend. Man unterscheidet nach dem Mechanismus der Übertragung und nach dem Frequenzbereich [4.9]. Hier soll unterschieden werden zwischen der leitungsgebundenen ohmschen, induktiven und kapazitiven Beeinflussung und der hochfrequenten Übertragung mittels elektromagnetischer Wellen. Dabei besteht das begriffliche Problem, daß die kapazitive Beeinflussung über das elektrische Feld und die induktive Beeinflussung über das magnetische Feld ebenfalls als elektromagnetische Beeinflussung bezeichnet werden.

Neben der Kopplung zwischen Leitern bzw. Leiterschleifen gibt es noch die Rückwirkung von nichtlinearen Verbrauchern, d. h. Geräten, die bei sinusförmigen Spannungen einen nichtsinusförmigen Strom aufnehmen, und unruhigen Verbrauchern, die in ihrer Stromaufnahme schwanken, wie Lichtbogenöfen oder Antriebe von Kolbenpumpen. Diese Rückwirkungen beeinträchtigen die Versorgungsspannung und können so andere Verbraucher stören. Sie werden in Abschn. 8.8 behandelt. Die beschriebene Beeinflussung zwischen technischen Geräten läßt sich auf den Menschen als Störsenke erweitern (EMVU), wobei es hier natürlich nicht darum gehen kann, den Menschen gegenüber Störungen unempfindlich zu machen, sondern Grenzwerte festzulegen, deren Beachtung eine Beeinträchtigung weitgehend ausschließt. Die Diskussion über die auch als Elektrosmog bezeichneten Störfelder wird sehr emotional geführt. Schließlich gibt es noch die direkte Strombeeinflussung des Menschen, z. B. beim Berühren spannungsführender Teile. Im folgenden sollen die Ursachen und Mechanismen der Beeinflussung beschrieben werden. Auf Abhilfemaßnahmen wird hier nicht eingegangen. Sie sind in [4.10 - 4.13] ausführlich behandelt.

4.5.1 Ohmsche Beeinflussung

Bild 4.16a zeigt links zwei Leiter L und F mit gemeinsamem Rückleiter E. Der Strom in der Leiterschleife LE führt zu einer Beeinflussung der Spannung U_F. Dieser Effekt tritt als Nebensprechen in Fernmeldeleitungen mit gemeinsamem Rückleiter auf oder wenn der Strom aus Energieleitungen durch das Erdreich führt und so z. B. über Erdungsanlagen teilweise in die Fernmeldeleitungen eingespeist wird (rechtes Bild). Die ohmsche Beeinflussung ist vermeidbar, wenn Signalleitungen stets zweiadrig verlegt und nur einseitig geerdet werden. Auf Potentialanhebungen beider Signalleiter gemeinsam gegen Erde wird im Zusammenhang mit Erdungsanlagen in Abschn. 4.5.5 eingegangen.

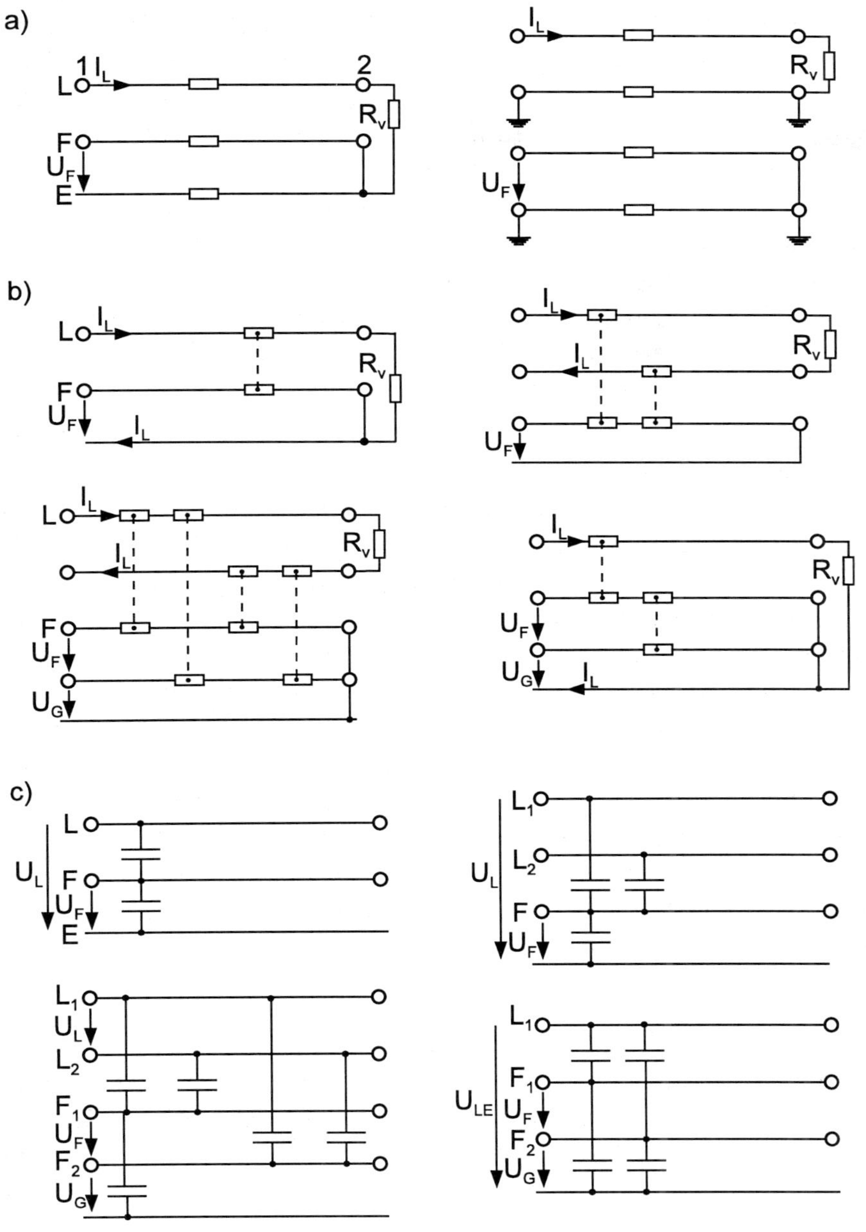

Bild 4.16: *Leitungsgebundene Beeinflussung (Es sind nur die für die Beeinflussung maßgebenden Kopplungen eingetragen.)*
a) ohmsche Beeinflussung, b) induktive Kopplung, c) kapazitive Kopplung

4.5.2 Induktive Beeinflussung

Die induktive Kopplung zwischen Leiterschleifen wurde bereits in Abschn. 4.1.2 behandelt. In Bild 4.16b sind vier Beispiele angegeben. Wird die Erde als gemeinsamer Rückleiter verwendet, sinkt die Kopplung nach Gl. (4.9) logarithmisch, d. h. langsam mit dem Abstand der Leiter zueinander. Hat einer der beiden Leiter einen eigenen Rückleiter, so sinkt die Kopplung proportional mit dem Abstand. Haben beide Leitungen einen eigenen Rückleiter, so sinkt die Kopplung entsprechend Gl. (4.13) quadratisch mit dem Abstand. Die Kopplung ist nahezu vollständig aufgehoben, wenn störende und gestörte Leitung verdrillt sind oder als Koaxialkabel ausgeführt werden. Die Spannungsdifferenz U_F stört das Nutzsignal und wird deshalb als Störspannung bezeichnet. Die Spannungen der beeinflußten Leiter gegen Erde sind i. a. höher als die Störspannung und können zu Gefährdungen führen. Sie werden deshalb Gefährdungsspannungen U_G genannt.

Die Anordnungen in Bild 4.16b gehen von einer Parallelführung der störenden und gestörten Leitungen aus. Bringt man ein Gerät in das magnetische Wechselfeld einer Leitung oder einer Anlage, so ist für dessen Beanspruchung die magnetische Feldstärke maßgebend. Sie führt in den elektronischen Schaltkreisen zu induzierten Spannungen bzw. Strömen. Insbesondere bei Schalthandlungen im Primärkreis, die zu hochfrequenten Ausgleichsvorgängen führen, entstehen wegen der frequenzabhängigen Koppelreaktanzen ($X = \omega L$) erhebliche Störspannungen. Eine Abschirmung magnetischer Felder durch magnetisches Material ist sehr aufwendig. Kurzgeschlossene Leiterschleifen als Kompensationsleiter nach Abschn. 4.5.4 sind nur bedingt wirksam.

Bei der induktiven Kopplung sind Stör- und Gefährdungsspannung proportional zur Länge l der Leitungsannäherung

$$U_F = U_{ind} = I_L \cdot \omega M'_{LF} \cdot l \tag{4.63}$$

4.5.3 Kapazitive Beeinflussung

In der Anordnung nach Bild 4.16c influenziert die Spannung U_L des Leiters L über die Kapazitäten C_{LF} und C_{FE} im Leiter F die Spannung U_F. Nach den Gln. (4.22 - 4.24) ist die Kopplung logarithmisch von den Abständen und Aufhängehöhen abhängig. Entsprechend zur induktiven Kopplung wird auch die kapazitive Kopplung reduziert, wenn die Leitungen L und F eigene Rückleiter besitzen und verdrillt sind.

Bei der kapazitiven Kopplung geht die Leitungslänge im Gegensatz zur induktiven Beeinflussung nicht in die influenzierte Spannung ein

$$U_F = U_{inf} = U_L \frac{C'_{LF}}{C'_{FE} + C'_{LF}} \tag{4.64}$$

Dieser Zusammenhang wurde bereits in den Abschn. 4.1.4 und 4.1.5 behandelt.

Wenn allerdings der Leiter F über einen niederohmigen Widerstand R (z. B. einen menschlichen Körper) mit Erde verbunden wird, so kann die Kapazität C'_{FE} vernachlässigt werden. Es fließt der Strom

$$I = \frac{U_F}{\sqrt{R^2 + 1/\left(\omega\, C'_{LF}\, l\right)^2}} \approx U_F \cdot \omega\, C'_{LF}\, l \tag{4.65}$$

Der Gefährdungsstrom, der durch den Widerstand R fließt, ist demnach proportional zur Länge l der Leitungsnäherung.

Gegenüber dem menschlichen Körperwiderstand ist die Spannungsquelle bei der magnetischen Kopplung niederohmig und bei der kapazitiven Kopplung hochohmig, so daß als Ersatzschaltung für die induktive Kopplung eine Spannungsquelle und für die kapazitive Kopplung eine Stromquelle anzusetzen ist.

4.5.4 Kompensationsleiter

Die Anordnung nach Bild 4.17a zeigt einen stromdurchflossenen Leiter L, der in der Fernmeldeader F und dem Kompensationsleiter K eine Spannung induziert. Da der Kompensationsleiter kurzgeschlossen ist, bildet sich ein Strom I_K aus, der in der Fernmeldeader eine zusätzliche Spannung induziert.

Beispiel 4.7. *Es soll eine Freileitung mit Blitzschutzseil (Abschn. 4.3) betrachtet werden. Dabei wirkt das Blitzschutzseil als Kompensationsleiter K und reduziert den Einfluß des Kurzschlußstromes* $\underline{I}_L$ *auf den Fernmeldeleiter.*

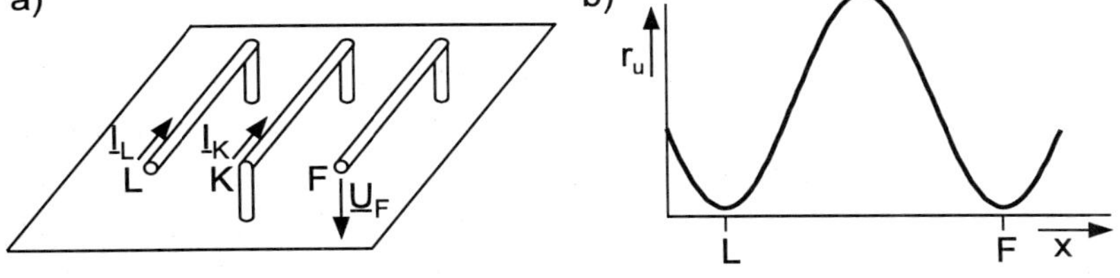

Bild 4.17: *Kompensationsleiter*
a) Leiteranordnung, b) Reduktionsfaktor
L Starkstromleiter, F Fernmeldeleiter, K Kompensationsleiter,
x Lage des Kompensationsleiters

Folgende Daten sind gegeben

$$\underline{I}_L = 1\,\text{kA} \quad l = 1\,\text{km} \quad a_{LK} = 5\,\text{m} \quad a_{LF} = 50\,\text{m} \quad a_{KF} = 45\,\text{m}$$

$$r_K = 0{,}01\text{m} \quad \delta = 1\,000\,\text{m} \quad \mu = 4\,\pi \cdot 10^{-4}\,\text{H/km}$$

Die im Fernmeldeleiter mit und ohne Kompensationsleiter induzierte Spannung ist zu berechnen.

Die Ersatzschaltung in Bild 4.4 wird sinngemäß angewendet

$$\underline{U}_K = j\omega\, L_K\, \underline{I}_K + j\omega\, M_{LK}\, \underline{I}_L = 0$$

$$\underline{U}_F = j\omega\, M_{LF}\, \underline{I}_L + j\omega\, M_{KF}\, \underline{I}_K$$

$$\underline{U}_F = j\omega \left[M_{LF} - \frac{M_{LK} M_{KF}}{L_K} \right] \underline{I}_L \tag{4.66}$$

Für die Selbst- und Koppelinduktivitäten gelten die Gln. (4.10) und (4.9)

$$L_K = \frac{\mu l}{2\,\pi} \left[\ln \frac{\delta}{r_K} + \frac{1}{4} \right] = 0{,}2\,\text{mH} \left[\ln \left(\frac{1\,000}{0{,}01} \right) + 0{,}25 \right] = 2{,}35\,\text{mH}$$

$$M_{LK} = \frac{\mu l}{2\,\pi} \ln \frac{\delta}{a_{LK}} = 0{,}2\,\text{mH} \ln \left(1\,000/5 \right) = 1{,}06\,\text{mH}$$

$$M_{LF} = 0{,}60\,\text{mH} \qquad M_{KF} = 0{,}62\,\text{mH}$$

$$\underline{U}_F = j\,314 \left[0{,}6 - \frac{1{,}06 \cdot 0{,}62}{2{,}35} \right] \cdot 1\,\text{V} = j\,100\,\text{V} \tag{4.67}$$

Ohne den Kompensationsleiter ($M_{KF} = M_{KL} = 0$) ergibt sich

$$\underline{U}_{F0} = j\omega\, M_{LF}\, \underline{I}_K = j\,188\,\text{V} \tag{4.68}$$

Aus dem Verhältnis von induzierter Spannung mit Kompensationsleiter U_F zu induzierter Spannung ohne Kompensationsleiter U_{F0} läßt sich ein Spannungsreduktionsfaktor bestimmen

$$r_u = U_F / U_{F0} = 1 - \frac{M_{LK}\, M_{KF}}{L_K \cdot M_{LF}} = 0{,}53 \tag{4.69}$$

Der Reduktionsfaktor in Abhängigkeit von der Lage des Kompensationsleiters ist in Bild 4.17b dargestellt. Um den ohmschen Widerstand des Kompensationsleiters zu berücksichtigen, werden statt der Induktivitäten in Gl. (4.69) die Impedanzen eingesetzt. Liegt der Leiter K in der Nähe der Leiter L oder F, so wird der Reduktionsfaktor sehr klein. Störend wirkt lediglich die innere Induktivität. Diese ist null, wenn der Kompensationsleiter ein Rohr in Form des Kabelmantels ist.

Koaxiale Kabelmäntel verhindern eine induktive Beeinflussung, wenn sie widerstandslos sind. Auch die kapazitive Beeinflussung wird durch Koaxialkabel unterbunden.

Sollen mehrere Kompensationsleiter berücksichtigt werden, so ist die Ersatzschaltung in Bild 4.4 sinngemäß anzuwenden, wobei für jeden Kompensationsleiter eine Gleichung aufzustellen ist. Die Lösung des Gleichungssystems kann man umgehen, wenn für jeden Kompensationsleiter ohne Berücksichtigung der anderen ein eigener Reduktionsfaktor nach Gl. (4.69) bestimmt wird. Das Produkt der errechneten Werte liefert näherungsweise den Reduktionsfaktor r_u für das Gesamtsystem [4.14]. Dies gilt allerdings nur, wenn die Wirkung der Kompensationsleiter nicht sehr groß ist.

Der Strom im Kompensationsleiter $\underline{I}_K$ wirkt dem Leiterstrom $\underline{I}_L$ entgegen ($\underline{I}_K$ in Bild 4.17a ist negativ) und bildet einen Teil des Rückstroms, der die Erde entlastet. Diese reduzierte Wirkung läßt sich durch den Reduktionsfaktor r erfassen

$$r = \underline{I}_E / \underline{I}_L = 1 - M_{LK} / L_K \tag{4.70}$$

Gl. (4.70) ist zur Berücksichtigung der ohmschen Widerstände leicht auf Impedanzen zu erweitern. Die reduzierende Wirkung von Blitzschutzseilen und Kabelmänteln ist beträchtlich, so daß z. B. bei Erdkurzschlüssen im Netz die Erdungsanlagen der Freileitungsmaste und Schaltanlagen erheblich entlastet werden.

4.5.5 Erdungsanlagen

Wird eine Erdungsanlage, die im Fundament eines Freileitungsmastes untergebracht ist, als Halbkugel modelliert, so entsteht in ihrer Umgebung entsprechend Bild 4.18a eine Stromdichte

$$S = \frac{I_E}{2\pi x^2} \tag{4.71}$$

Mit dem spezifischen Bodenwiderstand ρ ergibt sich eine Erderspannung

$$U_E = \int_r^\infty E\,dx = \int_r^\infty \frac{I_E\,\rho}{2\pi x^2}\,dx = \frac{I_E \rho}{2\pi r} \tag{4.72}$$

Daraus folgt der Ausbreitungswiderstand R_E einer **Halbkugel** mit dem Radius r

$$R_E = U_E / I_E = \frac{\rho}{2\pi r} \tag{4.73}$$

Für eine kreisförmige **Platte** mit dem Radius r erhält man [1.7]

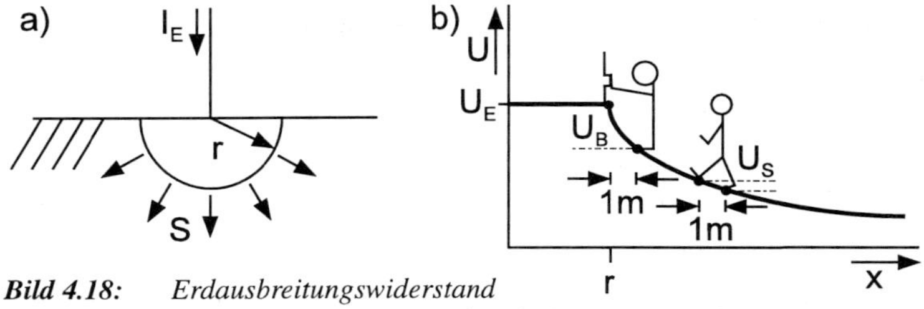

Bild 4.18: *Erdausbreitungswiderstand*
a) halbkugelförmiger Erder, b) Spannungstrichter U(x) mit Schrittspannung U_S und Berührungsspannung U_B

$$R_E = \frac{\rho}{4\,r} \tag{4.74}$$

Der spezifische Bodenwiderstand in Mitteleuropa liegt in der Größenordnung von $\rho = 100\,\Omega\,\text{m}$, kann aber in trockenem Fels, Stein oder Sand auf $\rho = 10\,000\,\Omega\,\text{m}$ ansteigen.

Für den Fundamenterder eines Hauses (10 x 20 m^2) errechnet man einen äquivalenten Radius r = 8 m und damit aus Gl. (4.74) den Ausbreitungswiderstand (ρ = 100 Ω m, R_E = 3,1 Ω). Daraus ist bei einem einpoligen Erdkurzschluß der Kurzschlußstrom zu bestimmen, wenn kein Erdrückleiter und auch keine Gas- oder Wasserrohre das Haus verlassen.

$$I_K = U_E \,/\, R_E = 230/3{,}1 = 73\ \text{A} \tag{4.75}$$

Dieser Wert reicht i. a. nicht aus, um Sicherungen genügend rasch ansprechen zu lassen (s. Abschn. 5.3).

Die Spannung an der Oberfläche des Erdbodens in der Nähe eines halbkugelförmigen Erders läßt sich aus Gl. (4.71) mit Gl. (4.73) berechnen.

$$U(x) = \int E dx = \int \rho \cdot S\, dx = U_E \cdot r \,/\, x \tag{4.76}$$

Dieser Zusammenhang ist in Bild 4.18b dargestellt. Dort ist auch die Schrittspannung U_S, d. h. die Spannung zwischen zwei 1 m voneinander entfernten Punkten, eingetragen. Die maximale Schrittspannung ergibt sich als Berührungsspannung U_B am Rande der Anlage [4.15].

Die Spannungen U_E, U_S und U_B sind für die Dimensionierung von Anlagen wesentlich. Kann die Erderspannung den Wert von U_E = 125 V nicht übersteigen, müssen keine Maßnahmen getroffen werden. Andernfalls ist nachzuweisen, daß die Schritt- und Berührungsspannungen den Grenzwert 125 V nicht übersteigen. Gelingt es durch einen geeigneten Netzschutz (s. Abschn. 8.8), Erdkurzschlußfehler rasch (z. B. innerhalb von 100 ms) abzuschalten, können auch höhere Spannungen zugelassen werden. Maßnahmen zur Begrenzung der Schritt- und Berührungsspannungen werden in [4.16] ausführlich behandelt. Besondere Beachtung ist isolierten Leitungen zu schenken, die zur Energie- oder Informationsübertragung in eine Anlage geführt werden, denn diese verschleppen das Potential von außerhalb in die Anlage hinein oder umgekehrt. Abhilfemaßnahmen sind Erdung, ggf. mittelbar durch Überspannungsableiter (Varistoren), und Isoliertransformatoren bzw. Übertrager.

4.5.6 Hochfrequente Beeinflussung

In den vorangegangenen Abschnitten wurden Mechanismen erläutert, die einen Zusammenhang zwischen Strömen und Spannungen auf gekoppelten Leitungen über das elektrische oder magnetische Feld herstellen. Damit sind die Phänomene der niederfrequenten Beeinflussung beschrieben. Es gibt aber auch eine Reihe von hochfrequenten Vorgängen in der Energietechnik, die weniger energiereich als die netzfrequenten Vorgänge sind, aber trotzdem zu erheblichen Störungen oder Schädigungen führen können.

Bei den hochfrequenten Störern unterscheidet man nach der Herkunft [4.9]:

- natürliche Quellen
  - atmosphärische Entladungen (Blitz)
- funktionale Quellen
  - Kommunikationssender (Radio)
  - medizinische Geräte
  - Mikrowellenherde
- nichtfunktionale Quellen
  - Kfz-Zündanlagen (Unterbrecher)
  - Leuchtstofflampen (Starter)
  - Relais (Kontaktöffnung)
  - Stromrichter (Anschnittsteuerungen)
  - Hochspannungsschalter (Kontaktöffnungen)
  - Freileitungen (Korona)

Nach der Signalform ist zwischen schmalbandigen Signalen, z. B. bei Kommunikationssendern, breitbandigen Signalen bei der Korona und transienten Vorgängen bei Schalthandlungen zu unterscheiden.

Nichtfunktionale Quellen erzeugen störende Vorgänge, die nicht zur bestimmungsgemäßen Funktion notwendig sind, aber als Sekundäreffekte in Kauf genommen werden müssen. Es handelt sich fast ausschließlich um Schalthandlungen, die Ausgleichsvorgänge zwischen Induktivitäten und Kapazitäten mit sehr unterschiedlichen Frequenzen oder Frequenzgemischen hervorrufen. Dabei sind Ausschaltvorgänge häufig kritischer als Einschaltvorgänge (s. Abschn. 5.3).

Die hochfrequenten Vorgänge können nun in unterschiedlicher Weise auf informations- oder meßtechnische Geräte übertragen werden. Die ohmschen, induktiven und kapazitiven Übertragungen sind genau so zu behandeln wie die niederfrequente Beeinflussung in den vorangegangenen Abschnitten. Wegen der hohen Frequenzen spielen dabei jedoch auch solche Induktivitäten und Kapazitäten eine Rolle, die bei niederfrequenten Vorgängen vernachlässigt werden. Insbesondere die Streukapazitäten in den Wicklungen von Transformatoren und Wandlern führen zu einem Übertragungsverhalten, das sich nennenswert vom Übersetzungsverhältnis bei Netzfrequenz unterscheidet. Für die hochfrequenten Vorgänge wirken kurze Leitungsstücke als Antennen, die elektromagnetische Wellen im MHz-Bereich abstrahlen. Eine kritische Anordnung entsteht, wenn diese durch Leitungsstücke in elektronischen Schaltkreisen „empfangen“ werden.

4.5.7 Beeinflussung des Menschen

Der menschliche Organismus wird von natürlichen Strömen, z. B. zur Reizleitung, durchflossen. Legt man an den Körper eine Spannung an, so fließt ein zusätzlicher Strom, der in Wechselwirkung mit den Körperorganen, z. B. dem Herzen, tritt. Während Ströme von weniger als 0,5 mA nicht wahrgenommen werden, treten bei 10 mA bereits Muskelverkrampfungen auf, die das Loslassen einer Elektrode unmöglich machen [4.17]. Ströme bis 500 mA führen jedoch zu keinen bleibenden Schäden, wenn die Einwirkungsdauer auf weniger als 200 ms begrenzt wird. Bei einer Einwirkungsdauer von einer Sekunde und mehr können allerdings Ströme von 30 mA bereits zum Tode führen. Darüber hinaus ist mit Herzkammerflimmern zu rechnen, bei dem das Herz seine Pumptätigkeit einstellt. Wesentlich größere Ströme, im Bereich von einigen Ampere, verringern die Neigung zum Herzkammerflimmern, da nun das Herz von einem homogenen Strom durchflossen wird. Aus diesem Grund sind auch Hochspannungsunfälle nicht immer tödlich. Neben der Wirkung auf die Muskeln führen Körperströme zu einer Wärmeentfaltung, die Zerstörungen von Zellen zur Folge hat und beispielsweise nach mehreren Tagen zum Versagen der Nieren und damit zum Spättod führen können. Deshalb ist bei Stromunfällen, die größere Körperströme zur Folge hatten, insbesondere bei Hochspannungsunfällen, stets ein Arzt aufzusuchen. In vielen Fällen sind Hochspannungsunfälle mit dem Auftreten von Lichtbögen verbunden, so daß neben der unmittelbaren Stromeinwirkung auch mit Verbrennungen zu rechnen ist.

Dank des hohen Sicherheitsstandards sind Elektrounfälle in Deutschland selten. Trotzdem werden nach [4.6] ca. 150 Stromtote jährlich registriert. Ein Großteil der Elektrounfälle ereignet sich im Haushalt, z. B. beim Heimwerken und Reparieren von Elektrogeräten. Häufige Ursache sind falsch angeschlossene Schutzkontakte eines Stekkers oder der in die Badewanne gefallene Haartrockner. Schutzmaßnahmen gegen das Berühren von spannungsführenden Teilen werden in Abschn. 8.6.4.3 behandelt.

Neben der Höhe des Stromes ist auch dessen Weg durch den Körper für die Gefährlichkeit maßgebend. Besonders kritisch ist der Stromfluß von einem Arm über das Herz zum anderen. Der Strom wird aus der angelegten Spannung und dem Körperwiderstand bestimmt. Letzterer ist sehr stark von der augenblicklichen Konstitution des betroffenen Menschen und den Unfallbedingungen abhängig. Größflächige Berührung, Schweiß und Nässe, z. B. in Badezimmern, setzen den Widerstand herab.

Als Richtwert für den Körperwiderstand sei 1 kΩ genannt. Er wird im wesentlichen von der Haut bedingt. Ist sie durch eine spitze Elektrode oder einen Spannungsdurchschlag verletzt, so kann der Körperwiderstand auf 100 Ω oder weniger zusammenbrechen. Die übliche Netzspannung von 230 V führt bei dem o. a. Körperwiderstand von 1 kΩ zu einem Strom von 230 mA. Dieser Wert kommt in die Nähe des Kurzzeit-Grenzwertes für Herzkammerflimmern von 500 mA, liegt aber erheblich über dem oben erwähnten Langzeitwert von 30 mA. Eine rasche Abschaltung ist deshalb unbedingt notwendig. Man geht davon aus, daß Spannungen unter 25 V zu keinerlei Gefährdungen führen.

Weiterhin ist auch die Frequenz für eine Gefährdung entscheidend. Bei Gleichspannung tritt Herzkammerflimmern praktisch nicht auf. Man läßt deshalb Gleichspannungen von 60 V zu. Höherfrequente Ströme ab 10 kHz verlagern sich aufgrund des Skin-Effekts auf die Körperoberfläche und reduzieren so das Risiko des Herzkammer-flimmerns und der Muskelverkrampfung.

Wird ein Körper in ein 50-Hz-Magnetfeld gebracht, so entstehen in ihm Wirbelströme, die die gleiche Wirkung haben wie die von einer angelegten Spannung hervorgerufenen. Durch geeignete Modellierung des Körpers ist deshalb ein direkter Zusammenhang zwischen der zulässigen Stromdichte im Körper und dem Magnetfeld abzuleiten. Die internationale Strahlenschutzkommission (IRPA: International

Radiation **P**rotection **A**ssociation), eine Unterabteilung der Weltgesundheitsorganisation (WHO) hat einen Wert von B = 100 µT bzw. H = 80 A/m als Grenzwert empfohlen.

Die Verordnung zur Durchführung des Bundes-Immissionsschutzgesetzes (Verordnung über elektromagnetische Felder (BImSchV) hat diesen Wert übernommen. Er wird bei der Planung von Anlagen zugrunde gelegt, wobei man für einige Stunden pro Tag auch höhere Werte zuläßt.

Neben der mittelbaren Wirkung des Magnetfeldes über die Wirbelströme im Körper gibt es noch unmittelbare Wechselwirkungen, z. B. mit dem Spin der Atomkerne, die in der Medizintechnik bei den Kernspintomographen ausgenutzt werden. Weiterhin ist in der Diskussion, ob durch magnetische Felder im Körper die Ausschüttung von Melatonin, dem man eine krebshemmende Wirkung zuschreibt, verringert wird.

Während das Magnetfeld durch den menschlichen Körper praktisch nicht beeinflußt wird, stellt er für elektrische Felder im niederfrequenten Bereich einen fast idealen Leiter dar. Dadurch wird das Feld in der Umgebung eines Menschen verzerrt. Aus Modellrechnungen läßt sich nun ein Zusammenhang zwischen der ungestörten elektrischen Feldstärke und dem durch das Wechselfeld hervorgerufenen Strom im Körper bestimmen. So ist es möglich, analog zum magnetischen Feld auch Grenzwerte für das elektrische Feld zu berechnen. Nach IRPA und der oben erwähnten BImSchV gelten 5 kV/m als unbedenklich. Bei dieser Feldstärke ist durch Kraftwirkung auf die Körperhaare das Vorhandensein des Feldes allerdings u. U. zu bemerken.

Hochfrequente Felder, wie sie beispielsweise von „Handys“ ausgehen, führen entsprechend dem Prinzip des Mikrowellenherds zu örtlichen Temperaturerhöhungen im Körper, die bei hoher Sendeleistung zu gesundheitlichen Schäden führen können. Deshalb ist die Sendeleistung dieser Geräte auf 2 W begrenzt.

Objektive Grenzwerte für die Beurteilung des Wohlbefindens und der gesundheitlichen Beeinträchtigung lassen sich in naturwissenschaftlichem Sinn nur schwer finden. Insbesondere ist die Festlegung von Sicherheitszuschlägen eine Quelle ständiger Diskussion. Letztlich stellen solche Grenzwerte - unabhängig von ihrer Höhe - einen Kompromiß zwischen Sicherheitsdenken und wirtschaftlichem Handeln dar.

5 Schaltanlagen

Die Leitungen des Energieversorgungsnetzes müssen in geeigneter Weise miteinander verbunden werden. Dabei wäre es am einfachsten, sie an ihren Enden fest zu verknüpfen, wie es bei den Abzweigdosen der Hausinstallation der Fall ist. Dies würde jedoch bei einem Kurzschluß zum Ausfall des gesamten Netzes führen. Außerdem ist es aus Gründen der Zuverlässigkeit nicht sinnvoll, alle in einem Ort zusammenlaufenden Leitungen auch miteinander zu verbinden. Es besteht deshalb die Aufgabe, Leitungen getrennt zu schalten und teilweise separate Knoten zu bilden. Hierzu verwendet man Schaltanlagen, die die freizügige Verbindung von Leitungen einer Spannungsebene gestatten. Schaltanlagen unterschiedlicher Spannungsebenen werden über Transformatoren bzw. „Umspanner" miteinander gekoppelt. Die Gesamtheit der Schaltanlagen mehrerer Spannungsebenen und der Transformatoren an einem Ort nennt man Umspannstationen oder bei kleineren Einheiten, z. B. 20/0,4 kV Ortsnetzstationen.

5.1 Aufbau von Schaltanlagen

In Bild 5.1 ist der typische Aufbau einer Schaltanlage einphasig dargestellt [5.1]. In ihr wird die ankommende Leitung auf einen Erdungsschalter TE geführt, der nach dem Abschalten der Leitung die Spannungsfreiheit garantieren und induzierte bzw. influenzierte Spannungen kurzschließen soll. Die Verbindung zur Schaltanlage stellt der anschließende Abgangstrennschalter TL her. Stromwandler S und Spannungswandler W dienen der Betriebsüberwachung und dem Schutz (s. Abschn. 8.8). Sie sind im Prinzip Transformatoren und wurden bereits in Abschn. 2.4 behandelt. Der Leistungsschalter L, auf den in Abschn. 5.3 eingegangen wird, stellt das eigentliche Steuerorgan der Schaltanlage dar. Er öffnet und schließt die Stromkreise des Netzes sowohl im Normalbetrieb als auch bei Kurzschlüssen. Die Sammelschienentrennschalter TS ordnen die Leitung einer der beiden Sammelschienen zu. Kommen in der Schaltanlage vier Leitungen an, so können beispielsweise die Leitungen 1 und 3 über die Sammelschiene A und die Leitungen 2 und 4 über die Sammelschiene B miteinander verbunden werden. Eine Verbindung beider Sammelschienen A und B ist über eine Querkupplung Q_1 möglich.

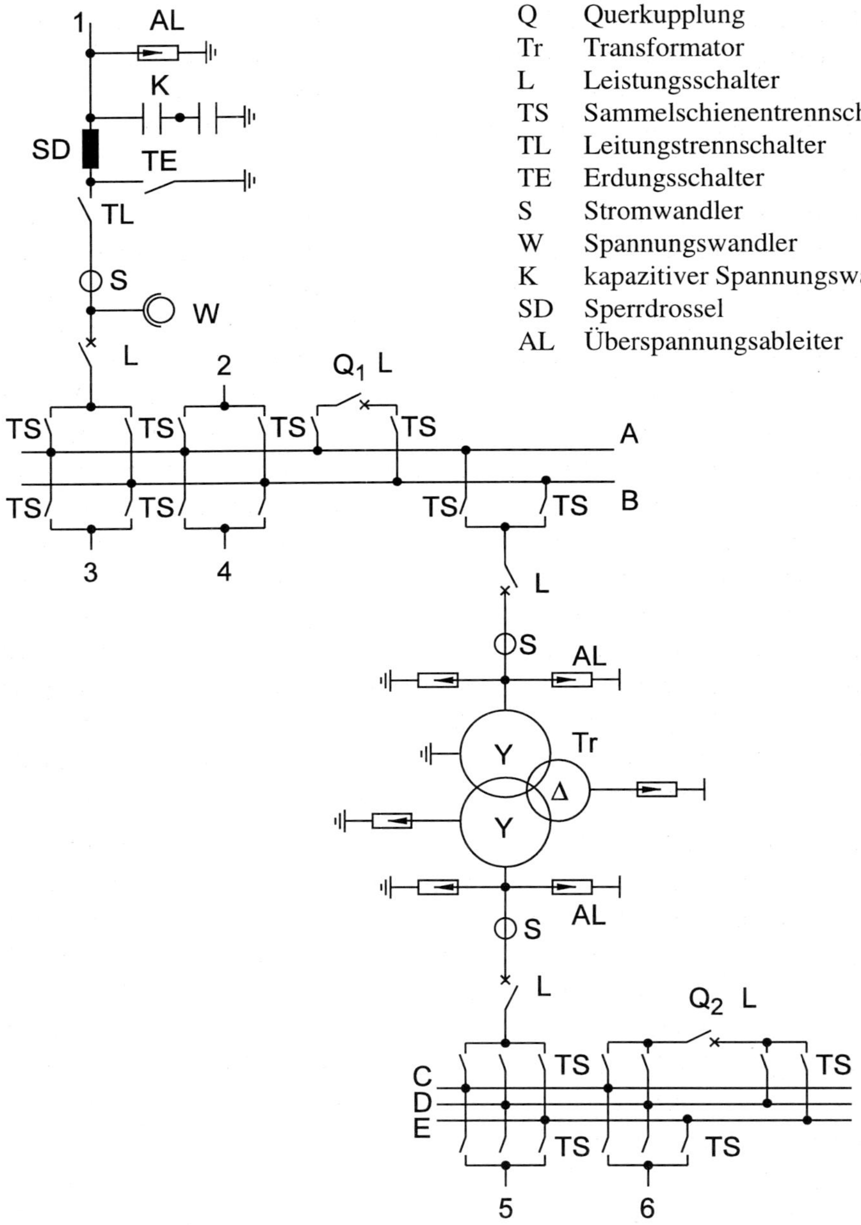

Q	Querkupplung
Tr	Transformator
L	Leistungsschalter
TS	Sammelschienentrennschalter
TL	Leitungstrennschalter
TE	Erdungsschalter
S	Stromwandler
W	Spannungswandler
K	kapazitiver Spannungswandler
SD	Sperrdrossel
AL	Überspannungsableiter

Bild 5.1: *Umspannanlagen*
A, B: 380-kV-Doppelsammelschienen, C, D, E: 110-kV-Dreifachsammelschienen, 1, 2, 3, 4: 380-kV-Abgänge, 5, 6: 110-kV-Abgänge

Bei großen Schaltanlagen werden Dreifachsammelschienen verwendet, die ggf. noch in Längsrichtung zu trennen sind, so daß sich insgesamt sechs Knoten ergeben. Um Wartungs- und Reparaturarbeiten an den Sammelschienen zu gestatten, erlauben Umgehungssammelschienen einen Notbetrieb mit eingeschränkten Schaltmöglichkeiten [1.5].

Schaltanlagen unterschiedlicher Spannungsebenen sind über Netztransformatoren gekoppelt, die in Abschn. 2.1 behandelt wurden. Bei ihnen müssen auf beiden Seiten die Ströme gemessen werden, um einen zuverlässigen Schutz zu ermöglichen. Transformatoren sind das wertvollste Betriebsmittel einer Schaltanlage und in ihrer Wicklung besonders empfindlich gegen Überspannungen mit hoher Stirnsteilheit. Deshalb installiert man in der Nähe der Klemmen Überspannungsableiter. Um einen guten Schutz zu gewährleisten, muß man diese zwischen den Leitern und zwischen Leiter und Erde anordnen, so daß je Spannungsebene sechs Ableiter notwendig sind. Die Auswahl der Ableiter (Abschn. 5.5) erfolgt im Rahmen der Isolationskoordination (Abschn. 6.6). Ein allgemeineres Schutzkonzept sieht die Anordnung von Überspannungsableitern an jedem Leitungsabgang vor. Dadurch ist die gesamte Umspannanlage geschützt. Da aber die von den Ableitern durchgelassenen steilen Spannungsfronten an den induktiven Eingängen der Transformatoren wie bei leerlaufenden Leitungen reflektiert werden (Abschn. 4.2.1), treten erhebliche Beanspruchungen der Wicklungen auf, die sich nur durch die oben beschriebenen Ableiter an den Klemmen reduzieren lassen. Lediglich bei räumlich nicht sehr ausgedehnten Anlagen, z. B. den Ortsnetzstationen, erfolgt der Schutz am Leitungseingang, wobei die Ableiter der Transformatoren entfallen.

Die Schaltanlage nach Bild 5.1 enthält am Leitungsabgang noch einen kapazitiven Spannungswandler K und eine Eingangsdrosselspule. Kapazitive Spannungswandler (Abschn. 2.4.1) sind eine Alternative zu den teureren induktiven Wandlern. Bei einer Schaltanlage wird selbstverständlich nur einer der beiden Spannungswandler K oder W eingesetzt. Kapazitive Wandler sind wegen ihres transienten Verhaltens für Schutzzwecke schlecht geeignet, erlauben aber die kapazitive Einkopplung von Informationssignalen auf die Leitungen (TFH). Diese in Abschn. 2.4.1 beschriebene Technik kann beispielsweise dazu verwendet werden, auf einem hochfrequenten Träger die Schutzsignale, aber auch Gespräche, von einem Ende der Leitung zum anderen zu übertragen. Um ein Abfließen der Signalenergie in die Schaltanlage hinein zu verhindern, wird eine Drosselspule SD als TFH-Sperre eingesetzt. Meistens ist die Trägerfrequenzübertragung auf einen der drei Leiter beschränkt. Drosselspulen, die an einem Leiter angeordnet sind, können auch die Aufgabe haben, unsymmetrische Leitungsinduktivitäten auszugleichen, um symmetrische Kurzschlußströme und damit bessere Schutzverhältnisse zu erreichen.

5.2 Bauformen von Schaltanlagen

Freiluftschaltanlagen sind insbesondere im Einzugsbereich von Städten zu finden. Bei größeren Städten handelt es sich häufig um 380/110-kV- bzw. 220/110-kV-Umspannwerke, die das 110-kV-Verteilernetz speisen. In der Nähe kleinerer Städte sind die 110/20-kV- bzw. 110/10-kV-Umspannwerke ebenfalls im Freien errichtet, wobei die 20-kV- bzw. 10-kV-Seite in der Regel als Innenraumanlage ausgeführt wird.

Wenn es die Platzverhältnisse erlauben, baut man Schaltanlagen von 110 kV und darüber in Freiluftausführung. Für 20 kV und weniger sind dagegen Innenraumanlagen wirtschaftlich [5.2]. Beispiele für Schaltanlagen zeigen die Bilder 5.2 bis 5.4.

Bild 5.2: *Freiluftschaltanlage 220 kV, Zweikammer-Leistungsschalter mit Steuerkondensatoren, Rohrsammelschienen im Hintergrund unten und Trennschalter im linken Hintergrund (Quelle: Siemens)*

Innenraumschaltanlagen für hohe Spannungen werden in vollisolierter Form errichtet (VIS-Anlagen). Dabei sind sämtliche aktiv leitenden Teile mit einem Metallkörper umgeben (metallgekapselte Anlagen). Um die Isolationsabstände klein zu halten, dient SF_6 als Isoliergas, das gegenüber Luft (Bild 6.9) eine etwa dreimal so hohe Durchschlagsfestigkeit aufweist (gasisolierte Schaltanlage, GIS).

Nach dem dielektrischen Aufbau unterscheidet man zwischen einphasig und dreiphasig gekapselten Anlagen. Bei der einphasigen Kapselung ist jeder Leiter in koaxialer Anordnung von einem Rohr umgeben, so daß im Isolationsraum ein radialsymmetrisches Feld entsteht. Außerhalb der Kapselung ist der Raum frei vom elektrischen Feld. Da die gesamte Kapselung elektrisch leitend miteinander verbunden ist, wirkt sie wie ein Kompensationsleiter (Abschn. 4.5.4). Zu einem Hinstrom des Innenleiters stellt sich somit in der zugehörigen Kapselung ein Rückstrom ein, der Verluste verursacht. Um diese gering zu halten, muß die Kapselung gut leitfähig, z. B. aus Aluminium, sein. Damit kann sich der Kompensationsstrom voll ausprägen und verhindert die Ausbildung eines Magnetfeldes außerhalb der Kapselung.

In vollisolierten Schaltanlagen ist außerhalb der Kapselung der Raum weitgehend frei von elektrischen und magnetischen Feldern.

Diese Aussage gilt für 50 Hz. Hochfrequente Vorgänge, die durch Öffnen von Trennschaltern oder interne Lichtbögen hervorgerufen werden, können über Durchführungen jedoch austreten und Störungen verursachen. Weiterhin ist zu beachten, daß bei den hohen Frequenzen das Erdungsnetz nicht ideal ist und somit Wanderwellenvorgänge das Potential der Kapselung erheblich anheben.

Bei der dreiphasigen Kapselung ist die symmetrische Dreileiteranordnung von einer gemeinsamen Metallkapselung umgeben. Da nun im symmetrischen Betrieb das magnetische Feld in der Metallkapselung gering ist, werden dort nur kleine Ströme induziert; es kann deshalb Eisen als Material verwendet werden. Vor- und Nachteile der ein- und dreiphasigen Kapselung gleichen sich weitgehend aus, so daß unterschiedliche Lösungen der Hersteller miteinander konkurrieren.

Obwohl die Domäne der SF_6-gasisolierten Schaltanlagen im höheren Spannungsbereich liegt, setzen sie sich aber auch immer stärker im Mittelspannungsbereich bis hinab zu 10 kV durch.

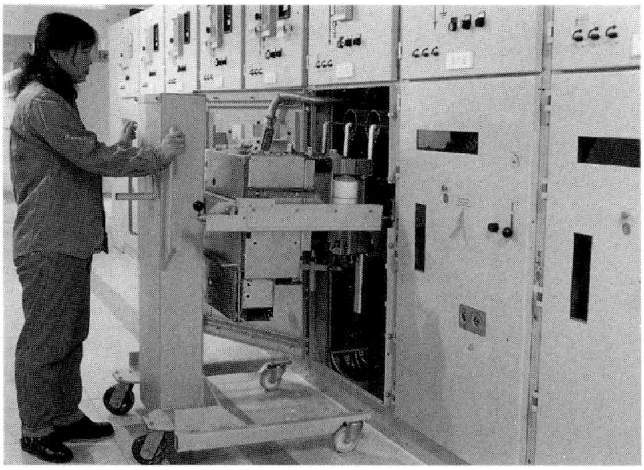

Bild 5.3: *Geschottete Mittelspannungsschaltanlage 10 kV mit Vakuumleistungsschalter in Einschubtechnik auf Montagewagen (Quelle: Siemens)*

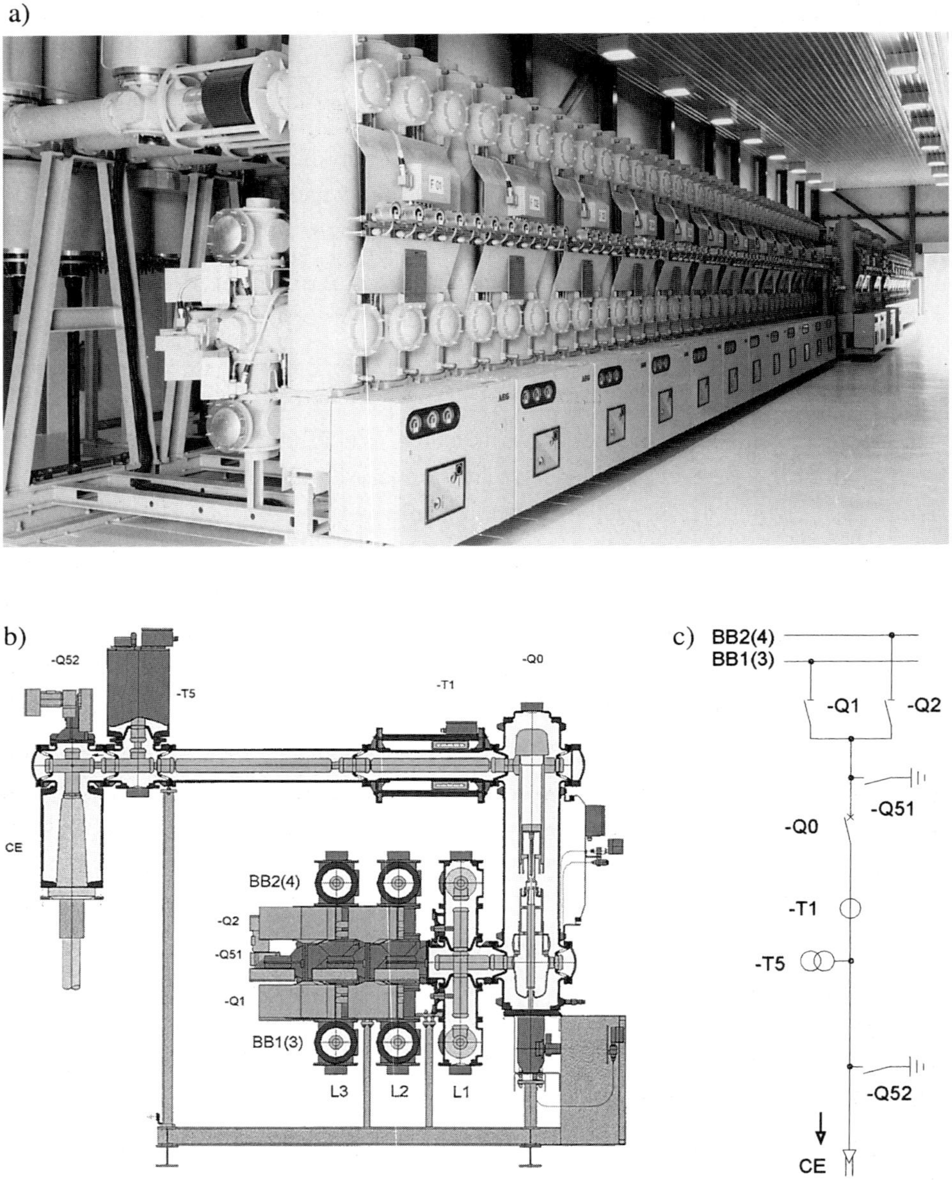

Bild 5.4: *Gasisolierte Schaltanlage 145 kV, 3150 A Abschaltstrom, CE Kabeleingang, Q52 Erdungsschalter, T5 Spannungswandler, T1 Stromwandler, Q0 Leistungsschalter, Q51 Erdungsschalter, Q1, Q2 Trennschalter, BB1, BB2 Sammelschienen*
a) Ansicht einer Schaltanlage, b) Querschnitt durch einen Abzweig, c) Schaltbild des Abzweigs nach b) (Quelle: AEG T & D)

Zur Orientierung seien noch einige Preise für Schaltanlagen mit Doppelsammelschienen genannt:

Freileitungsabgang 420 kV	Freiluft 3,3 Mio. DM;	GIS 4,5 Mio. DM
Freileitungsabgang 110 kV	Freiluft 0,7 Mio. DM;	GIS 1,1 Mio. DM
Kabelabgang 20 kV	0,1 Mio. DM	GIS 0,1 Mio. DM

Eine typische Größe für Schaltanlagen ist die Kurzschlußleistung, die aus der Nennspannung des Netzes und dem Stoßkurzschlußwechselstrom bestimmt ist (Abschn. 8.3.2).

$$S_k'' = \sqrt{3}\, U_n \cdot I_k'' \qquad (5.1)$$

5.3 Schalter

Schalter haben die Aufgabe, Stromkreise zu schließen und zu unterbrechen. Beim Schließen der Schalterkontakte wächst die Feldstärke so lange an, bis durch Stoßionisation die Gasstrecke leitend wird und ein Strom fließt. Diese Vorüberschläge führen zu einem Stromfluß, bevor sich die Kontakte berühren. Bei langsamer Bewegung der Kontakte neigen Wechselspannungsschalter deshalb dazu, im Spannungsmaximum zu schalten. Dies reduziert bei induktiven Kreisen das Gleichstromglied.

Beim Öffnen der Schalterkontakte fließt wegen der Induktivität im Kreis der Strom über einen Lichtbogen weiter. Fehlen Schaltungskapazitäten, z. B. C_2 in Bild 5.6, muß bei Gleichstrom die gesamte Energie, die in den Induktivitäten des Kreises gespeichert ist, im Schalterlichtbogen umgesetzt werden. Dagegen entstehen bei 50-Hz-Wechselströmen alle 10 ms Strom-Nulldurchgänge, in denen der Lichtbogen löschen kann.

Das Ein- und Ausschaltverhalten läßt sich durch eine rasche Kontaktbewegung verbessern. In den Schaltern der Hausinstallation wird so während des Schaltvorgangs zunächst eine Feder gespannt, die nach Überschreiten eines Kippunktes die gespeicherte Energie sehr rasch in Bewegung der Kontakte umsetzt.

Normalerweise ist das Ausschalten großer induktiver Kurzschlußströme die stärkste Beanspruchung für einen Schalter. Durch den großen Strom wird der Lichtbogenkanal stark ionisiert, so daß die Verbindung zwischen den Schalterkontakten gut leitend ist (s. auch Abschn. 6.4.1). Nach Verlöschen des Stromes im Nulldurchgang hat die treibende Spannung aufgrund der 90°-Phasenverschiebung ihren Maximalwert, auf den sie - bedingt durch die Kapazitäten - cosinusförmig einschwingt. Mit der wiederkehrenden Spannung u_w (Bild 5.5a), deren Frequenz im kHz-Bereich liegt, tritt die Wiederverfestigungsspannung u_f der Schaltstrecke in einen Wettlauf. Bild 5.5a zeigt einen solchen Vorgang mit verzerrtem Maßstab. Nach oben ist der Strom in kA aufgetragen, nach unten in A. Zum Zeitpunkt des Stromnulldurchgangs geht der Zeitmaßstab von ms in μs über. So ist es möglich, den negativen „Nachstrom" darzustellen und die hochfrequente Wiederkehrspannung hinreichend aufzulösen. Das Produkt aus Wiederkehrspannung und Nachstrom ist die Verlustleistung, die aus der Schaltstrecke abgeführt werden muß. Bei dem Vorgang in Bild 5.5a läuft die Abschaltung ohne eine Neuzündung der Schaltstrecke ab. Dabei schwingt jedoch die Wiederkehrspannung mit einem Überschwingfaktor γ ein; es bildet sich eine hohe Schaltüberspannung aus, die beim einfachen LC-Kreis theoretisch den zweifachen Scheitelwert ($\gamma = 2$) der Netzspannung annehmen kann. In realen Anlagen ist mit einem Überschwingfaktor von $\gamma = 1{,}4 \ldots 1{,}8$ zu rechnen. Steigt die Wiederkehrspannung schneller an als die Wiederverfestigung, so kommt es, wie Bild 5.5b zeigt, zu Neuzündungen, die Wiederzündungen genannt werden und durchaus erwünscht sind, weil sie den Anstieg der Wiederkehrspannung und damit die Höhe der Schaltüberspannung begrenzen. Nachteilig wirken sich die Wiederzündungen durch die hohe Spannungsänderungsgeschwindigkeit du/dt aus, die bei großen Spannungsamplituden zu hohen inneren Überspannungen an den Wicklungen von Transformatoren oder Motoren führen kann. Diese Gefahr besteht insbesondere bei Vakuumschaltern. Durch seine geeignete Dotierung der Kontaktmaterialien erreicht man, daß die Wiederverfestigungsspannung nicht zu steil ansteigt und somit die Amplitude der Spannungssprünge begrenzt bleibt.

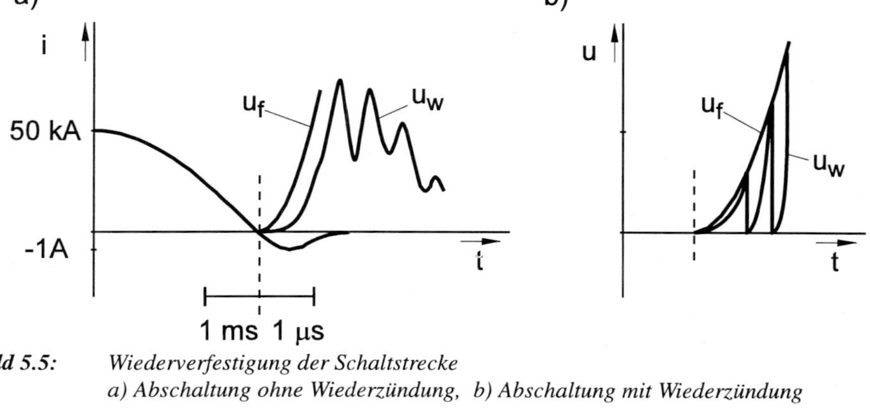

Bild 5.5: *Wiederverfestigung der Schaltstrecke*
a) Abschaltung ohne Wiederzündung, b) Abschaltung mit Wiederzündung

Beim Öffnen des Schalters S in Bild 5.6 entsteht ein Lichtbogen zwischen den Kontakten, der erst im natürlichen Stromnulldurchgang löscht. Durch eine Wechselwirkung zwischen der thermischen Dynamik des Lichtbogens und den LRC-Kreisen (Bild 5.6a) kann es aufgrund der negativen Lichtbogencharakteristik zu aufklingenden Schwingungen kommen, die einen künstlichen Stromnulldurchgang und somit ein Löschen des Lichtbogens vor den natürlichen Nulldurchgängen erzwingen (Bild 5.6b). Dieser Vorgang wird als Chopping bezeichnet. Dadurch kommutiert der Strom von dem Schalter in die Kapazität C_2 und der Schwingkreis L_2-C_2 wird angeregt. Im Fall der Kfz-Zündanlage ist die Kapazität der Zündkabel sehr gering, so daß ein hochfrequenter Ausgleichsvorgang mit großer Amplitude stattfindet.

Wird eine kurze leerlaufende Leitung, z. B. die Sammelschiene einer Schaltanlage, abgeschaltet ($L_2 = R_2 = \infty$), so kann ein Vorgang entsprechend Bild 5.6c entstehen. Der Strom i verlöscht in seinem Nulldurchgang, die Spannung des Kondensators C_2 bleibt auf ihrem Maximalwert, so daß nach einer halben Netzperiode an der Schaltstrecke die doppelte Spannungsamplitude $2\,\hat{U}_0$ ansteht. Tritt nun eine Neuzündung des Schalterlichtbogens auf, die Rückzündung genannt wird, so entsteht ein Ausgleichsvorgang, der wiederum zu Stromlöschungen führen kann. Neben den Gefahren für die Isolation treten durch die hochfrequenten Vorgänge auch Auswirkungen in Sekundäranlagen auf (s. Abschn. 4.5.6).

Die Wiederverfestigung der Schaltstrecke ist von verschiedenen Parametern des Lichtbogens abhängig:

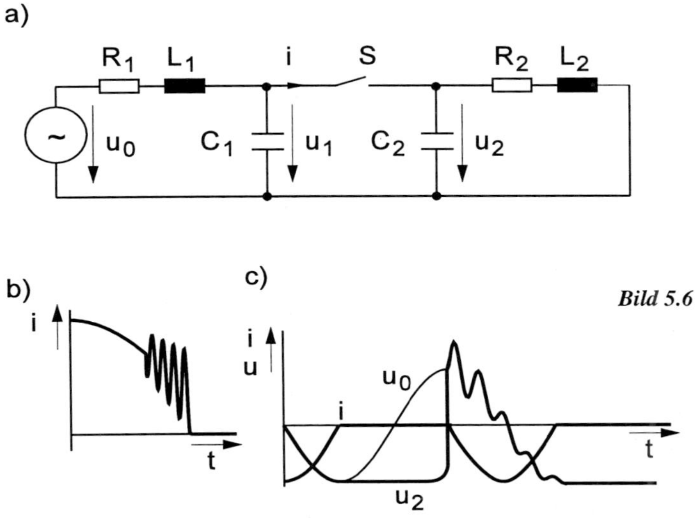

Bild 5.6 *Entstehung transienter Vorgänge*
a) Ersatzschaltung,
b) Chopping-Vorgang,
c) Rückzündung

- Länge des Lichtbogens
- Kühlung des Lichtbogens
- Verhalten des Gases (Rekombination der Ionen)
- Verhalten der Schaltkontakte (Stoßionisation)

Als Löschmedium wird im einfachsten Fall Luft unter normalem Umweltdruck verwendet. Durch die Gestaltung des Schalters kann man erreichen, daß sich der Lichtbogen aufgrund der Thermik nach oben ausweitet (Bild 5.7). Einen ähnlichen Effekt liefert die magnetische Wirkung des Stromes. Die Magnetkräfte versuchen nämlich, die Schleife eines fließenden Stromes auszuweiten. Dies führt bei geeignetem Verlegen der Anschlußkabel zu einer Vergrößerung des Lichtbogens. Ordnet man oberhalb der Schalterkontakte Bleche B an, so wird der Lichtbogen zwischen diese getrieben und unterteilt. Dadurch entstehen mehrere Anoden- und Kathodenfälle (Abschn. 6.4.2), die insgesamt die Lichtbogenspannung erhöhen.

Eine typische Größe für Leistungsschalter ist die Abschaltleistung. In Analogie zu Gl. (5.1) wird sie aus der Bemessungsspannung U_r, die etwas über der Netznennspannung U_n liegt, und dem Abschaltstrom I_a, der etwas kleiner als der Stoßkurzschluß-wechselstrom ist, bestimmt

$$S_a = \sqrt{3}\, U_r \cdot I_a \tag{5.2}$$

Bei den Schaltertypen unterscheidet man nach dem Löschmedium und den Schalteranforderungen. Löschmedien können sein:

Luft. Für einfache Schaltaufgaben genügt Luft bei Umweltbedingungen.

Druckluft. Hier wird die erhöhte dielektrische Festigkeit der unter Druck stehenden Luft (Abschn. 6.4.1) sowie die kühlende Wirkung der Strömung ausgenutzt.

Öl. Neben den veralteten Ölkesselschaltern wird in den ölarmen Schaltern, die ebenfalls an Bedeutung verlieren, die gute Isolations- und Kühlfähigkeit des Öls ausgenutzt.

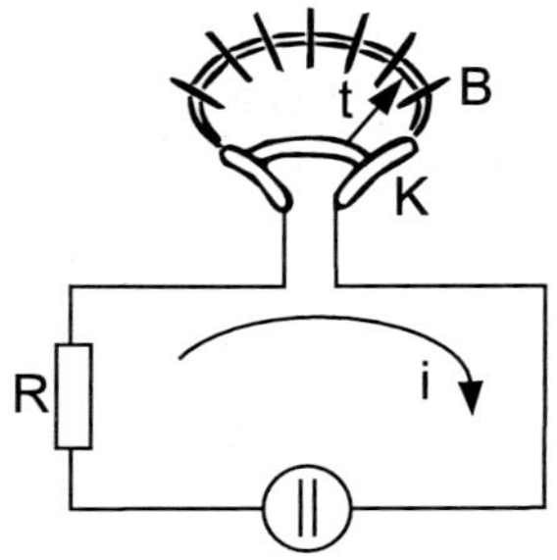

Bild 5.7: *Gleichstromschalter; Unterteilung eines Gleichstromlichtbogens mittels Löschkammerblechen*

SF_6. Anstelle von Druckluft wird heute bei hohen Schaltanforderungen das dielektrisch bessere SF_6-Gas verwendet.

Hartgas. Bei Schaltern mit nicht so häufigem Schaltwechsel wird in der Nähe der Kontakte ein Material angebracht, das bei Lichtbogenentwicklung lastabhängig vergast und dadurch gut kühlt und isoliert.

Vakuum. Der ideale Isolator ist Vakuum. Deshalb sind bei Vakuumschaltern nur sehr geringe Kontaktabstände - von z. B. 1 cm bei 10 kV - und damit kleine Antriebe erforderlich. Auf Spannungsgrenzen bei beliebigem Kontaktabstand stößt man durch die Feldemission, die an den Elektrodenoberflächen einzelne Ladungsträger freisetzt. Diese werden im Feld beschleunigt und erreichen wegen des Vakuums ungehindert die Gegenelektrode. Bei genügend hoher Spannung können sie aus dieser neue Ionen ausschlagen und so lawinenartig ein leitendes Plasma schaffen. Da im Vakuum nicht die Feldstärke, sondern die durchlaufene Spannung für die Energie maßgebend ist, sind die Vakuumschalter auf Spannungen weit unter 110 kV beschränkt.

Nach den Schaltanforderungen unterscheidet man:

Trennschalter. Trennschalter dienen zur Vorbereitung einer Leitungsbahn und dürfen nur in nahezu stromlosem Zustand geschaltet werden. Bereits leerlaufende Leitungen stellen für sie wegen der Leitungskapazitäten ein Problem dar. Eine Verriegelung stellt sicher, daß sie nur bei geöffnetem Leistungsschalter betätigt werden.

Lastschalter. Die übliche Ein- und Ausschaltung von Betriebsmitteln oder Verbrauchern erfordert den Lastschalter. Der Lichtschalter in der Hausinstallation gehört beispielsweise in diese Gruppe. Lastschalter sind nicht in der Lage, Kurzschlußströme abzuschalten. Deshalb können sie nur in Verbindung mit Sicherungen eingesetzt werden.

Leistungsschalter. Der Leistungsschalter übernimmt neben den Aufgaben des Lastschalters noch die Abschaltung von Kurzschlußströmen; er wird verwendet, wenn aus Gründen der Spannungshöhe oder der Stromstärke Sicherungen nicht einsetzbar sind.

Den Kurzschlußschutz übernehmen Leistungsschalter im Zusammenwirken mit Schutzeinrichtungen. Von Fehlereintritt über Messung der Schutzeinrichtung, Anregung der Auslösespule, Trennung der Schalterkontakte und Verlöschen des Lichtbogens vergeht eine Zeit von 60 bis 100 ms. Über diese Zeit müssen Anlagen dem Kurzschlußstrom widerstehen. Als Löschmedium für Leistungsschalter wird heute fast ausschließlich SF_6 für Spannungen von 110 kV und darüber sowie Vakuum für Spannungen unter 110 kV eingesetzt (Bilder 5.8 und 5.9). In Niederspannungsnetzen, aber auch in der Mittelspannung, wird anstelle der Leistungsschalter die kostengünstigere Kombination Lastschalter mit Sicherungen eingesetzt.

Schaltschütze. Schaltschütze sind Lastschalter, deren Kontakte durch Einschalten eines Magnets geschlossen werden. Deshalb eignen sie sich zur Fernsteuerung von Lasten. Üblicherweise verwendet man Luft als Löschmedium. Für große Leistungen sind Vakuumschütze sinnvoll. Bei kleinen Leistungen, verbunden mit hoher Schaltpräzision, z. B. am Ausgang von Schutzeinrichtungen, werden Kontakte in Vakuumröhren durch Magnete geschaltet (Reed-Relais). Neben den Kontakten zur Herstellung der primären Strombahn haben Schaltschütze häufig noch Hilfskontakte zur Verriegelung. Dabei unterscheidet man zwischen Öffnern und Schließern. So ist es beispielsweise möglich, die Einschaltung eines Schützes zu verhindern, wenn ein anderer schon angezogen hat. Durch die **s**peicher**p**rogrammierbaren **S**teuerungen (SPS) verlieren die Hilfskontakte zwar an Bedeutung, werden aber als letzte Schutzvorkehrung auch in Zukunft notwendig sein.

Sicherungen. Sicherungen zählen nicht zu den Schaltern, sind aber in ihrem Ausschaltverhalten mit Gleichstromschaltern vergleichbar. Sie bestehen aus einem Sicherungsdraht zwischen den beiden Anschlußpunkten, der von Quarzsand umgeben

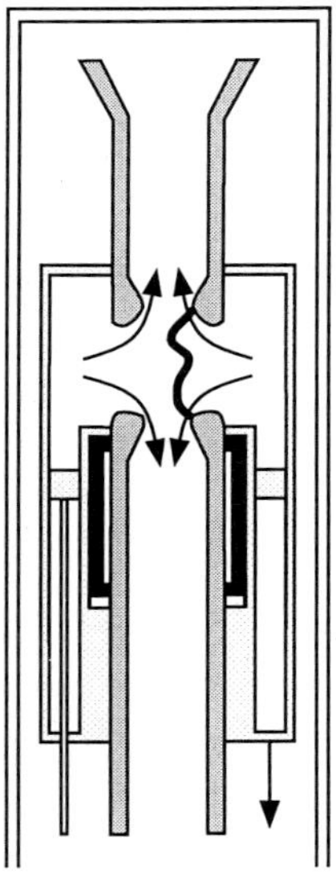

Bild 5.8: *SF_6-Schalter (Quelle: [5.3])*

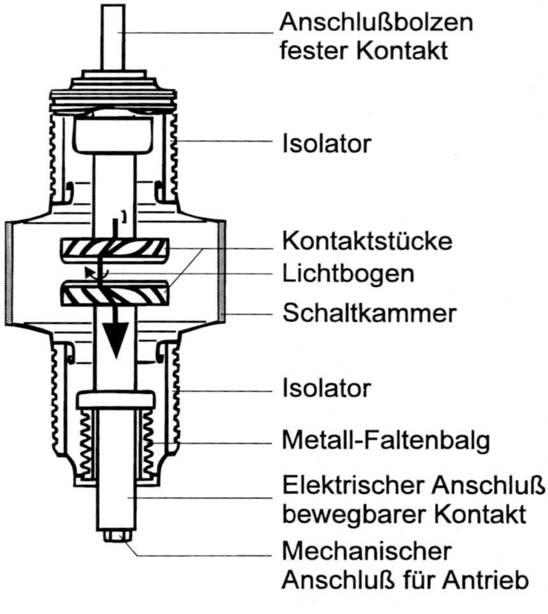

Bild 5.9: *Vakuumschalter (Quelle: [5.3])*

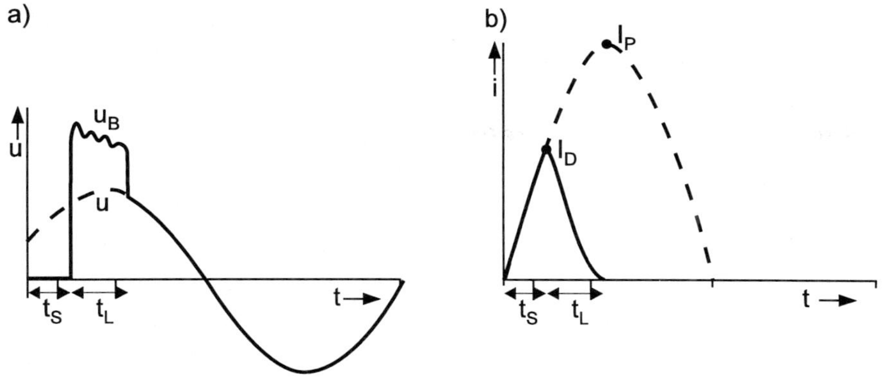

Bild 5.10: *Ausschaltverhalten der Sicherungen*
a) Spannungsverlauf, b) Stromverlauf
u Netzspannung, I_P Stoßkurzschlußstrom, I_D Durchlaßstrom,
t_S Schmelzzeit, t_L Löschzeit, u_B Lichtbogenspannung

ist. Nach ihrer Wirkung unterscheidet man die Kurzschlußzeitbegrenzung und -strombegrenzung. Wird der Strom langsam über den Ansprechstrom hinaus gesteigert, so entsteht in dem Sicherungsdraht eine stärkere Wärmeentwicklung und damit eine höhere Temperatur, bis der Draht schmilzt und den Stromfluß unterbricht. Auf diese Art begrenzen Sicherungen die Überlastung von Leitungen. Bei einem sehr großen Kurzschlußstrom reicht die Wärmeentwicklung in den ersten ein bis zwei Millisekunden bereits aus, um den Sicherungsdraht zu schmelzen. Quarzsand in der Umgebung der Schmelzstelle verdampft und baut so eine hohe Lichtbogenspannung auf. Ist sie größer als die treibende Netzspannung, verlöscht der Strom vor seinem natürlichen Nulldurchgang. Auf diese Art gelingt es, den Durchgangsstrom I_D der Sicherungen unter dem Spitzenwert I_p des Kurzschlußstroms zu halten (Bild 5.10). Die Auslösecharakteristik Si einer derartigen Schmelzsicherung ist in Bild 5.11 dargestellt. Liegt der Durchlaßstrom I_D über dem Stoßkurzschlußstrom, so erfolgt während der ersten Halbperiode keine Abschaltung. Der Strom wird also nicht in seiner Größe begrenzt, sondern nur in der Zeitdauer.

Schutzschalter. Schutzschalter erfüllen die gleiche Aufgabe wie Sicherungen, sind aber nach der Auslösung wieder einschaltbar und in ihrem Auslöseverhalten präziser. Die Fehlerzeitbegrenzung wird durch ein Bi-Metall bewirkt, das sich bei erhöhtem Stromfluß biegt und eine gespannte Feder löst, die die Schaltkontakte öffnet. Bei großen Kurzschlußströmen bewegt ein Magnet einen Stahlklöppel, der die Federkraft zur Öffnung der Schaltkontakte freigibt. So wird die kurzschlußstrombegrenzende Wirkung entsprechend einem Gleichstromschalter nach Bild 5.7 erreicht. In Bild 5.11 ist

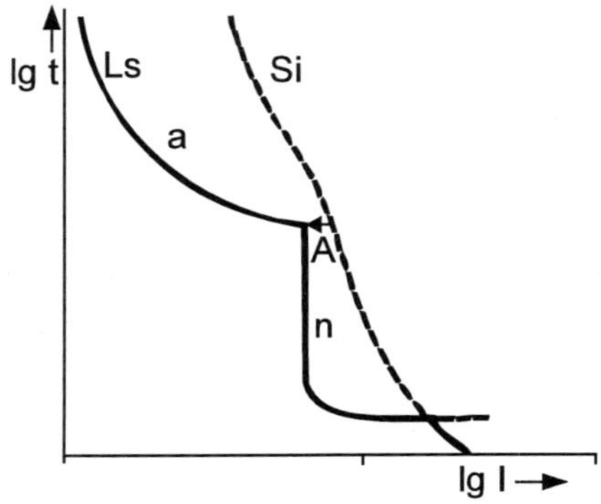

Bild 5.11: *Staffelung von Sicherung und Leitungsschutzschalter [nach 5.4]*
a therm. Überlastauslöser,
n nichtverzögerter Kurzschlußauslöser,
A Kennlinienabstand, Si Sicherung,
Ls Leitungsschutzschalter

die Auslösecharakteristik eines Leitungsschutzschalters Ls mit der einer Sicherung Si verglichen. Bei der Planung von Anlagen ist darauf zu achten, daß zwischen unter- und überlagerten Schutzorganen ein Kennlinienabstand A besteht, um die Abschaltung unnötig großer Netzbezirke zu vermeiden [5.5]. Die Form der Auslösecharakteristik wird mit Buchstaben gekennzeichnet, sie ist für das Einsatzgebiet entscheidend.
B: Leitungsschutz, übliche Hausinstallation, C: Motor, Transformatoren,
K: Transformatoren, Z: Halbleiterbauelemente

5.4 Sammelschienen

Sammelschienen bilden das Rückgrat der Schaltanlagen. In Freiluftschaltanlagen (Bild 5.2) bestehen sie aus Stahl-Aluminiumseilen, die an Isolatoren aufgehängt sind, bei größeren Strömen aus Aluminiumrohren. In Mittelspannungsschaltanlagen sind Platzbedarf und Kurzschlußfestigkeit von großer Bedeutung. Hier werden Flachschienen oder C-Profile verwendet, die im Kurzschlußfall großen Kräften standhalten können.

Beispiel 5.1. *Es soll die Kraftwirkung eines Kurzschlußstroms auf eine Sammelschiene bestimmt werden. Der Abstand der Leiter sei a = 30 cm, der zweipolige Kurzschlußstrom betrage $I_k'' = 50$ kA.*

Der Kurzschlußstrom besteht aus einem Wechselstromanteil und einem Gleichstromglied, das mit der Zeitkonstanten τ_g abklingt

$$i_k = \sqrt{2}\, I_k'' \left(e^{-t/\tau_g} - \cos \omega t \right) = \sqrt{2}\, I_k''\, c(t) \tag{5.3}$$

Damit erhält man den Verlauf der Kraft

$$F' = B \cdot i = \frac{\mu_0}{2\,\pi\, a}\, i_k^2 = \frac{4\,\pi \cdot 10^{-4}\ \mathrm{H/km}}{2\,\pi \cdot 30\ \mathrm{cm}}\, 2 \cdot \left(50 \cdot 10^3\ \mathrm{A}\right)^2 \cdot c^2(t)$$
$$F' = 3\ \mathrm{kN/m} \cdot c^2(t) \qquad (5.4)$$

Der Ausdruck $c^2(t)$ setzt sich aus mehreren Anteilen zusammen, einem exponentiell abklingenden, einem konstanten, einem mit doppelter Netzfrequenz und einem abklingenden mit Netzfrequenz. Für $\tau_g \to \infty$ ergibt sich der Spitzenwert $\hat{c}^2 = 4$, so daß bei der beschriebenen Anordnung mit Sammelschienenkräften von über 10 kN/m $\hat{=}$ 1 t/m zu rechnen ist. Hierfür sind die Schienen und insbesondere die Isolatoren zu dimensionieren.

5.5 Überspannungsableiter

Im Netz können kurzzeitige Spannungen auftreten, die die normalen Betriebswerte erheblich übersteigen. Man unterscheidet dabei zwischen äußeren Überspannungen, z. B. durch Blitzschlag, und inneren Überspannungen durch Schalthandlungen. Um die Überspannungen auf ein für die Betriebsmittel ungefährliches Maß zu begrenzen, werden Überspannungsableiter eingesetzt. Sie sollen bis zu der Ansprechspannung U_a keinen Strom führen und oberhalb dieses Wertes die Spannung auf einen möglichst niedrigen Restwert $U_r > U_a$ begrenzen. Beim Rückgang der Spannung unter die Löschgrenze $U_L < U_a$ wird der Ableiter wieder stromlos. Aufgabe der Isolationskoordination (Abschn. 6.6) ist es nun, die Löschspannung U_L über die höchstzulässige Betriebsspannung U_m zu legen und danach das notwendige Isolationsniveau der Betriebsmittel zu bestimmen. Da während der Ansprechzeit kurzschlußartige Ströme durch den Ableiter fließen, wird dieser thermisch stark belastet. Er ist nicht in der Lage, eine länger anstehende betriebsfrequente Spannung zu begrenzen. Liegt die Netzspannung aufgrund ungünstiger Netzverhältnisse auch nur kurzzeitig über den Löschspannungen, so wird der Überspannungsableiter im Fall des Ansprechens wahrscheinlich zerstört.

Die einfachste Form eines Überspannungsableiters sind Funkenhörner, die sich beispielsweise an den Isolatoren einer Freileitung befinden. Bei Überspannungen wird die Luftstrecke zwischen ihnen durchschlagen. Da die Restspannung und damit auch die Löschspannung einer Luftstrecke sehr niedrig ist, werden solche Lichtbögen u. U.

nicht von selbst löschen. Die in Schaltanlagen eingebauten Überspannungsableiter bestehen aus einem Leitermaterial, das extrem nichtlineares Verhalten aufweist. Heute ist es üblich, Zinkoxid zu verwenden. Solche Metalloxid-Ableiter haben für normale Betriebsspannungen geringe Leckströme, so daß die Verluste in Kauf genommen werden können. Früher verwendete man Siliziumcarbid. Bei diesem Material mußten Funkenstrecken in Reihe geschaltet werden, die einen Stromfluß erst nach Erreichen der Ansprechspannung gestatten.

Die Ansprechspannung eines Ableiters ist von der Steilheit des Spannungsanstiegs abhängig. Am höchsten liegt sie bei Blitzstoßspannungen (Index B), die i. a. zur Dimensionierung von Anlagen bis 220 kV maßgebend sind. In 380-kV-Anlagen ist dagegen die Schaltstoßspannung (Index S) kritisch. Für den quasistationären Betrieb, der z. B. bei einem Erdkurzschluß auftreten kann, ist die Ansprechwechselspannung (Index W) maßgeblich. Da die Ionisation der Luft langsamer abläuft als der Aufbau des Leitungsmechanismus in ZnO, sind steile Überspannungen vorzugsweise mit Metalloxid-Ableitern zu beherrschen. Im Rahmen der elektromagnetischen Verträglichkeit werden deshalb derartige Ableiter eingesetzt und als Varistoren bezeichnet. Sie haben Ansprechzeiten in der Größenordnung von 10 ns.

6 Hochspannungstechnik

In der Natur treten hohe Spannungen zwischen den Wolken und der Erde auf. Reicht die Isolationsfähigkeit der Luft nicht mehr aus, entstehen Durchschläge, die in Form von Blitzen allgemein bekannt sind. Auch das St.-Elms-Feuer an den Mastspitzen von Segelschiffen ist eine Naturerscheinung.

In der Technik werden hohe Spannungen zur Übertragung von elektrischer Energie eingesetzt, um den Strom und damit die Übertragungsverluste gering zu halten. Für Drehstrom ergibt sich als Verlustleistung

$$P_V = 3\,R\,I^2 = 3\,R\left(\frac{S}{\sqrt{3}\,U}\right)^2 = R\left(\frac{S}{U}\right)^2 \tag{6.1}$$

Dabei ist entsprechend Abschn. 1.2.3 die Außenleiterspannung einzusetzen. Durch Verdoppelung der Übertragungsspannung werden die Verluste auf ein Viertel reduziert. Deshalb ist die Hochspannungstechnik sehr stark mit der elektrischen Energieübertragung verbunden, bei der im Lauf der Zeit die Übertragungsspannungen immer weiter gesteigert wurden:

1882:	2 kV;	1891:	15 kV;	1912:	110 kV;
1929:	220 kV;	1952:	380 kV;	1959:	525 kV;
1965:	735 kV;	1966:	750 kV;	1990:	1 150 kV;

Das erste Buch mit dem Titel Hochspannungstechnik gab 1911 W. Petersen heraus [6.1]. Hohe Spannungen werden auch genutzt, um geladene Teilchen zu beschleunigen. Beispiele hierfür sind die Elektronen in Fernsehbildröhren oder die geladenen Staubteilchen, die in Rauchgasfiltern abgeschieden werden.

6.1 Erzeugung hoher Spannungen

In der technischen Anwendung erzeugt man hohe Spannungen fast ausschließlich mit Transformatoren (Abschn. 2.1). Dies gilt auch für die Gleichspannungserzeugung, bei der die Wechselspannung über Stromrichterbrücken gleichgerichtet wird. Die höchsten Spannungen benötigt man zur Überprüfung von Geräten auf Hochspannungsfestigkeit. Zu ihrer Erzeugung gibt es unterschiedliche Verfahren [6.2, 6.3, 6.4]:

Spannungswandler. Wird beispielsweise ein Spannungswandler für 380 kV auf der Unterspannungsseite eingespeist, so kann man mit ihm ein 110-kV-Gerät auf Hochspannungsfestigkeit prüfen.

Transformatorkaskaden. Zur Erzeugung sehr hoher Spannungen bis 2 000 kV werden Transformatoren in Kaskadenschaltung entsprechend Bild 6.1 geschaltet.

Resonanztransformatoren. Die Oberspannungsseite von Prüftransformatoren hat wegen der zahlreichen Windungen eine große Streuinduktivität L_σ. Diese bildet mit der Wicklungskapazität C_2 einen Schwingkreis, so daß das Übersetzungsverhältnis größer als das Windungszahlverhältnis wird. Bei Einspeisung mit Resonanzfrequenz entsteht eine sehr hohe Spannung U_a (Bild 6.2). Die Einstellung der Resonanzfrequenz kann mit einer Abschlußkapazität C_a oder einer zusätzlichen, einstellbaren Drosselspule in Reihe zur Streuinduktivität erfolgen.

Tesla-Transformator. In Erweiterung zum Resonanztransformator kann nach einem Vorschlag Teslas aus dem Jahr 1891 auch die Unterspannungsseite als Resonanzkreis ausgebildet und durch eine Funkenstrecke zu hochfrequentem Schwingen angeregt werden.

Van-de-Graaff-Generator. Die wohl älteste Methode zur Erzeugung hoher Spannungen ist die elektrostatische Aufladung, z. B. durch Reibungselektrizität. Van de Graaff nutzte dies 1931, indem er durch Stoßionisation erzeugte Ladungsträger auf ein schnell bewegtes isoliertes Band brachte und so die Ladungsträger weit voneinander entfernte ($U = Q/C$).

Greinacher-Kaskade. Heute werden in den Prüffeldern die hohen Gleichspannungen in Spannungsvervielfacherschaltungen nach Bild 6.3 erzeugt. Bei der positiven

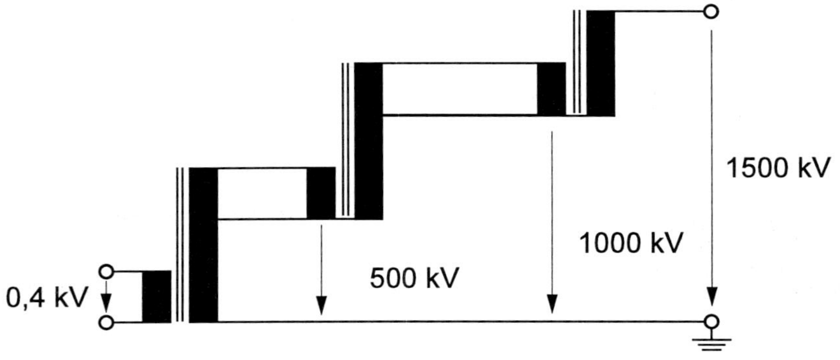

Bild 6.1: *Hochspannungs-Prüftransformator in Kaskadenschaltung*

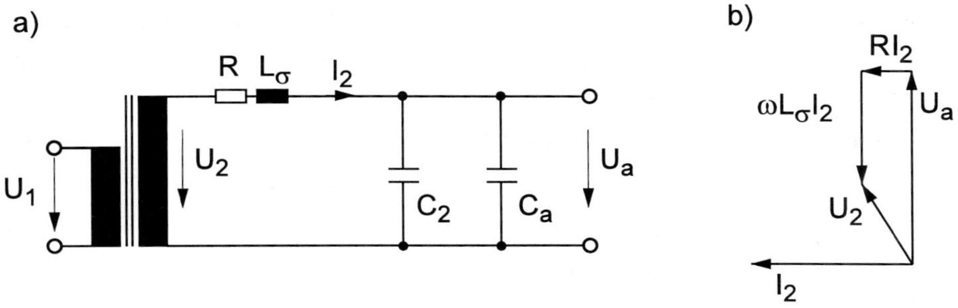

Bild 6.2: *Schaltung eines Resonanztransformators*
a) Schaltbild, b) Zeigerbild

Spannungshalbwelle $\hat{U}_1$ lädt sich der Kondensator C_A am Punkt c auf die Spannung $\hat{U}_1$ gegenüber dem Punkt a auf. Nimmt in der folgenden Halbwelle der Punkt a den positiven Wert $\hat{U}_1$ gegenüber b an, so hebt sich der Punkt c gegenüber b auf $2\hat{U}_1$ an. Dadurch wird der Kondensator C_B auf $2\hat{U}_1$ aufgeladen. Dieser Vorgang setzt sich fort, bis die Spannung U_2 ein Vielfaches der Spannung $\hat{U}_1$ beträgt.

Stoßspannungsgenerator nach Marx. Hohe Stoßspannungen lassen sich durch Kondensatoren erzeugen, die parallel aufgeladen und dann in Reihe geschaltet werden, wie es in Bild 6.4.a dargestellt ist. Über die Widerstände R_e und R_d einerseits und R_L anderseits liegen die Kondensatoren C_s für Gleichspannung parallel.

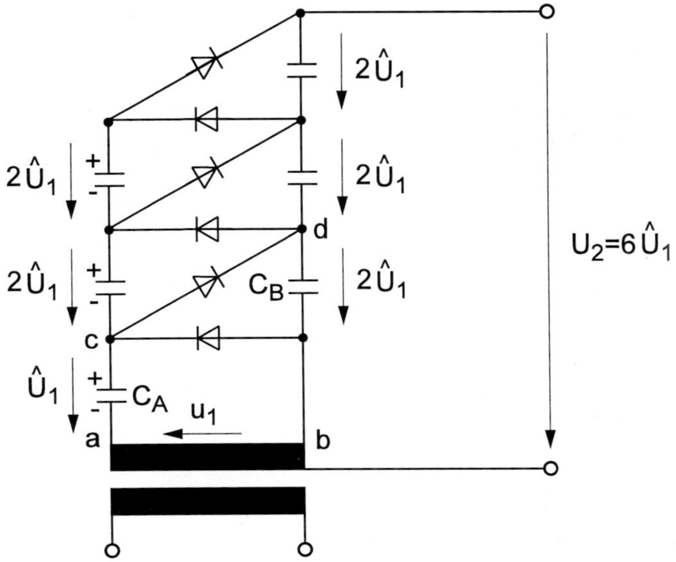

Bild 6.3: *Spannungsvervielfachungsschaltung nach Greinacher*

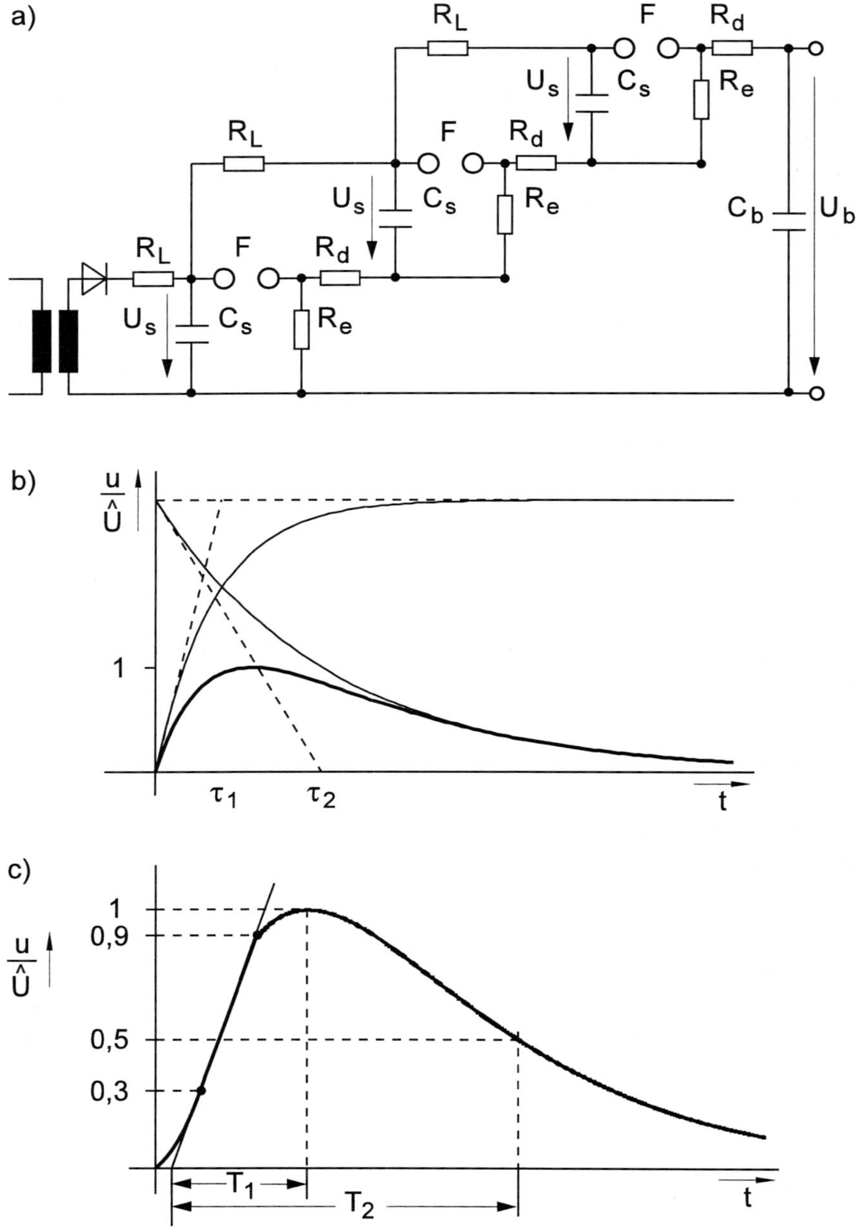

Bild 6.4: *Stoßspannungserzeugung*
a) Vervielfacherschaltung nach Marx, b) Prüfspannungsverlauf,
c) Blitzstoßspannung
T_1 Stirnzeit 1,2 µs, T_2 Rückenhalbwertzeit 50 µs

In aufgeladenem Zustand können sie durch Zünden der Funkenstrecken F in Reihe geschaltet werden. Die Zündung der untersten Funkenstrecke erfolgt getriggert durch UV-Licht. Dies führt zu höheren Spannungen an den restlichen Funkenstrecken, die daraufhin ebenfalls durchschlagen. So sind die Kapazitäten C_s mit den Widerständen R_d in Reihe geschaltet und laden den Kondensator C_b mit einer Zeitkonstanten τ_1 auf. Über die Widerstände R_d, R_L und R_e entladen sich die Kondensatoren C_s und C_b wieder mit der Zeitkonstanten $\tau_2 > \tau_1$(Bild 6.4b).

Durch geeignete Dimensionierung der Schaltungselemente lassen sich die Zeitkonstanten τ_1 und τ_2 so festlegen, daß ein typischer Blitzstoßspannungsverlauf entsteht, der entsprechend (Bild 6.4.c) mit T_1 = 1,2 µs Stirnzeit und T_2 = 50 µs Rückenhalbwertzeit festgelegt ist. Dabei ist zu beachten, daß sich die Halbwertzeit T_2 aus der Zeitkonstanten τ_2 der exponentiell abklingenden Exponentialfunktion bestimmen läßt

$$T_2 = \tau_2 \ln 2 = 0{,}69\ \tau_2 \tag{6.2}$$

Da der beschriebene Spannungsverlauf auch für hochfrequente Schaltvorgänge angesetzt werden kann, bezeichnet man ihn als rasch ansteigende Spannung. Die langsamer aufsteigenden, durch Schalthandlungen im Netz hervorgerufenen Überspannungen sind ebenfalls mit der Schaltung nach Bild 6.4a zu erzeugen. Schaltstoßspannungen steigen innerhalb von T_1 = 0,25 ms an und klingen mit der Halbwertzeit T_{H2} = 2,5 ms ab.

6.2 Hochspannungsmeßtechnik

In der Anlagentechnik ist es üblich, mit induktiven Wandlern - seltener mit kapazitiven Teilern und in Sonderfällen mit ohmschen Teilern - die hohen Spannungen auf ein niedriges Niveau abzubilden. Diese Betriebsmittel wurden bereits in Abschn. 2.4.1 behandelt, so daß wir uns hier auf die in Hochspannungslabors eingesetzten Meßmittel beschränken können. Die heute übliche Meßeinrichtung besteht aus einem kapazitiven Teiler mit hochohmigem Oszilloskop. Zur Eichung der Teiler ist es aber immer noch erforderlich, Referenzmessungen vorzunehmen. Hierzu dient eine Kugelfunkenstrecke, deren Durchschlagspannung bei definierten Luftverhältnissen nahezu proportional zur Schlagweite ist. Kommt die Schlagweite in die Größenordnung der Kugeldurchmesser, sind Eichkurven zu verwenden [6.5]. Da die Kapazität zwischen den Kugeln sehr klein ist, wirkt die Kugelfunkenstrecke nicht auf den Meßkreis zurück. Übersteigt die Spannung einen der Schlagweite entsprechenden Wert, so entsteht ein Spannungsdurchschlag, der den Versuchsablauf beendet. Man kann also nur überprüfen, ob bei einem Ausgleichsvorgang die eingestellte Spannung überschritten wurde. Die Genauigkeit derartiger Mes-

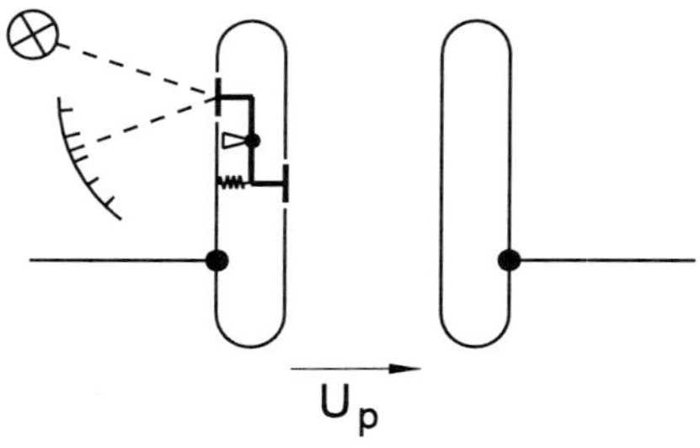

Bild 6.5: *Hochspannungsmeßgerät zur Bestimmung des Effektivwertes*

sungen liegt bei etwa 3 %, wobei zu einer Messung stets eine Serie von Meßversuchen gehört.

Naturgemäß ist mit Kugelfunkenstrecken nur eine Spitzenspannungsmessung möglich. Zur Messung des Effektivwertes kann die elektrostatische Kraft zwischen den Kugeln bestimmt werden. Bild 6.5 zeigt eine etwas genauere Methode, die ebenfalls elektrostatische Kräfte ausnutzt. Hierzu wird in einer Kondensatoranordnung eine bewegliche Platte über eine Feder befestigt, die sich aufgrund der statischen Kräfte bewegt und mittels eines Spiegels einen Lichtstrahl ablenkt. Dieser zeigt auf einer Skala den Effektivwert der angelegten Spannung an.

6.3 Hochspannungsprüftechnik

Die Prüfung von Betriebsmitteln auf Hochspannungsfestigkeit erfordert die reproduzierbare Erzeugung einer hohen Spannung mit vorgegebenem Zeitverlauf und deren genaue Messung [6.6]. Sie erfolgt i. a. in einem Prüffeld, das sich wegen der hohen Spannungen durch große Abmessungen auszeichnet. Elektroden müssen abgerundet sein, um Teilentladungen (s. Abschn. 6.4.1) zu vermeiden, und sind deshalb nach Möglichkeit in Kugelgestalt ausgeführt, die bei hohen Spannungen aus Wirtschaftlichkeitsgründen durch Tellerelektroden angenähert wird (Bild 6.6).

Eine erfolgreiche Prüfung benötigt relativ wenig Energie. Wird beispielsweise eine Blitzstoßspannung auf eine Transformatorwicklung gegeben, so sind beide Wicklungsenden verbunden; es fließt nur ein Verschiebungsstrom durch die Isolation nach Erde. Versagt die Isolation beim Prüfvorgang, entsteht eine sehr niederohmige Verbindung gegen Erde, die die gesamte im Prüfkreis gespeicherte Energie abführt, so daß die Prüfspannung zusammenbricht. Die Prüfbedingungen entsprechen demnach nur bis zum Zeitpunkt des Durchschlags der Realität. Nach dem Versagen der Isolationsstrecke ist das Verhalten des Betriebsmittels üblicherweise nicht mehr von Bedeutung, da dieses meist zerstört ist. Eine Ausnahme bildet die Schaltstrecke von

Bild 6.6: Hochspannungsprüffeld mit Greinacherkaskade (links) und Spannungsteiler (rechts) (Quelle: Haefely Trench AG, Basel)

Leistungsschaltern (s. Abschn. 5.3). Dort fließt bis zum Löschen des Schalterlichtbogens ein großer Strom. Danach wird die Schaltstrecke von der Wiederkehrspannung beansprucht. Eine Prüfschaltung aufzubauen, die gleichzeitig den notwendigen Strom und die notwendige Spannung liefert, ist wirtschaftlich kaum möglich. Deshalb hat Weil-Dobke eine synthetische Prüfschaltung entwickelt. Sie ist in Bild 6.7 dargestellt und besteht aus einem Hochstromkreis und einem Hochspannungskreis. Der Kurzschlußgenerator G beaufschlagt nach dem Einschalten des Draufschalters D über einen Prüftransformator T den zu prüfenden Schalter P mit dem Kurzschlußstrom i. Die Höhe des Kurzschlußstroms wird mit der Drossel L_k festgelegt. Zur Erzeugung der hochfrequenten Wiederkehrspannung u dient ein L-R-C-Kreis, den der geladene Stoßkondensator C_s nach Zünden der Funkenstrecke F speist. Die Ankopplung des Spannungskreises an den Prüfling erfolgt über den Schalter W. Um ein Abfließen der Prüfenergie in den Transformator T zu verhindern, muß der Schalter H synchron mit dem Stromnulldurchgang im Schalter P geöffnet werden. Die fiktive Prüfleistung S_a eines solchen synthetischen Prüfkreises ergibt sich aus dem Kurzschlußstrom i und der Wiederkehrspannung u (s. auch Gl. 5.2).

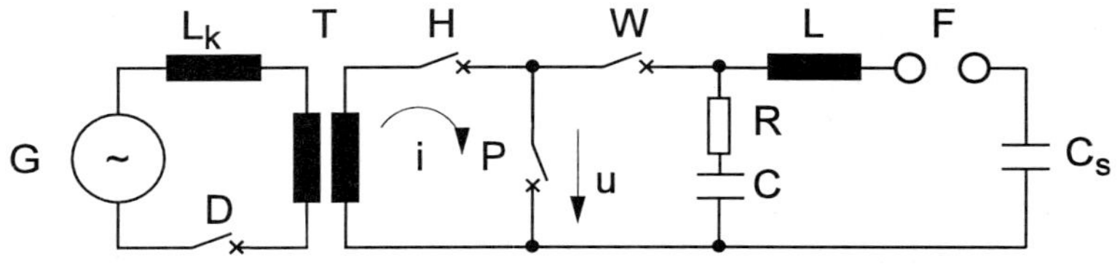

Bild 6.7: *Synthetische Schalterprüfung nach Weil-Dobke*
G Kurzschlußgenerator, T Prüftransformator, D Draufschalter, P Prüfling, H Hilfsschalter, L_k *Kurzschlußdrossel,* C_S *Stoßkondensator, W Schalter für Wiederkehrspannung*

6.4 Hochspannungsfestigkeit

Die Fähigkeit eines Betriebsmittels, die Beanspruchung mit einer hohen Spannung ohne Schaden und ohne Minderung der Funktionsfähigkeit zu überstehen, ist von den verwendeten Isolierstoffen und dem konstruktiven Aufbau abhängig. Feste, flüssige und gasförmige Materialien verhalten sich im elektrischen Feld sehr unterschiedlich. Deshalb sollen sie getrennt behandelt werden [6.7, 6.8, 6.9].

6.4.1 Hochspannungsfestigkeit von Gasen

Durch α-, β-, γ- und UV-Strahlung werden in einem Gasvolumen stets einzelne Ladungsträger erzeugt. Legt man über Elektroden eine Spannung an, so fließt ein Strom, der proportional zu der Spannung ist, bis alle erzeugten Ladungsträger durch den Strom abgezogen werden; anschließend ist dieser konstant, d. h. spannungsunabhängig. Ist die Feldstärke genügend groß, so beschleunigen sich die Ladungsträger bis zu einem Zusammenstoß mit Molekülen so stark, daß diese durch Stoßionisation in neue Ladungsträger aufgespaltet werden. Die Rekombination von positiven und negativen Ionen bzw. Elektronen führt zu einem Gleichgewicht. Überschreitet die Spannung einen bestimmten Wert U_d, so überwiegt die Bildung neuer Ladungsträger; es entsteht ein gut leitender Entladungskanal, die Gasstrecke schlägt durch. Dieser Vorgang soll für eine Spitze-Platte-Anordnung entsprechend Bild 6.8a genauer untersucht werden. In dem Raum zwischen der spitzen Elektrode mit dem Radius r und der Gegenelektrode in dem Abstand s baut sich ein Feld auf, das näherungsweise in der Umgebung der Spitze mit folgender Beziehung zu beschreiben ist

$$E = E_0 \left(\frac{r}{x + r} \right)^2 = U_0 \, \frac{r}{(x + r)^2} \qquad (6.3)$$

$$U = U_0 - \int_0^x E dx = U_0 \frac{r}{x + r} \tag{6.4}$$

Die Feldstärke ist in der Umgebung der Spitze am größten, deshalb werden hier die Ionen am stärksten beschleunigt, so daß die meisten Stoßionisationen stattfinden. Bei negativ geladener Spitze wandern die positiven Ionen zu dieser hin, die negativen Ionen strömen zur Gegenelektrode. Da die negativen Ladungsträger meist Elektronen und damit leicht sind, werden sie rasch beschleunigt; es entsteht im Feldraum ein Übergewicht an positiven Ladungsträgern, die sich um die negative Elektrode konzentrieren. Als Folge baut sich in der Umgebung der Spitze eine erhöhte Feldstärke auf, die zu vermehrter Stoßionisation führt. Die restliche Gasstrecke wird entlastet. Am Kopf der positiven Raumladungswolke finden verstärkt Stoßionisation und Rekombination statt, die zur Aussendung von UV-Licht führen. Somit werden in der Nähe weitere Ladungsträger gebildet, von denen die Elektronen lawinenartig zu dem positiven Raumladungskopf geführt werden. Es entsteht ein vorgelagerter Kopf mit positiver Raumladungswolke. Der als Streamermechanismus bezeichnete Vorgang schiebt sich weiter in den Feldraum hinein. Dabei wandert er vorzugsweise zur Gegenelektrode, aber auch in andere Richtungen, weil die UV-Strahlung rundum ionisierend wirkt. Bei einem plötzlichen Spannungsanstieg bewegt sich deshalb der Streamer nicht auf dem kürzesten Weg zur Gegenelektrode.

Ist die Spannung zu klein, um den Streamer bis zur Gegenseite zu treiben, findet stationär eine ständige Ionisation und Rekombination statt, ohne daß ein großer Strom zwischen den Elektroden fließt. Dieser Vorgang wird Teilentladung genannt. Reicht die Spannung aus, um den Streamer bis zur Gegenseite zu führen, kommt es zu einem Spannungsdurchschlag, der sich stationär als Lichtbogenkanal entwickelt. Durch Wärmeentwicklung entstehen zusätzliche Ionen, die zu immer niedrigeren Leitwerten der Strecke führen. Hieraus erklärt sich die negative Strom-Spannungs-Charakteristik eines Lichtbogens. Der Tendenz eines stationär brennenden Lichtbogens, die kürzeste Verbindung zwischen den Elektroden anzunehmen, wirken die oben erwähnte ionisierende UV-Strahlung, die thermische Bewegung des ionisierten Gases und magnetische Kräfte entgegen.

Bild 6.8b zeigt die Verhältnisse bei positiv geladener Spitze. Hier werden die Elektronen sehr rasch abgezogen. Um die Spitze baut sich eine positive Raumladung auf, die den Radius der Elektrode elektrisch vergrößert. Dadurch homogenisiert sich die Feldstärke über die Strecke. Es entsteht ein relativ stabiler Zustand. Die Teilentladungen bei positiver Spitze sind deshalb ruhiger als bei negativer.

Teilentladungen bei negativer Spitze entlasten den Feldraum im Bereich der ebenen Elektrode. Bei positiver Spitze wird dieser Bereich stärker belastet. Deshalb ist die Durchschlagspannung bei negativer Spitze höher als bei positiver.

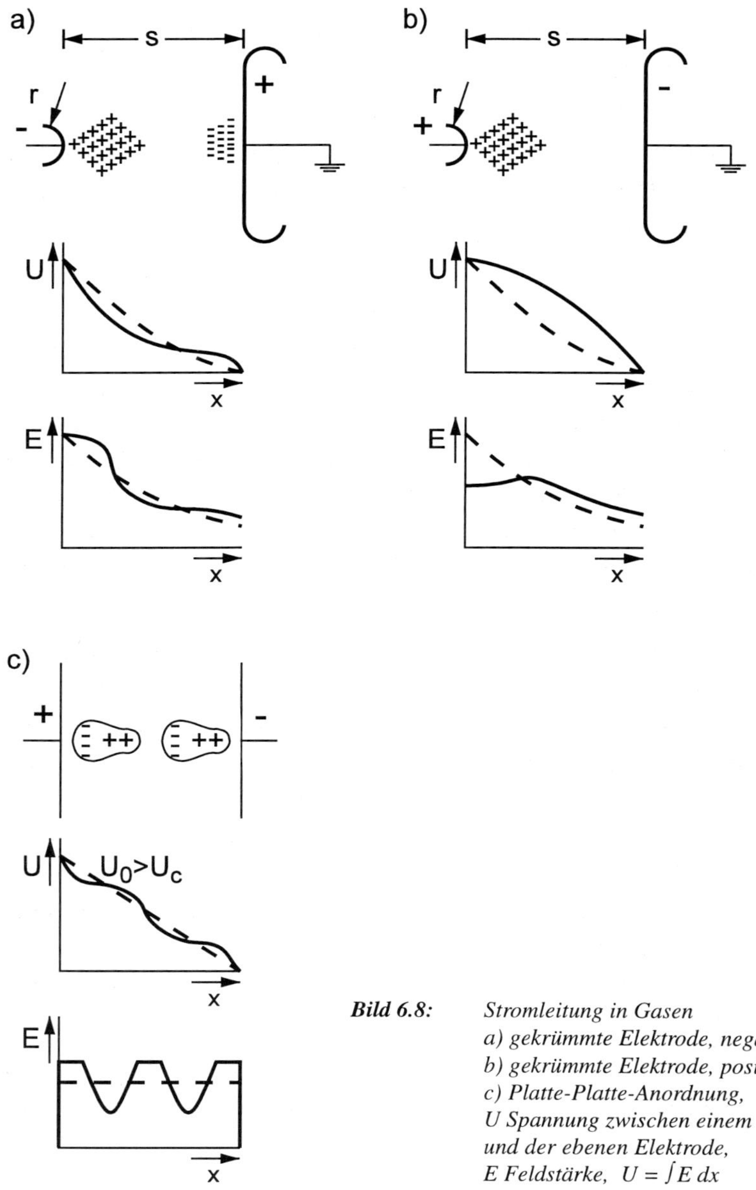

Bild 6.8: *Stromleitung in Gasen*
a) gekrümmte Elektrode, negativ geladen,
b) gekrümmte Elektrode, positiv geladen,
c) Platte-Platte-Anordnung,
U Spannung zwischen einem Punkt im Feld und der ebenen Elektrode,
E Feldstärke, $U = \int E\,dx$

Diese Aussage gilt für Luft. Bei den elektronegativen Gasen, z. B. SF_6, wird ein Großteil der Elektronen an den Molekülen angelagert, so daß die Beweglichkeit der negativen Ladungsträger gering wird. Dies kehrt den oben beschriebenen Effekt um.

Im homogenen Feld häufen sich an verschiedenen Stellen Ladungsträger an. So entstehen Elektronenlawinen entsprechend Bild 6.8c. Die Trennung der Ladungsträger führt zur inhomogenen Feldverteilung und damit zu positiven Streamerköpfen, so daß sich ein ähnlicher Vorgang ausbildet wie bei Spitze-Platte-Anordnungen.

Die Bildung und Rekombination von Ionen führen zur Aussendung von Licht, insbesondere von UV-Licht. Dieser Effekt wurde schon früh bei Lichtbogenlampen ausgenutzt. Heute stellen Gasentladungslampen einen wichtigen Teil der Lichtquellen dar (Abschn. 9.2.1).

Teilentladungen sind an den Seilen oder Armaturen von Freileitungen, insbesondere bei feuchter, salzhaltiger Luft, zu beobachten. Diese als Korona bezeichnete Erscheinung führt neben der Lichtaussendung zur Geräuschentwicklung und zur Abstrahlung von elektromagnetischen Wellen, die den Rundfunkempfang stören können (s. Abschn. 4.5.6). Die Seefahrer beobachteten Teilentladungen an den Mastspitzen und bezeichneten sie als St.-Elms-Feuer. Dieselbe Erscheinung ist auch gelegentlich an den Tragflächen von Flugzeugen zu erkennen. Nadeln an exponierten Stellen sollen Ladungen abbauen und verhindern, daß das Flugzeug beim Landen hohe Spannungen gegen Erde annimmt.

Der beschriebene Streamermechanismus bestimmt das Durchschlagverhalten relativ kurzer Gasstrecken. Bei weiträumigen Anordnungen von mehr als 1 m, in denen die Ausbildung von Elektronenlawinen das Restfeld kaum beeinflußt, reicht die vom Streamer ausgehende UV-Strahlung nicht aus, um das Gleichgewicht zwischen Ionisation und Rekombination nachhaltig zu stören. Erst wenn die positive Raumladung im Kopf des Streamers so groß ist, daß in den Elektronenwolken sehr viele neue Stoßionisationen entstehen, die hohe Gastemperaturen und damit thermische Ionisation erzeugen, bildet sich ein Leaderkanal, der ruckartig voranschreitet. In den Haltepausen werden durch ihn Ladungsträger nachgeführt, bis an der Spitze eine hinreichende Konzentration von positiven Ionen entsteht, die genügend Ionisationen hervorrufen.

Der Streamer-Leader-Mechanismus läuft auch innerhalb von Blitzen ab. Bei dieser Naturerscheinung entladen sich unterschiedlich geladene Wolken gegeneinander oder gegen Erde.

Die in 100 bis 150 km Höhe über der Erde liegende Heaviside-Schicht enthält positive Ionen, die durch aufsteigende Luftströme emporgetragen werden. So entsteht an der Erdoberfläche ein elektrisches Feld von 100 bis 500 V/m. Begünstigt durch rasche Luftströmungen und große Temperaturunterschiede in wasserdampfhaltiger Luft findet eine Ladungstrennung und damit die Aufladung der Wolken statt, so daß meistens in den hohen Regionen die positiven und in Erdnähe die negativen Ladungsträger überwiegen. Als Folge entstehen erdnahe Felder von bis zu 10 kV/m, die weit unterhalb der Durchschlagfeldstärke der Luft (30 kV/cm) liegen. Innerhalb der Gewitterwolken können sich jedoch Feldstärken ausbilden, die über Stoßionisationen zu Raumladungen und damit zu starken Feldverzerrungen führen. Auf diese Weise entsteht der bereits beschriebene Streamer-Leader-Mechanismus, der die von Blitzen bekannten Verästelungen aufweist. Wenn sich ein 10 bis 50 m langer Entladungsschlauch mit einer Geschwindigkeit von ca. 150 km/s der Erde nähert und einen Abstand von 10 bis 50 m erreicht, bilden sich an der Erdoberfläche, insbesondere an leitenden Spitzen, so hohe Feldstärken, daß es dort zur Stoßionisation kommt. Damit entstehen Entladungskanäle, die als Fangentladungen dem Blitz entgegenstreben und in dem vorbereiteten Kanal mit einer Geschwindigkeit von ca. 100 000 km/s (1/3 c) nach oben wandern. Diese stromstarken Entladungen verursachen die bekannten Lichterscheinungen. Die Ladungspolarität der Wolken führt dazu, daß Blitze in der Regel negative Polarität haben und nur an einer Gewitterfront mit positiven Entladungen zu rechnen ist. Inhomogenitäten in der Atmosphäre führen zu Wolke-Wolke-Blitzen.

Zur Vermeidung von Blitzeinschlägen in Anlagen, vor allem Freileitungen, ordnet man Blitzschutzseile zwischen den Mastspitzen an (Abschn. 4.3). Maßnahmen zum Blitzschutz von Gebäuden und Menschen werden in Abschn. 6.7 behandelt.

Die Durchschlagfestigkeit von Gasen ist von dem molekularen Aufbau, dem Druck, der Temperatur und evtl. vorhandenen Verunreinigungen abhängig. Diese Größen bedingen die Wahrscheinlichkeit einer Stoßionisation. Der Druck bestimmt die Teilchenkonzentration und damit die freie Weglänge, d. h. die Strecke, über die ein Ladungsträger im statistischen Mittel bis zu einem Zusammenstoß durch das Feld beschleunigt wird. Ist sie zu kurz, so reicht die gewonnene Energie nicht zur Ionisation aus. Bei doppeltem Druck p ist deshalb die Durchschlagfeldstärke E_d annähernd doppelt so groß. Mit dem Elektrodenabstand s ergibt sich damit für die Durchschlagspannung einer ebenen Anordnung das nach Paschen benannte Gesetz

$$U_d = E_d \cdot s = K \cdot p \cdot s \tag{6.5}$$

Dabei ist K von den restlichen Einflußgrößen abhängig.

Höhere Temperaturen vermindern die Dichte des Gases und setzen die notwendige Ionisationsenergie herab. Dadurch erhöht sich die Wahrscheinlichkeit der Stoßionisation und die Durchschlagfestigkeit sinkt

$$U_d = K_1 \left(p / T\right)^{0,8} \tag{6.6}$$

Der proportionale Zusammenhang in Gl. (6.5) gilt nur, wenn der Elektrodenabstand s groß gegenüber der freien Weglänge ist. Mit abnehmendem Druck steigt die Wahrscheinlichkeit, daß ein Ladungsträger auf seinem Weg von einer Elektrode zur anderen mit keinem Atom zusammentrifft. Eine ideale Isolation stellt demnach Vakuum dar. Wird allerdings die Spannung so groß, daß zufällig vorhandene Ladungsträger in den festen Elektroden Ionen ablösen, kann es zu einer Vervielfachung der Ladungsträger und damit zum Spannungsdurchschlag kommen. Für den Eintritt dieses Vorgangs ist nicht der Elektrodenabstand, sondern nur die Beschleunigungsspannung maßgebend. Vakuumschalter (Abschn. 5.3) lassen sich deshalb nur bis zu einer bestimmten Spannung bauen. Für den technisch interessanten Bereich ist die Durchschlagspannung von Luft und SF_6 in Bild 6.9 dargestellt.

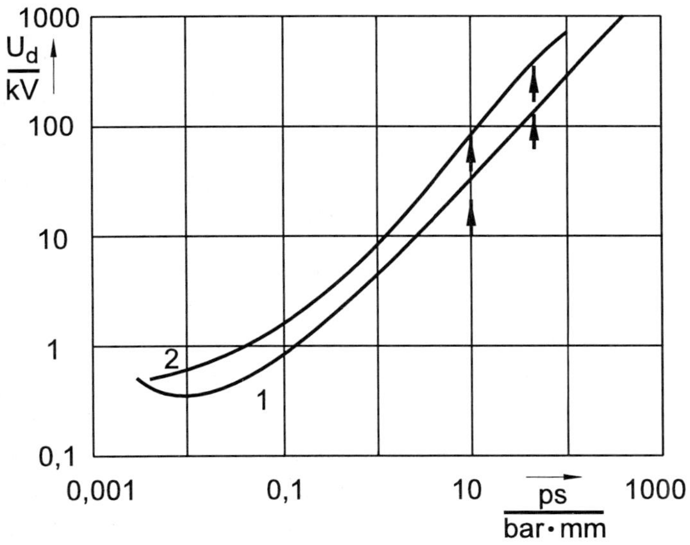

Bild 6.9: *Paschenkurve für Luft (1) und SF_6 (2) nach [6.1]*
(Anstelle von bar wird häufig die neue Einheit Pa = 10^{-5} bar verwendet.)

Beispiel 6.1. *Es soll die Durchschlagfestigkeit einer homogenen Gasstrecke zwischen zwei Elektroden im Abstand von 10 mm für Umweltdruck und 4 bar bestimmt werden.*

Setzt man Umweltbedingungen voraus, so ergibt sich nach Bild 6.9 für Luft 30 kV und für SF_6 *100 kV. Bei 4 bar Druck steigt die Durchschlagspannung auf theoretisch 120 bzw. 400 kV an.*

6.4.2 Lichtbogen

Als Folge eines Spannungsdurchschlags in Gasen entsteht ein Lichtbogen, der nur aufrechterhalten wird, wenn die Spannungsquelle genügend Energie liefert, um das Plasma des Bogens so stark aufzuheizen, daß die thermische Ionisation bestehen bleibt. Der Innenwiderstand R_0 der Spannungsquelle muß also entsprechend niedrig sein (Bild 6.10a). Die dem Lichtbogen zugeführte Leistung $P_0 = U_B \cdot I$ wird an die Umgebung als Wärme Q_V abgegeben. Bei annähernd konstanter Temperatur bedeutet dies konstante Leistung P_0 und damit sinkende Lichtbogenspannung mit steigendem Strom, steigender Ladungsträgerzahl und sinkendem Widerstand. Für sehr große Ströme nimmt der Lichtbogen allerdings das Verhalten eines ohmschen Widerstandes an. Zeichnet man die Funktion der Lichtbogenspannung mit der Gleichung für die Spannungsquelle $U = U_0 - R_0 I$ in Bild 6.10b ein, so ergeben sich zwei Schnittpunkte, wobei in Punkt 2 ein stabiler Betrieb möglich ist. Die Lichtbogenkennlinie läßt sich durch eine Gleichung beschreiben, deren Parameter sehr stark von den Umgebungsbedingungen beeinflußt sind [6.10]

$$U_B = a + b \cdot l + \frac{c + d \cdot l}{I^n} \tag{6.7}$$

l: Länge des Lichtbogens

$a = 15 \ldots 40$ V $\quad$ $b = 5 \ldots 20$ V / cm

$c = 10 \ldots 100$ VA $\quad$ $d = 1 \ldots 200$ VA / cm $\quad$ $n = 0{,}3 \ldots 1$

Die Bandbreite dieser Zahlenwerte zeigt, daß die Vorausberechnung von Lichtbögen sehr schwierig ist. Dabei ist weiter zu beachten, daß die Lichtbogenlänge l bis zum Dreifachen des Elektrodenabstands betragen kann. Für frei brennende Lichtbögen in elektrischen Anlagen oder auf Freileitungen wurde eine Näherungsformel zur Bestimmung des Widerstands entwickelt [6.16]

$$R_B = \frac{28\,700\,\Omega / m}{(I / A)^{1,4}}\, l \qquad (6.8)$$

Häufig setzt man anstelle des Widerstands R_B eine konstante Lichtbogenspannung U_B an, deren Vorzeichen dem des Stromes entspricht. Der Spannungsanstieg in der Umgebung der Stromnulldurchgänge entsteht durch eine Zünd- und eine Löschspitze (Bild 6.10c), wobei die Zündspitze aufgrund der thermischen Trägheit etwas größer als die Löschspitze ist. Rauschen, das sich diesem Vorgang überlagert, wurde nicht eingezeichnet.

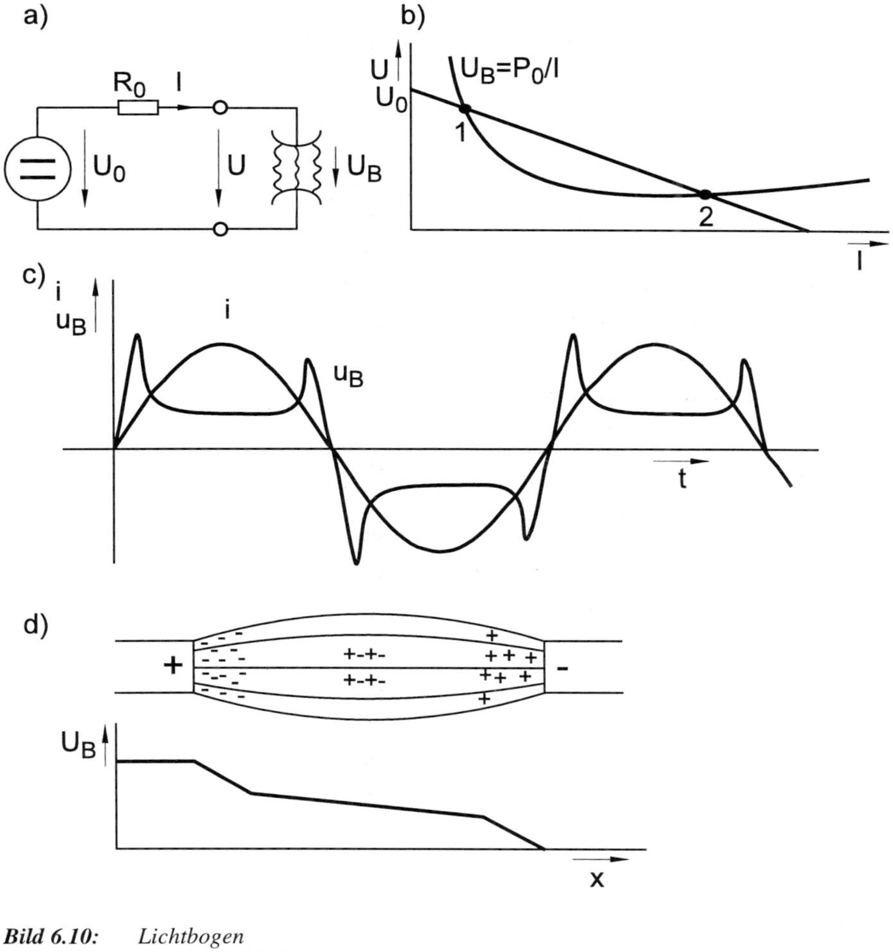

Bild 6.10: *Lichtbogen*
a) Schaltbild, b) Kennlinie, c) Lichtbogenspannung bei Wechselstrom,
d) Aufbau der Lichtbogenspannung

Die Lichtbogenspannung U_B besteht aus den Spannungsabfällen an der Kathode U_K und der Anode U_A ($U_K + U_A = 5 \dots 20$ V) sowie der Spannung der Lichtbogensäule $U_S = E_S \cdot l$ (Bild 6.10d). Die Säulenfeldstärke E_S ist stark von der Kühlung des Lichtbogens abhängig. Für Luft gilt $E_S = 20$ V/cm ungekühlt im Freien und $E_S = 100$ V/cm gekühlt in Leistungsschaltern. Um Lichtbögen, die beim Unterbrechen in Schaltern entstehen, zu löschen, kann man die Bogenfeldstärke durch Kühlen erhöhen, die Bogenlänge durch Beblasen erweitern (Bild 5.8) oder die Spannungsabfälle an Kathode und Anode vervielfachen, indem man die Lichtbogenstrecke mit Löschblechen unterteilt. Letztere Methode wird bei Gleichstromschaltern angewandt (Bild 5.7).

6.4.3 Flüssige Isolierstoffe

Die Durchschlagfestigkeit von flüssigen Isolierstoffen, insbesondere Öl, hängt stark von einer Verunreinigung mit Wasser und Gasen ab. Hierin liegt auch die Ursache für die Bildung von Ionen und die Entstehung von Elektronenlawinen. Aber auch die Dissoziation der Isolierflüssigkeit selbst führt zu Ionen. Aus den Elektroden können bei genügend hoher Feldstärke Ladungsträger emittiert werden. Alterungsprozesse des Öls und Verunreinigungen, die beispielsweise von der Wicklungsisolation in einem Transformator stammen, führen zu Fasern, die polarisiert werden und so Brücken bilden. Auf diese Art entstehen inhomogene Felder, die Stoßionisation und damit Teilentladungen zur Folge haben [6.2]. Diese können die Isolierflüssigkeit zersetzen und einen Durchschlag hervorrufen. Nach dem Abschalten eines Betriebsmittels, das flüssige Isolation enthält, kann sich durch Strömung die Fehlstelle u. U. selbst heilen und einen weiteren Betrieb ermöglichen.

Aus mineralischen Ölen, die gute elektrische Festigkeit besitzen, werden die wichtigsten flüssigen Isolierstoffe gefertigt. Für 50 Hz gilt

Durchschlagfeldstärke	E_d	= 25 kV/cm
Dielektrizitätszahl	ε_r	= 2,2
Verlustfaktoren	$\tan\delta$	$= 10^{-3}$
spezifischer Widerstand	ρ	$= 10^{14}\ \Omega$ cm

Ein Nachteil des Öls ist seine Brennbarkeit. Deshalb entwickelte man synthetische Öle, die aber PCB enthalten (Askarele mit dem Handelsnamen Chlophen). Diese brennen zwar nicht, bilden aber bei Schwelbränden Dioxin und werden deshalb nicht mehr eingesetzt. Ersatzflüssigkeiten auf Silikonbasis werfen technische und wirtschaftliche Probleme auf. Darum verzichtet man in den Fällen, in denen Brandgefahr Öl verbietet, oft vollständig auf Flüssigkeitsisolation.

6.4.4 Feste Isolierstoffe

Bei festen Isolierstoffen kann man zwischen verschiedenen Durchschlagmechanismen unterscheiden [6.1, 6.8].

Der elektrische Durchschlag bei kurzzeitigen, hohen Spannungsbeanspruchungen beruht auf Stoßionisation und Elektronenlawinen. Er ist dem Durchschlagverhalten der Gase vergleichbar.

Der Wärmedurchschlag, der im Bereich von Sekunden bis Stunden abläuft, ist die Folge einer Instabilität des Wärmehaushalts im Isolierstoff. Mit steigender Spannung steigt der Strom durch den Isolierstoff an und erhöht die Verluste und damit auch die Temperatur. Bei höheren Temperaturen setzen aber die Isolierstoffe mehr Ladungsträger frei, so daß die Leitfähigkeit im Gegensatz zu Metallen ansteigt. Bei gleicher Spannung wächst damit der Strom. Die Wärmeabgabe ist proportional zur Temperaturdifferenz und wächst nicht in dem Maß an wie die Verluste. Chemische Prozesse in den Isolierstoffen, z. B. Verkohlung, führen zu einer weiteren Erhöhung der Leitfähigkeit und damit einer bleibenden Schädigung.

Der Erosionsdurchschlag beginnt mit Teilentladungen an Elektrodenspitzen oder Inhomogenitäten der Isolierstoffe. Er läuft langsam ab und wird deshalb als Alterung bezeichnet. Teilentladungen, beispielsweise an kleinen Luft- oder Wassereinschlüssen, führen zu chemischen Umwandlungen, die im Zeitraum von Tagen bis Jahren voranwachsen und sich ähnlich wie Blitze baumartig verästen. Diese Watertrees sind bei Kabeln, deren Lebensdauer bei 50 Jahren liegen sollte, sehr gefürchtet.

Gebräuchliche Isolierstoffe sind

Quarz, SiO_2. Für Hochtemperaturisolation und in Form von Quarzsand als Beimengungen zu Gießharzen.

Glimmer. Mit Klebemittel, z. B. Schellack, als wenig elastische Nutisolation in elektrischen Maschinen.

Porzellan. Zur Herstellung von Isolatoren, z. B. für Freileitungen.

Glas. Neben Porzellan zum Bau von Isolatoren verwendet oder in Form von Glasfasern zur Verstärkung von Kunststoffen für die Bandagierung von Maschinenwicklungen oder Isolierplatten eingesetzt.

Papier. In Verbindung mit Öl zur Leiterisolation in abgeschlossenen Maschinen oder Kabeln eingesetzt.

Polyäthylen PE. Geeignet zur Isolation von Hochspannungskabeln. Durch zusätzliche Polymerisation sind die Moleküle zu vernetzen, so daß VPE entsteht.

Polyvinylchlorid (PVC). Preiswerte Isolation für Kabel. Da der Verlustfaktor tan δ von PVC relativ hoch ist, wird es als Aderisolation nur bei Niederspannung eingesetzt. Probleme mit PVC treten durch die chemischen Reaktionsprodukte, z. B. Salzsäure, bei einem Brand auf.

Epoxidharz EP. Wegen der Verarbeitungsart auch als Gießharz bezeichnet. Dabei bringt man das zu isolierende Bauteil in eine Form ein, die mit EP gefüllt wird, das oft durch Magerstoffe angereichert ist. Nach dem Aushärten kann die Form wieder entfernt werden. Einsatzgebiete für EP sind Transformatoren kleiner bis mittlerer Leistung (hier verdrängt es immer mehr die Öl-Isolation), Wandler, Schalter und Isolatoren für SF_6-Anlagen.

Polyurethanharz (PUR). Ähnlich wie EP als Gießharz eingesetzt.

Für feste Isolierstoffe gelten die folgenden elektrischen Kenngrößen bei 50 Hz:

Durchschlagfeldstärke	E_d	= 10...100 kV/mm
Dielektrizitätszahl	ε_r	= 3 ... 6
Verlustfaktor	tan δ	= 10^{-3} ... 10^{-4}
spezifischer Widerstand	ρ	= 10^{12} ... 10^{17} Ωcm

6.5 Feldberechnung

Die Hochspannungsfestigkeit eines Gerätes ist von dem konstruktiven Aufbau und den verwendeten Isolierstoffen, aber auch der Sorgfalt bei der Fertigung abhängig. Während die Berechnung der Materialeigenschaften kaum möglich ist, läßt sich die Beanspruchung aufgrund der Feldausbildung für einfache Anordnungen explizit von Hand und in komplexeren Gebilden durch numerische Verfahren bestimmen. Trotzdem sind Tests bei der Entwicklung von hochspannungstechnischen Geräten auch heute noch das wichtigste Hilfsmittel.

In einem elektrischen Feld zwischen zwei Elektroden (Bild 6.11) gilt für die Vektoren der Feldstärke und der dielektrischen Verschiebung die Materialgleichung

$$\vec{D} = \varepsilon_r \, \varepsilon_0 \, \vec{E} \tag{6.9}$$

Die Spannung U zwischen den Elektroden bei x = 0 und x = d wird durch das Integral über die Feldstärke bestimmt

$$U = \int_0^d \vec{E} \, d\vec{l} \tag{6.10}$$

Für die Ladungen Q der Elektroden ergeben sich aus dem Integral über ihre Oberfläche

$$Q = \oint \vec{D} \, d\vec{s} \tag{6.11}$$

An den Rändern des Feldes, d. h. an den Elektroden, gilt wegen deren Leitfähigkeit die physikalische Bedingung, daß die Feldlinien senkrecht eintreten müssen. Für eine Anordnung entsprechend Bild 6.11a folgen daraus Randbedingungen

$$\begin{aligned} x = 0: \quad & \partial\vec{E} / \partial y = 0 \qquad \partial\vec{E} / \partial z = 0 \\ x = d: \quad & \partial\vec{E} / \partial y = 0 \qquad \partial\vec{E} / \partial z = 0 \end{aligned} \tag{6.12}$$

Diese einfachen Bedingungen gelten auf den Metalloberflächen. In der gesamten Ebene gelten sie nur näherungsweise, wenn die Ausdehnung der Elektroden in y- und z-Richtung so groß ist, daß die Effekte an den Rändern zu vernachlässigen sind.

Bei der Feldberechnung sind die Materialgleichungen, die Integrale und die Randbedingungen in Einklang zu bringen. Es gilt, eine Lösung für den gesamten Feldraum außerhalb der Elektroden zu bestimmen, welche die obigen Beziehungen gleicher-maßen erfüllt. Mit den Feldlinien, die in Richtung der maximalen Feldstärke verlaufen, bilden die Äquipotentiallinien als Linien gleichen Potentials ein orthogonales Netz. In geschlossener Form können die Feldlinien nur für sehr einfache Anordnungen, wie ebene Platten oder konzentrische Kreise, entsprechend Bild 6.11b angegeben werden

$$\vec{E} = \frac{Q}{2\,\pi\,\varepsilon\,l} \cdot \frac{1}{r} \cdot \vec{e}_r = E\,\vec{e}_r \tag{6.13}$$

Dabei ist $\vec{e}_r$ der Einheitsvektor in radialer Richtung.

Beispiel 6.2. *Für die Anordnung nach Bild 6.11b soll der Feldstärkenverlauf bestimmt werden. In einem zweiten Fall wird bei dem Radius r_t eine Trennschicht vor-*

gesehen, die das innere Dielektrikum ε_1 *von dem äußeren Dielektrikum* ε_2 *abgrenzt. Durch Wahl eines geeigneten Verhältnisses* $v_\varepsilon = \varepsilon_2 / \varepsilon_1$ *ist es dann möglich, die Feldstärke bei* r_1 *und* r_t *gleich zu machen und damit die Belastung erheblich zu reduzieren. Es sind folgende Daten zugrunde zu legen*

$r_1 = 10$ mm $\qquad r_t = 20$ mm $\qquad r_2 = 30$ mm $\qquad U = 100$ kV

Die Feldlinien verlaufen radial von der inneren zur äußeren Elektrode, so daß der Einheitsvektor in Gl. (6.13) entfallen kann

$$E = \frac{Q}{2\,\pi\, l\, \varepsilon} \cdot \frac{1}{r} \qquad U = \int_{r_1}^{r_2} E\, dr = \frac{Q}{2\,\pi\, l\, \varepsilon} \ln \frac{r_2}{r_1} \tag{6.14}$$

Daraus folgt

$$E = \frac{U}{\ln r_2 / r_1} \cdot \frac{1}{r} \tag{6.15}$$

Die Feldstärke fällt entsprechend Gl. (6.15) zum Rand hin hyperbelartig ab

$$r = r_1: \quad E_1 = 9 \text{ kV / mm}$$
$$r = r_2: \quad E_2 = 3 \text{ kV / mm}$$

Für den Fall mit den geschichteten Dielektrika ergibt sich aus Gl. (6.15) mit den Feldstärken E_{t-} *und* E_{t+} *an der Trennschicht*

$$U = U_{1t} + U_{t2} = E_{t-}\; r_t \ln \frac{r_t}{r_1} + E_{t+}\; r_t \ln \frac{r_2}{r_t} \tag{6.16}$$

An der Trennschicht gilt

$$D_{t-} = D_{t+} \qquad \varepsilon_1 \cdot E_{t-} = \varepsilon_2\; E_{t+} \tag{6.17}$$

Laut Aufgabenstellung sollen die Feldstärke E_{t+} *und* E_1 *gleich sein*

$$E_{t-} = E_1 \cdot r_1 / r_t = \varepsilon_2 / \varepsilon_1 \cdot E_{t+}$$

$$v_\varepsilon = \varepsilon_2 / \varepsilon_1 = r_1 / r_t = 0{,}5 \tag{6.18}$$

Hiermit folgt aus Gl. (6.16)

$$E_1 = E_{t+} = \frac{U}{v_\varepsilon\, r_t \ln \frac{r_t}{r_1} + r_t \ln \frac{r_2}{r_t}} = \frac{100\ \text{kV} / 20\ \text{mm}}{0{,}5 \ln \frac{20}{10} + \ln \frac{30}{20}} = 6{,}6\ \text{kV}$$

Die maximale Feldstärke wurde dadurch von 9 kV auf 6,6 kV gesenkt.

Das beschriebene Verfahren ist nur anzuwenden, wenn zur Lösung des Integrals (6.10) die Funktion E (x) auf einem Integrationsweg von einer Elektrode zur anderen vorliegt. Bei der exzentrischen Anordnung nach Bild 6.11c ist dies nicht unmittelbar der Fall.

Ein wirksames mathematisches Hilfsmittel zur analytischen Feldberechnung bieten

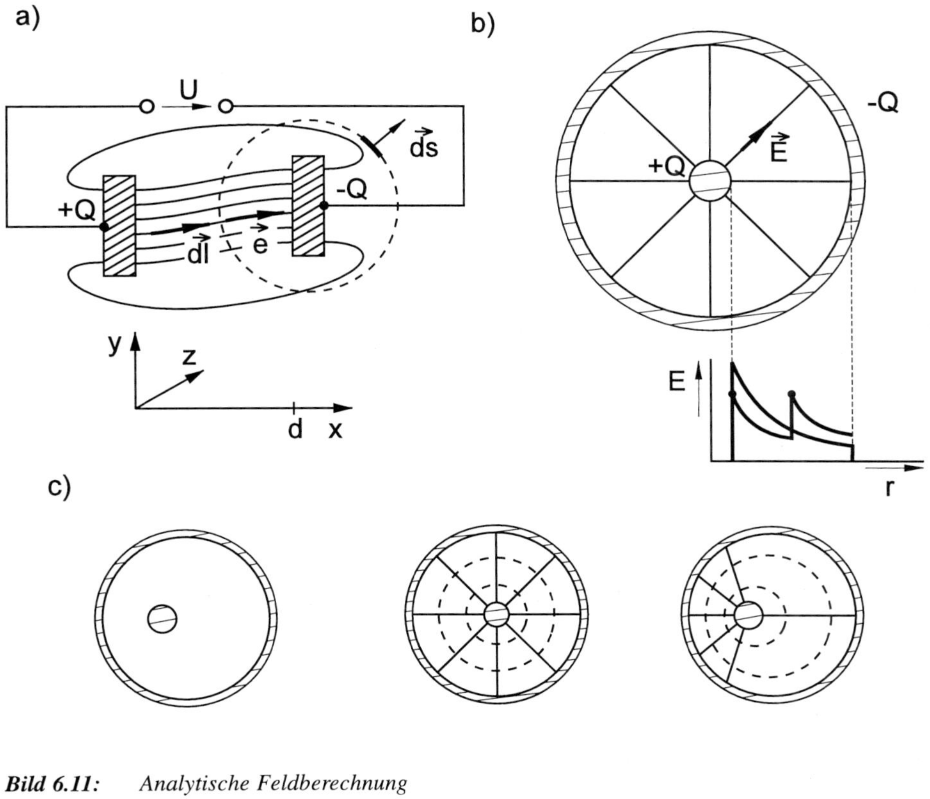

Bild 6.11: *Analytische Feldberechnung*
a) Plattenanordnung, b) konzentrische Anordnung,
c) exzentrische Anordnung
/// Elektroden, — Feldlinien, --- Äquipotentiallinien

hier die konformen Abbildungen, bei denen mit Hilfe der Funktionentheorie geometrische Anordnungen in solche transformiert werden können, deren Potentiale und Feldstärkeverläufe geschlossen beschreibbar sind [6.11]. So kann man die exzentrischen Kreise nach Bild 6.11c in konzentrische transformieren, für diese Anordnungen den Verlauf der Feldlinien und Äquipotentiallinien bestimmen und wieder zurücktransformieren.

Bei den in der Technik vorkommenden Elektrodenanordnungen lassen sich jedoch in der Regel keine geschlossenen Lösungen finden; man muß auf numerische Verfahren zurückgreifen. Hierzu sind theoretische Modelle aufzustellen, mit deren Hilfe der reale Feldverlauf angenähert wird.

Bei den Ersatzladungsverfahren werden im einfachsten Fall Punktladungen innerhalb oder jenseits der Elektrode angesetzt. Durch die Überlagerung der von den Punktladungen verursachten Felder entsteht ein Gesamtfeld, das an der Elektrode senkrecht austretende Feldlinien hat. Bei translatorischen Anordnungen treten anstelle der Punktladungen Linienladungen und bei rotatorischen Anordnungen Ringladungen auf, die in der bildlichen Darstellung als Punkte erscheinen. Eine Ersatzlinienladung wurde in Abschn. 4.1.4 angesetzt, um die Erdkapazität einer Freileitung zu bestimmen. Der Spiegelleiter stellt dort sicher, daß die elektrischen Feldlinien senkrecht in die Erdoberfläche eintreten. Eine Vielzahl von Ringladungen ist notwendig, um das Feld einer sog. Rogowsky-Elektrode nach Bild 6.12a nachzubilden.

Werden zunächst die Ladungen $Q_1\ Q_2 \ldots Q_1'\ Q_2' \ldots$ als bekannt vorausgesetzt, so lassen sich mit Hilfe der Potentialkoeffizienten α_{ik}, die bereits in Abschn. 4.1.5 (Gl. 4.26) beschrieben wurden, die Potentiale φ_i bestimmen.

$$\begin{pmatrix} \varphi_1 \\ \varphi_2 \\ \vdots \\ \varphi_1' \\ \varphi_2' \\ \vdots \end{pmatrix} = \alpha \begin{pmatrix} Q_1 \\ Q_2 \\ \vdots \\ Q_1' \\ Q_2' \\ \vdots \end{pmatrix} = \begin{pmatrix} 1 \\ 1 \\ \vdots \\ -1 \\ -1 \\ \vdots \end{pmatrix} \mathbf{U} \tag{6.19}$$

Legt man nun die Potentialpunkte auf die Elektrodenoberfläche, müssen sie die angelegte Spannung annehmen.

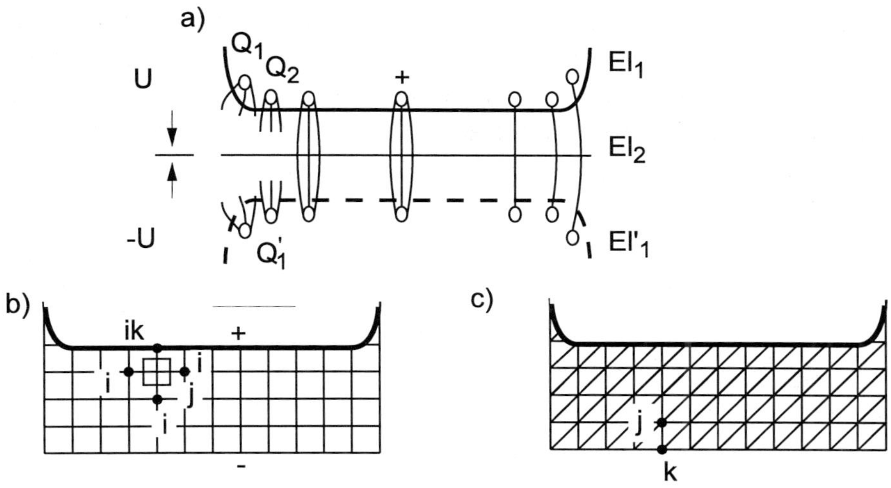

Bild 6.12: *Numerische Feldberechnung*
a) Punktladungen Rogowsky-Elektrode über Platte
— Elektrode, --- gespiegelte Elektrode, 0 Punktladungen,
b) Gitternetz für Finite Differenzen, c) Gitternetz für Finite Elemente

Durch Inversion der Matrix α in Gl. (6.19) wird es nun möglich, aus der Elektrodenspannung U die oben angesetzten Linienladungen Q_i zu bestimmen. Mit Hilfe der Gl. (6.19) und entsprechend bestimmter Potentialkoeffizienten α_{ik} sind dann die Potentiale an beliebigen Punkten im Feldraum zu berechnen. Verbindet man die Punkte konstanter Potentiale, so entstehen Äquipotentiallinien und senkrecht hierzu die Feldlinien (Bild 6.13). Am Rand des Plattenkondensators (Bild 6.13a) liegen die Äquipotentiallinien sehr dicht beieinander. Dies bedeutet große Feldstärke. Bei der Rogowsky-Elektrode (Bild 6.13b) ist dies nicht der Fall. Hier sinkt die Feldstärke nach außen hin ab, so daß die Gefahr der Teilentladungen reduziert wird.

Das größte Problem bei den beschriebenen Ersatzladungsverfahren liegt in der optimalen Plazierung der Ladungspunkte. Werden die Konturen der Elektroden komplex, so steigt die Anzahl der notwendigen Teilladungen sehr stark an. Man geht dann häufig zu den Finiten Elementen oder Finiten Differenzen über [6.12, 6.13]. Während der Feldraum außerhalb der Elektroden beim Ersatzladungsverfahren bis ins Unend-liche ausgedehnt ist, muß er bei den Finiten Elementen und Differenzenverfahren abgeschlossen werden, wie die Bilder 6.12b und c zeigen.

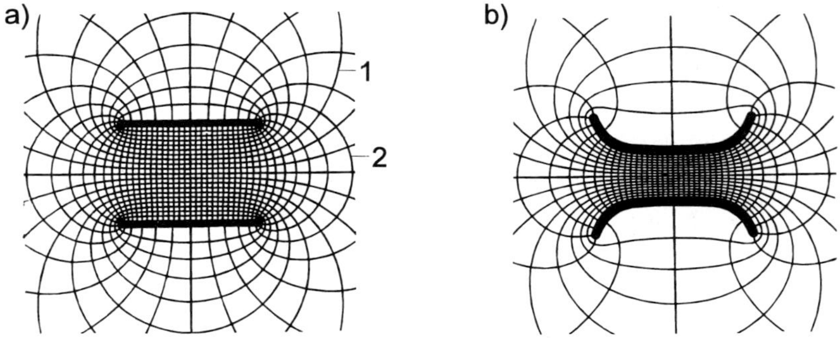

Bild 6.13: *Feldlinienbilder*
a) Plattenkondensator, b) Rogowsky-Elektrode
1 Äquipotentiallinien, 2 Feldlinien

Bei den Finiten Differenzen wird im einfachsten Fall der Raum zwischen den Elektroden mit einem regelmäßigen Gitternetz überzogen (Bild 6.12b). Für jeden Knoten j wird nun ein Potential angesetzt, das sich aus dem Mittelwert der Nachbarpotentiale i ergibt. Man bekommt so für jeden Knoten des Gitters eine Gleichung. In dem Gleichungssystem sind nur die Potentiale φ_k auf den Elektroden bekannt. Die Potentiale der restlichen Knoten erhält man durch Lösung des Gleichungssystems. Dies kann iterativ erfolgen, indem zunächst alle unbekannten Potentiale zu null gesetzt werden. Der Knoten j in Bild 6.12b würde dann im ersten Schritt 1/4 des Potentials $\varphi_{ik} = U$ annehmen.

Bei dem ebenfalls häufig verwendeten Verfahren der Finiten Elemente geht man ebenfalls von einem Gitternetz aus (Bild 6.12c). Gegenüber Bild 6.12b ist jedoch eine Unterteilung in Dreiecke zweckmäßiger. Man setzt im einfachsten Fall für die Kanten zwischen den Gitterpunkten eine lineare Änderung des Potentials. Dies führt zu einer konstanten Feldstärke, die aus der Potentialdifferenz bestimmt wird. So läßt sich ein Gleichungssystem aufstellen, das den Zusammenhang zwischen den Potentialen in den Gitterpunkten φ_j im Feldbereich und den Potentialen an den Elektrodenoberflächen φ_k herstellt. Dabei sind nur die Potentiale φ_k an den Elektroden bekannt. Die physikalische Bedingung, daß ein Feld stets seine möglichst niedrigste Energie annimmt, führt zu einer Zielfunktion, deren Minimierung eindeutig die Potentiale φ_j liefert

$$J = \sum \varphi_j^2 \overset{!}{=} \mathrm{Min} \tag{6.20}$$

Die Berechnungsverfahren wurden für ebene Anordnungen beschrieben. Sie lassen sich analog auf räumliche erweitern. Ebenso liefern sie neben den anschaulichen Feldlinienbildern die für eine Anlagenauslegung wichtigen Feldstärken und Kapazitäten.

Zur Behandlung von Magnetfeldern, die im Elektromaschinenbau von großer Bedeutung sind, können die gleichen Prinzipien angewandt werden wie bei den elektrischen Feldern. Beispiele für geschlossene Lösungen finden sich in der Berechnung der Induktivitäten von Freileitungen entsprechend Abschn. 4.1.2. Berechnet man Magnetfelder, so ergeben sich jedoch zusätzliche Schwierigkeiten. Die Elektroden bei Hochspannungsfeldern weisen sich durch eine vergleichsweise glatte Struktur aus, während die Wicklungsdrähte, die die Gestalt des Magnetfeldes bestimmen, komplexer angeordnet sind. Im Bereich der Netzfrequenzen können die Elektroden als ideal leitend angesehen werden. Das Feld tritt deshalb senkrecht in sie ein und ist innerhalb fast null. In den von Wechselstrom durchflossenen Wicklungsdrähten entstehen aber auch Magnetfelder, die eine Stromverdrängung hervorrufen und so eine mathematische Behandlung der Leiter notwendig machen. Schließlich ist die Dielektrizitätskonstante ε der Isolierstoffe nahezu feldunabhängig, während das Eisen als Material zur Kanalisierung des Magnetfeldes einen feldabhängigen Permeabilitätsfaktor μ besitzt und außerdem stromleitfähig ist, so daß sich in ihm bei Wechselfeldern Wirbelströme ausbilden können.

6.6 Isolationskoordination

Im Rahmen der Netzplanung (Abschn. 8.6) wird sichergestellt, daß die Betriebsspannung eines Netzes U_b, z. B. nach Lastabwürfen, einen Höchstwert U_{bm} nicht überschreiten kann. Die in dem Netz eingesetzten Betriebsmittel müssen dann für eine höchste Spannung $U_m \geq U_{bm}$ ausgelegt sein. Dabei wird U_m als Effektivwert der Leiter-Leiter-Spannungen angegeben. Die Beanspruchung der Leiter-Erd-Isolation kann im Erdschlußfall bei hochohmig geerdeten Transformatorsternpunkten den $\sqrt{3}$ fachen Wert, d. h. die Leiter-Leiter-Spannung, annehmen. Schaltvorgänge führen zu transienten Überspannungen. Hier ist die Wiederkehrspannung nach dem Abschalten von Kurzschlüssen von besonderer Bedeutung. Neben diesen inneren Überspannungen führen die äußeren Überspannungen in Form von Blitzen zu einem steilen Spannungsanstieg innerhalb von 1,2 µs (Bild 6.4c). Ein besonders steiler Anstieg entsteht durch rückwärtige Überschläge, bei denen der Blitz zunächst das Blitzschutzseil trifft, auf ihm in Form einer Wanderwelle zu einer Schaltanlage läuft, um dort an einer kritischen Isolationsstelle auf das Leiterseil überzutreten. Auf diesem läuft die steilere Wanderwelle zu den Geräten der Schaltanlage ohne nennenswerte Abflachung.

Den Betriebsmitteln lassen sich in Abhängigkeit von der höchsten Spannung U_m Steh-Spannungen zuordnen, d. h. Spannungen, denen der Prüfling bei einer bestimmten Anzahl von Tests im statistischen Mittel widersteht [1.4, 5.1, 6.14]. Man unterscheidet

Bemessungs-Steh-Wechselspannung U_{rW}. Eine 50-Hz-Überspannung, die kurzzeitig, z. B. 1 min lang, anstehen kann.

Bemessungs-Steh-Blitzstoßspannung U_{rB}. Eine Stoßspannung mit 1,2 µs Anstiegszeit und 50 µs Rückenhalbwertzeit entsprechend Bild 6.4c.

Bemessungs-Steh-Schaltstoßspannung U_{rS}. Eine Stoßspannung mit einer Anstiegszeit zum Maximalwert von 250 µs und einer Rückenhalbwertzeit von 2 500 µs. Schaltspannungen sind nur in Netzen mit einer Nennspannung von 380 kV und darüber von Bedeutung. Für niedrige Spannungsebenen besteht bei Einhaltung der Blitzspannungspegel i. a. keine Gefahr durch Schaltüberspannungen.

Für ein Netz der Nennspannung U_n = 110 kV beträgt beispielsweise die höchste Spannung der Betriebsmittel U_m = 123 kV und die Bemessungs-Steh-Wechselspannung U_{rW} = 185 kV bzw. 230 kV. Dabei gilt der höhere Wert für Netze mit Sternpunkten, die nicht wirksam geerdet sind (Abschn. 8.2). Die Bemessungs-Steh-Blitz-Stoßspannung U_{rB} = 450 kV bzw. 550 kV wird im Gegensatz zu den Wechselspannungswerten als Spitzenwert angegeben.

Die Spannungsfestigkeit einer Isolation ist von der Einwirkungsdauer der Spannung abhängig. Dieser Zusammenhang wird in der Stoßspannungskennlinie nach Bild 6.14 dargestellt. Ursache für die höhere Festigkeit bei kurzzeitigen Spannungsstößen ist die notwendige Aufbauzeit der Elektronenlawinen und Streamer, die einem Spannungsdurchbruch vorangehen. Dies gilt auch für Überspannungsableiter (Abschn. 5.5). Um einen vollständigen Schutz zu erreichen, muß die Stoßkennlinie der Ableiter stets unter derjenigen der Isolation liegen. Dadurch ergeben sich im Bereich steiler Stoßspannungen bei festen Isolierstoffen Schwierigkeiten, wenn SiC-Ableiter mit Funkenstrecken eingesetzt werden. Hier schaffen ZnO-Ableiter Abhilfe.

Der Versuch, Betriebsmittel so zu dimensionieren, daß sie allen denkbaren Beanspruchungen standhalten, führt zu unwirtschaftlichen Auslegungen. Eine sinnvolle Isolationskoordination läßt gewisse Fehlerwahrscheinlichkeiten zu, die man bei wertvollen Betriebsmitteln wie Transformatoren allerdings sehr niedrig ansetzen wird.

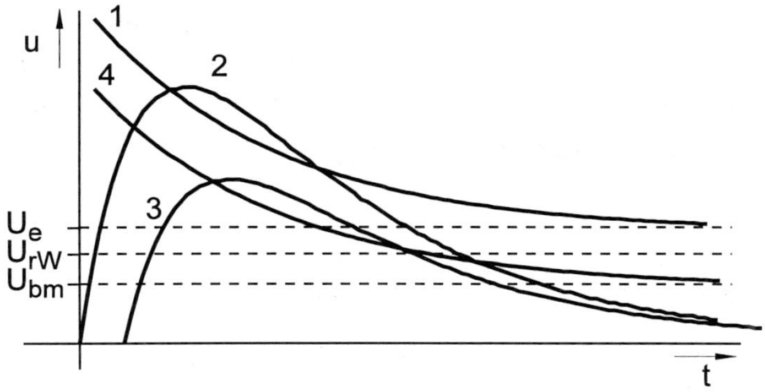

Bild 6.14: *Stoßspannungsfestigkeit einer Isolation*
1 Stoßspannungskennlinie des Betriebsmittels, 2 Stoßspannung, die zum Durchschlag führt, 3 Stoßspannung, die beherrscht wird, 4 Stoßspannungskennlinie des Überspannungsableiters
U_e Einsatzspannung der Teilentladung, U_{rW} Bemessungs-Steh-Wechselspannung, U_{bm} maximale Betriebsspannung

6.7 Blitzschutz

Die Menschen kennen seit langem die von Blitzen ausgehenden Gefahren. Bereits um 2 000 v. Chr. traten in der Mythologie von Mesopotamien Blitzableiter auf. Aber erst 1745 schlägt B. Franklin einen solchen als technische Einrichtung vor. Das Konstruktionsprinzip gilt noch heute.

Beim Blitzschutz von baulichen Einrichtungen unterscheidet man zwischen Innen- und Außenblitzschutz [6.15]. Der innere Blitzschutz erfordert den Zusammenschluß aller metallischen Teile in einem Gebäude und soll sicherstellen, daß zwischen leitfähigen Teilen im Gebäude keine großen Spannungsdifferenzen auftreten. Dieser Potentialausgleich ist auch aus Gründen des Berührungsschutzes vor Isolationsfehlern in der Gebäudeinstallation notwendig (Abschn. 8.6.4). Der äußere Blitzschutz soll verhindern, daß der Blitz in das Gebäude eindringt. Hierzu muß der zu schützende Raum mit einem leitfähigen Netz, in der Regel Eisendrähten oder Flacheisen, umgeben sein. Um die notwendige Maschenweite zu bestimmen, greift man auf das Verständnis des Streamer-Leader-Mechanismus nach Abschn. 6.4.1 zurück. Danach wirkt an der Spitze des Wolke-Erde-Blitzes eine erhöhte Feldstärke, die in einem bestimmten Abstand r zu Fangentladungen führen kann. Dieser Abstand wächst annähernd proportional mit dem Blitzstrom, so daß starke Blitze „weiter sehen“ als schwache. Für normale Anforderungen geht man von einem 10-kA-Blitz aus und setzt einen Radius von r = 45 m an. Folglich könnte der Blitz ein Netz von mehr als 90 m

Maschenweite passieren. Bild 6.15 zeigt die Bestimmung des Schutzraums nach dem beschriebenen Kugelmodell. Danach ist der Metalleiter 1 gefährdet, während der Leiter 2 ungefährdet bleibt. Ein Blitz könnte durch das Dach in den Leiter 1 einschlagen, der den gesamten Strom ableiten müßte. Feuergefahr besteht dann an der durchgeschlagenen Dachhaut oder in der Umgebung des Leiters, wenn dieser zu heiß wird. Ist der Leiter nicht geerdet, ereignet sich der zweite Durchschlag an der Stelle, an der er in die Nähe geerdeter Teile kommt.

Um den Blitz abzuleiten, sind möglichst geradlinige Ableitungen zur Erde wichtig. Scharfe Knicke, beispielsweise an Dachüberständen, sind unbedingt zu vermeiden.

Sachschäden nach Blitzeinschlag entstehen mittelbar insbesondere durch Brände (Sekundärwirkung). Aber auch unmittelbare Schäden an Elektrogeräten sind beim Blitzeinschlag in ein Gebäude zu beobachten, obwohl der größte Teil des Stromes über die ordnungsgemäß errichtete Blitzschutzanlage nach dem Faraday-Prinzip außerhalb des Hauses abgeleitet wird.

Personen, die vom Blitz getroffen werden, haben eine geringe Überlebenschance. So sind in Deutschland etwa 10 Blitztote pro Jahr zu beklagen. Die hohen Spannungen, die über den Körper abfallen, führen zu Gleitentladungen an der Körperoberfläche. Überlebende Opfer haben deshalb häufig Verbrennungen. Schädigungen der Organe durch Übererwärmung können zu lang anhaltenden Leiden führen. Ebenso sind Schädigungen des Gehirns und des Nervensystems nicht auszuschließen (s. auch Abschn. 4.5.7). Paradoxerweise führen Erde-Wolke-Blitze, die insbesondere im Gebirge auftreten und relativ niedrige Stromstärken besitzen, aber länger als 100 ms andauern, häufiger zum Tod als die hochstromigen Wolke-Erde-Blitze. Die Erklärung dafür ist in der nicht auftretenden Gleitentladung, die den Körper entlastet, zu suchen. Bei Blitzopfern sind ebenso wie bei Opfern von Elektrounfällen die bekannten Erste-Hilfe-Maßnahmen, wie Beatmung und Herzmassage, anzuwenden.

Um sich vor einem Blitzschlag zu schützen, sollte man folgende Regeln beachten:

Die Entfernung eines Gewitters ist aus der Schallgeschwindigkeit zu bestimmen. Beträgt der zeitliche Abstand zwischen Blitz und Donner 3 s, so ist das Gewitter ca. 1 km entfernt.

Donner ist über Entfernungen von etwa 10 km gut zu hören. Nähert sich das Gewitter mit 60 km/h, so ist es nach 10 min am Ort des Betroffenen.

Bergkuppen sollten gemieden, Mulden aufgesucht werden.

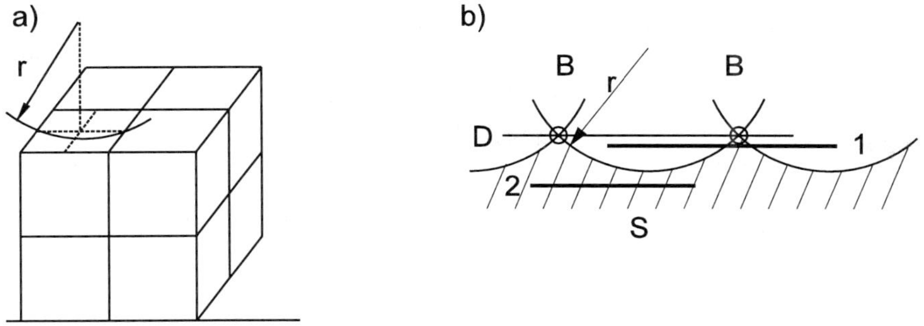

Bild 6.15: *Schutzraum gegen Blitzeinschlag*
a) räumliche Darstellung, b) Schnitt durch eine Ebene mit ungeschütztem (1) und geschütztem (2) Metallteil

Waldränder sind zu meiden. Innerhalb des Waldes ist ein Platz zwischen den Bäumen zu suchen.

Allein stehende Bäume sind besonders gefährdet. Unter ihnen sollte ein Abstand von 3 m zum Stamm eingenommen werden, um Überschläge vom Stamm in den eigenen Körper zu vermeiden.

Im Gelände oder in Hütten ohne Blitzschutzeinrichtungen sollte man in die Hocke gehen.

Beide Füße sind nebeneinander zu stellen, um Schrittspannungen zu vermei den (Bild 4.18b).

Regenschirme oder sonstige spitze Metallgegenstände sollten in Bodennähe untergebracht werden.

Um die in ein Bauwerk einschlagenden Blitze gut abzuleiten, werden vornehmlich Staberder eingesetzt. Deren Ausbreitungswiderstand für 50 Hz ergibt sich zu (siehe auch Abschn. 4.5.5)

$$R_E = \frac{\rho}{2\,\pi\,l} \ln \frac{2\,h}{r} \tag{6.21}$$

Bei einem Blitz mit großer Stirnsteilheit wirkt zunächst der Wellenwiderstand Z_W, der bei den Leitungen (Abschn. 4.2.1) vorwiegend durch L' und C' bestimmt wird. Im Erdreich dagegen sind die Induktivität L' des Leiters und der Ableitwert G' maßgebend. Setzt man als Gegenelektrode zum Erder mit dem Radius r_E einen fiktiven Zylinder r_A an, so ergeben sich in Analogie zu den Abschnitten 4.1.2 und 4.1.4 für eine koaxiale Anordnung

$$L' = \frac{\mu_0}{2\pi} \ln\left(r_A / r_E\right) \qquad G' = \frac{2\pi}{\rho} \cdot \frac{1}{\ln\left(r_A / r_E\right)} \tag{6.22}$$

Problematisch ist die Wahl des Radius r_A. Hier kann man mit einiger Näherung die Stablänge l einsetzen [6.15].

Wellenwiderstand und Fortpflanzungsgeschwindigkeit sind frequenzabhängig

$$Z_W = \sqrt{\frac{\omega L'}{G'}} \qquad v = \sqrt{\frac{2\omega}{L' G'}} \tag{6.23}$$

Die Kurvenform der anliegenden Spannung bildet sich über den Wellenwiderstand auf den Strom verzerrt ab, da die Geschwindigkeit frequenzabhängig ist (Dispersion). Ist der Erder so kurz, daß die Laufzeit der Wellen klein gegenüber der Stirnzeit ist, bestimmt der Ausbreitungswiderstand R_E nach Gl. (6.21) den Zusammenhang zwischen Strom und Spannung. Bei räumlich weit ausgedehnten Erdern wirkt der Wellenwiderstand Z_W während des gesamten Anstiegs. Wie im ohmsch-induktiven Kreis erreicht die Spannung ihr Maximum vor dem Strom. Die Stirnsteilheit der Erderspannung ist demnach größer als die Stirnsteilheit des eingeprägten Stromes. Das Verhältnis der Maximalwerte liefert den Stoßwiderstand

$$R_{St} = u_{max} / i_{max} \tag{6.24}$$

Der Anstieg des Blitzstromes kann als Viertelperiode einer Schwingung angesetzt werden. Aus der Stirnsteilheit T_1 ergibt sich dann die dominante Frequenz $f = 1/(4\,T_1)$. Wenn eine Wanderwelle in den Erdleiter einläuft, am Ende reflektiert wird und nach der Zeit T_1 wieder den Eingang erreicht, bleibt der Anstieg unverfälscht. Die Länge eines solchen Leiters ergibt sich zu

$$l_{St} = v \cdot T_1 / 2 = \sqrt{\frac{2 \cdot 2\pi \cdot f}{L' G'}} \cdot \frac{T_1}{2} = \sqrt{\frac{2 \cdot 2\pi / \left(4\,T_1\right)}{L' G'}} \cdot \frac{T_1}{2} = \sqrt{\frac{\pi\, T_1}{4\, L' G'}} \tag{6.25}$$

$$R_{St} = \frac{1}{G'\, l_{St}} \tag{6.26}$$

Ein längerer Erder bringt keine Verbesserung.

7 Energieerzeugung

Der Begriff "Energieerzeugung" ist üblich, aber streng genommen falsch, denn es ist nicht möglich, Energie zu erzeugen, sondern nur sie zu wandeln. Unter der elektrischen Energieerzeugung werden all jene Vorgänge verstanden, die eine nichtelektrische Energie in elektrische umformen. Dieser Prozeß erfolgt in Kraftwerken. Dabei werden als Primärenergieträger vorwiegend nichtregenerative Rohstoffe, wie Kohle, eingesetzt. Es ist deshalb für eine Folgenabschätzung wichtig, den Energiebedarf den Energievorräten gegenüberzustellen.

7.1 Energiebedarf und -vorräte

Energie wird hauptsächlich in Form von Wärme und mechanischer Arbeit genutzt. Die ersten Menschen wandelten bereits Biomasse, also regenerative Energieträger, durch Verbrennen in Wärme um. Im Altertum gab es Wasserräder zur Nutzung der ebenfalls regenerativen Energie des Wassers. Erst im 18. Jh. begann man in größerem Umfang, die nichterneuerbare Kohle abzubauen, um sie zur Heizung und zur Erzeugung mechanischer Energie in Dampfmaschinen zu verwenden. Die Dampfmaschine hat gegenüber dem Wasserrad den Vorteil, daß sie an dem Ort installiert werden kann, an dem die Energie benötigt wird. Da der Mensch nur in sehr geringem Umfang mechanische Arbeit erbringen kann, ist der Einsatz einer Maschine auch bei extrem schlechtem Wirkungsgrad noch sinnvoll. Dies führte zur Mechanisierung und damit zu einem Anstieg des Primärenergieverbrauchs von 5 - 7 %/a, der bis in die 70er Jahre anhielt [7.1].

Im Zeitalter der Mechanisierung, die die industrielle Revolution zur Folge hatte, wurden die Arbeitsmaschinen von Menschen gesteuert. Um die Steuerung auf Automaten zu übertragen, war es notwendig, Verstärker zu bauen, die zunächst hydraulisch und später elektronisch arbeiteten. In den 50er Jahren wurde es durch den Einsatz wirkungsvoller Regler möglich, neben der Verrichtung der mechanischen Arbeit auch die Regelung mit Hilfe von Maschinen zu bewältigen. Der Wirkungsgrad von Maschinen spielte dabei immer noch eine untergeordnete Rolle. Der Einsatz digitaler Rechner in den 60er Jahren erlaubte es, nichtlineare Probleme zu behandeln und damit Opti-mierungsaufgaben zu lösen. Hierdurch läßt sich der Brennstoffeinsatz minimieren. Hinzu kam der Ölpreisschock in den 70er Jahren, der einen starken Anreiz zur rationellen Energieanwendung schaffte.

Der Anstieg der Primärenergiepreise, die Möglichkeit zur Optimierung des Energieeinsatzes, das gestiegene Umweltbewußtsein, aber auch die abflauende Konjunktur haben dazu geführt, daß der lange Zeit als Naturgesetz angesehene Anstieg von 5 bis 7 %/a auf 0 bis 3 %/a sank. Bild 7.1 zeigt den Anstieg des Energieverbrauchs, in dem deutlich die Einbrüche der Kriegszeiten zu erkennen sind.

7.1.1 Energieverbrauch und Wirtschaftswachstum

Da die Herstellung von Gütern Energie erfordert und der Konsum an Gütern mit dem Lebensstandard sowie dem Bruttosozialprodukt gekoppelt ist, besteht ein starker Zusammenhang zwischen Wirtschaftswachstum und Energiekosten. In einer wachstumsorientierten Gesellschaft bedeutet 5 % Wachstum auch 5 % mehr Energieverbrauch. Beide bedingen sich wechselseitig. Wird der Energieverbrauch reglementiert, indem man ihn beispielsweise verteuert, reduziert sich auch das Wirtschaftswachstum. Dabei treten jedoch kompensatorische Effekte auf, denn hohe Energiepreise stärken die Kreativität bei der Suche nach Energieeinsparpotentialen. Außerdem geben die oben

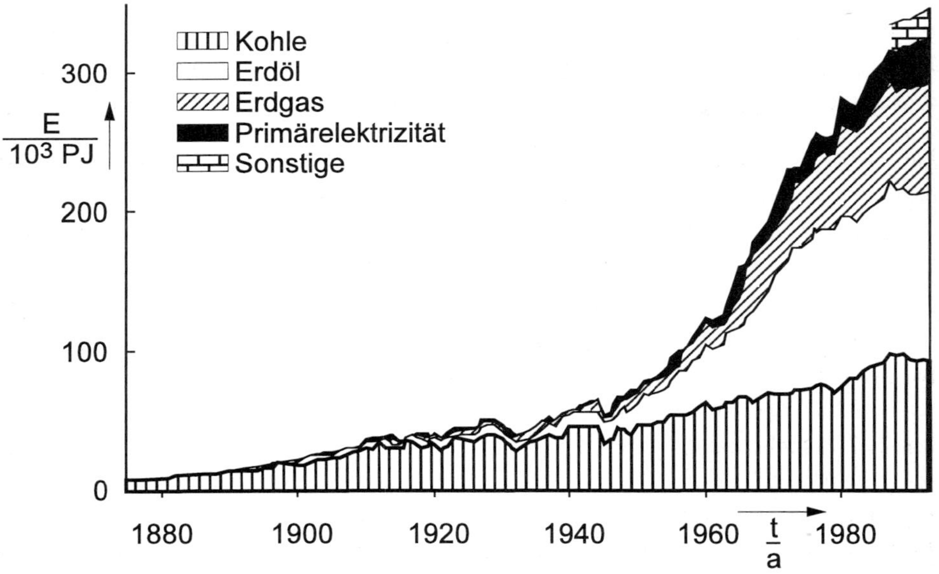

Bild 7.1: *Weltverbrauch an Primärenergie (Primärelektrizität ≙ Kern + Wasser; sonstige ≙ Holz, Abfälle usw.)*
Da die Zahlenwerte aus verschiedenen Quellen mit unterschiedlichen Bezugssystemen stammen, sind in den Zeitverläufen kleine Knicke zu sehen.

erwähnten Optimierungsmöglichkeiten die Chance zur Wirkungsgradverbesserung. Es läßt sich deshalb ein Zusammenhang zwischen Bruttosozialprodukt P und Energieverbrauch E herstellen

$$\Delta E / E = a \cdot \Delta P / P \qquad 0 < a < 1 \tag{7.1}$$

Die Proportionalitätskonstante a hängt dabei von verschiedenen Faktoren ab. So verbrauchen industriell entwickelte Volkswirtschaften mehr Energie als niedriger entwickelte. Der Zusammenhang zwischen Bruttosozialprodukt und Energieverbrauch ist von der Art der Volkswirtschaft abhängig. Ähnliches gilt für die zeitliche Entwicklung einer Volkswirtschaft. Der Übergang von der Agrar- zur Industriegesellschaft erhöhte den Energiebedarf, während der Übergang von der Industrie- zur Dienstleistungsgesellschaft zu einer Abdämpfung führt. Dabei ist zu beachten, daß der Lebensstandard nicht nur von dem Konsum an Gütern, sondern auch der Inanspruchnahme von Dienstleistungen gegeben ist. Wenn der Konsum an Waren konstant bleibt und die Steigerung des Bruttosozialprodukts durch vermehrte Dienstleistungen bedingt ist, kann durch Optimierung in der Produktion bei steigender Produktion $\Delta p > 0$ ein Rückgang des Energieverbrauchs $\Delta E < 0$ über die Zeit möglich sein. Ob dieser Zustand $a < 0$ eintritt, ist von der Entwicklung der Wertmaßstäbe in der Gesellschaft abhängig.

Der Proportionalitätsfaktor a zwischen Bruttosozialprodukt und Energieverbrauch ist mittelfristig konstant, hängt von der Struktur der Volkswirtschaft sowie den Wertvorstellungen der Gesellschaft ab und wird langfristig kleiner.

Diese Aussage läßt sich durch die Bilder 7.2 und 7.3 verdeutlichen. Darin ist auch zu erkennen, daß der Anteil des Elektrizitätsverbrauchs am Gesamtenergieverbrauch ansteigt. Obwohl die Umwandlung von Primärenergie in elektrische Energie mit einem Wirkungsgrad von durchschnittlich weniger als 50 % behaftet ist, ermöglicht ihre gute Steuerbarkeit die Optimierung von Abläufen. Dies führt beim Ersatz der Primärenergie durch elektrische Energie in immer mehr Prozessen zu Einsparungen. Die Bedeutung der Energiepolitik für die Wirtschaft soll in Abschn. 7.9 noch vertieft werden.

7.1.2 Energiebedarf

Der Bedarf an Primärenergie beträgt derzeit weltweit $12 \cdot 10^9$ t SKE = $350 \cdot 10^3$ PJ. In den letzten Jahren ist die Steigerungsrate entsprechend Bild 7.1 von 5 bis 7 %/a auf nahezu null abgesunken. Die Energie wird vorwiegend in den Industriestaaten umgesetzt, wie Tabelle 7.1 zeigt [7.2]. Allein die USA verbrauchen 23,7 % der Gesamtenergie. Die am stärksten genutzten Primärenergieträger sind flüssige Brennstoffe, insbesondere Rohöl mit 34,5 % (Tabelle 7.2 und Bild 7.4), gefolgt von Kohle

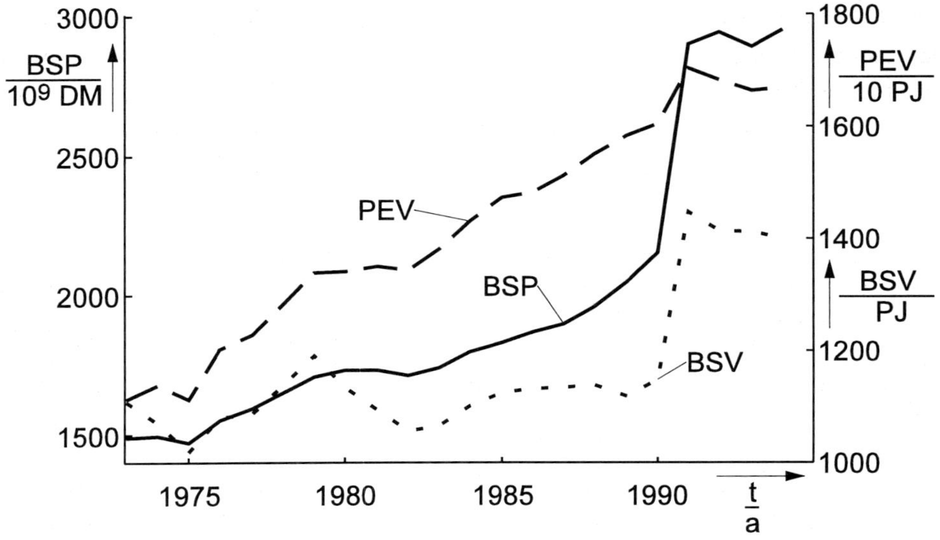

Bild 7.2: *Wirtschaftsentwicklung in Deutschland*
BSP Bruttosozialprodukt, PEV Primärenergieverbrauch, BSV Bruttostromverbrauch (ab 1991 Gesamtdeutschland)

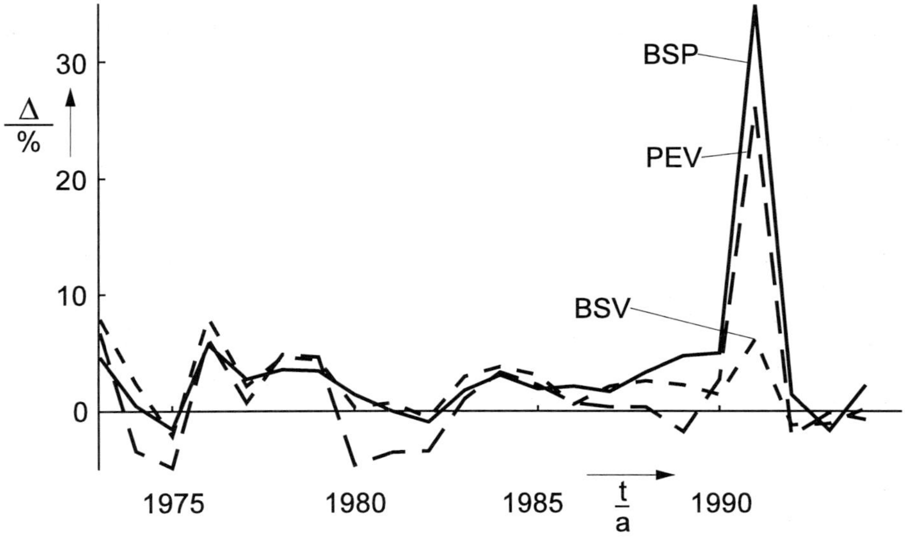

Bild 7.3: *Zusammenhang zwischen Energieverbrauch und Wirtschaftswachstum*
Δ Veränderung gegenüber Vorjahr, BSP Bruttosozialprodukt,
PEV Primärenergieverbrauch, BSV Bruttostromverbrauch

und Gas. Lediglich 15,8 % werden durch die nichtfossilen Energieträger, wie Wasser, Kernkraft, Biomasse usw., gedeckt. Für Deutschland gelten ähnliche Verhältnisse (Tabelle 7.3). Etwa 35 % der Primärenergie werden in Elektrizität umgewandelt. Nach Abzug der Umwandlungs- und Transportverluste ergeben sich daraus in Deutschland 14 % der Primärenergie als Strom, der vornehmlich in der Industrie verbraucht

Tabelle 7.1: Weltenergiebedarf nach Ländern (1993) (Quelle: BMWI)

Land	Primärenergie			Strom		
	PJ 10^3	Anteil [%]	kJ/EW 10^6	kWh 10^9	Anteil %	kWh/EW 10^3
USA	83,0	23,7	350	3 146	25,7	13,3
J	17,5	5,0	140	907	7,4	7,5
F	9,4	2,7	170	471	3,8	8,7
Indien	12,2	3,5	16	357	2,9	0,5
D	14,0	4,0	175	526	4,3	6,7
Welt	350	100		12 261	100	

$1\ PJ = 10^{12}\ kJ = 278 \cdot 10^6\ kWh$ (EW: Einwohner)

$(12\,261 \cdot 10^9\ kWh)/(350 \cdot 10^3\ PJ \cdot 278 \cdot 10^6\ kWh/PJ) = 0,13$

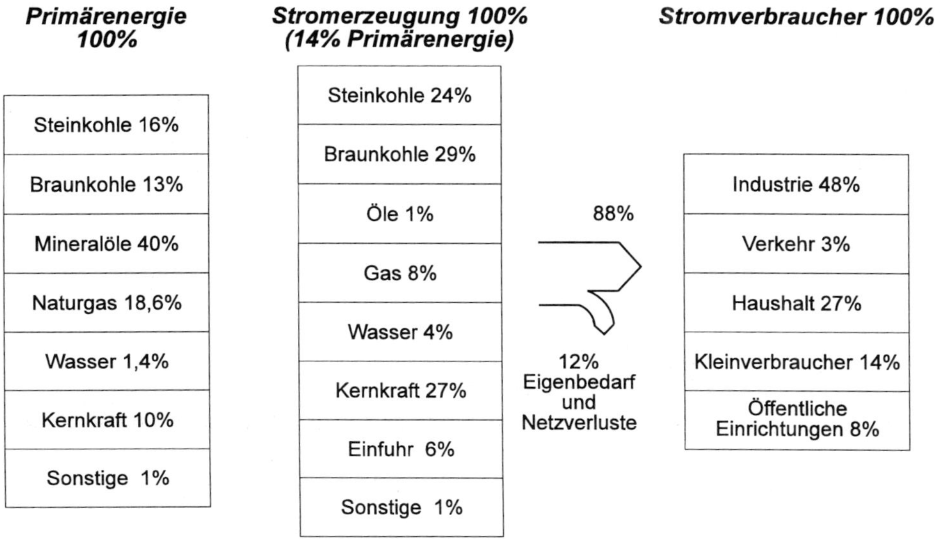

Bild 7.4: *Primärenergieaufkommen, Stromerzeugung und -verbrauch 1994 in Deutschland*

wird. Der Verbrauch an Energie erfolgt entsprechend Tabelle 7.4 zu je 1/3 von Industrie, Haushalt und Verkehr. Der starke Rückgang des Industrieverbrauchs von 40,2 % (1973) auf 27,2 % (1994) ist vor allem durch eine rationelle Energieanwendung erreicht worden. Das wachsende Mobilitätsbedürfnis hat allerdings zu einer entsprechenden Steigerung des Verbrauchs durch Verkehrsmittel geführt.

Tabelle 7.2: Weltenergieverbrauch nach Energieträgern (Quelle: BMWI)

Energieträger	[%]
Feste Brennstoffe	27,2
Flüssige Brennstoffe	34,5
Gas	22,5
Primärelektrizität[1)]	9,7
Sonstige[2)]	6,1
Summe	100

[1)] Wasser, Kernkraft, Photovoltaik; [2)] Holz, Abfälle, Biomasse

Tabelle 7.3: Energieverbrauch in Deutschland (Quelle: BMWI)

Energieträger	1973	1994	Δ	Anteil 1994
	10^6 PJ	10^6 PJ	%	%
Steinkohle	2 753	2 122	− 23	15,3
Braunkohle	3 159	1 861	− 40	13,3
Mineralöl	6 675	5 677	− 15	40,2
Naturgas	1 249	2 591	+100	18,6
Wasser	258	196	− 24	1,4
Kernkraft	120	1 424	+ 1 087	10,2
Sonstige	53	135	+155	1,0
Summe	14 267	14 006		100
Alte Länder	11 092	11 914	+7,4	85,1
Neue Länder	3 175	2 092	-34,1	14,9
Strom Summe	1 096	1 539	+40,4	100
Alte Länder	896	1 372	+53,1	89,1
Neue Länder	200	167	− 16,5	10,9
Fernwärme Summe	230	360	+56,5	100
Alte Länder	136	205	50,7	56,9
Neue Länder	94	155	64,9	43,1

Der Energiebedarf in den privaten Haushalten bleibt weitgehend konstant und entfällt hauptsächlich auf Heizung und Pkw (Tabelle 7.5). Hier liegen naturgemäß auch die größten Sparpotentiale.

7.1.3 Energiebereitstellung und -vorräte

Fast der gesamte Energiebedarf der Erde wird durch fossile - also nichterneuerbare - Energiequellen gedeckt, die auch einmal aus Solarenergie über Biomasse entstanden sind. Die Kohle, die im wesentlichen aus Kohlenstoff C besteht, stammt von Pflanzen, die vor ca. 300 Mio. Jahren aus dem Kohlendioxyd CO_2 der Luft mit Hilfe der Lichtstrahlungen Biomasse CH_2O erzeugten und später unter Freisetzung von Wasser versteinerten. Das Öl, dessen chemische Struktur in der Regel ein Benzolring, bestehend aus C, H und O, darstellt, ist durch tierische Überreste in den Meeren entstanden.

Es ist nur eine Frage der Zeit, bis alle Energievorräte aufgebraucht sind. Sparmaßnahmen können diesen Zeitpunkt lediglich hinauszögern. Allerdings ist es schwierig, die Größe der Energievorräte der Erde abzuschätzen. Zudem ist noch zwischen

Tabelle 7.4: Struktur des Energieververbrauchs in Deutschland in % (Quelle: BMWI)

Verbraucherart	Primärenergie		Strom	
	1973[1)]	1994	1973[1)]	1994
Industrie	40,2	27,2	57,9	47,5
Verkehr	16,6	28,2	3,3	3,3
Haushalt	24,8	26,7	22,0	27,1
Kleinverbraucher	16,4	17,3	11,4	14,0
Öffentl. Einricht.	2,0[2)]	0,6[2)]	5,4	8,1
	100	100	100	100

[1)] Alte Länder, [2)] nur Militär

Tabelle 7.5: Energieverbrauch eines privaten Haushaltes in Deutschland (Quelle BMWI)

	10^6 kJ/a
Licht und Kraft	1
Kochen	3
Warmwasser	7
Heizen	61
Auto	35

wirtschaftlich und technisch abbaubaren Lagerstätten zu unterscheiden. Die Grenze zwischen beiden verschiebt sich durch den Preisanstieg und den technischen Fortschritt. Außerdem werden immer wieder neue Vorkommen entdeckt. Als Kenngröße für die Energiereserven hat man die Reichweite eingeführt. Sie gilt unter der Voraussetzung, daß die derzeit bekannten Lagerstätten mit der derzeitigen Förderleistung abgebaut werden. Nach Tabelle 7.6 betragen die Reichweiten für Öl 43 Jahre und für Steinkohle 185 Jahre. Bei dieser Überlegung ist nicht berücksichtigt, daß nach Erschöpfung der Ölquellen die Steinkohleförderung entsprechend ansteigen wird und so die Reichweite dieses Energieträgers auf unter 100 Jahre zurückgehen könnte.

Beispiel 7.1. *Welche Reichweiten ergeben sich für Öl und Kohle, wenn der Primärenergieverbrauch mit 3 %/a ansteigt? Welche Reichweite hat die Kohle ohne Verbrauchssteigerung, wenn nach dem Verbrauch des Öls dieser Energieträger durch Kohle ersetzt wird?*

Nach dem Gesetz der Zinses-Zins-Rechnung steigt der Gesamtverbrauch V mit dem jährlichen Verbrauch V_0 wie folgt an

$$V = V_0 \cdot q \frac{q^n - 1}{q - 1} = V_0 \cdot n_0$$

Darin ist n_0 die Reichweite in Jahren bei konstantem Verbrauch

Öl: $$n = \frac{\lg\left[n_0(q-1)/q+1\right]}{\lg q} = \frac{\lg\left[43\,(1{,}03-1)/1{,}03+1\right]}{\lg 1{,}03} = 27\ \mathrm{a}$$

Kohle: $n = 63$ a

Nach Tabelle 7.2 beträgt das Verhältnis von Öl- zu Kohleverbrauch

$$a = V_{Ö}/V_K = 34{,}5/27{,}2 = 1{,}27$$

Tabelle 7.6: Energiereserven 1994 (Quelle: BMWI)

Energieträger	Vorräte	Reichweite
	10^6 PJ	Jahre [1)]
Steinkohle/sicher gewinnbar	16	185
Steinkohle/Gesamtreserven	220	2 500
Öl	6	43
Gas	5	67

[1)] bei gegenwärtiger Förderung

Nach 43 Jahren sind die Ölvorkommen aufgebraucht, die Kohlevorräte betragen noch 185 - 43 = 142 a. Nun steigt aber der Verbrauch auf das 2,27fache an. Dadurch reduziert sich die Reichweite auf 142/2,27 = 63 Jahre. Nach insgesamt 43 + 63 = 106 Jahren ist somit die Kohle aufgebraucht.

Die Realität ist nicht so dramatisch, wie die Zahlen den Anschein erwecken. Vor 20 Jahren wurde die Reichweite des Öls mit 30 Jahren angegeben. Man hat also 2,5mal mehr Öl neu entdeckt als verbraucht. Aber selbst bei optimistischer Betrachtung ist davon auszugehen, daß - in historischen Zeiträumen gemessen - die Vorräte an Rohstoffen erschöpft sind. Es wird demnach kein Weg daran vorbeiführen, langfristig auf andere Energieformen, z. B. Kern- und Solarenergie, umzusteigen.

Die Dauer der Nutzung der Kernenergie ist von den Uranvorkommen abhängig. Die derzeit bekannten Vorräte entsprechen in ihrem Energieinhalt etwa denen der Kohlevorräte, wenn die Nutzung in Leichtwasserreaktoren erfolgen würde. Bei dem augenblicklichen Verbrauch entspricht dies einer großen Reichweite. Würde man aber einen Großteil der Energiegewinnung auf Kernenergie umstellen, ginge deren Reichweite erheblich zurück. Eine Entspannung dieser Situation ließe sich durch den Einsatz der Brütertechnik erzielen, die Uran um den Faktor 50 besser ausnutzt, aber einen Brennstoffkreislauf über Wiederaufbereitung erfordert (s. Abschn. 7.5).

Die regenerative Energie stammt mittelbar oder unmittelbar von der Sonne. Ein Beispiel für die unmittelbare Nutzung ist die Photovoltaik. Biomasse dagegen speichert in Pflanzen über etwa ein Jahr die Energie, bevor sie in künstlichen Umwandlungsprozessen genutzt wird. Holz als Energieträger kann auch zu den regenerativen Energieträgern gezählt werden, wenn man z. B. Nadelbäume über 50 Jahre heranzüchtet und jährlich 2 % des Bestandes abholzt.

Letztlich kommt alle Energie der Erde von der Sonne. Wie aus Tabelle 7.7 hervorgeht, wird fast die gesamte Einstrahlung sofort wieder in den Weltraum zurückgegeben, wobei der größte Teil noch nicht einmal die Erdoberfläche erreicht. Weniger als 0,5 % wird in Form von Wind oder Biomasse, die über Photosynthese entsteht, gespeichert, um sich nach einer gewissen Zeit ebenfalls in Wärme umzuwandeln und in den Weltraum zurückzukehren.

Der künstliche Energieumsatz beruht im wesentlichen auf einem Verbrauch an fossil gespeicherter Energie. Er führt zu einer Anhebung der Erdtemperatur und damit einer erhöhten Energieabgabe in den Weltraum. Dieser Effekt ist jedoch zu vernachlässigen. Kritisch ist die Freisetzung von Kohlendioxyd CO_2 und Methan CH_4, denn sie beeinträchtigen die Reflexions- und Abstrahlungsverhältnisse der Atmosphäre.

Tabelle 7.7: Energieumsatz auf der Erde (Quelle: BMWI)

Sonneneinstrahlung	100 %
Reflexion an der Atmosphäre	33
Wärmestrahlung aus der Atmosphäre	45
Verdunstung und Abführung aus der Atmosphäre	22
Wind	0,2
Photosynthese	0,1
Gezeiten	0,002
Geowärme	0,02
Künstlicher Energieumsatz	0,004

Im Vordergrund der Betrachtungen soll in diesem Buch die Stromerzeugung stehen. Sie kann auf sehr unterschiedliche Weise aus den Primärenergieträgern erfolgen, wie Bild 7.5 zeigt [7.3, 7.4]. Der Standardweg ist die Umwandlung chemisch gebundener Energie aus den fossilen Brennstoffen in Wärme, die über einen Dampfprozeß zu mechanischer Arbeit und schließlich zu elektrischer Energie wird. Von Sonderanwendungen abgesehen, ist dies die einzige Methode zur Umwandlung von Kohle- und Kernenergie. Öl und Gas können aber auch ohne den Umweg über Dampf Turbinen direkt antreiben. Die in Bild 7.5 dargestellten Umwandlungsprozesse sind in den folgenden Abschnitten eingehender beschrieben. Hier sollen zunächst die Anteile

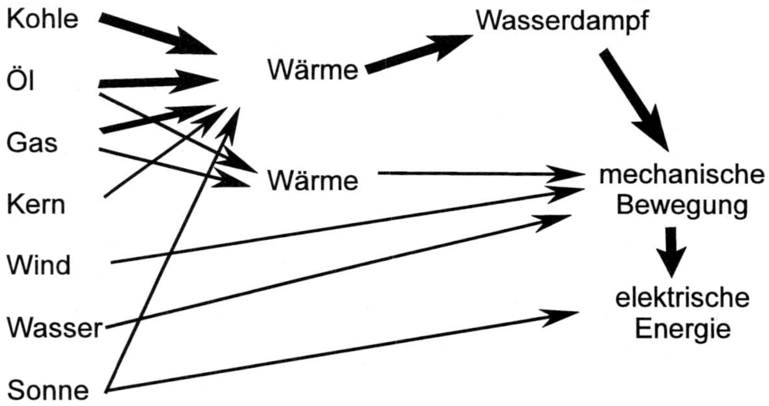

Bild 7.5: *Umwandlungsprozesse zur Erzeugung elektrischer Energie*

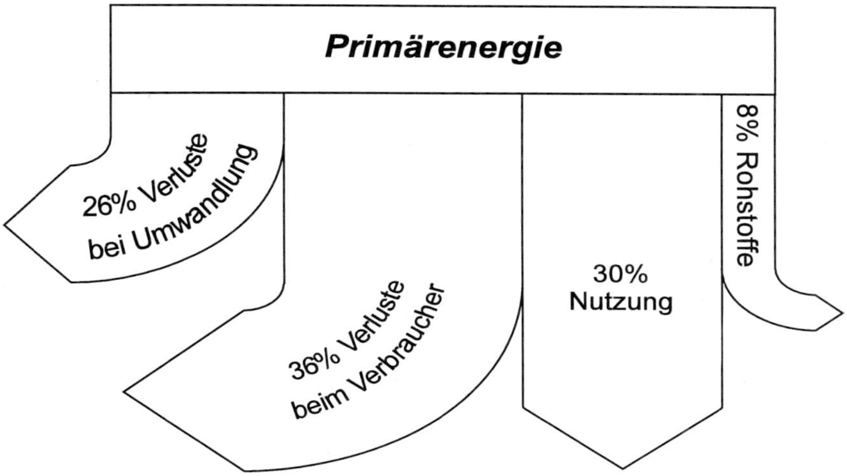

Bild 7.6: *Energiefluß in Deutschland*

der Primärenergie an der Stromerzeugung näher betrachtet werden. Bild 7.6 zeigt den Energiefluß in Deutschland. Von der bereitgestellten Primärenergie kommen nur 30 % als Nutzenergie beim Verbraucher an. Etwa 8 % der Energieträger fließen als Rohstoffe, z. B. in die petrochemische Industrie, und 60 % der Primärenergie gehen als Umwandlungsverluste in Form von Abwärme verloren. Dabei ist zu beachten, daß auch die Nutzenergie in den Arbeitsmaschinen oder den daran angeschlossenen Prozessen als Wärme anfällt. Die Umwandlungsverluste entstehen verbrauchernah in den Arbeitsmaschinen und erzeugernah in den Kraftwerken. Während die Umwandlung von chemisch gebundener Energie in Wärme fast verlustfrei erfolgt, entstehen bei der Erzeugung mechanischer Arbeit aus Wärme etwa 50 bis 70 % Verluste. Die von den Turbinen angetriebenen Generatoren arbeiten wiederum relativ verlustfrei.

Zur Stromerzeugung in Deutschland greift man vor allem auf heimische Energieträger zurück, wobei jeweils ca. 1/4 auf Stein- und Braunkohle entfällt (Tabelle 7.8). Die heimische Steinkohle ist dreimal so teuer wie Importkohle und wurde früher durch den "Kohlepfennig" über den Strompreis subventioniert, bis das Verfassungsgericht 1996 diese steuerartige Abgabe untersagt hat. Die Braunkohle wird insbesondere in Köln-Aachen und in den neuen Bundesländern, z. B. in der Lausitz, im Tagebau abgebaut und ist gegenüber der Import-Steinkohle wettbewerbsfähig, obwohl die Hälfte der Primärenergiekosten auf die Renaturierung der ausgebeuteten Lagerstätten entfällt. Die Kernenergie, die in Abschn. 7.5 näher behandelt wird, trägt in Deutschland mit einem weiteren Viertel zur Stromerzeugung bei. Öl, das in den

70er und 80er Jahren direkt zur Feuerung eingesetzt wurde, ist heute nur noch als Energie zum Anfahren und bei Stützfeuer im Teillastbereich oder bei der Müllverbrennung von Bedeutung. Gas hingegen wird in GuD-Kraftwerken (Abschn. 7.4.6), die sich durch besonders hohen Wirkungsgrad auszeichnen, auch heute noch eingesetzt. Wasserkraftwerke als Stromerzeugungsanlagen haben in Deutschland eine geringe Bedeutung. Ihr Ausbau stagniert, denn zum einen stehen attraktive Standorte nicht zur Verfügung, zum anderen sprechen Umweltgesichtspunkte gegen einen weiteren Ausbau. Sonstige regenerative Energien leisten derzeit kaum einen Beitrag zur Energieerzeugung (s. Abschn. 7.6).

Die Stromerzeugung wird zu über 85,8 % von öffentlichen Stromversorgungsunternehmen (EVU) durchgeführt (Tabelle 7.8). Industriekraftwerke decken nur 12,1 % des Bedarfs. Dabei fällt der Strom in Gegendruckturbinen bei der Erzeugung von Prozeßdampf an und wird weitgehend im Industriebetrieb selbst verbraucht. Die Deutsche Bahn, die ihr eigenes Stromversorgungsnetz betreibt, erzeugt ebenfalls einen Teil ihres Bedarfs selbst. Ein- und Ausfuhr von Strom halten sich bei einem geringen Importüberschuß die Waage.

Circa 12 % des erzeugten Stromes gehen je zur Hälfte durch den Eigenbedarf der Kraftwerke und die Energieübertragung verloren. Größte Verbrauchergruppe ist die Industrie mit 39,1 %, gefolgt von den privaten Haushalten mit 22,4 %. In den letzten Jahren ergab sich eine Verschiebung des Stromverbrauchs von der Industrie in den privaten Sektor, die neben der rationellen Energieanwendung mit der abflauenden Konjunktur und der Einbeziehung der neuen Bundesländer zusammenhängt.

Statistische Daten sind eine wichtige Voraussetzung, um wirtschaftliche Zusammenhänge zu verstehen. Beim Umgang mit ihnen ist jedoch Vorsicht geboten. So weist Tabelle 7.8 einen Stromanteil der Industrie von 39,1 % aus, Tabelle 7.4 dagegen gibt 47,5 % an. Der scheinbare Widerspruch ist auf die unterschiedlichen Bezugsgrößen zurückzuführen. Während in Tabelle 7.4 auf die Summe des echten Verbrauchs bezogen wurde, bildet in Tabelle 7.8 der Verbrauch einschließlich Ausfuhr, Eigenbedarf und Netzverluste die Basis.

Da der Energieverbrauch sehr stark mit dem Bruttosozialprodukt gekoppelt ist, spielt der Energiepreis für die Volkswirtschaften eine entscheidende Rolle. Tabelle 7.9 zeigt, daß die Energiepreise im Import erheblich stärker gestiegen sind als das Bruttosozialprodukt. Die Verschiebung der Währungsparität zwischen DM und US$ in den 80er und frühen 90er Jahren hat sich für Deutschland bisher relativ günstig ausgewirkt. Bei den Strompreisen kompensiert ein starker Rationalisierungseffekt durch den Einsatz von Großkraftwerken den Anstieg der Primärenergiepreise teilweise.

Tabelle 7.8: Stromerzeugung und -verbrauch in Deutschland 1994 (Quelle: BMWI)

	10^9 kWh	Anteil/%
Primärenergieträger	563	100
Steinkohle	147	24,2
Braunkohle	148	28,7
Öl	8	1,2
Gas	35	7,5
Wasser	22	3,9
Kernkraft	151	26,8
Einfuhr	37	6,6
Sonstige	15	1,1
Erzeuger	530	100
Öffentl. Stromvers.	455	85,8
Industrie	64	12,1
Bahn	7	1,3
Einfuhrüberschuß	4	0,8
Verbraucher	563	100
Industrie	220	39,1
Öffentl. Einricht.	38	6,7
Verkehr	15	2,7
Haushalte	126	22,4
Landwirtschaft	8,1	1,4
Handel und Gewerbe	57	10,1
Eigenbedarf und Verluste	66	11,7
Ausfuhr	33	5,9

Man muß weiterhin berücksichtigen, daß in letzter Zeit die Investitionen für Ausbau und Erneuerung der Versorgungsnetze stark zurückgegangen sind und dadurch die Kostenentwicklung dämpfen. Der damit verbundene Veralterungseffekt der Anlagen wird in einigen Jahren sicher zu einem Nachholbedarf und damit einem Kostenanstieg führen.

Schließlich zeigt ein Vergleich der Strompreise zwischen einigen Industriestaaten in Tabelle 7.10, daß Deutschland mit die höchsten Strompreise der Welt hat. Allerdings ist elektrische Energie in Japan erheblich teurer als bei uns.

Tabelle 7.9: Importpreise Energie (b: Barrel, Quelle: BMWI)

	1973	1994	Δ/%
Rohöl $/b	2,8	15,9	468
Steinkohle DM/MWh	6,9	9,4	36
Rohöl DM/MWh	6,8	16,2	138
Gas DM/MWh	4,4	13,3	202
Bruttosozialprodukt 10^{12} DM	1,9	2,94	54
Strom Industrie DM/kWh	0,075	0,151	101
Strom Privathaushalte DM/kWh	0,117	0,235	101

Tabelle 7.10: Strompreise 1993 in DM/kWh (Quelle: BMWI)

Länder	Privathaushalte	Industrie
USA	0,12	0,07
Japan	0,21	0,25
Frankreich	0,19	0,08
Großbritannien	0,18	0,10
Schweden	0,09	0,05
Italien	0,23	0,14
Spanien	0,28	0,13
Deutschland	0,20	0,12

7.2 Elektrizitätswirtschaft

Die Erzeugung und Verteilung elektrischer Energie bilden kapitalintensive Wirtschaftszweige, denen große Bedeutung für die Wirtschaft eines Landes zukommen.

7.2.1 Energieversorgungsunternehmen

Die Stromversorgung Deutschlands liegt in den Händen von ca. 1 000 **E**nergie**v**ersorgungs**u**nternehmen (EVU), die für die Erzeugung, den Transport und die Verteilung zuständig sind [7.5]. Circa 2/3 dieser Unternehmen gehören dem **V**erband **D**eutscher **E**lektrizitäts**w**erke (VDEW) an. Sie decken knapp 99 % der öffentlichen Stromversorgung ab. In Größe und Struktur unterscheiden sich die EVU sehr stark.

Neun überregionale Unternehmen, die in der **D**eutschen **V**erbund**g**esellschaft DVG zusammengeschlossen sind, versorgen Deutschland flächendeckend, (Bild 7.7). In einer da-runter liegenden Ebene sorgen regionale Unternehmen für die Verteilung. Städte und größere Gemeinden haben häufig ihre eigene Versorgungsgesellschaft. Diese dreischichtige Hierarchie wurde in den neuen Bundesländern nach der Wiedervereinigung realisiert. In den alten Ländern ist die Trennung der Transport- und Verteilungsaufgaben nicht so scharf vollzogen. So beliefern Regionalunternehmen insbesondere im ländlichen Bereich auch die Haushalte. Sogar das größte deutsche Verbundunternehmen RWE versorgt in einem Landkreis private Haushalte. Die größten Unternehmen sind i. a. Aktiengesellschaften, deren Kapital zu einem Großteil in dem Besitz der öffentlichen Hand liegt. Die städtische Versorgung wird meistens durch Stadtwerke - als Eigenbetriebe der Gemeinden - sichergestellt, wobei immer

a) b)

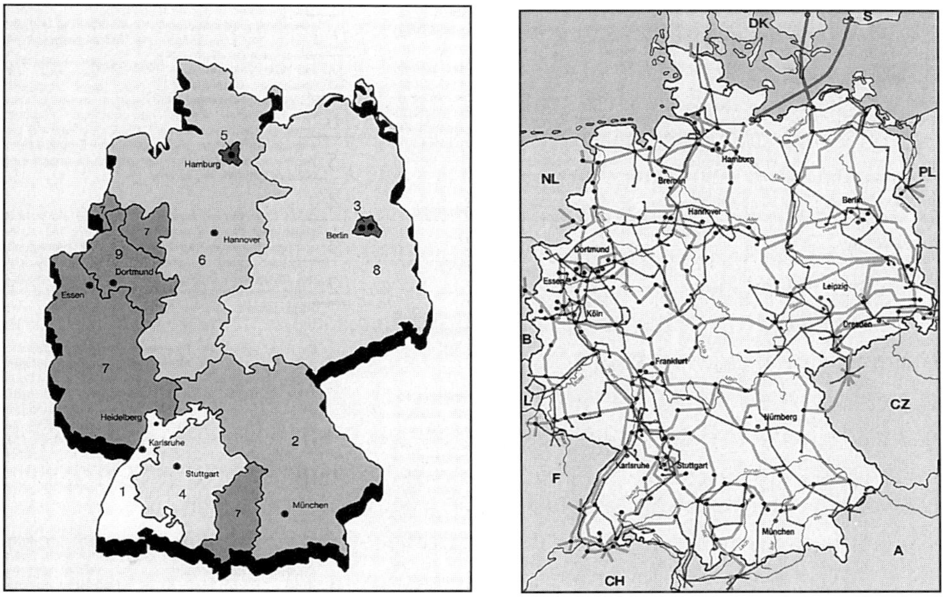

Bild 7.7: *Deutsche Verbundgesellschaft (Quelle: DVG)*
a) Mitgliedsfirmen: 1 Badenwerk AG, 2 Bayernwerk AG, 3 Berliner Kraft- und Licht (Bewag)- AG, 4 Energie-Versorgung Schwaben AG, 5 Hamburgische Electricitäts-Werke AG, 6 PreussenElektra AG, 7 RWE Energie AG, 8 VEAG Vereinigte Energiewerke AG, 9 VEW ENERGIE AG
b) Leitungsnetz (380 kV dick, 220 kV dünn)

häufiger eine Umwandlung in Aktiengesellschaften erfolgt. In den anderen Industriestaaten ist die Stromversorgung stärker zentralisiert. So gibt es in Frankreich nur ein staatliches Unternehmen EDF.

Da die Elektrizitätserzeugung in Großkraftwerken wirtschaftlich und ökologisch besser ist als in Kleinkraftwerken, werden zur reinen Stromerzeugung vornehmlich große Einheiten errichtet. Diese gehören meistens den Verbundunternehmen, die den Strom an die Regional- und Kommunalbetriebe abgeben. Die ökologisch sinnvolle Kopplung von Wärme- und Stromerzeugung erfordert kleinere Kraftwerkseinheiten im Zentrum der Wärmeverbraucher. Solche Heizkraftwerke befinden sich in der Regel in kommunaler Hand, reichen aber meistens zur Deckung des Strombedarfs nicht aus. Um die hohen Kraftwerksinvestitionen auf mehrere Partner zu verteilen, werden Gemeinschaftskraftwerke gebaut und von mehreren Anteilseignern betrieben.

Zur Stärkung des Wettbewerbs in der Elektrizitätswirtschaft ist unter dem Schlagwort "Deregulierung des Strommarktes" die Idee aufgekommen, Stromerzeugung und -verteilung voneinander zu trennen, wie dies in Großbritannien bereits realisiert wurde. Dort existiert nur eine Gesellschaft, die das Versorgungsnetz betreibt und die Kraftwerksgesellschaften mit den Verbrauchern koppelt. Bei allem Wettbewerb in der Erzeugung behält der Netzbetreiber jedoch seinen Monopolcharakter. Eine ähnliche Lösung wird in der ganzen Europäischen Union angestrebt. Wegen der in den Mitgliedsländern sehr unterschiedlichen Versorgungsstruktur gibt es jedoch große Befürchtungen, daß Wettbewerbsverzerrungen aufgrund der unterschiedlichen Rahmenbedingungen entstehen. Als Käufer treten dabei nicht die Privathaushalte auf, sondern die Gemeinden und Großverbraucher. So wird beispielsweise die Stadt Mannheim mit einer Kraftwerksgesellschaft, die saarländische Kohle verfeuert, und dem staatlichen französischen Energieversorger EDF, das Kernkraftwerke betreibt, über den Strompreis verhandeln können. Grenzen des Markts sind insbesondere durch die begrenzte Leitungskapazität gegeben. Da sich der Stromfluß in dem Verbundnetz aufgrund physikalischer Gesetze aufteilt und nicht oder nur mit aufwendigen technischen Maßnahmen vertragsgerecht zu steuern ist, werden zahlreiche Netzbetreibergesell-schaften von einer Vereinbarung zwischen Verkäufer und Käufer betroffen sein. Hier entsteht ein großer Regulierungsbedarf, der einen Teil des Deregulierungseffekts kompensiert.

7.2.2 Verbundnetz

Kraftwerke können i. a. nur einen geringen Prozentsatz ihrer Leistung im Sekundenbereich steigern. Um den Ausfall eines Kraftwerksblocks abzusichern, werden deshalb mehrere Kraftwerke im Verbund betrieben. Besteht eine Versorgungsinsel, z. B. früher Westberlin oder Israel, so ist die maximale Blockleistung auf eine unwirtschaftliche Größe begrenzt. Der Verbundbetrieb gestattet auch die Möglichkeit, durch Ausgleich von Lastspitzen die Gesamtlast in ihrer Spitze zu reduzieren und in ihren Zeitverläufen zu vergleichmäßigen. Je größer das zusammenhängende Netzgebiet ist, desto besser kann der Kraftwerkseinsatz optimiert werden. Da das Netz nicht beliebig stark zu vermaschen ist, besteht die Gefahr, daß durch einen Fehler mehrere Kraftwerke ausfallen. Auch derartige Störungen sollen durch die anderen Kraftwerke abgefangen werden. Es sprechen demnach viele Gründe dafür, ein großes Verbundnetz zu schaffen. Beispielsweise arbeitet das deutsche Netz synchron mit fast allen westeuropäischen Ländern zusammen. Der Dachverband "Union für die Koordinierung der Erzeugung und den Transport elektrischer Energie (UCPTE)" regelt den Austausch der Energie. Dabei spielt die Selbstverpflichtung der Mitglieder zur Bereitstellung einer gewissen Reserve und die Aufrechterhaltung von Mindeststandards in der Zuverlässigkeit eine wichtige Rolle. Die Gesamtleistung der am Netz befind-lichen Kraftwerke erreicht ca. 300 GW. Großbritannien ist der UCPTE nicht angeschlossen, weil ein synchroner Betrieb über den Ärmelkanal nicht realisierbar ist. Eine Gleichstromverbindung (HGÜ), die in Abschn. 4.4 behandelt wird, erlaubt jedoch den Austausch einer Leistung von ca. 2 000 MW zu Optimierungs- und Reservezwecken in beide Richtungen. Ebenso ist Skandinavien nur über eine HGÜ mit dem Kontinent verbunden, wobei das dänische Jütland mit dem UCPTE-Netz gekoppelt ist. Auch die Mittelmeerinseln Sardinien und Korsika haben eine HGÜ-Verbindung mit Italien. Sizilien hingegen ist über eine 220-kV-Freileitung an den Verbund angeschlossen.

Die höchste Spannungsebene in Europa ist 380 kV. Sie wurde bereits 1957 eingeführt. Eine Notwendigkeit, zu höheren Spannungen überzugehen, zeichnet sich nicht ab. Die Blockgrößen der Kraftwerke und die Versorgungsdichte sind parallel gewachsen. Dies hatte ein dichtes Netz zur Folge. Somit steigt der überregionale Stromaustausch nicht weiter an. Länder, in denen hohe Spannungen, z. B. 750 kV, zum Energietransport he-rangezogen werden, zeichnen sich durch weniger dichte Besiedlung und große Distanzen zwischen Erzeuger- und Verbraucherzentren aus. Beispiele für hohe Spannungsebenen sind in Rußland, Indien, Brasilien und den USA vorzufinden.

Die derzeitige Struktur des UCPTE-Netzes ist ausgewogen. So wurde 1975 eine Störung mit dem Ausfall von 2 500 MW Kraftwerksleistung bei einer Gesamtlast von 120 GW im Verbund ohne Versorgungsunterbrechung aufgefangen (Bild 7.8). Simulationsrechnungen haben ergeben, daß allein die in Deutschland vorgehaltenen Reserven möglicherweise nicht ausgereicht hätten, um einen Netzzusammenbruch zu vermeiden. Großstörungen mit Versorgungsunterbrechungen in den vergangenen Jahren sind auf eine Verkettung unglücklicher Umstände sowie einen zu schwachen Netzausbau in bestimmten Bereichen zurückzuführen. Eine Erweiterung des UCPTE-Netzes in Richtung Osteuropa bringt keine nennenswerte Stützung des Verbundbetriebs, aber auch keine Beeinträchtigung. Voraussetzung für den Zusammenschluß ist jedoch der gleiche Standard in der Netzregelung. Nachdem die neuen Bundesländer und einige osteuropäische Staaten 1996 problemlos an das UCPTE-Netz gekoppelt wurden, sollen in Zukunft weitere angrenzende Ostnetze angeschlossen werden. Höchstspan-nungs- und Gleichstromübertragungen sind sinnvoll, wenn eine Netzerweiterung bis zum Ural kommen sollte.

7.2.3 Strompreisgestaltung

Ein freier Markt mit Angebot und Nachfrage kann bei der leitungsgebundenen elektrischen Energie nicht ohne weiteres gewährleistet werden. Deshalb ist eine staatliche Stromaufsicht unerläßlich. Nach dem deutschen Energiewirtschaftsgesetz sind die EVU gehalten, die Versorgung flächendeckend, zuverlässig und kostengünstig sicherzustellen. Selbstverständlich laufen die Bestrebungen nach Zuverlässigkeit und Wirtschaftlichkeit gegeneinander. Da jedoch der Mindeststandard an Zuverlässigkeit weitgehend durch Normen und Richtlinien - wie die VDEW-Empfehlungen - festgelegt ist, bleibt die Preisgestaltung offen. In den Kosten zur Energieerzeugung und -verteilung gibt es innerhalb Deutschlands erhebliche Unterschiede, die größere Auswirkungen auf den Energiepreis haben als die Unternehmensorganisation. Um die Endverbraucher vor überhöhten, monopolbedingten Strompreisen zu schützen, müssen sich die EVU ihre Tarife von staatlichen Aufsichtsbehörden genehmigen lassen und dabei die Kostenstruktur offenlegen. Grundsätzlich soll die Aufteilung

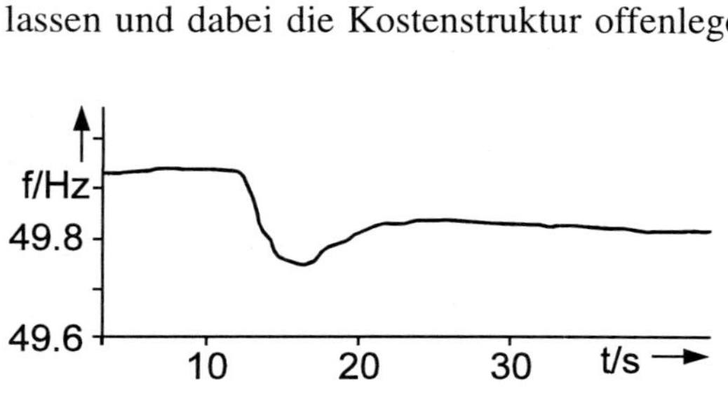

Bild 7.8: *Frequenzverlauf nach einer Großstörung im Westeuropäischen Verbundnetz am 09.04.1975 (Quelle: VDEW)*

der Stromkosten verursachergerecht erfolgen. Demnach sind die Investitionen für Kraftwerk und Netz der maximal geforderten Leistung und die Brennstoffkosten der bezogenen Arbeit zugeordnet. Problematisch ist hierbei der Zusammenhang zwischen Leistungsbereitstellung und -anforderung. Er wird i. a. nach zwei Kriterien ermittelt, die sich nur bei großen Verbrauchern sinnvoll anwenden lassen. Der Stromkunde bestellt eine bestimmte Leistung, für die er bei Einrichtung eines Anschlusses einen Betrag entrichten muß. Dann wird bei ihm über das Jahr der Leistungsbezug gemessen und auf diese Weise die wirkliche Spitzenleistung bestimmt. Sie ergibt sich aus einem Mittelwert über eine Viertelstunde, wobei die drei höchsten Spitzen des Jahres nochmals zu mitteln sind. Dies ist gerechtfertigt, denn hohe Leistungsspitzen bestimmen den Netzausbau und führen bei den regionalen Versorgern zur Inanspruchnahme von Reserveleistung, die auch ihnen verrechnet wird. Die Einhaltung von Leistungsgrenzwerten durch die Stromabnehmer bringt erhebliche Kosteneinsparungen, die auch kurzfristige Betriebseinschränkungen rechtfertigen. Einrichtungen zur Spitzenlastbegrenzung werden im Rahmen des Lastmanagements heute in vielen Betrieben eingesetzt.

Der mit der Spitzenlastmessung verbundene Aufwand ist bei Haushaltskunden nicht angemessen. Darum wurde dort die maximale Leistungsanforderung aufgrund der Wohnungsgröße mit Hilfe der sog. Tarifräume abgeschätzt. Auf diese Weise ergibt sich ein Grund- und Arbeitspreis, der in der Praxis nur wenig mit der Aufteilung zwischen Investitions- und Stromkosten zu tun hat. Deshalb verrechnet man heute einen für alle Haushalte gleichen Grundpreis. Auch die Einführung eines linearen Tarifs, also eines reinen Arbeitspreises ohne Grund- bzw. Leistungspreis, stellt keine gerechte Kostenzuordnung her. Der davon erhoffte Anreiz zum Stromsparen ist minimal.

7.2.4 Kraftwerkseinsatz

Der Zeitverlauf der Leistungsbereitstellung über den Tag wird als Tagesganglinie bezeichnet. Das Integral über diese Kurve liefert die bezogene Energie E. Wird sie durch 24 h geteilt, so ergibt sich die mittlere Bezugsleistung P_m. Teilt man sie durch die Spitzenleistung P_{max}, ergibt sich der Auslastungs- oder Benutzungsgrad m, der allerdings nicht für einen Tag, sondern für ein Jahr bestimmt wird

$$P_m = \frac{1}{8\,760\text{ h}} \cdot \int_0^{8\,760\text{ h}} P(t)\,dt \qquad m = P_{max} / P_m \tag{7.2}$$

Bei einem privaten Haushalt liegt der Benutzungsgrad unter m = 0,2, für eine Stadt ergibt sich ca. m = 0,5 und für Deutschland ca. m = 0,65. Beispiele für Tagesbelastungskurven an einem Sommer- und Wintertag sind in Bild 7.9 gegeben.

Da elektrische Energie in großem Umfang nicht speicherbar ist, müssen die Kraftwerke in ihrer Erzeugung der Tagesbelastungskurve nachgefahren werden. Hierbei ergibt sich eine Schichtung, die der Regelfähigkeit der Kraftwerke Rechnung trägt. Laufwasser-Kraftwerke nutzen das momentane Wasserangebot. Heizkraftwerke orientieren sich in der Stromerzeugung am Wärmebedarf. Braunkohle- und Kernkraftwerke benötigen relativ billige Brennstoffe und werden nach Möglichkeit durchgehend voll eingesetzt. Dieser Gruppe der Grundlastkraftwerke sind die Mittellastkraftwerke überlagert, die im Tagesrhythmus der Last nachfahren. Hierzu zählen Kohlekraftwerke, aber auch gasbetriebene GuD-Blöcke (s. Abschn. 7.4). Da in Deutschland zu wenige Grundlastkraftwerke zur Verfügung stehen, fällt der Betrieb von Kohlekraftwerken teilweise auch in diesen Bereich. Für den kurzfristigen, stundenweisen Einsatz sind Gasturbinen und Speicherkraftwerke geeignet. Bei den Speicherkraftwerken (Abschn. 7.3) unterscheidet man zwischen Jahresspeicher- und Pumpspeicherkraftwerken. Bei letzteren wird ein Wasserreservoir z. B. nachts mit Strom aus Braunkohle oder Kernkraft durch Pumpen gefüllt und damit in den Spitzenlastzeiten Strom erzeugt. Im Handel zwischen den Energieversorgern entstehen Preisspannen zwischen 0,05 und 0,3 DM/kWh, die ausreichen, um die Investitionskosten der Pumpspeicherkraftwerke zu amortisieren.

Stehen bei einem Unternehmen mehrere Kraftwerke zum Einsatz bereit, so ist das Kraftwerk mit den niedrigsten Brennstoffkosten als erstes einzusetzen. Die bei der Errichtung der Kraftwerke angefallenen Investitionen haben auf eine derartige Ein-

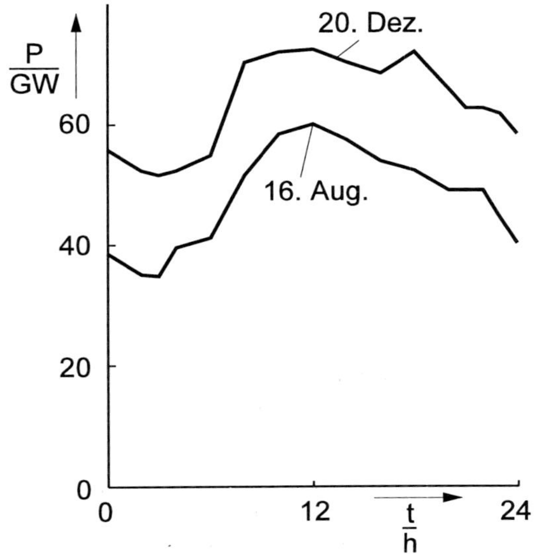

Bild 7.9: *Tagesganglinie bzw. Tagesbelastungskurve Deutschland 1995 (Quelle: Statistisches Bundesamt)*

satzoptimierung keinen Einfluß. Grundlage für den Einsatzplan bilden die Brennstoffkostenkurven K(P). Neben ihnen zeigt Bild 7.10 noch die daraus abgeleiteten spezifischen Brennstoffkosten k(P) und die Zuwachskosten k' (P) zweier Kraftwerke KW1 und KW2 [7.6]

$$k(P) = \frac{K(P)}{P} \qquad k'(P) = \frac{dK(P)}{dP} \tag{7.3}$$

Sind in einem bestimmten Einsatzpunkt der Kraftwerke die Zuwachskosten des Kraftwerks 1 größer als die Zuwachskosten des Kraftwerks 2, so ist durch Erhöhung der Kraftwerksleistung 2 bei gleichzeitiger Absenkung der Leistung 1 eine Kostenreduktion zu erreichen. Daraus ergibt sich ein optimaler Betriebszustand, wenn alle Kraftwerke im Punkt gleicher Zuwachskosten gefahren werden. Demnach lauten die Optimalitätsbedingungen im Fall von zwei Kraftwerken mit der Nebenbedingung zur Lastdeckung P_L

$$k_1'(P_1) = k_2'(P_2) \qquad P_1 + P_2 = P_L \tag{7.4}$$

Beispiel 7.2. *Es soll der Einsatzplan für zwei Kraftwerke ermittelt werden. Dabei sind die Kostenkurven vorgegeben*

$$K_1(P_1) = 0{,}1 + P_1 + 0{,}1\,P_1^2 \qquad 0 \le P_1 \le 1$$
$$K_2(P_2) = 0{,}2 + 0{,}5\,P_2 + 0{,}6\,P_2^2 \qquad 0 \le P_2 \le 1$$

Für die Zuwachskosten ergibt sich mit Gl. (7.3)

$$k_1'(P) = 1 + 0{,}2\,P_1$$

$$k_2'(P) = 0{,}5 + 1{,}2\,P_2 = 0{,}5 + 1{,}2\left(P_L - P_1\right)$$

Für gleiche Zuwachskosten folgt daraus

$$P_1 = 0{,}856\,P_L - 0{,}356$$

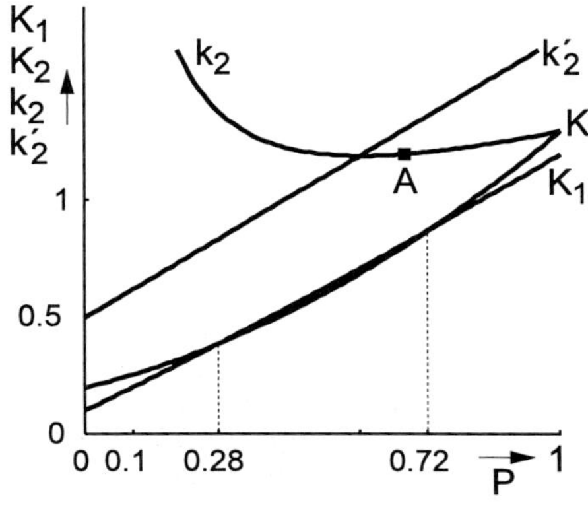

Bild 7.10: *Brennstoffkosten der Kraftwerke 1 und 2*
K_1, K_2 Brennstoffkosten,
k_2 spezifische Brennstoffkosten mit Bestpunkt A,
k'_2 Zuwachskosten

Diese Funktion gilt nur in den realen Bereichen (Bild 7.11)

$$P_1 > 0 \rightarrow P_L > 0{,}42$$

$$P_1 < 1 \rightarrow P_L < 1{,}58$$

Geht man von diesem Einsatz aus, so wird bei niedriger Leistung die Einheit 2 allein eingesetzt und bei P = 0,42 die zweite Einheit hinzugenommen. Ab P = 1,58 fährt die Einheit 1 Vollast und die Maschine 2 deckt den Rest. Das beschriebene Optimierungsverfahren gilt nur für konvexe Funktionen ohne Sprünge. Bei der Betrachtung entfallen die Leerlaufkosten $K_{10} = 0{,}1$ *und* $K_{20} = 0{,}2$ *vollständig. Eine andere Strategie besteht darin, zunächst die Maschine 1 mit den niedrigen Leerlaufkosten einzusetzen, bis bei* $P_L = 0{,}28$ *die Maschine 2 günstiger wird (Bild 7.10). Bei* $P_L = 0{,}72$ *ist dann wieder auf die Einheit KW1 zurückzuwechseln. Überschreitet die Netzlast die Höchstlast einer Maschine (*$P_L > 1$*), fallen die Leerlaufkosten beider Maschinen an.*

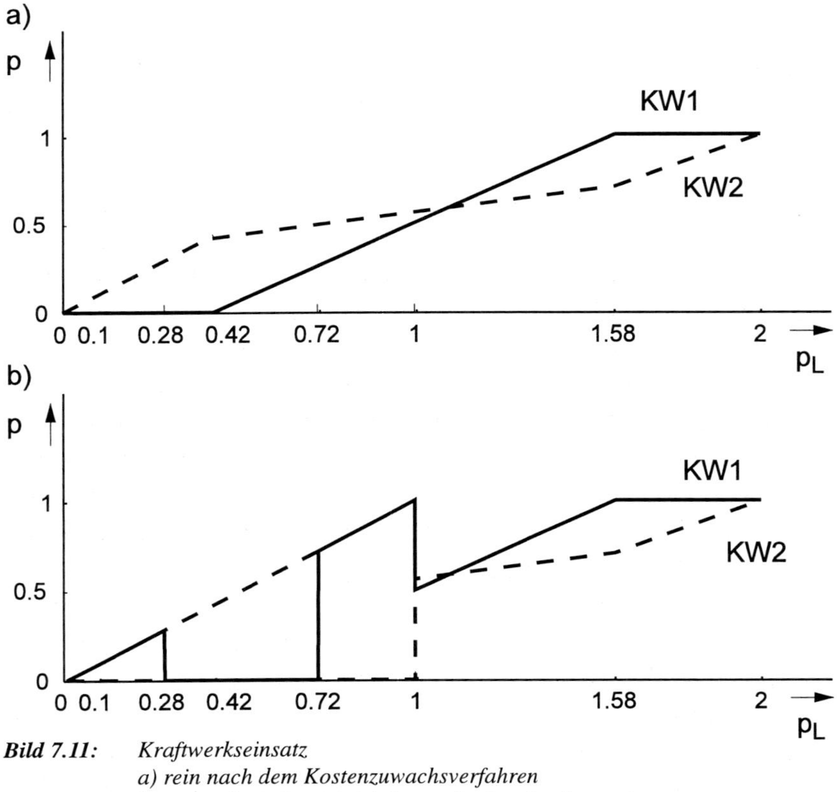

Bild 7.11: *Kraftwerkseinsatz*
a) rein nach dem Kostenzuwachsverfahren
b) optimal mit Berücksichtigung der Leerlaufkosten

Somit wird die oben beschriebene Optimierungsmethode, die die Leerlaufkosten nicht berücksichtigt, wieder gültig.

Das Beispiel zeigt die Grenzen des Zuwachskostenverfahrens. Die exakte Lösung ist aber auch nicht befriedigend, denn sie führt zu einem ständigen An- und Abfahren der Maschinen bei Leistungsänderungen. Die dabei entstehenden Verluste sind jedoch beträchtlich und müssen in die Optimierung mit einbezogen werden. Ein Wechsel im Maschineneinsatz lohnt sich nur, wenn der neue Zustand auf absehbare Zeit erhalten bleibt. Es genügt demnach nicht, in jedem Augenblick die optimalen Betriebspunkte anzufahren, sondern es muß über einen bestimmten Zeitraum gesehen die wirtschaftlichste Fahrweise erreicht werden. Die Bearbeitung dieser Kriterien führt zu integralen Nebenbedingungen, die in der Optimierung mit berücksichtigt werden müssen.

7.3 Wasserkraftwerke

Wasserkraftwerke nutzen die regenerative Energie des Wasserkreislaufs der Natur. Der Höhenunterschied zwischen See und Tal wird in Wasserkraftwerken ausgenutzt [7.7].

7.3.1 Potentielle Energie des Wassers

In Bild 7.12 ist ein Tal 1, das durch einen Bergkamm 2 begrenzt ist, im Querschnitt gezeichnet. So entsteht eine Fläche, die sich bei Regen zum Haupttal 3 hin entwässert. Für ein Wasserkraftwerk wird an einer möglichst engen Stelle eine Staumauer 4 errichtet, die einerseits viele abfließende Bäche auffangen soll und andererseits möglichst hoch gelegen ist. Um das Einzugsgebiet 5 des Stausees zu vergrößern, fängt man Bäche 6, die an der Staumauer vorbeifließen, auf und leitet sie in den Stausee 7. Beispielsweise fängt eine Staumauer oberhalb von Heiligenblut das vom Großglockner kommende Wasser auf. Von dort wird es durch das Bergmassiv zum Stausee von Kaprun geleitet. Unterhalb der Staumaueroberkante gibt es für Notfälle einen Überlauf 8 in der Staumauer. Das eigentliche Einlaufbauwerk 9 befindet sich kurz hinter der Mauer an der tiefsten Stelle des Sees. Von dieser führt eine Triebwasserleitung 10 am Berghang in Richtung Haupttal bis zu einem Wasserschloß 11 mit Schwallbecken, dessen Wasserspiegel etwa auf der Höhe des Stausee-Spiegels liegt. Druckrohre 12 leiten das Wasser zu dem Krafthaus in die Turbine 13. Anschließend fließt das Wasser durch Ausleitungs- bzw. Saugrohre 14 in das Unterbecken 15 oder direkt

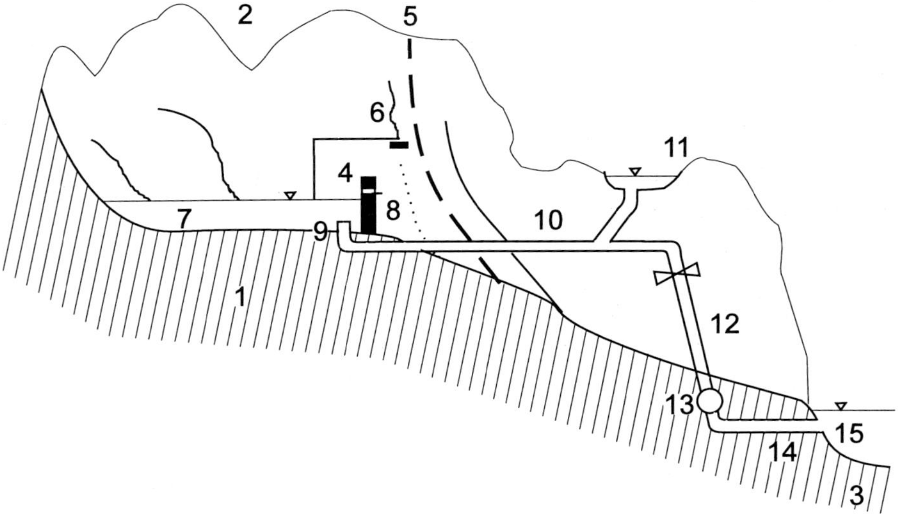

Bild 7.12: *Wasserkraftwerk*
1 Talsohle, 2 Bergkamm, 3 Haupttal, 4 Staumauer, Krone, 5 Grenze des Einzugsgebietes, 6 Bach mit Einleitung, 7 Oberbecken, 8 Überlauf, 9 Einlaufbauwerk, 10 Triebwasserleitung, 11 Wasserschloß mit Schwallbecken, 12 Druckrohre, 13 Turbine, 14 Auslauf, Saugrohr, 15 Unterbecken

in das alte Bachbett. Bei Pumpspeicherkraftwerken führt der Wasserstrom in Starklastzeiten vom Ober- zum Unterbecken und in Schwachlastzeiten vom Unter- zum Oberbecken. Der in der Triebwasserleitung 10 entstehende Druckabfall führt bei Lastschwankungen zu beachtlichen Änderungen des Wasserspiegels in dem Schwallbecken 11.

Nach einer plötzlichen Lastabschaltung der Turbine und dem damit verbundenen Schnellschluß schließt sich ein Ventil am Eingang der Druckrohre und leitet den Triebwasserstrom in das Schwallbecken um, bis die kinetische Energie des Wassers $1/2\ m\ v^2$ vernichtet ist.

Beispiel 7.3. *Der Energieinhalt der Kapruner Oberstufe soll berechnet werden. Hier sind folgende Daten gegeben:*

Stauziel	$h_1 = 2\,036$ m
Absenkziel	$h_2 = 1\,960$ m
Auslauf	$h_3 = 1\,672$ m
Speichervolumen	$V = 85 \cdot 10^6\ m^3$
Einzugsgebiet	$A = 94\ km^2$

Niederschlagsmenge $B = 2$ m/a

Der jährliche Niederschlag, der maximal in das Becken geleitet werden kann, ergibt sich zu

$$V_0 = A \cdot B = 94 \cdot 10^6 \text{ m}^2 \cdot 2 \text{ m / a} = 188 \cdot 10^6 \text{ m}^3 \text{ / a} \tag{7.5}$$

Dies entspricht dem Zweifachen des Speichervolumens. Vereinfachend sei angenommen, daß der Stausee Quadergestalt hat. Dann kann mit einer mittleren Fallhöhe h gerechnet werden

$$h = \frac{h_1 + h_2}{2} - h_3 = \frac{2\,036 + 1\,960}{2} - 1672 = 326 \text{ m} \tag{7.6}$$

$$\begin{aligned} E = \gamma \cdot V \cdot h &= 9{,}81 \text{ N / dm}^3 \cdot 85 \cdot 10^9 \text{ dm}^3 \cdot 326 \text{ m} \\ &= 270 \cdot 10^{12} \text{ Ws} = 76 \cdot 10^6 \text{ kWh} \end{aligned} \tag{7.7}$$

Aus dem Beispiel ergibt sich die mittlere Leistung für den Jahresspeicher

$$P = E/8760 \text{ h} = 8{,}6 \text{ MW}$$

Der beschriebene Betrieb ist nicht sinnvoll. Üblicherweise wird der Stausee mit der Schneeschmelze im Sommer gefüllt und im Winter zur Erzeugung von Spitzenleistung entleert, so daß er im Frühjahr seinen niedrigsten Stand hat. Dabei setzt sich über ein Jahr etwa das zweifache Speichervolumen um. Bei einem Vollastbetrieb über 25 % des Jahres ergibt sich dann eine Bauleistung der Turbine

$$P_{inst} = 2 \cdot \frac{1}{0{,}25} \cdot 8{,}6 = 69 \text{ MW}$$

7.3.2 Wasserkraftmaschinen

Die Wasserkraft wurde bereits vor mehr als 2 000 Jahren durch Wassermühlen vom Menschen genutzt. Als Löffelräder gestaltet, lieferten sie eine Leistung von 1 kW (Mensch: 100 W). Die heute bekannten Mühlräder stammen aus dem Mittelalter und sind als ober- oder unterschlächtige Wasserräder ausgeführt (Bild 7.13). Das oberschlächtige Wasserrad nutzt die potentielle Energie direkt aus, es muß der Fallhöhe angepaßt sein und entwickelt ein von der Wasserdarbietung $\dot{Q}$ unabhängiges Drehmoment. Dies ist für den Antrieb von Mahlsteinen wichtig. Beim unterschlächtigen Wasserrad erfolgt zunächst eine Umsetzung der potentiellen Energie in kinetische. Hierbei ist die Ausströmgeschwindigkeit v_1 von der Stauhöhe h abhängig (s. auch Abschn. 1.1). Sie ergibt sich aus der potentiellen Energie

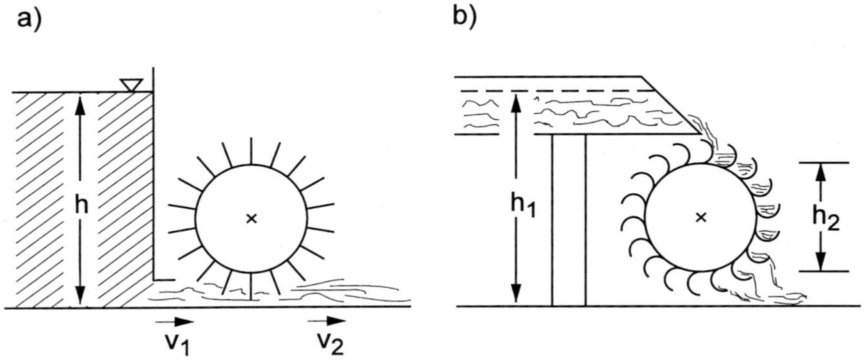

Bild 7.13: *Wasserräder*
a) unterschlächtiges Wasserrad $\eta = \left(v_1^2 - v_2^2\right) / v_1^2$,
b) oberschlächtiges Wasserrad $\eta = h_2 / h_1$

$$P = dE / dt = \frac{1}{2}\,\dot{m}\,v_1^2 = g \cdot \rho \cdot \dot{V}\,h = g \cdot \dot{m}\,h$$
$$v_1 = \sqrt{2\,g\,h} \tag{7.8}$$

Die Schaufel des Wasserrades bremst das Wasser auf die Geschwindigkeit v_2 ab. Somit ergibt sich der Wirkungsgrad zu

$$\eta = \frac{v_1^2 - v_2^2}{v_1^2} \tag{7.9}$$

Bei den historischen Wasserrädern gelingt eine Ausnutzung auf $v_2 = 1/2\ v_1$. Dies führt zu einem Wirkungsgrad von $\eta = 75\ \%$.

Alle modernen Turbinen arbeiten nach dem Prinzip des unterschlächtigen Wasserrades, wobei allerdings mit $v_2 = 0{,}1\ v_1$ ein hydraulischer Wirkungsgrad von $\eta = 99\ \%$ zu erreichen ist. Weitere Verluste reduzieren jedoch den Gesamtwirkungsgrad von Turbinen auf 90 %.

Nach der Konstruktionsart unterscheidet man zwischen vier Turbinenarten.

Pelton-Turbinen (Bild 7.14a) wurden 1877 von dem Amerikaner Laster Pelton erfunden und eignen sich für große Fallhöhen ab 50 m.

Francis-Turbinen (Bild 7.14b) stammen von dem Amerikaner James Francis aus dem Jahr 1849 und sind im mittleren Fallhöhenbereich (10 bis 200 m) eingesetzt.

Propeller-Turbinen hat der Österreicher Viktor Kaplan 1912 entwickelt. Sie haben wegen ihres schlechten Teillastwirkungsgrades heute an Bedeutung verloren.

a)

b)

c)

Bild 7.14: *Laufräder von Wasserturbinen*
a) Pelton-Turbine, 518 m Fallhöhe, 120 MW, 300 min^{-1}
b) Francis-Turbine, 84 m Fallhöhe, 72 MW, 200 min^{-1}
c) Kaplan-Turbine, 31 m Fallhöhe, 31 MW, 167 min^{-1}
(Quelle: Sulzer Hydro GmbH)

Kaplan-Turbinen gleichen der Propellerturbine, haben jedoch verstellbare Flügel, so daß sie im Teillastbereich dem Wasserstrom angepaßt werden können (Bild 7.14c). Ihr Anwendungsbereich liegt bei niedrigen Fallhöhen, wie sie z. B. bei Laufwasserkraftwerken vorkommen. Häufig werden sie in einer Baueinheit mit dem Generator als Rohrturbine direkt in dem Wasserstrom angeordnet.

Mit wachsender Leistung verschieben sich die typischen Fallhöhen der Turbinen nach oben.

Die Geschwindigkeit, mit der der Wasserstrom auf die Turbinenschaufeln trifft, hängt nur von der Fallhöhe ab (Gl. 7.8). Da andererseits die Drehzahl der Turbine über dem Synchrongenerator vom Netz starr vorgegeben ist, liegt die Drehzahl fest. Dies führt dazu, daß der Wirkungsgrad nicht nur mit der Last, sondern auch mit der Fallhöhe stark schwankt. Man optimiert eine Turbine für eine bestimmte Fallhöhe und z. B. 90 % der Vollast mit optimalem Wirkungsgrad und betreibt sie dann in ihrem Bestpunkt oder schaltet sie ab. Dies erfordert mehrere kleine Turbinen zur Lastanpassung. Der Betrieb bei 90 % der Vollast gestattet eine Regelreserve von 10 %.

Bei Wasserkraftwerken mit schwankenden Fallhöhen werden heute gelegentlich die Generatoren über einen Gleichstromzwischenkreis an das Netz gekoppelt, um zur Optimierung die Drehzahl der Turbine der Wassergeschwindigkeit anpassen zu können.

Eine Turbine ist für eine bestimmte Leistung und eine bestimmte Fallhöhe ausgelegt. Wird sie bei einer Fallhöhe von 1 m betrieben und maßstäblich so angepaßt, daß sie 1 m^3/s Wasser "schluckt", dreht sie sich mit der spezifischen Drehzahl n_q. Neben dieser "kinetischen Drehzahl" gibt es noch die ältere Definition der dynamischen Drehzahl n_s, die anstelle der "Schluckfähigkeit" die abgegebene Leistung 1 PS als Bezugsgröße hat. Die spezifische Drehzahl legt die Konstruktionsmerkmale der Turbine fest. Paradoxerweise sind Turbinen mit niedriger spezifischer Drehzahl für große Fallhöhen und damit hohe Drehzahl geeignet, denn - wie oben erwähnt - gilt die spezifische Drehzahl für eine Fallhöhe von 1 m.

Die Übertragung der kinetischen Energie vom Wasser auf das Turbinenrad soll anhand von Bild 7.15 gezeigt werden. Das Wasser wird durch den feststehenden Leitapparat in eine bestimmte Richtung gelenkt und erhält so die Geschwindigkeit c_1 mit den beiden Komponenten c_{1t} und c_{1m}. Beim Eintritt in das Laufrad hat das Wasser dann die Geschwindigkeit v_1 mit den Komponenten

$$v_{1t} = c_{1t} - u \qquad v_{1m} = c_{1m} \tag{7.10}$$

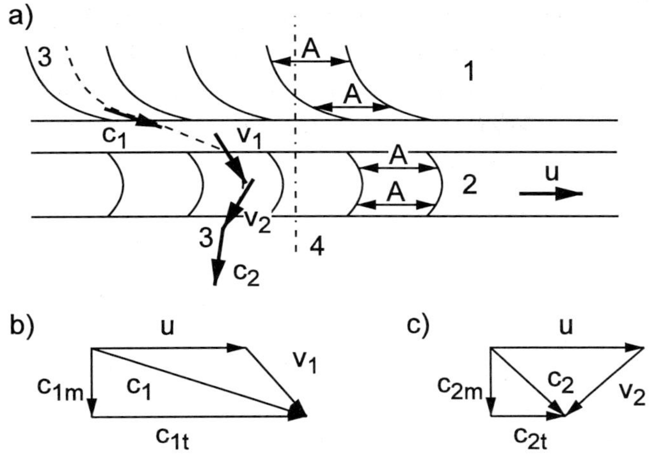

Bild 7.15: *Strömungsverhältnisse in einer Turbine*
a) Querschnitt, b) Geschwindigkeitsdiagramm für den Eintritt, c) Geschwindigkeitsdiagramm für den Austritt
1 Leitrad, 2 Laufrad, 3 Wasserstrom, 4 Drehachse, A Turbinenquerschnitt, u Umlaufgeschwindigkeit, c Absolutgeschwindigkeit, v Relativgeschwindigkeit zum Laufrad, v_t, c_t Tangentialgeschwindigkeit, c_m Meridiangeschwindigkeit

Dabei ist die Tangentialgeschwindigkeit v_{1t} durch die Umlaufgeschwindigkeit u vermindert.

Die Schaufeln des Laufrades lenken den Wasserstrom um

$$c_{2t} = v_{2t} - u \qquad c_{2m} = v_{2m} = v_{1m} \tag{7.11}$$

Alle Meridiangeschwindigkeiten c_m und v_m sind gleich, denn der Wasserdurchsatz muß gewährleistet sein. Um die ungenutzte Energie des auslaufenden Wassers gering zu halten, wird $c_{2t} = 0$ angestrebt. Aufgrund der konstanten Durchströmungsgeschwin-digkeit im Laufrad ($v_1 = v_2$) ergibt sich

$$v_{2t} = u = v_{1t} = c_{1t} - u$$

$$c_1 \approx c_{1t} = 2\,u = \sqrt{2\,g\,h} \tag{7.12}$$

Damit liegt die Umlaufgeschwindigkeit der Turbine fest. Da die Leistung den Wasserdurchsatz und damit den Querschnitt bestimmt, liegt auch die Drehzahl fest.

Je niedriger die Fallhöhe und je größer die Leistung ist, desto langsamer dreht sich die Turbine.

Sind beispielsweise bei einer gegebenen Fallhöhe und kleiner Leistung Pelton-Turbinen sinnvoll, kommen bei gleicher Fallhöhe und größerer Leistung Francis-Turbinen zum Einsatz.

Werden die Turbinen optimal betrieben, ist die Tangentialkomponente c_{2t} null. Die unvermeidliche Meridiankomponente c_{2m} führt zu Verlusten. Wird sie klein gewählt, muß eine sehr große und damit teure Turbine gebaut werden.

7.4 Fossile Kraftwerke

In fossilen Dampfkraftwerken werden Kohle, Gas oder Öl verbrannt und über einen Wasserdampf-Kreislauf in mechanische und dann elektrische Energie umgewandelt. Bei Gasturbinen-Kraftwerken verbrennt man Gas oder Öl in unter Druck stehender Luft, die sich anschließend in einer Turbine entspannt. Der Gasturbinenprozeß ist mit dem Dampfprozeß in GuD-Kraftwerken zur Steigerung des Wirkungsgrades kombiniert. Die meisten fossilen Kraftwerke arbeiten heute mit einem Dampfkreislauf. Dessen thermodynamische Grundlagen sind knapp in [7.8] erläutert.

7.4.1 Verbrennungsprozeß

Die Umwandlung der chemisch gebundenen Energie in Wärme erfolgt durch Verbrennung. Bei diesem Prozeß werden die chemischen Komponenten des Brennstoffs, Kohlenstoff C und Wasserstoff H, unter Freisetzung der Bindungsenthalpie mit Sauerstoff O verbunden. Wasserstoff kommt ausschließlich in chemischen Verbindungen vor, z. B. molekular als H_2, oder als Methan CH_4. Auch der Sauerstoff tritt nur molekular als O_2 auf. Diese Moleküle müssen unter Zuführung von Energie aufgebrochen werden. Danach entstehen unter Freisetzung von Wärme neue Verbindungen. Bei dem Gesamtprozeß bildet sich ein Energieüberschuß, den man als Brennwert h_0 (früher: oberer Heizwert) den Brennstoffen zuordnet

$$\begin{aligned} 2\,H_2 + O_2 &\rightarrow 2\,H_2O + 2\,h_{01} \\ CH_4 + 5\,O_2 &\rightarrow CO_2 + 4\,HO_2 + h_{02} \\ C + O_2 &\rightarrow CO_2 + h_{03} \end{aligned} \tag{7.13}$$

Anstelle des Brennwertes pro Molekül h_0 anzugeben, ist es üblich, den Brennwert H_0 auf 1 Mol oder 1 kg zu beziehen [7.9]

$$
\begin{aligned}
C: H_0 &= 394 \text{ MJ / kmol} = 33 \text{ MJ / kg} \\
CO: H_0 &= 283 \text{ MJ / kmol} = 10 \text{ MJ / kg} \\
H_2: H_0 &= 286 \text{ MJ / kmol} = 143 \text{ MJ / kg} \\
CH_4: H_0 &= 352 \text{ MJ / kmol} = 22 \text{ MJ / kg} \\
\text{Propan}: H_0 &= \quad ./. \quad = 51 \text{ MJ / kg} \\
\text{Heizöl}: H_0 &= \quad ./. \quad = 43 \text{ MJ / kg}
\end{aligned}
\tag{7.14}
$$

Dieser Brennwert ist im Kraftwerk nicht nutzbar, weil die im Abgas enthaltenen Wassermoleküle H_2O ihre Verdampfungswärme R mit abführen. Es verbleibt der Heizwert H_u

$$
H_u = H_0 - R = 242 \text{ MJ / kmol} \quad (\text{bei } H_2) \tag{7.15}
$$

Die Verdampfungswärme wird bei Brennwertkesseln, die auf dem Niedertemperaturprinzip arbeiten und den Rauchgasdampf kondensieren, für Heizwärme ausgenutzt.

Die Verbrennung in Großkesseln ist fast vollständig, so daß der Feuerungswirkungsgrad über 99 % liegt. Hingegen liegen Kesselwirkungsgrade, die die Umsetzung von Rauchgasenergie in Dampfenergie beschreiben, bei etwa 90 %.

Bei den im Kessel vorhandenen hohen Temperaturen bilden sich auch Stickoxide NO_x, die wegen ihrer Umweltbelastung in Katalysatoren abgebaut werden müssen. Weiterhin enthalten die Brennstoffe, vor allem Kohle, Schwefel, der zu Schwefeldioxid SO_2. verbrennt. Dieses wird mit Kalk chemisch gebunden, um eine Abgabe an die Umwelt zu verhindern. Üblicherweise erfolgt die Entschwefelung als Rauchgaswäsche, bei der das Abgas durch einen Kalk-Wasser-Nebel zieht. Der anfallende Gips kann im Baubereich weiterverwendet werden. Es gibt aber auch die Möglichkeit, den Kalk direkt der Kohle beizumischen. Dann fällt allerdings der Gips in der Asche an.

7.4.2 Kesselanlage

Der Dampfkraftwerksprozeß ist in Bild 7.16 dargestellt. Die Kohle wird zu Staub gemahlen, mit Frischluft gemischt und über Düsen in den Kesselraum geblasen. Kessel eines Großkraftwerks mit einer elektrischen Leistung von z. B. 700 MW haben acht Brenner mit Öl- oder Gas-Vorheizung. Von unten eingeblasene Luft erzeugt ein Luftbett, das ein Verbrennungsgemisch trägt und für die notwendige Verwirbelung sorgt. Solche Wirbelschichtfeuerungen gestatten relativ niedrige Verbrennungstemperaturen

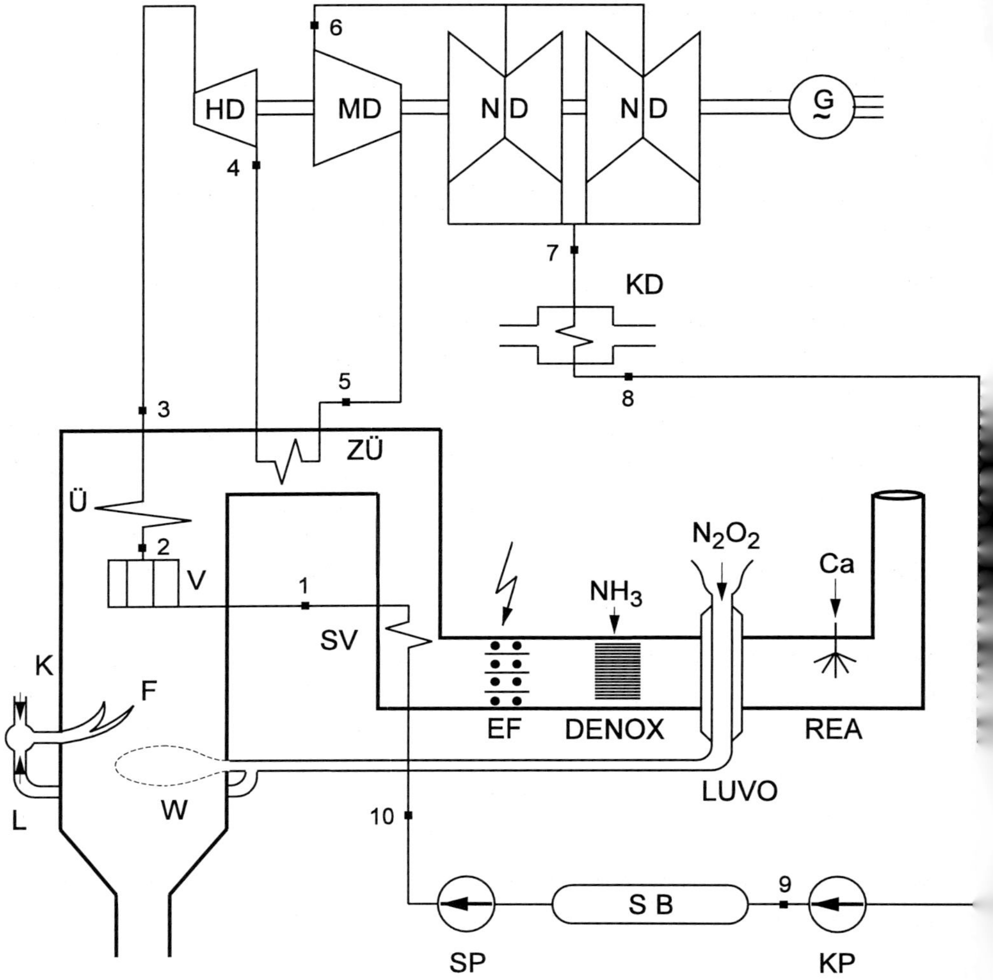

Bild 7.16: *Wärmeschaltplan des Dampfkreislaufes*
K Kohlestaubzufuhr, N_2O_2 Frischluftzufuhr, W Wirbelschichtbett, L Luft, F Feuerung, V Verdampfer, Ü Überhitzer, ZÜ Zwischenüberhitzer, HD Hochdruckturbine, MD Mitteldruckturbine, ND Niederdruckturbine, G Generator, KD Kondensator, KP Kondensatpumpe, SB Speisewasserbehälter, SP Speisewasserpumpe, SV Speisewasservorwärmung, EF Elektrofilter, DENOX Entstickungsanlage, LUVO Luftvorwärmer, REA Rauchgasentschwefelung

von 850 bis 1 200 °C, die ausreichen, um die technisch maximal beherrschbaren Dampftemperaturen zu erzielen. Die Abgase ziehen im Kessel nach oben und verdampfen dabei das in Rohren geführte Wasser, um es anschließend noch zu überhitzen und dabei auf ein Temperaturniveau von z. B. 550 °C zu bringen. Auf dem Weg zum Kamin werden außerdem die Frischluft im Luftvorwärmer (LUVO) und das Speisewasser vorgewärmt. Diese Vorwärmung erfolgt im Gegenstromprinzip, wie es bei Wärmetauschern üblich ist. Da die Dampftemperatur erheblich unter der Brennraumtemperatur liegt, ist die Fortsetzung des Gegenstromprinzips im Kessel nicht notwendig.

Man ordnet bewußt den Verdampfer kurz oberhalb des Brennraums an, um bei dem hier notwendigen hochwertigen Rohrsystem Volumen zu sparen. Die Überhitzer mit ihrem großen Volumen sind dann für niedrige Abgastemperaturen auszulegen. In Elektrofiltern wird das Rauchgas von Schwebeteilchen gereinigt, in Katalysatoren unter NH_3-Zusatz entstickt, über den Luftvorwärmer geführt und anschließend entschwefelt. Die Rauchgaswäsche zur Entschwefelung kühlt das Abgas so stark ab, daß es keine Thermik zum Aufstieg in den Kamin erzeugt. Deshalb ist ein Nachheizen mit schwefelarmen Energieträgern oder einem Wärmetauscher erforderlich. Man kann das Rauchgas aber auch in den Kühlturm leiten und dort mit der Thermik des Wasserdunstes nach oben ziehen lassen.

Wegen der mechanischen Stabilität der Dampfleitungen ist die maximale Temperatur auf $T_1 = 550\ °C = 823\ K$ begrenzt. Mit einer Kühlwassertemperatur von $T_2 = 30\ °C = 303\ K$ ergibt sich somit ein thermodynamischer Wirkungsgrad von

$$\eta_{th} = \frac{T_1 - T_2}{T_1} = \frac{823 - 303}{823} = 63\ \% \tag{7.16}$$

Mit dem Wirkungsgrad für Verbrennungen η_V, Kessel η_K, Turbine η_T und Generator h_G ergibt sich der Gesamtwirkungsgrad von beispielsweise

$$\begin{aligned} \eta &= \eta_V \cdot \eta_K \cdot \eta_{th} \cdot \eta_T \cdot \eta_G \\ &= 0{,}99 \cdot 0{,}90 \cdot 0{,}63 \cdot 0{,}90 \cdot 0{,}97 = 0{,}49 \end{aligned} \tag{7.17}$$

Hierbei ist der Eigenverbrauch, der für das Kraftwerk 5 bis 7 % der Abgabeleistung beträgt, noch nicht berücksichtigt.

7.4.3 Dampfprozeß

Der Wasserdampfprozeß wird als Clausius-Rankine-Prozeß bezeichnet. Er läßt sich in verschiedenen Diagrammen veranschaulichen (Bild 7.17). Das Druck-Volumen-Diagramm p-v ist für jemanden, der nicht mit der Thermodynamik vertraut ist, am einfachsten zu verstehen; in dem Temperatur-Entropie-Diagramm T-s- und dem Enthalpie-Entropie-Diagramm h-s können Informationen besser veranschaulicht werden. So liefert die Enthalpiedifferenz Δh zwischen Ein- und Ausgang einer Komponente des Dampfkreislaufs die dort umgesetzte Energie.

Die Erläuterung zu den Diagrammen in Bild 7.17 soll in Punkt 1 beginnen, dabei genannte Zahlen sind typische Werte. Das Wasser ist auf die Temperatur T_1 = 365 °C erhitzt und hat den Druck p_1 = 200 bar. Im anschließenden Verdampfer bleiben Druck und Temperatur erhalten, lediglich das Volumen vergrößert sich ($T_2 = T_1$; $p_2 = p_1$). Der Überhitzer erhöht die Temperatur, man spricht dann von Sattdampf (T_3 = 550 °C, $p_3 = p_1$). In der Hochdruckturbine wird der Dampf auf T_4 = 300 °C, p_4 = 40 bar entspannt und erneut in den Kessel zum Zwischenüberhitzer geführt, dessen Ausgang (T_5 = 550 °C, $p_5 = p_4$) in die Mitteldruckturbine speist. Deren Ausgang T_6 = 300 °C, p_6 = 10 bar ist mit zwei parallelgeführten Niederdruckturbinen gekoppelt. Da in diesem Dampfzustand das Volumen schon sehr groß ist, sind die beiden Niederdruckturbinen doppelflutig ausgeführt. Nach den Niederdruckteilen (T_7 =30 °C, p_7 = 0,03 bar) kühlt der Kondensator den Dampf bei einem Druck, der weit unter dem Atmosphären-Druck liegt, ab. Bei diesem Vorgang kondensiert er zu Wasser ($T_8 = T_7$, $p_8 = p_7$).

Eine Kondensatpumpe hebt den Druck auf den des Speisewasserbehälters p_9 = 7 bar an. Von dort komprimiert die Speisewasserpumpe auf den Kesseldruck $p_{10} = p_1$. Die Druckerhöhung erfolgt bei flüssigem Zustand, so daß im Vergleich zur Kompression von Gasen kaum Energie notwendig ist. Deshalb sind auch die Temperaturen vor und nach den Pumpen fast gleich. Schließlich wird in dem Speisewasservorwärmer die Temperatur auf das Niveau T_1 = 365 °C angehoben.

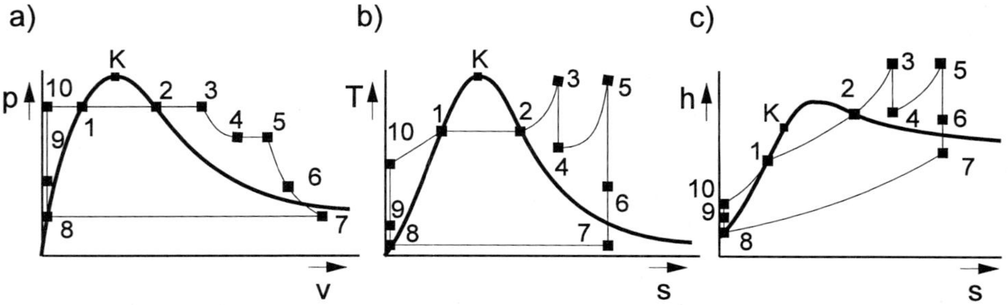

Bild 7.17: *Dampfkreislauf, Zustandsdiagramm*
a) Druck-Volumen-Diagramm (p-v), b) Temperatur-Entropie-Diagramm (T-s), c) Enthalpie-Entropie-Diagramm (h-s)

Die oben beschriebene Zwischenüberhitzung hat zwei Aufgaben. Mit relativ niedrigem Aufwand an Primärenergie im Kessel kann die mechanisch abgegebene Leistung beträchtlich erhöht werden. Es erfolgt eine Annäherung an den idealen Carnot-Prozeß und der Entspannungsprozeß verschiebt sich aus der Naßdampfzone. Dies wirkt sich günstig auf den Betrieb der Turbinen aus.

Um den Wirkungsgrad des Prozesses weiter zu verbessern, sind in den Mittel- und Niederdruckturbinen Entnahmestellen vorgesehen, die Dampf in die Vorwärmstufe zurückführen.

In diesem beschriebenen Dampfprozeß wird die Restwärme über einen Kondensator abgeführt. Darum spricht man von einem Kondensationskraftwerk. Die anfallende Abwärme ist bei der natürlichen Kühlung in einem Fluß oder bei künstlicher Kühlung in Form von Verdampfungswärme an die Luft abzugeben. Da beim Kühlturmbetrieb die Kühlwassertemperatur höher als bei der Flußwasserkühlung ist, sinkt der Wirkungsgrad. Ein Kompromiß ist die kombinierte Kühlung, wobei der Kühlturm das Wasser vorkühlt, bevor es in den Fluß geleitet wird.

7.4.4 Dampfturbinen

Die Umsetzung von Dampf in mechanische Energie erfolgte um das Jahr 1700 zur Wasserförderung in Kohlegruben. Eine Drehbewegung wurde noch nicht genutzt, sondern nur eine Auf- und Ab-Bewegung. Als drehende Maschine schlug James Watt 1780 eine Dampfturbine vor, die sich wegen Dichtungsproblemen jedoch zunächst nicht durchsetzte; die Dampfmaschine erwies sich als robuster. Erst 1882 konnte Edison in New York ein Kraftwerk mit sechs Dampfturbinen von je 90 kW zur Versorgung eines 110-V-Gleichstromnetzes errichten.

Dampfturbinen sind im Gegensatz zu Wasserturbinen mehrstufig aufgebaut, um dem sich vergrößernden Volumen Rechnung zu tragen. Feststehende Leitschaufeln entspannen den Dampf teilweise, wobei die in ihm enthaltene potentielle Energie als kinetische Energie freigesetzt wird. Danach strömt der Dampf mit einer vorgegebenen Geschwindigkeit in einem bestimmten Winkel auf die Laufschaufeln, die mit der Welle verbunden sind und die Strömungsrichtungen des Dampfes ändern. Die hierbei auftretende Kraft bildet ein Drehmoment und entsprechend der Drehzahl eine Leistung. Durch die Änderung der Strömungsrichtung bei konstanter Relativgeschwindigkeit zum Turbinenrad nimmt die Absolutgeschwindigkeit des Dampfes ab. Die folgende Leitschaufel lenkt den Dampfstrom um, entspannt ihn weiter und führt ihn dem nächsten Laufschaufelsatz zu. Bei den heute üblichen Reaktions- oder Überdruckturbinen wird der Dampf auch in den Laufschaufeln geringfügig entspannt.

Bild 7.18 zeigt die Ansicht einer Dampfturbine und einen Turbinensatz, bei dem deutlich die Hoch-, Mittel- und Niederdruckturbinen sowie der Generator zu erkennen sind.

7.4.5 Kraft-Wärme-Kopplung

Das h-s-Diagramm in Bild 7.17c zeigt die mechanisch umgesetzte Energie $(h_3 - h_4) + (h_5 - h_7)$ und die Abwärme $h_7 - h_8$. Bei dieser Abwärme handelt es sich um die Verdampfungswärme des Wassers, die bei 30 bis 50 °C an das Kühlwasser abgegeben werden muß. Verzichtet man im Niederdruckteil auf eine vollständige Entspannung und speist mit dem Dampf von z. B. 2 bar und 130 °C über einen Wärmetauscher ein Fernwärmenetz, so kann die Kondensationswärme für Heizzwecke genutzt werden. Das Wärmenetz steht in der Regel unter Druck, so daß Wasser und nicht Dampf zu transportieren ist. Die bei solchen Kraft-Wärme-Kopplungen anfallende thermische Wärmeenergie ist etwa doppelt so groß wie die elektrisch erzeugte Energie, wobei sich letztere naturgemäß gegenüber einem Kondensationskraftwerk bei gleichem Primärenergieeinsatz verringert. Insgesamt sind für die Strom- und Wärmeerzeugung Wirkungsgrade von fast 90 % zu erreichen. Prozeßwärme, die zum Ablauf von chemischen Reaktionen notwendig ist, muß häufig bei relativ hohen Temperaturen angeboten werden. Dadurch sinkt die Stromausbeute im Kraft-Wärme-Kopplungs-Prozeß. Insbesonders optimierte, wärmesparende Prozesse erfordern eine solche Hochtemperaturenergie, so daß in der chemischen Industrie trotz eines wachsenden Umweltbewußtseins die wärmeorientierte Stromerzeugung nicht nennenswert gesteigert wurde. Bei der Beheizung von Wohngebieten treten die hohen Investitionskosten für das Wärmenetz in den Vordergrund. Wirtschaftlich sinnvoller ist deshalb vornehmlich die Versorgung von Neubausiedlungen mit dichter Bebauung und Anschlußzwang. Bei der Kostenverrechnung tritt eine Konkurrenzsituation zwischen Strom- und Wärme-erzeugung auf. Das den Strom beziehende EVU wird nur gewillt sein, den Arbeitspreis zu zahlen, den es auch an andere Anbieter hätte zahlen müssen. Bei Stadtwerken mit sog. Querverbund, wenn also Wärme und Strom vom gleichen Anbieter geliefert werden, sind Mischkalkulationen durchführbar, die aber häufig darauf hinauslaufen, daß der Stromkunde den Wärmekunden subventioniert. Unabhängig von der wirtschaftlichen Seite ist zu beachten, daß durch den Einsatz der Kraft-Wärme-Kopplung Primärenergie eingespart wird. Darüber hinaus ist es möglich, die hochwertigen Energieträger Öl und Gas in den Heizkesseln der

a)

b)

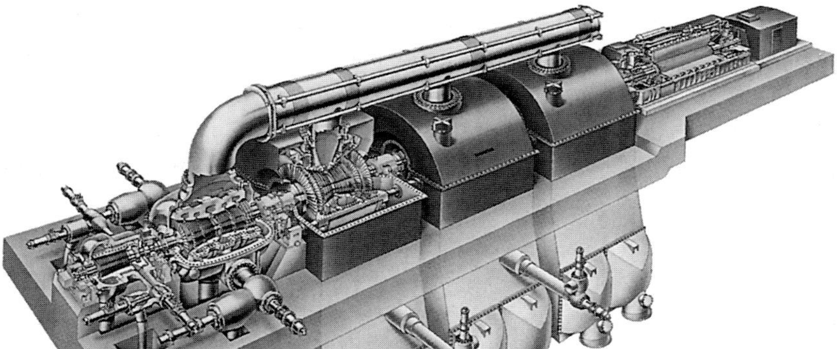

Bild 7.18: *Dampfturbinensatz (Quelle: Siemens)*
a) Kernkraftwerk 1 300 MW: Hochdruckteil, drei Niederdruckteile, Generator, Erregermaschine
b) konventionelles Kraftwerk 800 MW: Hochdruckteil, Mitteldruckteil, drei Niederdruckteile mit Kondensatoren, Generator, Erregermaschine

Haushalte durch die minderwertige Primärenergie Kohle zu ersetzen. Des weiteren sei darauf hingewiesen, daß bei der Kraft-Wärme-Kopplung Wärme und Strom gleichzeitig anfallen, also im Sommer wenig und im Winter, wenn der Stromverbrauch hoch ist, viel. Dadurch kann Strom aus solchen Kraftwerken als Spitzen- oder zumindest als Mittellaststrom eingesetzt werden. Dies ist ein Vorteil gegenüber Wind- und Solarkraftwerken.

Beispiel 7.4. *In einem Kohlekraftwerk mit den Investitionskosten $k_I = 2\,000$ DM/kW, einem Benutzungsgrad $m = 0,8$ und einem Wirkungsgrad von $\eta = 40$ % soll Strom mit Ruhrkohle ($k_K = 300$ DM/t) oder Importkohle ($k_K = 80$ DM/t) erzeugt werden. Welche Erzeugungskosten ergeben sich bei einer Amortisationsrate von $\alpha = 0,15$? Welche Kosten entstehen für die Wärmeerzeugung aus einem Kohlekessel ($k_I = 500$ DM/ kW_{th}), der in 40 % der Zeit ($m_t = 0,4$) mit einem Wirkungsgrad von $\eta_{th} = 90$ % arbeitet? Der getrennten Erzeugung von Wärme und Strom sollen die Kosten und der Primärenergieverbrauch bei Errichtung eines Heizkraftwerks gegenübergestellt werden. Die Teilwirkungsgrade $\eta_{el} = 30$ %, $\eta_{th} = 50$ % führen zu einem Gesamtwirkungsgrad von $\eta = 80$ %. Die Investitionskosten betragen $k_I = 2\,500$ DM/kW_{el}.*

Zunächst wird das Kohlekraftwerk betrachtet. (Die Kosten für Importkohle stehen in Klammern.) Für die Stromerzeugung erhält man unter Berücksichtigung des Heizwertes $H_K = 8\,140$ kWh/t (k_L : von den Investitionskosten abhängender Anteil, k_A: brennstoffabhängige Arbeitskosten)

$$k_L = \frac{k_I \cdot \alpha}{m \cdot T} = \frac{2\,000 \cdot 0{,}15}{0{,}8 \cdot 8\,760} = 0{,}043 \text{ DM / kWh}$$

$$k_A = \frac{k_K}{\eta \cdot K} = \frac{300 \text{ DM / t}}{0{,}4 \cdot 8\,140 \text{ kW / t}} = 0{,}092 \text{ DM / kWh } (0{,}025 \text{ DM / kWh})$$

$$k_1 = k_L + k_A = 0{,}135 \text{ DM / kWh } (0{,}068 \text{ DM / kWh})$$

Für den Kohlekessel ergibt sich bei reiner Wärmeerzeugung ($m_t = 0,4$)

$$k_L = \frac{500 \cdot 0{,}15}{0{,}4 \cdot 8\,760} = 0{,}021 \text{ DM / kWh}$$

$$k_A = \frac{300}{0{,}9 \cdot 8\,140} = 0{,}041 \text{ DM / kWh } (0{,}011 \text{ DM / kWh})$$

$$k_2 = k_L + k_A = 0{,}062 \text{ DM / kWh } (0{,}032 \text{ DM / kWh})$$

In dem Heizkraftwerk wird primär thermische Energie erzeugt. Die Investitionskosten

$k_I = 2\,500$ DM/kW$_{el}$ sind zunächst in die Investitionskosten für die Wärmeerzeugung umzurechnen

$$k_I^* = k_I \cdot \eta_l / \eta_{th} = 2\,500 \cdot 0{,}3 / 0{,}5 = 1\,500 \text{ DM / kW}_{th}$$

$$k_L = \frac{k_I^* \cdot \alpha}{m_t \cdot T} = \frac{1\,500 \cdot 0{,}15}{0{,}4 \cdot 8\,760} = 0{,}064 \text{ DM / kWh}$$

$$k_A = \frac{300}{0{,}5 \cdot 8\,140} = 0{,}074 \text{ DM / kWh } (0{,}02 \text{ DM / kWh})$$

$$k_3^* = k_L + k_A = 0{,}138 \text{ DM / kWh } (0{,}084 \text{ DM / kWh})$$

In der Beurteilung dieses hohen Wärmepreises k_3^* ist zu berücksichtigen, daß als Nebenprodukt Strom anfällt, der zum Preis k_1 absetzbar ist. Pro kW-thermisch erzeugt das Heizkraftwerk 0,3/0,5 = 0,6 kW-elektrisch. Der resultierende Wärmepreis K_3 ergibt sich dann zu

$$k_3 = k_3^* - 0{,}3 / 0{,}5 \cdot k_1 = 0{,}138 - 0{,}3 / 0{,}5 \cdot 0{,}135$$
$$= 0{,}057 \text{ DM / kWh } (0{,}043 \text{ DM / kWh})$$

Diese Kosten sind mit denen des Heizkessels k_2 zu vergleichen. Dabei zeigt sich, daß bei der teuren Ruhrkohle die Kraft-Wärme-Kopplung wirtschaftlich ist, bei der billigen Importkohle wegen der hohen Investitionen jedoch nicht.

Es soll nun der Brennstoffeinsatz für beide Varianten gegenübergestellt werden. Zur Erzeugung von 1 kW thermischer Leistung in Heizkraftwerken sind 1/0,5 = 2 kWh Brennstoff notwendig. Um in der Kesselanlage die gleiche Wärme bereitzustellen, benötigt man 1/0,9 = 1,1 kWh Brennstoff. Da aber das Heizkraftwerk noch 0,3/0,5 = 0,6 kWh Strom erzeugt, müssen 0,6/0,4 = 1,5 kWh Brennstoff in Kondensationskraftwerken aufgebracht werden. Bei der getrennten Erzeugung von Strom und Wärme sind 1,1 + 1,5 = 2,6 kWh Primärenergie erforderlich. Im Heizkraftwerk werden aber nur 2,0 kWh verfeuert. Dies entspricht einer Einsparung von (2,6 - 2,0)/2,6 = 0,23 ≙ 23 % Primärenergie.

7.4.6 Gasturbinen-Kraftwerk

Der Gasturbinenprozeß ist in Bild 7.19a dargestellt. Im Punkt 1 steht Luft unter einem bestimmten Druck. Öl und Gas werden eingespritzt und verbrannt. Dadurch erhöhen sich Volumen und Temperatur (2). In der Turbine T erfolgt dann die Entspannung auf niedrigen Druck und niedrige Temperatur (3). Die überschüssige Wärme muß abgeführt werden, so daß Druck und Temperatur absinken (4). Anschließend komprimiert der Verdichter V die Luft auf den Eingangszustand 1. Die Abkühlung von 3 auf 4 entfällt im realen Prozeß, da die Abluft direkt in den Kamin geht. In Punkt 4 wird dann sauerstoffhaltige Frischluft angesaugt. Es handelt sich demnach bei der Gasturbine um einen offenen Prozeß (Bild 7.19b). Zur Verbesserung des Wirkungsgrades erfolgt die Entspannung zweistufig. Dabei darf in der ersten Stufe nicht der gesamte Sauerstoff verbraucht werden, sondern erst in einer zweiten Brennkammer zwischen den beiden Turbinen. Durch die Wärmebelastbarkeit der Turbine ist die Temperatur T_2 begrenzt und durch die Umwelt die Temperatur T_4 festgelegt. Die Austrittstemperatur T_3 liegt jedoch erheblich über der Umwelttemperatur T_4. Der thermodynamische Wirkungsgrad der Gasturbine ergibt sich zu

$$\eta_{th} = \frac{T_2 - T_3}{T_2} \tag{7.18}$$

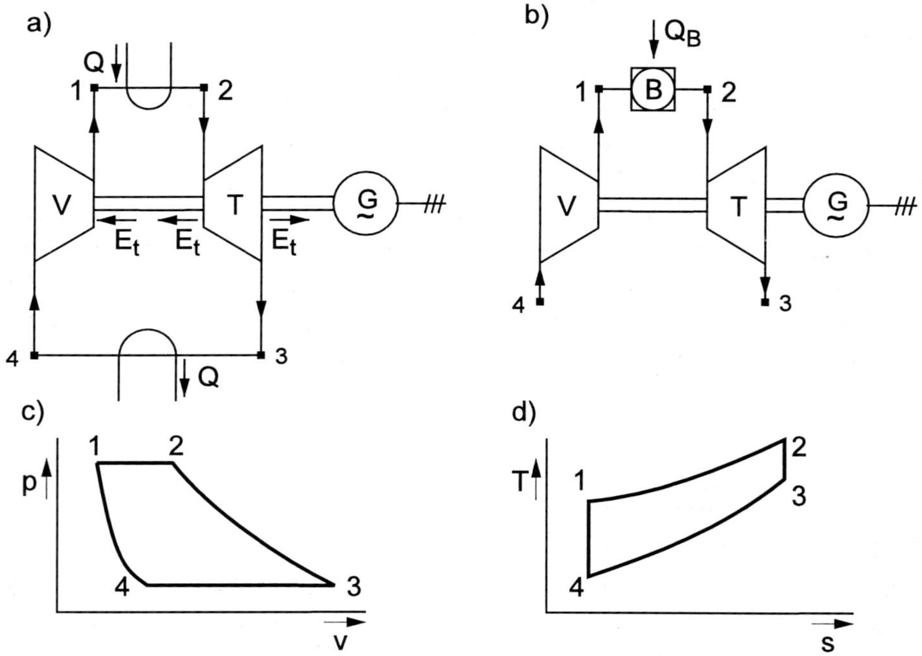

Bild 7.19: *Gasturbinenprozeß*
a) geschlossener Kreislauf, b) offener Prozeß, c) p-v-Ebene, d) T-s-Ebene, V Verdichter, T Turbine, G Generator, B Brennkammer, Q_B Brennstoff, 3 Abgas, 4 Zuluft

Bei Ausnutzung der Energie in einer Carnot-Maschine liegen die Verhältnisse günstiger

$$\eta_c = \frac{T_2 - T_4}{T_2} \tag{7.19}$$

Durch Fortschritte in der Metallurgie ist es gelungen, Turbinenschaufeln zu bauen, die mit Eingangstemperaturen von T_2 = 1 100 °C = 1 373 K arbeiten. Mit T_3 = 650 °C = 923 K, T_4 = 30 °C = 303 K ergibt sich dann

$$\eta_{th} = \frac{1\,373 - 923}{1\,373} = 0{,}33 \qquad \eta_c = \frac{1\,373 - 303}{1\,373} = 0{,}78 \tag{7.20}$$

Aufgrund der hohen Abgastemperatur entstehen erhebliche Verluste. Deshalb werden Gasturbinen-Kraftwerke nur bei Spitzenlast eingesetzt, wenn die spezifischen hohen Brennstoffkosten gegenüber den niedrigen Investitionskosten in den Hintergrund treten.

Während beim Wasserdampfprozeß nur wenig Leistung benötigt wird, um den Kesseldruck zu erreichen, verbraucht der Verdichter zur Kompression der Luft etwa 2/3 der Turbinenleistung. Bei einer 300-MW-Turbine stehen dann noch 100 MW für die Stromerzeugung zur Verfügung. Wollte man die Abgastemperatur T_3 herabsetzen, so müßte das Verhältnis Verdichter- zu Turbinenleistung unwirtschaftlich groß werden. Statt dessen speist man das Abgas in einen Abhitzkessel, der Dampf erzeugt und somit den Gas- und Dampfprozeß (GuD) koppelt. Um in der Brennkammer der Gasturbine eine gute Verbrennung zu erreichen, ist Überschuß-Sauerstoff erforderlich. Der im Abgas enthaltene heiße Sauerstoff wird im Dampfkessel zur Verbrennung von Gas verwendet. Dadurch entsteht eine technisch komplexe Anlage, die Wirkungsgrade von bis zu 60 % für die reine Stromerzeugung erreicht. Bei Kombination mit Heizwärme läßt sich der Wirkungsgrad auf 90 % steigern.

7.5 Kernkraftwerke

Die Nutzung von Kernkraft zur Stromerzeugung erfolgte nach dem 2. Weltkrieg in Schiffen, vor allem in Flugzeugträgern und U-Booten. Die Vorteile - relativ niedriges Gewicht, kein Versorgungsproblem mit Treibstoff und kein Schadstoffausstoß - überwogen gegenüber den hohen Investitionskosten. Die damals entwickelten Leichtwasserreaktoren haben weite Verbreitung gefunden und werden heute noch in ähnlichen Bauformen bei den großen 1400-MW-Kraftwerken zur Stromerzeugung eingesetzt [7.10, 7.11, 7.12, 7.13].

7.5.1 Kernphysikalische Grundlagen

Wird ein Uranatom mit einem Neutron beschossen, so kann es sich spalten. Als Spaltprodukt entstehen i. a. zwei neue Atome und einige freie Neutronen mit relativ hoher Geschwindigkeit, die weitere Uranatome spalten. So entsteht eine Kettenreaktion. Die Bewegung der Spaltprodukte stellt eine Wärmeenergie dar, die zur Dampferzeugung genutzt werden kann. Als Spaltprodukte fallen alle chemischen Elemente an. Darunter sind viele instabile Atome, die auch nach der Abschaltung des Reaktors weiter zerfallen und so die Nachzerfallswärme liefern. Die beiden wichtigsten Uranisotope mit der Ordnungsnummer 238 und 235 reagieren unterschiedlich auf den Neutronenbeschuß. Während sich das U-235 bei langsamen Neutronen relativ häufig spaltet, reagiert das U-238 nur bei schnellen Neutronen, und dies nur selten. Um einen gut spaltbaren Stoff zu erhalten, wird das Natururan, das etwa 0,7 % U-235 enthält, auf 3 % angereichert. Die bei der Kettenreaktion entstehenden schnellen Neutronen muß man durch einen Moderator, z. B. Graphit oder schweres Wasser, abbremsen. Weiterhin sind zur Steuerung der Kettenreaktion Absorber notwendig, die überschüssige Neutronen auffangen. Hierzu eignen sich Silber, Indium, Cadmium und Bor. Wasser hat sowohl eine moderierende als auch eine absorbierende Wirkung. Schließlich sorgt ein Kühlmedium, beispielsweise Wasser, CO_2- bzw. He-Gas oder Natrium, für die Abführung der Wärme.

7.5.2 Leichtwasserreaktoren

Bei den Leichtwasserreaktoren sind zwei Baulinien zu unterscheiden. Die Druckwasserreaktoren wurden bei Westinghouse (USA) entwickelt und in Deutschland von Siemens übernommen. Die ersten Siedewasserreaktoren baute General Electric (USA), sie wurden von AEG nachgebaut. Die Vereinigung der Kraftwerksaktivitäten der beiden deutschen Firmen in der KWU führte dazu, daß dort beide Reaktortypen angeboten werden. Da sich der Druckwasserreaktor weitgehend durchgesetzt hat, soll er hier eingehender behandelt werden.

Das als Brennstoff dienende angereicherte Uran wird als Urandioxid UO_2 zu Tabletten von 13 mm Durchmesser und 10 mm Höhe gepreßt. In einem Brennstab aus Zirkaloy sind 200 solcher Tabletten untergebracht. Die Brennstäbe werden quadratisch 18 x 18 in einem Brennelement zusammengefaßt. 193 solcher Brennelemente bilden mit insgesamt 103 t Uran die Brennstoff-Füllung des Reaktors. (Die Zahlenwerte gelten für das Kraftwerk Isar 2.) In einigen Brennelementen werden ein paar Brennstäbe weggelassen. An ihrer Stelle befinden sich Steuerstäbe, die beim abgeschalteten Reaktor ganz eingefahren sind.

Die Wärmeabfuhr aus dem Druckbehälter erfolgt durch vier Wasserkreisläufe über Wärmetauscher, die den Dampf für die Turbinen erzeugen und deshalb auch Dampferzeuger genannt werden. Da der Primärkreislauf unter einem Druck von 185 bar steht, bleibt das 326 °C heiße Wasser flüssig. Dies führte zu der Bezeichnung Druckwasserreaktor. Der Sekundärkreislauf ist so ausgelegt wie bei einem konventionellen Kraftwerk. An die Stelle des Kessels treten jedoch die Dampferzeuger. Wegen der niedrigen Frischdampftemperatur von 280 °C ist eine dreistufige Auslegung der Turbinen nicht sinnvoll. An den Hochdruckteil schließen sich über den Zwischenüberhitzer gleich drei parallele Niederdruckteile an. Der Zwischenüberhitzer, der beim konventionellen Kraftwerk im Kessel sitzt, ist hier ein Wärmetauscher, gespeist mit Frischdampf aus der Dampferzeugung. Aufgrund der geringeren Temperatur erhält man einen gegenüber Kohlekraftwerken etwas geringeren Wirkungsgrad von $\eta = 35$ %.

Die im Uran gespeicherte Kernenergie reicht für einen Dauerbetrieb von drei Jahren, wobei jedes Jahr ein Brennstoffwechsel vorgenommen wird, bei dem 1/3 der Stäbe auszutauschen sind. Die übrigen Brennstäbe wechseln ihren Platz in das Innere des Reaktors, denn dort besteht ein höherer Neutronenfluß.

Beim Siedewasserreaktor verzichtet man auf den Wärmetauscher und ordnet den Dampferzeuger direkt über den Brennelementen im Druckbehälter an. So ist ein etwas besserer Wirkungsgrad zu erreichen. Der Dampf, der den Reaktor verläßt, ist nur schwach radioaktiv, so daß die Turbine wenig kontaminiert wird. Bei Revisionsarbeiten ist deshalb das Öffnen der Turbine ohne besondere Schutzmaßnahmen gegen Strahlung möglich. Trotzdem kann bei einem Rohrriß Radioaktivität in den Maschinenraum gelangen, der dem Kontrollbereich zuzuordnen ist.

Die Kernkraftwerksblöcke von Tschernobyl - so auch der verunglückte Reaktor - sind ebenfalls Leichtwasserreaktoren. Ihre Betriebsweise ist jedoch von der Hauptaufgabe, Plutonium für Kernwaffen zu bilden, bestimmt. Sie sind graphitmoderiert und wassergekühlt. Wenn das Wasser, das in begrenztem Umfang Neutronen absorbiert, verdampft, steigt die Kettenreaktion und damit auch die Wärmeentwicklung auf mehr als die doppelte Nennleistung an. Dies gilt unabhängig vom Ausgangsbetriebszustand, der vor Beginn der Katastrophe nahe beim Leerlauf lag.

7.5.3 Reaktorsicherheit

Die wesentlichen Komponenten eines Druckwasserreaktors sind in Bild 7.20 dargestellt. Der Druckbehälter 1 enthält die Brennelemente und Steuerstäbe, die vom Behälterdeckel aus gesteuert werden. Die Kühlmittelpumpe 4 treibt im Primärkreislauf

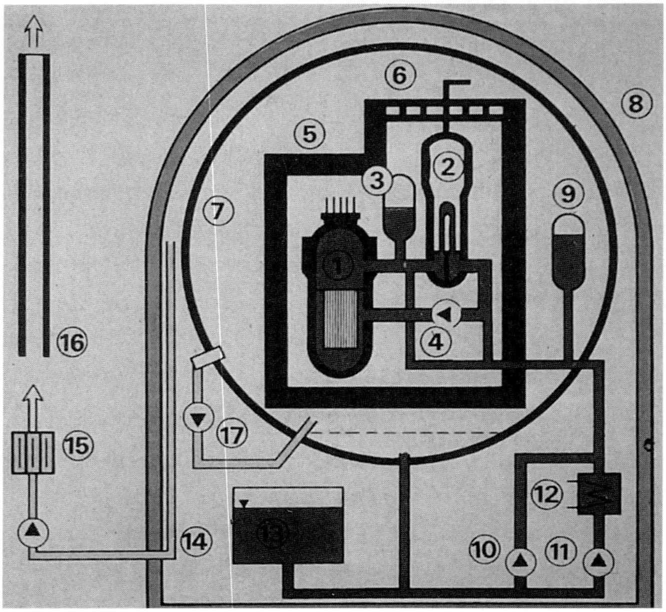

Bild 7.20: *Druckwasserreaktor (Quelle: IZE)*
1 Reaktordruckbehälter, 2 Dampferzeuger, 3 Druckhalter, 4 Hauptkühlmittelpumpen, 5 Betonabschirmung, 6 Überströmöffnungen, 7 Sicherheitsbehälter, 8 Stahlbetonhülle, 9 Druckspeicher, 10 Hochdruckeinspeisepumpen, 11 Niederdruckeinspeisepumpen, 12 Kühler, 13 Borwasserflutbehälter, 14 Ringraumabsaugung, 15 Aktivkohlefilter, 16 Abluftkamin, 17 Örtliche Absaugung, Zurückpumpen in den Sicherheitsbehälter

das Kühlwasser durch den Reaktor und die vier parallelen Wärmetauscher 2. Von diesen aus verläßt der Dampf in den Frischdampfleitungen das Reaktorgebäude. Die Druckhalter 3 stellen sicher, daß bei Temperaturwechsel der Druck im Primärkreislauf erhalten bleibt. Ein Großteil der im Reaktor entstehenden Strahlung wird durch die Rohre der Brennstäbe und den Druckbehälter aufgefangen, den Rest muß die Betonabschirmung 5 absorbieren. Außerhalb dieses Bereichs ist der Aufenthalt des Personals auch während des Betriebs möglich. Der Sicherheitsbehälter 7, eine Stahlkonstruktion, hält alle radioaktiven Partikel zurück. Die Stahlbetonhülle 8 dient dem Schutz gegen äußere Beschädigungen, z. B. Flugzeugabsturz. Zwischen den hermetisch abgeschlossenen Mänteln 7 und 8 besteht ein Unterdruck durch die Absaugung 14. Die hierbei anfallende Luft strömt über Aktivkohlefilter 15 in die Außenwelt 16. Luft, die aus den Durchführungen tritt, wird in das Innere des Sicherheitsbehälters zurückgepumpt 17.

Der Auslegungsstörfall oder der **g**rößte **a**nzunehmende **U**nfall (GAU) ist der Totalabriß einer Primärkreisleitung, die den Druckbehälter verläßt. Dabei tritt Kühlwasser aus, das in den Sicherheitsbehälter strömt und verdampft. Durch den Kühlmittelverlust steigt der Reaktordruck kurz an, fällt aber rasch wieder auf den Betriebsdruck zurück, der von dem Druckspeicher 9 gehalten wird. Gegen den Betriebsdruck muß dann die Pumpe 10 aus dem Borwasserbehälter 13 Wasser nachliefern. Das darin enthaltene Bor absorbiert Neutronen und reduziert damit die Kernspaltungen. Der Wasserdampf kondensiert an der Hülle des Sicherheitsbehälters und sammelt sich im Sumpf. Wenn der Flutbehälter leer ist, wird Wasser aus dem Sumpf in den Reaktor gepumpt. Dieser Zustand ist nach ca. 30 Minuten erreicht. Obwohl die Reaktorsicherheitsabschaltung sofort die Steuerstäbe einfährt, muß über eine Notkühlung 12 die Nachzerfallswärme nach außen abgeführt werden, bis nach einem Monat die Reaktorhülle die gesamte Wärme durch Strahlung abgeben kann. Das Einfahren der Steuerstäbe reduziert die thermische Leistung auf etwa 5 % der Nennleistung. Bei dem Kraftwerk Isar 2 mit einer thermischen Leistung von 3 765 MW sind dies etwa 200 MW, die durch die Nachzerfallswärme entstehen und nach einem Tag auf 40 MW und nach einem Monat auf 4 MW absinken. Später ist eine künstliche Kühlung nicht mehr notwendig. Für die gesamte Zeit der Notkühlung muß die Stromversorgung durch Redundanz der Betriebsmittel zuverlässig aufrechterhalten werden.

Bei einem Auslegungsstörfall bzw. GAU ist nicht mit einer Beeinträchtigung der Umgebung zu rechnen. Darüber hinausgehende Ereignisse sind u. U. nicht mehr beherrschbar. Hierzu zählt das Kernschmelzen, das beispielsweise durch den Ausfall der Kühlung entsteht und auch Super-GAU genannt wird. In diesem Fall führt die Nachzerfallswärme zu Schäden des Reaktorkerns. Innerhalb des Sicherheitsbehälters steigt der Dampfdruck an und erreicht nach etwa einem Tag den Auslegungswert des Behälters. Versagt dieser, tritt radioaktiver Dampf in die Umwelt. Dabei wird jedoch der größte Teil der radioaktiven Substanzen im Reaktor bleiben. Die dort entstehenden hohen Temperaturen verursachen ein Schmelzen des Unterbaus und können dazu führen, daß der Kern in das Grundwasser eintritt. Der beschriebene Vorgang des Kernschmelzens zeigt, wie ein Reaktor konstruiert sein müßte, um auch bei einer solchen Störung die Freisetzung von Radioaktivität zu verhindern. Die Gestaltung der Bodenplatte könnte zu einer Verteilung der Schmelze und damit einer Reduktion der Sekundärreaktion führen. Dies sind Kernspaltungen, die vom Zerfall eines anderen Atoms ausgelöst werden und ihrerseits wieder instabile Atome liefern. Weiterhin müßte die Oberfläche des Reaktorgebäudes so beschaffen sein, daß sie mehr Wärme abstrahlt als die bisherige Konstruktion. Die Entwicklung eines derartigen inhärent sicheren Reaktortyps als EU-Projekt ist derzeit in Diskussion.

7.5.4 Hochtemperaturreaktor

Die Erhöhung der Kerntemperatur ist nur möglich, wenn der Reaktor weitgehend aus nichtmetallischen Werkstoffen aufgebaut ist. Beim Hochtemperaturreaktor befindet sich der Brennstoff in Graphitkugeln, die als Moderatoren dienen. Zur Kühlung wird Gas verwendet. So hat dieser Reaktortyp auch die Namen Kugelhaufen-Reaktor und gasgekühlter Reaktor erhalten. Das Gas gibt seine Energie über Wärmetauscher an Wasser ab. Die hohen Temperaturen kann man nutzen, um Kohle zu vergasen oder Wasserstoff zu erzeugen. Ein solcher Reaktor wurde in Schmehausen mit einer Leistung von $P_{el} = 300$ MW gebaut, ist aber nie in Betrieb gegangen. Er ist wegen seiner relativ großen Oberfläche inhärent sicher, ein Kernschmelzen kann somit nicht auftreten.

7.5.5 Schwerwasserreaktor

Wasser hat die Eigenschaft, Neutronen zu absorbieren. Deshalb ist bei den Leichtwasserreaktoren eine Anreicherung des Urans notwendig. Wird schweres Wasser D_2O (s. Abschn. 7.5.7) als Moderator eingesetzt, so ist die Anreicherung nicht notwendig. Man muß dann allerdings mit Gas, z. B. Helium, kühlen. Ein Reaktor dieses Typs wurde in Niederaichbach kurzzeitig betrieben, aufgrund von Mängeln jedoch abgeschaltet und mittlerweile stillgelegt.

7.5.6 Schneller Brutreaktor

Der Nachteil der Leichtwaserreaktoren ist die geringe Brennstoffausnutzung. Es wird fast nur das Uranisotop 235 verwendet. Trotzdem fallen durch die Reaktion der schnellen Neutronen mit U-238 auch Plutoniumatome an, die teilweise wieder gespalten und teilweise in der Wiederaufbereitung aus den Spaltprodukten herausgesondert werden, um als Plutoniumoxid den neuen Brennstofftabletten beigemischt zu werden. Die daraus gefertigten Mischoxid-Brennelemente sind wegen der Radioaktivität und der Giftigkeit des Plutoniums schwer zu handhaben, tragen aber zur Plutoniumvernichtung und zum Sparen von Uran bei. Der mehr oder weniger beiläufig im Leichtwasserreaktor entstehende Prozeß steht beim Schnellen Brutreaktor im Mittelpunkt. Bei einem Typ der Leistungsklasse $P_{el} = 1\,400$ MW enthält der Kern etwa 100 t U-238 und 4 t Pu-239. Bei geeigneter Dimensionierung und Einstellung findet ein Brutprozeß statt, bei dem mehr Plutonium erzeugt als verbraucht wird

$$2 \text{ Pu-239} + 3 \text{ U-238} = 3 \text{ Pu-239} + \text{Energie} + \text{Spaltprodukte} \qquad (7.21)$$

Auf diese Art ist das gesamte Uran 238 nutzbar. Beim Brutreaktor ist die große Energiedichte im Kern problematisch. Sie erfordert eine Kühlung mit flüssigem Natrium und ein sehr aufwendiges Nachkühlsystem. Der Kreislauf kann jedoch bei Umweltdruck erfolgen, da die Verdampfungstemperatur von Natrium über der Betriebstemperatur liegt. Wegen seiner stark exothermen Reaktion mit Wasser ist ein Wärmetausch vom Primärkreis auf Wasser zu risikoreich. Deshalb muß ein Natriumzwischenkreis das kontaminierte Natrium vom Wasser trennen und sicherstellen, daß bei einem Wärmetauscherdefekt die Natrium-Wasser-Reaktion den Reaktor nicht beschädigt.

Der sinnvolle Einsatz von Brutreaktoren setzt einen Plutoniumkreislauf mit Wiederaufbereitungsanlagen voraus. Wenn in Zukunft der Energiebedarf verstärkt durch Kernkraft gedeckt werden sollte, ist an eine Weiter- bzw. Neuentwicklung dieses Kraftwerktyps zu denken. Der in Deutschland gebaute Versuchsreaktor (P_{el} = 300 MW) bei Kalkar wurde nie in Betrieb genommen.

7.5.7 Fusionsreaktor

Bei der Fusion von Wasserstoff zu Helium wird pro Reaktion eine viel größere Energie frei als bei der Spaltung von Urankernen. Um eine solche Fusion zu realisieren, ist jedoch eine sehr große Teilchengeschwindigkeit notwendig. Die erforderliche "Zündtemperatur" kann auf $50 \cdot 10^6$ °C gesenkt werden, wenn Tritium T (1 Proton und 2 Neutronen) und Deuterium D (1 Proton und 1 Neutron) als Brennstoff zur Verfügung stehen. Neben der hohen Zündtemperatur und Energiedichte stellt die hohe Strahlungsleistung, die dem Prozeß Energie entzieht, ein Problem dar. Um sie zu reduzieren, muß das Verhältnis von Oberfläche zu Volumen klein sein. Dies führt zu großen Bauleistungen, so daß bereits Versuchsreaktoren sehr aufwendig sein werden. Beim derzeitigen Stand der Forschung ist es möglich, kurzzeitig die Zündtemperatur zu erreichen. Dabei muß jedoch mehr Energie zugeführt werden als die Reaktionen freisetzen. Auf absehbare Zeit ist mit dem Einsatz von Fusionsreaktoren nicht zu rechnen.

7.5.8 Radioaktivität

Die Radioaktivität von Stoffen ist eine Abgabe von Strahlung unterschiedlicher Art:

α-Strahlung: Heliumkern
β-Strahlung: Elektron
γ-Strahlung: extrem hochfrequente elektromagnetische Wellen
x-Strahlung: hochfrequente elektromagnetische Wellen (Röntgenstrahlung)
n-Strahlung: Neutron

Strahlung wird durch den Zerfall von Atomen verursacht. Man mißt deshalb die Radioaktivität in Zerfall je Sekunde:

1 Bq (Becquerel) $\triangleq$ 1 Zerfall je s

Dieses Maß für die Radioaktivität eines Stoffes sagt nichts darüber aus, welcher Natur die Strahlung ist, es werden nur die α-, β- oder n-Teilchen gezählt. Bei γ- und x-Strahlung kann man die in einem Körper gebildeten Ionen zählen bzw. die zur Ionisierung aufgewendete Energie als Maß einführen:

1 Gy (Gray) = 1 J/kg

Um die biologische Wirkung der Strahlung zu bewerten, hat man einen Qualitätsfaktor für die einzelnen Strahlungsarten eingeführt, der zur Äquivalentdosis führt, die früher in rem gemessen wurde. Diese Einheit ist heute noch gebräuchlich, obwohl das Sievert als gesetzliche Einheit gilt:

1 rem = 0,01 Sievert

Die Äquivalentdosis, mit der ein Mensch belastet wird, ist nicht einfach zu bestimmen. Der Mensch kann zum einen in einem bestimmten Gebiet einer Strahlung ausgesetzt sein oder zum anderen über die Nahrung oder die Luft radioaktive Stoffe zu sich nehmen. Dabei nimmt die schädigende Wirkung entsprechend ihrer Halbwertzeit ab. Darüber hinaus ist die biologische Halbwertzeit, mit der ein Stoff vom Organismus wieder ausgeschieden wird, maßgebend.

Die wesentlichen Schädigungen, die durch Radioaktivität bei Lebewesen hervorgerufen werden, sind:

Strahlenkrankheit. Bei einer sehr hohen Dosis bricht das Immunsystem des Menschen zusammen. Dadurch erhöht sich erheblich die Gefahr, daß er bei einer einfachen Infektion stirbt.

Krebs. Die Wahrscheinlichkeit, durch Bestrahlung an Krebs zu erkranken, nimmt mit der Dosis zu. Hierbei ist eine gleichmäßig über ein Jahr verteilte Dosis weniger schädlich als die gleiche Dosis in kurzer Zeit.

Erbgut. Die Schädigung von Erbgut kann zu erheblichen Mißbildungen in der Nachkommenschaft führen.

7.5.9 Kernkraftdiskussion

Kaum eine Technik ist so umstritten wie die Kernkraft. Es können hier nur einige Punkte aus der sehr emotional geführten Diskussion herausgegriffen werden.

Das Gefahrenpotential eines Kernkraftwerks ist beträchtlich. Bei einem schweren Störfall ist nicht nur mit vielen Menschenopfern zu rechnen, sondern auch mit der Unbewohnbarkeit von Gebieten über viele Generationen hinweg. Deshalb muß eine Technik mit einem solch großen Gefahrenpotential G sehr zuverlässig arbeiten, so daß die Eintrittswahrscheinlichkeit h einer Katastrophe sehr gering ist. Ein gewisses Risiko R wie bei jeder Technik wird jedoch immer bleiben

$$R = h \cdot G \tag{7.22}$$

Zur Beurteilung der Risiken einer Technik sind aufwendige Studien notwendig (s. Abschn. 7.9), die nur in seltenen Fällen zu einem Ergebnis führten, das alle akzeptieren.

Als **Nachteile** der Kernkraftwerke sind zu sehen:

- Gefahr des Kernschmelzens mit radioaktiver Verseuchung und Menschenopfern
- Problem der Endlagerung von Abfällen, die über Jahrtausende hinweg strahlen
- Störfälle von kleinem Ausmaß, z. B. bei der Wiederaufbereitung, mit einer geringen Abgabe von radioaktiven Materialien. Dabei ist zu bedenken, daß sich auch seltene, geringe Freisetzungen über Generationen hinweg zu einem globalen Umweltproblem kumulieren.
- Weiterverbreitung von Kernwaffen, wobei nicht so sehr der Brennstoff, der in der Regel nicht waffenfähig ist, ein Problem ist, sondern die Ausbildung von vielen kerntechnischen Fachkräften, die jederzeit auch zur Herstellung militärischer Produkte eingesetzt werden können.

Als **Vorteile** sind zu sehen:

- Energie ist kostengünstig zu erzeugen. Dies gilt natürlich nur, wenn sich die Behinderungen bei den Genehmigungsverfahren in Grenzen halten.
- Der Ausstoß von Treibhausgasen wie CO_2 wird reduziert.
- Fossile Primärenergiereserven werden geschont.

Eine **Prognose** über die Zukunft der Kernenergie ist aus folgenden Gründen schwierig:

- Länder mit besonderer Sensibilität für Umweltprobleme werden aus der Kernenergie aussteigen.
- Länder, die wirtschaftlich aufstreben, werden zumindest teilweise Kernkraftwerke mit aus ihrer Sicht hinreichenden Sicherheitsstandards bauen, selber nutzen und exportieren.

- Länder mit geringer Wirtschaftskraft, die nur über geringe Primärenergiequellen verfügen, werden Kernkraftwerke kaufen, wenn diese zu einem Preis am Weltmarkt angeboten werden, der nicht nennenswert über dem von fossilen Kraftwerken liegt.
- Weltweit wird im Mittel das Sicherheitsdenken so lange sinken, bis sich neue schwere Kernkraftunfälle ereignen, wobei zu hoffen bleibt, daß derartig schwerwiegende wie in Tschernobyl nicht wieder passieren, weil man die dort verwendete Technik in Zukunft nicht mehr einsetzt.

7.6 Regenerative Energieerzeugung

Unter alternativer Energie versteht man Energieträger, die eine Alternative zu den konventionellen wie Wasser, Kohle, Öl, Gas und Kernkraft bilden können. Wenn sie eine Alternative darstellen, bedeutet dies die Möglichkeit, bisherige Primärenergieträger abzulösen. Wer diese Auffassung nicht vertritt, wählt oftmals den Begriff "additive Energie", um auszudrücken, daß die bisherigen Energiequellen ergänzt, aber nicht ersetzt werden. Gemeint sind in jedem Fall ökologisch weniger belastende und ressourcenschonende Energieträger. Dabei handelt es sich im wesentlichen um regenerative Energien. Hierzu zählen Wasserkraft, Gezeiten, Meereswellen, Meereswärme, Windkraft, Solarenergie, Geothermik, Biomasse und die immer noch in der Diskussion stehenden Perpetua mobilia.

7.6.1 Wasserkraftwerke

Die Wasserkraftwerke - bereits in Abschn. 7.3 behandelt - werden oftmals nicht zu den alternativen Energien gezählt, weil sie Flächen in der Natur beanspruchen, Täler entwässern und den Grundwasserspiegel erhöhen.

Wenn eine Staumauer gebaut wird, bildet sich hinter ihr ein See, die darunter liegende Landschaft wird überflutet. Dies gilt vor allem für große Laufwasserkraftwerke, die Biotope, wie beispielsweise die Donauauen, zerstören könnten. Die Entwässerung von Tälern ist durch den ökologisch verträglich gestalteten Abfluß zu vermeiden. Man muß aber auch sehen, daß durch die Stauseen reizvolle Landschaftsbilder entstehen. Die Anhebung des Grundwasserspiegels führt insbesondere in wüstenähnlichen Landschaften zu einer Lösung von Salzen, die durch Kapillarwirkung an die Oberfläche gelangen und Kulturlandschaften schädigen. Ein Beispiel hierfür ist das Niltal nach dem Bau des Assuan-Staudammes, der heute aus ökologischen Gründen stark in der Diskussion steht. Dabei muß man jedoch beachten, daß vor der Errichtung des Dammes oft 20 Mio. Menschen Hunger litten und jetzt 80 Mio. Menschen in Ägypten leben und ernährt werden. Daß man nun die Vorteile als selbstverständlich nimmt und nur über die Probleme des Dammes spricht, ist eine einseitige Auswirkung der Technikfolgenabschätzung (Abschn. 7.9).

7.6.2 Gezeitenkraftwerk

Im 11. Jh. gab es bereits Flutmühlen, welche die Gezeitenströmungen ausnutzten (Bild 7.21a). In einer Bucht mit Insel baute man zwei Staumauern. Bei Flut wurde die eine Seite geöffnet, so daß das Oberbecken vollief, und bei Ebbe die andere Seite, so daß sich das Unterbecken entwässerte. Die Flutmühle selbst konnte im Dauerbetrieb arbeiten. Moderne Gezeitenkraftwerke liegen ebenfalls in Buchten (Bild 7.21b), erzeugen aber nur während der Flut oder der Ebbe Strom. Man benötigt also zwei Kraftwerke, die im Gegentakt arbeiten, um ständig Strom zu erzeugen. Trotzdem ist

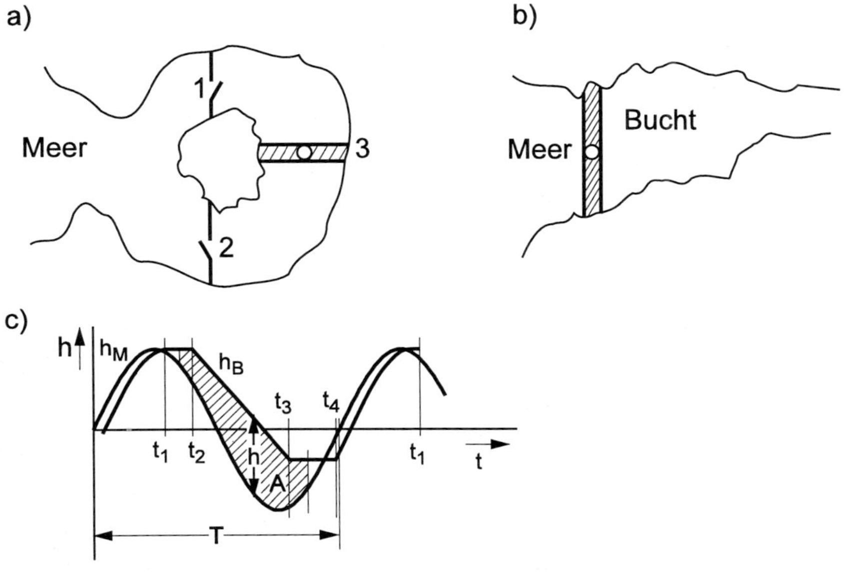

Bild 7.21: *Gezeitenkraftwerk*
a) Flutmühle, 1 Fluttor, 2 Ebbetor, 3 Staumauer mit Turbine
b) Bucht mit Abschlußdamm,
c) Wasserganglinien, h_M Niveau Meer, h_B Niveau Bucht, h Fallhöhe, A Turbinenenergie, t_1 Schleuse schließt, t_2 Turbinenbetrieb beginnt, t_3 Turbinenbetrieb endet, t_4 Schleuse öffnet

wegen des alternierenden Wasserspiegels die Stromerzeugung nicht konstant (Bild 7.21c). In Frankreich gibt es ein Gezeitenkraftwerk bei St. Malo mit einem Tidenhub von 13,5 m. An der Ostküste von Kanada wurden bei einem Tidenhub von 15 m Gezeitenkraftwerke mit einer Gesamtleistung von 10 000 MW geplant. Mittlerweile ist das erste davon schon in Betrieb. Es gibt Überlegungen, den dort erzeugten Strom in Wasserstoff umzuwandeln, nach Deutschland zu exportieren und damit hier Strom zu erzeugen.

7.6.3 Meereswellen und -wärme

Meereswellen besitzen im Wechsel von Berg und Tal eine potentielle Energie, die wegen der geringen Energiedichte aber sehr großflächige Anordnungen der Kraftwerke erfordert. Die Meereswärme ist höhenabhängig. So hat die Karibik in 500 m Tiefe 4 °C und an der Oberfläche 25 °C. Die Temperaturdifferenz führt zu einem thermodynamischen Wirkungsgrad von 7 %. Daraus ist zu erkennen, daß große Bauwerke notwendig sind, um nennenswerte Energie zu erzeugen. Für beide Energieformen fehlen noch wirtschaftliche Lösungsvorschläge.

7.6.4 Windkraft

Auf die in Wind enthaltene Energie wurde bereits in Abschn. 1.1 eingegangen. Leider kann man die Windgeschwindigkeit nicht voll ausnutzen, denn dies würde ein Abbremsen des Luftstromes auf null erfordern. Es bleibt eine Restgeschwindigkeit v_2 hinter dem Windrad bestehen [7.14]. Die Leistung eines homogenen Luftstromes ergibt sich zu

$$P_0 = \dot{E}_0 = \frac{1}{2}\,\dot{m}\,v^2 = \frac{1}{2}\,\rho\,A\,v^3 \qquad (7.23)$$

Dabei ist die spezifische Masse $\rho = 1{,}2\ \mathrm{kg/m^3}$ weitgehend konstant. Die Fläche A des Windrades bestimmt im wesentlichen die Investitionskosten. Die Windgeschwindigkeit v ist von der geographischen Lage und den Windverhältnissen abhängig.

Zur Bestimmung der ausnutzbaren Windenergie wird der Massestrom aus dem Mittelwert der Geschwindigkeiten vor und hinter dem Windrad bestimmt

$$\begin{aligned} P &= \frac{1}{2}\,\dot{m}\left(v^2 - v_2^2\right) = \frac{1}{2}\,\rho\,A\,\frac{v + v_2}{2}\left(v^2 - v_2^2\right) \\ &= P_0 \cdot \frac{1}{2}\left(1 + \frac{v_2}{v}\right) \cdot \left[1 - \left(\frac{v_2}{v}\right)^2\right] = P_0 \cdot C_p \end{aligned} \qquad (7.24)$$

Der Leistungsbeiwert C_p nimmt für $v_2/v = 1/3$ ein Maximum an

$$C_p = 0{,}59 \tag{7.25}$$

Dieser theoretische Wirkungsgrad ist nicht zu erreichen. Heutige Anlagen arbeiten mit einem Wirkungsgrad von η = 30 - 40 % im Bestpunkt.

Der Verlauf der Leistungsabgabe in Abhängigkeit von der Windgeschwindigkeit ist in Bild 7.22a dargestellt. Man erkennt die v^3-Funktion der Gl. (7.23). Bei geringer Windgeschwindigkeit steht das Windrad still, um Rückspeisung zu vermeiden. Nach oben hin wird die Leistung durch die mechanische Konstruktion und die Auslegung des Generators begrenzt. Bei Sturm muß der Windkonverter abgeschaltet werden. Ein wirtschaftliches Optimum des Verhältnisses Spitzenleistung zu Windraddurchmesser ist etwa dann erreicht, wenn über das Jahresmittel ein Auslastungsgrad m = 25 % entsteht. Da in großen Höhen die Windgeschwindigkeit größer als in Bodennähe ist und wegen der Wachstumsgesetze für maschinenbauliche Anlagen tendiert die wirtschaftliche Baugröße zu großen Leistungen. Heute sind 800 kW eine übliche Leistung. Das in

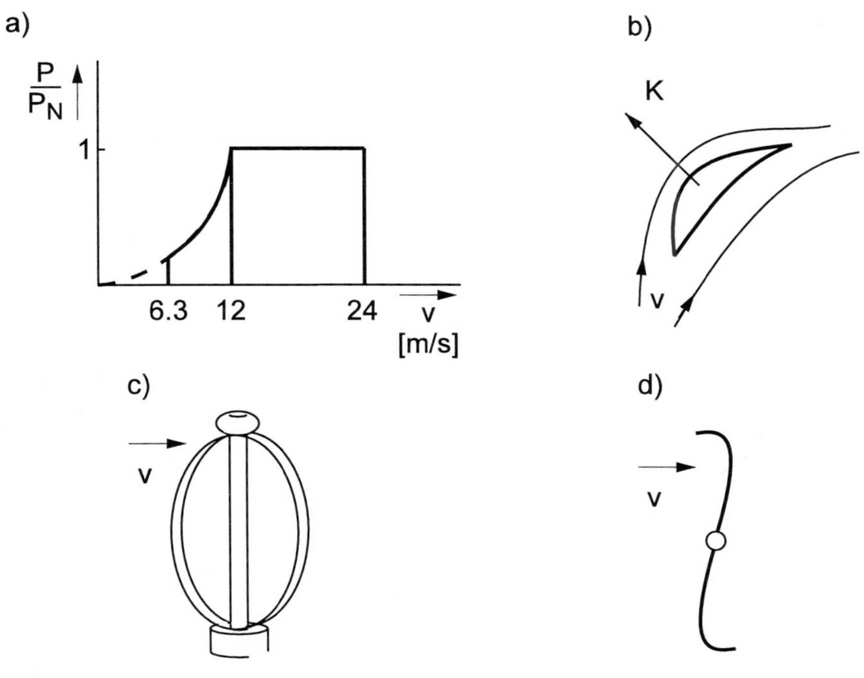

Bild 7.22: *Windräder*
a) Leistungsdiagramm, b) Wirkung des Auftriebes, c) Darrieus-Rotor, d) Savonius-Rotor

den 80er Jahren errichtete Windkraftwerk GROWIAN wurde bereits für 3 MW ausgelegt und hatte damit eine sinnvolle Größe für die intensive Windkraftnutzung.

Beispiel 7.5. *In Deutschland gibt es ein sinnvoll nutzbares Windpotential von E_w = 220 TWh/a [7.4] mit einer mittleren Windgeschwindigkeit von mehr als 4 m/s. Beim Einsatz von 3-MW-Anlagen (Benutzungsgrad m = 0,25) könnte man alle 500 m ein Windkraftwerk errichten. Es soll bestimmt werden, welcher Strompreis sich bei Investitionskosten von k_I = 3 000 DM/kW und einer Amortisationsrate von α = 15 % ergibt und wie groß der Flächenverbrauch ist.*

Zunächst werden die mittleren Erzeugerkosten P_m und die installierte Leistung P_I berechnet

$$P_m = E_w / T = \frac{220 \text{ TWh / a}}{8\,760 \text{ h / a}} = 25\,000 \text{ MW}$$

$$P_I = P_m / m = 25\,000 / 0{,}25 = 100\,000 \text{ MW}$$

Ein derartiger Windpark würde etwa 1/3 des Strombedarfs in Deutschland decken. Das Problem der zeitlichen Verschiebung von Erzeugung und Verbrauch wird in Abschn. 7.3.1 behandelt.

Die Investitionskosten K_I und die Stromgestehungskosten k_E ergeben sich zu

$$k_E = \frac{k_I \cdot \alpha}{m \cdot T} = \frac{3\,000 \text{ DM / kW} \cdot 0{,}15 \text{ a}^{-1}}{0{,}25 \cdot 8\,760 \text{ h / a}} = 0{,}20 \text{ DM / kWh}$$

$$K_I = k_I \cdot P_I = 3\,000 \cdot 100\,000 \cdot 10^3 = 300 \cdot 10^9 \text{ DM}$$

Dies entspricht 10 % des deutschen Bruttosozialproduktes für ein Jahr. Die benötigte Fläche ergibt sich bei vier Anlagen je km² und einer Leistung von 3 MW je Windkonverter zu

$$A = 100\,000/(3 \cdot 4) = 8\,400 \text{ km}^2$$

Somit wären 2,5 % der Fläche Deutschlands zu bebauen, die allerdings noch landwirtschaftlich nutzbar blieben. Ein Blick auf Windkarten zeigt, daß in etwa 20 % Deutschlands die oben gewählte mittlere Windgeschwindigkeit von 4 m/s herrscht. Danach müßte diese Fläche bebaut werden. Der Widerspruch zwischen 2,5 % und 20 % zeigt die Ungenauigkeit der durchgeführten Betrachtungen, die nur eine Vorstellung der Größenordnung geben können.

Es gibt vier Bauformen für Windkonverter, die gebräuchlichste ist die Rotorbauweise (Bild 7.23a und b) [7.23]. Bei einer Nabenhöhe von 100 m und einem Rotordurchmesser von 100 m sind mit zwei oder drei Flügeln bei einer Drehzahl von 10 bis

20 min^{-1} etwa 3 MW Spitzenleistung zu erzeugen. Die Windkraft erzeugt nach dem Tragflügelprinzip (Bild 7.22b) an den Rotorblättern eine Kraft, die von deren Profil, dem Anstellwinkel und der Drehzahl abhängig ist. Um der unterschiedlichen Windgeschwindigkeit an den oben und unten drehenden Blättern Rechnung zu tragen, kann man den Anstellwinkel der Flügel lageabhängig verstellen. Selbstverständlich ist der Rotorkopf auch stets der Windrichtung nachzuführen.

Bezüglich der Konstruktion ist der in Bild 7.22c dargestellte Darrieus-Rotor einfacher. Bei ihm kann der Generator am Boden angeordnet werden. Zudem ist seine Stellung nicht von der Windrichtung abhängig. Dafür entwickelt er im Stillstand kein Drehmoment und hat einen schlechteren Wirkungsgrad als die Rotorbauweise. Der H-Konverter (Bild 7.23c) ist eine Kombination des Tragflügelprinzips mit Darrieus-Rotor. Das Widerstandsprinzip wird von den historischen Windmühlen in den Niederlanden und im Westen der USA ebenso genutzt wie von dem Savonius-Rotor (Bild 7.22d). Dem schlechten Wirkungsgrad dieser Mühlen steht ein beachtliches Drehmoment - auch bei geringer Windgeschwindigkeit - gegenüber, so daß z. B. bei der Förderung von Wasser für Weidegebiete fast immer eine Minimalversorgung gewährleistet ist. Als Generator wird bei kleinen Einheiten eine preiswerte Asynchronmaschine eingesetzt, die jedoch die Ankopplung an ein leistungsstarkes Netz erfordert. Dieses stellt die notwendige Blindleistung zur Verfügung und verhindert ein Kippen.

Die starre Drehzahl der Maschinen führt zu einem schlechten Wirkungsgrad im Teillastbereich. Bei Asynchronmaschinen mit Schleifringläufer (Abschn. 2.8) kann die Schlupffrequenz in geringem Maß gesteuert werden, so daß eine Nachführung der Drehzahl entsprechend der Windgeschwindigkeit im Bereich von ± 10 % möglich ist. Üblich ist heute der Synchrongenerator mit Umrichter (Abschn. 3.2.2.3). Bei ihm ist die Drehzahl in weiten Bereichen der Windgeschwindigkeit anzupassen. Die Leistungsschwankungen, die entstehen, wenn ein Rotorblatt durch den Windschatten des Mastschaftes läuft, fängt der Gleichstromzwischenkreis auf. Windböen, die oft einen ganzen Windpark gleichmäßig treffen, sind vom Netz auszugleichen. Da bei elektrischen Maschinen das Gewicht bezogen auf die Leistung mit sinkender Bemessungsdrehzahl zunimmt, werden häufig Windkonverter über Getriebe an die Generatoren gekoppelt (Bild 7.23a). Bei dem Windkonverter nach Bild 7.23d ist der direkt gekoppelte, langsam drehende Synchrongenerator deutlich zu sehen. Er hat einen großen Umfang, an dem die vielen Pole untergebracht sind.

Windkraftwerke werden naturgemäß häufig in dünn besiedelten Gebieten errichtet, in denen das Versorgungsnetz nicht besonders stark ausgebaut ist. Deshalb muß der Netzeinspeisung besondere Aufmerksamkeit geschenkt werden. Die Kurzschlußleistung

a)

b)

c)

d)

Bild 7.23: *Windkonverter*
a) Windpark mit 300 kW - ENERCON-32, 32 m Rotordurchmesser (Quelle: EWE),
b) Montage eines Windrades (Quelle: Schleswag),
c) H-Konverter (Quelle: Heidelberg Motor),
d) Kopf eines Windkonverters (Quelle: ENERCON)

des Netzes an der Einspeisung muß das 50fache der Summenleistung aller angeschlossenen Windkonverter betragen (Abschn. 8.4.5).

7.6.5 Solarenergie

Die Nutzung der Licht- und Wärmestrahlung, die von der Sonne auf die Erde einfällt, kann auf sehr vielfältige Art wirtschaftlich erfolgen. Sie reicht im Niedertemperatur-bereich von der passiven Nutzung durch geeignet konstruierte Wohngebäude über Sonnenkollektoren zur Brauchwassererwärmung bis zur Hochtemperaturnutzung in Solarkraftwerken. Bei letzteren unterscheidet man das Solarfarm- und Turmprinzip. In den Solarfarmen ist im Brennpunkt eines Hohlspiegels nach Bild 7.24a ein Rohr angeordnet, das von leichtem Heizöl durchflossen wird. Damit lassen sich Temperaturen von 300 °C erreichen, die unterhalb der Verdampfungs- und Zersetzungstemperatur von Öl liegen und somit einen drucklosen Betrieb ermöglichen. Wärmetauscher liefern Dampf, der in Kraftwerken der klassischen Bauweise zu nutzen ist. Beim Turmprinzip nach Bild 7.24b wird das Sonnenlicht in Spiegeln reflektiert und zu einem Turm hin konzentriert. Dort kann ein Dampferzeuger sitzen oder ein mit Natrium gefüllter Behälter, der drucklos die Energie in einen Wärmetauscher zur Dampferzeugung am Boden abgibt. Dieser Dampf von bis zu 500 °C wird wie beim Solarfarmprinzip in konventionellen Kraftwerken umgesetzt. Die Spiegel können zur Verbesserung des Wirkungsgrades leicht gekrümmt sein und der Bewegung der Sonne nachgeführt werden (Heliostat-System). Für Farm- und Turmkraftwerke ergeben sich etwa die gleichen Errichtungskosten, der gleiche Wirkungsgrad (22 %) und der gleiche Flächenbedarf.

Da bei der Nutzung von Solarenergie keine Rohstoffe verbraucht werden, ist der Wirkungsgrad einer Anlage nicht so entscheidend wie die Investitionskosten und der Flächenbedarf. Beide werden aber indirekt durch den Wirkungsgrad bestimmt, so daß dessen Steigerung Voraussetzung für den Bau wirtschaftlicher Anlagen ist.

Die Nutzung der Sonnenenergie über den Dampfkreislauf ist zur Zeit wirtschaftlicher als die im folgenden zu behandelnde Direktumwandlung in Solarzellen. Da die wärmetechnischen Anlagen im wesentlichen nach klassischen Methoden der Bautechnik und des Maschinenbaus errichtet werden, sind nennenswerte Innovationsfortschritte nicht zu erwarten. Größere Hoffnungen werden in die Photovoltaik gesetzt, bei der in Solarzellen (s. Bild 7.24c) die Energie des Sonnenlichts $\nu \cdot h$ genutzt wird, um an einem p-n-Übergang Elektronen in das Leitungsband anzuheben [7.15]. Bild 7.24d zeigt die bekannte Dioden-Kennlinie, die durch Lichteinstrahlung verschoben wird. Für Solarzellen ist es üblich, anstelle der Dioden-Kennlinie die in Bild 7.24e gezeigte Strom-Spannungs-Kennlinie zu verwenden. Sie schneidet die Achsen bei der Leerlaufspannung U_0, die weitgehend von der Sonneneinstrahlung unabhängig ist, und dem Kurzschlußstrom I_k, der mit dem Grad der Lichteinstrahlung wächst. Die optimale Anpassung des Betriebs an den Zellentyp und das einfallende Licht erfolgt durch die leistungselektronische Ankopplung. Dabei wird der Betriebspunkt eingestellt, in dem sich die U-I-Kennlinie mit der Kurve konstanter Leistung $U = P/I$ gerade berührt. Durch geeignete Dotierung kann man die Zelle der Lichtfrequenz anpassen. Damit wird eine Mindestenergie E_Q für das Anheben der Ladungsträger festgelegt. Ist die Energie des Lichts niedriger, so liefert die Zelle keinen Strom. Ist bei hochfrequentem Licht die Energie größer als E_Q, so wird gerade die Energie E_Q als Strom freigestellt. Der größte Teil des einfallenden Lichts setzt sich in Wärme um, die durch eine gute Kühlung, also Belüftung der Zelle, abgeführt werden muß, denn mit wachsender Temperatur fällt deren Wirkungsgrad [7.16].

Die Zellen können aus mono- oder polykristallinem Silizium und aus amorphem Silizium aufgebaut sein. Dem hohen Wirkungsgrad von 20 % und mehr der monokristallinen Zellen steht ein großer Aufwand bei der Herstellung entgegen, so daß vorwiegend ein Einsatz im Weltraum sinnvoll ist, da dort die Transportenergie gegenüber den Herstellungskosten überwiegt. Ein guter Wirkungsgrad von etwa 15 % ist mit polykristallinen Zellen zu erreichen. Sie bilden die Grundbausteine der heute üblichen Solarmodule. Amorphes Silizium mit einem Wirkungsgrad von 5 % wird heute bei Kleinanwendungen, z. B. Taschenrechnern, genutzt. Mit einer Steigerung des Wirkungsgrads kann in Zukunft gerechnet werden.

Die Kristallzellen sind bereits weitgehend optimiert. Fortschritte in der Fertigungstechnik und Rationalisierung können künftig erheblich zur Verbilligung der Solarzellen führen. Solarzellen von 10 x 10 cm^2 werden in Parallel- und Reihenschaltung zu Solarmodulen, z. B. 50 x 50 cm^2, zusammengefaßt, die dann auf Gestellrahmen montiert werden. Gleichstromsteller sorgen für die Anpassung der Lichteinstrahlung an die Spannung der Batterie, die als Puffer dient. Der Gleichstrom kann zur Erzeugung von Wasserstoff direkt in eine Elektrolyseanlage geführt werden oder über Wechselrichter in das Verbundnetz fließen.

Oberhalb der Atmosphäre beträgt die Einstrahlungsenergie etwa $P_0 = 1{,}3\ kW/m^2$. Dafür ist ein Wirkungsgrad η_{AM0} (Air Mass Zero) definiert. Am Äquator ergibt sich auf der Erdoberfläche $P_1 = 1\ kW/m^2$, η_{AM1}. In unserer Breite gilt etwa $P_{1,3} = 0{,}9\ kW/m^2$ und $\eta_{AM1,3}$. Dabei ist 1,3 ein Maß für den Einstrahlungswinkel α ($1/\cos\alpha = 1/\cos 40° = 1{,}3$). Leider geht mit der eingestrahlten Energie auch der Wirkungsgrad der

Zellen zurück, so daß sich ein quadratischer Effekt ergibt. Man kann davon ausgehen, daß im Jahresmittel in unseren Breiten etwa $m_s = 10$ % der Spitzenleistung erzielbar ist (Nächte eingeschlossen) [7.17].

Beispiel 7.6. *In Deutschland soll $\alpha_s = 1$ % der elektrischen Energie durch Solarkraftwerke gedeckt werden. Bei Investitionskosten von $k_I = 10$ TDM/kW und einer Annuitätsrate von $\alpha_I = 0{,}15$ ist der Strompreis zu berechnen ($m_{1,3} = 0{,}1$, $P_{1,3} = 0{,}9$ kW/m^2; $\eta_{1,3} = 0{,}12$). Ferner ist der Flächenbedarf abzuschätzen, wenn das 1,5fache (α_A) der aktiven Fläche überbaut werden muß. Welcher Aufwand (Bauleistung P_{IS}) ist in der Sahara erforderlich ($m_1 = 0{,}15$, $P_1 = 1$ kW/m^2, $\eta_1 = 0{,}15$), um in Deutschland die gleiche Energie bereit zu stellen (Übertragungswirkungsgrad $\eta_2 = 50$ %)?*

Nach Tabelle 7.8 beträgt der elektrische Energiebedarf in Deutschland $E_D = 563 \cdot 10^9$ kWh/a. Die zu installierende Leistung P_I und die Stromkosten k_E ergebe-

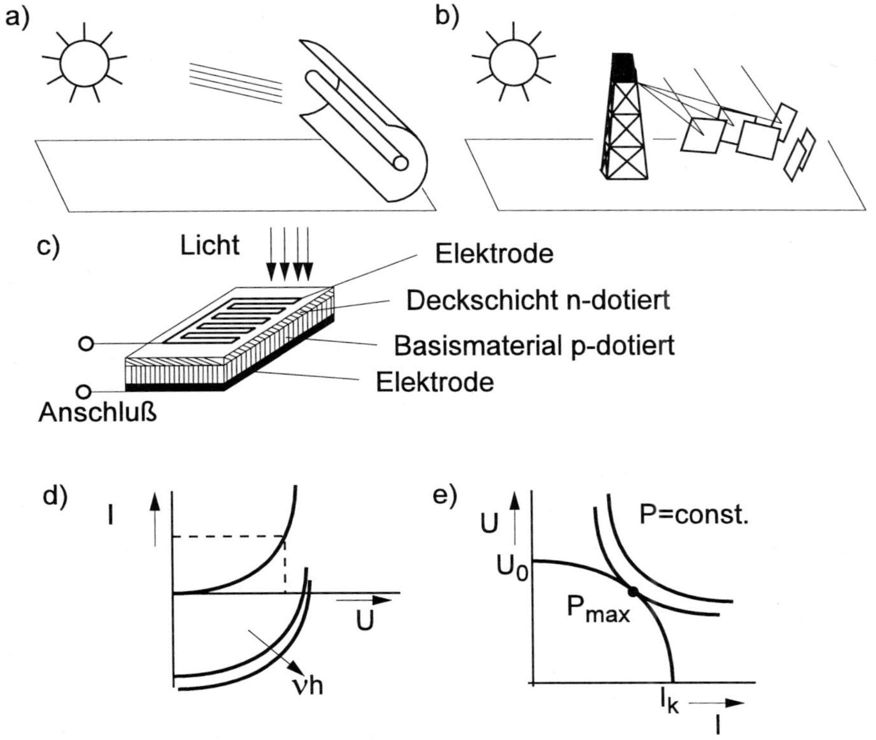

Bild 7.24: *Solarkraftwerke*
a) Farmprinzip, b) Turmprinzip, c) Solarzelle, d) Dioden-Kennlinie, e) Strom-Spannungs-Kennlinie

ben sich damit zu

$$P_I = \alpha_s \cdot (E_D / T) \cdot 1 / m_{1,3} = 0{,}01 \left(563 \cdot 10^9 / 8\,760\right) \cdot 1 / 0{,}1$$

$$= 6{,}4 \cdot 10^6 \text{ kW} = 6\,400 \text{ MW}$$

$$K_I = k_I \cdot P_I = 6{,}4 \cdot 10^6 \text{ kW} \cdot 10 \cdot 10^3 \text{ DM / kW} = 64 \cdot 10^9 \text{ DM}$$

$$k_E = K_I \cdot \alpha_I / (\alpha_s\, E_D) = 64 \cdot 10^9 \cdot 0{,}15 / \left(0{,}01 \cdot 563 \cdot 10^9\right) = 1{,}70 \text{ DM / kWh}$$

Zur Bestimmung des Flächenbedarfs wird angenommen, daß die 1,5fache aktive Fläche als Land benötigt wird

$$A = \frac{\alpha_A\, P_I}{\eta_{1,3} \cdot P_{1,3}} = \frac{1{,}5 \cdot 6{,}4 \cdot 10^6 \text{ kW}}{0{,}12 \cdot 0{,}9 \cdot \text{kW / m}^2} = 89 \cdot 10^6 \text{ m}^2 = 89 \text{ km}^2$$

In der Sahara ist mit besseren Ausnutzungsverhältnissen zu rechnen

$$P_{IS} = P_I \cdot \frac{\eta_{1,3}}{\eta_1} \cdot \frac{m_{1,3}}{m_1} \cdot \frac{P_{1,3}}{P_1} \cdot \frac{1}{\eta_2} = P_I \cdot \frac{0{,}12}{0{,}15} \cdot \frac{0{,}1}{0{,}15} \cdot \frac{0{,}9}{1} \cdot \frac{1}{0{,}5} = 0{,}96\, P_I$$

Wie das Beispiel zeigt, gleichen bei einer Stromerzeugung in der Sahara die Übertragungsverluste den Vorteil der Lichtverhältnisse voll aus. Man muß bei der Bewertung allerdings in Rechnung stellen, daß durch den Umweg über Wasserstoff dessen Speicherwirkung ausgenutzt werden kann, der Solarstrom also als Spitzenenergie zur Verfügung steht, während er ansonsten gerade zu den Spitzenzeiten im Winter nicht anfällt.

7.6.6 Biomasse

Durch Zuführung von Licht wird in Pflanzen Biomasse, Sauerstoff und Wärme erzeugt

$$CO_2 + H_2O + 8\,h\nu \rightarrow CH_2O + O_2 + 470 \text{ kJ / Mol} \tag{7.26}$$

Dieser Umwandlungsprozeß erfolgt bei optimalen Lichtverhältnissen mit dem relativ hohen Wirkungsgrad von 30 %. In konzentrierter Form liegt Biomasse als Holz vor (3 kg Holz ≙ 1 l Öl). Die auf der Erde in Biomasse gespeicherte Energie beträgt etwa $30 \cdot 10^6$ PJ und damit das 85fache des Weltenergieverbrauchs nach Tabelle 7.1 oder das Doppelte der technisch gewinnbaren Kohlevorräte nach Tabelle 7.6. Etwa 10 % dieser Biomasse werden jährlich erneuert. Dies geschieht durch die Landwirtschaft, aber im wesentlichen als natürlicher Kreislauf in den tropischen Regenwäldern. Dort verfaulen Pflanzen, geben ihre Mineralien an den Boden und das CO_2 an die Blätter der Pflanzen ab. Dieser "kurzgeschlossene" Kreislauf ist sehr empfindlich. Während die Nutzung der Abfälle durch Müllverbrennung und Gasentnahme aus

Mülldeponien ökologisch weitgehend unbedenklich ist, wirft eine Züchtung von Bioenergie in großem Umfang Probleme auf. Insbesondere sollte erst angepflanzt und dann abgeholzt werden und nicht umgekehrt. Wie bei jedem Anbau von Pflanzen werden auch hier die Mineralien dem Boden entzogen, die entweder aus der Asche oder aus anderen Lagerstätten dem Boden wieder zugeführt werden müssen (Düngung). Weitere Probleme der Nutzung von Biomasse sind der hohe Wassergehalt und der Schadstoffanteil, vor allem bei der Müllverwertung.

7.6.7 Geothermische Kraftwerke

Anomalien in der Erdkruste führen an einigen Stellen zu Temperaturen von einigen hundert Grad in 1 000 bis 2 000 m Tiefe. Bohrt man Löcher ins Erdreich und sprengt feine Risse in die unteren Bodenplatten, so kann man kaltes Wasser in ein Bohrloch pressen und heißes Wasser aus einer zweiten Bohrung abziehen. Besonders günstig sind die Verhältnisse in Landstrichen mit Geysiren und vulkanischer Tätigkeit, z. B. Island oder Neuseeland. Aber auch in der Nähe von Florenz wurde ein geothermisches Kraftwerk mit 300 MW_{el} gebaut. Bei dieser Technik sind die relativ niedrige Temperatur, die hohen Kompressionsleistungen, die Umsetzung der Wärme in unter Druck stehenden Dampf und die gegenüber Stahl aggressiven Mineralien im ausgebrachten Wasser problematisch.

7.6.8 Wasserstofftechnologie

Wasserstoff ist keine Primärenergie, sondern ein Energiespeicher [7.18]. Er wird in der Regel aus Erdgas oder durch Elektrolyse aus Wasser und Strom bei einem Wirkungsgrad von 80% gewonnen. Der anfallende Wasserstoff muß verflüssigt werden, um ihn sinnvoll transportieren zu können. Damit ergibt sich für die Erzeugung des Produktes "flüssiger Wasserstoff" ein Gesamtwirkungsgrad von 50 bis 60 %. Soll aus dem Wasserstoff wieder elektrische Energie erzeugt werden, so ist ein weiterer Umwandlungswirkungsgrad von 50 bis 60 % in Kauf zu nehmen. Von der am Erzeugungsort ursprünglich vorhandenen elektrischen Energie sind dann noch 30 % übrig geblieben. Dafür hat man ein transportier- und speicherbares Medium gewonnen.

Der Umwandlungsprozeß von Wasserstoff in Strom kann in Gasturbinenkraftwerken (GuD) oder Brennstoffzellen erfolgen. Bei Brennstoffzellen befindet sich zwischen zwei porösen Elektroden ein Elektrolyt. Katalysatoren an der Elektrode trennen die O_2- und H_2-Moleküle. Mit dem dissoziierten Wasser OH^- läuft dann folgender Prozeß ab

$$
\begin{aligned}
&2\,H + 2\,OH^- \rightarrow 2\,H_2O + 2\,e^- \\
&O + H_2O + 2\,e^- \rightarrow 2\,OH^-
\end{aligned}
\tag{7.27}
$$

Die in dem Vorgang anfallende Abwärme kann bei Hochtemperatur-Brennstoffzellen zu Heizzwecken genutzt werden. Die Niedertemperaturzelle, für die Wärmeverluste in Kauf zu nehmen sind, eignet sich besonders zur Stromerzeugung in mobilen Anlagen, z. B. Kraftfahrzeugen oder U-Booten. In letzteren wird die abgasfreie Reaktion sehr geschätzt. Typische Baugrößen von Brennstoffzellen liegen bei 10 kW. Große Einheiten werden durch Reihen- und Parallelschaltung gebildet.

Neben den weitgehend ausgereiften Brennstoffzellen für Wasserstoff gibt es auch solche, die mit Erdgas betrieben werden können. Sie sind bei einigen EVU im Probebetrieb zur Strom- und Heizwärme-Erzeugung. Ob sich die Technik der Brennstoffzellen in Zukunft durchsetzen wird, ist unklar; große Innovationsschübe sind jedoch nicht mehr zu erwarten.

Die Technik des solaren Wasserstoffs basiert auf der Stromerzeugung in Solarzellen. Die dort auftretende niedrige Spannung kann zur elektrolytischen Erzeugung von Wasserstoff verwendet werden, der dann der Stromerzeugung an anderen Orten und zu anderen Zeiten dient oder in Verkehrsmitteln eingesetzt wird. Da hier zwei sehr teure Techniken miteinander verknüpft werden, ist mit einem wirtschaftlichen Einsatz kaum zu rechnen. Wasserstoff läßt sich mit Strom aus Wasserkraftwerken herstellen. Bei günstigen Standortverhältnissen betragen die Kosten zur Erzeugung 0,01 bis 0,02 DM/kWh. Demgegenüber stehen die Stromgestehungskosten in Solarkraftwerken von 1 DM/kWh oder mehr.

7.6.9 Perpetuum mobile

Die Idee, aus dem Nichts Energie zu schaffen, ist so alt wie die Sehnsucht des Menschen nach Maschinen, die ihn von Arbeit entlasten. Die typischen Vertreter des Perpetuum mobile stammen aus dem späten Mittelalter. Einige von ihnen sind im Deutschen Museum in München ausgestellt. Sie bestehen fast alle aus Hebelmechanismen, die die Wirkung der Erdanziehungskraft verstärken. Auch heute noch werden derartige mechanische Maschinen als Neuheiten vorgestellt. Aber auch rein elektrische Konverter, die meist Spannungen erhöhen, findet man immer wieder. Solche Maschinen tragen wohlklingende Namen wie Schwerkraftmaschinen, Tachyonengenerator usw. Tachyonen sind Teilchen aus Modellvorstellungen der Theoretischen Physik, die sich mit Überlichtgeschwindigkeiten bewegen und eine imaginäre Masse besitzen, um der Relativititätstheorie zu genügen. Ein Tachyonengenerator muß “einfach nur” den Betrag der Masse bilden, um eine unerschöpfliche Energiequelle zu erschließen. Über das Perpetuum mobile müßte in diesem Buch nicht gesprochen werden, wenn es nicht immer wieder Menschen gäbe, die viel Geld für den Bau derartiger Maschinen ausgeben, und solche, die viel Geld mit dem Verkauf eines Perpetuum mobile verdienen. Die Literatur zu diesem Bereich ist beträchtlich [7.19].

7.7 Netzregelung

Wird bei einem Generator mit konstanter Antriebsleistung p_A sprungartig die Last p_{el} erhöht, so entsteht ein Leistungsdefizit, das aus der kinetischen Energie des Wellenstranges gedeckt wird. Dadurch sinkt die Drehzahl n ab

$$n = n_0 - \tau_A (p_{el} - p_A) \cdot t \tag{7.28}$$

Darin ist die Anlaufzeit τ_A entsprechend Abschn. 2.6.2 diejenige Zeit, die vergeht, bis nach einem Lastsprung p_{el} - p_A= 1 die Drehzahl von $n = n_0$ auf $n = 0$ abgesunken ist. Sie liegt für Kraftwerksblöcke bei $\tau_A = 10$ s. Ein 10%iger Lastsprung führt dann nach 1 s zu einem Drehzahl- und damit auch einem Frequenzabfall von 1 %. Um diesen Frequenzabfall auszugleichen, muß die Turbine mehr Leistung abgeben. Dies wird über den Drehzahlregelkreis bewirkt.

Einer sprungförmigen Änderung der Eingangsventile von Wasser- und Dampfturbinen folgt das Drehmoment mit Verzögerungszeiten von unter einer Sekunde. Bei Dampfkraftwerken führt der erhöhte Dampfstrom jedoch zu einem Druck- und Temperaturabfall im Kessel, der über die Feuerung im Bereich von vielen Minuten nachgeregelt werden kann. Um einen Betrieb mit möglichst wenig Verlusten zu erreichen, öffnet man stationär die Turbinenventile ganz und führt den Kesseldruck gemäß der gewünschten Leistungsabgabe (Gleitdruck). Bei einer plötzlichen Leistungsanforderung reagiert ein solches Kraftwerk entsprechend langsam.

Die üblichen Drehzahlregler einer Turbine werden mit einer Statik s versehen. Durch sie sinkt die Drehzahl beispielsweise um s = 5 % ab, wenn die Leistung vom Leerlauf (P = 0) auf Vollast (P = 1) ansteigt. Für die Drehzahl gilt dann

$$n = n_w - s \cdot P \tag{7.29}$$

Da bei parallel betriebenen Kraftwerksblöcken (Bild 7.25) die Drehzahlen über die Netzfrequenz gekoppelt sind, gilt für zwei Einheiten die Beziehung

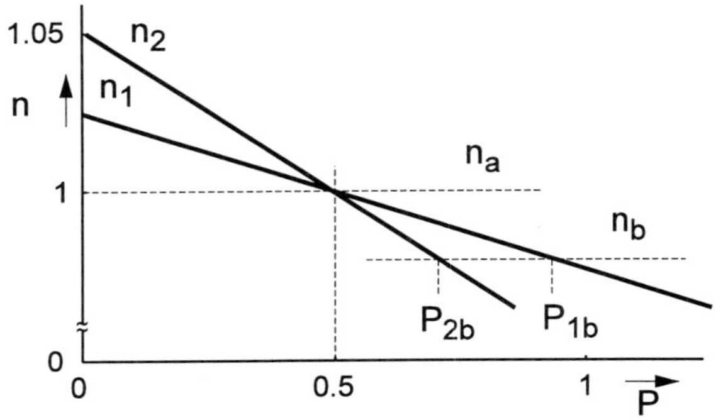

Bild 7.25: *Parallelbetrieb von Kraftwerken*

$$n = n_1 = n_{w1} - s_1 \cdot P_1 = n_2 = n_{w2} - s_2 \cdot P_2$$
$$P = P_1 + P_2 \qquad (7.30)$$

Beispiel 7.7. *Zwei Blöcke mit den Statiken $s_1 = 0{,}05$ und $s_2 = 0{,}1$ sollen so eingestellt werden, daß beide zu gleichen Teilen die Netzlast $P_a = 1$ decken. Welche Leerlaufdrehzahl ist einzustellen? Welche Leistungsaufteilung und welche Drehzahl stellen sich ein, wenn die Last auf $P_b = 1{,}5$ ansteigt?*

$$P_1 = P_2 = \frac{1}{2} P_a = 0{,}5$$
$$n_{w1} = n + s_1 \cdot P_1 = 1 + 0{,}05 \cdot 0{,}5 = 1{,}025$$
$$n_{w2} = n + s_2 \cdot P_2 = 1 + 0{,}1 \cdot 0{,}5 = 1{,}05$$
$$n = n_{w1} - s_1 \cdot P_1 = n_{w2} - s_2 \cdot P_2 = n_{w2} - s_2 \left(P_b - P_1\right)$$
$$P_{1b} = \frac{s_2}{s_1 + s_2} P_b - \frac{n_{w2} - n_{w1}}{s_1 + s_2} = 0{,}833$$
$$P_{2b} = P_b - P_{1b} = 0{,}667$$
$$n_b = n_{w1} - s_1 P_{1b} = 0{,}983$$

Für eine Laständerung ΔP ergibt sich

$$\Delta n = s_1 \, \Delta P_1 = \frac{s_1 \, s_2}{s_1 + s_2} \Delta P = s \, \Delta P = 0{,}017 \, \Delta P$$

Die Drehzahl sinkt demnach durch den Lastanstieg um 1,7 % ab. Die letzte Gleichung gibt die Drehzahlabhängigkeit einer Ersatzmaschine wieder, die eine resultierende Statik entsprechend der "Parallelschaltung" beider Einzelwerte hat.

$$1/s = 1/s_1 + 1/s_2$$

Beispiel 7.8. *Das Verhältnis Laständerung zu Frequenzänderung wird Leistungszahl K genannt. Wie groß ist sie im Westeuropäischen Verbundnetz, wenn die Statik aller Drehzahlregler 5 % beträgt und 200 GW rotierende Leistung eingesetzt ist? Rotierende Leistung ist dabei die Summe der Bemessungsleistungen aller in Betrieb befindlichen Kraftwerke*

$$K = 1/s = \frac{\Delta P}{\Delta f} = \frac{200\ \text{GW}}{0{,}05 \cdot 50\ \text{Hz}} = 80\ \text{GW/Hz}$$

Der Ausfall eines Kernkraftwerks von 1,4 GW Leistung führt dann zu einem Frequenzeinbruch von

$$\Delta f = \frac{\Delta P}{K} = \frac{1{,}4}{80} = 0{,}018\ \text{Hz}$$

Die Wechselwirkung zwischen Drehzahlregler und Leistungsabgabe wird Primärregelung genannt. Sie bewirkt, daß sich bei einem Leistungsdefizit alle Kraftwerke des Netzes an der Lastdeckung und Frequenzhaltung beteiligen. Aufgabe der Sekundärregelung ist es, die gewünschte Netzfrequenz wieder herzustellen. Hierzu ist eine Koordination zwischen allen Kraftwerken im Netz notwendig, die in Form der Übergabeleistungs- oder Leistungsfrequenzregelung erfolgen kann. Bild 7.26 zeigt das Blockschaltbild für ein Netz mit drei Kraftwerken. Die Reglerstruktur ist jedoch nur für ein Kraftwerk angegeben.

Bei der Leistungsregelung wird die Frequenzkonstante K_1 auf null gestellt. Im stationären Betrieb ist die Übergabeleistung $P_ü$ gleich ihrem Sollwert $P_{üw}$ und damit der Eingang des PI-Sekundärreglers null. Die Drehzahlführungsgröße n_w der Turbinenregelung bleibt folglich konstant. Nach Zuschaltung einer Last ΔP_1 sinkt die Drehzahl aller Maschinen zunächst ab, steigt aber durch die Aktion aller Drehzahlregler wieder an, bis sich ein Gleichgewicht entsprechend der resultierenden Statik s einstellt

$$\begin{aligned} 1/s &= 1/s_1 + 1/s_2 + 1/s_3 \\ \Delta f &= s \cdot \Delta P_1 \end{aligned} \tag{7.31}$$

Der PI-Sekundärregler reagiert nun mit einer Zeitkonstante, die bei 20 s und mehr liegt, auf die Regelabweichung $P_{üw}$-$P_ü$ und erhöht den Drehzahlsollwert, bis der Generator 1 die zugeschaltete Last ΔP1 ausgeglichen hat und sich der vorgegebene Übergabewert $P_{üw}$ sowie die Sollfrequenz wieder eingestellt haben. Dieser Vorgang ist in Bild 7.26b und c dargestellt.

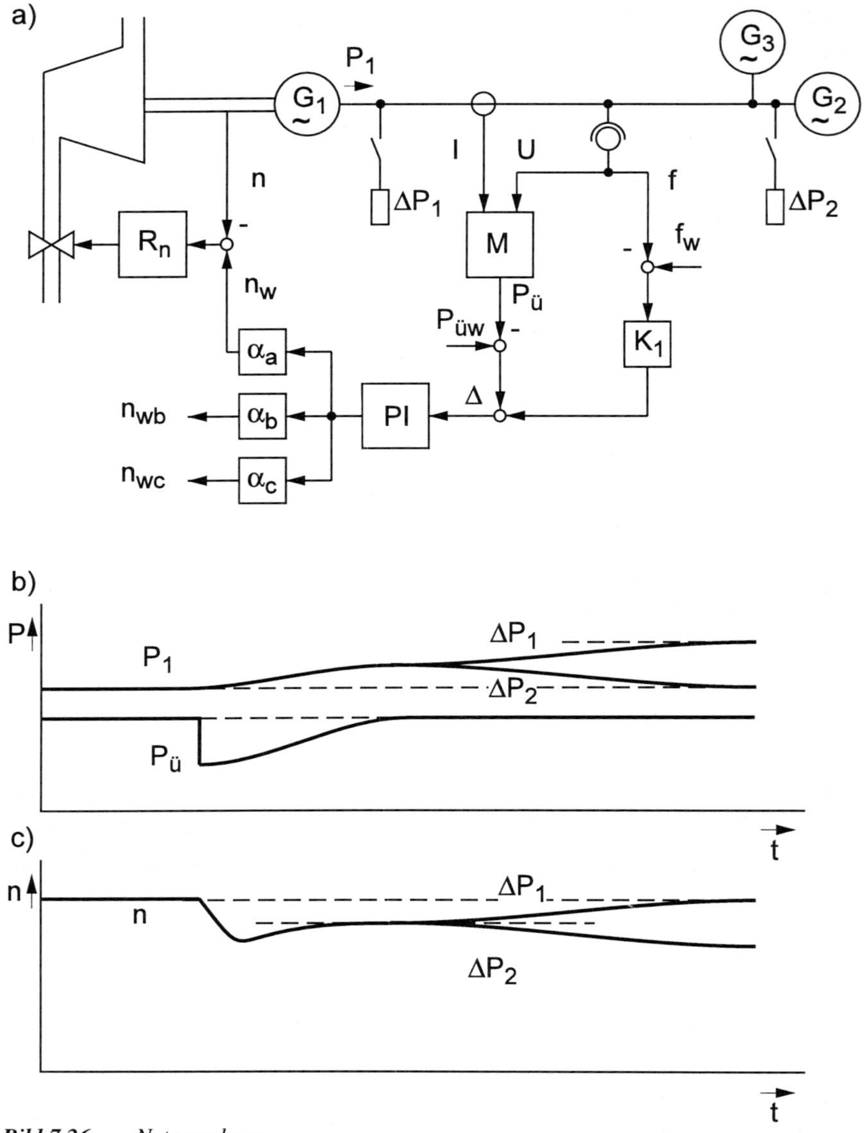

Bild 7.26: *Netzregelung*
a) Blockschaltbild, b) Leistungsverlauf, c) Drehzahlverlauf,
R_n Drehzahlregler (Primärregler), PI Sekundärregler

Bei Zuschaltung einer Last ΔP2 reagieren die Drehzahlregler zunächst wie im vorherigen Fall, d. h. der Generator 1 unterstützt den Generator 2, der durch seinen Sekundärregler die Leistung ΔP2 zusätzlich liefert. Steigert der Generator 2 seine

Leistung nicht, sinkt die Frequenz erneut ab, wenn der Sekundärregler des Generators 1 die Übergabeleistung $P_{üw}$ einregelt.

Statt eines Generators kann man auch ein EVU mit mehreren Kraftwerken annehmen. Diese werden dann über die Konstante α an der Übergabeleistung beteiligt. So kann man Braunkohlekraftwerke mit $\alpha = 0$ auf konstante Leistung fahren und den Wasserkraftwerken die Leistungsregelung überlassen.

Das beschriebene Verfahren eignet sich gut, wenn das leistungsregelnde EVU mit einem großen Verbundpartner, der die Frequenzregelung übernimmt, gekoppelt ist. Typisch hierfür sind Industriekraftwerke, aber auch der jütländische Teil Dänemarks, der mit dem Verbundunternehmen PREUSSENELEKTRA gekoppelt ist.

Der Verbundbetrieb zwischen gleichberechtigten Partnern erfordert einen Beitrag aller zur Frequenzhaltung. Deshalb wird die Leistungszahl K_1 als Kehrwert der Statik s des Netzes im Bereich des EVU_1 eingestellt. Die Statik ergibt sich aus den Statiken aller Kraftwerke im betrachteten EVU nach Gl. (7.31).

Solange eine Abweichung von dem Führungswert der Frequenz vorhanden ist, wird der Eingang des Sekundärreglers Δ nicht null sein

$$\Delta = P_{üw} - P_{ü} + K_1 \left(f_w - f\right) \tag{7.32}$$

Erst wenn in den Reglern aller EVU die Abweichungen $\Delta = 0$ sind, entsprechen sowohl die Übergabeleistungen als auch die Frequenz den Führungsgrößen. Voraussetzung für eine einwandfreie Funktion des Gesamtsystems ist die korrekte Einstellung der Regler aller EVU. So muß die Summe aller eingestellten Übergabeleistungen $P_{üw}$ null sein, die Frequenzkonstanten K_1 müssen mit den Leistungszahlen übereinstimmen und natürlich auch alle Partner die gleiche Sollfrequenz vorgeben [1.4, 7.24].

7.8 Rationelle Energieanwendung

Der Energieverbrauch verursacht Kosten. Deshalb liegt es im Interesse der Privathaushalte und der Industrie, rationell mit Energie umzugehen. Dieses marktwirtschaftliche Verhalten setzt aber voraus, daß die Energieanwender die technisch-wirtschaftlichen Zusammenhänge im Stromverbrauch ihrer Geräte kennen. Wenn beispielsweise Staubsauger nur nach ihrer Leistungsaufnahme als Qualitätsmerkmal gekauft werden, so ist es für den Hersteller gleichgültig, ob er die Saugleistung oder die Verluste erhöht, um ein "besseres" Produkt anzubieten. Insbesondere im Bereich der Konsumgüter ist durch Verbraucheraufklärung und eine verbesserte

Kennzeichnungspflicht viel Sparpotential zu mobilisieren, das in der Industrie bereits weitgehend ausgeschöpft wurde. Trotzdem ist die Entwicklung in Richtung energiesparender Anlagen heute stärker als früher. Dabei spielt neben den rein wirtschaftlichen Überlegungen sicher auch das Verantwortungsbewußtsein der Betreiber gegenüber Umwelt und nachfolgenden Generationen eine Rolle. Derartige ökologische Gesichtspunkte führen naturgemäß in harten Wettbewerb, jedoch nur in begrenztem Umfang zur Bereitschaft, umweltfreundliche, aber weniger wirtschaftliche Investitionen zu treffen. Von staatlicher Seite kann dem Wunsch nach rationeller Energieanwendung durch Subventionen und Steuern Rechnung getragen werden. Eine "Ökosteuer" auf den Energieverbrauch führt langfristig zu Energieeinsparungen bei gleicher Produktion. Man muß jedoch dafür Sorge tragen, daß die Industrie in gleichem Maß durch Senkung anderer Steuern entlastet wird, sonst ergeben sich schwerwiegende Wettbewerbsnachteile gegenüber dem Ausland. Eine sprungartige Erhöhung der Energiekosten führt erst mit Verzögerungen von 5 bis 10 Jahren zu Sparmaßnahmen. Um die negativen Auswirkungen der Übergangsvorgänge abzuschwächen, sollten alle Eingriffe in das Wirtschaftssystem rampenförmig erfolgen. Hätte man bei der Ölkrise in den 70er Jahren eine Steigerungsrate für die Benzinpreise festgelegt, wäre man heute möglicherweise bei einem Benzinpreis von etwa 5 DM/l und einem Standardverbrauch der Personenkraftwagen von 3 l/100 km. Selbstverständlich können derartige Maßnahmen nicht isoliert in einem Staat durchgeführt werden.

Voraussetzungen für den rationalen Umgang mit Energie sind: ethische Grundeinstellung, Wissen um die Energiesparpotentiale im eigenen Bereich und hohe Energiepreise.

Die EVU sollen wie die Industrieunternehmen betriebswirtschaftlich arbeiten. Deren Unternehmensziel ist normalerweise die Gewinnmaximierung. Daraus lassen sich vier Teilziele ableiten: Billig einkaufen, billig produzieren, teuer verkaufen und viel umsetzen. Dem hohen Preis setzen in der Privatwirtschaft die Konkurrenz und bei den EVU die staatliche Preisaufsicht Grenzen. Die Erhöhung des Umsatzes widerspricht im EVU-Bereich dem Wunsch nach Umweltschonung. Da der Strommarkt sehr starr an das Verbraucherverhalten gebunden ist, kommt eine Steigerung der Energieabgabe für ein EVU nur in Frage, wenn es seinen Kunden Wege aufzeigt, wie sie andere Energieträger wirtschaftlich durch Strom ersetzen können. Derartige Maßnahmen führen in der Regel auch zu einer Reduktion des Primärenergiebedarfs und sind deshalb vom Gesichtspunkt des Umweltschutzes positiv zu bewerten. Ein originäres Interesse des EVU, den Stromverbrauch zu reduzieren, besteht nicht.

Trotzdem bieten die meisten EVU kostenlose Kundenberatung aus Verantwortungsbewußtsein oder zur Imagepflege an.

Unter dem Begriff Lastmanagement versteht man das Bestreben, die Last eines Abnehmers so zu glätten, daß Lastspitzen vermieden oder abgesenkt werden. Damit erreicht man in der Verrechnung gegenüber den EVU Vorteile, denn der Leistungspreis wird günstiger. Eine Einsparung an Primärenergie wird dadurch nicht erreicht, wohl aber eine Reduzierung der notwendigen Reserven im Kraftwerkspark und Netz. Deshalb führt Lastmanagement volkswirtschaftlich zur Einsparung von Investitionen und damit gebundenem Kapital.

Die Methoden des Lastmanagements sind:

- Streckung der Produktion nach Möglichkeit über 24 h. Dies hat selbstverständlich Konsequenzen für die Belegschaft.
- Versetzter Betrieb von Verbrauchern mit stark unterschiedlicher Lastaufnahme. Nehmen beispielsweise drei Fertigungsstraßen zu einem bestimmten Zeitpunkt im Fertigungsprozeß 10 min 5 MW mehr auf, so kann dies zu einer Lastspitze von 3 x 5 = 15 MW führen. Mit betrieblichen Maßnahmen läßt sich möglicherweise erreichen, daß die Spitzen nie gleichzeitig auftreten.
- Abschaltung von Verbrauchern, die integrale Wirkung haben. Hierzu zählen Heizungen, Lüfter und Pumpen, die ohne Auswirkungen auf den Prozeß beispielsweise 30 min abgeschaltet werden können.

Beispiel 7.9. *Für den Bezug elektrischer Leistung hat ein Betrieb den Leistungspreis $k_P = 200$ DM/kW und den Arbeitspreis $k_A = 0{,}13$ DM/kWh zu bezahlen. Die Energie von $E = 40 \cdot 10^6$ kWh wird im wesentlichen in der Produktionszeit von 8 h/Tag in 200 Tagen verbraucht. Die maximale Lastspitze beträgt $P_m = 35$ MW. Welche Strombezugskosten fallen an? Wie reduzieren sie sich bei einer Vergleichmäßigung der Last über die Arbeitszeit? Mit welchen Kosten ist bei gleichmäßiger Last über das Jahr zu rechnen?*

Ohne Maßnahmen:

$$K_E = k_P \cdot P_m + k_A \cdot E = 200 \cdot 35 \cdot 10^3 + 0{,}13 \cdot 40 \cdot 10^6 = 12{,}2 \cdot 10^6 \text{ DM}$$

Gleichmäßige Last während der Arbeitszeit

$$P_m = \frac{E}{T} = \frac{40 \cdot 10^6}{8 \cdot 200} = 25 \cdot 10^3 \text{ kW}$$

$$K_E = 200 \cdot 25 \cdot 10^3 + 0{,}13 \cdot 40 \cdot 10^6 = 10{,}2 \cdot 10^6 \text{ DM}$$

Gleichmäßige Last über das Jahr

$$P_m = \frac{40 \cdot 10^6}{8\,760} = 4{,}6 \cdot 10^3 \text{ kW}$$

$$K_E = 200 \cdot 4{,}6 \cdot 10^3 + 0{,}13 \cdot 40 \cdot 10^6 = 6{,}1 \cdot 10^6 \text{ DM}$$

In letzter Zeit wird das Verfahren des Least-Cost-Planning in Zusammenhang mit dem Begriff Negawatt diskutiert [7.20]. In der Literatur zu diesem Thema werden häufig alle Stromsparmaßnahmen behandelt. Dabei kommt der Gesichtspunkt zum Tragen, daß für eine Volkswirtschaft und langfristig gesehen Energieeinsparungen auch dann noch "wirtschaftlich" sind, wenn sie sich betriebswirtschaftlich nicht rechnen. Es wird aber auch die These vertreten, daß es für ein EVU betriebswirtschaftlich sinnvoll sein kann, seinen Kunden Geld für Stromsparmaßnahmen zu geben, um den Zubau eigener Kraftwerke zu vermeiden oder hinauszuschieben. Solche Rechnungen zeigen jedoch nur sehr kurzfristig Vorteile. Man legt Stromgestehungskosten zugrunde, die aus alten - zum größten Teil abgeschriebenen - Anlagen ermittelt werden. Da zu diesem Preis Strom mit Neuanlagen nie zu erzeugen ist, wird es immer günstiger sein, bei festen Preisen den Neubau und damit den Stromzuwachs zu vermeiden. Ein EVU, das konsequent nach dieser Maxime handelt, bietet seinen Kunden Geld an, damit diese Strom einsparen oder sich von anderen EVU beliefern lassen. Nach betriebswirtschaftlichen Aspekten sind beide Lösungen für das Unternehmen gleichwertig. In letzter Konsequenz lebt das EVU aber von den in der Vergangenheit getätigten Investitionen und besteht nur so lange, bis alle Kraftwerke außer Dienst gestellt sind.

Für ein EVU ist Stromeinsparung der Kunden kein betriebswirtschaftliches Unternehmensziel, wohl aber eine Dienstleistung, die im Interesse der Abnehmer und der Umwelt anzubieten ist.

7.9 Technikfolgenabschätzung

Technische Einrichtungen werden erstellt und technische Geräte produziert, weil man sich davon eine Steigerung seiner Lebensqualität verspricht. Unmittelbar trifft dies für den Endverbraucher von Konsumgütern zu, mittelbar für den, der diese Güter herstellt und sich hierzu Fertigungseinrichtungen beschafft. Dabei ist die Zielrichtung klar. Man will den gewünschten Zweck mit möglichst geringen Kosten für sich selbst erreichen. Für die Beeinträchtigung der Lebensqualität anderer und nachfolgender Generationen oder der Umwelt ist in dieser Betrachtungsweise kein Raum. Folglich haben bei der Entwicklung einer Technik primär deren Vorteile Priorität. Nebenwirkungen für den Nutzer oder Dritter werden im Prinzip natürlich mit berücksichtigt, stehen aber nicht im Vordergrund. Diese Betrachtungsweise erzeugte eine Technik-Euphorie. Negative Auswirkungen einer Technik auf die Gesellschaft führen aber zu Regelungen, z. B. Gesetzen, die den freien Einsatz dieser Technik begrenzen, indem sie ihn untersagen oder mit Sanktionen wie Steuern und Abgaben belegen.

Produzenten und Nutzer einer Technik denken pragmatisch und sehen vornehmlich die positiven Seiten ihres Produktes. Ihre Neigung, die Nachteile für die Gesellschaft zu erforschen bzw. offenzulegen, ist gering.

Selbstverständlich hat jeder Mensch ein ethisches Verantwortungsbewußtsein, das in vielen Fällen jedoch nicht ausreicht, um ein im Sinne der Allgemeinheit optimales Handeln zu bewirken. Hier muß der Staat in seine Fürsorgepflicht gegenüber den Bürgern mit Gesetzen und Verordnungen regelnd eingreifen. So darf kein Staubsauger, kein Auto und kein Kernkraftwerk ohne Zulassung betrieben werden. Um angemessen handeln zu können, müssen die Politiker bzw. Behörden jedoch die negativen Auswirkungen, die durch das Vorhandensein bzw. den Betrieb eines Produkts entstehen, kennen. Hierzu ist eine **T**echnikfolgen**a**bschätzung (TA) notwendig [7.21, 7.22].

So ist zu verstehen, daß die Technikfolgenabschätzung sehr stark den Charakter einer Technik-Kritik und -Feindlichkeit hat.

In den USA wurde der Begriff **T**echnology **A**ssessment (**TA**) 1966 in einem Untersuchungsausschuß verwendet [7.21]. Bei der Eindeutschung hat man versucht, das Kürzel TA beizubehalten. Zunächst ist der Begriff wertfrei. Daß man bei Technikfolgen meist nur an die negativen Folgen denkt, ist auf die weit verbreitete negative Grundeinstellung der Deutschen gegenüber der Technik zurückzuführen.

Ziel der Technikfolgenabschätzung ist es, dem Leser die Chancen und Risiken, die in einer konkreten Technik liegen, zu verdeutlichen. Das daraus abgeleitete Wissen spiegelt er an seiner ethischen Grundeinstellung und kommt dann zu einer befürwortenden oder ablehnenden Haltung. Die Realität ist allerdings viel komplexer. Jeder Mensch lebt in einem Umfeld, das seine Grundeinstellung wesentlich prägt. Aus diesem Umfeld kommt nun auf ihn die Information über eine neue Technik zu, die meist bereits mit einer Bewertung versehen ist. So steht zumindest in der Tendenz das Urteil über eine Technik fest, bevor eine konkrete Technikfolgenabschätzung vorliegt. Wenn letztere dann nur noch in den Teilen zur Kenntnis genommen wird, die eine Bestätigung der eigenen Ansicht liefern, ist sie wertlos. Die Bereitschaft, eine vorgefaßte

Meinung aufgrund von neuen Informationen zu revidieren, ist i. a. sehr schwach ausgeprägt.

Die Beurteilung einer bestimmten Technik als "gut" oder "schlecht" bestimmt zwar meistens das konkrete Handeln eines Menschen, sollte aber nicht die Basis von Entscheidungen sein. Eine TA-Studie, die beispielsweise die Grundlage für ein Gesetz bilden soll, muß die gewünschte Situation untersuchen. Voraussetzung ist deshalb, daß man sich einen stabilen gesellschaftlichen Zustand vorstellt, in dem die neue Technik einen bestimmten Platz einnimmt und diesen Zustand einem anderen gegenüberstellt, der von der vorhandenen oder einer dritten Technik geprägt ist. Um das zu bewertende Szenario zu erreichen, sind i. a. Gesetze notwendig. Aufgabe der Technikfolgenabschätzung ist es also, die Auswirkung konkreter Maßnahmen, bei denen die spezielle Technik eine Rolle spielt, zu bewerten. Folglich müßte man eher von Entscheidungsfolgen- oder Gesetzesfolgenabschätzung sprechen.

Eine Technikfolgenabschätzung läuft in fünf Stufen ab:

1. **Formulierung eines Zieles**
2. **Formulierung eines Weges**
3. **Quantifizierung der Folgen**
4. **Bewertung, d. h. Spiegelung der Folgen an der eigenen ethischen Grundeinstellung**
5. **Entscheidung**

Als Beispiel soll der Einsatz der Windkraft in Deutschland herangezogen werden. Die dabei verwendeten Zahlen stammen aus groben Abschätzungen. Sie dienen lediglich zur Verdeutlichung des Entscheidungsprozesses und nicht als Beweis der Wirtschaftlichkeit bzw. Unwirtschaftlichkeit der Windkraft.

Das untersuchte Szenario hatte zum Ziel, im Jahr 2005 30 % der Elektroenergie aus Windkraft zu decken und dementsprechend die heimische Kohle zu reduzieren.

Der Weg zu diesem Ziel soll marktwirtschaftlich sein. Durch Subventionen werden Anreize geschaffen, daß Privatpersonen und Unternehmen es für wirtschaftlich erachten, Windkraftwerke zu bauen. Die Finanzierung erfolgt über Steuern. Hierbei ist zu berücksichtigen, daß Maßnahmen wie das Stromeinspeisungsgesetz, bei dem Energieversorgungsunternehmen gezwungen werden, regenerativen Strom zu überhöhten Preisen abzunehmen, letztendlich auch eine Art Steuer sind, die der Stromkunde zahlen muß. Die Frage, mit welchen Steuern der Staat die Subventionen deckt, hat keinen Einfluß auf die Technikfolgenabschätzung. Dies ist eine Frage der Umverteilung zwischen Gesellschaftsschichten.

Die Quantifizierung der Folgen kann auf zwei verschiedenen Wegen erfolgen. Man berechnet die Kosten der Variante Wind und die Kosten der Variante heimische Kohle, um anschließend beide zu vergleichen. Diese Methode ist günstig, wenn viele Varianten miteinander konkurrieren. Bei zwei Varianten kann man alle Einflußgrößen einzeln bilanzieren. Es stellt sich dann die Frage: Wieviel kostet die Windkraft mehr als Kohle?

Beispiel 7.10. *Nach Beispiel 7.5 kostet bei derzeitigen Preisen von 3 000 DM/kW die Windenergie 0,2 DM/kWh. Bei der dort errechneten installierten Leistung von* P_I *= 100 000 MW und einer Anlagenleistung von 3 MW wären 33 000 Kraftwerke zu bauen. Durch Rationalisierung lassen sich die Kosten mit einer Degressionskonstanten von* T_n *= 10 000 Anlagen ≙ 30 ·* 10^6 *kW auf die Hälfte reduzieren. Die Kosten für die Einführungsphase* K_{Ef} *ergeben sich dann zu*

$$K_{Ef} = \Delta K \int_0^\infty e^{-n/T_n}\, dn = \Delta K \cdot T_n$$

$$= 1\,500 \text{ DM / kW} \cdot 30 \cdot 10^6 \text{ kW} = 45 \cdot 10^9 \text{ DM}$$

Nach der Einführungsphase liegt der Strompreis aus Windkraft mit 0,1 DM/kWh immer noch um 0,05 DM/kWh über dem Kohlestrom. Dabei sind die wegen der nicht zeitgerechten Energieerzeugung entstehenden Speicherkosten berücksichtigt. Aus Tabelle 7.8 ist die Stromerzeugung Deutschlands zu entnehmen (563 · 10^9 *kWh). Davon sind 30 % durch Windkraft zu decken 563 ·* 10^9 *· 0,3 = 170 ·* 10^9 *kWh. Als jährliche Mehrkosten fallen demnach an 0,05 · 170 ·* 10^9 *= 8,5 ·* 10^9 *DM/a. Problematisch ist die Anrechnung der Einführungskosten einer Zukunftstechnik auf die jährlichen Kosten. Bei einem Annuitätsfaktor von 10 % ergeben sich dann 4,5 ·* 10^9 *DM/a. Der finanzielle Aufwand bei einer Entscheidung für die Durchsetzung des Szenarios ist demnach 13 ·* 10^9 *DM/a.*

Obwohl die obige Rechnung von unsicheren Voraussetzungen ausgeht (Halbierung der Produktionskosten bei 10 000 Anlagen), ist sie doch noch genau im Vergleich zur Bewertung der Umweltkosten. Hier ist der Verlust an Ressourcen (Kohle) zu bewerten. Ob dies mit 0,01 DM/kWh oder mit 0,1 DM/kWh in die Rechnung eingeht, ist Ermessenssache. Ebenso sind die Folgeschäden durch den CO_2-Ausstoß und die damit verbundenen Klimaveränderungen nur schwer zu bewerten. Selbst wenn grobe Anhaltspunkte durch Landverlust wegen Überschwemmungen aufgrund des erhöhten Meerwasserspiegels vorliegen, ist zu entscheiden, ob nur die davon auf Deutschland entfallenden Kostenanteile (Staatsegoismus) oder die globalen in Rechnung gestellt werden. Auch die optische "Umweltverschmutzung" durch die Windräder, die eine Entwertung der Landschaft bedeuten, werden in Rechnung zu stellen sein. Schließlich ist davon auszugehen, daß der Steinkohleabbau mehr Menschenleben fordert als der Bau von Windrädern. Auch hierfür sind Kosten anzusetzen. Weiterhin sind die Kosten für das Wirtschaftssystem zu sehen. Wenn es gelingt, in Deutschland eine neue Technologie zu einem Standard zu bringen, der Exportchancen erhält, ist dies positiv. Nachteile entstehen, wenn durch erhöhte Steuerbelastung Arbeitsplätze ins Ausland verlegt werden, wobei dieser Punkt nicht nur zur Technikfolgenabschätzung gehört, sondern auch zur Steuer- und Sozialpolitik, die festlegen muß, ob die für die Einführung der Windkraft notwendigen Kosten durch Absenkung des Lebensstandards der Bevölkerung oder Umschichtung des Investitionskapitals erfolgen soll.

Dem Leser wird klar, daß die TA-Studie, die den Vorteil der Windkraft errechnet, zwangsläufig mit einer Vielzahl von fragwürdigen Eingangsdaten arbeiten muß. Deshalb sind Studien üblicherweise nicht derart weitgehend wie oben beschrieben. Vielmehr werden nur die grundlegenden Strukturen erarbeitet. Damit ist aber auch offensichtlich, daß die wesentlichen "Kostenfaktoren" indirekt im subjektiven Bereich der Mitglieder von Entscheidungsgremien fallen.

8 Energieversorgungsnetze

Ein elektrisches Energieversorgungsnetz überträgt die elektrische Energie von den Kraftwerken zu den Verbrauchern. Es besteht aus Leitungen bzw. Kabeln zum Transport, Transformatoren zur Kopplung der Netze unterschiedlicher Spannungsebenen sowie Schaltanlagen zur Verknüpfung der Leitungen und Transformatoren. Nach der Aufgabenstellung unterscheidet man zwischen Übertragungs- und Verteilernetzen. Die Übertragungsnetze leiten den Strom von den Erzeuger- zu den Verbraucherzentren. Sie haben in Deutschland die Nennspannung 110 kV, 220 kV und 380 kV. Die Verteilernetze übernehmen die Versorgung bis zum Hausanschlußkasten. Ihre üblichen Spannungen sind 0,4 kV, 10 kV, 20 kV und 110 kV. Daneben bestehen noch 30- und 60-kV-Netze sowie in Industriebetrieben 0,6-, 3-, 6- und 10-kV-Netze. Fast alle Netze Westeuropas sind miteinander gekoppelt, so daß man auch von einem großen Netz mit vielen Teilnetzen oder einem Verbund von vielen Netzen sprechen kann. Die Grenzen zwischen den Netzen bzw. Teilnetzen sind i. a. entsprechend den Organisationseinheiten, z. B. den EVU, definiert. Für technische Betrachtungen ist es sinnvoll, galvanisch zusammenhängende Einheiten einer Spannungsebene als Netz zu bezeichnen. Die Netzgrenze bilden dann Transformatoren. Die Frequenz der Netze liegt üblicherweise bei 50 Hz. Die Netze in Nordamerika, Brasilien sowie Teilen Japans werden hingegen mit 60 Hz betrieben.

Grundsätzlich sind die Netze als Drehstromdreileiter-Systeme ausgeführt, wobei sie nach der verketteten Spannung, d. h. der Spannung zwischen den drei Außenleitern L1, L2, L3 bzw. R, S, T benannt werden (Nennspannung U_n). Das Niederspannungsnetz benötigt noch den Neutralleiter als vierten Leiter, um die Wechselspannung $400/\sqrt{3} = 230$ V bereitzustellen. Diese Spannung ist weltweit genormt. Allerdings sind in den USA und einigen anderen Ländern 110 V festgelegt.

Neben dem öffentlichen Versorgungsnetz betreiben die Deutsche, Österreichische und Schweizer Bahn historisch bedingt ein eigenes 110-kV-Wechselstromnetz mit einer Frequenz von 16 2/3 Hz, das die 15-kV-Fahrleitung speist. Bordnetze von Flugzeugen besitzen eine Frequenz von 400 Hz, weil durch die höhere Frequenz das Gewicht der elektrischen Maschinen geringer zu halten ist.

8.1 Netzformen

In Bild 8.1 sind typische Netzformen dargestellt. Das Strahlennetz a hat die einfachste Struktur. Von einem Einspeisezentrum, z. B. einer Transformatorstation, werden Leitungen zu Unterstationen geführt, von denen aus die Weiterverteilung erfolgt. Neben dem geringen Leitungsaufwand ist die Fehlerlokalisierung einfach und damit der Betrieb problemlos. Nachteilig wirkt sich aus, daß Ausfälle von Leitungen stets zu Versorgungsunterbrechungen führen. Dies wird bei dem Ringnetz b vermieden. Hier sind auch nach der Abtrennung einer Leitung alle Verbraucher weiter zu versorgen. Da nun von beiden Seiten Kurzschlußströme auf die Fehlerstelle zufließen können, ist allerdings ein aufwendiger Leitungsschutz notwendig. Eine interessante Alternative bietet der offene Ring. Dabei ist der Schalter S in Bild 8.1b normalerweise offen. Bei einem Fehler auf dem unteren Leitungszug klärt der Leistungsschalter LS_2 den Kurzschluß, anschließend werden die Schalter S_1 und S_2 von Hand geöffnet und durch Schließen der Schalter S und LS_1 die Verbraucher wieder versorgt. Diese Technik führt zwar zu kurzen Versorgungsunterbrechungen, ist aber wegen ihrer Einfachheit in Mittelspannungsnetzen stark verbreitet. Bild 8.1c zeigt schließlich ein Maschennetz. Diese Netzform, die im Verbundnetz ab 110 kV üblich ist, erfordert aber einen

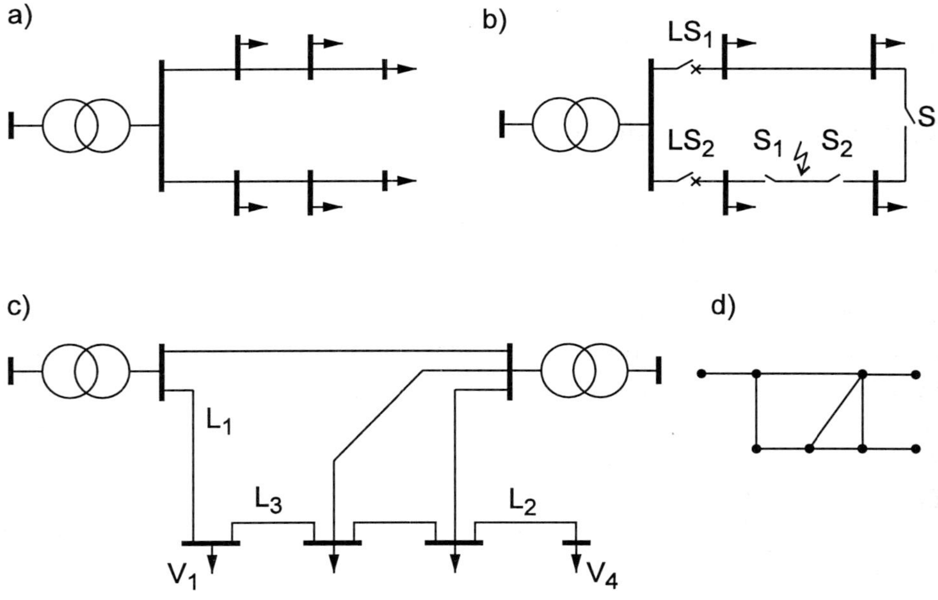

Bild 8.1: *Netzstrukturen*
a) Strahlennetz, b) Ringnetz, c) Maschennetz, d) Graph des Maschennetzes

aufwendigen Schutz, dessen Kosten bei diesen Spannungsebenen jedoch zu vertreten sind. In einem gut vermaschten Netz kann jedes der n Betriebsmittel, d. h. Transformatoren und Leitungen, ausfallen, ohne daß eine Versorgungsunterbrechung entsteht. Das Netz ist demnach auch mit n-1-Betriebsmitteln noch voll funktionstüchtig, es erfüllt die sog. n-1-Zuverlässigkeit. Die Überprüfung des Netzes c zeigt, daß der Verbraucher V_4 beim Ausfall der Leitung L_2 nicht mehr versorgt ist. Demnach ist hier das n-1-Prinzip nicht erfüllt. Das restliche Netz genügt allerdings den Zuverlässigkeitsanforderungen. So ist beim Ausfall der Leitungen L_1 auch die Versorgung des Verbrauchers V_1 sichergestellt. Es könnte jedoch sein, daß dann die Leitung L_3 überlastet wird. Zur Erreichung der n-1-Zuverlässigkeit gehört deshalb nicht nur die entsprechende Netzstruktur, sondern auch die ausreichende Dimensionierung der Betriebsmittel [8.1, 8.2].

Das Ringsystem b ist bei geschlossenem Schalter S das einfachste n-1-zuverlässige Maschennetz. Man muß bei der Auslegung allerdings beachten, daß durch Öffnen des Schalters LS_2 über den Schalter LS_1 etwa der doppelte Strom fließt.

Die Struktur eines Netzes wird als Topologie bezeichnet. Sie gibt die Verknüpfung von Knoten durch Zweige an. Dabei werden die Sammelschienen durch Knoten, Leitungen und Transformatoren durch Zweige repräsentiert. Bild 8.1d zeigt den Graphen des Maschennetzes c. Er stellt lediglich den Schaltzustand des Netzes dar und sagt nichts über Widerstände oder Ströme von Leitungen aus.

8.2 Sternpunktbehandlung

In Abschn. 2.1.2 wurde bereits gezeigt, daß bei Erdkurzschlüssen der Fehlerstrom sehr stark von der Schaltgruppe des Transformators und der Impedanz zwischen Transformatorsternpunkt und Erde abhängig ist. Im Falle eines ungeerdeten Transformatorsternpunktes wird der Erdkurzschlußstrom nahezu null. Ist der Sternpunkt N eines Dyn-Transformators unmittelbar geerdet, so fließen bei einpoligen Fehlern im Netz Ströme, die dem dreipoligen Kurzschlußstrom vergleichbar sind. Auf die Methoden zur Bestimmung der unsymmetrischen Kurzschlußströme wird in Abschn. 8.3.3 eingegangen. Im folgenden soll ein Beispiel zeigen, welche Leiter-Erd-Spannungen in einem Netz auftreten, wenn die Sternpunkte unterschiedlich behandelt werden. Dabei ist zwischen niederohmiger Sternpunkterdung, isolierten Netzen und gelöschten Netzen zu unterscheiden [1.5, 8.3].

8.2.1 Netze mit niederohmigen Sternpunkterdungen

Die Strom- und Spannungsverhältnisse bei niederohmiger Sternpunkterdung werden am Beispiel eines Netzes mit unmittelbarer Erdung verdeutlicht.

Beispiel 8.1. *In dem Netz nach Bild 8.2a soll ein Transformator mit den Daten S_r = 40 MVA, U_r = 110/20 kV, u_k = 10 %, u_h/u_k = 0,8 ein Freileitungsnetz mit einer gesamten Leitungslänge von 300 km versorgen. Die Leitungskapazitäten betragen C'_b = 10 nF/km, C'_E = 5 nF/km. Mit dem 4-Leiter-Modell entsprechend Abschn. 4.1.6 ist der Kurzschlußstrom unter Vernachlässigung der ohmschen Widerstände bei einem Fehler im Leiter R an den Klemmen des Transformators zu berechnen.*

Zunächst wird die Vierleiter-Ersatzschaltung des Transformators bestimmt

$$X_b = u_k \cdot U_r^2 / S_r = 0{,}1 \cdot 20^2 / 40 = 1\,\Omega$$
$$X_h = 0{,}8 \cdot 1 = 0{,}8\,\Omega$$
$$X_E = 1/3\left(X_h - X_b\right) = 1/3\,(0{,}8 - 1) = -0{,}067\,\Omega$$

Die negative Reaktanz X_E ist dabei eine Ersatzgröße ohne physikalische Bedeutung. Alle Kapazitäten der Leitungen liegen parallel.

$$X_{Cb} = \frac{1}{\omega C_b' \cdot 1} = \frac{1 \cdot 10^9}{314 \cdot 10 \cdot 300} = 10^3\,\Omega$$
$$X_{CE} = 2 \cdot 10^3\,\Omega$$

Die Induktivitäten der Leitung spielen in dem betrachteten Beispiel keine Rolle, so daß sich als Ersatzschaltung für das Netz Bild 8.2b ergibt.

Zur Berechnung von Kurzschlußströmen wird nach Abschn. 8.3.2.1 als treibende Spannung U_{QR} die Nennspannung $U_n/\sqrt{3}$ des Netzes mit 10 % Aufschlag gewählt. Sie führt zu dem Kurzschlußstrom

$$I_R = \frac{1{,}1 \cdot U_n / \sqrt{3}}{X_b + X_E} = \frac{1{,}1 \cdot 20 / \sqrt{3}}{1 - 0{,}067} = 13{,}6\text{ kA}$$

Für den dreipoligen Kurzschluß ergeben sich nur 12,7 kA.

Das Zeigerbild für den einpoligen Kurzschluß ist in Bild 8.2c dargestellt. Danach ergibt sich für die Klemmenspannungen des Transformators

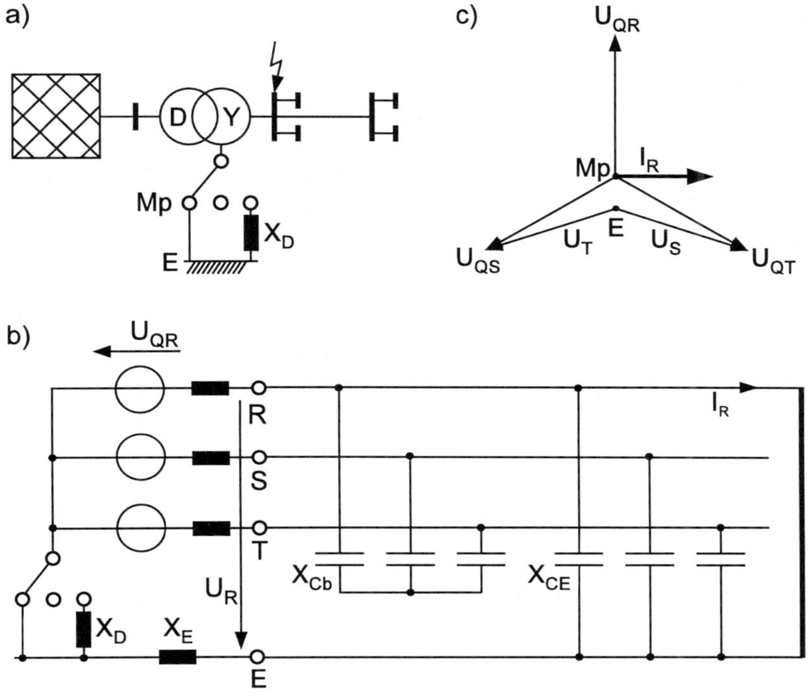

Bild 8.2: *Sternpunktbehandlung*
a) Netzschaltplan, b) Ersatzschaltung, c) Zeigerdiagramm

$$U_R = 0$$
$$\underline{U}_{SE} = \underline{U}_{SN} + U_{NE} = \underline{U}_{QS} - j\,X_E\,\underline{I}_R$$
$$\underline{U}_{SE} = 1{,}1 \cdot 20/\sqrt{3} \cdot e^{j120^\circ} - j(-0{,}067)\left(j\,13{,}6\right) = \left(-5{,}5 + j\,11\right)\,\text{kV}$$
$$U_{SE} = U_{RE} = 12{,}3\ \text{kV}$$

Die Ströme durch die Kapazitäten wurden vernachlässigt, da deren Reaktanzen um den Faktor 1 000 über der Transformatorreaktanz liegen.

Bei dem Beispiel hat sich wegen der negativen Reaktanz X_E in den fehlerfreien Leitern eine Spannung gegenüber Erde ergeben, die etwas unter der Spannung für ungestörten Betrieb liegt. Wenn zwischen Fehlerstelle und Transformator noch eine Leitung liegt, wird die Summe der Reaktanzen X_E positiv und damit die Spannung der fehlerfreien Leiter größer als die Spannung $U_n/\sqrt{3}$. Bei nicht geerdetem Sternpunkt nimmt sie den Maximalwert U_n an (Abschn. 8.2.2). Übersteigt die Leiter-Erdspannung einen bestimmten Wert, so ist keine wirksame Sternpunkterdung mehr gewährleistet. Dabei gilt folgende Definition:

Es wird die maximale Leiter-Erdspannung U_{max} für einen Erdkurzschluß am ungünstigsten Fehlerort gesucht und auf den Nennwert der Leiter-Erdspannung $U_n/\sqrt{3}$ bezogen. Unterschreitet der so bestimmte Erdfehlerfaktor δ den Grenzwert $\delta_g = 1{,}4$, so ist das Netz wirksam geerdet.

$$\delta = \frac{U_{max}}{U_n / \sqrt{3}} \leq \delta_g = 1{,}4 < \delta_{max} = \sqrt{3} \tag{8.1}$$

Bei Einhaltung dieser Bedingung kann nach VDE 0111 die Leiter-Erd-Isolation von Anlagen knapper bemessen werden als im Fall des nicht wirksam geerdeten Sternpunktes.

Dies gilt für Hochspannungsnetze und ist insbesondere in den höchsten Spannungsebenen 220 kV und 380 kV von erheblicher wirtschaftlicher Bedeutung. Nachteilig wirkt sich bei der niederohmigen Sternpunkterdung der große Erdkurzschlußstrom aus. Er fließt in den metallischen Teilen der Anlagen, in den Erdungsanlagen und im Erdreich. Dadurch entstehen Schritt- und Berührungsspannungen (Abschn. 4.5.5) sowie Beeinflussungsspannungen (Abschn. 4.5.2). Um den Erdkurzschlußstrom herabzusetzen, aber trotzdem die Erdungsbedingungen einzuhalten, werden nicht alle Transformatorsternpunkte geerdet oder in seltenen Fällen Sternpunktreaktanzen oder Sternpunktwiderstände eingesetzt. Dabei sind die Drosselspulen kostengünstiger, während Widerstände besser die Ausgleichsvorgänge nach einem Fehlereintritt dämpfen.

Die Sternpunkte von Niederspannungsnetzen werden aus Sicherheitsgründen in aller Regel ebenfalls geerdet (Abschn. 8.6.4).

Neben dem Erdfehlerfaktor δ verwendet man als ältere Definition noch die Erdungszahl $m = \delta/\sqrt{3}$.

8.2.2 Netze mit isolierten Sternpunkten

Wenn kein Transformatorsternpunkt des Netzes geerdet ist, besteht eine Leiter-Erdverbindung (Bild 8.2b) nur über die Erdkapazitäten C_E. Daneben wirken noch Spannungswandler, die zur Messung der Leiter-Erdspannung eingesetzt werden, und Überspannungsableiter. Geringfügige Unsymmetrien der Leiteranordnungen führen zu einer Verschiebung des Transformatorsternpunktes N gegenüber Erde E. Bei einem einpoligen Erdfehler steigen die beiden anderen Leiterspannungen gegen Erde auf die verkettete Spannung an. Nach Gl. (8.1) wird dann der Erdfehlerfaktor $\delta = \sqrt{3}$. Der Fehlerstrom bestimmt sich allein durch die Erdkapazität. Dies zeigt die folgende Betrachtung.

Beispiel 8.2. *Für das Beispiel 8.1 soll der Fall untersucht werden, daß der Transformatorsternpunkt isoliert ist. Dabei sind die Transformatorreaktanzen gegenüber den Kapazitäten zu vernachlässigen.*

Zunächst ist die Schaltung nach Bild 8.2b in Bild 8.3 zu überführen, indem die Leiter S und T zu einem Ersatzleiter zusammengefaßt werden. Als treibende Spannung wirkt dann

$$\left(\underline{U}_{QS} + \underline{U}_{QT}\right)/2 = -U_{QR}/2$$

Im Gegensatz zu Beispiel 8.1 wird die Spannung hier nicht um 10 % erhöht, da kein Kurzschluß vorliegt. Damit ergibt sich der Fehlerstrom

$$I_R = \frac{U_{QR} + U_{QR}/2}{X_{CE}/2} = 3\frac{U_{QR}}{X_{CE}} = 3\frac{20/\sqrt{3}\ \text{kV}}{2\cdot 10^3\ \Omega} = 17{,}3\ \text{A} \qquad (8.2)$$

Da in isoliert betriebenen Netzen bei einpoligen Fehlern der Strom wesentlich kleiner als ein Kurzschlußstrom ist, spricht man nicht vom Erdkurzschluß, sondern vom Erdschluß. Der oben berechnete Strom ist demnach ein Erdschlußstrom im Gegensatz zum Erdkurzschlußstrom im wirksam geerdeten Netz nach Beispiel 8.1.

Bei Netzen mit isoliert betriebenen Sternpunkten nehmen im Erdschlußfall die Leiter gegen Erde die verkettete Spannung an. Die auftretenden Erdschlußströme liegen weit unter dem Betriebsstrom und sind deshalb nur schwer von Schutzeinrichtungen zu erfassen.

Bei einem Erdschluß ist der Betrieb weiterhin möglich, bis er zu einem gewünschten Zeitpunkt durch probeweises Abschalten geortet und eliminiert wird. Schutzeinrichtungen zur Erkennung des Fehlerortes sind problembehaftet (Abschn. 8.8.6).

Mehr als 80 % der Fehler im Freileitungsnetz sind einpolig. Am häufigsten treten Lichtbogenfehler auf, die möglicherweise durch die Thermik der Luft von selbst löschen. Man spricht dann von Erdschlußwischern, die den Betrieb nicht wesentlich stören. Voraussetzung für die Löschfähigkeit sind ein kleiner Erdschlußstrom - und damit ein räumlich begrenztes Netz - sowie eine nicht zu hohe Betriebsspannung, denn der Erdschlußstrom wächst etwa linear mit der Netznennspannung.

8.2.3 Netze mit Erdschlußlöschung

Wird in Bild 8.1 der Sternpunkt über eine Drosselspule geerdet, so heben sich im Erdschlußfall die kapazitiven und induktiven Ströme teilweise auf. Dies läßt sich in einem Beispiel zeigen.

Beispiel 8.3. *Die Sternpunktdrossel X_D in Bild 8.2 ist so zu dimensionieren, daß sich der Erdschlußstrom I_R zu null ergibt.*

Hierzu wird in die Ersatzschaltung nach Bild 8.3 eine Drosselspule X_D zwischen Sternpunkt N und Erde E geschaltet und die kurzgeschlossene Kapazität C_E des fehlerbehafteten Leiters weggelassen. So entsteht Bild 8.4. Für dieses gilt

$$\underline{I}_R = -\underline{I}_D - \underline{I}_C = \frac{-\underline{U}_D}{j\,X_D} - \frac{\underline{U}_C}{-j\,X_{CE}\,/\,2} = -j\,\frac{U_{QR}}{X_D} + j\,\frac{U_{QR} + U_{QR}\,/\,2}{X_{CE}\,/\,2}$$

$$= -j\,U_{QR}\left[\frac{1}{X_D} - \frac{3}{X_{CE}}\right] \tag{8.3}$$

Daraus folgt die Resonanzbedingung

$$I_R = 0 \quad \rightarrow \quad 3\,X_D = X_{CE} \qquad\qquad X_D = \frac{1}{3}\cdot 2\cdot 10^3 = 666\;\Omega$$

Selbstverständlich gibt es in jedem Netz Verlustwiderstände. So führt insbesondere der ohmsche Anteil der Kompensationsdrossel X_D dazu, daß der Strom auch bei exakter Abstimmung nicht null wird. Man spricht von Erdschlußreststrom. Unsymmetrien im Netz können bei Abstimmung auf die Netzfrequenz zu erheblichen Sternpunktspannungen führen. Ursache hierfür sind ungleiche Erdkapazitäten oder Beeinflussung durch Nachbarsysteme. Es ist deshalb üblich, das Netz überkompensiert zu betreiben, so daß sich eine Resonanzfrequenz von z. B. 49 Hz einstellt.

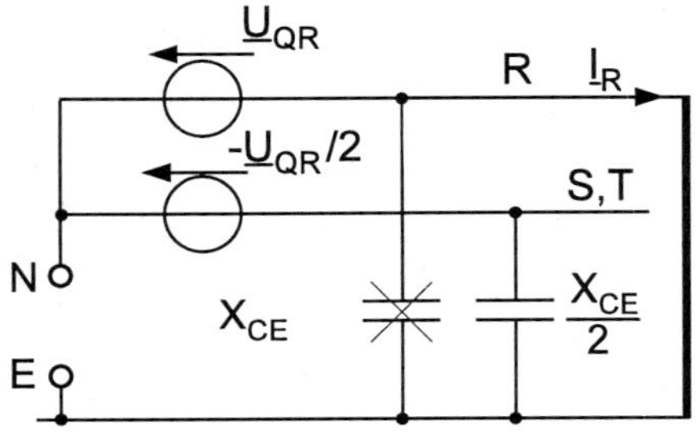

Bild 8.3: *Ersatzschaltung für ein Netz mit isoliertem Sternpunkt*

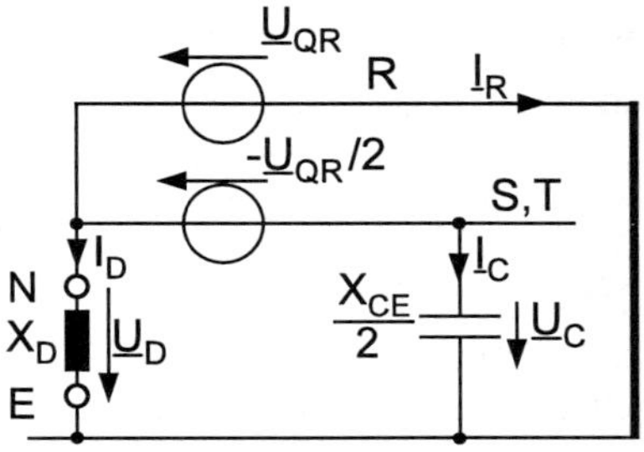

Bild 8.4: *Ersatzschaltung für ein Netz mit Erdschlußkompensation*

Der Strom durch die Drosselspule ist dann größer als der Strom durch die Erdkapazitäten. Wird nun eine Leitung abgeschaltet, nimmt der kapazitive Strom ab und es besteht keine Gefahr, in den Resonanzpunkt zu kommen.

Im 110-kV-Netz ist die Erdschlußkompensation üblich. Sie wirkt jedoch nur, wenn es gelingt, den Erdschlußreststrom unter ca. 130 A zu halten. Deshalb muß man die Fehlabstimmung des Resonanzkreises begrenzen und das galvanisch zusammenhängende Netz nicht zu groß machen. Da der Reststrom im gelöschten Fall erheblich kleiner als der Erdschlußstrom im Netz mit isoliertem Sternpunkt wird, sind die thermischen Schäden an der Fehlerstelle geringer. Dies ist insbesondere für Kabelnetze von Bedeutung, bei denen ein einpoliger Lichtbogenfehler sehr rasch in einen mehrpoligen übergehen kann.

Die Vorteile des gelöschten Netzes sind der kleine einpolige Fehlerstrom, die Selbstlöschung und die Möglichkeit, das Netz trotz eines Fehlers für einige Zeit weiter zu betreiben. Nachteilig ist der Anstieg der Leiter-Erdspannung in den gesunden Leitern auf das $\sqrt{3}$ fache und die erschwerte Fehlersuche.

Wie beim Netz mit isoliertem Sternpunkt ist das Vorhandensein eines Fehlers über die Sternpunktverlagerung leicht zu erfassen (Abschn. 2.4.1), die Fehlerortung gestaltet sich aber aufwendig (Abschn. 8.8.6).

8.3 Netzberechnung

Um Netze sinnvoll planen zu können, ist es notwendig, die Belastung der einzelnen Betriebsmittel im ungestörten und gestörten Betrieb zu kennen. Man benötigt deshalb Verfahren zur Berechnung der Strom- und Spannungsverteilung. Im Normalbetrieb steht die Aufteilung der Leistungsflüsse auf die einzelnen Betriebsmittel im Vordergrund. Deshalb spricht man von Lastflußrechnungen oder besser von Leistungsflußrechnungen. Im gestörten Betrieb sind Kurzschlußströme von Bedeutung. Zu ihrer Ermittlung führt man Kurzschlußstromrechnungen durch. Dabei wird zwischen symmetrischen und unsymmetrischen Fehlern unterschieden. Durch die Verbreitung der Leistungselektronik und die von ihr erzeugten Oberschwingungen hat der Oberschwingungslastfluß ebenfalls an Bedeutung gewonnen. Die angesprochenen Aufgaben lassen sich durch quasistationäre Berechnungen, also durch Lösen gewöhnlicher Gleichungssysteme, bearbeiten. Um Ausgleichsvorgänge nach Schalthandlungen zu simulieren, wird es erforderlich, das Netz durch Differentialgleichungen zu modellieren, die dann in der Regel mit numerischen Verfahren gelöst werden [8.4].

8.3.1 Leistungsfluß

Zur Berechnung der Strom- und Spannungsaufteilung in einem Energieversorgungsnetz ist für jede Leitung eine Gleichung aufzustellen, die den Zusammenhang zwischen Spannungsabfall und Strom beschreibt. An den Knotenpunkten müssen die Bedingungen „gleiche Spannung“ und „Summe der Ströme gleich null“ eingehalten werden, so daß alle Gleichungen miteinander gekoppelt sind. Die Lösung der Lastflußaufgabe läuft i. a. auf die Lösung eines Gleichungssystems mit Hilfe der komplexen Rechnung hinaus. In einfachen Fällen, bei nicht vermaschten Netzen, läßt sich das Problem von Hand bearbeiten. Man spricht dann von Spannungsfall-Berechnungen.

8.3.1.1 Spannungsfall

An einem einfachen Beispiel soll gezeigt werden, welche Spannungsfälle in einem Versorgungsnetz auftreten.

Beispiel 8.4. *Entsprechend Bild 8.5a speist ein leistungsstarkes Netz über einen Transformator und eine 20-kV-Leitung einen Verbraucher. Der Transformator ist in seinem Übersetzungsverhältnis so einzustellen, daß sich am Verbraucher Nennspannung einstellt. Es sind folgende Daten gegeben:*

$$S_r = 20\ \text{MVA} \quad ü = 100\ \text{kV} / 20\ \text{kV} \quad u_k = 10\ \%$$
$$l = 30\ \text{km} \quad R_L' = 0{,}4\ \Omega / \text{km} \quad X_L' = 0{,}33\ \Omega / \text{km}$$
$$P = 10\ \text{MW} \quad Q = 6\ \text{MVAr}$$

Zunächst wird die Netzimpedanz - bezogen auf die 20-kV-Seite - bestimmt (Bild 8.5b)

$$X_{Tr} = u_k\ U_r^2 / S_r = 0{,}1 \cdot 20^2 / 20 = 2\ \Omega$$
$$X_L = X_L' \cdot l = 0{,}33 \cdot 30 = 10\ \Omega \qquad R_L = R_L' \cdot l = 0{,}4 \cdot 30 = 12\ \Omega$$
$$X = X_{Tr} + X_L = 2 + 10 = 12\ \Omega \qquad R = R_L = 12\ \Omega$$

Für die Speisespannung ergibt sich dann

$$\underline{U}_1 = \underline{U} + \underline{Z} \cdot \sqrt{3}\ \underline{I} = \underline{U} + \underline{Z} \cdot \sqrt{3}\ \underline{S}^* / \left(\underline{U}^*\ \sqrt{3}\right)$$

Zur einfachen Berechnung wird die Verbraucherspannung in die reelle Achse gelegt ($\underline{U} = U = U_n$)

$$
\begin{aligned}
\underline{U}_1 &= U_n + (R + jX)(P - jQ) / U_n \\
&= U_n + (R \cdot P + X \cdot Q) / U_n + j(X \cdot P - R \cdot Q) / U_n \\
&= 20 + (12 \cdot 10 + 12 \cdot 6) / 20 + j(12 \cdot 10 - 12 \cdot 6) / 20 \\
&= 20 + 9{,}6 + j\,2{,}4 = (29{,}6 + j\,2{,}4)\,\text{kV} \qquad (8.4) \\
U_1 &= 29{,}7\,\text{kV}
\end{aligned}
$$

Daraus ergibt sich die notwendige Stufenstellung des Transformators zu

$$t = 20 / 29{,}7 = 0{,}67$$

Es sei darauf hingewiesen, daß bei Transformatoren die Oberspannungsseite den Stufensteller erhält, um kleinere Ströme schalten zu müssen. Die 110-kV-Wicklung wird demnach auf 110 · 0,67= 74 kV eingestellt.

Die Spannung an den Transformatorklemmen ergibt sich zu

$$
\begin{aligned}
\underline{U}_2 &= \underline{U}_1 - X_{Tr} Q / U_n - jX_{Tr} P / U_n \\
\underline{U}_2 &= 29{,}6 + j\,2{,}4 - 2 \cdot 6 / 20 - j\,2 \cdot 10 / 20 \\
&= (29 + j\,1{,}4)\,\text{kV} \\
U_2 &= 29{,}03\,\text{kV}
\end{aligned}
$$

Die angenommene Last kann von einer 20-kV-Leitung nach thermischen Gesichtspunkten übertragen werden. Die Netzspannung von 29 kV am Transformator liegt 45 % über dem Nennwert und ist deshalb nicht mehr zulässig. Eine 10 km lange Leitung würde zu 23 kV führen, die noch vertretbar sind.

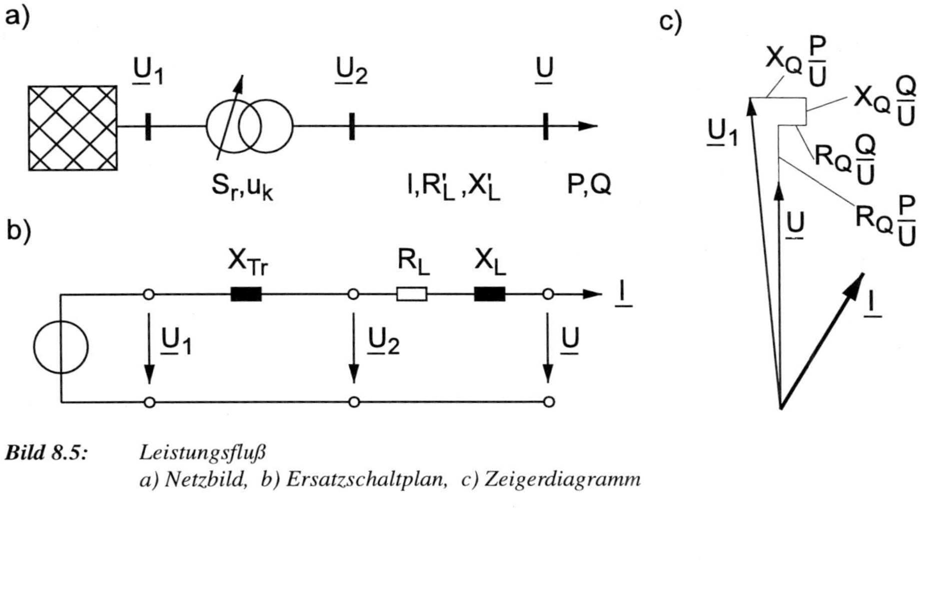

Bild 8.5: *Leistungsfluß*
a) Netzbild, b) Ersatzschaltplan, c) Zeigerdiagramm

Das Beispiel zeigt:

Wenn die Leitungslänge in einem 20-kV-Netz 10 km übersteigt, ist die Leitung aus Gründen der Spannungshaltung nicht mehr voll belastbar.

Es fällt in Gl. (8.4) auf, daß der Spannungsunterschied $\underline{U}_1$ - $\underline{U}$ in Betrag und Winkel annähernd durch folgende Beziehung bestimmt werden kann

$$U_1 - U = \Delta U \approx R\,P / U + X\,Q / U \tag{8.5}$$

$$\angle\left(\underline{U}_1 / \underline{U}\right) = \arctan \frac{X\,P / U - R\,Q / U}{U} \approx X\,P / U^2 - R\,Q / U^2 \tag{8.6}$$

Für die Stromversorgung sind insbesondere die Spannungen in den einzelnen Knoten von Bedeutung. Diese werden durch die Spannungsabfälle nach Gl. (8.5) berechnet.

Der Spannungsabfall wird bestimmt durch das Produkt aus Wirkleistungstransport und Leitungswiderstand sowie das Produkt aus Blindleistungstransport und Reaktanz. In Hochspannungsnetzen überwiegt der Term X·Q/U und in Niederspannungsnetzen R·P/U. Der Winkel zwischen den Spannungen ist nur für Stabilitätsbetrachtungen in Hochspannungsnetzen von Bedeutung; hier überwiegt der Term X·P/U².

8.3.1.2 Berechnung der Stromverteilung

In Bild 8.6a ist ein vermaschtes Netz, bestehend aus vier Knoten, dargestellt. Sind die Spannungen bekannt, so können die Ströme, die in das Netz hineinfließen, berechnet werden. Für den Knoten 1 ergibt sich

$$\begin{aligned}\sqrt{3}\,\underline{I}_1 &= \underline{Y}_{10}\,\underline{U}_1 + \underline{Y}_{12}\left(\underline{U}_1 - \underline{U}_2\right) + \underline{Y}_{13}\left(\underline{U}_1 - \underline{U}_3\right) + \underline{Y}_{14}\left(\underline{U}_1 - \underline{U}_4\right)\\ \sqrt{3}\,\underline{I}_1 &= \left(\underline{Y}_{10} + \underline{Y}_{12} + \underline{Y}_{13} + \underline{Y}_{14}\right)\underline{U}_1 - \underline{Y}_{12}\,\underline{U}_2 - \underline{Y}_{13}\,\underline{U}_3 - \underline{Y}_{14}\,\underline{U}_4\end{aligned} \tag{8.7}$$

Der Aufbau dieser Gleichung ist einfach zu durchschauen: Vor der Spannung $\underline{U}_1$ steht die Summe aller Admittanzen $\underline{Y}_{ik}$, die von dem Knoten 1 weggehen, vor der Spannung U_3 steht der negative Wert der Admittanz zwischen den Knoten 1 und 3 usw. Für den Knoten i ergibt sich dann bei einem Netz mit n Knoten

$$\sqrt{3}\,\underline{I}_i = \underline{a}_{i1}\,\underline{U}_1 + \ldots \underline{a}_{ik}\,\underline{U}_k + \ldots a_{ii}\,\underline{U}_i + \ldots a_{in}\,\underline{U}_n \tag{8.8}$$

Damit läßt sich das Netz durch ein Gleichungssystem beschreiben

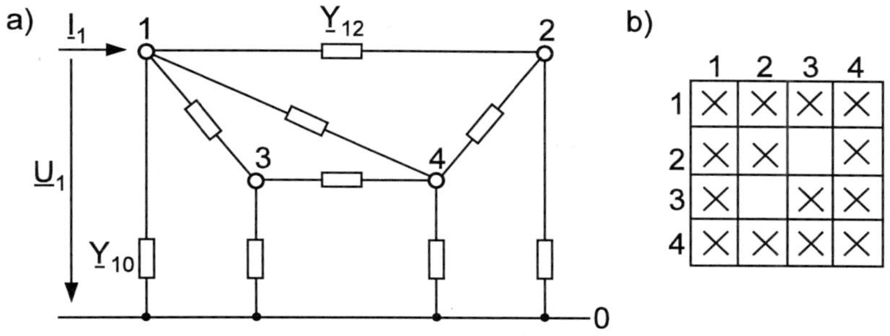

Bild 8.6: *Netz mit vier Knoten*
a) Netzstruktur, b) Besetztheit der Admittanzmatrix A

$$\begin{pmatrix} \sqrt{3}\,\underline{I}_1 \\ \vdots \\ \sqrt{3}\,\underline{I}_n \end{pmatrix} = \begin{pmatrix} \underline{a}_{11} & \cdots & \underline{a}_{1n} \\ \vdots & \ddots & \vdots \\ \underline{a}_{n1} & \cdots & \underline{a}_{nn} \end{pmatrix} \begin{pmatrix} \underline{U}_1 \\ \vdots \\ \underline{U}_n \end{pmatrix} \tag{8.9}$$

$$\underline{\mathbf{I}} = \underline{\mathbf{A}} \cdot \underline{\mathbf{U}}$$

mit $\underline{a}_{ii} = \sum_{k=0}^{n} \underline{Y}_{ik} \qquad \underline{a}_{ik} = -\underline{Y}_{ik} \quad i \neq k$

Für ein reales Netz sind viele der Elemente a_{ik} null (Bild 8.6b), denn von jedem Knoten führen im Durchschnitt nur drei Leitungen weg.

Neben der schwachen Besetztheit ist die Matrix $\underline{\mathbf{A}}$ auch symmetrisch ($\underline{Y}_{ik} = \underline{Y}_{ki}$). Beide Eigenschaften kann man bei der Lösung des Gleichungssystems (8.9) zur Vereinfachung der Matrixinversion bzw. -teilinversion nutzen.

Sind alle Einspeiseströme $\underline{\mathbf{I}}$ gegeben, so lassen sich durch Inversion der Matrix $\underline{\mathbf{A}}$ die Spannungen $\underline{\mathbf{U}}$ bestimmen. Für den Sonderfall, daß alle Elemente Y_{i0} null sind, wird $\underline{\mathbf{A}}$ jedoch singulär. Es können dann nur die Spannungen zwischen den Knoten, z. B. $\underline{U}_{12}$, aber nicht Knotenspannungen selbst, z. B. $\underline{U}_3$, bestimmt werden.

Im einfachsten Fall ist die Spannung in einem Einspeiseknoten, z. B. Knoten 1, vorgegeben und die Verbraucheradmittanzen sind als spannungsunabhängig anzusetzen

$$\underline{Y}_{i0} = \underline{S}_i \,/\, U_n^2 \tag{8.10}$$

Durch die Einbeziehung der Last in die Admittanzmatrix werden die Einspeiseströme $\underline{I}_i$ ($i \geq 2$) in Gl. (8.9) zu null.

Für eine vorgegebene Spannung $\underline{U}_1$ und bekannte Ströme $\underline{I}_i$ (i ≥ 2) sind durch Teilinversion der Matrix $\underline{\mathbf{A}}$ die unbekannten Größen $\underline{I}_1$ und $\underline{U}_i$ (i ≥ 2) zu bestimmen.

$$\begin{pmatrix} \sqrt{3}\,\underline{I}_1 \\ \underline{U}_2 \\ \vdots \\ \underline{U}_n \end{pmatrix} = \mathbf{H} \cdot \begin{pmatrix} \underline{U}_1 \\ \sqrt{3}\,\underline{I}_2 \\ \vdots \\ \sqrt{3}\,\underline{I}_n \end{pmatrix} = \mathbf{H} \cdot \begin{pmatrix} \underline{U}_1 \\ 0 \\ \vdots \\ 0 \end{pmatrix} \tag{8.11}$$

Dieses Verfahren wird linearer Lastfluß genannt. Wenn jedoch mit den berechneten Spannungen $\underline{U}_i$ und der Lastadmittanz $\underline{Y}_{i0}$ nach Gl. (8.10) die Leistungen $\underline{S}_i$ der Lasten berechnet werden, stimmen sie mit den Vorgabewerten nicht überein, es sei denn die berechnete Spannung ist zufällig gleich der Nennspannung U_n. Die sich ergebenden Abweichungen sind bei der Auslegung von Netzen i. a. tolerierbar. Der planende Ingenieur schätzt beispielsweise für den Leistungsbedarf eines Wohngebietes in 10 Jahren P = 10 MW. Mit gleicher Prognosegenauigkeit hätte er auch 11,85 MW schätzen können. Dies ist ein mögliches Ergebnis der oben beschriebenen Lastflußberechnung. Trotzdem stört es den Anwender eines Programms, wenn das Ergebnis nicht exakt den von ihm vorgegebenen Fall widerspiegelt. Darüber hinaus gibt es auch Fälle, in denen die Genauigkeit des skizzierten Lösungsverfahrens nicht ausreicht.

8.3.1.3 Stromiteration

Es muß ein Verfahren gefunden werden, das die Stromverteilung für die vorgegebene Leistung exakt berechnet. Dieses soll anhand eines einfachen Beispiels diskutiert werden.

Beispiel 8.5. *Für das Netz nach Beispiel 8.4 soll unter Vernachlässigung der Reaktanzen und der Blindlast die Spannung U berechnet werden. Dabei sei die Speisespannung gleich der Nennspannung U_n.*

Aus Beispiel 8.4 ist zu entnehmen: $U_1 = U_n = 20$ kV, $R = 12\ \Omega$, $P = 10$ MW

$$U = U_n - R \cdot I \cdot \sqrt{3} = U_n - R \cdot P / U \tag{8.12}$$

Die Lösung dieser quadratischen Gleichung liefert

$$U = U_n / 2 \pm \sqrt{U_n^2 / 4 - R \cdot P} \tag{8.13}$$

$$U = 20/2 \pm \sqrt{100 - 12 \cdot 10} = \left(10 \pm \mathrm{j}\,4{,}5\right) \mathrm{kV}$$

Das komplexe Ergebnis bedeutet, daß die Leistung 10 MW entsprechend der Aufgabenstellung nicht übertragen kann. Für die Last P = 5 MW ergibt sich

$$U = 10 \pm \sqrt{100 - 12 \cdot 5} = 16{,}32 \text{ kV und } 3{,}68 \text{ kV}$$

Wird die Übertragungsleistung gesteigert, so fällt bei dem Maximalwert P = 100/12 = 8,3 MW die Spannung auf $U = U_n/2$ = 10 kV ab. Es liegt eine Anpassung vor. Ein starker Leistungsanstieg kann demnach zu einem Zusammenbruch der Stromversorgung führen. Im Hochspannungsnetz tritt dieser Effekt aufgrund der überwiegenden Leistungsreaktanz X >> R i. a. bei der Steigerung des Blindleistungstransports auf.

Knoten mit konstanter, spannungsunabhängiger Leistung liegen beispielsweise an den Einspeisestellen von Städten vor, die aus dem 110-kV-Verbundnetz Strom beziehen und ihr 20-kV-Netz über automatische Verstellung der Transformatorstufen regeln. Anhand des Bildes 8.7a soll der Regelvorgang erläutert werden. Durch den Lastzuwachs $\Delta\underline{Z}_V$ sinkt die Spannung U_V. Daraufhin verändert der Spannungsregler R_U die Stufenstellung t, um die Spannung U_V auf ihren Sollwert U_w zurückzuführen. Der dadurch steigende Netzstrom I auf der Oberspannungsseite führt wegen des Span-

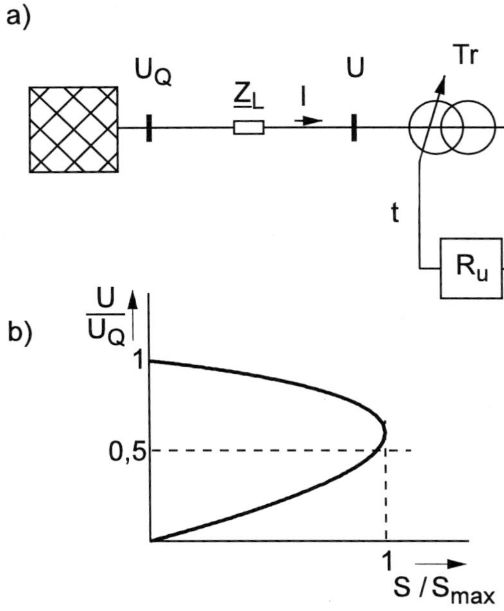

Bild 8.7: *Leistungsfluß bei konstanter Last*
a) Netzschaltbild, b) Lösungsvielfalt, c) Ersatznetz

nungsabfalls zu einer Absenkung der Spannung U. Wenn die Last weiter ansteigt, entsteht Instabilität.

Spannungsinstabilität oder ein Spannungskollaps treten in einem Netz auf, wenn die Netzlast unabhängig von der Versorgungsspannung konstant bleibt und einen gewissen Grenzwert übersteigt. Konstanter Leistungsbezug stellt sich ein, wenn die Last über einen Transformator gespeist wird, dessen Sekundärseite spannungsgeregelt ist.

Die für den rein ohmschen Fall beschriebenen Verhältnisse lassen sich auf ohmsch-induktive Systeme übertragen. Der kritische Punkt liegt dann jedoch nicht bei der halben Netzspannung, sondern in der Regel etwas höher (Bild 8.7c).

Die Verallgemeinerung des Lastflußproblems auf ein Netz mit n-1 Lastknoten und einer Einspeisung führt zu n-1 quadratischen Gleichungen. Sie sind nur iterativ zu lösen.

Hierzu werden in Gl. (8.11) die Lasten nicht mit in die Admittanzmatrix $\underline{\mathbf{A}}$ und demzufolge auch nicht in die Matrix $\underline{\mathbf{H}}$ einbezogen, sondern über die Ströme $\underline{I}$ berücksichtigt

$$\begin{pmatrix} \sqrt{3}\,\underline{I}_1 \\ \underline{U}_2 \\ \vdots \\ \underline{U}_n \end{pmatrix} = \underline{\mathbf{H}} \cdot \begin{pmatrix} \underline{U}_1 \\ \sqrt{3}\,\underline{I}_2 \\ \vdots \\ \sqrt{3}\,\underline{I}_n \end{pmatrix} \qquad \sqrt{3}\,\underline{I}_i = \underline{S}_i^* / \underline{U}_i^* \tag{8.14}$$

Mit einem Startwert für die Spannungen, z. B. $\underline{U}_i = U_n$ werden die Ströme $\underline{I}_i$ und damit die Spannungen $\underline{U}_i$ ($i \geq 2$) berechnet, die sich dann wieder zur Berechnung der Ströme einsetzen lassen. Der Iterationsprozeß verläuft i. a. konvergent, wenn der Betriebspunkt nicht in der Nähe der Spannungsinstabilität liegt. In solchen Fällen muß mit Konvergenzfaktoren der Iterationsprozeß verlangsamt werden.

Beispiel 8.6. *Für das Beispiel 8.5 soll die Spannung U iterativ bestimmt werden. Die Netzgleichungen der beiden Knoten lauten nach Gl. (8.9)*

$$\sqrt{3}\,I_1 = 1/R\,(U_1 - U) \qquad \sqrt{3}\,I = 1/R\,(U - U_1)$$

Davon ist die zweite Gleichung nach U umzustellen, so daß die Formel (8.11) bzw. (8.14) entsteht

$$U = U_1 + R\,\sqrt{3}\,I \qquad \sqrt{3}\,I = P/U$$

Für die Iteration sind nur diese beiden Gleichungen notwendig. Beim Einsetzen der Zahlenwerte ist darauf zu achten, daß in den Gln. (8.14) entsprechend Bild 8.6 die Leistung positiv ist, wenn sie in das Netz hineinfließt. Im vorliegenden Fall gilt demnach P = -5 MW. Als Startwert wird $U = U_n = 20$ kV gesetzt

$$\sqrt{3}\,I = P / U = -5 / 20 = -0{,}25 \text{ kA}$$

$$U = U_1 + R \cdot \sqrt{3}\,I = 20 + 12 \cdot (-0{,}25) = 17 \text{ kV}$$

$$\sqrt{3}\,I = -5 / 17 = -0{,}29 \text{ kA}$$

$$U = 20 + 12 \cdot (-0{,}29) = 16{,}47 \div 16{,}36 \div 16{,}33 \div 16{,}33 \text{ kV}$$

Das beschriebene Verfahren liefert aus der Lösungsvielfalt des nichtlinearen Gleichungssystems diejenige Lösung, die sich bei dem Netz nach Bild 8.7 stabil einstellt, denn die einzelnen Iterationsschritte können als Verstellung der Stufen des Transformators interpretiert werden, so daß der dynamische Prozeß der Iteration analog zu dem dynamischen Prozeß der Spannungsregelung abläuft.

Um ein genügend genaues Ergebnis zu erhalten, können bei großen Netzen einige hundert Iterationsschritte notwendig werden.

8.3.1.4 Newton-Raphson

Das Newton-Verfahren zeichnet sich gegenüber dem eben beschriebenen durch eine quadratische Konvergenz aus und führt deshalb nach wenigen Schritten zu einem genauen Ergebnis, wenn der Startwert nicht zu weit vom Endwert entfernt liegt.

In Bild 8.8 soll der Schnittpunkt der Funktion Y(X) mit dem Sollwert Y_S gefunden werden. Ausgehend von dem Startwert X_1 und der Steigung im Startpunkt $Y_1' = dY / dX$ (für X_1) läßt sich ein verbesserter Wert bestimmen

$$X_2 = X_1 - \Delta X_1 = X_1 - Y_1'^{-1} \left(Y_1 - Y_s\right) \tag{8.15}$$

Das Verfahren wird fortgesetzt, bis der Iterationswert Y_i nahe genug an den Sollwert Y_s herangekommen ist. X_i ist dann die Lösung.

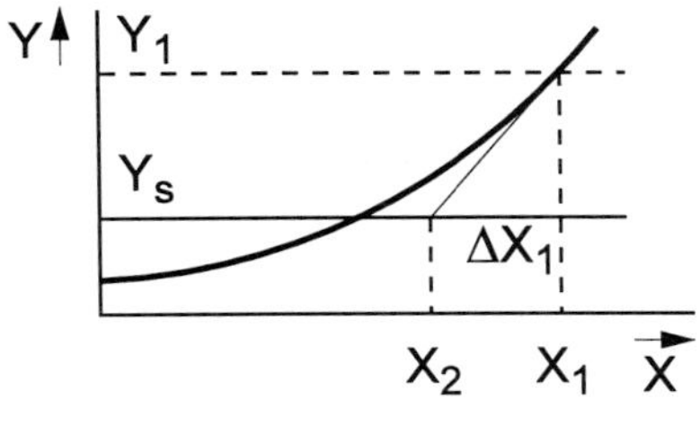

Bild 8.8: *Newton-Verfahren*

Gl. (8.15) läßt sich auf ein Gleichungssystem erweitern. Die Steigung Y' wird dann zur Jacobimatrix **J**.

Zur Lösung des nichtlinearen Gleichungssystems (8.14) ist eine komplexe Funktion zu differenzieren. Wegen des konjugiert komplexen Ausdrucks zur Bestimmung der Scheinleistung verstößt man dabei jedoch gegen die Cauchy-Riemannsche Bedingung zur Differenzierbarkeit komplexer Funktionen. Es ist deshalb notwendig, die n komplexen Gleichungen in 2 n reelle zu zerlegen

$$\underline{S} = P + jQ \qquad \underline{Y} = G + jB \qquad \underline{U} = e + jf \tag{8.16}$$

Damit ergibt sich für ein 2-Knotennetz (Bild 8.7b)

$$\underline{S}_2 = \underline{U}_2\,\overset{*}{\underline{I}}_2\sqrt{3} = \underline{U}_2 \cdot \underline{Y}^*_{21}\left(\underline{U}^*_2 - \underline{U}^*_1\right) \tag{8.17}$$

Mit den Vereinfachungen $\underline{S}_2 = \underline{S}$, $\underline{Y}_{21} = \underline{Y}$, $\underline{U}_2 = \underline{U}$, $\underline{U}_1 = U_1$ ergibt sich dann

$$P + jQ = \left(e + jf\right)\left(G - jB\right)\left(e - jf - U_1\right)$$

$$P = G\,e^2 - G\,U_1 e - B\,U_1\,f + G\,f^2 \tag{8.18}$$

$$Q = -B\,f^2 - G\,U_1\,f - B\,e^2 + B\,U_1\,e \tag{8.19}$$

Diese Ausdrücke sind zu differenzieren

$$\partial P / \partial e = 2\,G\,e - G\,U_1 \tag{8.20}$$

$$\partial P / \partial f = -B\,U_1 + 2\,G\,f \tag{8.21}$$

$$\partial Q / \partial e = -2\,B\,e + B\,U_1 \tag{8.22}$$

$$\partial Q / \partial f = -2\,B\,f - G\,U_1 \tag{8.23}$$

Für den Zusammenhang zwischen Spannungs- und Leistungsänderung ergibt sich damit

$$\begin{pmatrix} \Delta P \\ \Delta Q \end{pmatrix} = \begin{pmatrix} \partial P / \partial e & \partial P / \partial f \\ \partial Q / \partial e & \partial Q / \partial f \end{pmatrix} \begin{pmatrix} \Delta e \\ \Delta f \end{pmatrix}$$

$$\begin{pmatrix} \Delta P \\ \Delta Q \end{pmatrix} = \mathbf{J} \begin{pmatrix} \Delta e \\ \Delta f \end{pmatrix} \qquad \begin{pmatrix} \Delta e \\ \Delta f \end{pmatrix} = \mathbf{J}^{-1} \begin{pmatrix} \Delta P \\ \Delta Q \end{pmatrix} \tag{8.24}$$

Mit einem Startwert e, f läßt sich nun aus den Gln. (8.18) und (8.19) eine Leistung P, Q berechnen. Mit ihr ergibt sich analog zu Gl. (8.15) ein verbesserter Wert der Spannungen.

$$\begin{pmatrix} e \\ f \end{pmatrix} := \begin{pmatrix} e \\ f \end{pmatrix} - \mathbf{J}^{-1} \begin{pmatrix} P - P_s \\ Q - Q_s \end{pmatrix} \tag{8.25}$$

Das Zeichen := bedeutet, daß links die neuen Werte für e und f stehen. Bei einem Netz mit n Knoten und der festen Knotenspannung U_1 erweitert sich Gl. (8.25) zu

$$\begin{pmatrix} e_2 \\ f_2 \\ \vdots \\ e_n \\ f_n \end{pmatrix} := \begin{pmatrix} e_2 \\ f_2 \\ \vdots \\ e_n \\ f_n \end{pmatrix} - \mathbf{J}^{-1} \begin{pmatrix} P_2 - P_{2s} \\ Q_2 - Q_{2s} \\ \vdots \\ P_n - P_{ns} \\ Q_n - Q_{ns} \end{pmatrix} \tag{8.26}$$

$$\begin{pmatrix} P_2 \\ Q_2 \\ \vdots \\ P_n \\ Q_n \end{pmatrix} := \begin{pmatrix} f_2\left(e_2\ f_2 \ldots e_n\ f_n\right) \\ g_2\left(e_2\ f_2 \ldots e_n\ f_n\right) \\ \vdots \\ f_n\left(\ldots\right) \\ g_n\left(\ldots\right) \end{pmatrix} \tag{8.27}$$

Die Iteration beginnt mit der Festlegung der Spannungsstartwerte, z. B. $e_i = U_n$, $f_i = 0$. Diese werden in Gl. (8.27) eingesetzt und führen in Gl. (8.26) zu verbesserten Werten e_i, f_i, die wiederum zur Berechnung der Leistungen aus Gl. (8.27) dienen.

Um ein Lastflußprogramm nach diesem Verfahren zu erstellen, müssen die Funktionen f_2, g_2 ... f_n, g_n in Gl. (8.27) sowie die Elemente der Jacobimatrix **J** in allgemeiner Form programmiert werden. Auch die Inversion der Jacobimatrix erfordert einigen Aufwand. Trotzdem hat sich das Newton-Raphson-Verfahren heute allgemein durchgesetzt.

Beispiel 8.7. *Für das Beispiel 8.6 soll die Lösung nach dem Newton-Verfahren gefunden werden. Es handelt sich um ein reelles Problem, da die Blindwiderstände und die Blindleistung vernachlässigt sind. Zunächst wird die Leistungsgleichung (8.18) aufgestellt und differenziert (Gl. 8.20).*

Die Jacobimatrix degeneriert in dem einfachen Beispiel zu einem Skalar

$$P = \sqrt{3}\ U\ I = U \cdot G\left(U - U_1\right) = G\ U^2 - G\ U_1 U$$
$$\partial P / \partial U = 2\ G\ U - G\ U_1 = J$$

Gl. (8.27) vereinfacht sich zu

$$U := U - J^{-1}\left(P - P_s\right)$$

Mit dem Startwert $U = U_n = U_1 = 20$ kV folgt

$$P = (1/12)\cdot 20^2 - (1/12)\cdot 20\cdot 20 = 0$$

$$J = 2\cdot(1/12)\cdot 20 - (1/12)\cdot 20 = 1{,}667 \qquad J^{-1} = 0{,}6$$

$$U := 20 - 0{,}6\,(0+5) = 17$$

$$P = (1/12)\cdot 17^2 - (1/12)\cdot 20\cdot 17 = -4{,}25$$

$$J = 2\cdot(1/12)\cdot 7 - (1/12)\cdot 20 = 1{,}167 \qquad J^{-1} = 0{,}857$$

$$U := 17 - 0{,}857\,(-4{,}25+5) = 16{,}36 \text{ kV}$$

$$P = -4{,}9625 \div -4{,}99993 \text{ MW}$$

Man sieht die quadratische Konvergenz der Leistung auf den Vorgabewert P = -5 MW.

Das Newton-Raphson-Verfahren bietet den großen Vorteil der raschen Konvergenz, die i. a. nach fünf Schritten ein Ergebnis im Rahmen der Darstellungsgenauigkeit der Zahlenwerte liefert. Nachteilig sind der große Programm- und Rechenaufwand pro Iterationsschritt sowie die Gefahr der Instabilität, wenn die Startwerte weit von den Endwerten entfernt liegen.

Da jeder Lastknoten des Netzes durch eine quadratische Gleichung beschrieben wird, gibt es bei großen Netzen eine erhebliche Lösungsvielfalt. Der theoretische Wert von 2 (n-1)-Lösungen existiert jedoch nur in extrem schwach belasteten Netzen. Bei üblicher Netzlast fallen einige Lösungen aus den reellen Zahlenbereichen heraus. Grundsätzlich liefert das Newton-Verfahren jedoch bei geeigneter Wahl des Startwertes alle reellen Lösungen.

In dem Beispiel 8.7 wurde der sog. Flat-Start angesetzt, bei dem alle Lastspannungen gleich der Einspeisespannung sind. Wählt man als Startwert die Spannung 3,8 kV, so konvergiert die Iteration auf die zweite Lösung 3,68 kV hin, die von der Stromiteration nicht gefunden wurde. Deshalb benutzen einige Lastflußprogramme die Stromiteration, um in die Nähe der stabilen Lösung zu gelangen, die dann von dem Newton-Raphson-Verfahren exakt bestimmt wird.

8.3.1.5 Lastfluß bei Generatoreinspeisung

In den vorangegangenen Abschnitten wurden Netze mit einer Einspeisung und mehreren Lasten betrachtet. Generatoren halten i. a. über ihre Spannungsregelung die

Spannung und aufgrund der Drehzahlregelung die Wirkleistungsabgabe konstant. Die letzte Aussage bedarf einer Erklärung. Die Drehzahlregler enthalten keinen I-Anteil oder sind mit einer Statik versehen (Abschn. 7.7). Da die Drehzahl der Maschine über die Netzfrequenz festliegt, verstellt der Drehzahlsollwert die Wirkleistungsabgabe.

Man unterscheidet für die Lastflußrechnung deshalb entsprechend Bild 8.9 drei Knotentypen.

Slack-Knoten (S). Der Festspannungsknoten hält während der Iteration die Spannung nach Betrag und Winkel konstant. Für die Rechnung wird er i. a. als Knoten 1 mit dem Spannungswinkel null angesetzt. Wenn die Leistungen der anderen Knoten nicht sorgfältig gewählt sind, übernimmt er die Restleistung, z. B. die Netzverluste. Es ist deshalb sinnvoll, den Slack-Knoten in das Zentrum des Netzes zu legen.

Last-Knoten (L). Die P-Q-Knoten halten die Scheinleistung unabhängig von der Spannung konstant. Eine Spannungsabhängigkeit ist durch teilweise Verlagerung der Last in die Admittanzmatrix (Y_{i0}) zu berücksichtigen.

Generator-Knoten (G). Die P-U-Knoten halten die Wirkleistung und den Betrag der Spannung konstant.

Für die Generatorknoten ist anstelle der Gl. (8.24) eine neue Jacobimatrix einzuführen

$$\begin{pmatrix} \Delta P \\ \Delta U \end{pmatrix} = \begin{pmatrix} \partial P / \partial e & \partial P / \partial f \\ \partial U / \partial e & \partial U / \partial f \end{pmatrix} \begin{pmatrix} \Delta e \\ \Delta f \end{pmatrix} \tag{8.28}$$

Bei der Lösung dieses Gleichungssystems ist $\Delta U = 0$ zu setzen.

Da insbesondere im Hochspannungsnetz die Wirkleistung von dem Winkel zwischen den Knotenspannungen bestimmt wird und die Blindleistung von den Spannungsbeträgen abhängt, bietet es sich an, die Knotenspannungen nicht in ihre Komponenten e und f zu zerlegen, sondern in Betrag U und Winkel ϑ. Für ein Netz mit Lasten L und Generatoren G ergibt sich dann die Gleichung

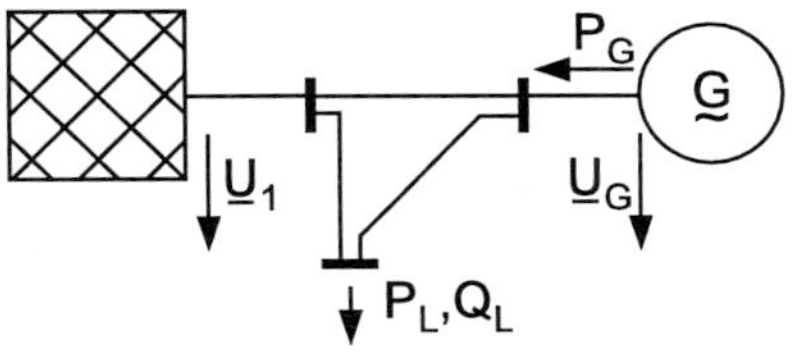

Bild 8.9: *Netz mit Generator und Lastknoten*

$$\begin{pmatrix} \Delta P_L \\ \Delta Q_L \\ \Delta P_G \end{pmatrix} = \mathbf{J} \begin{pmatrix} \Delta U_L / U_n \\ \Delta \vartheta_L \\ \Delta \vartheta_G \end{pmatrix} \tag{8.29}$$

Während für die Lastknoten L zwei Komponenten notwendig sind, genügt bei Generatorknoten G eine Komponente. Aus rechentechnischen Gründen werden die Spannungsänderungen ΔU_L auf die Nennspannung des Knotens U_n bezogen.

8.3.1.6 Einhaltung von Grenzbedingungen

Der Netzplaner gibt dem Lastflußprogramm die Netzadmittanz, die Verbraucherleistung, die Generatorspannungen und -wirkleistungen vor. Daraus errechnet das Programm in der Regel einen Leistungsfluß, der einige Auslegungsgrenzwerte verletzt, z. B. eine zu hohe Generatorblindleistung oder zu niedrige Lastspannungen. Es ist deshalb in einigen Rechnerprogrammen möglich, während der Iteration die Bedeutung der Generator- und Lastknoten bei Erreichen eines Grenzwertes zu wechseln, beispielsweise aus einem P-U-Knoten einen P-Q-Knoten zu machen oder die Stufenstellung eines Transformators, die in der Admittanzmatrix enthalten ist, zu verändern. Optimierungsprogramme minimieren Zielfunktionen, z. B. die Verluste im Netz durch Variation der Transformatorstufenstellungen und Blindleistungseinspeisungen.

8.3.2 Kurzschlußstromberechnung

Die Größe eines Kurzschlußstroms ist von den Netzparametern, z. B. den Leitungsimpedanzen, dem Schaltzustand des Netzes und dem aktuellen Betriebszustand, d. h. dem Leistungsfluß, vor Fehlereintritt abhängig. Da sich durch den Kurzschluß die Spannungen in weiten Bereichen des Netzes stark ändern, verhalten sich die einzelnen Betriebsmittel, insbesondere die Lasten, nichtlinear. Es ist deshalb nur schwer möglich, die Stromverteilung in einem Netz bei Kurzschluß genau zu bestimmen. Mit einer zulässigen Fehlertoleranz von etwa 10 % ergeben sich aber relativ einfache Modelle, deren Behandlung mit dem vom Lastfluß bekannten Verfahren möglich ist [8.5].

8.3.2.1 Kurzschluß nach VDE 0102

Nach VDE können zur Berechnung des Kurzschlußstromes einige Vereinfachungen durchgeführt werden.

- Grundlage der Berechnungen ist der quasistationäre, subtransiente Kurzschlußstrom, der in Wirklichkeit nur wenige Millisekunden ansteht, aber als stationär unterstellt wird.
- Alle Lasten und Kapazitäten werden vernachlässigt. Lediglich Drehstrommotoren in der Nähe des Kurzschlußortes sind wie Generatoren zu behandeln.
- Von den Transformatoren wird angenommen, daß sie das Übersetzungsverhältnis der Netznennspannungen haben. Nur bei großen Abweichungen sind Korrekturmaßnahmen vorgesehen.
- Die Generatoren werden durch ihre Subtransientreaktanz und eine innere Spannung, die um den Faktor c = 1,1 über der Netznennspannung liegt, nachgebildet.

Mit diesen Vereinfachungen läßt sich das Netz nach Bild 8.10a durch die Ersatzschaltung b behandeln. Zur Vereinfachung werden dabei häufig nur die Reaktanzen berücksichtigt.

Die Spannungsquellen des Netzes liegen hinter den Reaktanzen X_M und X_Q. Da bei der Kurzschlußrechnung aber alle speisenden Spannungen definitionsgemäß den gleichen Betrag haben, können sie auch zu einer Spannungsquelle im Kurzschlußzweig zusammengefaßt werden.

Beispiel 8.8. *Für das Netz nach Bild 8.10 sollen der Kurzschlußstrom und die Teilkurzschlußströme bestimmt werden. Hierzu sind folgende Daten gegeben*

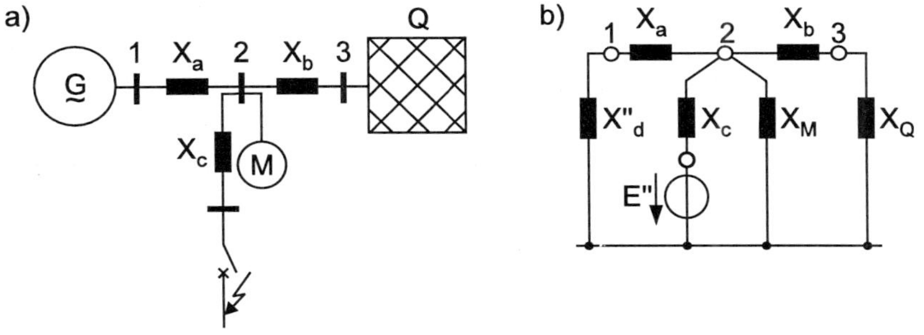

Bild 8.10: *Netz zur Kurzschlußstromberechnung*
a) Schaltbild des Netzes, b) Ersatzschaltbild

$$U_n = 110\,\text{kV}; \quad S_G = 100\,\text{MVA}; \quad x_d'' = 20\,\%; \quad S_M = 20\,\text{MVA};$$
$$I_{Anl} / I_r = 5; \quad X_Q = 10\,\Omega; \quad X_a = 50\,\Omega; \quad X_b = 15\,\Omega; \quad X_c = 20\,\Omega$$

Für Generator und Motor sind die Reaktanzen zu berechnen

$$X_d'' = x_d'' \cdot U_n^2 / S_G = 0{,}2 \cdot 110^2 / 100 = 24\,\Omega$$
$$X_M = I_r / I_{Anl} \cdot U_n^2 / S_M = 1/5 \cdot 110^2 / 20 = 121\,\Omega$$

Die wirksame Motorreaktanz X_M ist die Summe aus Ständer- und Läuferstreureaktanz, die auch den Anlaufstrom bedingt. Von der Fehlerstelle aus gesehen ergibt sich die Fehlerreaktanz

$$X_1 = X_d'' + X_a = 24 + 50 = 74\,\Omega$$
$$X_3 = X_Q + X_b = 10 + 15 = 25\,\Omega$$
$$1/X_2 = 1/X_1 + 1/X_3 + 1/X_M = 1/74 + 1/25 + 1/121 \qquad X_2 = 16\,\Omega$$
$$X_k = X_c + X_2 = 20 + 16 = 36\,\Omega$$
$$I_k'' = \frac{E''/\sqrt{3}}{X_k} = \frac{c\,U_n / \sqrt{3}}{X_k} = \frac{1{,}1 \cdot 110 / \sqrt{3}}{36} = 1{,}9\,\text{kA}$$

Die Teilkurzschlußströme ergeben sich zu

$$I_{k1}'' = X_2 / X_1\, I_k'' = 16/74 \cdot 1{,}9 = 0{,}41\,\text{kA}$$
$$I_{k3}'' = X_2 / x_3\, I_k'' = 16/25 \cdot 1{,}9 = 1{,}22\,\text{kA}$$
$$I_{kM}'' = X_2 / X_M\, I_k'' = 16/121 \cdot 1{,}9 = 0{,}25\,\text{kA}$$

Die Motoren, die zu einer Ersatzmaschine zusammengefaßt und in der Schaltanlage angeschlossen sind, liefern einen Beitrag von 13 % zum Kurzschlußstrom. Dies ist nicht mehr zu vernachlässigen.

8.3.2.2 Berechnung der Kurzschlußströme

Der subtransiente Kurzschlußstrom, auch Stoßkurzschlußwechselstrom I_k'' genannt, ist ein Effektivwert. Er wird entsprechend Abschn. 8.3.2.1 berechnet. Aus ihm sind weitere Kurzschlußstromgrößen abzuleiten. Bei Fehlereintritt entsteht in ungünstigen Schaltaugenblicken ein Gleichstromglied, so daß der Verlauf des Kurzschlußstroms verlagert ist (Bild 8.11, Abschn. 2.7.4).

$$i_k = \sqrt{2}\, I_k''\, e^{-t/\tau_g} - \sqrt{2}\, I_k'' \cos \omega t \tag{8.30}$$

Zum Zeitpunkt t = 10 ms stellt sich bei 50 Hz der maximale Strom I_p ein

$$I_p = \left(e^{-10\,\text{ms}/\tau_g} + 1\right)\sqrt{2}\, I_k'' = \kappa \sqrt{2}\, I_k'' \tag{8.31}$$

Dabei ist κ als Stoßfaktor definiert.

Der Kurzschlußstrom des Netzes nach Bild 8.10 enthält mehrere Gleichstromglieder, die zu einem Gleichstromglied zusammengefaßt werden, dessen Zeitkonstante aus dem Verhältnis R/X der Kurzschlußimpedanz $\underline{Z}_k$ bestimmt wird. In Beispiel 8.8 wurden die ohmschen Widerstände vernachlässigt. Bei deren Berücksichtigung könnte sich beispielsweise ein Wert von $\underline{Z}_k = (3{,}6 + j\,36)\,\Omega$ ergeben. Daraus folgt

$$\tau_g = L/R = \frac{X}{\omega R} = \frac{36}{314 \cdot 3{,}6} = 0{,}032\ \text{s}$$

$$\kappa = \left(e^{-10/32} + 1\right) = 1{,}73$$

$$I_p = 1{,}73 \cdot \sqrt{2} \cdot 1{,}9 = 4{,}6\ \text{kA}$$

Dieser Zahlenwert ist beispielsweise für die dynamische Beanspruchung von Schaltanlagen maßgebend (Abschn. 5.4).

Der Kurzschlußstrom von Generatoren und Motoren klingt mit der Zeit auf den Dauerkurzschlußstrom ab, so daß beim Öffnen der Schaltkontakte ein etwas kleinerer Strom fließt. Dies wird durch einen Faktor μ berücksichtigt. Bei den Asynchronmotoren kommt noch ein weiterer Faktor q hinzu, der dem Abklingen des Stromes auf null Rechnung trägt. Die Faktoren hängen vom Mindestschaltverzug, d. h. der kürzest möglichen Ausschaltzeit, und dem Vorbelastungszustand ab. Auf die Bestimmung der Faktoren μ und q soll hier nicht eingegangen werden (siehe [1.4, 1.9, 1,7]). Für

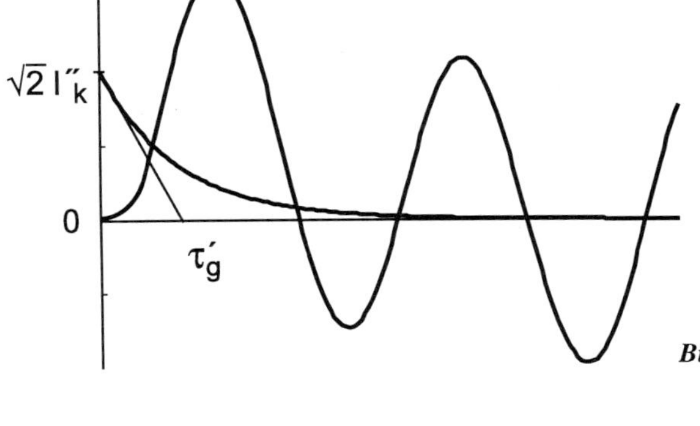

Bild 8.11: *Kurzschlußstromverlauf*

$\mu_G = 0{,}9$, $\mu_M = 0{,}7$, $q_M = 0{,}6$ ergibt sich der Ausschaltstrom I_a im Fall des Beispiels 8.8 wie folgt

$$I_{aG} = \mu_G \cdot I''_{k1} = 0{,}9 \cdot 0{,}41 = 0{,}37 \text{ kA}$$

$$I_{aM} = \mu_M \cdot q_M \, I''_{kM} = 0{,}6 \cdot 0{,}7 \cdot 0{,}25 = 0{,}11 \text{ kA}$$

$$I_{aQ} = I_{k3} = 1{,}23 \text{ kA}$$

$$I_a = I_{aG} + I_{aM} + I_{aQ} = 1{,}72 \text{ kA}$$

Gegenüber dem Strom I''_k ist der Ausschaltstrom I_a um 10 % zurückgegangen. Bei generatorfernen Fehlern wird der Ausschaltstrom gleich dem subtransienten Kurzschluß-Wechselstrom I''_k.

Der minimale Kurzschlußstrom ist für die Ausschaltsicherheit von Schutzeinrichtungen maßgebend. Um ihn zu berechnen, gibt es Faktoren λ. Bei den generatorfernen Fehlern wird auch hier vereinfachend der subtransiente Kurzschluß-Wechselstrom I''_k angesetzt, der aber nicht mit dem Faktor $c = 1{,}1$, sondern $c = 1{,}0$ berechnet wurde. Für den minimalen Kurzschlußstrom im Niederspannungsnetz gilt $c = 0{,}95$.

8.3.2.3 Berechnung des Kurzschlußstroms

Um die Stromverteilung für einen Kurzschluß am Netzknoten k zu berechnen, muß man das für den Lastfluß verwendete Netz nach Bild 8.6 modifizieren. Bei ihm entfallen die Lasten Y_{i0}. Statt dessen wird an den Generatorknoten die Subtransientreaktanz X''_d als Last hinzugefügt und mit in die Admittanzmatrix $\mathbf{A}$ einbezogen. An der Fehlerstelle liegt die transiente Spannung E'' an. Durch Variablentausch in Gl. (8.9) ergibt sich

$$\begin{pmatrix} \underline{U}_1^0 \\ \vdots \\ \sqrt{3}\ \underline{I}_k \\ \vdots \\ \underline{U}_n^0 \end{pmatrix} = \underline{\mathbf{H}}_\mathbf{k} \begin{pmatrix} \sqrt{3}\ \underline{I}_1 \\ \vdots \\ E'' \\ \vdots \\ \sqrt{3}\ \underline{I}_n \end{pmatrix} = \underline{\mathbf{H}}_\mathbf{k} \begin{pmatrix} 0 \\ \vdots \\ E'' \\ \vdots \\ 0 \end{pmatrix} \tag{8.32}$$

Dabei ist zu beachten, daß - wie im vorhergehenden Abschnitt beschrieben - die inneren Generatorspannungen null sind und an der Fehlerstelle die Speisespannung E'' anliegt. Die wahren Knotenspannungen $\underline{U}_i$ des Netzes ergeben sich aus den in Gl. (8.32) ermittelten Spannungen $\underline{U}_i^0$ zu

$$\underline{U}_i = E'' - \underline{U}_i^0 \tag{8.33}$$

Für den Kurzschlußknoten k stellt sich dann $\underline{U}_k = 0$ ein.

Stehen die Spannungen $\underline{U}_i$ fest, lassen sich leicht aus dem Spannungsabfall über die Zweige die Zweigströme berechnen

$$\underline{I}_{ij} = \underline{Y}_{ij}\left(\underline{U}_i - \underline{U}_j\right) / \sqrt{3} \tag{8.34}$$

Häufig interessiert nicht die Stromverteilung im ganzen Netz, sondern nur der Kurzschlußstrom am Fehlerpunkt. Dafür wird aber der Reihe nach an jedem Knoten ein Fehler unterstellt. Man spricht dann vom Kurzschluß an allen Knotenpunkten. Hierzu ist Gl. (8.9) vollständig umzustellen

$$\begin{pmatrix} \underline{U}_1^0 \\ \vdots \\ \underline{U}_n^0 \end{pmatrix} = \underline{\mathbf{F}} \begin{pmatrix} \sqrt{3}\,\underline{I}_1 \\ \vdots \\ \sqrt{3}\,\underline{I}_n \end{pmatrix} \tag{8.35}$$

Nun wird für einen Kurzschluß am Knoten 1 ein Strom I_1 angesetzt, alle anderen Ströme $\underline{I}_i$ $(i \geq 2)$ sind null. Es gilt dann

$$\sqrt{3}\,\underline{I}_1 = \underline{U}_1^0 / \underline{f}_{11} = E''/\underline{f}_{11} \tag{8.36}$$

Dabei ist $\underline{f}_{11}$ das Element 11 der Matrix **F**. Mit diesem Strom sind - falls gewünscht - alle Spannungen $\underline{U}_i^0$ zu bestimmen. Anschließend wird die gleiche Berechnung für alle anderen Knoten durchgeführt.

Der dreipolige Kurzschluß ist die Verbindung der drei Leiter R, S, T an einer Fehlerstelle. Tritt zusätzlich eine Verbindung zur Erde auf, so fließt darüber - wegen der Symmetrie des Netzes - kein Strom. Der symmetrische Fall, für dessen Berechnung nur das Mitsystem notwendig ist, tritt in Freileitungsnetzen relativ selten auf, wird aber für die Dimensionierung der Anlagen herangezogen, weil er in der Regel zu den größeren Strömen führt. Häufiger sind allerdings unsymmetrische Fehlerfälle.

8.3.3 Unsymmetrische Fehler

Für die Dimensionierung eines Netzes sind die in Bild 8.12a dargestellten Kurzschlüsse von Bedeutung. Bei den Fehlern mit Erdberührung ist die Sternpunktbehandlung (Abschn. 8.2) für die Größe des Fehlerstromes entscheidend. Zur Berechnung von unsymmetrischen Fehlerströmen sind neben dem Mitsystem auch das Gegen- und ggf. das Nullsystem heranzuziehen (Abschn. 1.4.3). Die Vorgehensweise soll anhand von Bild 8.12 erläutert werden. Dabei wird ein Netz (Bild 8.12b) mit zwei Transformatoren betrachtet. Seine Komponentenersatzschaltungen p n h zeigt Bild 8.12c.

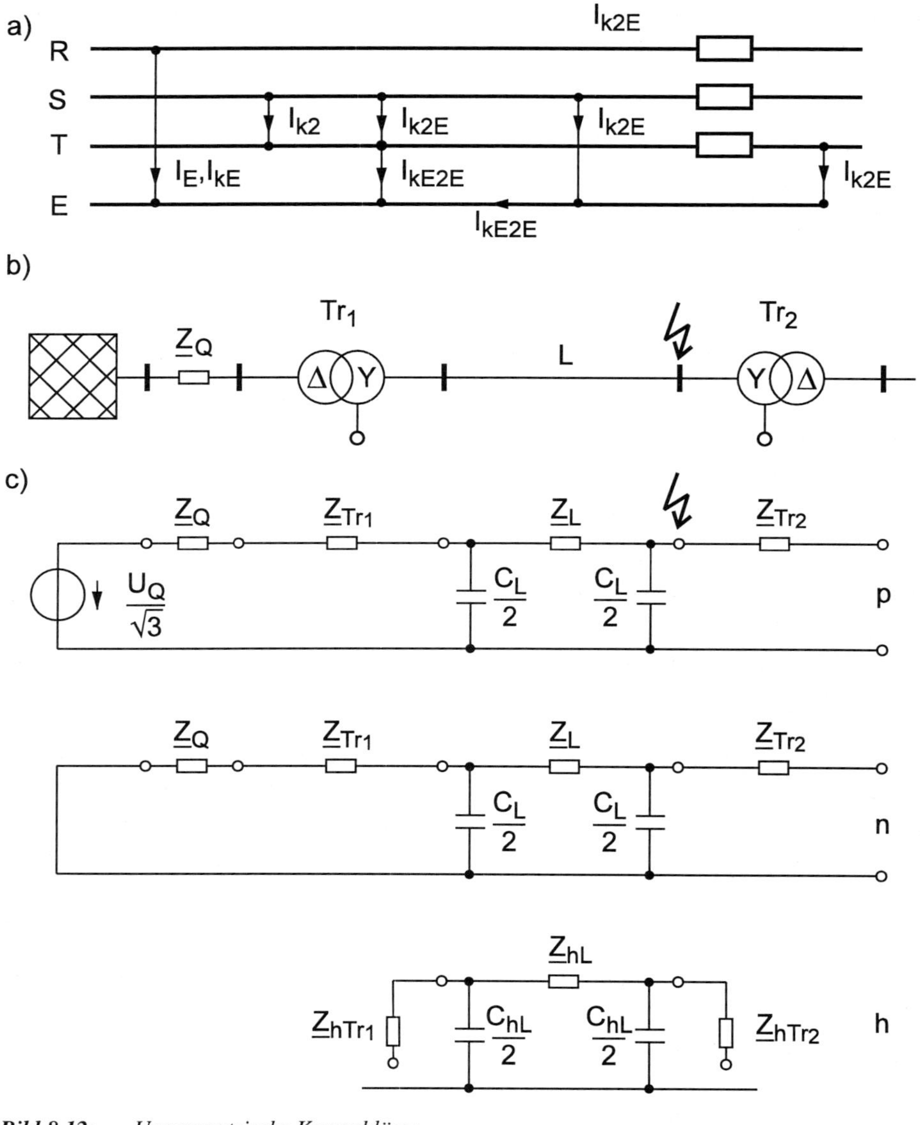

Bild 8.12: *Unsymmetrische Kurzschlüsse*
a) Fehlertypen, b) Beispielnetz, c) Komponentenersatzschaltung

Einpoliger Erdkurzschluß (I_{kE}) (siehe auch Abschn. 8.2.1). In Netzen mit niederohmig geerdeten Transformatorsternpunkten entsteht bei einem Kurzschluß zwischen einem der Leiter R, S, T und Erde E ein Strom, der in der Größenordnung des dreipoligen Kurzschlußstromes liegt (Abschn. 8.2.1). Da die Nullimpedanzen i. a. größer als die Mitimpedanzen sind, ist der einpolige Kurzschlußstrom etwas kleiner als der dreipolige. Für Bild 8.12 ergibt sich unter Vernachlässigung der Kapazitäten (Bild 1.10b)

$$\underline{Z}_p = \underline{Z}_Q + \underline{Z}_{Tr1} + \underline{Z}_L = \underline{Z}_n \qquad \underline{Z}_h = \underline{Z}_{hTr1} + \underline{Z}_{hL}$$

$$\underline{I}_{k3} = \frac{c \cdot U_Q / \sqrt{3}}{\underline{Z}_p} \tag{8.37}$$

$$\underline{I}_{kE} = \frac{3 \cdot c \cdot U_Q / \sqrt{3}}{\underline{Z}_p + \underline{Z}_n + \underline{Z}_h} \tag{8.38}$$

Dabei ist der Transformator 1 als geerdet und der Transformator 2 als ungeerdet unterstellt. Wird die Netzimpedanz $\underline{Z}_Q$ sehr groß, kann der einpolige Kurzschlußstrom auf den 1,5fachen Wert des dreipoligen ansteigen. Auch die Erdung des Transformators 2 führt zu einer Erhöhung des einpoligen Kurzschlusses.

Der Erdkurzschlußstrom fließt zu großen Teilen von dem Fehlerort, z. B. einem Freileitungsmast, über die Erde zur Schaltanlage. Der Rest wird über ohmsche Stromverteiler und induktive Kopplungen auf das Erdseil oder andere Kompensationsleiter verlagert. In den Erdungsanlagen verursachen die Ströme Schritt- und Berührungsspannungen (Abschn. 4.5.5).

Einpoliger Erdschluß (I_E). In Netzen mit hochohmig geerdeten Sternpunkten führen einpolige Erdfehler zu einem sehr geringen Strom, der in der Regel weit unter dem Bemessungsstrom liegt. Bei offenem Sternpunkt wird der Erdschlußstrom nur durch die Erdkapazitäten bestimmt (Abschn. 8.2.2) ($C_{EL} = C_{hL}$)

$$I_E = -3\,\omega\, C_{hL} \cdot U_Q / \sqrt{3} \tag{8.39}$$

Im Fall der Erdschlußlöschung erhält der Sternpunkt des Transformators 1 eine Drosselspule X_D. Sie kompensiert ganz oder teilweise den Strom über die Kapazität. Im Resonanzfall gilt (Abschn. 8.2.3)

$$3\,X_D = 1 / \left(\omega\, C_{hL}\right) \tag{8.40}$$

Zweipoliger Kurzschluß (I_{k2}). Ein Kurzschluß zwischen zwei der drei Leiter RST führt zu einem Strom, der unabhängig von der Sternpunktbehandlung ist. Für das Netz in Bild 8.12 ergibt sich

$$\underline{I}_{k2} = \frac{c \cdot U_Q}{\underline{Z}_p + \underline{Z}_n} \tag{8.41}$$

Demnach ist der zweipolige Kurzschlußstrom in aller Regel um den Faktor $\sqrt{3}/2 = 0{,}866$ kleiner als der dreipolige.

Zweipoliger Kurzschluß mit Erdberührung (I_{k2E}, I_{kE2E}). Wenn ein Kurzschluß zwischen zwei der drei Leiter RST und zusätzlich gemeinsam mit Erde besteht, ergeben sich etwas komplexere Verhältnisse. Längere Rechnungen liefern [1.5]

$$\underline{I}_S = -j \frac{c\, U_Q \left(\underline{Z}_h - \underline{a}\, \underline{Z}_n\right)}{\underline{Z}_p\, \underline{Z}_n + \underline{Z}_p\, \underline{Z}_h + \underline{Z}_n \underline{Z}_h} \rightarrow I_{k2E} \tag{8.42}$$

$$\underline{I}_T = j \frac{c\, U_Q \left(\underline{Z}_h - \underline{a}^2\, \underline{Z}_n\right)}{\underline{Z}_p\, \underline{Z}_n + \underline{Z}_p\, \underline{Z}_h + \underline{Z}_n\, \underline{Z}_h} \rightarrow I_{k2E} \tag{8.43}$$

Daraus sind der Strom über Erde und der Strom zwischen den fehlerbetroffenen Leitern I_{kE2E} zu bestimmen

$$\underline{I}_{kE2E} = \underline{I}_S + \underline{I}_T \tag{8.44}$$

$$\underline{I}_{kE2E} = -\frac{\sqrt{3}\, c\, U_Q}{\underline{Z}_p + 2\, \underline{Z}_h} \tag{8.45}$$

Es hängt somit von dem Verhältnis $\underline{Z}_h/\underline{Z}_p$ ab, ob der einpolige (E) oder zweipolige (2E) Kurzschluß mit Erdberührung zu einem größeren Fehlerstrom führt. Da i. a. die Nullimpedanz größer als die Mitimpedanz ist, wird der einpolige Kurzschlußstrom der größere sein.

Doppelerdschluß (I_{k2E}, I_{kE2E}). Wenn an zwei verschiedenen Stellen in zwei unterschiedlichen Leitern eine Verbindung zur Erde auftritt, liegen i. a. zwei Fehlerursachen vor. Derartige unabhängige Ereignisse werden bei der Netzplanung nicht berücksichtigt, da sie sehr unwahrscheinlich sind. Bei Erdschlüssen hebt sich aber die Spannung der gesunden Leiter gegenüber Erde um den Faktor $\sqrt{3}$ an, so daß eine größere Wahrscheinlichkeit für einen zweiten Fehler an einer anderen Stelle, die beispielsweise eine Isolationsschwäche aufweist, besteht. In diesem Fall fließt zwischen den beiden Fehlerstellen der Doppelerdschlußstrom $I_{kEE} = I_{k2E}$ über die Erdungsanlage.

Liegen die Fehlerstellen nahe beieinander, so lassen sich die Ströme nach Gl. (8.42) berechnen.

Beispiel 8.9. *Für die 110-kV-Freileitung L in Bild 8.12 sollen der dreipolige und die unsymmetrischen Kurzschlußströme berechnet werden. Dabei sei zunächst nur der Transformator 1 starr geerdet. Anschließend ist der einpolige Kurzschlußstrom auch für den Fall beidseitiger Erdung zu bestimmen.*

Netzdaten:

$$U_n = 110\ \text{kV}; \quad X_Q = 5\ \Omega; \quad S_{Tr1} = S_{Tr2} = 100\ \text{MVA};$$

$$u_k = 15\%; \quad u_h = 12\ \%;$$

$$X_L^{'} = 0{,}4\ \Omega / \text{km}; \quad C_b^{'} = 9{,}5\ \text{nF} / \text{km}; \quad X_{hL}^{'} = 1{,}5\ \Omega / \text{km};$$

$$C_h^{'} = 5\ \text{nF} / \text{km}; \quad l = 30\ \text{km}$$

Daraus folgen die Reaktanzen

$$X_{Tr} = 0{,}15 \cdot 110^2/100 = 18\ \Omega; \qquad X_{hTr} = 0{,}12 \cdot 110^2/100 = 15\ \Omega;$$

$$X_L = 0{,}4 \cdot 30 = 12\ \Omega; \qquad X_{hL} = 1{,}5 \cdot 30 = 45\ \Omega;$$

$$C_L = 9{,}5 \cdot 30 = 285\ \text{nF}; \qquad C_{hL} = 5 \cdot 30 = 150\ \text{nF}$$

$$X_p = X_Q + X_{Tr} + X_L = 5 + 18 + 12 = 35\ \text{W} = X_n$$

$$X_h = X_{hTr} + X_{hL} = 15 + 45 = 60\ \Omega$$

Mit Hilfe der Glh. (8.37-8.45) sind die Ströme zu berechnen

$$I_{k3} = \frac{1{,}1 \cdot 110 / \sqrt{3}}{35} = 2\ \text{kA}$$

$$I_{kE} = \frac{3 \cdot 1{,}1 \cdot 110 / \sqrt{3}}{2 \cdot 35 + 60} = 1{,}6\ \text{kA}$$

$$I_E = 3 \cdot 314 \cdot 150 \cdot 10^{-9} \cdot 110 / \sqrt{3} = 9 \cdot 10^{-3}\ \text{kA} = 9\ \text{A}$$

$$I_{k2} = \frac{1{,}1 \cdot 110}{2 \cdot 35} = 1{,}7\ \text{kA}$$

$$\underline{I}_S = -j \frac{1{,}1 \cdot 110 \left(j\,60 - e^{j120^\circ} \cdot j\,35 \right)}{-35 \cdot 35 - 2 \cdot 35 \cdot 60} = 1{,}9\ \text{kA}\ e^{-j21^\circ}$$

$$\underline{I}_T = 1{,}9\ \text{kA}\ e^{j21^\circ}$$

$$I_{k2E} = I_S = I_T = 1{,}9\ \text{kA}$$

$$I_{kE2E} = \sqrt{3}\,\frac{3 \cdot 1{,}1 \cdot 110}{35 + 2 \cdot 60} = 1{,}35\ \text{kA}$$

Man sieht, daß der dreipolige Kurzschlußstrom der größte Kurzschlußstrom ist. Die anderen erreichen jedoch auch erhebliche Werte.

Für den Fall, daß beide Transformatoren geerdet sind, erhält man

$$\begin{aligned} X_h &= \left(X_{hL} + X_{hTr1}\right) \parallel X_{hTr2} \\ &= (45 + 12) \parallel 12 = 10\ \Omega \end{aligned}$$

$$I_{kE} = \frac{\sqrt{3} \cdot 1{,}1 \cdot 110}{2 \cdot 35 + 10} = 2{,}6\ \text{kA}$$

Nun übersteigt der einpolige Kurzschlußstrom den dreipoligen.

8.3.4 Zuverlässigkeitsberechnung

Das Energieversorgungsnetz wird i. a. nach dem n-1-Prinzip geplant (Abschn. 8.1). Danach darf jedes Betriebsmittel eines Netzes ausfallen, ohne daß eine Versorgungsunterbrechung stattfindet. Die Einhaltung dieser Regeln führt in den meisten Netzen zu einer zufriedenstellenden Versorgungszuverlässigkeit. In besonders gelagerten Fällen, z. B. bei der Versorgung von kritischen Verbrauchern wie den Notkühlpumpen von Kernkraftwerken, sind eingehendere Zuverlässigkeitsuntersuchungen notwendig. Die Problematik der Zuverlässigkeitsuntersuchung soll am Beispiel der Doppelleitung in Bild 8.13a erläutert werden. Die Stromeinspeisung Q und die beiden Sammelschienen seien sicher; die Übertragungskapazität einer Leitung reiche aus, um den Verbraucher V zu versorgen. In dem Zustandsdiagramm sind die vier möglichen Betriebszustände dargestellt. Pfeile zeigen die Übergänge an. Der Block L1;L2 steht für: "Beide Leitungen ein", der Block 0;L2 steht für: "Leitung L1 aus, Leitung L2 ein".

Die mittlere Häufigkeit, mit der die in Betrieb befindliche Leitung L1 ausfällt, wird Ausfallrate λ_1 genannt.

Daraus läßt sich auch die mittlere fehlerfreie Betriebsdauer T_B oder **M**ean **T**ime **To** **F**ailure MTTF bestimmen. (Die Zahlenwerte dienen als Beispiel.)

$$T_B = \text{MTTF} = 1 / \lambda_1 = 0{,}5\ \text{a} \tag{8.46}$$

Wenn die Leitung 1 ausgefallen ist, wird sie repariert und wieder eingeschaltet. Die

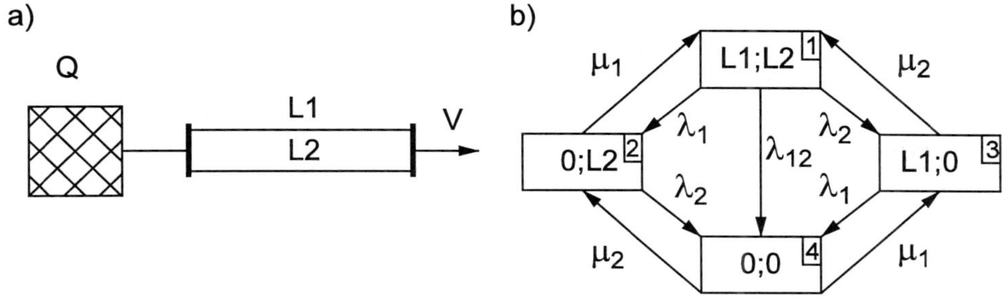

Bild 8.13: *Versorgungszuverlässigkeit*
a) Netz mit Doppelleitung, b) Zustandsdiagramm

mittlere Ausfalldauer T_A oder **M**ean **T**ime **T**o **R**epair MTTR führt zu einer Instandhaltungsrate von z. B. $\mu_1 = 200\ a^{-1}$

$$T_A = MTTR = 1/\mu_1 = 0{,}005\ a \qquad (8.47)$$

Die mittlere Zeit von einem Fehler zum nächsten wird **M**ean **T**ime **B**etween **F**ailure MTBF genannt. Bei technischen Geräten sollte die Ausfallzeit viel kleiner als die Betriebszeit sein. Somit ergibt sich

$$MTBF = MTTF + MTTR \approx MTTF = T_B \qquad (8.48)$$

Der reziproke Wert hierzu ist die Häufigkeit des Ausfalls

$$H = 1/MTBF \approx \lambda \qquad (8.49)$$

Als dimensionslose Größen treten die Wahrscheinlichkeiten auf, daß die Leitung in Betrieb P_B bzw. P_A ausgefallen ist

$$P_B = MTTF/MTBF = T_B/(T_B + T_A) \approx 1 \qquad (8.50)$$

$$P_A = MTTR/MTBF = T_A/(T_B + T_A) << 1 \qquad (8.51)$$

In dem Modell werden nur zwei Zustände für ein Betriebsmittel unterstellt: Betrieb und Ausfall. Der häufig vorkommende Fall des "Stand by" ist nicht berücksichtigt.

Wird die Leitung nicht repariert, so sinkt die Wahrscheinlichkeit dafür, daß die Leitung in Betrieb ist, von 1 auf 0 ab. Läßt sich dieser Vorgang durch eine lineare Differentialgleichung beschreiben, so liegt ein Markoff-Prozeß vor [8.6]

$$dP_B / dt = -\lambda\, P_B \quad \Rightarrow \quad P_B = P_{B0} e^{-\lambda t} \qquad (8.52)$$

Unter Berücksichtigung der Reparatur ergibt sich

$$dP_B / dt = -\lambda\, P_B + \mu\, P_A = -\lambda\, P_B + \mu\left(1 - P_B\right) \tag{8.53}$$

Für den stationären Wert folgt daraus

$$\begin{aligned} P_{B\infty} &= \frac{\mu}{\mu+\lambda} = \frac{200}{200+2} = 0{,}99 \\ P_{A\infty} &= 1 - P_{B\infty} = \frac{\lambda}{\mu+\lambda} \approx \frac{\lambda}{\mu} = 0{,}01 \end{aligned} \tag{8.54}$$

Ausgehend von der eingeschalteten Leitung verläuft der Übergang nach der Gleichung

$$P_B = \left(P_{B0} - P_{B\infty}\right) e^{-(\lambda+\mu)t} + P_{B\infty} \tag{8.55}$$

Für die vier Zustände in Bild 8.13b läßt sich mit den gleichen Gedanken das folgende Gleichungssystem aufstellen

$$\begin{bmatrix} dP_1/dt \\ dP_2/dt \\ dP_3/dt \\ dP_4/dt \end{bmatrix} = \begin{bmatrix} -\left(\lambda_1+\lambda_2+\lambda_{12}\right) & \mu_1 & \mu_2 & 0 \\ \lambda_1 & -\left(\lambda_2+\mu_1\right) & 0 & \mu_2 \\ \lambda_2 & 0 & -\left(\lambda_1+\mu_2\right) & \mu_1 \\ \lambda_{12} & \lambda_2 & \lambda_1 & -\left(\mu_1+\mu_2\right) \end{bmatrix} \begin{bmatrix} P_1 \\ P_2 \\ P_3 \\ P_4 \end{bmatrix} \tag{8.56}$$

Diese Gleichungen sind linear abhängig, denn die Summe aller dP/dt ist null, so daß es sich bei Gl. (8.56) um ein System dritter Ordnung handelt. Zur Lösung ist dann als vierte Gleichung noch zu berücksichtigen, daß die Summe aller Zustandswahrscheinlichkeiten eins ist

$$P_1 + P_2 + P_3 + P_4 = 1 \tag{8.57}$$

Die einzelnen Zustandswahrscheinlichkeiten im ausgeglichenen Betrieb lassen sich als Gl. (8.56) mit (8.57) für den Fall dP/dt = 0 ermitteln.

Von besonderer Bedeutung in dem Zustandsdiagramm ist der Übergang mit λ_{12}. Er repräsentiert den gleichzeitigen Ausfall beider Leitungen durch ein gemeinsames Ereignis. Solche common-mode-Fehler sind bei Freileitungen selten, aber nicht vernachlässigbar. Sie treten auf, wenn beispielsweise ein umfallender Baum beide Stromkreise einer Leitung beschädigt. Ohne common-mode-Fehler lassen sich für das Zustandsdiagramm sehr leicht die Wahrscheinlichkeiten näherungsweise angeben

$$P_1 >> P_2, P_3 >> P_4 \tag{8.58}$$

Die Zustandswahrscheinlichkeit P_2 wird demnach im wesentlichen durch die Übergänge zwischen den Zuständen 1 und 2 bestimmt. Ähnliches gilt für den Zustand 3

$$P_2 \approx \frac{\lambda_1}{\mu_1} = 0{,}01 \qquad P_3 \approx \frac{\lambda_2}{\mu_2} = 0{,}01 \tag{8.59}$$

Daraus folgt für den Zustand 1

$$P_1 \approx 1 - (P_2 + P_3) = 0{,}98 \tag{8.60}$$

Aus den Wahrscheinlichkeiten für die Zustände 2 und 3 ist die Wahrscheinlichkeit für den Zustand 4 zu bestimmen

$$P_4 = \frac{\lambda_2}{\mu_2} \cdot P_2 + \frac{\lambda_1}{\mu_1} P_3 = 0{,}01 \cdot 0{,}01 + 0{,}01 \cdot 0{,}01 = 0{,}0002 \tag{8.61}$$

Dies ist die Wahrscheinlichkeit für die Unterbrechung der Stromverteilung, wenn für jede Leitung voneinander unabhängig Reparaturen durchgeführt werden. Treten nun zusätzlich common-mode-Fehler auf, so sind als Ausfallrate λ_{12} und als Reparaturzeit $\mu_2\mu_1 + \mu_1\mu_2 = 2\,\mu_1\mu_2$ wirksam. Mit $\lambda_{12} = 0{,}1\ \lambda_1 = 0{,}2\ a^{-1}$ verursacht dieser Fehlertyp eine Ausfallwahrscheinlichkeit

$$P_{4C} = \frac{P_2\ \lambda_2 + P_1\ \lambda_{12} + P_3\ \lambda_1}{\mu_1 + \mu_2} \approx \frac{\lambda_{12}}{\mu_1 + \mu_2} = \frac{0{,}2}{200 + 200} = 0{,}0005 \tag{8.62}$$

Man sieht, daß common-mode-Fehler die Zuverlässigkeit der Übertragung stärker beeinflussen als unabhängige Fehler.

Beispiel 8.10. *Für eine 100 km lange 110-kV-Doppelleitung kann man annehmen: $\lambda = 0{,}3\ a^{-1}$, $\mu = 1\,000\ a^{-1}$, $\lambda_{12} = 0{,}03\ a^{-1}$. Wie groß ist die Wahrscheinlichkeit für eine Versorgungsunterbrechung?*

Aus Gl. (8.54) ist die Wahrscheinlichkeit für den Ausfall einer Leitung zu bestimmen.

$$P_2 = P_3 = \frac{\lambda}{\mu} = \frac{0{,}3}{1\,000} = 3 \cdot 10^{-4}$$

Ebenso groß ist die Wahrscheinlichkeit, daß die Zustände 2 und 3 in 4 übergehen.

Nach Gl. (8.61) ergibt sich dann

$$P_4 = 2 \cdot P_2^2 = 2 \cdot 3^2 \cdot 10^{-8} = 18 \cdot 10^{-8}$$

Für den common-mode-Fehler liefert Gl. (8.62)

$$P_{4C} = \frac{\lambda_{12}}{2\,\mu} = \frac{0{,}03}{2 \cdot 1\,000} = 0{,}15 \cdot 10^{-4} = 1\,500 \cdot 10^{-8}$$

Diese realitätsnahen Zahlen zeigen, daß die Ausfallwahrscheinlichkeit P_A fast nur durch den common-Mode-Fehler bestimmt ist und zwei unabhängige Fehler so gut wie nie gleichzeitig auftreten

$$P_A = P_4 + P_{4C} = 1\,518 \cdot 10^{-8}$$

Die Nichtversorgungszeit während eines Jahres beträgt demnach

$$NV = 1518 \cdot 10^{-8} = 8 \text{ min/a}$$

8.4 Netzrückwirkungen

Energieversorgungsnetze stellen den Verbrauchern eine Netzspannung zur Verfügung, die bestimmte Qualitätsmerkmale erfüllen muß. Die Verbraucher entnehmen aus dem Netz einen Strom, belasten damit die Betriebsmittel des Netzes und beeinflussen andere Verbraucher. Im Vordergrund steht dabei die Beeinträchtigung der Spannungen. Als Folge der Netzrückwirkung ergeben sich Spannungsabfälle, -verzerrungen, -unsymmetrien und -schwankungen [8.7].

8.4.1 Qualitätsmerkmale der Spannung

Die ideale Netzspannung ist sinusförmig, ihre drei Leiterspannungen sind um 120° gegeneinander phasenverschoben und haben Nennspannung sowie Nennfrequenz. Daraus leiten sich die Forderungen ab.

Sinusform. Die Sinusform der Spannung wird durch den Spannungsabfall der Oberschwingungsströme an den Netzimpedanzen beeinträchtigt. Deshalb müssen die Verbraucher bestimmte Grenzwerte bei der Einspeisung von Oberschwingungsströmen einhalten. In Niederspannungsnetzen gelten nach [8.7] für die Spannungen U_ν folgende Grenzwerte (ν: Ordnungszahl)

$U_5 = 6\,\%$ $\quad U_7 = 5\,\%$ $\quad U_{11} = 3{,}5\,\%$ $\quad U_{13} = 3\,\%$

$U_3 = 5\,\%$ $\quad U_9 = 1{,}5\,\%$

$U_2 = 2\,\%$ $\quad U_4 = 1\,\%$ $\quad U_6 = 0{,}5\,\%$

Die ungeradzahligen, durch drei teilbaren Harmonischen haben geringe Amplituden, da sie sich bei symmetrischer Last kompensieren. Alle geradzahligen Oberschwingungen entstehen i. a. nicht im stationären Betrieb und werden deshalb ebenfalls kleiner angesetzt.

Spannungskonstanz. Für die Netzspannung sind bestimmte Normwerte vorgegeben, die in gewissen Grenzen eingehalten werden müssen. Nach IEC gilt für das Niederspannungsnetz

230/400 V ± 10 %

Bis zum Jahr 2003 sind in den alten 220/380-V-Netzen die Toleranzen +6%, -10 % festgelegt, um spannungsempfindliche Verbraucher, z. B. Glühbirnen, in der Übergangszeit nicht übermäßig zu beanspruchen. Das EVU muß im Rahmen der Netzplanung sicherstellen, daß durch genügend große Leitungsquerschnitte und regelungstechnische Maßnahmen im Lauf eines Tages die Spannungsabfälle klein bleiben bzw. ausgeregelt werden.

Spannungsstarrheit. Durch Zuschalten eines Verbrauchers entsteht ein Spannungseinbruch (Abschn. 8.3.1.1), der den Verbraucher selbst, aber auch die Lasten in dessen Umgebung beeinflußt. Häufige Lastwechsel führen dann zu unangenehmen Lichtstärkeschwankungen in den angeschlossenen Lampen. Dieses Phänomen wird „Flicker“ genannt.

Netzfrequenz. Durch den europäischen Netzverbund wird die Frequenz in sehr engen Grenzen konstant gehalten. Frequenzschwankungen von mehr als 0,1 Hz sind äußerst selten und treten nur auf, wenn aufgrund von großen Störungen Teilnetze entstehen oder sich kleinere Netze, z. B. ein Industrienetz, vom Verbund trennen.

Spannungsunsymmetrie. Wenn die o. a. Spannungsgrenzwerte eingehalten werden, spielen nur solche Unsymmetrien eine Rolle, die zur Erzeugung eines Gegensystems U_n (n für negativ drehend) führen.

Zuverlässigkeit. Die Verfügbarkeit der elektrischen Energie ist durch Einhaltung des n-1-Prinzips bei der Netzplanung zumindest in Deutschland so groß, daß man sich im privaten Bereich vollständig darauf verläßt. Netzersatzanlagen werden installiert, wenn ein Ausfall extrem große Schäden verursacht, z. B. Krankenhaus, Eigenbedarf von Kernkraftwerken, Netze der chemischen Industrie oder Rechenzentren. Daneben sind in Versammlungsstätten batteriegespeiste Panikbeleuchtungen vom Netz getrennt zu installieren.

Eine weitere Erhöhung der Zuverlässigkeit gegenüber dem jetzigen Zustand wäre mit erheblichen Investitionen verbunden, während der Einspareffekt durch eine Absenkung der Zuverlässigkeit oft überschätzt wird, insbesondere wenn man berücksichtigt, daß dann die Klasse der Verbraucher, die mit Netzersatzanlagen abzusichern wären, stark zunimmt.

Als Maß für die Zuverlässigkeit einer Stromversorgung gilt die nicht zeitgerecht gelieferte Energie. Dies ist die Energie, die durch einen Ausfall überhaupt nicht bezogen wird, z. B. Licht, und die Energie, die später als gewünscht bezogen wird, z. B. Kochen. Um Wirtschaftlichkeitsrechnungen in bezug auf die Netzzuverlässigkeit durchführen zu können, müßte man die nicht zeitgerecht gelieferte Energie bewerten, z. B. mit 10 DM/kWh. Ein derartiger Betrag ist jedoch von sehr vielen Faktoren abhängig.

8.4.2 Netzlast

Die Netzlast führt zu Spannungsabfällen, die bereits in Abschn. 8.3.1 behandelt wurden. Dort hat sich gezeigt, daß insbesondere die Blindleistung über die Netzreaktanz bei Hochspannungsnetzen Spannungsabfälle hervorruft. Mit Kondensatoren ist es möglich, die Blindlast verbrauchernah oder zentral zu kompensieren. Da EVU bei den Industriekunden auch für die bezogene Blindleistung ein Entgelt fordern, gibt es in den meisten Betrieben Blindleistungskompensationsanlagen mit Kondensatoren, die von Schützen zur Regelung des Leistungsfaktors geschaltet werden. Beim Einschalten von Kondensatoren entsteht ein Ausgleichsvorgang, dessen Frequenz von der Kapazität C und der Netzinduktivität L_Q bestimmt ist.

Beispiel 8.11. *Ein Verbraucher mit dem Leistungsfaktor cos φ = 0,8 verursacht in einem Netz (R_Q/X_Q = 0,1) einen Spannungsabfall von 2 %. Welcher Spannungsabfall entsteht, wenn die Blindleistung kompensiert wird? Welcher Ausgleichsstrom $\hat{i}$ entsteht bei Zuschaltung des Kondensators im Spannungsmaximum?*

Die Berechnungen sollen in p.u.-Größen erfolgen

$$P = 0{,}8 \qquad Q = 0{,}6 \qquad U = 1$$

Gl. (8.5) liefert:

$$\Delta U = R_Q\,P/U + X_Q\,Q/U = R_Q\,P + X_Q\,Q$$

$$X_C = U^2/Q = 1/0{,}6 = 1{,}67$$

$$\Delta U = (0{,}1\,P + Q)\,X_Q \qquad X_Q = \frac{0{,}02}{0{,}1 \cdot 0{,}8 + 0{,}6} = 0{,}029$$

$$Q = 0: \ \Delta U = 0{,}1 \cdot 0{,}029 \cdot 0{,}8 = 0{,}0023 \mathrel{\hat{=}} 0{,}23\ \%$$

$$\omega = \frac{1}{\sqrt{LC}} = \frac{\omega_Q}{\sqrt{X_Q / X_C}} = \frac{\omega_Q}{\sqrt{0{,}029 / 1{,}67}} = 7{,}6\ \omega_Q$$

$$f = 7{,}6\ f_Q = 7{,}6 \cdot 50 = 380\ \text{Hz}$$

$$\hat{i} = \hat{u} / Z_s = \hat{u} / \sqrt{L / C} = \hat{u} / \sqrt{X_Q \cdot X_C} = \hat{u} / \sqrt{0{,}029 \cdot 1{,}67}$$

$$= 4{,}5\ \ \hat{u} = 4{,}5\ \sqrt{2}$$

Bezogen auf den stationären Kondensatorstrom $\hat{i}_c = 0{,}6 \cdot \sqrt{2}$ *ist dies der 7,5fache Wert.*

Die Frequenz von 380 Hz ist sehr gering. Übliche Werte liegen bei 1 kHz und darüber. Auch die Stromspitze kann den oben errechneten Wert erheblich übersteigen und so die Kondensatoren und Schütze gefährden. Zur Strombegrenzung werden deshalb häufig vor die Kompensationskondensatoren Drosselspulen geschaltet. Durch eine geeignete Dimensionierung ist es möglich, Kompensationskondensatoren in Filterkreise zu integrieren, die einzelne Netzharmonische absaugen (s. Bild 2.20).

8.4.3 Oberschwingungen

Eine Last mit nichtlinearer Kennlinie i(u) zieht bei sinusförmiger Spannung einen verzerrten Strom aus dem Netz, dessen Verlauf periodisch zur Grundfrequenz ω_1 ist, d. h. das Bild des Stromes wiederholt sich im 50-Hz-Netz alle 20 ms. Jede mit einer Zeit periodische Funktion läßt sich in eine Fourierreihe zerlegen

$$i = \sum_{\nu=1}^{n} \hat{i}_{c\nu} \cos \nu\, \omega_1 t + \hat{i}_{s\nu} \sin \nu\, \omega_1 t$$

$$\hat{i}_\nu = \sqrt{\hat{i}_{c\nu}^2 + \hat{i}_{s\nu}^2} \tag{8.63}$$

Die Komponenten $\nu = 1, ..., n$ werden Harmonische und die Komponenten $\nu = 2, ..., n$ Oberschwingungen genannt. Die wichtigste nichtlineare Last ist der mit festem Zündwinkel angesteuerte Stromrichter [8.8].

Wird bei einer Doppelweggleichung der Gleichstrom so geglättet, daß er konstant ist, ergeben sich im Wechselstromnetz rechteckförmige Ströme. Sie lassen sich durch Gl. (8.63) beschreiben. Bei einer solchen 2-Puls-Brücke gilt

$$i_\nu / i_1 = 1 / \nu \qquad \nu = 1, 3, 5, 7, \dots \tag{8.64}$$

Werden in einem Drehstromnetz die 2-Puls-Brücken symmetrisch zwischen den Leitern angeordnet, heben sich die durch drei teilbaren Harmonischen auf, so daß eine 6-Puls-Brücke mit den Harmonischen $\nu = 1, 5, 7, 11, 13 \ldots$ entsteht (Abschn. 3.2.1.1). Durch Erhöhung der Pulszahlen p ist eine weitere Reduktion möglich. Allgemein gilt für die Stromoberschwingungen

$$\nu = k\,p \pm 1 \qquad k = 1, 2, 3, \ldots \tag{8.65}$$

Alle anderen Harmonischen sind nur in geringem Umfang vorhanden. Sie entstehen beispielsweise aus dem unsymmetrischen Aufbau der Stromrichtertransformatoren oder Unsymmetrien in der Steuerelektronik. Umrichter, die von einem Drehstromnetz in ein anderes unterschiedlicher Frequenz speisen, erzeugen zusätzlich Zwischenharmonische, d. h. Oberschwingungen mit nicht ganzzahligen Ordnungszahlen, z. B. $\nu = 5{,}37$. Dies ist u. a. bei drehzahlgeregelten Drehstrommaschinen der Fall. Subharmonische, d. h. Zwischenharmonische, die unter der Netzfrequenz liegen (z. B. $\nu = 0{,}57$), treten vorrangig bei periodisch wechselnden Lasten auf. Windkraftwerke erzeugen Schwankungen, die von der Rotordrehzahl abhängen und durch den Momentenstoß hervorgerufen werden, der entsteht, wenn das Rotorblatt den Windschatten des Turms durchläuft (Abschn. 8.4.5).

8.4.4 Unsymmetrische Lasten

Einphasige Lasten kommen nur in Niederspannungsnetzen vor, in denen der Neutralleiter betriebsmäßig zur Bereitstellung der Spannung 230 V verwendet wird. Bei der Aufteilung der Stromkreise auf die drei Außenleiter ist in einem Haushalt darauf zu achten, daß die Lasten möglichst symmetrisch verteilt werden. Durch die Summe der vielen Haushalte gleicht sich so die unsymmetrische Last aus. Darüber hinaus sorgt der Dy-Speisetransformator dafür, daß auf der Oberspannungsseite das Homopolarsystem (Nullsystem) entfällt. Große unsymmetrische Verbraucher sind Bahnen, die vom Drehstromnetz gespeist werden. Dabei liegt die Last stets zwischen zwei Außenleitern, so daß ein starkes Gegensystem entsteht. Zwar ist man bestrebt, die einzelnen Streckenabschnitte des Bahnnetzes an unterschiedliche Leiter anzuschließen, trotzdem wird in vielen Fällen eine Symmetrierung notwendig. Mit der Schaltung in Bild 8.14 läßt sich die unsymmetrische Last R in eine symmetrische gleicher Leistung R_S überführen

$$P = U^2 / R = 3 \cdot \left(U / \sqrt{3}\right)^2 \qquad R = R_S \tag{8.66}$$

Die hierzu erforderlichen Blindleistungselemente haben eine erhebliche Bauleistung (Abschn. 9.3.2)

$$X_L = X_C = \sqrt{3}\,R$$
$$Q = Q_L + Q_C = 2 \cdot U^2 / \left(\sqrt{3}\,R\right) = 1{,}15\,P \qquad (8.67)$$

Häufig sind unsymmetrische Lasten zeitlich stark schwankend, z. B. bei Bahnen oder Lichtbogenöfen, so daß die beiden Blindleistungselemente steuerbar gestaltet werden müssen (Abschn. 9.3.3).

8.4.5 Spannungsschwankungen

Verbraucher mit schwankender Last verursachen über die Spannungsabfälle im Netz Spannungsschwankungen und wirken so auf andere Verbraucher zurück. Insbesondere das Flackern von Lampen wird als störend empfunden. Dabei ist ein Grenzwert, ab dem die Flicker als störend empfunden werden, von der Wiederholfrequenz der Spannungsschwankungen abhängig. In DIN VDE 0838 wird eine von der CENELEC (Europäische Elektrotechnische Kommission) festgelegte Kurve angegeben, die beim Anschluß von unruhigen Verbrauchern eingehalten werden muß (Bild 8.15). Sie ist der Empfindlichkeit des Auges bei einer Glühlampe angepaßt und beginnt für seltene Änderungen mit 3 %, um bei 10 Hz ihr Minimum von 0,25 % zu erreichen.

Mit den zulässigen Spannungsschwankungen und der Netzinnenreaktanz X_Q können die zulässigen Stromschwankungen und für spezielle Geräte die erlaubte Anschlußleistung bestimmt werden. Für Windkraftwerke beträgt beispielsweise die maximale Anschlußleistung [8.9]

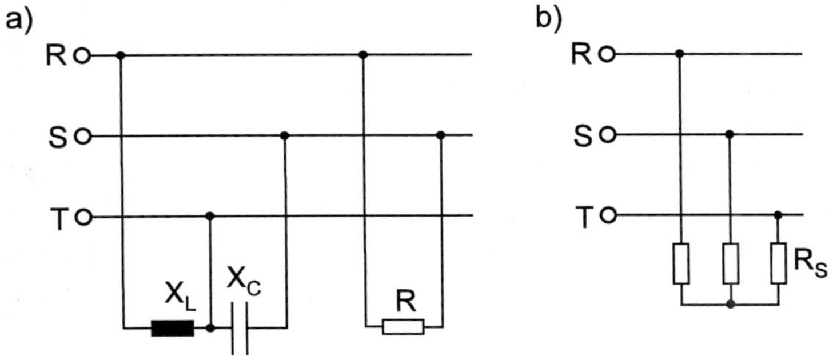

Bild 8.14: *Symmetrierung von zweiphasigen Lasten (Steinmetzschaltung)*
a) unsymmetrische Last R mit Symmetrierelement X_L, X_C
b) äquivalente Last R_S

$$S_W = \frac{S_k''}{50\,k} = \frac{1{,}1\,U_n^2}{X_Q} \cdot \frac{1}{50\,k} \qquad (8.68)$$

$k = 1$: Synchrongenerator über Wechselrichter

$k = I_A/I_r$: Asynchrongeneratoren ($k \approx 5$)

Neben den im Vergleich zu 50 Hz langsamen Flickererscheinungen sind noch die Kommutierungseinbrüche bei angesteuerten Stromrichtern von Bedeutung. Wenn in einer Stromrichterschaltung ein Thyristor gezündet wird, besteht während der Kommutierungsphase, die kürzer als 1 ms dauert, ein Kurzschluß zwischen zwei Leitern, der zu einem Spannungseinbruch führt. Durch eine genügend hohe Kurzschlußspannung des Stromrichtertransformators oder eine Kommutierungsdrossel muß sichergestellt werden, daß die Spannungseinbrüche der Netzspannung weniger als 20 % betragen. Andernfalls können Probleme in angeschlossenen Fernsehgeräten oder Computern auftreten.

Bei der Konstruktion unruhiger Geräte sollte man bereits darauf achten, Netzrückwirkungen zu verringern. Netzseitig ist die Verringerung der Reaktanzen eine wirkungsvolle, aber teure Maßnahme. Mit steuerbaren Blindleistungskompensatoren läßt sich in bestimmten Fällen eine Reduktion der Spannungsschwankungen erzielen. Von besonderer Bedeutung sind hier thyristorgesteuerte Drosselspulen (**T**hyristor **C**ontrolled **R**eactors TCR) und thyristorgeschaltete Kondensatoren (**T**hyristor

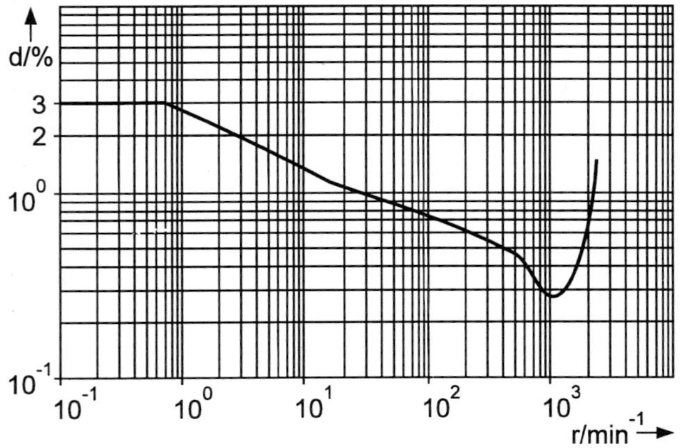

Bild 8.15: *Verträglichkeitspegel für regelmäßige rechteckige Spannungsschwankungen d Spannungsänderungen, r Wiederholrate*

Switched **C**apacitors TSC), die in Bild 8.16a dargestellt sind. Sie werden statische Kompensatoren genannt, im Gegensatz zu den rotierenden Synchronmaschinen im Phasenschieberbetrieb, d. h. Maschinen ohne Wirkleistungsabgabe, oder auch dynamische Kompensatoren, im Gegensatz zu den fest angeschlossenen Kondensatoren bzw. Drosselspulen.

Durch Ansteuerung der antiparallel geschalteten Thyristoren liegt beim TCR die Drosselspule innerhalb einer Halbperiode mehr oder weniger lange am Netz. Es fließt dann ein Blindstrom, der nicht mehr sinusförmig ist, aber in seinem Effektivwert eingestellt werden kann (Bild 8.16b, Bild 3.25a). Um auch den kapazitiven Bereich abzudecken, schaltet man parallel zu der gesteuerten Drossel einen Kondensator. Da die Ansteuerung der Thyristoren nur einmal je Halbperiode erfolgen kann, ergibt sich eine maximale Verzögerungszeit von 10 ms. Im Mittel rechnet man mit 5 ms.

Bei einer Steuerung von Kondensatoren über antiparallel geschaltete Thyristoren darf die Zündung nur im Spannungsmaximum erfolgen. Dabei muß der Kondensator aufgeladen sein, sonst entstehen Ausgleichsvorgänge (Bild 8.16c). Die Kondensatoren können demnach in Stufen alle 20 ms geschaltet werden. Wenn die Hälfte der Kondensatoren positiv und die andere Hälfte negativ aufgeladen ist, ist eine Ansteuerung alle 10 ms möglich. Es ergibt sich dann wie beim TCR eine mittlere Verzögerungszeit von ebenfalls 5 ms.

In der Regel werden die Spannungsschwankungen von einem leistungsstarken Verbraucher hervorgerufen, dessen Blindstrom sich messen läßt. Geeignete Meßverfahren bilden mit einer Zeitverzögerung von ca. 5 ms aus der Zeitfunktion i(t) den Effektivwert $I_L(t)$.

Die Verzögerungen durch die Messung des Laststromes $\underline{I}_L$ und die Ansteuerung führen mit der Totzeit $T_t = 10$ ms zu dem Kompensatorstrom $\underline{I}_K$ (Bild 8.16d). Beide Ströme zusammen bilden den Blindanteil des Netzstromes $\underline{I}_Q$, der zu null werden soll. Schwankt die Last mit der Kreisfrequenz Ω_L, so ergibt sich

$$\underline{I}_K = -\underline{I}_L \, e^{-j\Omega_L T_t} \qquad \underline{I}_Q = \underline{I}_K + \underline{I}_L \tag{8.69}$$

$$\frac{\underline{I}_L}{\underline{I}_Q} = \underline{R} = \frac{1}{1 - e^{-j\Omega_L T_t}}$$

$$R = \frac{1}{\sqrt{(1 - \cos\Omega\, T_t)^2 + \sin^2 \Omega\, T_t}} = \frac{1}{2 \sin \pi\, f_L\, T_t} \tag{8.70}$$

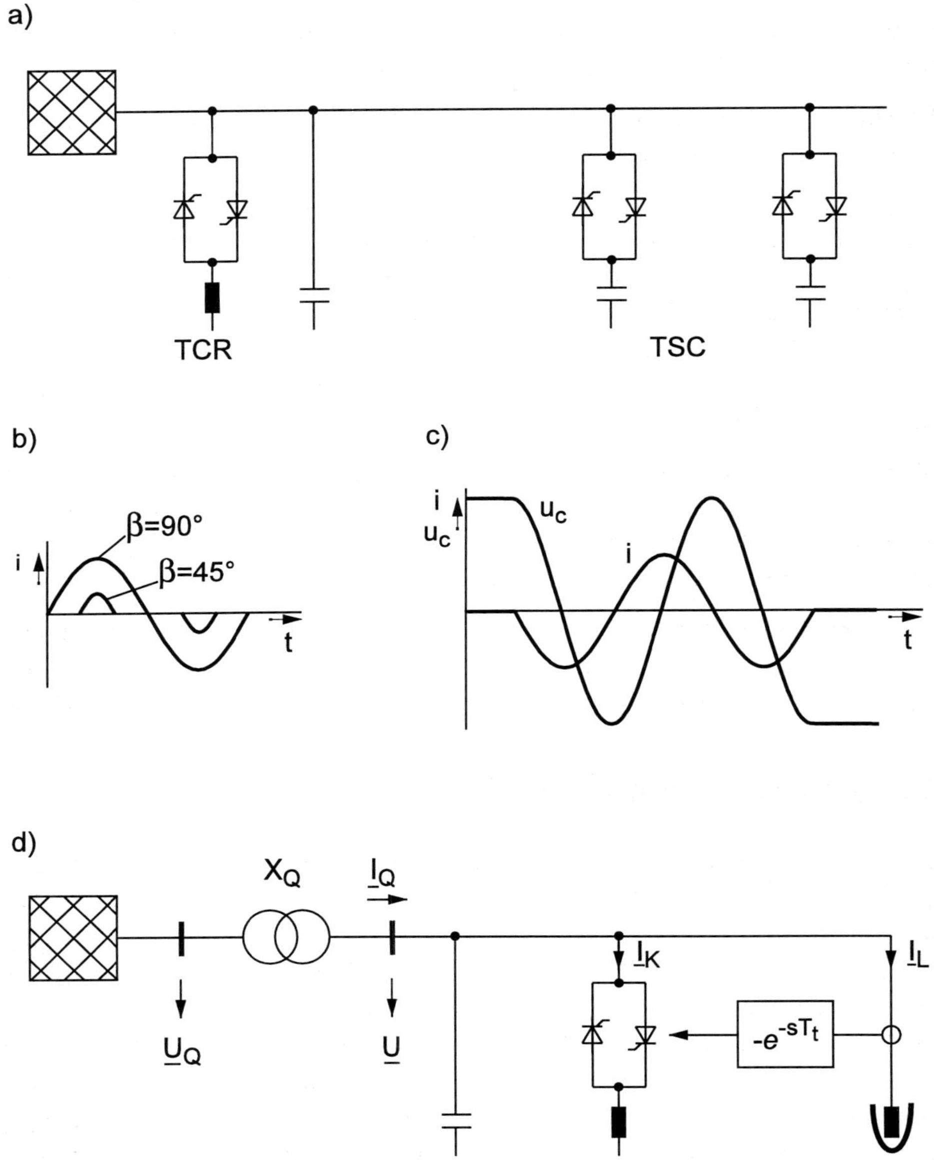

Bild 8.16: *Statische Kompensatoren*
a) Kompensatorschaltungen, b) Stromverlauf für TCR,
c) Stromverlauf für TSC, d) Steuerungskonzept

Dieser Ausdruck wird für kleine Frequenzen f_L zu unendlich, d. h. es wird ideal kompensiert. Bei f_L = 16 2/3 Hz findet keine Kompensation mehr statt (R = 1). Höhere Frequenzen führen zu einer Verschlechterung.

Mit statischen Kompensatoren lassen sich nur Lastschwankungen mit einer Frequenz unter 16 2/3 Hz reduzieren.

Die beschriebene direkte Steuerung des Kompensators durch den Laststrom führt in einem idealen Netz zu einer konstanten Spannung U. Schwankungen der Spannung U_Q, die von anderen Verbrauchern hervorgerufen werden, schlagen sich voll in der Verbraucherspannung U nieder. Um sie trotz schwankender Netzspannung konstant zu halten, wäre eine Spannungsregelung notwendig. Wie bei jeder Regelung treten dann jedoch Stabilitätsprobleme auf, die die Kreisverstärkung begrenzen und deshalb zu einer weniger wirkungsvollen Bedämpfung der Lastströme führen.

Die Steuerung des Kompensatorstromes durch den verursachenden Laststrom I_L ist wirkungsvoller als die Regelung der konstant zu haltenden Verbraucherspannung U. Bei langsamen Lastschwankungen kann die Spannungsregelung wegen ihres PI-Verhaltens jedoch genauer sein.

Mit selbstgeführten Stromrichtern ist es möglich, die Augenblickswerte zu regeln. Hierzu ist eine Taktfrequenz von mindestens 1 - 2 kHz notwendig, um den sinusförmigen Verlauf einer Blindstromführungsgröße in akzeptabler Form nachzuführen.

8.5 Dynamisches Verhalten von Netzen

Durch das Schwanken der Lasten laufen in Energieversorgungsnetzen ständig Ausgleichsvorgänge ab. Ein solcher Vorgang soll am Beispiel von Bild 8.17 erläutert werden. Ein gasbefeuerter Kessel K erzeugt Dampf, der in einer Turbine T in mechanische und anschließend im Generator G in elektrische Energie umgesetzt wird. Die Generatorspannung 20 kV wird zur Übertragung in einen Blocktransformator auf 110 kV hochgespannt. Das 110-kV-Netz ist mit dem 380-kV-Netz gekoppelt, so daß beide zur Leistungsübertragung beitragen. Dabei bestimmen die Transformator- und Leitungsimpedanzen die Stromaufteilung, die durch Verstellen des Übersetzungsverhältnisses in Längs- und Schrägrichtung zu beeinflussen ist. In dem 10-kV-Versorgungsnetz, dessen Spannung mit einem Spannungsregler über den Transformatorstufensteller konstant gehalten wird, sei ein großer Motor installiert.

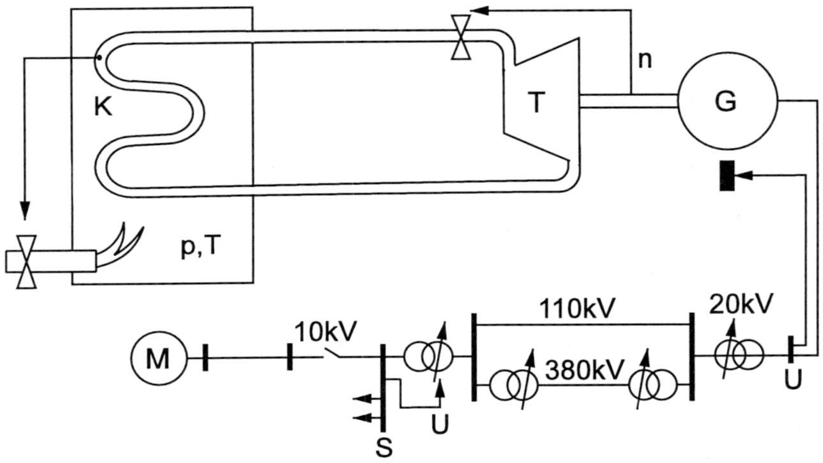

Bild 8.17: *Zum dynamischen Verhalten eines Netzes*

Beim Einschalten des Motors läuft eine Wanderwelle mit der reduzierten Lichtgeschwindigkeit $c / \sqrt{\varepsilon_r}$ über das Kabel auf die Klemmen des Motors zu, wird dort reflektiert und führt zu einer Spannungsverdopplung, da der Motor im ersten Augenblick eine Induktivität darstellt (Abschn. 4.2.1). An der Sammelschiene S bilden die Kapazitäten der zahlreichen abgehenden Kabel für hochfrequente Vorgänge einen Kurzschluß. Der Vorgang ist in Bild 4.11 dargestellt und läuft mit einer Frequenz von 100 kHz bis 10 MHz ab. Wegen des Skineffekts ist der Kabelwiderstand in diesem Frequenzbereich hoch und dämpft die Schwingungen rasch ab. Nun entsteht ein Ausgleichsvorgang zwischen der Motorinduktivität und den Kabelkapazitäten, der im Frequenzbereich 1 - 100 kHz liegt. Da bei beiden Vorgängen ein Austausch zwischen der in den Induktivitäten gespeicherten magnetischen Energie und der in den Kapazitäten gespeicherten elektrischen Energie stattfindet, spricht man von elektromagnetischen Ausgleichsvorgängen oder transienten Vorgängen. Sie liegen in der Regel oberhalb der Netzfrequenz 50 Hz. Die folgenden Vorgänge laufen langsam gegenüber 50 Hz ab. Für sie werden deshalb Effektivwertbetrachtungen durchgeführt. Während des Anlaufs nimmt der Motor einen erhöhten Strom auf, der im wesentlichen ein Blindstrom ist und zu Spannungsabfällen im Netz führt. Auch die Klemmenspannung des Generators sinkt ab. Dies ist im öffentlichen Netz zwar kaum merkbar, wohl aber bei kleinen Generatoren in Industrienetzen, deren Spannungsregler die Klemmspannungen im Bereich von 0,1 ... 1 s ausregeln. Der spannungsgeregelte Transformator zwischen 110 kV und 10 kV reagiert aufgrund des trägen mechanischen Stufenstellers im Bereich von mehreren Sekunden.

Beim Anlauf wächst die Leistungsaufnahme des Motors. Die notwendige Energie wird aus den rotierenden Massen des Generatorwellenstrangs gedeckt. Die Vorgänge zwischen den kinetisch gespeicherten Energien über das elektrische Netz werden elektromechanische Ausgleichsvorgänge genannt. Sie laufen im Bereich von 1 bis 10 s oder langsamer ab. Das Abfallen der Generatordrehzahl n führt über den Drehzahlregler zu einem Öffnen der Turbinenventile und Nachstellen des Drehmoments im Bereich von 1 s. Durch den erhöhten Dampfstrom sinken im Kessel K Druck p und Temperatur T ab. Dies hat eine Erhöhung der Brennstoffzufuhr zur Folge. Hierfür werden Minuten bis Stunden benötigt. Eine Zusammenfassung der beschriebenen Phänomene im Zeitbereich ist aus Bild 8.18 zu entnehmen.

8.5.1 Elektromagnetische Ausgleichsvorgänge

Zur Berechnung von Schaltvorgängen werden die Betriebsmittel des Netzes durch lineare LRC-Modelle nachgebildet und entsprechend der Netzstruktur miteinander verknüpft. So entsteht ein Differentialgleichungssystem hoher Ordnung, das i. a. im Zeitbereich durch numerische Integration gelöst wird. Nichtlineare Elemente wie Eisendrosseln mit Sättigung oder Überspannungsableiter können leicht in die Berechnungen einbezogen werden. Auch die Nachbildung von Laufzeitgliedern zur Behandlung von Wanderwellenvorgängen auf Leitungen ist einfach. Probleme bereitet die Berücksichtigung von frequenzabhängigen Effekten, z. B. der Stromverdrängung.

Zur Anwendung eines allgemeinen Integrationsverfahrens ist es notwendig, die Beschreibungsgleichungen auf die Zustandsraum-Darstellung zu bringen

$$\begin{aligned} \dot{\mathbf{x}} &= \mathbf{A}\,\mathbf{x} + \mathbf{B}\,\mathbf{u} = \mathbf{f}\,(\mathbf{x}, \mathbf{u}) \\ \mathbf{y} &= \mathbf{C}\,\mathbf{x} + \mathbf{D}\,\mathbf{u} \end{aligned} \tag{8.71}$$

Dies gestaltet sich wegen der Baumsuche in vermaschten Netzen aufwendig. Bei der Auswahl des Integrationsverhaltens ist zu beachten, daß die Eigenwerte des Systems sehr unterschiedlich sind. Für explizite Integrationsverfahren wie den bekannten Runge-Kutta-Algorithmen bedeutet dies sehr kleine Schrittweiten und damit viele Integrationsschritte, um den gewünschten Zeitbereich zu erfassen.

Implizite Verfahren sind dagegen stets stabil und können auch mit großen Schrittweiten angewendet werden, wenn die hochfrequenten Vorgänge durch lineare Differentialgleichungen zu beschreiben sind. Häufig verwendet man die Trapezregel, eine Mischung zwischen impliziten und expliziten Verfahren. Sie liegt bei großen Schrittweiten an der Stabilitätsgrenze. Dies kann in speziellen Fällen zu Problemen führen.

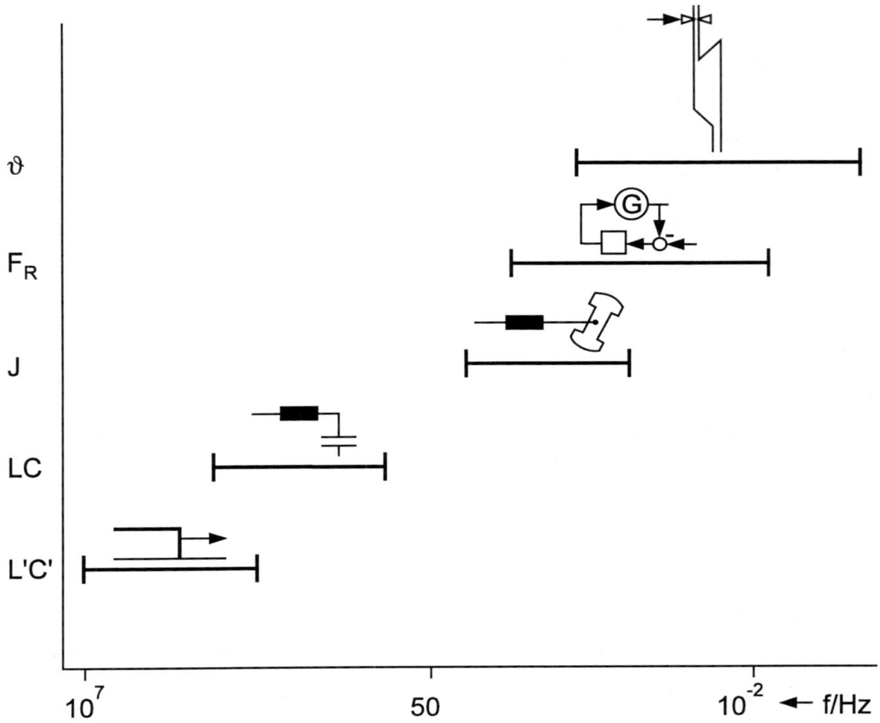

Bild 8.18: *Frequenzen von Ausgleichsvorgängen*
L'C' verteilte Induktivitäten und Kapazitäten (Wanderwellen),
LC konzentrierte Induktivitäten und Kapazitäten (Schaltvorgänge),
J elektromechanische Ausgleichsvorgänge,
F_R Spannungsregelung, ϑ thermische Vorgänge

Der Integrationsprozeß dynamischer Systeme setzt sich aus der Dynamik des zu simulierenden Systems und der Dynamik des Integrationsverfahrens zusammen. Es ist nicht immer einfach, aus dem Ergebnis einer Rechnung zu erkennen, welche der beiden Komponenten das Verhalten bestimmt.

Explizite Integrationsverfahren neigen zur Instabilität. Stabile Systeme können in der Simulation durch den Algorithmus instabil werden. Implizite Verfahren sind stabil, sie können auch für instabile Systeme stabile Ergebnisse liefern.

Zur Lösung der Differentialgleichungen, die ein Netz beschreiben, hat Dommel [8.10] ein Verfahren entwickelt, bei dem die Trapezregel [8.11] mit den Differentialgleichungen des Netzes verknüpft wird. Dieses Verfahren ist immer vorteilhaft anzuwenden, wenn die hochfrequenten Vorgänge durch lineare Differentialgleichungen beschrieben werden und die dazugehörigen Ausgleichsvorgänge nicht von entscheidender Bedeutung für das Ergebnis sind, wohl aber das dynamische Verhalten der Lösungsalgorithmen beeinflussen. Da fast alle dynamischen Netzberechnungsprogramme auf diesem „Differenzen-Leitwertverfahren" beruhen, soll es hier etwas ausführlicher behandelt werden.

Die Differentialgleichung in Gl. (8.71) ist numerisch mit der Schrittweite Δt zu integrieren, indem man aus der Lösung $\mathbf{x}_{k-1}$ zur Zeit des Schrittes k-1 die Lösung $\mathbf{x}_k$ zur Zeit des Schrittes k bestimmt

$$\mathbf{x_k} = \mathbf{x_{k-1}} + \Delta\mathbf{x_k} \tag{8.72}$$

Die Berechnung der Änderung $\mathbf{\Delta x}_k$ hängt von dem Integrationsalgorithmus ab. Am einfachsten ist das explizite Euler-Verfahren anzuwenden, bei dem $\dot{x}$ durch $\Delta x/\Delta t$ ersetzt wird. Damit ergibt sich aus Gl. (8.71) unmittelbar

- Expliziter Euler

$$\mathbf{\Delta x}_k = (\mathbf{A}\ \mathbf{x}_{k-1} + \mathbf{B}\ \mathbf{u}_{k-1})\ \Delta t = \mathbf{f}\ (\mathbf{x}, \mathbf{u})\ \Delta t = \mathbf{\Delta x}_{ke} \tag{8.73}$$

Bild 8.19a zeigt den Integrationsprozeß, der an die Funktion $\mathbf{x}(t)$ im Zeitschritt k-1 eine Tangente legt, die die Änderung $\Delta\mathbf{x}_k$ liefert. Bei einer konvexen Funktion schießt das Ergebnis immer über die wirkliche Lösung hinaus, so daß leicht Instabilität entstehen kann, wie Bild 8.19a für ein LR-Glied zeigt.

Das explizite Euler-Verfahren ist sehr leicht zu programmieren und auch ohne Probleme bei nichtlinearen Differentialgleichungen einzusetzen. Es neigt stark zu Instabilität und ist ungenau. In der Regel liefert eine stabile Lösung auch das richtige Ergebnis.

Wird zur Bestimmung der Änderung $\Delta\mathbf{x}_k$ nicht die Funktion an der Stelle k-1, sondern an der Stelle k verwendet, spricht man von einem impliziten Verfahren.

- Impliziter Euler

$$\mathbf{\Delta x}_k = [\mathbf{A}\ (x_{k-1} + \mathbf{\Delta x}_k) + \mathbf{B}\ \mathbf{u}_k]\ \Delta t = \mathbf{\Delta x}_{ki} \tag{8.74}$$

$$\mathbf{\Delta x}_k = (\mathbf{I} - \mathbf{A}\ \Delta t)^{-1}\ [\ \mathbf{A}\ x_{k-1} + \mathbf{B}\ \mathbf{u}_k]\ \Delta t \tag{8.75}$$

Bild 8.19b zeigt einen Zeitschritt, bei dem die Tangente an die Funktion zum Zeitschritt k bestimmt wird. Für die Einschaltung eines L-R-Kreises ergibt sich ($\tau = L/R$)

$$\begin{aligned} u &= R\,i + L\,\dot{i} \\ \dot{i} &= -(1/T)\cdot i + (1/L)\cdot u \end{aligned} \tag{8.76}$$

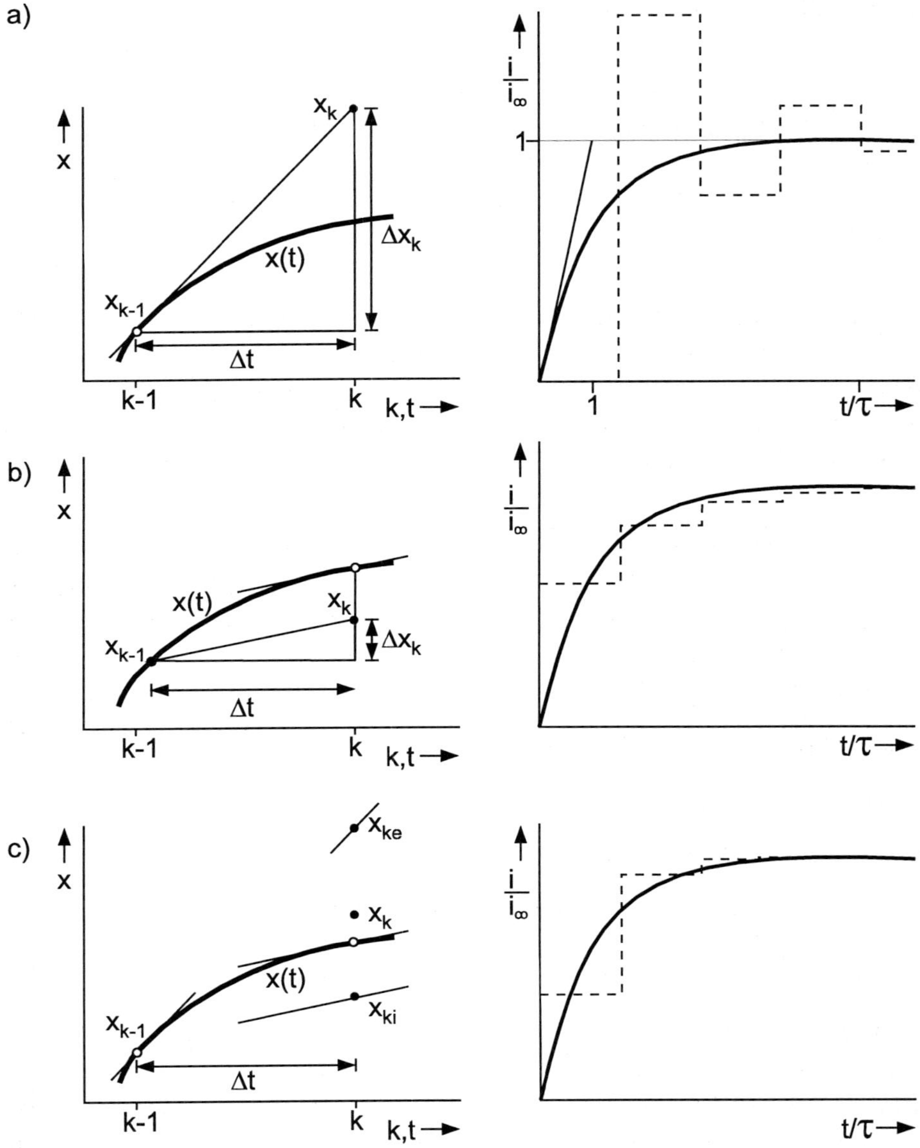

Bild 8.19: *Integrationsverfahren*
a) explizites Euler-Verfahren, b) implizites Euler-Verfahren, c) Trapezregel

$$\Delta i_k = \left(1 + 1/\tau\,\Delta t\right)^{-1} \left(-1/\tau\, i_{k-1} + 1/L\, u_k\right) \Delta t$$

Für große Schrittweiten $\Delta t \rightarrow \infty$ wird daraus ($i_{k-1} = i_0 = 0$)

$$\Delta i_k = -i_{k-1} + 1/R \cdot u_k \qquad \rightarrow \qquad i_k = u/R$$

Dies ist die stationäre Lösung in einem Integrationsschritt bzw. die Lösung des linearen Gleichungssystems $\dot{x} = 0$. Wird eine nichtlineare Differentialgleichung mit diesem Verfahren behandelt, so geht bei großen Schrittweiten die Integration in eine iterative Lösung nach Newton über, die das nichtlineare Gleichungssystem mit $\dot{x} = 0$ löst.

Das implizite Euler-Verfahren ist aufgrund der notwendigen Matrizeninversion rechentechnisch aufwendig. Bei nichtlinearen Differentialgleichungen ist die Jacobimatrix der Funktion f (x, u) zu bestimmen. Der Algorithmus neigt zur Stabilität, so daß auch instabile Systeme zu stabilen Lösungsergebnissen führen können. Die Genauigkeit des Verfahrens entspricht dem expliziten Euler-Verfahren.

Wie ein Vergleich der Bilder 8.19a mit b zeigt, liegen die Lösungen der beiden vorgestellten Integrationsverfahren beiderseits der exakten Lösung. Es ist deshalb naheliegend, die Änderung $\mathbf{\Delta x}_k$ durch eine Mittelung der Änderungen $\mathbf{\Delta x}_{ik}$ und $\mathbf{\Delta x}_{ek}$ zu bestimmen. Man erhält dann ein Verfahren, das von der numerischen Integration her bekannt ist (Bild 8.19c).

- Trapezregel

$$\mathbf{\Delta x}_k = 0{,}5\ (\mathbf{\Delta x}_{ke} + \mathbf{\Delta x}_{ki})$$

Mit den Gln. (8.73) und (8.75) ergibt sich

$$\mathbf{\Delta x}_k = 0{,}5\ (\mathbf{A}\ \mathbf{x}_{k-1} + \mathbf{B}\ \mathbf{u}_{k-1} + \mathbf{A}\ \mathbf{x}_{k-1} + \mathbf{A}\ \mathbf{\Delta x}_k + \mathbf{B}\ \mathbf{u}_k)\ \Delta t$$

$$\mathbf{\Delta x}_k = (\mathbf{I} - 0{,}5\ \mathbf{A}\ \Delta t)^{-1}\ [\mathbf{A}\ \mathbf{x}_{k-1} + 0{,}5\ \mathbf{B}\ (\mathbf{u}_{k-1} + \mathbf{u}_k)]\ \Delta t \tag{8.77}$$

Gl. (8.77) ist wie Gl. (8.75) aufgebaut. Bei der Steuergröße u wird jedoch der Mittelwert zwischen zwei Integrationsschritten eingesetzt. Dies ist nicht notwendig, wenn sich die Steuergröße langsam gegenüber den Zustandsgrößen ändert, führt aber bei Sprüngen zu Problemen. Bei der zu invertierenden Matrix tritt der Faktor 0,5 auf. Wird er für einen Integrationsschritt durch 1 ersetzt, so geht die Trapezregel kurzfristig in den impliziten Euler über. So kann man numerisch bedingte Schwingungen in Lösungsvorgängen bedämpfen.

Die Trapezformel ist genau so aufwendig wie der implizite Euler, aber wesentlich genauer. Hochfrequente Vorgänge werden unterdrückt. Das Verfahren ist stabil. Bei Sprüngen in der Steuergröße entstehen jedoch schwach gedämpfte Schwingungen, wenn wie üblich die Steuergröße 0,5 (u_{k-1} + u_k) durch u_{k-1} ersetzt wird.

Ein Energieversorgungsnetz läßt sich stets durch die Verknüpfung der LR- und CR-Reihen oder -Parallelkreise beschreiben. Um die folgenden Ausführungen einfach zu gestalten, soll ein reines LR-Netzwerk betrachtet werden.

Jeder Zweig, der entsprechend Bild 8.20a aufgebaut ist, wird durch eine Differentialgleichung nach Gl. (8.76) beschrieben. Der Koeffizientenvergleich mit Gl. (8.71) liefert dann

$$A = -1/\tau = -R/L \qquad B = 1/L \tag{8.78}$$

Aus Gl. (8.77) folgt damit

$$\Delta i_k = \left(1 + 0{,}5\,R/L \cdot \Delta t\right)^{-1}\left[-R/L\, i_{k-1} + 0{,}5/L\left(u_{k-1} + u_k\right)\right]\Delta t$$

$$Y = \frac{0{,}5/L \cdot \Delta t}{1 + 0{,}5\,R/L \cdot \Delta t} \tag{8.79}$$

$$\Delta i_k = Y\left[-2\,R\, i_{k-1} + \left(u_{k-1} + u_k\right)\right] \tag{8.80}$$

Zur Berechnung des Stromes i_k wird Gl. (8.72) herangezogen und ein fiktiver Strom g_k eingeführt

$$i_k = i_{k-1} - 2\,Y\,R\,i_{k-1} + Y\,u_{k-1} + Y\,u_k$$

$$i_k = -g_k + Y\,u_k \tag{8.81}$$

$$g_k = -i_{k-1} + 2\,Y\,R\,i_{k-1} - Y\,u_{k-1} \tag{8.82}$$

$$i_{k-1} = -g_{k-1} + Y\,u_{k-1} \tag{8.83}$$

Dabei ist Gl. (8.83) direkt aus Gl. (8.81) durch Verzögerung um einen Schritt hervorgegangen. Setzt man Gl. (8.83) in Gl. (8.82) ein, so ergibt sich

$$\begin{aligned} g_k &= \left(1 - 2\,Y\,R\right) g_{k-1} - \left(1 - 2\,Y\,R\right) Y\,u_{k-1} - Y\,u_{k-1} \\ g_k &= C\,g_{k-1} - D\,u_{k-1} \end{aligned} \tag{8.84}$$

$$C = 1 - 2\,Y\,R \qquad D = 2\,Y\left(1 - Y\,R\right) \tag{8.85}$$

Von Bedeutung für die Integration sind die Gln. (8.81) und (8.84) mit den Konstanten Y, C, D (Gln. 8.79 und 8.85). Gl. (8.84) nennt man Integrationsschritt, weil aus

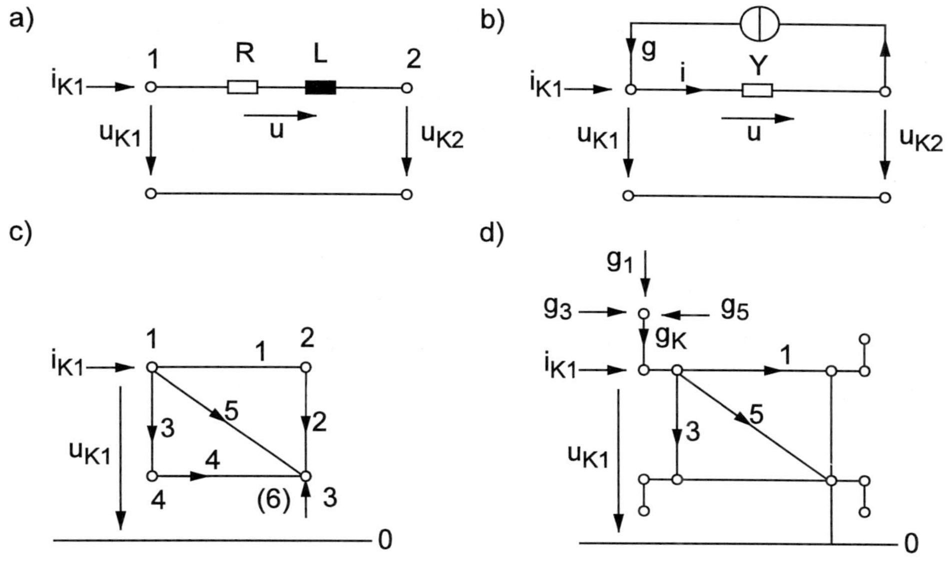

Bild 8.20: *Ableitung des Differenzen-Leitwertverfahrens*
a) Netzzweig zwischen Knoten 1 und 2 mit LR-Element,
b) Ersatzschaltung für den Netzzweig mit Y-Element,
c) Vierknoten-Netz mit LR-Zweigen,
d) Ersatzschaltung für ein Vierknoten-Netz mit Y-Zweig

den Größen zum Zeitschritt k-1 der fiktive Strom zum Zeitschritt k berechnet wird. Gl. (8.81) ist statisch und berechnet aus dem Ersatzstrom g den Zweigstrom i. Dieser Verträglichkeitsschritt läßt sich durch eine Ersatzschaltung nach Bild 8.20b modellieren.

Soll ein Netz entsprechend Bild 8.20c mit LR-Zweigen berechnet werden, so sind zunächst die Knoten sowie die Zweige zu numerieren und die Zweige zusätzlich mit einer Orientierung zu versehen, z. B. von der niedrigeren zur höheren Knotennummer. Die Orientierung entspricht dann der positiven Stromrichtung. Nun lassen sich die Knotenströme i_K aus den Zweigströmen i und die Zweigspannungen u aus den Knotenspannungen u_K bestimmen

$$i_{K1} = i_1 + i_3 + i_5$$

$$u_1 = u_{K1} - u_{K2} \qquad u_3 = u_{K1} - u_{K4} \qquad u_5 = u_{K1} - u_{K3}$$

Dies führt zu der Verallgemeinerung

$$\mathbf{i}_K = \begin{pmatrix} 1 & 0 & 1 & 0 & 1 \\ -1 & 1 & 0 & 0 & 0 \\ 0 & -1 & 0 & -1 & -1 \\ 0 & 0 & -1 & 1 & 0 \end{pmatrix} \mathbf{i} = \mathbf{K}\,\mathbf{i} \tag{8.86}$$

$$\mathbf{u} = \begin{pmatrix} 1 & -1 & 0 & 0 \\ 0 & 1 & -1 & 0 \\ 1 & 0 & 0 & -1 \\ 0 & 0 & -1 & 1 \\ 1 & 0 & -1 & 0 \end{pmatrix} \mathbf{u} = \mathbf{K}^T\,\mathbf{u}_K \tag{8.87}$$

Dabei stellt die Knoteninzidenzmatrix **K** den Zusammenhang zwischen Knoten- und Zweiggrößen her.

Addiert man zu den echten Knotenströmen i_K in Bild 8.20c noch die Ersatzströme g aus Bild 8.20b, so wird der Netzzweig zwischen den Knoten durch die Leitwerte Y beschrieben. Man kann deshalb Gl. (8.9) zur Berechnung heranziehen

$$\mathbf{i}_K = \mathbf{A}\,\mathbf{u}_K \tag{8.88}$$

Dabei ist **A** eine „Admittanzmatrix", die die fiktiven Admittanzen Y nach Gl. (8.79) enthält.

Sind für einige Knoten a die Spannungen und für den Rest b die Ströme vorgegeben, so kann man durch Teilinversion der Matrix **A** in Gl. (8.88) die restlichen Größen berechnen

$$\begin{pmatrix} \mathbf{i}_{Ka} \\ \mathbf{u}_{Kb} \end{pmatrix} = \mathbf{H} \begin{pmatrix} \mathbf{u}_{Ka} \\ \mathbf{i}_{Kb} \end{pmatrix} \tag{8.89}$$

Der Ablauf der Integration läßt sich anhand des Blockbildes 8.21 leicht nachvollziehen. Dabei bedeutet K als Index, daß es sich um eine Knotengröße handelt, k und k-1 geben den Zeitschritt an.

Vorgegeben sind die Zeitfunktionen für die Knotenspannung $\mathbf{u}_{Kak}$ und Knotenströme $\mathbf{i}_{Kbk}$ im Zeitschritt k. Zu den vorgegebenen Strömen werden die in die Knoten fließenden fiktiven Ströme $\mathbf{g}_{Kbk}$ addiert (Bild 8.20d). Die Summe fließt in das Netzwerk, in dem die Leitwerte Y nach Gl. (8.79) enthalten sind. Es wird durch die statische Gl. (8.89) beschrieben. Daraus ergeben sich die Spannungen $\mathbf{u}_{Kbk}$, die zusammen mit den vorgegebenen Spannungen $\mathbf{u}_{Kak}$ alle Knotenspannungen $\mathbf{u}_{Kk}$ liefern. Diese Zusammenfügung von zwei Vektoren a und b ist durch ein Quadrat symbolisiert.

Für jeden Zeitschritt der Knotenspannung $\mathbf{u}_{Kk}$ läßt sich ein Vektor der Zweigspannung $\mathbf{u}_k$ berechnen (Gl. 8.86). Durch Verzögerung um einen Zeitschritt entsteht $\mathbf{u}_{k-1}$. Diese Größe wird dem Integrationsteil Gl. (8.84) vorgegeben. Er enthält die Diagonalmatrizen **C** und **D**, deren Elemente nach Gl. (8.85) zu bestimmen sind. Aus den fiktiven Zweigströmen $\mathbf{g}_k$ werden über die Knoteninzidenzmatrix **K** mit Gl. (8.86) die fiktiven Knotenströme $\mathbf{g}_{Kak}$ und $\mathbf{g}_{Kbk}$ berechnet.

Das Verfahren wurde für ein Netz ohne Lastimpedanzen erläutert. Existiert eine LR-Last, z. B. zwischen den Knoten 3 und 0, so hat dies einen Einfluß auf die Matrix **A,** in der noch zu dem Element a_{33} der Leitwert zwischen 3 und 0 hinzuaddiert wird (s. Abschn. 8.3.1.2). Im übrigen ist die Gleichung für diesen Zweig genauso zu bearbeiten wie die übrigen Zweiggleichungen.

Parallele LR-Kreise und RC-Elemente führen zu anderen Zweiggrößen Y, C, D. Das Verfahren ändert sich jedoch nicht. Voraussetzung für die Anwendung der Methode ist, daß jeder Zweig nur maximal einen Energiespeicher L oder C enthält. Ggf. sind zwischen LC-Elementen zusätzliche Knoten einzufügen. Für nichtlineare Elemente müssen Beschreibungsgleichungen aufgestellt werden, die eine Beziehung zwischen den Knotengrößen u_K und i_K herstellen. Dies gilt auch für dynamische Systeme wie Generatoren oder geregelte Betriebsmittel. Der Weg der Ankopplung des Elements V ist in Bild 8.21 gestrichelt eingezeichnet. Hat es keinen integrierenden Charakter, so entsteht eine algebraische Schleife über **H**, die iterativ zu lösen ist.

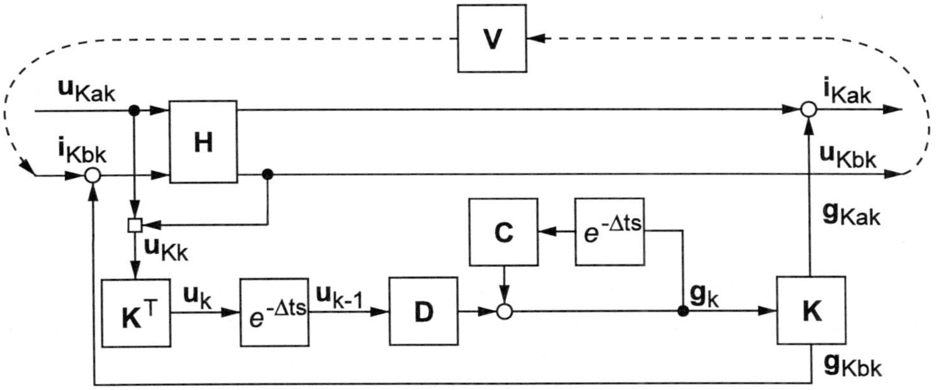

Bild 8.21: *Differenzen-Leitwertverfahren*

*u_K, i_K Knotengrößen, **u, i** Zweiggrößen, k, k-1 Integrationsschritt,*
***Y D C** Systemmatrizen, **H** Hybridmatrix aus der Lastflußrechnung,*
***K** Knoteninzidenzmatrix, **g** fiktiver Strom*

Das Differenzen-Leitwertverfahren (DLV) koppelt die Dynamik des Systems mit der des Integrationsalgorithmus und spaltet die zu lösenden Gleichungen in einen statischen und dynamischen Teil. Dadurch entsteht je Energiespeicher L oder C ein Integrator, unabhängig davon, ob die Speicher abhängig voneinander sind oder nicht. Das DLV läßt sich vorteilhaft bei linearen Netzwerken einsetzen. Der Anwender muß dann bei der Modellierung kein Augenmerk auf die Schrittweite legen. Ist sie zu groß, werden hochfrequente Vorgänge eingeschliffen, beeinflussen die Stabilität des Ergebnisses jedoch nicht. Nichtlineare und dynamische Systeme können iterativ an den Algorithmus angekoppelt werden.

8.5.2 Elektromechanische Ausgleichsvorgänge

In den Läufern der rotierenden Maschinen ist kinetische Energie gespeichert. Entsteht durch eine Störung ein Ungleichgewicht, so findet über das Netz ein Ausgleich zwischen den mechanischen Energiespeichern statt. Zur Berechnung der Ausgleichsvorgänge sind die Beschreibungsgleichungen der Maschinen aus Kapitel 2.7.2 mit den Beschreibungsgleichungen des Netzes aus Kapitel 8.5.1 zu koppeln und numerisch zu integrieren. Häufig ist es sinnvoll, die aufwendigen Modelle von Maschine und Netz zu vereinfachen. Manchmal genügt es auch, nur die Stabilität des Netz-Maschine-Systems zu überprüfen. Dabei unterscheidet man zwischen der statischen und transienten dynamischen Stabilität. Die statische Stabilität ist die Stabilität eines Betriebspunktes, der sich im ausgeglichenen Zustand befindet. Bei der transienten Stabilität wird überprüft, ob das System nach einer Störung wieder in einen statisch stabilen Zustand hineinläuft [8.4].

8.5.2.1 Dynamische Berechnungen

Für die Synchronmaschine gelten die Parkschen Gleichungen (2.37 - 2.51). Dabei wird die Klemmenspannung u_d, u_q als Eingangsgröße vorgegeben (Bild 8.22). Das Netz, das in den Gln. (2.52) und (2.53) als starre Spannung angenommen ist, läßt sich dann allgemein durch die Matrizengleichung (8.89) beschreiben. Dabei sind $\mathbf{u}_{Ka}$ die Vektoren der Spannungen an den Generatorklemmen in RST. Die Transformationsgleichungen (1.88) dienen der Kopplung der Komponentensysteme. Leider sind an den Verbindungsstellen sowohl für das Netz als auch für den Generator die Spannungen als Eingangsgrößen vorzugeben. Beide Elemente berechnen die Ströme. Man benötigt demnach ein Koppelelement oder muß eine Iteration in jedem Integrationsschritt durchführen. Das Koppelelement kann z. B. ein Widerstand sein

$$u_d = R\, i_d \qquad u_q = R\, i_q \tag{8.90}$$

Der Zusammenhang ist in Bild 8.22 dargestellt. Dabei steht **H** für die dynamische Berechnung des Netzes entsprechend Abschn. 8.5.1. Die Ankopplung der Verbraucher kann entweder - wie in Bild 8.21 gezeigt - an Knoten vom Typ a mit Stromausgang oder an Knoten vom Typ b mit Spannungsausgang entsprechend Bild 8.22 erfolgen. In vielen Fällen wird zur Vermeidung von algebraischen Schleifen auch hier ein Ankopplungselement notwendig. Die Ankopplung durch einen Widerstand führt zu einem Modellfehler, der bei Generatoren vertretbar ist, wenn man die Last als Eigenbedarf des Kraftwerks, der immer vorhanden ist, interpretiert. Bei nichtlinearen oder dynamischen Verbrauchern V wird häufig das Ankopplungselement als Verzögerungsglied oder Totzeitglied mit einem Rechenschritt angesetzt.

8.5.2.2 Vereinfachtes Maschinenmodell

Die Eigenfrequenz elektromechanischer Ausgleichsvorgänge liegt im Bereich von 1 Hz. Nach Bild 2.43 läßt sich dafür die Innenreaktanz durch die Transientreaktanz X_d' nachbilden. Es gilt dann das Zeigerdiagramm (Bild 8.23a), das für einen vorgegebenen Lastfall genau so zu ermitteln ist wie das Zeigerdiagramm Bild 2.40. Zusätzlich wird eine Netzreaktanz X_Q eingeführt, so daß nicht wie in Abschn. 2.7.3 die Klemmenspannung U, sondern die Netzspannung U_Q als starr vorgegeben ist. Zur Bestimmung der Leistungsabgabe geht Gl. (2.60) dann über in

$$p = \frac{U_p\, U_Q}{X_d + X_Q} \sin\delta = P_m \sin\delta \tag{8.91}$$

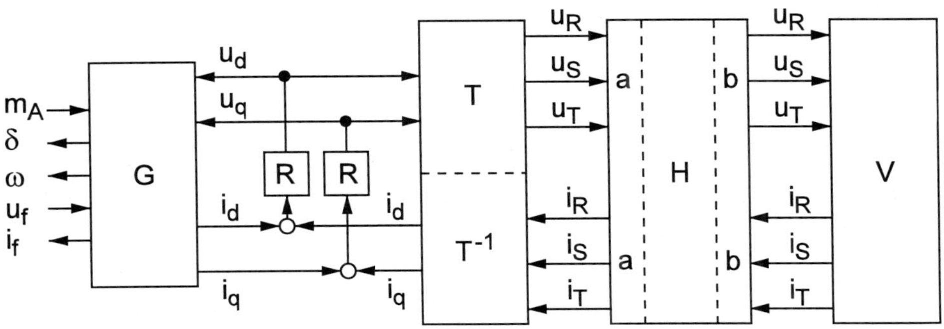

Bild 8.22: *Struktur zur Integration der Netzgleichungen mit Generatoren*
G Generatorgleichung, T Transformation RST -hdq,
H Netzgleichung, a Stromausgang, b Spannungsausgang, V Verbraucher

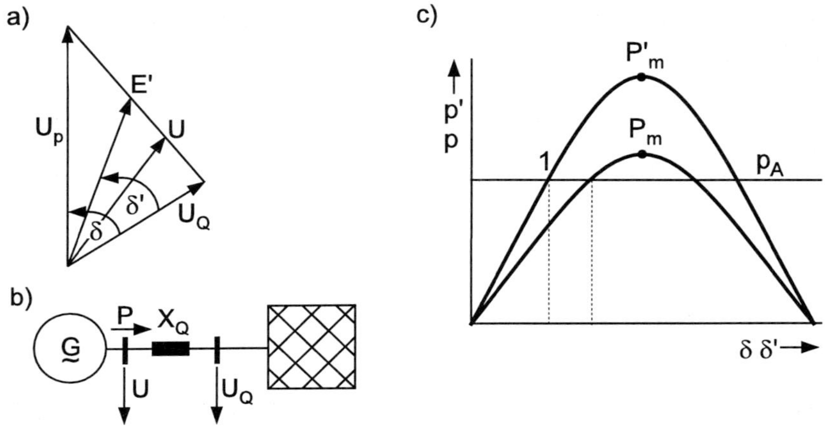

Bild 8.23: *Generator nach dem E'-Modell*
a) Zeigerdiagramm, b) Netzschaltplan, c) Leistungsabgabe

(Große Buchstaben bezeichnen konstante und kleine Buchstaben zeitvariante Größen.)

Gl. (8.91) gilt für den stationären Betrieb oder sehr langsam veränderliche Vorgänge. Bei Ausgleichsvorgängen im Frequenzbereich von 1 Hz geht sie über in

$$p' = \frac{E' U_Q}{X_d' + X_Q} \sin \delta' = P_m' \sin \delta' \tag{8.92}$$

Mit Gl. (8.92) ist das elektrische Drehmoment m_{el}, das beim Rechnen in bezogenen Größen gleich der Leistungsabgabe p' ist ($\omega \approx 1$; $s \approx 0$), zu berechnen und in Gl. (2.50) einzusetzen. Unter Berücksichtigung der Gln. (2.51) ergibt sich mit

$$\dot{s} = \ddot{\vartheta} / \omega_b = \ddot{\delta}' / \omega_b = 1 / \tau_A \left(p_A - p'\right) \tag{8.93}$$

Wie später gezeigt wird, liefert diese Gleichung eine ungedämpfte Dauerschwingung als Folge von Störungen. Die Wirkung der Dämpferstäbe, die in den Gln. (2.40) und (2.41) modelliert werden, läßt sich durch einen drehzahlabhängigen Dämpfungsterm mit der Konstante c_D erfassen

$$p_A = \tau_A / \omega_b \cdot \ddot{\delta}' + c_D \, \omega_b \cdot \dot{\delta}' + p' \tag{8.94}$$

Das vereinfachte Modell geht davon aus, daß die Spannung E' in Gl. (8.92) fest mit der rotierenden Masse des Polrades gekoppelt ist, so daß der transiente Polradwinkel δ' auch für die Bewegungsgleichungen gilt.

Die nichtlineare Bewegungsgleichung liefert für einen Betriebspunkt δ_0' die linearisierte Gleichung

$$\Delta p_A = \omega_b / \tau_A \; \Delta\ddot{\delta}' + c_D \; \omega_b \; \Delta\dot{\delta}' + p_m' \cos \; \delta_0' \; \Delta\delta' \qquad (8.95)$$

Da die Konstante c_D sehr klein ist, beschreibt Gl. (8.95) eine schwach gedämpfte Schwingung

$$\Delta\delta = e^{-t/\tau_D} \left(A \sin \omega_e \; t + B \cos \omega_e \; t \right)$$

$$\omega_e = \sqrt{\frac{p_m' \cos \delta_0'}{\tau_A / \omega_b}} \qquad \tau_D = 2 \, \tau_A / c_D \qquad (8.96)$$

Beispiel 8.12. *Für die in Bild 2.44 angegebenen Zahlenbeispiele sind die maximalen Leistungen* P_m *und* P_m' *sowie die Eigenfrequenzen zu bestimmen*

$$X_d = 2{,}5 \qquad X_d' = 0{,}4 \qquad U = 1 \qquad P = 0{,}8 \qquad Q = 0{,}6$$

$$X_Q = 0{,}2 \qquad \tau_A = 10 \text{ s} \qquad c_D = 2$$

Ein Zeigerdiagramm liefert

$$U_p = 3{,}2 \qquad E' = 1{,}17 \qquad U_Q = 0{,}85$$

Daraus folgt für die Gln. (8.91) und (8.92)

$$P_m = \frac{3{,}2 \cdot 0{,}85}{2{,}5 + 0{,}2} = 1{,}00 \qquad P_m' = \frac{1{,}17 \cdot 0{,}85}{0{,}4 + 0{,}2} = 1{,}65$$

Die Abhängigkeit der Leistung vom Polradwinkel ist in Bild 8.23c dargestellt. Für den Bemessungspunkt $P = P_A = 0{,}8$ *ergibt sich*

$$\delta = 53° \qquad \delta' = 29°$$

Gl. (8.96) liefert dann

$$\omega_e = \sqrt{\frac{1{,}65 \cdot \cos 29°}{10 / 314}} \; s^{-1} = 6{,}73 \text{ s} \qquad f_e = 1{,}07 \text{ Hz}$$

$$\tau_D = 2 \cdot 10 / 2 \text{ s} = 10 \text{ s}$$

8.5.2.3 Stabilität

Eine langsame Steigerung der Turbinenleistung führt zu einer Erhöhung der Abgabeleistung des Generators und damit wegen Gl. (8.91) zu einer Vergrößerung des

Polradwinkels δ. Bei δ = 90° erreicht die Turbinenleistung P_A die Maximalleistung P_m. Die Eigenfrequenz wird dabei null. Durch eine kleine Störung kann dann der Polradwinkel auf über 90° anwachsen. Dies führt zu einer Abnahme der Leistungsabgabe und damit einem Beschleunigungsmoment, das den Polradwinkel weiter erhöht. So entsteht eine monotone Instabilität.

Beim Erreichen der statischen Stabilitätsgrenze von δ = 90° (Winkel zwischen Polradspannung U_p und starrer Netzspannung U_Q) kippt der Generator bzw. fällt gegenüber dem Netz außer Tritt und läuft asynchron weiter. Dieser asynchrone Betrieb führt in der Regel zu Schäden und wird deshalb durch Schutzeinrichtungen beendet.

Bei der statischen Stabilität bzw. Stabilität des stationären Betriebs handelt es sich um die Stabilität im Kleinen. Sie ist vereinfacht mit dem Winkelkriterium (δ < 90°) zu überprüfen. Für genauere Untersuchungen müssen jedoch die Eigenwerte bestimmt werden, wobei die Regler mit zu berücksichtigen sind. Diese erweitern i. a. den Stabilitätsbereich auf Polradwinkel von mehr als 90°, können jedoch auch entdämpfend wirken, so daß eine oszillatorische Stabilität auftritt. Bild 8.24 zeigt die Stabilitätsgrenzen der Synchronmaschine mit Turboläufer ($X_d = X_q$) für unterschiedliche Annahmen. Die Stabilitätsgrenze der ungeregelten Maschine am starren Netz ist eine Gerade a für den Polradwinkel δ = 90°. Bei einer Netzreaktanz X_Q zwischen Generatorklemmen und starrer Netzspannung ergibt sich ein Kreis b. Für Vorgänge im Bereich von bis zu einer Sekunde gilt die transiente Stabilitätsgrenze mit E' = konst.

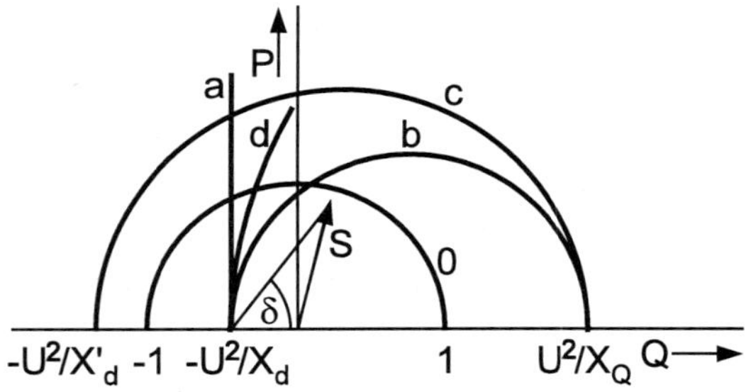

Bild 8.24: *Stabilitätsgrenze des Turbogenerators ($X_d = X_q$)*
0 Ständerstromgrenze, a Stabilität des Generators am starren Netz (U_P = konst. $X_Q = 0$), b Stabilitätsgrenze des Generators (U_P = konst. $X_Q \neq 0$), c transiente Stabilitätsgrenze des Generators (E' = konst. $X_Q \neq 0$), d Stabilitätsgrenze des geregelten Generators

Zwischen den Grenzen b und c ist die Stabilitätsgrenze d des geregelten Systems zu erwarten, die nur durch Eigenwertsanalysen zu bestimmen ist.

Bei vorübergehenden, heftigen Störungen (z. B. bei einem Kurzschluß, der wieder abgeschaltet wird), ist die transiente Gleichung (8.94) für die Berechnung des dynamischen Verhaltens maßgebend. Während eines Kurzschlusses in der Netzeinspeisung sinkt die Spannung U_Q auf null. Nach Gl. (8.92) kann der Generator dadurch keine Leistung mehr abgeben, so daß sich Gl. (8.94) mit $p' = 0$ leicht integrieren läßt. Unter Vernachlässigung der Dämpfung $c_D = 0$ ergibt sich mit den Daten aus Beispiel 8.12 und einer Kurzschlußdauer von $t_K = 0{,}1$ s

$$\Delta\omega = s = \dot{\delta}'/\omega_b = \frac{p_A}{\tau_A}\, t_k = \frac{0{,}8}{10} \cdot 0{,}1 = 0{,}008 \tag{8.97}$$

$$\delta' = \frac{p_A\, \omega_b}{2\, \tau_A}\, t_k^2 + \delta_0' = \frac{0{,}8 \cdot 314}{2 \cdot 10} \cdot 0{,}1^2 \cdot \frac{180°}{\pi} + 29° = 36° \tag{8.98}$$

Die Drehzahlabweichung $\dot{\delta}'$ steigt demnach linear und der Polradwinkel δ' quadratisch mit der Zeit. Beim Nachvollziehen der Zahlenwerte ist die Umrechnung vom Bogenmaß in Grad zu beachten.

Bild 8.25a zeigt den Ausgleichsvorgang nach einem Kurzschluß von $t_k = 0{,}26$ s Dauer. Bis zum Zeitpunkt 1 liegt stationärer Betrieb vor. Durch den Kurzschluß sinkt die Abgabeleistung p auf null. Die Drehzahlabweichung $\dot{\delta}'$ steigt wie vorher beschrieben linear und der Polradwinkel δ' quadratisch an. Nach Abschalten des Kurzschlusses in Punkt 2 ist der Polradwinkel angewachsen. Dies bedeutet entsprechend Bild 8.25b eine erhöhte Wirkleistungsabgabe ($p' > p_A$), so daß der Generator abgebremst wird und die Drehzahlabweichung $\dot{\delta}'$ abnimmt. Solange sie positiv ist, wächst der Winkel δ' weiter an. Beim Überschreiten des Winkels $\delta' = 90°$ (Punkt 3) sinkt die Leistung bis zum Erreichen des maximalen Winkels im Punkt 4. Nun wird die Abweichung der Drehzahl gegenüber der Synchrondrehzahl ($\dot{\delta}' = 0$) negativ, der Polradwinkel geht zurück. Bei Erreichen von 90° stellt sich wieder die maximale Leistung ein (Punkt 5). Der Ausgleichsvorgang setzt sich weiter fort, bis durch die Dämpfung der stationäre Zustand erreicht ist.

Dauert der Kurzschluß länger, so verschiebt sich in Bild 8.25b der Punkt 4 immer mehr in Richtung Punkt c. Wird er überschritten, so sinkt die Leistungsabgabe unter die Leistungsaufnahme, obwohl die Drehzahlabweichung $\dot{\delta}'$ noch positiv ist. Dies bedeutet Instabilität. Die Kurzschlußzeit, die gerade zum Erreichen des maximalen Winkels δ_c' führt, heißt kritische Kurzschlußzeit t_c. Sie kann in einfachen Fällen mit Hilfe des Diagramms 8.25b bestimmt werden. Hierzu ist aus Gl. (8.94) unter Ver-

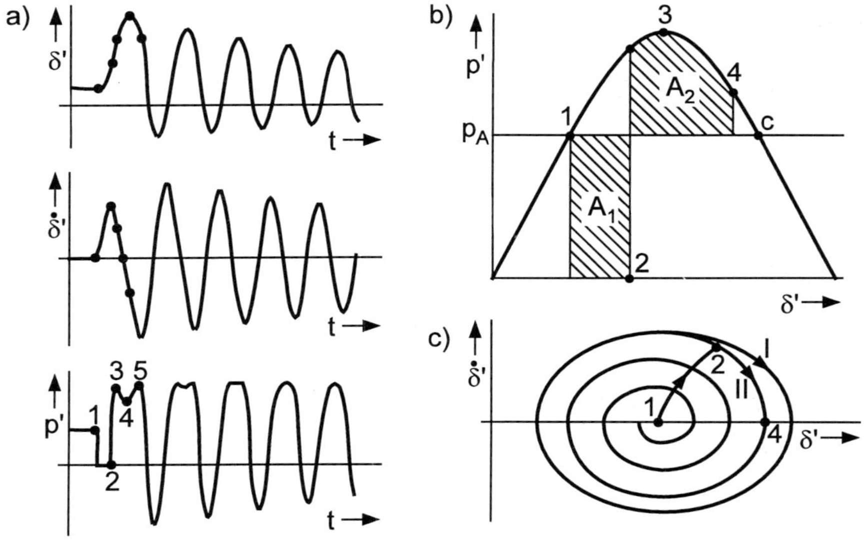

Bild 8.25: *Ausgleichsvorgänge*
a) Zeitfunktion für t_k = 0,26 s, b) Flächenkriterium,
c) Zustandsebene (I ohne Dämpfung, II mit Dämpfung)

nachlässigung der Dämpfung die Zeit durch Integration zu eliminieren. Vorher werden beide Seiten der Gleichung mit $\dot{\delta}'$ multipliziert

$$\int_a^b \frac{\tau_A}{\omega_b} \ddot{\delta}' \dot{\delta}' \, dt = \int_a^b (p_A - p') \dot{\delta}' \, dt \tag{8.99}$$

$$\frac{\tau_A}{\omega_b} \int_a^b \dot{\delta}' \cdot \frac{d\dot{\delta}'}{dt} dt = \frac{\tau_A}{\omega_b} \int_a^b \dot{\delta}' \, d\dot{\delta}' = \int_a^b (p_A - p') \cdot d\dot{\delta}'$$

$$\frac{\tau_A}{2\,\omega_b} \left(\dot{\delta}_b'^2 - \dot{\delta}_a'^2 \right) = \int_a^b (p_A - p') \, d\delta'$$

Wählt man nun als Anfangswert den Punkt 1 und als Endwert der Integration den Punkt 4, so wird die linke Seite zu null $\left(\dot{\delta}_1' = \dot{\delta}_4' = 0\right)$. Das rechte Integral besteht aus zwei Teilen, die gleich groß sein müssen

$$A_1 = \int_1^2 (p_A - p') \, d\delta' = A_2 = -\int_2^4 (p_A - p') \, d\delta' \tag{8.100}$$

Beispiel 8.13. *Für den in Beispiel 8.12 berechneten Fall soll die kritische Kurzschlußzeit berechnet werden:* $\delta_1' = 29° = 0{,}51$ $P_m' = 1{,}65$ $P_A = 0{,}8$ $\tau_A = 10$ s

Gl. (8.100) liefert

$$A_1 = \int_1^2 P_A \, d\,\delta' = P_A \left(\delta_2' - \delta_1'\right)$$

$$A_2 = -\int_2^4 \left(P_A - P_m' \sin\delta'\right) d = -P_A \left(\delta_4' - \delta_2'\right) - P_m' \left(\cos\delta_4' - \cos\delta_2'\right)$$

Mit $\delta_4' = \delta_c'$ *und* $\delta_c' = \pi - \delta_1'$ *folgt daraus mit Bild 8.25b*

$$-P_A \, \delta_1' = -P_A \, \delta_c' - P_m' \cos\delta_c' + P_m' \cos\delta_2'$$

$$\cos\delta_2' = \frac{P_A}{P_m'}\left(\pi - 2\,\delta_1'\right) - \cos\delta_1' = \frac{0{,}8}{1{,}65}\left(\pi - 2\cdot 0{,}51\right) - \cos 29° = 0{,}15$$

$$\delta_2' = 81° = 1{,}41$$

Gl. (8.98) liefert dann

$$t_c^2 = \frac{2\,\tau_A}{P_A\,\omega_b}\left(\delta_2' - \delta_1'\right) = \frac{2\cdot 10\,s^2}{0{,}8\cdot 314}\left(1{,}41 - 0{,}51\right)$$

$$t_c = 0{,}27\ s$$

Dieser Wert liegt etwas über den 0,26 s, die bei der Simulation von Bild 8.25 zugrunde gelegt wurden.

Die Eigenschaft eines Netzes, nach einem Fehler wieder einen statisch stabilen Punkt zu erreichen, nennt man transiente Stabilität. Dabei wird der Fehler durch den Ort, die Dauer und die Art (zweipolig, Lichtbogen usw.) beschrieben. Bei der transienten Stabilität handelt es sich um eine Stabilität im Großen. Globale Stabilität, d. h. ein stabiles Verhalten bei beliebiger Fehlerdauer und beliebigen Fehlerorten, gibt es im Energieversorgungsnetz nicht. Durch den Einsatz von Reglern läßt sich wegen der geringen Stelleistung die transiente Stabilität nicht wesentlich verbessern. Lediglich das Dämpfungsverhalten ist nennenswert zu beeinflussen.

In der Regelungstechnik ist es üblich, dynamische Systeme im Zustandsraum zu behandeln. Für Gl. (8.94) ergibt sich dann

$$\dot{\delta}' = (\omega - 1)\,\omega_b = s\,\omega_b \tag{8.101}$$

$$\dot{s} = \frac{\ddot{\delta}'}{\omega_b} = \frac{1}{\tau_A}\left[P_A - P_m' \sin\delta'\right] \tag{8.102}$$

Die Elimination der Zeit ermöglicht eine geschlossene Lösung der Differentialgleichung

$$\frac{\dot{s}}{\dot{\delta}'} = \frac{ds/dt}{d\delta'/dt} = \frac{ds}{d\delta'} = \frac{1}{s\,\omega_b} \cdot \frac{1}{\tau_A} \left[P_A - P_m' \sin\delta'\right]$$

$$\int s\,d\,s = \frac{1}{\tau_A\,\omega_b} \int \left[P_A - P_m' \sin\delta'\right] d\,\delta'$$

$$\frac{1}{2} s^2 = \frac{1}{\tau_A\,\omega_b} \left[P_A\,\delta + P_m' \cos\delta'\right] + C$$

Die Integrationskonstante C des unbestimmten Integrals wird so gewählt, daß bei $\delta' = \delta_0'$ der Schlupf s null ist

$$s = \pm\sqrt{\frac{2}{\tau_A\,\omega_b}\left[P_A\left(\delta - \delta_0\right) + P_m'\left(\cos\delta' - \cos\delta_0'\right)\right]} = \dot{\delta}' \qquad (8.103)$$

Diese Funktion ist in Bild 8.26 dargestellt. Im Fall a ergibt sich eine Dauerschwingung. Bei positivem Schlupf steigt der Polradwinkel an, bei negativem geht er zurück. Die Kurve b zeigt einen instabilen Zustand; mit der Zeit wachsen Schlupf und Polradwinkel an. Von besonderer Bedeutung ist der Grenzfall c. Wenn nach der Störung der Betriebspunkt innerhalb der Kurve liegt, wird das System durch die natürliche Dämpfung stabilisiert. Der von der Kurve c begrenzte Bereich heißt deshalb Einzugsbereich. Er ist auch in Bild 8.25 c dargestellt. Daneben sind in Ergänzung zu den Zeitfunktionen in Bild 8.25a noch die Trajektorien für den gedämpften Ausgleichsvorgang dargestellt. Ausgehend vom stationären Punkt 1 wachsen Polradwinkel δ' und Schlupf s an, bis im Punkt 2 der Kurzschluß abgeschaltet wird. Das System geht in einen neuen Zustand über, für den eine neue Trajektorie gilt, die in den Endpunkt 1 einläuft.

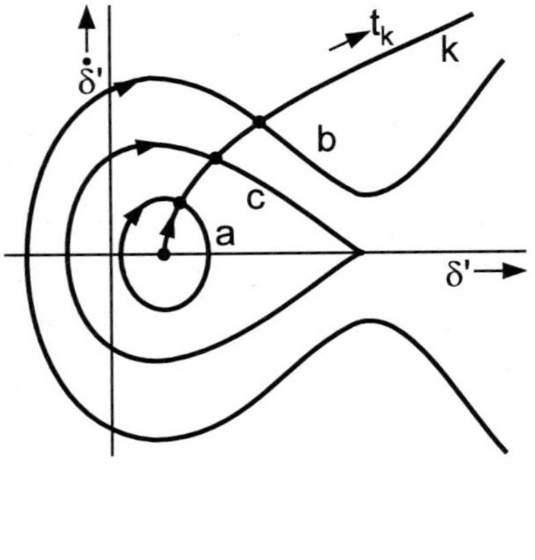

Bild 8.26: *Zustandsebene*
1 stationärer Betriebszustand,
k Kurzschlußtrajektorie,
a stabil, b instabil,
c Stabilitätsgrenze

8.6 Netzplanung

Die Netzplanung ist eine Optimierungsaufgabe, bei der ein Planungsingenieur mit seinem großen Erfahrungsschatz eine Netzstruktur entwirft, die allen technischen Erfordernissen entspricht und die notwendigen Investitionen gering hält. Dabei werden sich häufig mehrere sinnvolle Varianten ergeben, die in technischer und wirtschaftlicher Hinsicht vertretbar sind. Ermessensentscheidungen führen dann zur Auswahl einer Variante, die durch Modifikation weiter optimiert wird.

Eine vollständige Neuplanung gibt es kaum. I. a. wird ein bestehendes Netz zu erweitern sein oder ein neu hinzukommender Netzbereich ist zu planen. In allen Fällen muß man die Ein- oder Anbindung an ein vorhandenes Netz berücksichtigen. Typische Aufgabenstellungen sind:

Eine Stadt wird vom Verbundnetz versorgt. Durch den Anstieg der Last im Laufe der Jahre reicht die gegenwärtige Einspeisung nicht aus und muß deshalb erweitert werden. Dies kann durch eine Verstärkung oder durch Errichtung einer zweiten Einspeisung an anderer Stelle erfolgen.

Ein Wohn- oder ein Industriegebiet wird vollständig neu erschlossen. Das zugehörige Netz ist zu planen und an das übergeordnete Netz anzuschließen.

8.6.1 Grundsätzliche Vorgehensweise

In einem ersten Schritt ist die Spannungsebene zu bestimmen. Sie ist in vielen Fällen durch das vorhandene Netz festgelegt. Ein Stadtnetz hat beispielsweise 20 kV und das Netz des regionalen Versorgers 110 kV. Erweiterungen mit anderen Spannungsebenen kommen nicht in Frage. Bei einem Wohngebiet werden die Mittelspannungen, z. B. 20 kV, und die Versorgungsspannung 400 V ebenfalls vorgegeben sein. In Industrienetzen sind Spannungsebenen häufig an die Prozeßbedingungen anzupassen. Bei großen Motorlasten von z. B. 5 MW wird man ein 10-kV-Netz vorziehen. Liegen die großen Motoren in ihrer Leistung unter 1 MW, so sind 6 kV oder 3 kV angebracht, ggf. auch 500 V. Eine 400-V-Versorgung wird auf jeden Fall benötigt. Mit der Spannungsebene und der Struktur des Versorgungsgebietes ist meist auch die Sternpunktbehandlung der Transformatoren festgelegt, z. B. wirksam geerdet oder gelöscht (Abschn. 8.2). Wenn die örtlichen Gegebenheiten dies zulassen, ist hier eine Kostenoptimierung möglich. Viele Umspannstationen reduzieren den Kabelbedarf und die Verluste, verursachen aber hohe Investitionen durch kleine Einheitsleistung der Transformatoren und eine größere Zahl von Schaltanlagen.

Mit der Entscheidung über den Ort der Umspannstation ist die Netzstruktur festzulegen. Die Vor- und Nachteile von Maschen- und Strahlennetzen sind gegeneinander abzuwägen (Abschn. 8.1). Hier stehen Kosten und Zuverlässigkeit oft im Widerspruch zueinander.

Sehr stark von den örtlichen Gegebenheiten sind die Leitungsführung und die Plazierung der Verteilerschränke bestimmt. In Überland-Freileitungsnetzen ist es schwierig, Trassen zu finden. Dabei spielen Fragen der Durchsetzbarkeit häufig eine wichtigere Rolle als Wirtschaftlichkeit und Technik. Bei Stadtnetzen werden die Kabel in der Regel auf beiden Seiten der Straße unter dem Bürgersteig geführt und die Häuser über T-Muffen angeschlossen.

Wenn die Topologie und die geographische Lage der Leitung festliegen, sind die Querschnitte der Leitungen zu dimensionieren und die Betriebsmittel in der Schaltanlage auszuwählen. Hierzu bilden Leistungsflußrechnungen die Grundlage. Ausgehend vom Normallastfall werden Ausfallvarianten untersucht, um die Zuverlässigkeit zu gewährleisteten. Beim Ausfall eines Betriebsmittels, z. B. eines Kabels, müssen die anderen Betriebsmittel in der Lage sein, die volle Versorgung ohne Überlastung aufrechtzuerhalten. Kurzschlußuntersuchungen liefern die Belastung der Betriebsmittel im Fehlerfall. Aus ihnen ist zu ermitteln, ob z. B. ein Kabel nicht zu stark erwärmt wird. Es muß auch sichergestellt werden, daß der Kurzschlußstrom ausreicht, die Schutzorgane, z. B. Sicherungen, zum Ansprechen zu bringen.

In Hochspannungsnetzen spielt darüber hinaus die Isolationskoordination eine entscheidende Rolle. Hier werden zulässige Spannungspegel für die Betriebsmittel bestimmt und es erfolgt die Auswahl der Überspannungsableiter [5.1].

8.6.2 Netzausbau

Im vorangegangenen Abschnitt wurde skizziert, wie ein Netz für eine vorgegebene Verbraucherstruktur bei bekannter Last geplant wird. Normalerweise ist jedoch davon auszugehen, daß sich der Energieverbrauch mit der Zeit weiterentwickelt. Das Netz ist demnach ein dynamisches Gebilde. Grundlage für eine Planung ist deshalb die Prognose der Netzlast. Dabei wird generell eine konstante Steigungsrate zugrunde gelegt; in den 50er bis 70er Jahren waren es 5 bis 7 %, heute geht man von 0 bis 3 % aus.

Es wäre unsinnig, ein Netz so zu bauen, daß seine Übertragungskapazität den zum Zeitpunkt der Planung vorhandenen Lasten entspricht. Man muß einen Planungshorizont definieren, z. B. x+30a , d. h. man geht von der vorgegebenen Last zu einem nahen Zeitpunkt x, beispielsweise der Inbetriebnahme einer Fabrik, aus und dimensioniert das Netz so, daß es auch 30 Jahre später die erforderliche Leistung noch verteilen kann. Bei der Festlegung des Planungshorizontes ist die Lebensdauer der Betriebsmittel von 30 bis 50 Jahren zu berücksichtigen.

Beispiel 8.14. *Für die Planungszeitpunkte n = 10, 20, 30, 40 und 50 Jahre soll die Netzlast bestimmt werden. Dabei ist von dem Lastanstieg p = 3 % und 7 % auszugehen. Für die Last im Jahr n gilt die Zinses-Zins-Formel*

$$K / K_0 = (1+p)^n = (1+0{,}03)^{10} = 1{,}34 \qquad (8.104)$$

Analog ergeben sich die anderen Lasten (Tabelle 8.1).

Sowohl Planungshorizont als auch Leistungsanstieg liegen im Ermessensspielraum des Planers. Ein Ingenieur, der mit 1 % Steigerung rechnet, wird ein anderes Netz planen als einer, der von 3 % ausgeht und in die nächsten 30 Jahre blickt.

Der Planungshorizont muß in der Größenordnung der Lebensdauer der Betriebsmittel, also bei 30 bis 50 Jahren liegen. Wird eine große Steigerungsrate der Last zugrunde gelegt, so kann er kürzer sein, denn der ohnehin notwendige Zubau „heilt“ Planungsfehler. Dies bedeutet aber auch, daß bei niedriger Steigerungsrate sorgfältiger geplant werden muß.

Es ist üblich, Planungsstufen für die 1-, 1,5-, 2- und 3fache Last zu definieren und dafür den erforderlichen Netzausbau zu optimieren. Daraus ergibt sich dann, bei welcher Last ein Zubau erfolgen muß. Es wird beispielsweise festgestellt, daß für einen Lastanstieg von 3 %/a ein Kabel mit dem Querschnitt 95 mm² bis zur 1,5fachen Last ausreicht, während mit einem Kabelquerschnitt von 185 mm² bis zur 2,2fachen Last gearbeitet werden kann. Dies läuft auf die Entscheidung hinaus, die Straße nach 14 Jahren oder erst nach 27 Jahren wieder aufgraben zu müssen.

Das Ergebnis einer Planung ist nicht nur das Netz in dem zu bauenden Zustand, sondern das Netz mit seinen Ausbaustufen. Selbstverständlich wird man vor großen Investitionen eine neue Planung durchführen, die wiederum einen Planungshorizont von z. B. 30 Jahren hat.

Tabelle 8.1: Last in Abhängigkeit von der Zeit und der Steigerungsrate

n	10	20	30	40	50
p = 3 %	1,34	1,81	2,43	3,26	4,38
p = 7 %	1,97	3,87	7,61	14,97	29,46

8.6.3 Investitionskostenrechnung

Im vorangegangenen Abschnitt wurde gezeigt, daß die Investitionskosten über einen bestimmten Zeitraum anfallen. Kapital, das sofort aufgenommen wird, ist dem Kapital gegenüberzustellen, das man erst in 14 Jahren benötigt. Um beides vergleichen zu können, müssen die Zinsen berücksichtigt werden. Hierbei spielen der Zinssatz für das Kapital p_K und die realen Preisentwicklungen p_P für die zu installierenden Geräte eine Rolle. Die Preissteigerungsrate p_P kann sehr unterschiedlich für Betriebsmittel und Energie sein. Schließlich ist noch mit dem Geldwertschwund oder der Inflationsrate p_I zu rechnen. Mit den festgelegten Zinssätzen können nun alle Kosten auf einen bestimmten Zeitpunkt auf- oder abgezinst werden. Es bietet sich an, den Zeitpunkt der Erstinvestition als Jahr 0 zu wählen. Die Investitionen eines Betriebsmittels, das derzeit die Kosten K verursacht, erfordern im Jahr n den Betrag K_n. Um ihn aufzubringen, müßte man heute den Betrag K_0 festlegen

$$K_0 = \left(1 + p_K\right)^{-n} \cdot K_n = \left(1 + p_K\right)^{-n} \cdot \left(1 + p_P\right)^n \cdot \left(1 + p_I\right)^n \cdot K \qquad (8.105)$$

Bei dieser Rechnung wird die Alterung des Betriebsmittels nicht berücksichtigt. Wenn ein Kabel n Jahre in der Erde liegt, hat es jedoch an Wert verloren [8.12].

Beispiel 8.15. *In den obigen Betrachtungen wurde ein 95-mm²-Kabel gewählt, das bei p = 3 % für n = 14 Jahre ausreicht, um den Energiebedarf zu decken. Es wird dann durch ein zweites gleichartiges Kabel ergänzt. Zu welchem Zeitpunkt reicht dieses Kabel nicht mehr aus und ist durch ein drittes zu ergänzen? Als Alternative zu dem 10^6 DM teuren Kabel bietet sich der Einsatz eines $1{,}3 \cdot 10^6$ DM teuren Kabels an, das die Übertragungskapazität von zwei 95 mm² dicken Kabeln hat. Wie groß ist der Barwert bzw. Kapitalbedarf bei den Zinssätzen p_K = 7 %, p_P = -2 %, p_I = 2 %? Welches Ergebnis wird bei p_P = 0 erzielt?*

Nach 14 Jahren ist die Leistung P = 1 auf P = 1,5 angestiegen und hat die Übertragungsgrenze des Kabels erreicht. Der doppelte Wert P = 3 für zwei Kabel stellt sich nach n_3 Jahren ein (Gl. 8.104)

$$n_3 = \lg 3/\lg 1{,}03 = 37$$

Die nächste Erweiterung ist demzufolge nach 37 Jahren notwendig.

Die Investitionskosten für das Kabel in 14 Jahren ergeben sich nach Gl. (8.105) zu

$$K_n = (1 - 0{,}03)^{14}\ (1 + 0{,}02)^{14} \cdot 10^6 = 0{,}86 \cdot 10^6 \text{ DM}$$

$$K_0 = (1 + 0{,}07)^{-14} \cdot 0{,}86 \cdot 10^6 + 10^6 = 1{,}33 \cdot 10^6 \text{DM}$$

Die sofortige Verlegung des zweiten Kabels führt zu Kosten von 1,3 · 10^6 DM. Damit sind beide Lösungen etwa gleich teuer.

Bei den Betrachtungen wurde nicht berücksichtigt, daß sich die Netzverluste in den Varianten unterscheiden. Wenn das Kabel mit größerem Querschnitt sofort verlegt wird, sind die Verluste 14 Jahre lang nur halb so groß gegenüber der Lösung mit der stufenweisen Installation.

Neben der Barwertmethode ist noch die Annuitätsmethode üblich. Bei ihr werden die Investitionen auf die einzelnen Jahre des Betriebs umgelegt. Für eine gleichmäßige Annuität wird das gleiche Verfahren angewandt wie bei der Tilgung eines Hypothekenkredits.

8.6.4 Niederspannungsnetze

Das Niederspannungsnetz erstreckt sich vom Ortsnetztransformator bis zur Steckdose. Vor dem Versuch, selbst an eine Hausinstallation Hand anzulegen, sollte man bedenken, daß dies Fachkräften vorbehalten und dabei das umfangreiche Regelwerk der VDE-Bestimmungen zu beachten ist [8.13].

Um Elektrounfälle zu vermeiden, sehen die Technischen Anschlußbedingungen TAB der Energieversorgungsunternehmen vor, daß die Elektroinstallationen nur von Personen mit dem entsprechenden Facharbeiterbrief durchgeführt und von einem vom EVU zugelassen Elektroinstallateur abgenommen werden dürfen.

8.6.4.1 Netzformen

Das Niederspannungsnetz ist ein Drehstromnetz mit Mittelpunkt- (Mp) bzw. Neutralleiter (N), so daß neben den 400 V zwischen den Außenleitern L1, L2, L3 noch 230 V zwischen den Außenleitern und dem Neutralleiter zur Verfügung stehen.

Bei der Gestaltung des Netzes und der Installation in Gebäuden steht der Schutz des Menschen sehr stark im Vordergrund. Man unterscheidet vier Netztypen entsprechend Bild 8.27. Von fast allen Energieversorgungsunternehmen ist in den Anschlußbedingungen das übliche TN-S-Netz (Bild 8.22a) mit einem getrennten Schutzleiter vorgesehen. Dabei wird der blaue Neutralleiter zum Anschluß von 230V-Betriebsmitteln getrennt vom Schutzleiter PE verlegt. Der grün-gelb gekennzeichnete Schutzleiter ist bei allen Geräten auf die Erdungsklemme zu führen. Die Trennung von PE- und N-Leiter führt dazu, daß alle metallischen Körper der Geräte eines Netzes zusammengeschlossen sind und auf einem Potential mit Erde liegen. Im fehlerfreien Betrieb ist der PE-Leiter im Gegensatz zum N-Leiter stromlos. Das beschriebene 5-Leiter-Netz ist aufwendig und wird nur innerhalb von Gebäuden realisiert. Die Zuführungskabel haben vier Leiter. Der vom Transformatorsternpunkt kommende PEN-Leiter wird am Hausanschlußkasten oder Verrechnungszähler in die beiden Leiter PE und N aufgespalten. Ein Kurzschluß zwischen einem der drei Leiter und dem Körper eines Gerätes führt zu einem Stromfluß über den PE-Leiter, der die Sicherung zum Ansprechen bringt.

Früher waren die TN-C-Netze üblich (Bild 8.27b). Da es bei dieser als Nullung bezeichneten Schutzart nur vier Leiter gab, konnte im Fall der Unterbrechung des PEN-Leiters eine Körper-Erde-Spannung an allen angeschlossenen Geräten auftreten. Dies ist beim TN-S-Netz nicht möglich. Unsymmetrische Lasten können aber zu einer Anhebung der N-Leiterspannung gegenüber Erde führen, die sich auch auf den PE-Leiter überträgt. Dies ist im TT-Netz (Bild 8.27c) nicht möglich. Hier sind alle Gerä-

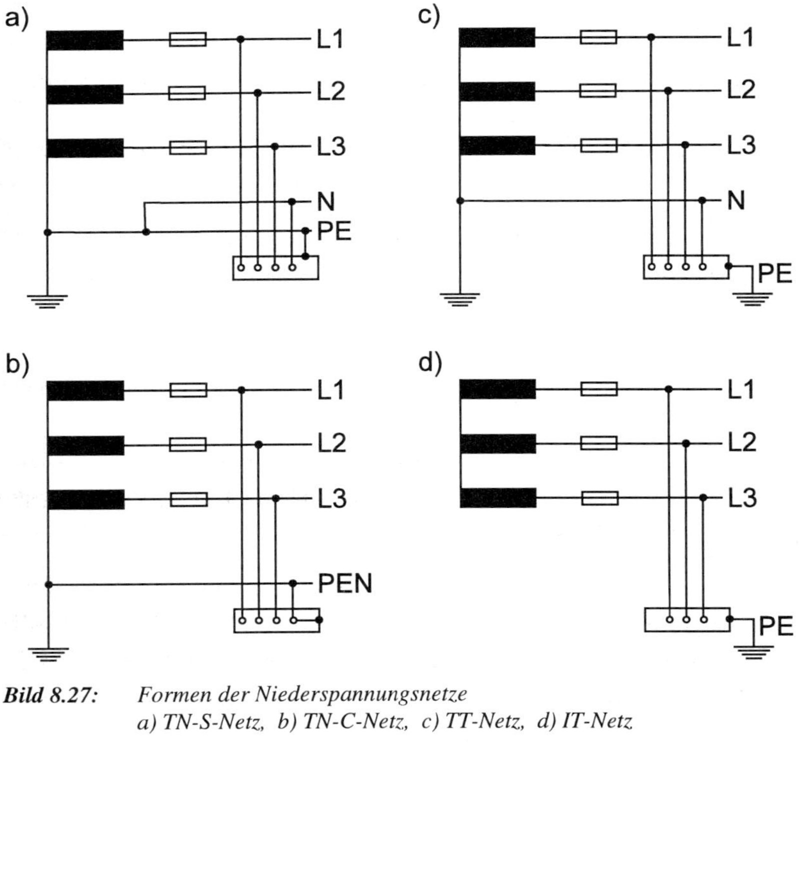

Bild 8.27: *Formen der Niederspannungsnetze*
a) TN-S-Netz, b) TN-C-Netz, c) TT-Netz, d) IT-Netz

te zu einem gemeinsam vom Transformatorsternpunkt getrennten, geerdeten Schutzleiter zusammengefaßt. Da der Kurzschlußstrom i. a. nicht ausreicht, um die Sicherung zum Ansprechen zu bringen, sind FI-Schutzschalter einzusetzen. TT-Netze werden an Baustellen, bei fliegenden Bauten und in Betrieben mit Tierhaltung eingesetzt. Denn für Nutztiere gilt als zulässige Gefährdungsspannung nicht 50 V, sondern 25 V. Dieser Wert kann bei Nulleiterströmen unter ungünstigen Umständen erreicht werden. Das IT-Netz (Bild 8.27d) wird gelegentlich in Industriebetrieben eingesetzt, um bei Leiter-Erde-Fehlern Kurzschlußströme zu verhindern und den Betrieb weiter aufrechterhalten zu können. Da dann jedoch das Potential der fehlerfreien Leiter um den Faktor $\sqrt{3}$ ansteigt, treten häufig Folgefehler auf, die zu zweipoligen Kurzschlüssen führen.

Die für die Bezeichnung der Netze verwendeten Kurzzeichen bestehen aus mindestens zwei Buchstaben und sind aus dem Französischen abgeleitet. Der erste Buchstabe gibt die Erdungsverhältnisse der Spannungsquelle an und hat folgende Bedeutung: T = terre (Erde), direkte Erdung vom Sternpunkt oder einem Außenleiter; I = isolé (isoliert), Sternpunkt und Außenleiter sind gegen Erde isoliert oder über eine Impedanz mit Erde verbunden.

Der zweite Buchstabe gibt die Erdungsverhältnisse der Körper der Betriebsmittel an: T = terre (Erde), Körper der Betriebsmittel sind direkt geerdet; N = neutre (neutral), Körper der Betriebsmittel sind direkt mit dem Betriebserder (Sternpunkt) verbunden.

Die weiteren Buchstaben bedeuten: S = séparé (getrennt), Neutralleiter N und Schutzleiter PE sind getrennt verlegt; C = combiné (kombiniert), Neutralleiter N und Schutzleiter PE sind in einem Leiter PEN kombiniert.

8.6.4.2 Dimensionierung der Leitung

Sicherungen haben die Aufgabe, den Kurzschlußstrom innerhalb von 200 ms abzuschalten. Hierzu muß mindestens der 7fache Bemessungsstrom fließen. Diese Forderung begrenzt die zulässige Länge von Leitungen.

Beispiel 8.16. *Eine Sicherung mit dem Bemessungswert $I_r = 10$ A ist zur Absicherung einer Leitung mit dem Querschnitt $A = 1{,}5$ mm^2 Cu zulässig. Wie lange darf die Leitung maximal werden und mit welchem Spannungsabfall ist zu rechnen, wenn der Nennstrom fließt? Dabei wird angenommen, daß der Innenwiderstand des Netzes vor der Sicherung vernachlässigbar ist*

$$R = U / I = 230 / (7 \cdot 10) = 3{,}29\ \Omega$$

$$l = 1/2 \cdot R \cdot \kappa A = 1/2 \cdot 3{,}29 \cdot 56 \cdot 1{,}5 = 138\ \text{m}$$

Der Faktor 1/2 berücksichtigt Hin- und Rückleitung, so daß die Länge l die einfache Entfernung des Verbrauchers von der Sicherung ist. Für den Spannungsabfall ergibt sich

$$\Delta U = R \cdot I = 3{,}29 \cdot 10\ \text{V} = 32{,}9\ \text{V} \mathrel{\hat{=}} 14\ \%$$

Dies ist erheblich mehr als der zugelassene Wert von 3 %, für den sich eine maximale Länge von nur 30 m ergibt. Um Hausgeräte mit einer höheren Leistungsaufnahme wie Spül- und Waschmaschine auch über Leitungen mit 1,5 mm² anschließen zu können, hat man bei Verwendung von Leitungsschutzschaltern, die präziser als Schmelzsicherungen schalten, eine Absicherung mit 16 A zugelassen. Dadurch reduziert sich die zulässige Länge auf 18 m, die in Einfamilienhäusern oft erreicht wird. Es ist deshalb empfehlenswert, den Anschluß von Küchensteckdosen mit Leitungen von 2,5 mm² Querschnitt durchzuführen.

8.6.4.3 Schutzmaßnahmen

Der Schutz von Personen und Nutztieren gegen gefährliche Körperströme kann durch verschiedene Maßnahmen sichergestellt werden. Dabei unterscheidet man zwischen Schutz gegen direktes und Schutz bei indirektem Berühren.

Kleinspannungen. Bei Spannungen von 50 V (~) und 120 V (=) genügt eine einfache Isolation der spannungsführenden Teile gegen direktes Berühren. Besondere Aufmerksamkeit ist den Spannungsquellen, z. B. den Transformatoren, zu schenken. Eine Übertragung der höheren Speisespannung in das Kleinspannungsnetz ist unter allen Umständen zu vermeiden. Liegen die Spannungen unter 25 V (~) und 60 V (=), ist ein Schutz gegen direktes Berühren nicht notwendig. Leiter müssen also nicht isoliert werden. Ein Beispiel für die Anwendung solcher Netze sind die Gleisanlagen von Spielzeugeisenbahnen.

Funktionskleinspannungen. Sie unterscheiden sich von den Kleinspannungen u. a. durch herabgesetzte Sicherheitsanforderungen an die Spannungsquelle.

Begrenzung der Entladungsenergie. Liegt die Entladungsenergie, z. B. eines Kondensators, unter 350 mJ, so muß nicht mit der Gefährdung von Personen gerechnet werden. Diese Grenze ist nicht zu verwechseln mit der zulässigen Entladeenergie in explosionsgefährdeten Räumen.

Berührungsschutz. Die aktiven, d. h. die betriebsmäßig spannungsführenden Teile müssen gegen direktes Berühren geschützt werden. Dies kann erfolgen durch: Isolierungen, Abdeckung, Umhüllung, Errichtung von Hindernissen, Einhaltung von Abständen (bei Freileitungen).

Fehlerstromschutzschalter FI. Die z. B. über Stromwandler gemessenen Ströme im Hin- und Rückleiter müssen in ihrer Summe null ergeben. Ist dies nicht der Fall, fließt ein Strom über Erde. Damit besteht ein Isolationsdefekt. Fehlerstromschutzschaltungen sprechen bei Strömen über z. B. 30 mA an; sie sind zum Schutz der Installationen in Badezimmern vorgeschrieben. Es wird aber auch empfohlen, die gesamte Hausinstallation über FI-Schutzschalter zu schützen. Dabei ist es jedoch ratsam, nicht zu viele Stromkreise über einen Schutzschalter zu versorgen, da die Ableitwiderstände der vielen parallelen Leitungen Leiterströme verursachen, die zum unerwünschten Ansprechen des Schutzes führen können.

Fehlerspannungsschutzschalter FU. Übersteigt die Spannung des Körpers eines Elektrogerätes gegenüber einem entfernten neutralen Erder einen Grenzwert, schaltet der FU-Schutzschalter das Gerät ab.

Abschalten. Im Fall eines Isolationsdefekts muß eine Abschaltung erfolgen. Dies kann in den Netzformen nach Bild 8.27 durch Sicherungen oder den Einsatz von FI- oder FU-Schutzschaltern erfolgen.

Schutzisolierung. Wenn Geräte einen reinen Kunststoffkörper besitzen oder metallische Teile an der Oberfläche durch genügend dicke Isolationen von den aktiven Teilen getrennt sind, kann man auf Schutzmaßnahmen verzichten. Beispiel hierfür sind viele Küchengeräte und Elektrowerkzeuge. Sie werden durch zwei ineinander liegende Quadrate gekennzeichnet und besitzen auch keinen Schutzkontaktstecker.

Schutztrennung. Spezielle Stromkreise, die über einen Transformator vom übrigen Netz getrennt sind und nur einen Verbraucher versorgen, bedürfen neben der normalen Isolation keines besonderen Schutzes, da bei indirekter Berührung eines aktiven Teils kein Strom durch den Menschen fließen kann.

8.6.4.4 Potentialausgleich

Um zu verhindern, daß metallische Teile in einer Anlage oder einem Gebäude unterschiedliche Spannungen annehmen, muß ein Potentialausgleich durchgeführt werden. Hierzu ist eine Potentialausgleichsschiene vorzusehen. Mit ihr sind zu verbinden:

Fundamenterder, alle in das Haus eingeführten Metallrohre für Gas und Wasser, der PEN-Leiter des Hausanschlusses, alle Rohre, die den Heizkessel verlassen, alle Rohre im Bad sowie die Dusch- und Badewanne. Bei Kunststoffwannen muß auch der Ablaufstutzen angeschlossen werden. Blitzschutzanlagen können getrennt geerdet werden. Es empfiehlt sich jedoch, sie an die Fundamenterder, die in jedem Haus vorhanden sein müssen, anzuschließen. Antennen kann man wahlweise mit dem Blitzschutz oder den Potentialausgleichsschienen verbinden.

8.6.4.5 Installationen in Bädern

Von Baderäumen und auch Naßzellen geht für den Menschen eine erhöhte Gefährdung aus. Deshalb gelten für diese Räume besondere Installationsrichtlinien. Dabei ist zwischen einzelnen Schutzbereichen zu unterscheiden. Im Abstand von 3 m von Dusche und Badewanne dürfen keine Kabel zur Versorgung anderer Räume verlaufen. Steckdosen sind mit FI-Schutzschaltern oder Trenntransformatoren zu schützen. Im Abstand von 0,6 m sind nur Mantelleitungen, also keine Stegleitungen, erlaubt. Zudem dürfen keine Steckdosen angebracht werden.

8.7 Netzbetrieb

Nach dem Energiewirtschaftsgesetz ist „die Energieversorgung so sicher und billig wie möglich zu gestalten“. Diese Aussage ist widersprüchlich, wenn nicht eine Gewichtung von Kosten und Zuverlässigkeit vorgenommen wird. Während die Kosten im wesentlichen in der Planungsphase festgelegt werden, ist es die Aufgabe des Betriebs, das vorhandene Netz in einem zuverlässigen Zustand zu halten und zu betreiben sowie dabei die Kraftwerke wirtschaftlich einzusetzen. Der wirtschaftliche Kraftwerkseinsatz wurde in Abschn. 7.2.4 behandelt und die Problematik der Zuverlässigkeit in Abschn. 8.3.4 dargestellt. Der Verbundbetrieb Westeuropas hat neben der Aufgabe des Lastausgleichs eine Reservefunktion, indem sich alle Kraftwerke an der Frequenzregelung beteiligen (Abschn. 7.7). Weitere wichtige Aufgaben des Netzbetriebs sind Wartung und Reparatur der Komponenten.

Um ausgedehnte Netze eines Energieversorgungsunternehmens überwachen zu können, ist es notwendig, viele Informationen von den Betriebsmitteln in eine Zentrale zu übertragen und dort so aufzubereiten, daß Störungen schnell erfaßt werden und Abhilfemaßnahmen rasch einzuleiten sind [8.14].

8.7.1 Netzankopplung

Neben den Energieversorgungsnetzen, die i. a. vermascht sind, wird zumindest für die höheren Spannungsebenen ein meist strahlenförmiges Informationsnetz aufgebaut. In den Schaltanlagen liegen binäre Informationen wie Schalterstellungen und analoge Informationen wie Meßwerte vor. Die binären Informationen lassen sich zu Wörtern zusammenfassen. Diese Vorverarbeitung erfolgt entweder in den Schaltkästen der Abgangsfelder oder in einem Wartengebäude. Von dort kann die Anlage überwacht und gesteuert werden. Allerdings sind die Warten von Schaltanlagen meist nicht mehr besetzt. Während früher ein Schaltpult vorgesehen wurde, steht heute häufig nur noch ein Rechner mit seiner Tastatur zur Verfügung, der lediglich in Sonderfällen, z. B. während der Inbetriebnahme oder bei Störungen in der übergeordneten Leitwarte, verwendet wird. Zur weiteren Übertragung setzt man die Wörter zu Telegrammen zusammen, die dann über Fernwirkanlagen in die zentrale Leitstelle geleitet werden und dort an einem Leitstand dem Bedienungspersonal zur Verfügung stehen. In großen Netzen ist noch eine Zwischenstufe vorzusehen, die die Information von mehreren Schaltanlagen bündelt und verdichtet.

Die konventionelle Netzleitstelle hat ein Blindschaltbild, auf dem das gesamte Netz dargestellt ist (Bild 8.28). Verknüpfungen zwischen den Leitungen und den Sammelschienen werden durch verschiedenfarbige Lichter angezeigt. So hat der Warteningenieur mit seinem geschulten Auge ständig einen Überblick. Details wie Meßwerte von Leistungsflüssen oder Spannungen kann er sich auf Bildschirmen ansehen. Bei vielen Netzleitstellen verzichtet man wegen der erheblichen Kosten ganz auf das Blindschaltbild und stellt dem Wartenpersonal die notwendige Information nur über den Bildschirm zur Verfügung (Studiowarte). Zur Auswahl der Bildschirminhalte und zur Steuerung des Netzes reicht eine übliche Rechnertastatur nicht aus. Deshalb bildet ein Meßpult mit funktionsorientierter Tastatur das Zentrum der Warte. Durch die neue Technik ist es möglich, anstelle der Blindschaltbilder vom Rechner gesteuerte Bilder von rückwärts an eine transparente Leinwand zu projizieren (Bild 8.29).

Bei der Datenübertragung von den Schaltkästen zum Bildschirm muß eine Informationsverdichtung stattfinden.

Die zu Wörtern zusammengefaßten Informationen (Schalterstellung, Meßwerte usw.) bilden Meldetelegramme, die über eine Leitung zur Zentrale übertragen werden. So findet eine Konzentration der Informationsleitungen statt. Der gesamte Netzzustand wird nur bei einer Generalabfragung übertragen, wenn z. B. wegen einer Rechnerstörung in der Zentrale Informationen verlorengegangen sind. Im normalen Netz-

Bild 8.28: Netzleitwarte mit Blindschaltbild (Quelle: AEG Atlas)

Bild 8.29: Netzleitwarte mit Rückwärtsprojektion (Quelle: Siemens)

betrieb überträgt man nur Änderungen, z. B. Schalter 5 ist gefallen (= hat ausgeschaltet). Bei der Übertragung wird nach Priorität unterschieden. Lufttemperaturen haben eine geringe, Meßwerte eine größere und Schutzanregungen eine große Priorität.

Die unterbrechungsfreie Umschaltung einer Leitung von einer Sammelschiene auf eine andere erfordert eine Vielzahl von Schalthandlungen. Dies kann man sich anhand des Bildes 5.1 verdeutlichen. Wenn der Leitungsabgang 1 von Sammelschiene A auf B wechseln soll, muß folgende Schaltfolge ablaufen:

Querkupplung Q_1, Trennschalter TS nach A:	ein
Querkupplung Q_1, Trennschalter TS nach B:	ein
Querkupplung Q_1, Leistungsschalter L:	ein
Leitungsabgang 1, Trennschalter nach B:	ein
Leitungsabgang 1, Trennschalter nach A:	aus
Querkupplung Q_1, Leistungsschalter L:	aus
Querkupplung, Trennschalter TS nach B:	aus
Querkupplung, Trennschalter TS nach A:	aus

Neben den Schaltbefehlen sind noch Verriegelungsbedingungen zu beachten. So muß über die Stellung der Hilfskontakte geprüft werden, ob die beiden Trennschalter an der Querkupplung auch wirklich eingeschaltet sind, bevor der Schaltbefehl zum Leistungsschalter freigegeben wird.

Für den Schaltingenieur genügt es zu wissen:

Leitung 1 wurde von Sammelschiene A auf B gewechselt.

Eine derartige Informationsverdichtung kann in der Schaltanlage oder erst im Rechner der Warte stattfinden.

Neben der Leitungskonzentration und Informationsverdichtung erfolgt noch eine Informationsreduktion. Nur wichtige Ereignisse werden angezeigt, andere muß sich der Schaltingenieur durch Anfrage beschaffen.

Voraussetzung für einen zuverlässigen Netzbetrieb sind die zuverlässige Übermittlung und die Vorverarbeitung der Daten. Deshalb stehen meist zwei Übertragungskanäle und parallele Rechner zur Verfügung. Als Übertragungskanäle werden genutzt: Standleitung der Telekom, EVU-eigene Informationsleitungen, TFH-Kanäle, Lichtwellenleiter in den Erd-, aber auch in den Leiterseilen sowie Richtfunkstrecken [8.15].

Bei der **T**räger**f**requenzübertragung auf **H**ochspannungsleitern (TFH) werden die Informationen auf einen hochfrequenten Träger moduliert und über kapazitive Spannungswandler (Abschn. 2.4.1) in die Leitungen gespeist.

Die Informationsübermittlung zum Zweck der Messung und Steuerung muß in beiden Richtungen erfolgen. Sie ist aufwendig und wird lückenlos nur in den Spannungsebenen ab 110 kV durchgeführt. Im Mittel- und Niederspannungsbereich gibt es die Rundsteuertechnik [8.16]. Dabei werden Bitfolgen, die eine Adresse und eine Information enthalten, auf das Netz gegeben. Die Information besteht häufig aus nur einem Befehl, z. B. Straßenbeleuchtung ein- oder Zähler von Hoch- auf Niedertarif umschalten. Die im Tonfrequenzbereich 106 bis 1 350 Hz liegende Rundsteuerung ist nicht zur Übertragung vieler Informationen geeignet, da die Laufzeit eines Telegramms ca. 30 s beträgt. Will man beispielsweise Zählerstände automatisch abrufen, so sind hochfrequente Signale notwendig, die wegen der zahlreichen Störsignale im Netz in Spread-Spectrum-Technik codiert werden müssen. Derartige Verfahren sind in Entwicklung.

8.7.2 State Estimation

Mit den Fernwirkanlagen werden von den Stationen die Schalterstellungen und Meßwerte in den Zentralrechner übertragen. Dieser zeigt in einem Übersichtsbild den Schaltzustand und die Meßwerte an und gibt so die Möglichkeit zur Netzüberwachung. Jedoch nicht alle Stromkreise enthalten Meßwertgeber; es kommt auch vor, daß AD-Wandler oder Übertragungsstrecken ausgefallen sind. Darüber hinaus besitzen die Sensoren Meßfehler, die bei Störungen auch erheblich über den Toleranzen liegen können. Man unterscheidet demnach fehlende und fehlerhafte Informationen. Mit der Ausgleichsrechnung nach Gauß ist es jedoch häufig möglich, aus den vorhandenen Informationen einen vollständigen Datensatz des Netzzustandes zu berechnen. Dabei werden die fehlenden Informationen ergänzt, grob falsche Informationen eliminiert und die im Rahmen der Meßgenauigkeit ungenauen Meßdaten so ausgeglichen, daß ein konsistenter Datensatz entsteht. Dieser erfüllt in den Knotenpunkten die Summenstromregel nach Kirchhoff und auf den Leitungen das Ohmsche Gesetz für Spannung und Strom.

Die Berechnung des Netzzustandes basiert auf der Fehlerausgleichsrechnung nach Gauß.

Üblicherweise werden in den Schaltanlagen die Leistungsflüsse in den Abgängen gemessen. Dies sind die Flüsse in die Leitungen, die zu Verbrauchern oder Nachbarnetzen führen (P_i, Q_i), und die Flüsse, die zu Nachbarknoten gehen (P_{ik} , Q_{ik}). Außerdem werden die Beträge der Sammelschienenspannungen (U_i) gemessen (Bild 8.30a). Der Vektor der meßbaren Größen nimmt demnach die folgende Gestalt an

$$\mathbf{Y}^T = \left(Y_1, \cdots, Y_m\right) = \left(P_1, Q_1, \cdots, P_{12}, Q_{12}, \cdots, U_1, \ldots\right) \tag{8.106}$$

Sind die Spannungen an den Knoten nach Betrag U_i und Winkel δ_i bekannt, so lassen sich die Komponenten Y_i des Meßvektors **Y** errechnen. Dabei ist zu beachten, daß einer der Winkel δ_i ohne Einschränkung der Allgemeinheit zu null gewählt werden kann (z. B. $\delta_1 = 0$). Der den Betriebszustand beschreibende Zustandsvektor **X** besteht demnach aus 2n-1-Komponenten

$$\mathbf{X} = \left(X_1, \cdots, X_{2n-1}\right) = \left(U_1, \delta_1, U_2, \delta_2, \cdots, U_n, \delta_n\right) \tag{8.107}$$

$$\mathbf{Y}_i = \mathbf{f}_i\,(\mathbf{X}) \tag{8.108}$$

Der Zustandsvektor X legt sämtliche meßbaren Größen, die der Meßvektor Y enthält, fest. Um aus dem Meßvektor Y den Zustandsvektor X berechnen zu können, muß die Bedingung m = 2n-1 einbehalten werden. Liegen mehr Meßwerte vor (m > 2 n-1), bestehen Redundanzen. Man kann dann mit Hilfe der Ausgleichsrechnung die Zustandsgrößen $\hat{X}_i$ so bestimmen, daß die aus ihnen berechneten Meßgrößen $\hat{Y}_i$ möglichst nahe an den gemessenen Größen $\overline{Y}_i$ liegen. $\hat{X}_i$ und $\hat{Y}_i$ werden Schätzwerte genannt.

Die Abweichung der Meßwerte $\overline{Y}_i$ von den Schätzwerten $\hat{Y}_i$ lassen sich mit der Klassengenauigkeit bzw. Standardabweichung σ_i des Meßwertes bewerten und zu einer Zielfunktion zusammenfassen

$$\begin{aligned} J &= \left(\overline{Y}_1 - \hat{Y}_1\right)^2 / \sigma_1^2 + \left(\overline{Y}_2 - \hat{Y}_2\right)^2 / \sigma_2^2 + \cdots \\ \hat{Y}_1 &= f_1\left(\hat{X}_1, \hat{X}_2, \cdots\right) \qquad \overline{Y}_1 = f_1\left(\overline{X}_1, \overline{X}_2, \cdots\right) \end{aligned} \tag{8.109}$$

Wird nun die Funktion $J\left(\hat{X}_1, \hat{X}_2, \cdots\right)$ nach den 2n-1-Zustandsgrößen $\hat{X}_i$ abgeleitet, entstehen 2n-1-Gleichungen zur Bestimmung des Zustandsvektors $\hat{\mathbf{X}}$. Da der Zusammenhang zwischen den Leistungen und Spannungen entsprechend Gl. (8.108) nichtlinear ist, muß die Lösung iterativ erfolgen.

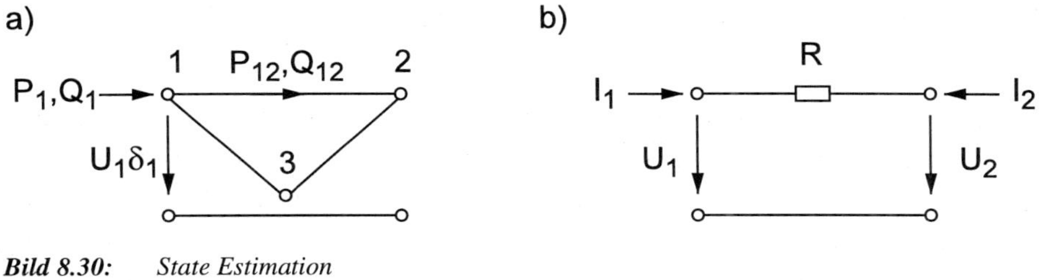

Bild 8.30: *State Estimation*
a) meßbare Größen, b) einfaches Netz

Beispiel 8.17. *Für das Netz in Bild 8.30b soll eine Ausgleichsrechnung durchgeführt werden. Zur Vereinfachung werden reelle Größen angenommen*

$$\overline{U}_1 = 10\text{ V} \qquad \overline{U}_2 = 9\text{ V} \qquad \overline{I}_1 = 1{,}2\text{ A} \qquad \overline{I}_2 = -0{,}9\text{ A} \qquad R = 1\,\Omega$$
$$\sigma_U = 1\text{ V} \qquad \sigma_I = 0{,}1\text{ A}$$

Da nur Ströme und Spannungen gemessen werden, liegt ein lineares Problem vor, das geschlossen zu lösen ist.

Die Gleichung der Meßgrößen (8.108) lautet für die Schätzwerte

$$\hat{\mathbf{Y}} = \begin{pmatrix} \hat{I}_1 \\ \hat{I}_2 \\ \hat{U}_1 \\ \hat{U}_2 \end{pmatrix} = \begin{pmatrix} G & -G \\ -G & G \\ 1 & 0 \\ 0 & 1 \end{pmatrix} \begin{pmatrix} \hat{U}_1 \\ \hat{U}_2 \end{pmatrix} = \mathbf{H} \cdot \hat{\mathbf{X}}$$

Daraus folgt die Kostenfunktion

$$\begin{aligned} J &= \left(\overline{I}_1 - \hat{I}_1\right)^2 / \sigma_I^2 + \left(\overline{I}_2 - \hat{I}_2\right)^2 / \sigma_I^2 + \left(\overline{U}_1 - \hat{U}_1\right)^2 / \sigma_U^2 + \left(\overline{U}_2 - \hat{U}_2\right)^2 / \sigma_U^2 \\ &= \left[\overline{I}_1 - \left(G\,\hat{U}_1 - G\,\hat{U}_2\right)\right]^2 / \sigma_I^2 + \left[\overline{I}_2 - \left(-G\,\hat{U}_1 + G\,\hat{U}_2\right)\right]^2 / \sigma_I^2 \\ &\quad + \left(\overline{U}_1 - \hat{U}_1\right)^2 / \sigma_U^2 + \left(\overline{U}_2 - \hat{U}_2\right)^2 / \sigma_U^2 \end{aligned}$$

Die Differentiation liefert

$$\begin{aligned} \partial J / \partial \hat{U}_1 &= -2\,G\left(\overline{I}_1 - G\,\hat{U}_1 + G\,\hat{U}_2\right) / \sigma_I^2 \\ &\qquad + 2\,G\left(\overline{I}_2 + G\,\hat{U}_1 - G\,\hat{U}_2\right) / \sigma_I^2 - 2\left(\overline{U}_1 - \hat{U}_1\right) / \sigma_U^2 \overset{!}{=} 0 \\ \partial J / \partial \hat{U}_2 &= 2\,G\left(\overline{I}_1 - G\,\hat{U}_1 + G\,\hat{U}_2\right) / \sigma_I^2 \\ &\qquad - 2\,G\left(\overline{I}_2 + G\,\hat{U}_1 - G\,\hat{U}_2\right) / \sigma_I^2 - 2\left(\overline{U}_2 - \hat{U}_2\right) / \sigma_U^2 \overset{!}{=} 0 \end{aligned}$$

Die Lösung dieser beiden Gleichungen liefert

$$\hat{U}_1 = 10{,}025\text{ V} \qquad \hat{U}_2 = 8{,}975\text{ V}$$
$$\hat{I}_1 = 1{,}05\text{ A} \qquad \hat{I}_2 = -1{,}05\text{ A}$$

Der Algorithmus hat aus den Meßwerten der Ströme den Mittelwert gebildet und die Beziehung $I_1 = -I_2$ sichergestellt. Die Spannungen wurden so abgeändert, daß $G\,(U_1 - U_2)$ ebenfalls den Strom I_1 ergibt. Auf diese Art ist ein konsistenter Datensatz entstanden.

8.7.3 Ersatznetze

Das in einem EVU überwachte Netz ist durch Kuppelleitungen mit Nachbarnetzen verbunden (Bild 8.31a). Da das EVU1 i. a. wenig Informationen über den Partner EVU2 hat, wird man das nicht überwachte Netz durch eine Ersatzschaltung nachbilden. Dabei bleiben die Kuppelleitungen 1 - 3 und 2 - 4 erhalten. Die Randknoten des Nachbarnetzes (3, 4) werden durch ein Element Z_{34} miteinander verbunden. In jedem Knoten speist ein Generator mit konstanter Spannung über eine Impedanz eine konstante Leistung ein. Die Koppelimpedanz Z_{34} zwischen den Randknoten ist aus den Netzimpedanzen für einen typischen Schaltzustand durch Zusammenfassen der Reihen- und Parallelelemente zu bestimmen, so daß sich nach einer Schalthandlung im EVU1 die Lastflüsse in beiden Netzen nach Bild 8.31a und b gleich ändern. Da der Wirkleistungsfluß in einem Netz mit $R/X << 1$ im wesentlichen durch die Winkel der Spannungen bestimmt ist, beeinträchtigen die Generatoren im Ersatznetz G_3 und G_4 die Wirkleistungsaufteilung im EVU1 kaum. Die Summe des Wirkleistungsflusses in das Nachbarnetz ($P_{13} + P_{24}$) bleibt erhalten.

Wird der Betrag der Spannungen im eigenen Netz, z. B. durch die Auftrennung der Leitungen 1 - 2, stark verändert, stellt sich ein neuer Blindleistungstransport von den Generatoren G_3 und G_4 in das überwachte Netz ein. Für die Blindleistungsaufteilung sind demnach die Ersatzgeneratoren von großer Bedeutung. Ihre Impedanz ist so zu bestimmen, daß bei einer Spannungsänderung im überwachten Netz der Blindleistungsstrom über die Kuppelleitungen für beide Bilder a und b gleich groß ist. Eine Erweiterung von den zwei Kuppelleitungen in Bild 8.31 auf mehr ist leicht möglich.

Modellfehler entstehen, wenn in Nachbarnetzen in der Nähe der Kuppelstelle Leitungen oder Kraftwerke geschaltet werden. Derartige wichtige Informationen über Schalthandlungen sollten deshalb zwischen den Energieversorgungsunternehmen ausgetauscht und im Ersatznetz berücksichtigt werden.

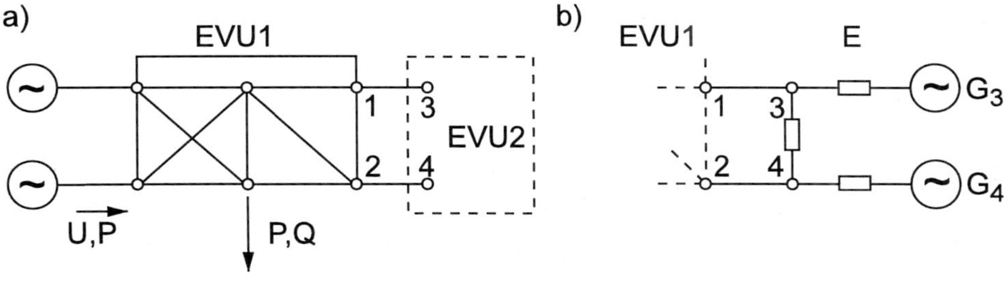

Bild 8.31: *Ersatznetzbildung*
a) Kopplung zweier Netze, b) Ersatznetz

8.7.4 Netzsicherheitsrechnung

Die Schalterstellungen liefern mit den bekannten Leitungsimpedanzen das mathematische Modell des überwachten Netzes, wobei die Nachbarnetze durch Ersatzschaltungen zu berücksichtigen sind. Aus den Meßwerten lassen sich mittels State Estimation die Zustandsgrößen, d. h. die Spannungen nach Betrag und Winkel, bestimmen. Damit liegen auch die restlichen Netzgrößen wie Leistungsflüsse fest. Will man nun eine Leitung ausschalten, so läuft eine Lastflußrechnung ab, bei der aus dem Netzmodell die entsprechende Leitung entfernt wird. Die Leistungsaufnahme der Lasten P, Q, die Spannungen U und die Wirkleistungen P der Generatoren bleiben dabei konstant. Als Ergebnis liefert die Rechnung Spannungen und Leistungsflüsse des Netzes, die sich nach Durchführung der Schalthandlung einstellen würden. Der Schaltingenieur kann nun überprüfen, ob Überlastungen oder zu starke Spannungsabweichungen auftreten können. Ggf. unterläßt er die beabsichtigten Schalthandlungen. Bei der automatischen Netzsicherheitsrechnung werden zyklisch Betriebsmittelausfälle nach dem gleichen Verfahren simuliert und bei Verletzung von Grenzwerten Meldungen abgesetzt, z. B. „Wenn die Leitung von a nach b ausfällt, wird die Leitung von c nach d überlastet und vom Schutz abgeschaltet und die Spannung im Knoten 5 fällt unter den zulässigen Grenzwert." Da die Schutzauslösung als Folgefehler weitere Schutzauslösungen verursachen kann, ist mit einem Netzzusammenbruch zu rechnen, wenn die Leitung von a nach b ausfällt. Das n-1-Prinzip ist nicht mehr gewährleistet. Durch Entlastungsmaßnahmen muß das Netz von dem verletzbaren Zustand in einen zuverlässigeren überführt werden.

8.8 Netzschutz

Der Schutz soll unzulässige Betriebzustände erkennen und anzeigen bzw. die fehlerbetroffenen Betriebsmittel abschalten. Nach der Art der Störung unterscheidet man Kurzschlußschutz, Überlastschutz-, Erdschlußschutz, Über- und Unterspannungsschutz sowie Über- und Unterfrequenzschutz. Entsprechend den Schutzverfahren ist zu unterscheiden zwischen Überstromschutz, Unterimpedanz- bzw. Distanzschutz, Differentialschutz bzw. Vergleichsschutz sowie Spannungs- und Frequenzschutz.

Das einfachste Schutzkonzept für den Kurzschluß und die Überlast wurde bereits in Abschn. 5.3 behandelt, die Sicherung bzw. der Leitungsschutzschalter. Diese werden als Primärschutz bezeichnet, da die Meßeinrichtungen zur Erfassung des Überstromes und der Auslösemechanismus eine Baueinheit bilden [8.17, 8.18].

8.8.1 Aufbau der Schutzeinrichtung

In Netzen mit großen Strömen und Spannungen werden Schutz- und Schaltfunktionen getrennt. Bei diesem Sekundärschutz formen Wandler die Primärgrößen auf genormte Sekundärgrößen, z. B. 1 A oder 100 V um (Abschn. 2.4), die im Schutzgerät meist über galvanische Trennglieder wie Übertrager oder Optokoppler geführt werden. Der Verarbeitungsteil bildet Zwischengrößen, wie den Effektivwert des Stromes, und vergleicht diese mit Grenzwerten. Bei deren Überschreiten generiert der Schutz häufig zeitverzögert Meldungen oder Auslösesignale. Am Schutz eingestellte Grenzwerte, z. B. für Strom und Auslösezeit, hängen von dem zu schützenden Netz ab. Bei ihrer Wahl sind Ungenauigkeiten der Schutzeinrichtung und ungenaue Informationen über den Aufbau und die Betriebsweise des Netzes zu berücksichtigen. Diese Unschärfen können dazu führen, daß die Ansprechwerte in Zweifelsfällen zu hoch oder zu niedrig eingestellt werden. Ist beispielsweise die Stromschwelle niedrig eingestellt, besteht die Gefahr der Überfunktion: liegt sie hoch, muß mit Unterfunktion gerechnet werden. Überfunktionen sind unerwünscht, da unnötig viele Betriebsmittel abgeschaltet werden. Dies kann Versorgungsunterbrechungen zur Folge haben. Unterfunktionen kann man nur tolerieren, wenn ein Reserveschutz vorhanden ist.

Der primäre Schutz ist so eingestellt, daß er zur Unterfunktion neigt. Der Reserveschutz muß so eingestellt sein, daß jeder Fehler - wenn auch zeitverzögert - geklärt wird. Dieses Prinzip stellt die Selektivität sicher.

Unter Selektivität versteht man die Eigenschaft eines Schutzes, nach Möglichkeit nur das vom Fehler betroffene Betriebsmittel abzuschalten.

Nach der Bauart unterscheidet man zwischen elektromechanischen, elektronischen und digitalen Relais (Bild 8.32). In den elektromechanischen Relais wirkt eine vom Strom erzeugte Kraft gegen einen Federmechanismus, der beim Überschreiten eines Grenzwertes kippt. Die Fertigung derartiger Relais begann 1910 und wurde etwa 1980 eingestellt. Von 1960 bis 1990 behaupteten die elektronischen Schutzeinrichtungen den Markt. Sie vergleichen vornehmlich Nulldurchgänge oder laden Kondensatoren auf. 1970 begann man mit der Markteinführung der digitalen Relais. Bei ihnen werden die gemessenen Strom- und Spannungssignale AD-gewandelt. Durch digitale Algorithmen bestimmt man typische Größen, z. B. den Effektivwert des Stromes oder eine Impedanz, die mit einem eingestellten Grenzwert verglichen werden.

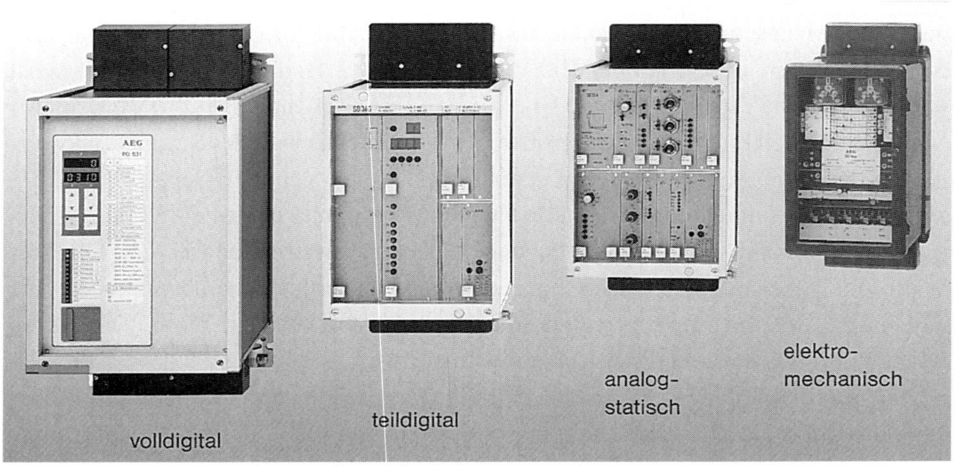

Bild 8.32: *Entwicklung der Distanzschutzeinrichtungen (Quelle: AEG-Schutztechnik)*

8.8.2 Überstromschutz

Überstromschutzeinrichtungen verwenden allein den Strom in Verbindung mit einer Zeitverzögerung als Auslösekriterium. Abhängig vom Einsatzgebiet gibt es UMZ (**U**nabhängiger **M**aximalstrom-**Z**eitschutz), AMZ (**A**bhängiger **M**aximalstrom-**Z**eitschutz) und IT (**I**nvers**t**imerelais), deren Kennlinien in Bild 8.33a dargestellt sind. Der UMZ-Schutz wird üblicherweise für Leitungen verwendet. Dabei stellt man den Grenzstrom I >> auf den kleinsten erwarteten Kurzschlußstrom und I > auf den maximal zulässigen Strom des zu schützenden Betriebsmittels ein. So sind Kurzschluß- und Überlastschutz gewährleistet. Die Zeit t >> muß auf die Einstellung der anderen im Netz installierten Relais abgestimmt sein. Bild 8.33b zeigt einen Staffelplan, bei dem die Schnellzeit von 0,1 s als Eigenzeit des Relais anzusetzen ist. Die nächste Schutzstufe wirkt mit 0,4 s, also um 0,3 s verzögert, so daß bei einem Fehler zwischen C und D zunächst der Schutz in C anspricht. Bei einem Versagen tritt der Schutz in B nach 0,4 s in Aktion. Wenn von der Sammelschiene noch weitere Abgänge mit höheren Zeiten gespeist werden, erfordert dies bei der Einstellung des Schutzes in A sehr große Schutzzeiten, z. B. 1,3 s. Dies hat zur Folge, daß ein Fehler zwischen A und B erst nach 1,3 s abgeschaltet wird.

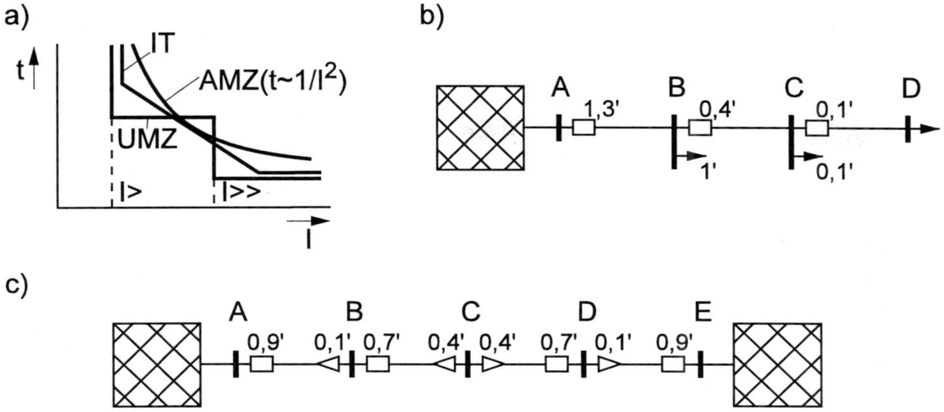

Bild 8.33: *Überstromschutz*
a) Kennlinien, b) Staffelung, c) doppelt gespeistes Netz
□ *UMZ-Relais,* ▷ *Richtungsrelais*

Der AMZ-Schutz ist ein typischer Überlastschutz; er bildet mit seinen Kennlinien die Erwärmung der Betriebsmittel nach, die durch die internen Verluste erzeugt wird

$$Q = c\int R\, i^2\, dt = c\, R\, I^2 < Q_{zul} \qquad (8.110)$$

Typische Einsatzgebiete sind Motoren und Generatoren. Der IT-Schutz ist im angelsächsischen Raum weit verbreitet und deckt dort die Anwendung von UMZ- und AMZ-Schutz ab.

Das einseitig gespeiste Netz in Bild 8.33b ist mit einer Zeitstaffelung wirkungsvoll zu schützen. Bei zweiseitiger Speisung entstehen Probleme mit der Zeiteinstellung. Hier kann man notwendige Zeitverzögerungen durch den Einsatz von Richtungsrelais reduzieren. Ein Beispiel dafür ist in Bild 8.33c gegeben. Bei einem Fehler zwischen C und D trennt das Richtungsrelais nach 0,4 s und das UMZ-Relais nach 0,7 s. Ein Fehler zwischen D und E wird nach 0,1 s vom linken Netz und nach 0,9 s vom rechten Netz getrennt. Richtungsrelais verknüpfen Strom und Spannung miteinander und ermitteln z. B. aus der Phasenverschiebung die Leistungsrichtung. Um eine Überfunktion, d. h. das Ansprechen des Schutzes bei Normalbetrieb, zu vermeiden, wird das Auslösesignal des Richtungsrelais erst nach Überschreiten eines Stromschwellwertes freigegeben.

8.8.3 Unterimpedanzschutz

Der Kurzschlußstrom ist von der Fehlerentfernung zur Einspeisung α, der Vorimpedanz Z_Q und der Netzspannung U_Q abhängig. Für das Netz in Bild 8.34a ergibt sich

$$\underline{I} = \frac{\underline{U}_Q}{\underline{Z}_Q + \underline{Z}_L \cdot \alpha} \tag{8.111}$$

Während die Spannung des Netzes $\underline{U}_Q$ nur in geringen Grenzen schwankt, kann die Netzimpedanz $\underline{Z}_Q$ abhängig von dem Schaltzustand des übergeordneten Netzes stark variieren. Deshalb ist der Strom als Staffelkriterium sehr ungenau, man ist auf eine Zeitstaffelung angewiesen (Abschn. 8.8.2). Wird nun aus Strom und Spannung am Einbauort des Schutzes die Impedanz $\underline{Z}$ bestimmt, so ist der Fehlerort α exakt zu ermitteln, wenn die Leitungsimpedanz $\underline{Z}_L$ bekannt ist

$$\underline{U} / \underline{I} = \underline{Z} = \underline{Z}_L \alpha \tag{8.112}$$

In der komplexen Ebene muß deshalb bei einem Kurzschluß im Zuge der Leitung die gemessene Impedanz auf der Linie $\underline{Z}_L$ liegen. Ein Lichtbogenfehler verursacht einen Spannungsabfall, in Phase mit dem Strom. Für die Grundschwingung ist damit ein Lichtbogen als ohmscher Widerstand R_F nachzubilden. Dies bedeutet aber, daß sich die gemessene Impedanz $\underline{Z}_L$ um R_F verschieben kann. Aus der für einen Fehler gültigen Geraden $\underline{Z}_L$ wird damit eine Fehlerfläche F (Bild 8.34b). Die Aufgabe der Schutzeinrichtung ist es, bei einer Impedanz, die innerhalb der Fläche F liegt, die Leitung abzuschalten. Um Ungenauigkeiten im Netz und der Schutzeinrichtung zu berücksichtigen, wird die Auslösekennlinie K so eingestellt, daß die Kippfläche etwas größer als die Fehlerfläche F ist. Der normale Betriebspunkt liegt außerhalb der Kennlinie K, z. B. im Punkt N. Bewegt sich der Meßort bei einem Fehler von N auf dem Weg x in Richtung S, so kippt das Relais beim Überschreiten der Kennlinie K und löst aus.

Bei einem Fehler zwischen B und C entsteht die Fehlerfläche F_2. Zum Schutz dieser Leitung dient die Kippgrenze K_2, die zeitverzögert wirkt und so dem Schutz der Sammelschiene B Zeit läßt, den Fehler in Schnellzeit zu klären. Die zweite Stufe ist demnach eine Reservestufe, die ein Versagen des vorgelegenen Schutzes abdeckt. Zur Einstellung des Schutzes in einem Netz werden Staffelpläne ermittelt, die eine Zuordnung zwischen Auslösezeit und Kippimpedanzen so herstellen, daß zunächst jedes Betriebsmittel selektiv abgeschaltet wird und erst bei Versagen die zweite Stufe und schließlich die dritte Stufe wirkt. Dies ist in Bild 8.35 dargestellt. Dort schützt das Relais D1 die zugeordnete Leitung AB in Schnellzeit, z. B. 0,1 s, allerdings nicht die letzten 10 %, denn man will vermeiden, daß in Folge von Ungenauigkeiten ein

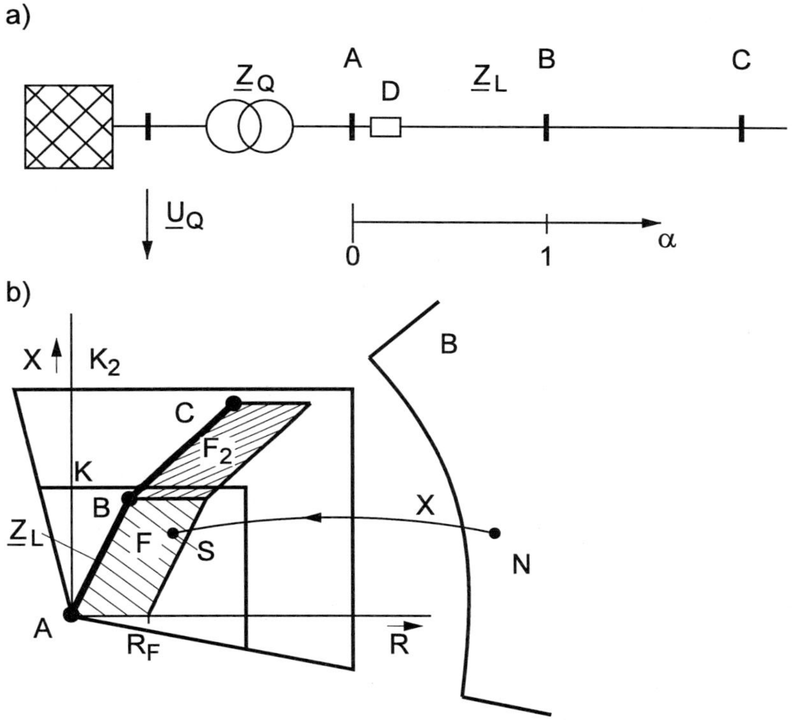

Bild 8.34: *Distanzschutz*
a) Netz, b) Auslöseverhalten
Z_L Leitungsgerade, F Fehlerfläche, K Kippgrenze,
X Übergang vom Normalbetrieb N zum Kurzschluß S,
B Bereich des Normalbetriebs

Fehler in BC durch D1 abgeschaltet wird. Zeitverzögert mit z. B. 0,5 s sind der restliche Teil AB und 80 % der Leitung BC geschützt.

Da die Auslösekennlinie K in Bild 8.34b eine Vorzugsrichtung zu positiven R-X-Meßwerten hat, entsteht eine Richtungsempfindlichkeit. Man kann deshalb mit Distanzschutzeinrichtungen auch beidseitig gespeiste Netze und damit auch Maschennetze schützen.

Die Kippgrenze ist so zu gestalten, daß sie alle bei Fehlern auftretenden Impedanzen umschließt. Dabei darf sie aber nicht in den Bereich des Normalbetriebs hineinragen. Man kann aber auch den umgekehrten Weg beschreiten und das Nichtvorhandensein von Normalbetrieb als Fehler interpretieren. Ein Beispiel für die Grenze des Normalbetriebs zeigt Kennlinie B in Bild 8.34b. Verläßt die gemessene Impedanz diesen

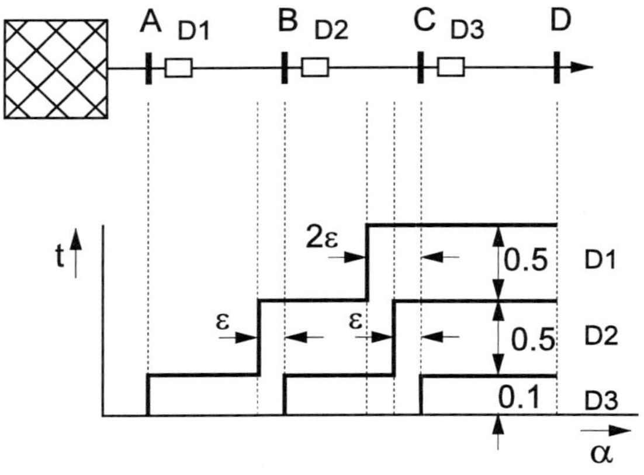

Bild 8.35: *Staffelplan*

Bereich, gibt die Schutzeinrichtung ein Signal, das als Anregung bezeichnet wird und nach Ablauf einer gewissen „Endzeit" ebenfalls zur Auslösung führt.

8.8.4 Distanzbestimmung

Das Grundprinzip des mechanischen Distanzschutzes ist in Bild 8.36a dargestellt. Zwei Elektromagnete wirken auf einen Waagebalken. Der eine ist vom Meßstrom durchflossen, dem anderen wird ein spannungsproportionaler Strom zugeführt. Für die Kippgrenzen des Balkens gilt

$$K_I \, I_K = K_U \, U_K \qquad U_K / I_K = K_I / K_U = Z_K \tag{8.113}$$

Der Faktor K_U und damit die Kippimpedanz Z_K lassen sich durch den Widerstand R_U einstellen. Das Kippen des Relais signalisiert eine zu kleine Impedanz und damit einen Fehler auf der zu schützenden Leitung. Beim elektronischen Schutz wird der Strom in ein um den Winkel ϑ voreilendes Spannungssignal $\underline{U}_I$ umgeformt (Bild 8.36b). Die Differenz von Spannung $\underline{U}$ und Stromsignal $\underline{U}_I$ liefert eine Spannung $\underline{U}_D = \underline{U} - \underline{U}_I$. Die Phasenverschiebung δ zwischen den Spannungen $\underline{U}_D$ und $\underline{U}_I$ ist mit einem Grenzwert δ_g zu vergleichen. Bei dessen Überschreitung wird ein Signal gebildet, das anzeigt, daß die gemessene Impedanz unter der Grenzlinie K liegt. Damit ist das Impedanzkriterium auf eine Winkelmessung zurückgeführt. Eine Auslösefläche läßt sich durch die logische Verknüpfung von Winkelkriterien herstellen.

Beim digitalen Schutz werden Ströme und Spannungen über AD-Wandler einem Prozessor zugeführt, der die Impedanz nach speziellen Algorithmen ermittelt und mit einem vorgegebenen Grenzwert vergleicht [8.19].

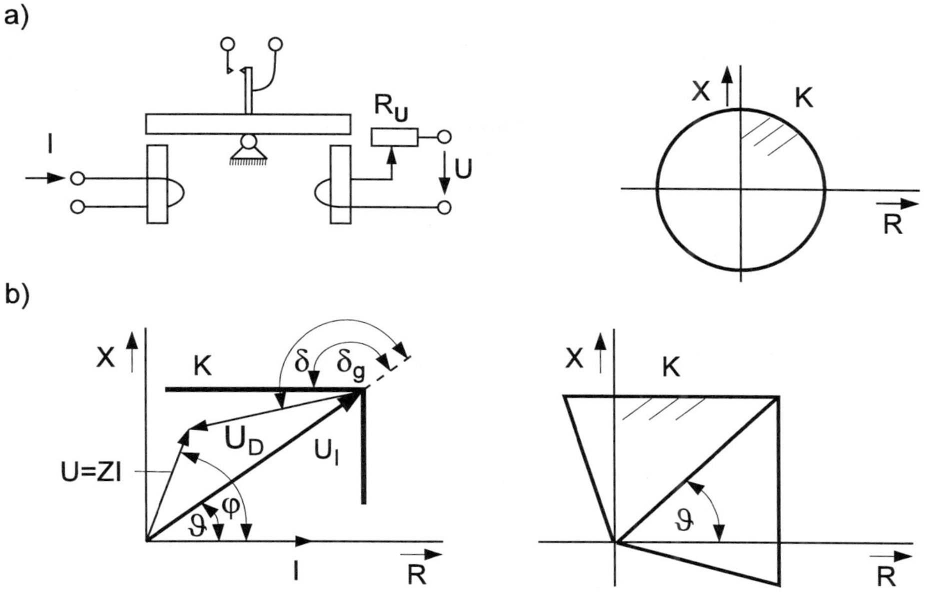

Bild 8.36: *Impedanzrelais*
a) mechanischer Schutz, b) elektronischer Schutz

Algorithmen zur Distanzbestimmung sind sehr unterschiedlich aufgebaut. Sie erfordern teilweise einen erheblichen Rechenaufwand, um Meßsignale, die durch Oberschwingungen oder Wandlersättigung verfälscht sind, zu filtern. Grundlage fast aller Verfahren ist ein R-L-Modell der Leitung, das unterschiedlichen mathematischen Behandlungen unterworfen wird.

Sinus-Algorithmen. Für einen sinusförmigen Strom gilt

$$i = \hat{i} \sin \omega t \tag{8.114}$$

$$u = \hat{u} \sin(\omega t + \varphi) = \hat{u} \cos \varphi \sin \omega t + \hat{u} \sin \varphi \cos \omega t \tag{8.115}$$

$$R = \hat{u} / \hat{i} \cdot \cos \varphi \qquad X = \hat{u} / \hat{i} \sin \varphi \tag{8.116}$$

Für drei um Δt versetzte Abtastzeiten t_1, $t_2 = t_1 + \Delta t$, $t_3 = t_1 + 2\,\Delta t$ werden die Ströme i_1, i_2, i_3 und die Spannungen u_1, u_2 und u_3 gemessen. Daraus lassen sich die drei Unbekannten t_1, $\hat{u} / \hat{i}$, φ bestimmen, von denen die beiden letzten über Gl. (8.116) zu R und X führen. Die Gln. (8.114 - 8.115) liefern für die drei Abtastzeitpunkte sechs Gleichungen. Diese Überbestimmtheit ist zur geschlossenen Lösung notwendig, da es sich um ein nichtlineares Gleichungssystem handelt.

Filter-Algorithmen. Man kann die Fourier-Koeffizienten für die Grundschwingungen von Strom und Spannung bestimmen und daraus die Impedanzen R, X ermitteln. Dieses Verfahren filtert alle Oberschwingungen heraus.

Differenzierender Algorithmus. Die Leitung läßt sich durch eine Differentialgleichung 1. Ordnung beschreiben

$$u = R\,i + L\,di/dt \tag{8.117}$$

Für zwei Abtastzeitpunkte ergeben sich zwei Gleichungen zur Bestimmung der Leitungsparameter R und L. Die dabei notwendige numerische Differentiation des Stromes ist problematisch. Man wählt deshalb drei Abtastzeitpunkte und bildet Mittelwerte

$$\begin{aligned} u_{12} &= \left(u_1 + u_2\right)/2 & \quad u_{23} &= \left(u_2 + u_3\right)/2 \\ \dot{i}_{12} &= \left(i_2 - i_1\right)/\Delta t & \quad \dot{i}_{23} &= \left(i_3 - i_2\right)/\Delta t \end{aligned} \tag{8.118}$$

$$u_{12} = R\,i_{12} + L\,\dot{i}_{12} \qquad u_{23} = R\,i_{23} + L\,\dot{i}_{23} \tag{8.119}$$

Anstelle der zwei notwendigen Gleichungen (8.119) kann man auch mehrere ansetzen und über die Ausgleichsrechnung (s. Abschn. 8.7.2) Meßfehler korrigieren.

Integrierende Algorithmen. Die Integration der Gl. (8.117) liefert

$$\int_a^b u\,dt = R\int_a^b i\,dt + L\left(i_b - i_a\right) \tag{8.120}$$

Die Integrale werden aus z. B. 6 Abtastwerten bestimmt. Mit 12 Abtastungen ist dann Gl. (8.120) zweimal aufzustellen und R und L zu bestimmen. Bei einer Abtastfrequenz von 1 kHz werden zur Impedanzbestimmung damit 12 ms benötigt.

Die Vorteile der digitalen Netzschutzeinrichtungen sind beachtlich. Es ist möglich, komplex aufgebaute Kippgrenzen vorzugeben, nichtideale Eingangssignale zu filtern und den Fehlerort zu bestimmen. Darüber hinaus kann die Kopplung an übergeordnete Rechner leicht erfolgen.

Der Distanzschutz wird in zunehmendem Maß zum intelligenten Meßgerät, das für einen Leitungsabgang Ströme, Spannungen und Impedanzen mißt, speichert und zum Zentralrechner überträgt. Bei eindeutigen Fehlerverhältnissen schaltet er rasch ab, bei Versagen dient er anderen Schutzeinrichtungen als Reserveschutz.

8.8.5 Differentialschutz

Aus der Differenz zwischen den Strömen am Anfang und Ende der Leitung kann man auf einen Fehler schließen. Für den fehlerfreien Fall ergibt sich als Differenz näherungsweise null. Leckströme, z. B. über die Kapazitäten, müssen bei der Einstellung des Kippwertes für den Differentialschutz berücksichtigt werden. Der Vorteil des Differentialschutzes liegt in der Eindeutigkeit. Während der Distanzschutz zur Vermeidung von Überfunktion eine Leitung nur über die z. B. ersten 90 % ihrer Länge schützt, schützt der Differentialschutz die gesamte Leitung. Eine Reserveschutzfunktion für andere Betriebsmittel bietet er dagegen nicht. Von Nachteil ist auch die notwendige Informationsübertragung von einem Ende der Leitung zum anderen. Um die Informationen zu reduzieren, überträgt man nicht den Zeitverlauf der Ströme, sondern z. B. nur die Stromrichtungen. Beispielsweise wird während der positiven Halbschwingung ein Hochfrequenzsignal gesendet. Überdeckt es sich mit dem Signal der Gegenstation, fließt der Strom von beiden Seiten in die Leitung. Dies bedeutet einen Leitungsfehler. Mit den Möglichkeiten der Informationsübertragung wächst die Bedeutung des Leitungsdifferentialschutzes. So können Distanzschutzeinrichtungen die Fehlerentfernung von beiden Seiten der Leitungen an einen Stationsrechner melden, der dann über die Abschaltung entscheidet.

Die klassische Aufgabe des Differentialschutzes besteht im Schutz von Betriebsmitteln, deren beide Enden räumlich noch nahe beieinander liegen, wie Transformatoren und elektrische Maschinen. Aber auch Sammelschienen in Schaltanlagen, bei denen im fehlerfreien Fall die Summe aller Abgangsströme null sein muß, lassen sich nach dem Differentialprinzip schützen.

8.8.6 Erdschlußschutz

Erdschlüsse sind Leiter-Erd-Verbindungen in Netzen mit isolierten oder über Kompensationsspulen geerdeten Transformatorsternpunkten (Abschn. 8.2). Die beim Erdschluß auftretende Verlagerung des Sternpunktes läßt sich leicht über die en-Wicklung des Spannungswandlers erkennen (Abschn. 2.4.1). Eine Fehlerlokalisierung ist jedoch problematisch, da die Erdschlußströme wesentlich kleiner als die Betriebsströme sind. Sie werden aus der Summe der drei Leiterströme bestimmt

$$\underline{I}_E = \underline{I}_R + \underline{I}_S + \underline{I}_T$$

In Verbindung mit der Spannung läßt sich an einem Meßpunkt die Richtung bestimmen, in der der Fehler liegt. Hierzu gibt es drei Prinzipien.

Erdschlußrichtungsrelais. Von der Fehlerstelle fließt im Netz mit isoliertem Sternpunkt ein Strom zu den Erdkapazitäten der Leitungen. Demzufolge fließt bei einer fehlerbetroffenen Leitung ein kapazitiver Strom in Richtung Schaltanlage. In gelöscht betriebenen Netzen wird die Verlustleistung der Drosselspule über die Fehlerstelle transportiert. Man kann dann die Richtung dieses Wattreststromes zur Richtungsdetektion heranziehen. Um aus der Richtung auf die fehlerbetroffene Leitung zu schließen, ist es notwendig, die Fehlerrichtungen im gesamten Netz zu einem zentralen Rechner zu übertragen.

Erschlußwischerrelais. Bei der Einleitung des Erdschlusses entsteht eine Umladung der Erdkapazitäten. Aus diesem hochfrequenten Umladevorgang ist auf die Fehlerrichtung zu schließen.

Erdschlußdistanzschutz. Die vom Erdschlußwischerrelais ausgenutzten Umladevorgänge kann man auch zur Berechnung einer Impedanz bestimmen, die dann die Fehlerentfernung liefert. Derartige Schutzeinrichtungen sind in der Entwicklung.

9 Energieanwendung

Elektrische Energie ist einfach zu transportieren und verlustarm in andere Energieformen umzuwandeln. Sie eignet sich ferner zur Informationsübertragung und -verarbeitung. Im industriellen Bereich wird aus Elektroenergie vorwiegend mechanische Energie, Licht und Wärme erzeugt. Elektrochemische Prozesse - wie Elektrolyse und Galvanik - zählen dabei z. T. auch zu den Elektrowärmeverfahren.

Die Elektroenergieanwendung begann 1866 mit der Erfindung der Dynamomaschine. Damit stand erstmalig ein leistungsstarker elektrischer Generator zur Verfügung. Die Elektrizität wurde zunächst für Beleuchtungszwecke eingesetzt. Edison hatte in Amerika 1879 die technischen Voraussetzungen zur Glühlampenherstellung geschaffen. Relativ schnell wurden auch die wirtschaftlichen Vorteile der Elektrolyse erkannt. So fielen in den Jahren 1886 bis 1892 die Herstellungskosten von Aluminium um 90 %. Der Elektromotor war anfänglich nur für Kleinbetriebe interessant und konnte sich in der Industrie erst langsam durchsetzen. Es scheiterte beispielsweise 1893 der Versuch, in einer Weberei 100 Webstühle mit elektrischem Einzelantrieb auszustatten. Im folgenden werden beispielhaft einige Anwendungen der Elektroenergie aufgezeigt.

9.1 Traktion

Die Traktion ist ein Spezialgebiet der Antriebstechnik. Man versteht hierunter alle Arten der Kraftübertragung zur Fortbewegung von Triebfahrzeugen. Die elektrische Traktion kommt bei Bahnen sowie Elektroautos zum Einsatz. Konventionelle Bahnsysteme (Eisenbahnen, Straßenbahnen) benötigen für die Spurhaltung ein Schienennetz, wobei die Energie zur Bewegung der Züge über eine Fahrleitung zugeführt werden muß. Zu diesem Zweck ist die Strecke zu elektrifizieren. Elektroautos entnehmen die notwendige Energie zur Fortbewegung einem Batteriespeicher.

9.1.1 Elektrolokomotiven

Eine Elektrolokomotive (Bild 9.1) besitzt in der Regel mehrere Fahrmotoren, die die erforderliche Zugkraft aufbringen. Dabei werden üblicherweise die einzelnen Achsen getrennt angetrieben. Bild 9.2 zeigt den prinzipiellen Aufbau eines Einachsenantriebes am Beispiel des Hochgeschwindigkeitszuges ICE.

Bild 9.1: *Elektrolokomotive BR 120 der Deutschen Bahn (DB) (Quelle: ABB)*

Der Fahrmotor M überträgt zunächst sein Drehmoment auf ein einstufiges, doppelt schräg verzahntes Stirnradgetriebe. Das Großrad Z ist über elastische Elemente (Gummigelenke G) mit dem Gabelstern einer Kardanhohlwelle H verbunden. Diese besitzt auf der gegenüberliegenden Seite einen weiteren Gabelstern, an dem wiederum elastische Gelenke für die Momenteinleitung in den Radsatz sorgen. Der Gummigelenk-Kardanhohlwellenantrieb verleiht der Elektrolokomotive im gesamten Geschwindigkeitsbereich ausgezeichnete Laufeigenschaften.

Das Drehmoment des elektrischen Fahrmotors muß steuerbar sein, um die verlangte Zugkraft bei verschiedenen Fahrgeschwindigkeiten zu erreichen. In der Regel kann jeder Fahrmotor auch mit negativem Drehmoment, d. h. im Generatorbetrieb, arbei-

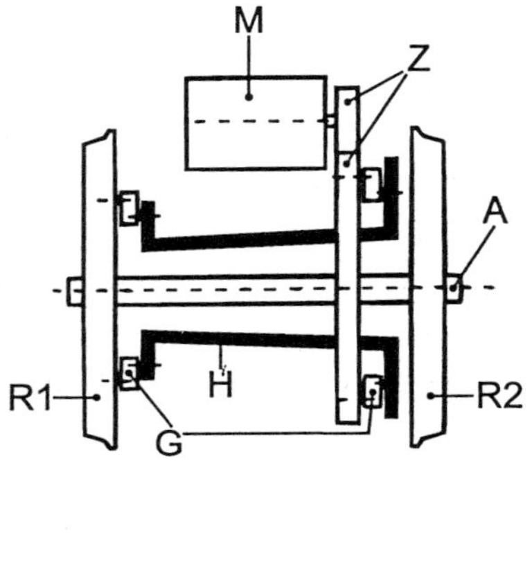

Bild 9.2: *Achsantrieb des Hochgeschwindigkeitszuges ICE*
M Asynchronmotor, Z Zahnrad,
H Kardanhohlwelle, G Gummigelenke,
R1 direkt angetriebenes Rad,
R2 indirekt angetriebenes Rad,
A Radachse

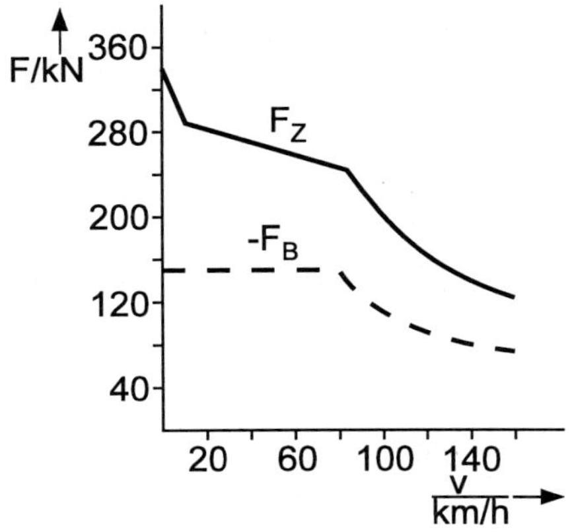

Bild 9.3: *Zugkraft-Geschwindigkeits-Diagramm einer deutschen Elektrolokomotive (BR 120)* *F_Z Zugkraft, F_B Bremskraft (Netzbremse)*

ten. Damit läßt sich die Bewegungsenergie des Zuges in elektrische Energie umwandeln (elektrische Bremse). Diese wird zweckmäßigerweise in das Versorgungsnetz zurückgespeist (Netzbremse). Andernfalls ist nur die Umsetzung in Wärme möglich (Widerstandsbremse). Bild 9.3 zeigt das Zugkraft-Geschwindigkeits (F/v)-Diagramm einer Elektrolokomotive (Baureihe 120 der DB). Im Anfahrbereich ist die höchste Zugkraft erforderlich. Sie nimmt bei etwa konstanter Leistungsaufnahme des Fahrmotors mit zunehmender Geschwindigkeit ab. Die Bremskraft fällt (typisch für Elektroloks) immer erheblich kleiner aus als die entsprechende Zugkraft.

Die Energieversorgungssysteme elektrischer Bahnen entwickelten sich in Europa seit Beginn dieses Jahrhunderts völlig unkoordiniert. Heute sind vier Stromsysteme anzutreffen [9.1]:

- Gleichstrom 1,5 kV (Niederlande, Südfrankreich, Südengland)
- Gleichstrom 3 kV (Belgien, Italien, Spanien, Polen, Tschechien)
- Einphasenwechselstrom 16 2/3 Hz, 15 kV (Deutschland, Österreich, Schweiz, Norwegen, Schweden)
- Einphasenwechselstrom 50 Hz, 25 kV (Großbritannien, Irland, Nordfrankreich, Ungarn, Rumänien, Portugal)

Elektrolokomotiven wurden in der Vergangenheit bevorzugt durch Kommutatormotoren mit Reihenschlußerregung angetrieben. Diese waren als Gleichstrommotoren (bei Gleichstromspeisung) oder Wechselstrommotoren (bei Speisung mit Einphasenwechselstrom) ausgelegt (Abschn. 2.6.3 und 2.6.4). Reihenschlußmaschinen besitzen eine Drehmoment-Drehzahl-Kennlinie (Bild 2.33), die den Bahnanforderungen (Bild 9.3) weitgehend entspricht. Das Drehmoment läßt sich zudem auf einfache Weise durch die Klemmenspannung verändern.

Aufgrund der Fortschritte in der Leistungselektronik hat heute die Kommutator-Reihenschlußmaschine ihre bevorzugte Stellung verloren. Bei neuentwickelten Elektrolokomotiven dominiert als Fahrmotor die Asynchronmaschine (Abschn. 2.8), die ohne Kommutator auskommt. Bild 9.4 gibt einen Überblick über den gegenwärtigen Stand der Technik bei Bahnantrieben. Die elektrische Ausrüstung hängt vom Stromversorgungsnetz ab. Man unterscheidet zwischen Gleichstromlokomotiven (Bild 9.4a) und Wechselstromlokomotiven (Bild 9.4b). Auf nichtelektrifizierten Strecken fahren dieselelektrische Loks (Bild 9.4c).

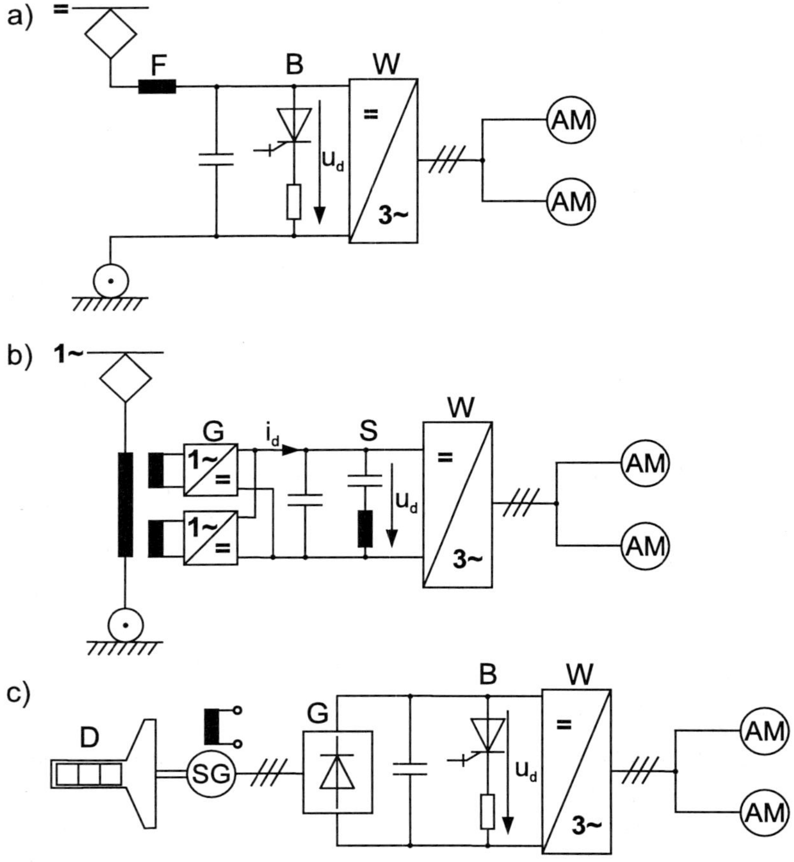

Bild 9.4: *Stand der Technik bei Bahnantrieben*
F Filter, G Gleichrichter, W Wechselrichter, AM Asynchronmotor, SG Synchrongenerator, D Dieselmotor, B Bremswiderstand, S Saugkreis
a) Gleichstromlokomotiven, b) Wechselstromlokomotiven, c) dieselelektrische Lokomotiven

Die Asynchronmotoren werden von spannungseinprägenden GTO-Wechselrichtern W versorgt. Die grundsätzliche Wirkungsweise einer solchen Schaltung ist in Abschn. 3.2.4.2 beschrieben. Die Beeinflussung des Drehmomentes kann nach dem Prinzip der feldorientierten Regelung erfolgen (Abschn. 2.8.4). Bei Gleichstrombahnen wird der Gleichspannungszwischenkreis über ein Filter F direkt aus der Fahrdrahtleitung gespeist (Bild 9.4a). Wechselstrombahnen sind mit einem Anpaßtransformator und selbstgeführten Gleichrichtern G ausgestattet (Bild 9.4b). Diese entnehmen dem speisenden Netz bei geeigneter Aussteuerung nur sinusförmige Wirkströme (Bild 3.37). Für die aufgenommene Leistung gilt dann

$$p = u \cdot i = \hat{U} \cdot \sin \omega t \cdot \hat{I} \cdot \sin \omega t = \frac{1}{2} \hat{U}\, \hat{I} \left(1 - \cos 2\, \omega t\right) \tag{9.1}$$

Bei verlustfreiem Gleichrichter und konstanter Zwischenkreisspannung $u_d = U_d$ beträgt die Leistung p_d auf der Gleichspannungsseite

$$p_d = U_d\, i_d = p = \frac{1}{2} \hat{U}\, \hat{I} \left(1 - \cos 2\, \omega t\right) \tag{9.2}$$

$$i_d = \frac{1}{2} \cdot \frac{\hat{U}}{U_d} \cdot \hat{I} \cdot \left(1 - \cos 2\, \omega t\right) \tag{9.3}$$

Der Zwischenkreisstrom enthält somit neben einer Gleich- noch eine Wechselkomponente von doppelter Netzfrequenz. Diese wird von einem Saugkreis S aufgenommen.

Bei der dieselelektrischen Lokomotive (Bild 9.4c) treibt ein Dieselmotor D einen Synchrongenerator SG an, der den Gleichspannungszwischenkreis über einen ungesteuerten Gleichrichter G versorgt. Der restliche Teil ist mit Bild 9.4a identisch.

Gleichstromlokomotiven und dieselelektrische Loks sind mit Bremswiderständen B im Gleichspannungskreis auszustatten (Widerstandsbremse). Wechselstromlokomotiven besitzen dagegen im ungestörten Betrieb immer die Fähigkeit, Energie in das speisende Netz zurückzuliefern (Netzbremse).

Elektrische Hochleistungslokomotiven sind heute auf jeder Achse mit einem Asynchronmotor bis 1,6 MW Leistung ausgerüstet. Für eine vierachsige Lokomotive (Bild 9.1) ergibt sich dann eine Gesamtantriebsleistung von 6,4 MW. Dabei ist zu beachten, daß die Zugkraft durch die Haftreibung der Räder begrenzt ist. Fahrgeschwindigkeiten bis 200 km/h gelten in vielen Fällen bereits als Standard. Aus heutiger Sicht lassen sich Geschwindigkeiten bis 300 km/h problemlos bewältigen. Es ist auch möglich, Bahnantriebe für mehrere Stromsysteme auszulegen. So kann die Lokomotive 181 im 15-kV-16 2/3-Hz-Netz der deutschen Bahn und im 25-kV-50-Hz-Netz der französischen Bahn betrieben werden. Für höhere Geschwindigkeiten sind Linearmotoren mit Magnetschwebetechnik in Entwicklung (Abschn. 2.9.1). Ein Beispiel hierfür ist der TRANSRAPID.

9.1.2 Straßenbahnen

Straßenbahnen werden überwiegend im innerstädtischen Nahverkehr eingesetzt. Zu ihrer Versorgung dient gewöhnlich eine 600-V- oder 750-V-Gleichspannung. Die elektrische Ausrüstung entspricht daher dem Schema aus Bild 9.4a. Aufgrund der niedrigen Versorgungsspannung und des geringeren Leistungsbedarfs werden zur Speisung der Asynchronmotoren IGBT-Transistor-Pulswechselrichter eingesetzt. Die Nennleistung der verwendeten Fahrmotoren liegt in der Größenordnung $P \leq 100$ kW. Die Antriebsleistung eines gewöhnlichen Straßenbahnzuges beträgt ca. 300 - 500 kW. In Bild 9.5 sind die Zug- und Bremskräfte über der Geschwindigkeit aufgetragen. Aus Sicherheitsgründen müssen bei Straßenbahnen die Bremskräfte vom Betrag her immer über den Zugkräften liegen.

Bei Triebwagen des städtischen Nahverkehrs ist seit 1989 eine deutliche Hinwendung zur Niederflurtechnik zu erkennen (Bild 9.6). Sie bietet optimale Einsteigeverhältnisse und wird daher bei Neuanschaffungen von Straßenbahnen bevorzugt. Ferner wurden Hybridfahrzeuge entwickelt, die den Übergang vom innerstädtischen Gleichstromnetz auf das Wechselstromnetz der Deutschen Bahn gestatten.

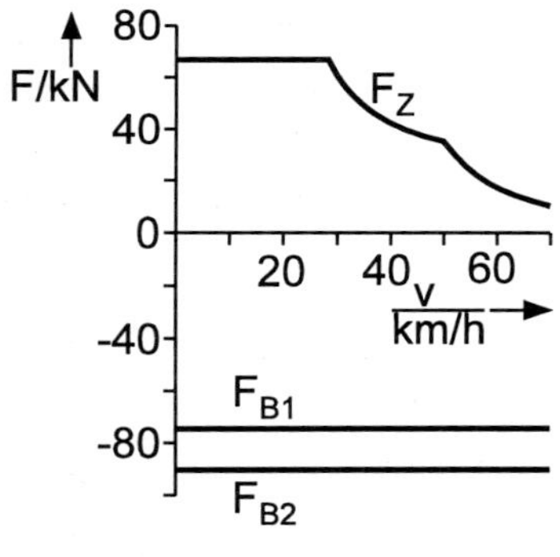

Bild 9.5: *Zug/Bremskraft-Geschwindigkeits-Diagramm einer Straßenbahn* F_Z *Zugkraft,* F_{B1} *Normalbremskraft,* F_{B2} *Notbremskraft*

Bild 9.6: *Niederflur-Straßenbahn (Quelle: ABB)*

9.1.3 Elektroauto

Im Automobilbau hat sich nach 1915 der Verbrennungsmotor als Antriebsmaschine durchgesetzt. Für diese Entwicklung waren der große Aktionsradius und die guten Fahrleistungen von Otto- und Dieselmotoren ausschlaggebend. Der Elektroantrieb wurde seither nur in Sonderfahrzeugen, beispielsweise Elektrokarren bei der Post, verwendet. Erst die Ölkrise in den 70er Jahren und das vermehrte Umweltbewußtsein haben das Elektroauto wieder in das Blickfeld der Öffentlichkeit gerückt. Die Vorteile sind neben der Einsparung von Erdöl vor allem in den verringerten Geräusch- und Abgasemissionen zu sehen.

Zum Antrieb elektrischer Straßenfahrzeuge eignen sich grundsätzlich die fremderregte Gleichstrommaschine (Abschn. 2.6), die Synchronmaschine (Abschn. 2.7) und die Asynchronmaschine (Abschn. 2.8). Die ersten Elektroautos waren mit der leicht regelbaren Gleichstrommaschine ausgerüstet [9.2]. Bei neu projektierten Fahrzeugen überwiegt der Drehstromantrieb. Zusätzlich sind etliche Sonderbauformen, wie z. B. der Reluktanzmotor (Abschn. 2.9), in der Diskussion, deren Entwicklungsstand aber noch weit von der Serieneinführung entfernt ist.

Das Elektroauto wird auf dem Markt nur dann akzeptiert, wenn es neben einer Mindestreichweite auch günstige Fahreigenschaften aufweist. Ein 1,5-t-Pkw benötigt hierzu eine Antriebsdauerleistung von mindestens 30 kW. Die grundsätzliche Problematik des Elektrofahrzeugs liegt jedoch nicht in der Ausführung des Antriebs, sondern in der Energieversorgung. Eine Fahrdrahtspeisung wie bei der Bahn steht der Forderung nach flexiblem Individualverkehr entgegen. Batteriespeicher (z. B. Bleiakkumulatoren) sind bei gleicher Fahrarbeit 50- bis 100mal schwerer als Flüssigkeitskraftspeicher. Neue Technologien wie die Entwicklung der Natrium-Schwefel-Batterie verbessern dieses Mißverhältnis um den Faktor 3 bis 4, werfen aber wegen der hohen Betriebstemperatur neue Fragen auf. Somit bleibt der Anwendungsbereich des mittels Batterie elektrisch angetriebenen Autos auf den Nahverkehr beschränkt.

Untersuchungen haben ergeben, daß ein herkömmliches Automobil bei 80 % aller Fahrten nur 40 % seiner Leistung einsetzt. In der Stadt sind es sogar nur 25 %. Diese Erkenntnis führte zum Hybridantrieb mit konventionellem Verbrennungsmotor und schwächer ausgelegtem Elektroantrieb. Ein namhafter europäischer Automobilbauer verfolgt z. Z. ein Konzept, bei dem ein 35-kW-Verbrennungsmotor (Hubraum: 750 ccm) auf die Vorderräder und zwei 7 kW starke Elektromotoren auf die Hinterräder einwirken. Abhängig von der Verkehrslage stimmt ein Mikrorechner die beiden Motorsysteme aufeinander ab. Beim Anfahren und bei Geschwindigkeiten bis 40 km/h sorgen die Batterien für die notwendige Antriebsenergie. Anschließend übernimmt der klassische Verbrennungsmotor den Antrieb und lädt gleichzeitig die Batterien wieder auf. Reduziert der Fahrer die Geschwindigkeit, dienen die Elektromotoren als zusätzliche Bremse und speisen in die Batterien zurück.

Hybridantriebe kombinieren die Vorteile herkömmlicher Fahrzeugantriebe (großer Aktionsradius, gute Fahrleistungen) mit denen des reinen Elektroantriebs (niedrige Geräusch- und Abgaswerte, Einsparung von Erdöl). Sie stellen in energetischer Hinsicht und bezüglich der Umweltbelastung einen guten Kompromiß dar. Die Umweltverträglichkeit der Elektroautos wird jedoch häufig überschätzt. Bei Erzeugung der elektrischen Energie durch Kohlekraftwerke zur Aufladung der Akkus wird der CO_2-Ausstoß leicht erhöht, wenn Elektroautos anstelle von Dieselfahrzeugen eingesetzt werden. Andere Schadstoffe wie NO_x nehmen aber erheblich ab.

9.2 Beleuchtungstechnik

Das elektrische Licht ist aus dem täglichen Leben nicht mehr fortzudenken. Für Beleuchtungszwecke werden heute etwa 10 % der erzeugten Elektroenergie verwendet. Bei vielen Anwendern (Verwaltungsgebäude, Kaufhäuser) kann sich der Anteil des Lichtes am Stromverbrauch bis auf 40 % erhöhen [9.3]. Fortschritte in der Beleuchtungstechnik liefern damit auch immer einen Beitrag zur Energieeinsparung.

9.2.1 Grundlagen

Licht ist elektromagnetische Strahlung mit einer Wellenlänge von 380 nm bis 780 nm bzw. einer Frequenz von 790 THz bis 380 THz (1nm = 10^{-9} m, 1 THz = 10^{12} Hz). Im elektromagnetischen Spektrum weisen Funkwellen (Radio-, Fernseh-, Radarwellen) eine höhere Wellenlänge, Röntgen- und Gammastrahlen eine geringere Wellenlänge auf (Bild 9.7). Die an das Licht unmittelbar angrenzenden Bereiche werden als infrarote Strahlung (IR-Strahlung) und ultraviolette Strahlung (UV-Strahlung) bezeichnet.

Das menschliche Auge ist für die sichtbare Strahlung je nach Wellenlänge unterschiedlich empfindlich. Es hat im gelbgrünen Bereich (555 nm) die größte und im blauen sowie roten Bereich die geringste Empfindlichkeit (Bild 9.8). Das Sonnenlicht enthält näherungsweise gleich verteilt alle Farben und ist damit weiß.

Eine der wichtigsten lichttechnischen Einheiten ist der Lichtstrom **Φ**, der in Lumen (lm) gemessen wird. Er beschreibt die von einer Lichtquelle abgegebene und mit der Augenempfindlichkeitskurve (Bild 9.8) bewertete Lichtleistung. Ein Maß für die

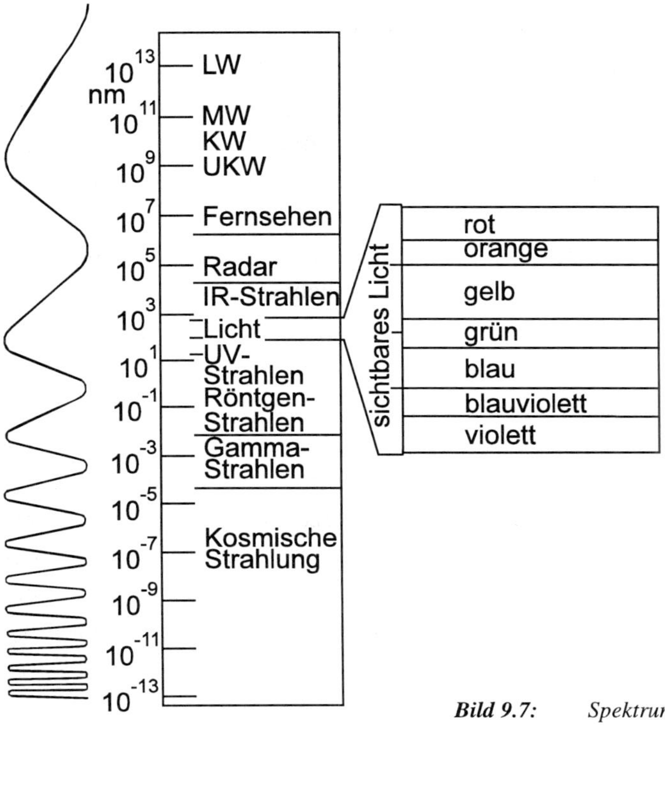

Bild 9.7: *Spektrum elektromagnetischer Wellen*

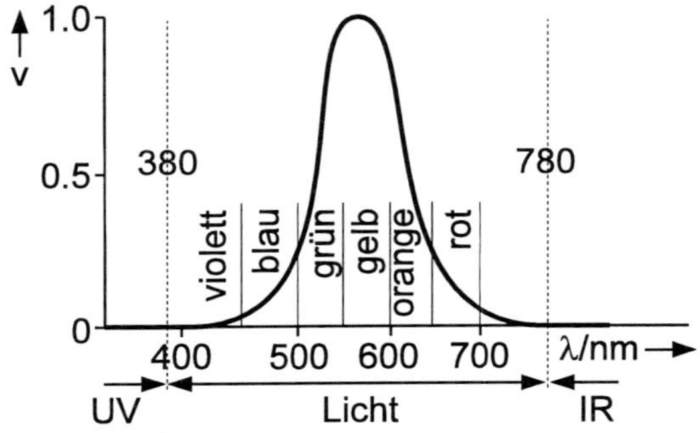

Bild 9.8: *Relative spektrale Empfindlichkeit v für Tagessehen*
UV Ultraviolett, IR Infrarot

Effektivität einer elektrischen Lampe ist ihre Lichtausbeute η. Hierunter versteht man den Quotienten aus Lichtstrom Φ und aufgenommener elektrischer Leistung P

$$\eta = \frac{\Phi}{P}\left[\frac{\mathrm{lm}}{\mathrm{W}}\right] \tag{9.4}$$

Eine Lampe arbeitet um so wirtschaftlicher, je größer ihre Lichtausbeute ist.

Elektrisches Licht wird erzeugt durch:

- Temperaturstrahlung
- Gasentladung
- Strahlungsumwandlung.

Ein stromdurchflossener Leiter läßt sich bis zur Weißglut erhitzen und emittiert dann neben der Verlustwärme auch sichtbares Licht. Die Intensität der Strahlung und ihre spektralen Anteile hängen im wesentlichen von der Temperatur ab (Temperaturstrahlung). Bild 9.9 zeigt die relative spektrale Strahldichte L_e (Strahlungsleistung pro Fläche) eines Schwarzen Körpers, der die bestmögliche Emissionsfähigkeit aufweist. Bei niedrigen Temperaturen (T = 2 000 K) liegt der größte Teil der Strahlung im Infrarotbereich. Mit zunehmender Temperatur wächst die Strahldichte an. Dabei verschiebt sich das Maximum zu kürzeren Wellenlängen, d. h. in den Bereich des sichtbaren Lichtes. Der bekannteste Temperaturstrahler ist die Glühlampe (Abschn. 9.2.2).

Stromdurchflossene Gase und Dämpfe können ebenfalls zum Leuchten angeregt werden. Sie sind normalerweise nichtleitend. Zur Einleitung einer Gasentladung ist eine Mindestspannung, die Zündspannung U_Z, erforderlich (Bild 9.10). Ihre Höhe hängt von verschiedenen Einflußfaktoren ab (Gasart, Gasdruck, Geometrie der

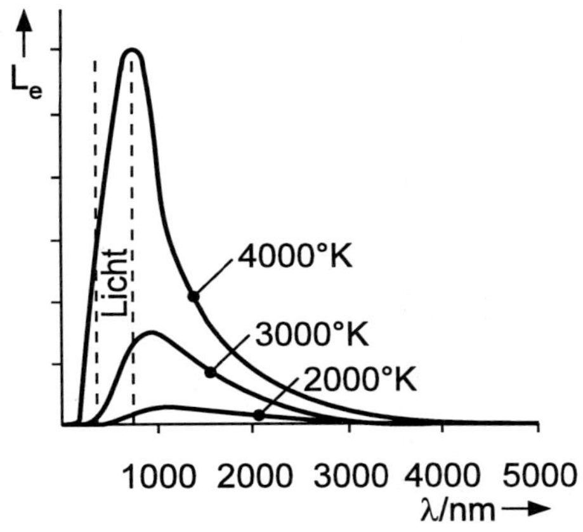

Bild 9.9: *Relative spektrale Strahldichte L_e eines Schwarzen Körpers*

Entladungsstrecke, Aufbau der Elektroden). Der Widerstand einer Entladungsstrecke nimmt nach erfolgter Zündung mit zunehmender Stromstärke ab (Abschn. 6.4.1). Aufgrund der negativen Spannungs-Strom-Charakteristik sind strombegrenzende Maßnahmen notwendig (Abschn. 9.2.3). Das von Gasentladungslampen ausgesendete Licht besteht anders als beim Temperaturstrahler aus diskreten Spektrallinien, die durch Elektronensprünge in den Schalen der Atome entstehen. Je nach Art des verwendeten Gases ergeben sich unterschiedliche Farben.

Eine dritte Möglichkeit der Lichterzeugung ist die Strahlungsumwandlung durch Leuchtstoffe, die in der Lage sind, kurzwelliges UV-Licht in längerwelliges sichtbares Licht umzuformen. Leuchtstoffe befinden sich als Gas im Entladungsraum oder an der Innenseite des Glaskörpers von Gasentladungslampen und erzeugen je nach chemischer Zusammensetzung unterschiedliche Lichtfarben.

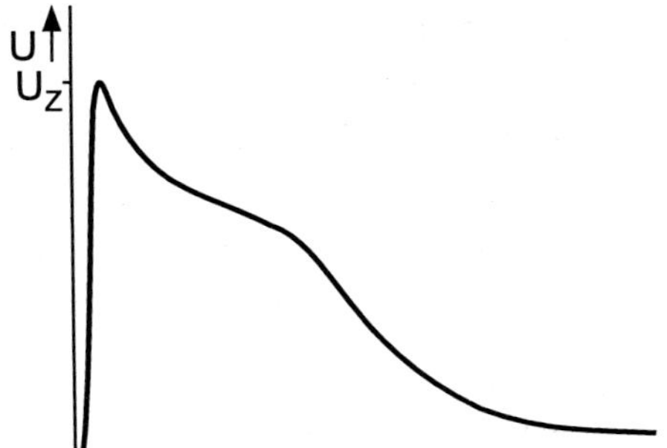

Bild 9.10: *Spannungs-Strom-Kennlinie einer Gasentladungsstrecke*

9.2.2 Lampen

Die älteste auch heute noch in großem Umfang eingesetzte Lichtquelle ist die Glühlampe (Bild 9.11). Sie wirkt als Temperaturstrahler (Abschn. 9.2.1) und wurde vor mehr als 100 Jahren (1879) von Edison entwickelt. Die Glühlampe enthält einen spiralförmig gewickelten Wolframdraht W als Leuchtkörper, der in einem meist birnenförmig gestalteten Glaskolben G untergebracht ist. Im Glaskolben befindet sich ein chemisch inaktives Füllgas F (Stickstoff-Argon-Gemisch oder Krypton), das den Wolframdraht vor Oxydation schützt. Die Stromzufuhr erfolgt in der Regel über einen Schraubsockel S.

Die Lichtausbeute herkömmlicher Glühlampen liegt bei η = 12 lm/W. Ihr Wirkungsgrad ist schlecht, da nur etwa 5 % der zugeführten elektrischen Energie als Licht abgestrahlt werden. Der Rest (95 %) geht als Wärme verloren. Die mittlere Lebensdauer beträgt 1 000 Stunden.

Eine Weiterentwicklung der Glühlampe ist die Halogenglühlampe. Sie enthält im Füllgas Halogenbeimengungen (Jod, Brom, Fluor), die den Wolframdraht besser schützen und so eine höhere Temperatur erlauben. Halogenglühlampen sind durch hohe Lichtausbeute (25 lm/W), lange Lebensdauer (bis 2 000 h), einen alterungsunabhängigen Lichtstrom und kleine Abmessungen gekennzeichnet. Aus thermischen Gründen wird der Kolben aus Quarzglas hergestellt.

Das meiste künstliche Licht erzeugen heute Leuchtstofflampen. Sie bestehen normalerweise aus einem Glasrohr, das mit Quecksilberdampf von niedrigem Druck gefüllt ist (Bild 9.12). Bei Einleitung einer Gasentladung (Abschn. 9.2.1) entsteht im wesentlichen die für den Menschen unsichtbare UV-Strahlung. Diese formt ein auf der Glasinnenseite aufgetragener Leuchtstoff in sichtbares Licht um. Dabei bestimmt die chemische Zusammensetzung des Leuchtstoffes die Lichtausbeute und -farbe. Am wirtschaftlichsten arbeiten Dreibandenleuchtstofflampen mit einer Lichtausbeute bis 96 lm/W. Im ausgesendeten Licht dominieren ausgeprägte Spektrallinien im

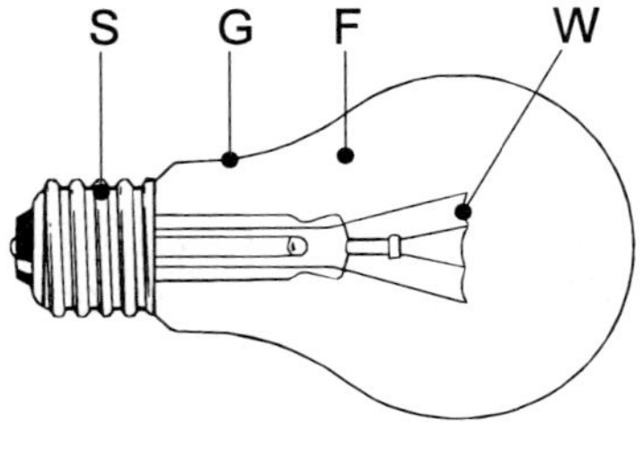

Bild 9.11: *Glühlampe*
W Wolframdraht, G Glaskolben, F Füllgas, S Sockel

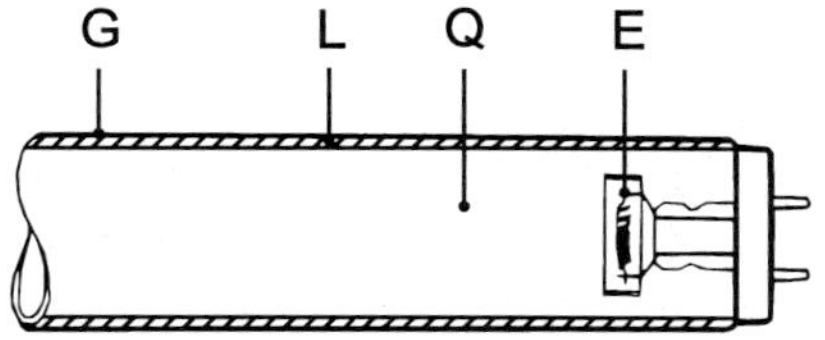

Bild 9.12: *Leuchtstofflampe*
G Glasröhre, L Leuchtstoff,
E Wolframelektrode,
Q Quecksilberdampf

blauen, grünen und roten Bereich (Bild 9.13). Leuchtstofflampen zeigen eine starke Abhängigkeit des erzeugten Lichtstromes von der Umgebungstemperatur. Die höchsten Werte werden bei etwa 25 °C erreicht (Bild 9.14). Eine Leuchtstofflampe benötigt zwar ein Vorschaltgerät (Abschn. 9.2.3), hat aber eine lange Lebensdauer (ca. 7 500 h) und weist im Vergleich zur Glühlampe einen hervorragenden Wirkungsgrad auf. Die aufgenommene elektrische Energie wird etwa zu 25 % in sichtbares Licht umgewandelt. Eine Erhöhung der Lichtausbeute um 10 % ist bei hochfrequenten Speisespannungen (f > 10 kHz) möglich. Das hierzu erforderliche Vorschaltgerät ist dann als Transistor-Pulsumrichter ausgelegt (Abschn. 9.2.3).

Die Kompakt-Leuchtstofflampe wurde in den 80er Jahren als Alternative zur Glühlampe entwickelt und unter der Bezeichnung „Energiesparlampe" auf den Markt gebracht (Bild 9.15). Sie besitzt U-förmig gestaltete Leuchtröhren L und zeichnet sich durch eine hohe Lichtausbeute von ca. 50 lm/W sowie eine lange Lebensdauer (8 000 h) aus. Der Anschluß an das Netz erfolgt über ein elektronisches Vorschaltgerät, das im speziell ausgebildeten Lampenschaft Sch untergebracht ist. Eine Kompaktlampe mit einer Leistungsaufnahme von 15 W erzeugt näherungsweise denselben Lichtstrom (900 lm) wie eine 75-W-Glühlampe.

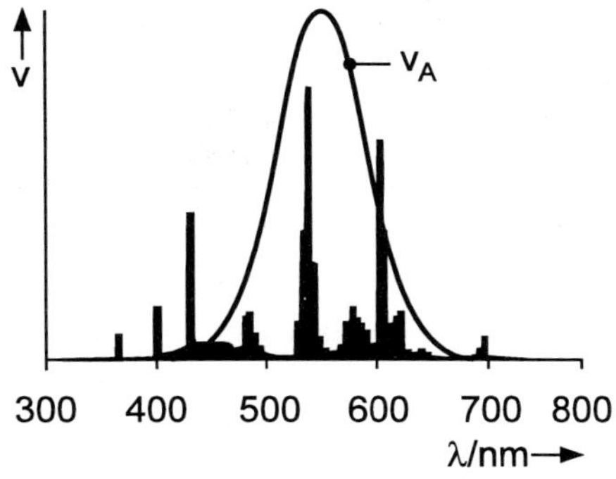

Bild 9.13: *Spektrum einer Dreibandenleuchtstofflampe*
v_A Augenempfindlichkeitskurve

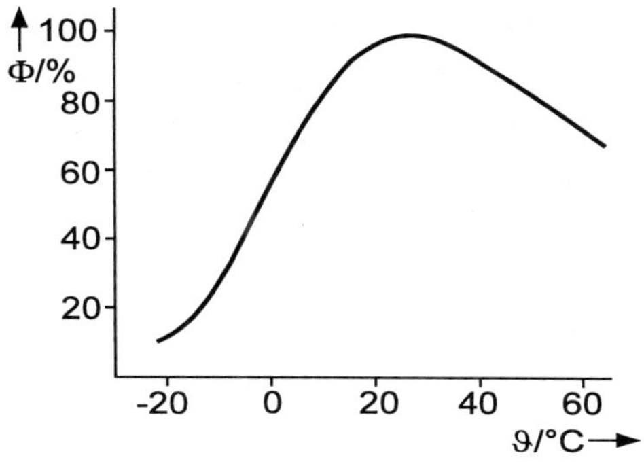

Bild 9.14: *Lichtstrom einer Leuchtstofflampe in Abhängigkeit von der Umgebungstemperatur*

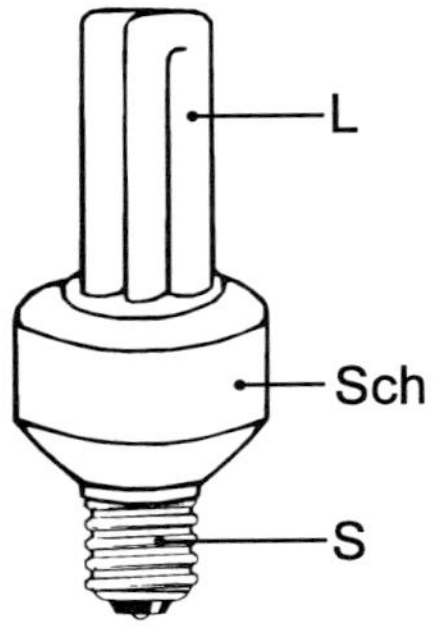

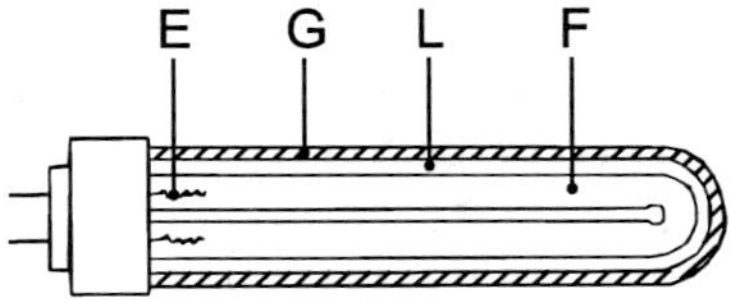

Bild 9.16: *Niederdruck-Natriumdampflampe*
L Leuchtröhre, F Füllgas, E Elektrode, G Glaskolben

Bild 9.15: *Kompakt-Leuchtstofflampe*
L Leuchtröhre, Sch Schaft, S Schraubsockel

Bild 9.16 zeigt den prinzipiellen Aufbau einer Niederdruck-Natriumdampflampe. Sie strahlt einfarbiges gelbes Licht aus, das besonders gut Nebel und Dunst durchdringt. Ihre Lichtausbeute ist extrem hoch (bis 180 lm/W). Das Haupteinsatzgebiet dieses Lampentyps ist daher die Außenbeleuchtung (Straßen, Hafenanlagen, Tunnel, Objektschutz).

Die Niederdruck-Natriumdampflampe ist in einem zylindrischen Glaskolben untergebracht. Der eigentliche Entladungsvorgang läuft in einer U-förmigen Leuchtröhre ab, die ein Natriumdampf-Neon-Gemisch enthält. Beim Zünden arbeitet die Lampe zunächst als Edelgas-Leuchtröhre und strahlt rotes Licht ab. Während dieser Zeit verdampft das Natrium und übernimmt zunehmend die Entladung (gelbes Natriumlicht). Die Anlaufzeit kann je nach Lampentyp zwischen 5 bis 15 Minuten betragen.

Neben den bislang behandelten Niederdruck-Entladungslampen (Leuchtstofflampe, Natriumdampflampe), die unter atmosphärischem Druck arbeiten, sind auch Hochdruck-Entladungslampen mit einem Druck von bis zu 10 bar im Einsatz. Sie arbeiten mit Quecksilber- und Natriumdampf. Ist der Quecksilberdampf mit Metallhalogeniden angereichert, spricht man auch von Metallhalogendampflampen.

In Bild 9.17 ist die Entwicklung der Lichtausbeute der wichtigsten Lampentypen während der letzten 40 Jahre dargestellt. Dabei wurden die Verluste in den Vorschaltgeräten der Entladungslampen berücksichtigt [9.6]. Die Entwicklung wirtschaftlich arbeitender Lampen ist noch nicht abgeschlossen. Innovationen sind z. B. von Induktionslampen zu erwarten, die weder Glühwendeln noch Gasentladungsstrecken besitzen.

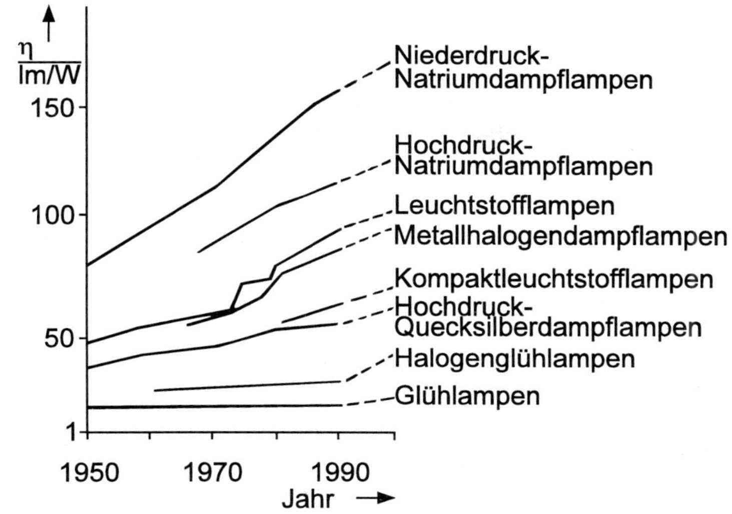

Bild 9.17: *Entwicklung der Energieausbeute von Lampen*

9.2.3 Vorschaltgeräte

Gasentladungslampen benötigen zum Betrieb am 50-Hz-Netz ein Vorschaltgerät, das den Zündvorgang einleitet und im gezündeten Zustand den Lampenstrom begrenzt. Andernfalls würde aufgrund der negativen Spannungs-Strom-Charakteristik (Bild 9.10) der Strom bis zur Zerstörung der Lampe ansteigen.

Bild 9.18 zeigt die Schaltung einer Leuchtstofflampe nach Bild 9.12. Die Zündspannung liegt normalerweise oberhalb der Bemessungsspannung von 230 V und wird durch einen Starter S erzeugt. Dieser besteht aus einem edelgasgefüllten Glasröhrchen mit Bimetallkontakt und parallelem Entstörkondensator. Beim Einschalten entsteht im Glasröhrchen eine Glimmentladung. Die frei werdende Wärme führt zum Schließen des Bimetallkontaktes. Über die Elektroden der Leuchtstofflampe fließt nun ein Strom und heizt sie auf. Bei geschlossenem Starterkontakt kühlt sich der Bimetallstreifen ab, öffnet sich und unterbricht den Stromfluß. An der Vorschaltdrossel L entsteht aufgrund der Stromänderung eine Spannungsspitze, die zur Zündung der Lampe ausreicht. Andernfalls wiederholt sich der Vorgang. Nach erfolgter Zündung begrenzt die Vorschaltdrossel den Strom, der gegenüber der Netzspannung eine induktive Phasenlage aufweist, die sich durch einen parallelen Kondensator C kompensieren läßt.

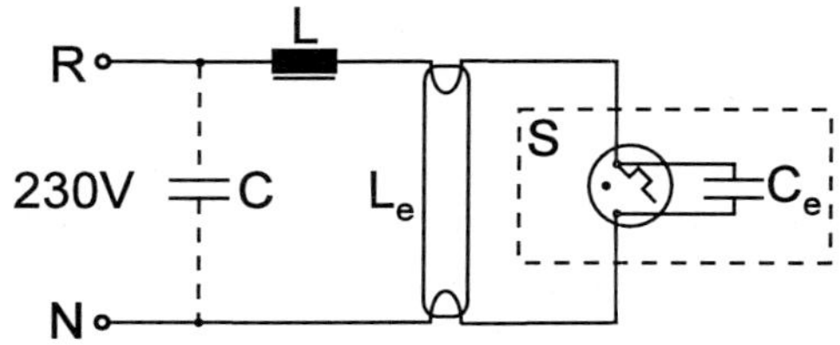

Bild 9.18: *Netzanschluß einer Leuchtstofflampe*
L_e Leuchtstofflampe, L Vorschaltdrossel, S Starter, C_e Entstörkondensator, C Kompensationskondensator

Jedes Vorschaltgerät erzeugt zusätzliche Verluste. So verursacht eine 50-W-Leuchtstofflampe in der Vorschaltdrossel eine Verlustleistung von ca. 10 W. Das Vorschaltgerät einer Hochfrequenz-Leuchtstofflampe ist in Bild 9.19 dargestellt. Seine Verlustleistung beträgt ca. 5 W, so daß sich mit der besseren Lichtausbeute von 10 % ein Vorteil von 15 % ergibt.

Das elektronische Vorschaltgerät besteht aus den Komponenten Eingangsfilter, ungesteuerter Diodengleichrichter, Gleichspannungszwischenkreis und Transistorwechselrichter (Abschn. 3.2.4.2). Die Ausgangsleistung richtet sich nach der zu versorgenden Leuchtstofflampe und ist gering. Um die Lichtausbeute zu steigern, wird die Ausgangsfrequenz möglichst hoch gewählt (f = 25 ... 40 kHz, Abschn. 9.2.2). Die Bauleistung des Vorschaltgeräts ist entsprechend der Lampenleistung gering, so daß ein Unterbringen im Sockel der Kompaktleuchte (Bild 9.15) möglich ist.

9.3 Elektrowärme

Elektrisch erzeugte Wärme wird in der Industrie vielfach eingesetzt, z. B. zum Erhitzen, Schmelzen, Trocknen und Härten von Materialien sowie zur Grundstoffgewinnung (Aluminiumelektrolyse). Im Haushalt dient die Elektrowärme vorwiegend zum Kochen, zur Brauchwassererwärmung und zur Raumheizung [1.1].

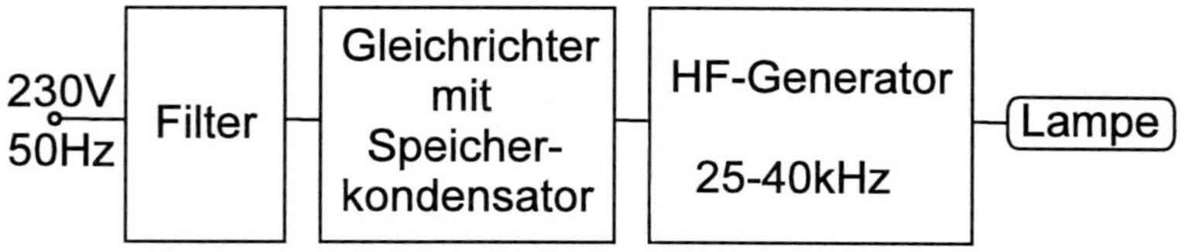

Bild 9.19: *Komponenten eines elektronischen Vorschaltgerätes*

Elektrowärmeverfahren haben gegenüber Verbrennungsvorgängen eine Reihe entscheidender Vorteile. So läßt sich die Energiezufuhr präzise einstellen und durch örtliche und räumliche Steuerung innerhalb des zu erwärmenden Gutes eine gewünschte Temperaturverteilung erreichen. Die hohen Erwärmungsgeschwindigkeiten der meisten Elektrowärmeverfahren führen zu einer Verkürzung von Fertigungszeiten. Der Arbeitsplatz ist meist weniger hitzebelastet als bei vergleichbaren Verbrennungsvorgängen. Trotz des zwischengeschalteten thermodynamischen Prozesses bei der Stromerzeugung ist der Einsatz der Elektrowärme häufig mit einer Reduktion des Primärenergieverbrauchs verbunden.

Die folgenden Ausführungen beschränken sich auf den industriellen Bereich der Elektrowärmetechnik. Es werden die drei klassischen Verfahren Widerstandserwärmung, induktive Erwärmung und Lichtbogenerwärmung behandelt.

9.3.1 Widerstandserwärmung

Man unterscheidet zwischen unmittelbarer und mittelbarer Widerstandserwärmung. Bild 9.20 verdeutlicht die Unterschiede. Bei der unmittelbaren Widerstandserwärmung fließt der elektrische Strom direkt durch das zu erwärmende Gut und erzeugt dort Stromwärmeverluste (Bild 9.20a). Die mittelbare Widerstandserwärmung ist dadurch gekennzeichnet, daß die Wärme außerhalb des zu erwärmenden Gutes in einem Widerstands-Heizleiter anfällt (Bild 9.20b). Diese Wärme wird dann mittels Wärmeleitung, Konvektion oder Wärmestrahlung auf das zu erwärmende Objekt übertragen.

Bei der Aluminiumelektrolyse steht der Transport der Metallionen durch den Elektrolyten im Vordergrund. Da hierzu das Material geschmolzen sein muß, ist Wärme

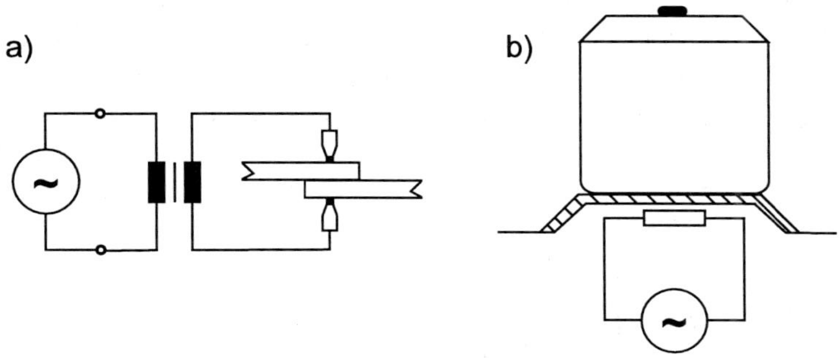

Bild 9.20: *Beispiel der Widerstandserwärmung*
a) unmittelbar (Widerstandsschweißen), b) mittelbar (Elektrokochen)

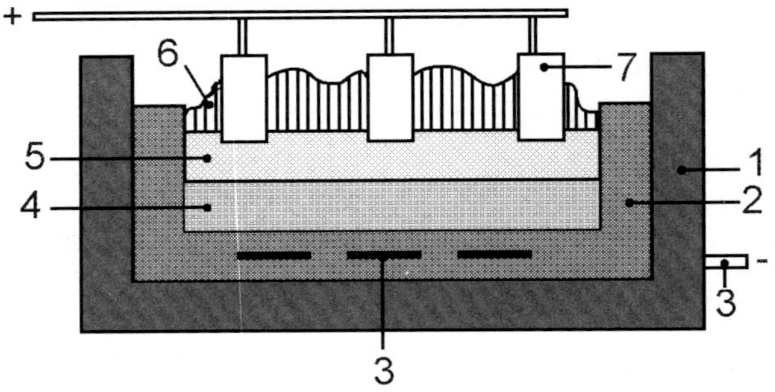

Bild 9.21: *Aufbau einer Elektrolysezelle zur Aluminiumgewinnung*
1 Gehäuse, 2 Kathodenblock, 3 Stromschienen, 4 flüssiges Aluminium, 5 Elektrolyt (Tonerde und Kryolith), 6 Tonerde, 7 Anode

notwendig. Diese wird unmittelbar durch die Stromwärmeverluste im Elektrolyten erzeugt. Der grundsätzliche Aufbau einer Elektrolysezelle ist in Bild 9.21 dargestellt. Das wannenförmige Zellengehäuse ist mit wärmedämmendem Material ausgelegt. Die Bodenschicht wirkt als Kathode. Sie besteht aus Kohleblöcken, in die negativ gepolte Stromschienen eingelassen sind. Als Anoden können ebenfalls Kohle- oder Graphitelektroden verwendet werden. Sie ragen von oben in das Elektrolytbad hinein.

Die Gewinnung von Aluminium erfolgt nach dem Prinzip der Schmelzflußelektrolyse. Der Grundstoff (Tonerde (Al_2O_3) und Kryolith) wird durch Widerstandserwärmung mit Gleichstrom auf ca. 950 °C erwärmt. Dabei zersetzt sich die Tonerde. Das geschmolzene Aluminium sammelt sich an der Kathode und bildet die unterste Badfüllung. Darüber befindet sich der geschmolzene Elektrolyt, der an seiner Oberseite infolge Wärmeableitung zu einer festen Kruste erstarrt. Auf dieser liegt eine feste Schicht Tonerde, die eine wirksame Wärmedämmung nach oben darstellt. Damit der Elektrolyt neue Tonerde aufnehmen kann, muß die Kruste von Zeit zu Zeit durchstoßen werden.

Die Spannung an einer Elektrolysezelle beträgt ca. 5 V, während die auftretenden Ströme in der Größenordnung von 10 kA bis 200 kA liegen [9.7]. 150 bis 250 dieser Elektrolysezellen sind gewöhnlich in Reihe geschaltet, so daß sich eine Versorgungsgleichspannung von 800 V bis 1 000 V ergibt. Die Leistungsaufnahme einer Aluminiumelektrolyseanlage liegt bei bis zu 200 MW. Bild 9.22 zeigt den grundsätzlichen Aufbau der Stromversorgung. Die Gleichrichteranlage besteht in der Regel aus mehreren parallelgeschalteten, ungesteuerten Brücken (Abschn. 3.2.1.1). Die Einstellung des Elektrolysestromes erfolgt über den Stufenschalter des Transformators sowie über Kommutierungsdrosseln, die nach dem Transduktorprinzip über

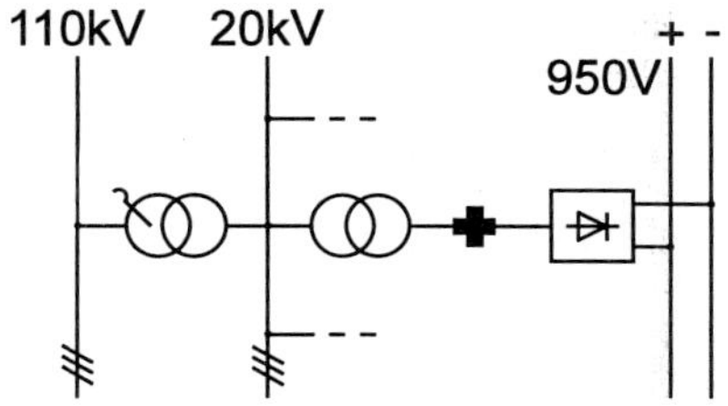

Bild 9.22: *Energieversorgung für eine Aluminiumelektrolyse*

Gleichstromvormagnetisierung des Eisenkerns verstellbar sind. Auf diese Weise lassen sich Steuerblindströme, wie sie für gesteuerte Brückengleichrichter (Abschn. 3.2.2.1) typisch sind, vermeiden. Die Wicklungen der Gleichrichtertransformatoren werden unterschiedlich geschaltet, um Stromoberschwingungen der Gleichrichter zu kompensieren. Man erreicht somit bis zu 48pulsige Schaltungen.

Die oben beschriebene Aluminiumgewinnung wird auch als thermische Elektrolyse bezeichnet. Bei anderen Elektrolyseverfahren (z. B. Herstellung von Chlor oder Wasserstoff) handelt es sich dagegen um reine elektrochemische Prozesse.

Die mittelbare Widerstandserwärmung kommt in elektrischen Widerstandsöfen zur Anwendung. Spezielle Widerstands-Heizleiter wandeln im Ofenraum elektrischen Strom in Wärme um (Bild 9.23). Dabei werden Temperaturen von 600 °C bis 1 200 °C erreicht, die sich durch Einstellung des Stromes sehr genau regeln lassen. Im industriellen Bereich sind verschiedene Ofenbauformen im Einsatz. Man unterscheidet zwischen Stand- und Durchlauföfen. Beim Standofen, z. B. dem Kammerofen in Bild 9.23, wird das zu erwärmende Gut nicht bewegt. Im Ofen herrscht ein näherungsweise konstantes Temperaturfeld. Beim Durchlaufofen werden die Objekte kontinuierlich bewegt und durchlaufen Heizzonen verschiedener Temperatur. Die meisten Widerstandsöfen werden ein- oder dreiphasig an das Niederspannungsnetz (230 V, 400 V oder 500 V) angeschlossen. Die Verwendung höherer Spannungen ist aus Sicherheitsgründen und zur Vermeidung von Isolationsproblemen unüblich.

9.3.2 Induktive Erwärmung

Das Prinzip der induktiven Erwärmung ist in Bild 9.24 dargestellt. Die Erwärmung erfolgt durch Wirbelströme, die in dem elektrisch leitfähigen Körper durch ein elek-

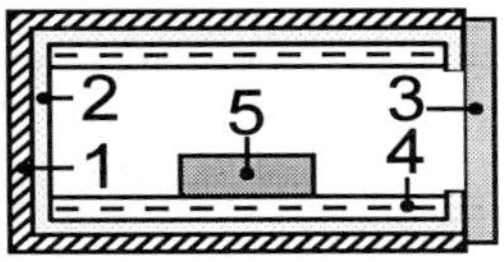

Bild 9.23: *Widerstandsofen (Kammerofen)*
1 Ofengehäuse, 2 Ofenauskleidung, 3 Ofentür, 4 Heizelemente, 5 erwärmtes Objekt

tromagnetisches Wechselfeld hervorgerufen werden. Dabei ist zu beachten, daß infolge des Skineffektes die Wärmequellen nicht gleichmäßig über das Volumen verteilt sind. Bei Speisung mit hoher Frequenz ($f \approx 4$ kHz) erwärmt sich vornehmlich die Oberfläche des Metallkörpers. Dieser Effekt läßt sich zur Oberflächenhärtung ausnutzen.

In den letzten Jahrzehnten haben Induktions-Schmelzöfen in der Gießereitechnik zunehmend an Bedeutung gewonnen. Man kennt Induktions-Rinnenöfen und Induktions-Tiegelöfen, die sich in Form und Wirkungsweise unterscheiden.

Der Aufbau eines Induktions-Rinnenofens ist in Bild 9.25 dargestellt. Die Schmelze befindet sich in einem wannen- oder tiegelförmigen Ofenkessel. Sie umschließt in einer speziell dafür vorgesehenen keramischen Rinne einen Eisenkern und bildet so die Sekundärwicklung eines Transformators. Die Induktionswicklung auf der Primärseite wird mit Netzfrequenz betrieben. Im Ofenkessel muß stets ein flüssiger Sumpf vorhanden sein, damit eine induktive Energieübertragung in die Rinne gewährleistet ist. Aufgrund der guten Kopplung zwischen Primär- und Sekundärseite besitzt der Rinnenofen einen hohen Leistungsfaktor bei Vollast ($\cos \varphi = 0{,}7 \ldots 0{,}8$). Er wird heute für Anschlußleistungen bis 2,5 MW gebaut. Da die Netzbelastung einphasig ist, sind Symmetrierungsmaßnahmen vorzusehen. Hierauf wird später noch näher eingegangen. Der Rinnenofen dient vorwiegend zur Warmhaltung von flüssigem Metall in dem Zeitraum zwischen Schmelzen und Vergießen.

Der Induktions-Tiegelofen in Bild 9.26 besteht aus einer feuerfesten, keramischen Stampfmasse als Tiegel, der von einer Induktionsspule umgeben ist, die im Innern der Schmelze Wirbelströme hervorruft. Er kann als ein kurzgeschlossener Luft-

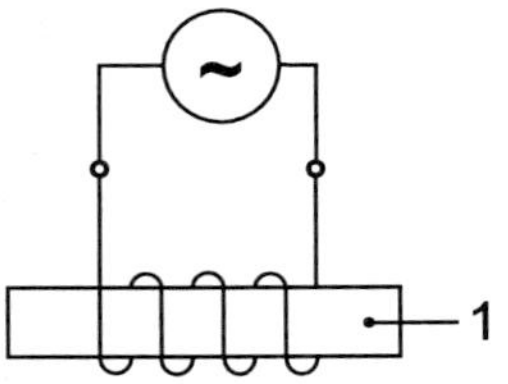

Bild 9.24: *Prinzip der induktiven Erwärmung*
1 zu erwärmender Metallkörper

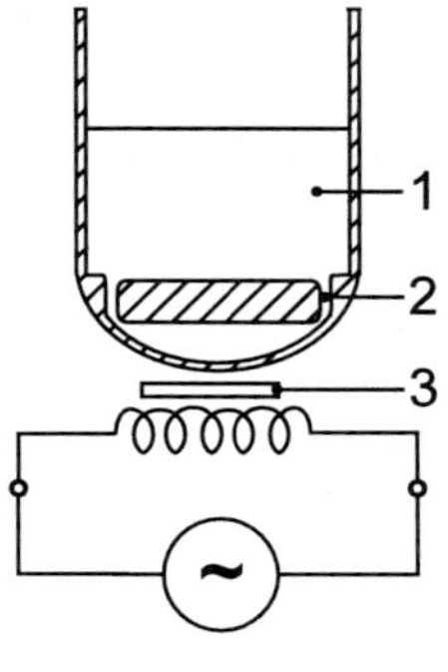

Bild 9.25: *Prinzipieller Aufbau eines Induktions-Rinnenofens*
1 Schmelze, 2 Rinne, 3 Eisenkern

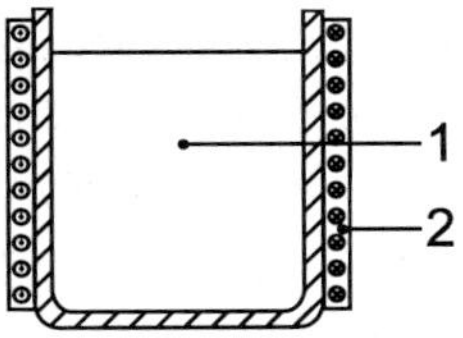

Bild 9.26: *Prinzipieller Aufbau eines Induktions-Tiegelofens*
1 Schmelze, 2 Induktionsspule

transformator angesehen werden. Bei einphasigen Anschlußleistungen bis 17 MW weist der Tiegelofen einen schlechten Leistungsfaktor $\cos\varphi = 0{,}1 \dots 0{,}3$ auf. Deshalb sind bei einem Direktanschluß an das 50-Hz-Netz Symmetrierung der Leiterströme und Kompensation der Blindleistung notwendig (Bild 9.27).

Der Ofen läßt sich durch einen Widerstand R und eine Reaktanz X modellieren. Ein Kondensator C_K dient zur Kompensation der Verbraucherblindleistung

$$X_{CK} = \frac{1}{\omega C_K} = X \tag{9.5}$$

Der kompensierte Ofen verhält sich an seinen Klemmen wie ein einphasiger ohmscher Widerstand. Die Symmetrierung erfolgt nach der Steinmetzschaltung (Abschn. 8.4.4) durch den Kondensator C_S und die Drossel L_S. Für die Leiterströme $\underline{I}_R$, $\underline{I}_S$ und $\underline{I}_T$ gilt

$$\underline{I}_R = -\underline{I}_0 + \underline{I}_{CS} \qquad \underline{I}_S = \underline{I}_{LS} - \underline{I}_{CS} \qquad \underline{I}_T = \underline{I}_0 - \underline{I}_{LS} \tag{9.6}$$

Sie lassen sich in eine positiv und negativ drehende Komponente ($\underline{I}_p$ und $\underline{I}_n$) zerlegen (Abschn. 1.4.3). Die Elemente C_S und L_S sind so bemessen, daß die negativ drehende Stromkomponente verschwindet

$$\underline{I}_n = \frac{1}{3}\left[\underline{I}_R + \underline{a}^2\,\underline{I}_S + \underline{a}\,\underline{I}_T\right] \stackrel{!}{=} 0 \tag{9.7}$$

Bei symmetrischen Netzspannungen ergibt sich für die Leiterströme (Bild 9.27)

$$\underline{I}_0 = \frac{\underline{U}_{TR}}{R} \tag{9.8}$$

$$\underline{I}_{CS} = \frac{\underline{U}_{RS}}{-\,jX_{CS}} = j\,\underline{a}^2\,\underline{U}_{TR}\,\omega C_S \tag{9.9}$$

$$\underline{I}_{LS} = \frac{\underline{U}_{ST}}{jX_{LS}} = -j\,\underline{a}\,\underline{U}_{TR}\cdot\frac{1}{\omega L_S} \tag{9.10}$$

Setzt man die Gln. (9.6) sowie (9.8) bis (9.10) in Gl. (9.7) ein, erhält man für die Reaktanzen der Symmetrierblindwiderstände

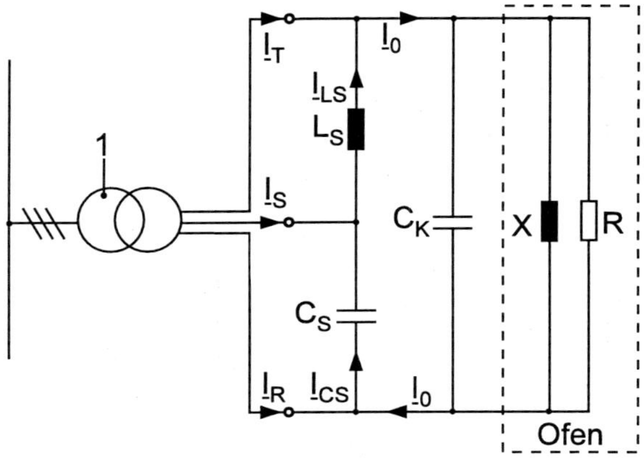

Bild 9.27: *Energieversorgung eines Induktionsofens*
1 Ofentransformator, C_K, C_S, L_S Blindelemente zur Kompensation und Symmetrierung (nach Steinmetz)

$$X_{CS} = \frac{1}{\omega C_S} = \sqrt{3}\,R \tag{9.11}$$

$$X_{LS} = \omega L_S = \sqrt{3}\,R \tag{9.12}$$

Die symmetrierte und kompensierte Ofenlast wirkt nach außen wie eine dreiphasige ohmsche Last in Sternschaltung ($R_Y = R$).

Induktions-Tiegelöfen werden keineswegs nur mit 50-Hz-Netzfrequenz betrieben. Je nach technologischer Aufgabe ist das Arbeiten mit höheren Frequenzen (f = 150 Hz ... 2 000 Hz) sinnvoll. Solche Mittelfrequenzöfen besitzen eine höhere spezifische Leistung und kleinere Abmessungen. Sie dienen vorwiegend zur Erzeugung von Edelstählen, Eisen-, Kupfer- und Aluminiumlegierungen sowie Edelmetallen und legiertem Grauguß. Die Stromversorgung erfolgt bevorzugt durch Parallelschwingkreis-Umrichter (Bild 9.28a). Sie entsprechen von Aufbau und Wirkungsweise dem Gleichstrom-Zwischenkreisumrichter aus Bild 3.22. Auf der Lastseite bildet der Ofen (R_0, L_0) zusammen mit einem Kondensator C einen Parallelschwingkreis. Seine Eigenfrequenz f_e ergibt sich zu

$$f_e = f_0\,\sqrt{1-\delta^2} \tag{9.13}$$

mit

$$f_0 = \frac{1}{2\,\pi\,\sqrt{L_0\,C}}; \qquad \delta = \frac{R_0}{4\,\pi\,f_0\,L_0} \tag{9.14}$$

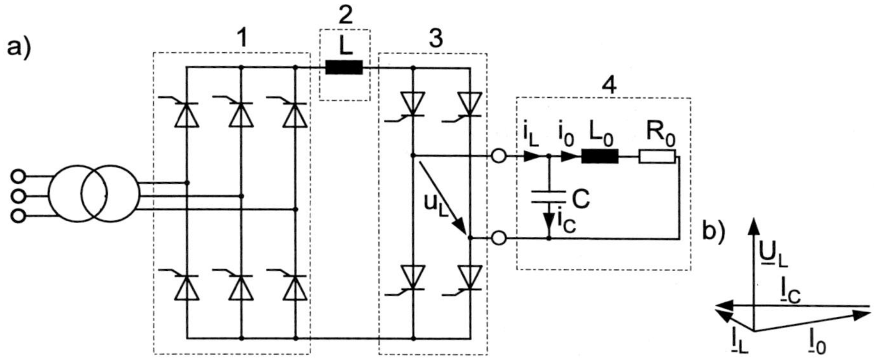

Bild 9.28: *Energieversorgung eines Mittelfrequenz-Induktionsofens*
1 Gleichrichter, 2 Glättungsdrossel, 3 Wechselrichter
a) Parallelschwingkreis-Umrichter, b) Zeigerdiagramm auf der Lastseite

Die Betriebsfrequenz des Thyristorwechselrichters liegt etwas über der Eigenfrequenz des Parallelschwingkreises, so daß der Laststrom i_L kapazitiv wird (Bild 9.28b) und kommutiert.

9.3.3 Lichtbogenerwärmung

Im Innern eines Lichtbogens herrschen extrem hohe Temperaturen von bis zu 7 000 K. Daher wird die Lichtbogenerwärmung vorwiegend zum Schmelzen von Metallen eingesetzt. Elektrische Lichtbogenöfen sind als Drehstrom- oder Gleichstromöfen ausgeführt.

Bild 9.29 zeigt den prinzipiellen Aufbau eines Drehstrom-Lichtbogenofens zum Stahlschmelzen. Er besteht aus einem Stahlkessel mit feuerfest ausgemauerten Wänden. Von oben ragen die Graphitelektroden durch den Deckel bis kurz über die Schmelze. Da Öfen für Leistungen von mehr als 100 MVA gebaut werden, ist ein Anschluß an das Mittelspannungsnetz (10 kV, 20 kV, 30 kV) oder direkt an das Hochspannungsnetz (110 kV, 220 kV) notwendig. Die Versorgung erfolgt über speziell ausgelegte Ofentransformatoren. Sie besitzen Anzapfungen, die unter Last geschaltet werden können, um den Strom zu steuern. Die Betriebsspannung des Drehstrom-Lichtbogenofens liegt je nach Ofengröße zwischen 230 V und 750 V.

Beim Einschmelzen von Schrott werden die Elektroden solange in Richtung auf das Schmelzgut bewegt, bis die Lichtbögen zünden. Sie brennen während der Einschmelzphase sehr unruhig und erzeugen stark schwankende Netzströme. Dieser

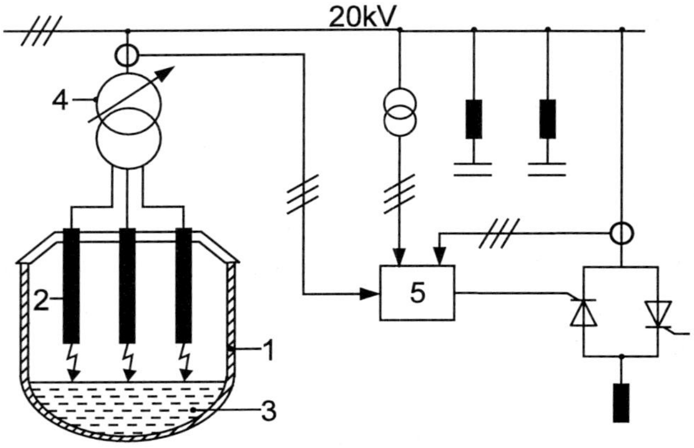

Bild 9.29: *Drehstrom-Lichtbogenofen*
1 Ofengefäß, 2 Graphitelektrode, 3 Schmelzgut, 4 Ofentransformator,
5 Steuereinrichtung

Effekt läßt sich anhand des einphasigen Ersatzschaltbildes eines Drehstrom-Lichtbogenofens erklären (Bild 9.30a). Der Lichtbogen kann mit guter Näherung als variabler ohmscher Widerstand R_B nachgebildet werden. Die Größen R_L und X_L beschreiben die Zuleitungsimpedanz einschließlich Transformator. Bild 9.30b gibt die Stromortskurve des Drehstrom-Lichtbogenofens an. Während der Einschmelzphase kann es zwischenzeitlich zum Verlöschen des Lichtbogens (Lichtbogenabriß: $R_B = \infty$) kommen, aber auch zu einer direkten Berührung der Graphitelektroden mit dem Schmelzgut (Kurzschluß: $R_B = 0$). Auf der Ofenseite fließen dabei sehr große Ströme (bis 80 kA). Somit schwankt der Ofenstromzeiger $\underline{I}$ auf der Ortskurve zwischen den Punkten A und K.

Ein Drehstrom-Lichtbogenofen belastet das speisende Netz mit unsymmetrischen, stark schwankenden und oberschwingungsbehafteten Lastströmen. Dies kann insbesondere in Mittelspannungsnetzen zu unzulässigen Netzrückwirkungen führen

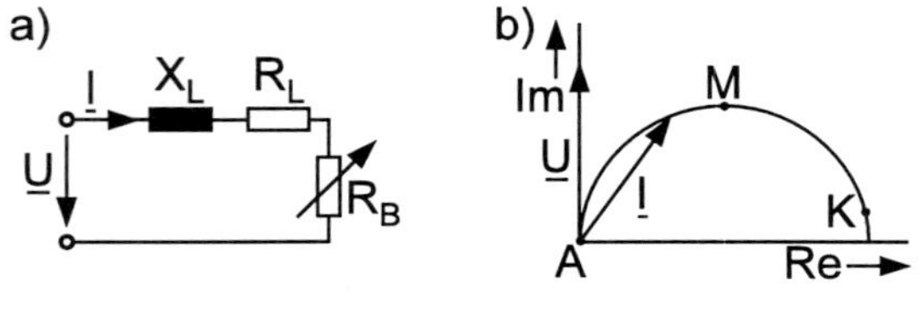

Bild 9.30: *Betrieb eines Drehstrom-Lichtbogenofens*
A Lichtbogenabriß, M Leistungsmaximum, K Kurzschlußpunkt
a) einphasiges Ersatzschaltbild, b) Stromortskurve

(Abschn. 8.4.4). Die Netzspannung läßt sich durch Kompensation und Symmetrierung des Ofens stabilisieren, wie es in Abschn. 9.3.2 für den stationären Betrieb gezeigt wurde. Die unruhige Arbeitsweise von Lichtbogenöfen erfordert jedoch eine dynamische Kompensation. Zu diesem Zweck ist in Bild 9.29 ein statischer Blindleistungskompensator parallel zum Lichtbogenofen vorgesehen. Er besteht aus einer Anzahl von Saugkreisen und einer steuerbaren Drosselspule, die auch als TCR bezeichnet wird (Abschn. 3.2.2.4). Die Saugkreise bilden für Stromoberschwingungen im Netz einen Kurzschluß. Sie erzeugen konstante kapazitive Grundschwingungsblindleistung, die vom TCR teilweise kompensiert wird. Auf diese Weise läßt sich die Blindleistungsabgabe schnell und verlustarm steuern (Abschn. 8.4.5).

Neuerdings setzt man zur Stahlschmelze vermehrt den Gleichstrom-Lichtbogenofen ein. Er besitzt im Gegensatz zum Drehstrom-Lichtbogenofen nur eine Graphitelektrode als Kathode (Bild 9.31). Die Anode ist in den Ofenboden eingelassen und kommt nicht mit dem Lichtbogen in Berührung. Der Gleichstrom-Lichtbogenofen wird aus dem Mittelspannungsnetz über einen Stelltransformator und einen steuerbaren Drehstrombrückengleichrichter (Abschn. 3.2.2.1) gespeist. Eine Drosselspule im Gleichstromkreis glättet den Ofenstrom und entkoppelt zusammen mit dem Stromrichter den Lichtbogenofen vom Netz. Die Anlage wird mit eingeprägtem Strom betrieben. Der Gleichstrom-Lichtbogenofen brennt relativ ruhig, so daß geringere

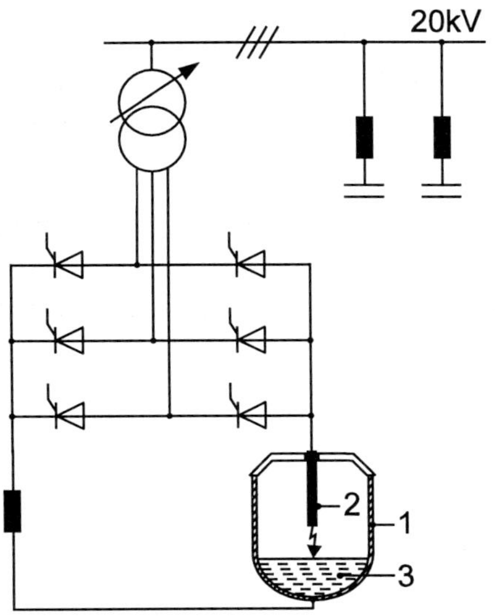

Bild 9.31: *Stromversorgung eines Gleichstrom-Lichtbogenofens*
1 Ofengefäß, 2 Graphitelektrode, 3 Schmelzgut

Netzrückwirkungen entstehen. Man kann ihn deshalb im Vergleich zum Drehstrom-Lichtbogenofen an ein Netz mit höherer Innenimpedanz anschließen. Saugkreise auf der Netzseite unterdrücken die vom Stromrichter erzeugten Stromoberschwingungen.

Neben den drei behandelten klassischen Elektrowärmeverfahren gibt es noch eine Reihe weiterer Methoden wie dielektrische Erwärmung, Mikrowellenerwärmung, Plasmastrahlerwärmung, Infraroterwärmung, Elektronen- und Laserstrahlerwärmung, auf die hier nicht eingegangen wird.

10 Literatur

10.1 Grundbegriffe der Energietechnik

[1.1] Schäfer: Energietechnik, Lexikon. vde-verlag Berlin 1994

[1.2] Johannsen, H.R.: Eine Chronologie der Entdeckungen und Erfindungen vom Bernstein zum Mikroprozessor. VDE-Ausschuß "Geschichte der Elektrotechnik. vde-verlag Berlin / Offenbach 1986

[1.3] Wessel, H.A.: Moderne Energie für eine neue Zeit. Geschichte der Elektrotechnik 11. vde-verlag Berlin / Offenbach 1991

[1.4] Varchmin, J.; Radkau, J.: Kraft, Energie und Arbeit. Rowohlt Hamburg 1981

[1.5] Happoldt, H.; Oeding, D.: Elektrische Kraftwerke und Netze. Springer Berlin 1978

[1.6] Oswald, B.R.: Netzberechnung 2. Berechnung transienter Vorgänge in Elektroenergieversorgungsnetzen. vde-verlag Berlin / Offenbach 1996

[1.7] Edelmann, H.: Berechnung elektrischer Verbundnetze. Springer Berlin 1963

[1.8] Hosemann, G.; Boeck, W.: Grundlagen der elektrischen Energietechnik. Springer Berlin 1979

[1.9] Funk, G.: Symmetrische Komponenten. Elitera-Verlag, Berlin 1976

[1.10] Hochrainer, A.: Symmetrische Komponenten in Drehstromsystemen. Springer Berlin 1957

[1.11] Bonfert, K.: Betriebsverhalten der Synchronmaschine. Springer Berlin 1962

[1.12] Anderson, P.M.; Fouad, A.A.: Power System Control and Stability. IEEE Press New York 1994

[1.13] Kovacs, K.P.; Racz: Transiente Vorgänge in Wechselstrommaschinen. Verlag der Ungarischen Akademie der Wissenschaften.1959

10.2 Elektrische Maschinen

[2.1] Müller, G.: Theorie elektrischer Maschinen. VCH Weinheim 1995

[2.2] Müller, G.: Grundlagen elektrischer Maschinen. VCH Weinheim 1995

[2.3] Müller, G.: Elektrische Maschinen. Betriebsverhalten rotierender elektrischer Maschinen. 2.Aufl. Verlag Technik Berlin 1990

[2.4] Bödefeld, T.; Sequenz, H.: Elektrische Maschinen. Springer Berlin 1971

[2.5] Giersch, H.U.; Harthus, H.; Vogelsang, N.: Elektrische Maschinen. B.G. Teubner Stuttgart 1991

[2.6] Taegen, F.: Einführung in die Theorie der Elektrischen Maschinen Bd. I. Vieweg Braunschweig 1970/1971

[2.7] Taegen, F.: Einführung in die Theorie der Elektrischen Maschinen Bd. II. Vieweg Braunschweig 1970/1971

[2.8] Busch, R.: Elektrotechnik und Elektronik. 2Aufl. B.G. Teubner Stuttgart 1996

[2.9] Linse, H.: Elektrotechnik für Maschinenbauer. B.G. Teubner Stuttgart 1992

[2.10] Pfaff, G.: Regelung elektrischer Antriebe I und II. Oldenbourg München 1992

[2.11] Schönfeld, R.; Habiger, E.: Automatisierte Elektroantriebe. Verlag Technik Berlin 1990

[2.12] Vogel, J.: Elektrische Antriebstechnik. Hüthig Heidelberg 1991

[2.13] Schröder, D.: Elektrische Antriebe I, II. Springer Verlag Berlin Heidelberg 1994, 1996

[2.14] Meyer, M.: Elektrische Antriebstechnik, Bände I und II. Springer Berlin 1985, 1987

[2.15] Leonhard, W.: Control of Electrical Drives. Springer Berlin 1990

[2.16] Schönfeld, R.: Digitale Regelung elektrischer Antriebe. Hüthig Heidelberg 1990

[2.17] Bohn, T.: Handbuchreihe Energie. Band 4: Elektrische Energietechnik. Verlag TÜV Rheinland Köln 1987

[2.18] Peier, D.: Einführung in die Elektrische Energietechnik. Hüthig Heidelberg 1987

[2.19] Rentzsch, H.: Elektromotoren. ABB Drives AG, Turgi, Schweiz 1992

[2.20] Luda, G.: Drehstrom- Asynchron-Linearantriebe. Vogel Verlag Würzburg 1981

[2.21] Kenjo, T.; Nagamori, S.: Permament - Magnet and Brushless DC Motors. Clarendon Press Oxford 1985

10.3 Leistungselektronik

[3.1] Heumann, K.: Grundlagen der Leistungselektronik. B.G. Teubner Stuttgart 1996

[3.2] Hagmann, G.: Leistungselektronik, Grundlagen und Anwendungen. Aula-Verlag Wiesbaden 1993

[3.3] Lappe, R.; Conrad, H.; Kronberg, M.: Leistungslektronik. Springer Berlin 1991

[3.4] Constantinescu-Simon, L.: Handbuch Elektrische Energietechnik. Vieweg Braunschweig 1996

10.4 Leitungen

[4.1] Rüdenberg, R.: Elektrische Schaltvorgänge. 5. Aufl. Springer Berlin 1974

[4.2] Obermair, G.M.; Jarass, L.; Groh, P.: Hochspannungsleitungen. Springer Berlin 1985

[4.3] Fischer, R.; Kießling, F.: Freileitungen. Springer Berlin 1993

[4.4] Sauer, E.: Energietransport, -speicherung und -verteilung. Handbuchreihe Energie, Bd. 11, Technischer Verlag Resch Köln 1983

[4.5] Heinhold, L.: Power Cables and their Application. Siemens Berlin 1990

[4.6] Schlabbach, J.: Elektroenergieversorgung - Betriebsmittel und Auswirkungen in der elektrischen Energieverteilung. vde-Verlag Berlin 1995

[4.7] Speck, D.: Energiekabel im EVU. expert verlag Renningen-Malmsheim 1994

[4.8] Kiwit, W.; Wasser, G.; Laarmann, W.: Hochspannungs- und Hochleistungskabel. VWEW Frankfurt 1985

[4.9] Schwab, A.J.: Elektromagnetische Verträglichkeit. Springer Berlin 1996

[4.10] Gonschorek, K.H.; Singer, H.: Elektromagnetische Verträglichkeit. B.G. Teubner Stuttgart 1992

[4.11] Rodewald, A.: Elektromagnetische Verträglichkeit. Vieweg Braunschweig 1995

[4.12] Habiger, E.: Elektromagnetische Verträglichkeit. Hüthig Heidelberg 1992

[4.13] Peier, D.: Elektromagnetische Verträglichkeit. Hüthig Heidelberg 1990

[4.14] N.N.: Technische Empfehlung Nr.8. VWEW Frankfurt 1980

[4.15] N.N.: Erdung in Starkstromanlagen. VWEW Frankfurt 1992

[4.16] Koch, W.: Erdung in Wechselstromanlagen über 1 kV. Springer Berlin 1955

[4.17] Biegelmeier, G.: Wirkung des elektrischen Stroms auf Menschen und Nutztiere. vde-Verlag Berlin 1986

10.5 Schaltanlagen

[5.1] Hütte: Elektrische Energietechnik, Bd. 3 Netze. Springer Berlin 1988

[5.2] ABB: Schaltanlagen. Cornelsen-Schwann-Giradet Düsseldorf 1988

[5.3] Bohn, T.: Elektrische Energietechnik. Technischer Verlag Resch Grafelfing 1987

[5.4] Haberl, G.: Schalten, Schützen, Verteilen in Niederspannungsnetzen. 2. Aufl. Siemens AG 1990

[5.5] Knies, W.; Schierach, K.: Elektrische Anlagentechnik. Hanser München 1991

10.6 Hochspannungstechnik

[6.1] Beyer, M.; Boeck, W.; Müller, K.; Zaengl, W.: Hochspannungstechnik. Springer Berlin 1986

[6.2] Hilgarth, G.: Hochspannungstechnik. B.G. Teubner Stuttgart 1997

[6.3] Roth, A.: Hochspannungstechnik. Springer Berlin 1965

[6.4] Lesch, G.: Lehrbuch der Hochspannungstechnk. Springer Berlin 1956

[6.5] Schwab, A.J.: Hochspannungsmeßtechnik. 2. Aufl. Springer Berlin 1981

[6.6] Kind, D.; Feser, K.: Hochspannungsversuchstechnik. 5. Aufl. Vieweg Braunschweig 1995

[6.7] Münch, W.v.: Werkstoffe der Elektrotechnik. B.G. Teubner Stuttgart 1993

[6.8] Brinkmann, C.: Die Isolierstoffe der Elektrotechnik. Springer Berlin 1975

[6.9] Kind, D.; Kärner, H.: Hochspannungsisoliertechnik. Vieweg Braunschweig 1982

[6.10] Philippow, E.: Taschenbuch Elektrotechnik. Bd. 2: Starkstromtechnik. VEB Verlag Technik Berlin 1965

[6.11] Prinz, H.: Hochspannungsfelder. Oldenbourg München / Wien 1969

[6.12] Sylvester, P.P.; Ferrari, R.L.: Finite elements for electrical engineers. Cambridge University Press, Cambridge, 1983

[6.13] Strassacker, G.; Strassacker, P.: Analytische und numerische Methoden der Feldberechnung. B.G. Teubner Stuttgart 1993

[6.14] Dorsch, H.: Überspannungen und Isolationsbemessung bei Drehstrom-Hochspannungsanlagen. Siemens Berlin München 1981

[6.15] Hasse, P.; Wiesinger, J.: Handbuch für Blitzschutz und Erdung. vde-Verlag Berlin 1993

[6.16] Warrington, A.R. van C.: Protective relays. Chaman & Hall 1977

10.7 Energieerzeugung

[7.1] Bohn, T.; Herlich, W.: Grundlagen der Energie- und Kraftwerkstechnik. Technischer Verlag Resch Gräfelfing 1982

[7.2] NN: Energiedaten 1995. Bundesministerium für Wirtschaft. Bonn 1996

[7.3] Kugeler, K.; Philipen, P.W.: Energietechnik. Springer Berlin 1993

[7.4] Pinske, J.D. Elektrische Energieerzeugung. B.G. Teubner Stuttgart 1993

[7.5] Winge, D.; Slitt, D.: Energiewirtschaft. Springer Berlin 1991

[7.6] Edelmann, H.; Theilsiefje, K.: Optimaler Verbundbetrieb. Springer Berlin 1974

[7.7] Mosonyi, E.: Wasserkraftwerke. Band 1 und 2. VDI-Verlag Düsseldorf 1966

[7.8] Laufen, R.: Kraftwerke. Springer Berlin 1984

[7.9] Adrian / Quitteh / Wittchow: Fossil beheizte Dampfkraftwerke. Technischer Verlag Resch Gräfelfing

[7.10] Michaelis, H.; Salander, C.: Handbuch Kernenergie. VWEW Frankfurt 1995

[7.11] NN: Zur friedlichen Nutzung der Kernenergie. Bundesministerium für Forschung und Technologie. Bonn 1983

[7.12] Nitsch, J.; Luther; J.:Energieversorgung der Zukunft. Springer Berlin 1990

[7.13] Rysch, W.: Kernkraftwerke. Handbuchreihe EnergieBand 10. Technischer Verlag Resch Gräfelfing

[7.14] Hau, E.: Windkraftanlagen. Springer Berlin 1988

[7.15] Wagemann, H.G.; Eschrich, H.: Grundlagen der photovoltaischen Energiewandlung. B.G. Teubner Stuttgart 1994

[7.16] Goetzberger, A.; Voß, B.; Knoblau, J.: Sonnenenergie: Photovoltaik. B.G. Teubner Stuttgart 1994

[7.17] Köthe, H.K.: Stromversorgung mit Solarzellen. Franzis München 1994

[7.18] Winter, C.-J.; Nitsch, J.: Wasserstoff als Energieträger. Springer Berlin 1989

[7.19] Nieper, H.A.: Konversion von Schwerkraft-Feld-Energie. Revolution in Technik, Medizin, Gesellschaft. 3. Auflage, Illmer-Verlag Hannover 1982

[7.20] Leonhardt, W.; Klopffleisch, R.: Negawatt. Verlag C.F. Müller Karlsruhe 1993

[7.21] Bullinger, H.J.: Technikfolgenabschätzung. B.G. Teubner Stuttgart 1994

[7.22] Schade, D.: Energiebedarf; Energiebereitstellung; Energienutzung; Springer Berlin 1995

[7.23] Gasch, R.: Windkraftanlagen. 3.Aufl. B.G. Teubner Stuttgart 1996

[7.24] Leonard, W.: Regelung in der elektrischen Energieversorgung. B.G. Teubner Stuttgart 1980

10.8 Energieversorgungsnetze

[8.1] Herold, G.: Grundlagen der elektrischen Energieversorgung. B.G. Teubner Stuttgart 1997

[8.2] Oswald, B.: Netzberechnung 1 - Berechnung stationärer und quasistationärer Betriebszustände in Elektroenergieversorgungsnetzen. vde-verlag Berlin 1992

[8.3] Heuck, K.; Dettmann, K.D.: Elektrische Energieversorgung. 3.Aufl. Vieweg Braunschweig 1995

[8.4] Handschin, E.: Elektrische Energieübertragungssysteme. 2.Aufl. Hüthig Heidelberg 1987

[8.5] Roeper, R.: Kurzschlußströme in Drehstromnetzen. 6.Aufl. Siemens Berlin / München 1984

[8.6] Kochs, H.D.: Zuverlässigkeit elektrotechnischer Anlagen. Springer Berlin 1984

[8.7] VDEW: Grundsätze für die Beurteilung von Netzrückwirkungen. VWEW Frankfurt 1992

[8.8] Büchner: Stromrichter-Netzrückwirkungen und ihre Beherrschung. VEB-Deutscher Verlag für Grundstoffindustrie Leipzig 1982

[8.9] VDEW: Technische Richtlinie, Parallelbetrieb von Eigenerzeugungsanlagen mit dem Mittelspannungsnetz des Elektrizitätsversorgungsunternehmens (EVU). VWEW Frankfurt 1994

[8.10] Oswald, B.; Siegmund, D.: Berechnung von Ausgleichsvorgängen in Elektroenergiesystemen. Deutscher Verlag für Grundstoffindustrie Leipzig 1991

[8.11] Eckhardt, H.: Numerische Verfahren in der Energietechnik. B.G. Teubner Stuttgart 1978

[8.12] Flosdorff, R.; Hilgarth, G.: Elektrische Energieverteilung. 6.Aufl. B.G. Teubner Stuttgart 1994

[8.13] Kiefer, G.: VDE 0100 und die Praxis. 4. Aufl. vde-verlag Berlin 1990

[8.14] Rumpel, D.; Sun, J.R.: Netzleittechnik. Springer Berlin 1989

[8.15] Fender, M. : Fernwirken. B.G. Teubner Stuttgart 1981

[8.16] Paessle, E.R.: Rundsteuertechnik. Verlags- und Wirtschaftsgesellschaft der Elektrizitätswerke Frankfurt 1994

[8.17] Müller, L.; Boog, E.: Selektivschutz elektrischer Anlagen. Verlags- und Wirtschaftsgesellschaft der Elektrizitätswerke Frankfurt 1990

[8.18] Ungrad, H.; Winkler, W.; Wiszniewski, A.: Schutztechnik in Elektroenergiesystemen. 2. Aufl. Springer Berlin 1994

[8.19] Nelles, D.; Opperskalski, H.: Digitaler Distanzschutz. Deutscher Universitätsverlag Wiesbaden 1991

10.9 Energieanwendung

[9.1] Filipovic. Z.: Elektrische Bahnen. 3.Aufl. Springer Berlin 1995

[9.2] Naunin, D. u. a.: Elektrische Straßenfahrzeuge. 2.Aufl. expert verlag Ehningen 1989

[9.3] Zieseriß, C.-H.: Beleuchtungstechnik für den Elektrofachmann. Hüthig Heidelberg 1991

[9.4] Rieck, J. Kleines Lehrbuch der Elektrotechnik. Bd. VI Lichttechnik. Vieweg Braunschweig 1966

[9.5] Hentschel, H.-J.: Licht und Beleuchtung, Theorie und Praxis der Lichttechnik. 4.Aufl. Hüthig Heidelberg 1994

[9.6] Weis,B.: Beleuchtungstechnik. Pflaum München 1996

[9.7] UIE: Elektrowärme. Theorie und Praxis. Girardet Essen 1974

11 Symbole

11.1 Schreibweisen

u	Kleine Buchstaben beschreiben Zeitfunktionen.
$\hat{u}$	Ein Dach über einem Kleinbuchstaben gibt die Amplitude einer sinusförmigen Schwingung oder einen Spitzenwert an.
$\hat{X}$	Ein Dach über einem Großbuchstaben beschreibt einen Schätzwert bei der Ausgleichsrechnung.
$\dot{u}$	Ein Punkt über einem kleinen Buchstaben gibt die zeitliche Ableitung einer Zeitfunktion an.
$\bar{u}$	Ein Strich über einem Kleinbuchstaben beschreibt den arithmetischen Mittelwert einer Zeitfunktion.
$\overline{Y}$	Ein Strich über einem Großbuchstaben kennzeichnet Meßgrößen.
U	Große Buchstaben beschreiben konstante Werte, von Ausnahmen abgesehen auch p.u.-Werte.
$\vec{U}$	Vektor
$\underline{U}$	Ein unterlegter Strich kennzeichnet eine komplexe Größe.
$\underline{U}^*$	Ein Stern beschreibt eine konjugiert komplexe Größe.
$\mathbf{U}$	Fette Großbuchstaben kennzeichnen Matrizen.
X'	Ein Strich beschreibt einen auf die Längeneinheit von 1 km bezogenen Wert oder einen auf eine andere Spannungsebene umgerechneten Wert.
$\mathbf{A}^{-1}$	Die -1 bedeutet die Inverse einer Matrix.
$\mathbf{A}^{T}$	Das T bedeutet die Transponierte einer Matrix.
$\Vert$	Parallelschaltung von zwei Widerständen

11.2 Indizes

a	Anker, Ausschaltwert
b	Bezugsgröße, Betriebsgröße
Cu	Kupfer
c	Kondensator

D	Dämpferwicklung in der Längsachse, Dreieckschaltung (auch Δ)
d	Längsachse, Gleichstromseite
e	Erregung, Einschaltwert
el	elektrisch
Fe	Eisen
f	Feld (Erregung)
G	Generator, zusätzliche Dämpferwicklung in der Längsachse
g	Grenzwert
h	Größe des Hauptzweiges, z. B. beim Transformator, höherfrequente Größe, homopolare Komponente (Nullsystem)
i	ideelle Größe, innere Größe
K	Kommutierung, Kompensation
k	Kurzschlußgröße
L	Leitung, Last
m	meridian
max	Maximalwert
N	Neutralleiter (Mp)
n	Nennwert, negativ drehende Komponente (Gegensystem)
O	Ofen
p	positiv drehende Komponente (Mitsystem)
Q	Dämpferwicklung in der Querachse, Netz (Quelle)
q	Querachse
R	Außenleiter L1 im Drehstromsystem (1.2.1)
r	Bemessungswert
S	Außenleiter L2 im Drehstromsystem, Symmetriergröße
T	Außenleiter L3 im Drehstromsystem, Thyristorgröße
Tr	Transformator
t	tangential
th	thermisch
v	Halbleiterventil, verzögert

w Führungsgröße

Y Sternschaltung

α α-Komponente im Drehstromsystem

β β-Komponente im Drehstromsystem

Δ Dreieckschaltung (auch D)

ν Ordnung einer Harmonischen

σ Streugröße, z. B. beim Transformator

1pol einpoliger Fehler

2pol zweipoliger Fehler

3pol dreipoliger Fehler

11.3 Formelzeichen

A Querschnitt

A Admittanzmatrix (8.3.1.2)

a Leiterabstand (4.1)

$\underline{a}$ komplexer Drehzeiger $e^{j120°}$ (1.2.1)

C Kapazität

C_b Betriebskapazität (4.1.6)

C_{iE} Leiter-Erd-Kapazität (4.1.5)

C_{ik} Koppelkapazität (4.1.4)

c Geschwindigkeit, insbesondere Lichtgeschwindigkeit (7.3.2)

E elektrische Feldstärke, Energie, innere Spannung (2.6.2)

f Frequenz

f_e Eigenfrequenz (8.5.2.2)

g Erdbeschleunigung (7.3.2)

H Häufigkeit (8.3.4), Trägheitskonstante (2.7.2)

h Höhe eines Leiters über Erde

I Strom

I_a Ausschaltstrom

I_{an} Anlaufstrom

I_k	Dauerkurzschlußstrom (2.7.4)
I_k'	transienter Kurzschlußstrom (2.7.4)
I_k''	subtransienter Kurzschlußstrom (2.7.4)
J	Trägheitsmoment (2.6.2), Zielfunktion (8.7.2)
J	Jacobimatrix (8.3.1.4)
j	$j = \sqrt{-1}$
K	Kosten, Leistungszahl (7.7)
k	Kosten, auf eine Leistung oder Energie bezogen
L	Induktivität
l	Leitungslänge
m	Belastungsgrad (1.1), Benutzungsgrad (7.2.4)
m_A	Antriebsmoment (2.6.2)
m_{el}	elektrisches Moment (2.6.2)
n	Drehzahl
P	Wirkleistung, Wahrscheinlichkeit (8.3.4)
P_{nat}	natürliche Leistung (4.2.2)
p	Polpaarzahl
Q	Blindleistung, elektrische Ladung
R	ohmscher Widerstand
r	Leiterradius (4.1), Reduktionsfaktor (4.5.4), Reflexionsfaktor (4.2)
S	Scheinleistung
S_a	Abschaltleistung (5.3)
S_k	Kurzschlußleistung (5.2)
s	Schlupf (2.8), Laplace-Operator (2.8.4), Schaltsignal (3.3.1.2), Statik (7.7)
T	Zeitumrechnungsfaktor (8 760 h/a), Netzperiode (T = 20 ms), Ein- und Ausschaltdauer (3.2.4.1)
T	Transformationsmatrix (1.4)
t	Zeit
U	Spannung, Wicklung einer Drehstrommaschine

U_P	Polradspannung
u	Umlaufgeschwindigkeit (7.3.2)
ü	Übersetzungsverhältnis eines Transformators
V	Wicklung einer Drehstrommaschine, Volumen (7.3.1)
v	Geschwindigkeit (7.3.2), spezifisches Volumen
W	Wicklung einer Drehstrommaschine
w	Windungszahl
X	Reaktanz
X_d	Synchronreaktanz (2.7.3)
X_d'	Transientreaktanz eines Generators (2.7.4)
X_d''	Subtransientreaktanz eines Generators (2.7.4)
Δx	Differenz der Größe x
Z	Impedanz
Z_F	Feldwellenwiderstand (4.2.1)
Z_b	Betriebsimpedanz (4.1.6)
Z_h	Homopolarimpedanz (Nullimpedanz) (4.1.6)
Z_i	Selbstimpedanz des Leiters i mit Erdrückleitung (4.1.3), auch Z_{ii} genannt
Z_{ik}	Koppelimpedanz der Leiter i und k mit gemeinsamer Erdrückleitung (4.1.3)
Z_p	Impedanz bei positiv drehendem System (Mitimpedanz) (4.1.6)
Z_n	Impedanz bei negativ drehendem System (Gegenimpedanz) (4.1.6)
Z_w	Wellenwiderstand (4.2.1)
z	Zündimpuls
α	Amortisationsrate (7.1.3), Winkel $\alpha = 120^\circ$ (1.2.1), Dämpfungskonstante (4.2.2)
β	Phasenkonstante (4.2.2)
β_1	Feldwinkel in Statorkoordinaten (2.8.4)
β_2	Feldwinkel in Rotorkoordinaten (2.8.4)

γ	spezifisches Gewicht, Übertragungsmaß (4.2.2)
δ	Erdfehlerfaktor (8.2.1), Eindringtiefe (4.1.2), Polradwinkel (1.4.5)
ε	Dielektrizitätskonstante
ε_0	Dielektrizitätskonstante von Luft
η	Wirkungsgrad, Lichtausbeute (9.2)
ϑ	Drehwinkel des Rotors (1.4.5)
Λ	magnetischer Leitwert
λ	Ausfallrate (8.3.4)
μ	Permeabilität, Reparaturrate (8.3.4)
μ_0	Permeabilität der Luft
ρ	spezifischer Bodenwiderstand (4.1.2), spezifische Masse
σ	Standardabweichung (8.7.2)
τ	Zeitkonstante
τ_A	Anlaufzeit (2.6.2, 2.7.2)
τ_D	Dämpfungszeitkonstante (8.5.2.2)
τ_J	Bemessungsanlaufzeit (2.7.2)
τ_g	Gleichstromzeitkonstante (2.7.4)
Φ	magnetischer Fluß, Lichtstrom (9.2)
φ	Phasenwinkel, Potential (4.1.4)
ψ	Flußverkettung (2.6.2)
Ω	Kreisfrequenz, die i. a. von der Netzfrequenz abweicht
ω	Kreisfrequenz

12 Sachwortverzeichnis

E

F

G

H

I

K

O

P

Q

R

S

T

U

V

W

Z

Leitfaden der Elektrotechnik

Grundlagen der Regelungstechnik

Von Prof. Dr.-Ing. **F. Dörrscheidt,** Paderborn, und Prof. Dr.-Ing. **W. Latzel,** Paderborn
2., durchgesehene Auflage, XII, 466 Seiten mit 401 Bildern, 30 Tafeln und 134 Beispielen.
ISBN 3-519-16421-3

Elektrische Energietechnik

Von Prof. Dr.-Ing. **D. Nelles,** Kaiserslautern, und Dr.-Ing. habil. **Ch. Tuttas,** Kaiserslautern
XIII, 471 Seiten mit 249 Bildern, 17 Tafeln und 48 Beispielen.
ISBN 3-519-06427-8

Elektrische Energieverteilung

Von Prof. Dr.-Ing. **R. Flosdorff,** Aachen,
und Prof. Dr.-Ing. **G. Hilgarth,** Braunschweig/Wolfenbüttel
6., überarbeitete Auflage, XIII, 352 Seiten mit 274 Bildern, 47 Tafeln und 71 Beispielen.
ISBN 3-519-06424-3

Hochspannungstechnik

Von Prof. Dr.-Ing. **G. Hilgarth,** Braunschweig/Wolfenbüttel
3., durchgesehene Auflage, XII, 230 Seiten mit 172 Bildern,
16 Tafeln und 46 Beispielen.
ISBN 3-519-26422-6

Digitaltechnik

Von Prof. Dipl.-Ing. **L. Borucki,** Krefeld
4., neubearbeitete und erweiterte Auflage, XIV, 389 Seiten mit 356 Bildern,
133 Tafeln und 64 Beispielen.
ISBN 3-519-36415-8

Grundlagen der elektrischen Nachrichtenübertragung

Von Prof. Dr.-Ing. **H. Fricke,** Braunschweig, Prof. Dr.-Ing. habil. **K. Lamberts,** Clausthal,
und Prof. Dipl.-Ing. **E. Patzelt,** Braunschweig/Wolfenbüttel
XV, 375 Seiten mit 302 Bildern, 15 Tafeln und 39 Beispielen.
ISBN 3-519-06416-2

Grundlagen der Impulstechnik

Von Prof. Dr.-Ing. **G.-H. Schildt,** Wien
XII, 439 Seiten mit 364 Bildern, 9 Tafeln und 34 Beispielen.
ISBN 3-519-06412-X

B. G. Teubner Stuttgart · Leipzig